SCHAUM'S ouTlines

개정판 이론과 연습

일반위상수학

General Topology

SEYMOUR LIPSCHUTZ
이장우 옮김

KM 경문사

Schaum's Outline of Differential Topology

6 7 8 9 10 KMS 20 22

Original: Schaum's Outline of Differential Topology © 2011
By Seymour Lipschutz
ISBN 978-0-07-176347-9

This authorized Korean translation edition is published by Kyung Moon Sa in arrangement with McGraw-Hill Education Korea, Ltd. This edition is authorized for sale in the Republic of Korea.

This book is exclusively distributed by Kyung Moon Sa.

When ordering this title, please use ISBN 978-89-7282-925-6

Printed in Korea

옮긴이 머리말

본 서는 경문사에서 이미 간행된 Seymour Lipschutz의 저서 『Theory and problems of General Topology』의 번역서를 교정한 것이다.

교정에 있어서

① 인쇄상의 잘못을 바르게 잡았고,

② 수학의 용어를 될 수 있는 한 순수한 우리말로 옮겼으며,

③ 이미 외국어로 많이 사용되고 있는 용어는 그대로 우리말로 표현하였고,

④ 기다란 수학명제에 대해서는 독자의 이해를 돕기 위하여 간단한 논리기호를 추가하였다.

이와 같은 원칙에 따라서 저자의 의도가 독자들에게 잘 전달되도록 직역에 가깝도록 번역하였으나 본인이 미숙한 탓으로 경우에 따라서는 잘못된 곳도 있으리라 생각되는 바 이와 같은 점들은 앞으로 고쳐나갈 예정이다.

마지막으로 본 서에 대한 교정의 기회를 주신 경문사 박문규 사장님께 깊은 사의를 표하는 바이다.

이 장 우

일반위상수학 개정판

지은이 SEYMOUR LIPSCHUTZ
편역자 이장우
펴낸이 조경희
펴낸곳 경문사
펴낸날 2006년 8월 10일 개정판 1쇄
2022년 2월 28일 개정판 9쇄
등 록 1979년 11월 9일 제1979–000023호
주 소 04057, 서울특별시 마포구 와우산로 174
전 화 (02)332–2004 팩스 (02)336–5193
이메일 kyungmoon@kyungmoon.com

값 27,000원

ISBN 978–89–7282–925–6

지은이 머리말

최근에 '점집합론 위상수학'이라 불리는 '일반위상수학'은 대학생뿐만 아니라 대학원생들의 수학의 기초로 필수부분이 되었다. 본 서는 위상수학의 정상 과정의 교재로 또는 다른 교재의 보조로 사용될 수 있도록 고안된 것이다. 또한 본 서는 위상수학에 대하여 포괄적이며 엄격한 개념을 알고자 하는 사람들에게는 근원서 · 참고서로 매우 가치가 있다고 여긴다.

각 장에는 정의, 예, 정리를 도해 등으로 해설한 다음에 숙달 정도의 등급순으로 연습문제와 보충문제를 설정하였다. 연습문제는 반복학습을 통하여 기본이론을 파악함과 동시에, 학생들이 지금까지 불완전한 기초를 가지고 있다는 느낌이 들지 않도록 미세한 점에 이르기까지 날카롭게 초점을 맞추고 교과적 학습에 필수불가결한 기본원리의 복습을 마련했다. 많은 정리의 증명은 연습문제에 포함되어 있다. 보충문제는 각 장의 내용을 완전복습이 되도록 여러 가지 자료가 제공되었다.

본 서의 전체에 걸친 주제는 위상적 기초성질, 거리공간과 노름공간, 분리공리, 콤팩트성, 적위상과 연결성에 관한 논제가 포함된다. 증명된 정리는 Urysohn의 보조정리와 거리화정리, Tychonoff의 적정리와 Baire의 카테고리 정리가 포함되어 있다. 마지막 장에는 함수공간에 관한 점마다 수렴, 균등수렴과 콤팩트수렴의 위상을 연구하기로 한다. 그리고 처음의 3장은 집합론에서 필요로 하는 여러 개념을 제공하고, 4장은 직선과 평면의 위상을 취급하며 부록에는 실수의 기본성질이 설명되어 있다.

대부분의 입문 과정에서 다루는 내용보다 많은 자료가 본서에 포함되어 있다. 본서는 더욱 유연성 있는 저서이자 참고서로서 좀더 유용하도록 본 서 내용에 대해서 더욱 흥미를 갖도록 고안되었다.

나는 원고에 대하여 좀더 효과적인 제의와 비판적인 검열을 해주신 많은 친구와 동료, 특히 Joan Landman 박사에게 감사를 드리며 또한 Schaum 출판사의 참모, 특히 Jeffrey Albert와 Alam Hopenwasser의 협조에 대해서 진심으로 사의를 표하는 바이다.

Temple 대학교

1965년 5월

SEYMOUR LIPSCHUTZ

차례

GENERAL TOPOLOGY

CHAPTER 01 집합과 관계

CHAPTER 02 함 수

CHAPTER 03 기수와 순서

CHAPTER 04 직선과 평면의 위상

CHAPTER 05 위상공간의 정의

CHAPTER 06 기저와 부분기저

CHAPTER 07 연속성과 위상동형

CHAPTER 08 거리공간과 노름 공간

CHAPTER 12 적공간

CHAPTER 13 연결성

CHAPTER 14 완비거리공간

CHAPTER 15 함수공간

부록 실수의 성질

01 GENERAL TOPOLOGY

집합과 관계

1.1 집합과 원소

집합(set)은 수학의 모든 분야에서 나타나는 중요한 개념이다. 직관적으로 집합이란 확실히 정의된 대상의 리스트나 또는 모임이고, 이것을 대문자 A, B, X, Y, $\cdots$로 나타내기도 한다. 집합을 구성하는 대상을 **원소**(element) 또는 **요소**(member)라 하고 소문자 $a, b, x, y, \cdots$로 나타낸다. "p가 A의 원소이다" 또는 "**p가 A에 속한다**(belong to)"하는 진술을

$$p \in A$$

로 쓴다. $p \in A$의 부정을 $p \notin A$로 표기한다.

특정된 집합을 표기하는 데는 본질적으로 두 가지 방법이 있다. 한 가지 방법은 실질적으로 집합의 모든 원소를 나열하여 표기할 수 있는 경우이다.

예컨대,

$$A = \{a, e, i, o, u\}$$

는 원소가 문자 a, e, i, o와 u인 집합 A를 나타낸다. 이 경우 각 원소는 콤마(,)로 분리되고 중괄호 { }로 닫는다. 다른 하나의 방법은 집합에 속하는 원소를 특징짓는 성질을 기술하는 방법이다. 예컨대,

$$B = \{x : x\text{는 정수},\ x > 0\}$$

를 "B는 x가 정수이고 0보다 큰 x의 집합이다"라고 읽고, 이것은 원소가 양의 정수인 집합 B를 나타낸다. 보통 문자 x는 집합의 임의의 원소를 나타내는 데 사용되고 콜론(:)의 우측에는 x가 "…을 만족하는" 성질을 쓰고 콤마(,)는 "그리고"와 같다.

예제 1.1 위의 집합 B는 $B = \{1, 2, 3, \cdots\}$와 같이 쓸 수도 있다. $-6 \notin B$, $3 \in B$, $\pi \notin B$이다.

예제 1.2 아래에서 정의된 수직선상의 **구간**(interval)은 수학에서 자주 나타나는 개념이다. 여기서 a와 b는 $a < b$인 실수이다.

a에서 b까지의 **열린 구간**(open interval) $= (a, b) = \{x : a < x < b\}$

a에서 b까지의 **닫힌 구간**(closed interval) $= [a, b] = \{x : a \le x \le b\}$

a에서 b까지의 **열린-닫힌 구간**(open-closed interval)

$$= (a, b] = \{x : a < x \le b\}$$

a에서 b까지의 **닫힌-열린 구간**(closed-open interval)

$$= [a, b) = \{x : a \le x < b\}$$

경우에 따라서 열린-닫힌 구간과 닫힌-열린 구간은 또한 **반 열린 구간**(half-open intervals)이라 불린다.

두 집합 A와 B가 완전히 같은 원소로 구성될 때, 다시 말하자면 A의 각 원소가 B에 속하고, B의 각 원소가 A에 속하면 두 집합 A와 B는 **같다**(상등 : equal)고 하고 $A = B$로 표기한다. $A = B$의 부정은 $A \neq B$로 쓴다.

예제 1.3 $E = \{x : x^2 - 3x + 2 = 0\}$, $F = \{2, 1\}$, $G = \{1, 2, 2, 1\}$이라 하자. 이 경우 $E = F = G$이다. 집합은 그 원소가 나열된 방법에 의존하지 않음을 알 수 있다. 집합은 같은 원소가 반복되든지 또는 배열의 방법이 다를지라도 집합은 같다.

집합은 **유한**(finite)일 수도 있고 **무한**(infinite)일 수도 있다. n을 어떤 양의 정수라 할 때 집합이 n개의 상이한 원소로 구성되면 그 집합은 유한집합이고 그렇지 않은 경우는 무한집합이다. 특별히 하나의 원소만으로 구성되는 집합은 **한 원소집합**(singleton set)이라 한다.

1.2 부분집합과 포함집합

집합 A의 각 원소가 또한 집합 B에 속하면, 즉 모든 $x \in A$이면 $x \in B$일 때 집합 A는 집합 B의 **부분집합**(subset)이라 하고, 이 경우 B를 A의 **포함집합**(A를 포함하는 집합, superset)이라 하며,

$$A \subset B \text{ 또는 } B \supset A$$

로 표기하고 A는 B에 **포함된다** 또는 B는 A를 **포함한다**(contain)고 한다. $A \subset B$의 부정은 $A \not\subset B$ 또는 $B \not\supset A$로 표기되고 이것은 $x \notin B$인 $x \in A$가 존재함을 뜻한다.

예제 2.1 다음 집합을 생각하자.

$$A=\{1, 3, 5, 7, \cdots\},\ B=\{5, 10, 15, 20, \cdots\}$$
$$C=\{x : x\text{는 소수},\ x>2\}=\{3, 5, 7, 11, \cdots\}$$

이 경우 2보다 큰 모든 소수는 홀수이므로 $C\subset A$이고, 한편으로 $10\in B$이나 $10\notin A$이므로 $B\not\subset A$이다.

예제 2.2 양의 정수의 집합을 $\mathbf{N}$으로, 정수의 집합을 $\mathbf{Z}$로, 유리수의 집합을 $\mathbf{Q}$로, 실수집합을 $\mathbf{R}$로 표현하기로 하자. 이 경우 다음이 성립한다.

$$\mathbf{N}\subset\mathbf{Z}\subset\mathbf{Q}\subset\mathbf{R}$$

$A\subset B$는 $A=B$인 가능성을 포함하고 있음을 주의하기 바란다. 실제로 $A=B$의 정의를 다음과 같이 바꾸어 서술할 수 있다.

정의 두 집합 A와 B가 같다. 즉 $A=B$이기 위한 필요충분조건은 $A\subset B$인 동시에 $B\subset A$로 되는 것이다.

$A\subset B$이나 $A\neq B$인 경우 A는 B의 **진부분집합**(proper subset), 또는 B는 A를 **참으로 포함한다**(properly contain)고 한다. 독자는 저자에 따라서는 부분집합에 대해서 기호 $\subseteq$를, 진부분집합에 대해서만 기호 $\subset$를 사용하는 경우도 있음에 주의하기 바란다.

상술한 정의에서부터 다음 첫 정리가 성립한다.

정리 1-1 A, B, C를 임의의 집합이라 하자.
(i) $A\subset A$
(ii) $A\subset B$인 동시에 $B\subset A$이면 $A=B$
(iii) $A\subset B$인 동시에 $B\subset C$이면 $A\subset C$

1.3 전체집합과 공집합

집합론의 응용에 있어서 연구대상의 모든 집합은 특정한 집합의 부분집합이다. 이

특정한 집합(고려 대상의 집합)을 **보편집합**(universal set), **전체집합**(whole set), 또는 **논의영역**(universe of discourse)이라 하고 본 장에서 이것을 U로 나타낸다. **공집합**(empty 또는 null set)의 개념을 도입하는 것이 편리하고 이것은 원소를 하나도 포함하지 않는 집합이다. 이 집합을 ϕ로 나타내고 유한집합으로 생각하며 다른 모든 집합의 부분집합이다. 따라서 임의의 집합 A에 대해서

$$\phi \subset A \subset U.$$

예제 3.1 평면기하학에서 전체집합은 평면에 속하는 모든 점으로 구성된다.

예제 3.2 $A = \{x : x^2 = 4$이고 x는 홀수}라고 하면 A는 공집합, 즉 $A = \phi$이다.

예제 3.3 $B = \{\phi\}$이라 하자. 이 경우 B는 하나의 원소 ϕ를 포함하는 까닭에 $B \neq \phi$이다.

1.4 유 · 족과 공간

간혹 집합의 원소가 집합인 경우가 있다. 예컨대 직선의 집합에서 각 직선은 점의 집합이다. 이와 같은 경우를 명백히 하기 위하여 집합에 관해서 동의어인 "**유**(class)" "**족**(collection 또는 family)"이라는 용어를 사용한다. 일반적으로 집합의 집합에 대해서 유를, 유의 집합에 대해서는 족을 사용한다. **부분류**(subclass), **부분족**(subcollection 또는 subfamily)인 용어는 부분집합에 대한 같은 뜻을 가진다.

예제 4.1 유 $\{\{2, 3\}, \{2\}, \{5, 6\}\}$의 원소는 집합 $\{2, 3\}$, $\{2\}$와 $\{5, 6\}$이다.

예제 4.2 임의의 집합 A의 부분집합 전체로 이루어진 유를 A의 **멱집합**(power set)이라 하고 $\mathscr{P}(A)$ 또는 2^A로 표기한다. 예컨대 $A = \{a, b, c\}$이라 하면,

$$\mathscr{P}(A) = \{A, \{a, b\}, \{a, c\}, \{b, c\}, \{a\}, \{b\}, \{c\}, \phi\}$$

이다. 일반적으로 A가 유한이고 n개의 원소를 가지면 $\mathscr{P}(A)$는 2^n개의 원소를 갖는다.

공간(space)이라는 용어는 어떤 형태의 수학적 구조를 갖는 공이 아닌 집합을 뜻

한다. 예컨대 백터공간, 거리공간 또는 위상공간 등이다. 이와 같은 경우 공간의 원소를 **점**(points)이라 한다.

1.5 집합의 연산

두 집합 A와 B의 **합집합**(union)은 $A \cup B$로 표현되고, A의 원소와 B의 원소를 합친 집합이다. 즉,

$$A \cup B = \{x : x \in A \text{ 또는 } x \in B\}$$

여기서 "또는" 은 "A와 B 양쪽 또는 한쪽"의 뜻에서 사용된다. 두 집합 A와 B의 **공통집합**(intersection)은 $A \cap B$로 표현되고, A와 동시에 B에 속하는 원소의 집합이다. 즉,

$$A \cap B = \{x : x \in A \text{이고 } x \in B\}$$

$A \cap B = \phi$, 즉 A와 B에 임의의 공통원소가 없으면 A와 B는 **서로소**(disjoint) 또는 **만나지 않다**(non-intersecting)라 한다. 집합류 $\mathscr{A}$에 속하는 상이한 두 집합이 서로소일 때 $\mathscr{A}$는 **서로소인 유**(disjoint class of sets)라 한다.

집합 A에 관한 집합 B의 **상대적 여집합**(relative complement) 또는 간단히 A와 B의 **차집합**(difference)을 $A \backslash B$로서 표현하고 이것은 A에는 속하나 B에는 속하지 않는 원소의 집합이다. 다시 말하자면,

$$A \backslash B = \{x : x \in A,\ x \notin B\}$$

$A \backslash B$와 B는 서로소, 즉 $(A \backslash B) \cap B = \phi$임을 알 수 있다.

집합 A의 **절대여집합**(absolute complement) 또는 간단히 **여집합**(complement)을 A^c로 표현하고 이것은 A에 속하지 않는 원소의 집합이다. 즉,

$$A^c = \{x : x \in U,\ x \notin A\}$$

다시 말하자면 A^c는 전체집합 U와 A와의 차집합이다.

예제 5.1 **벤도표**(Venn diagram)라 불리는 그림 1-1의 도표는 위에서 서술한 집합 연산을 설명한다. 여기서 집합은 간단한 평면의 도형으로 표현되고 전체집합 U는 직사각형 전체로 표현되었다.

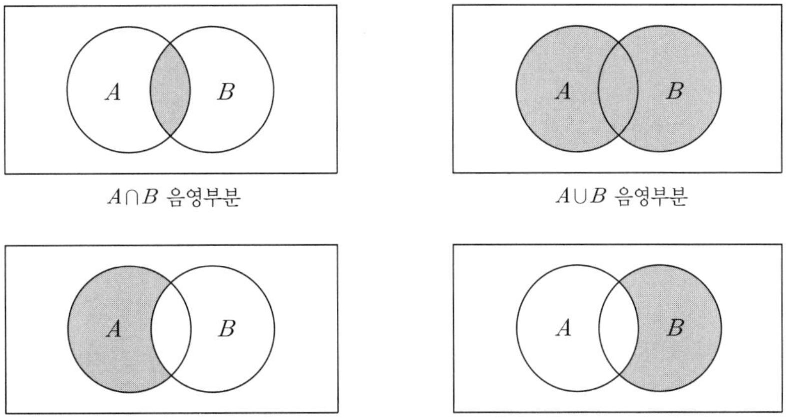

$A \cap B$ 음영부분　　$A \cup B$ 음영부분

$A \backslash B$ 음영부분　　A^c 음영부분

| 그림 1-1 |

위 연산에 관하여 집합은 여러 가지 법칙, 즉 아래의 표 1에 나열된 항등식을 만족한다.

> **정리 1-2** 집합은 표1에 있는 법칙을 만족한다.

[표 1]

집합의 대수법칙(laws of the algebra of sets)	
멱등법칙 (idempotent laws)	
1a. $A \cup A = A$	1b. $A \cap A = A$
결합법칙 (associative laws)	
2a. $(A \cup B) \cup C = A \cup (B \cup C)$	2b. $(A \cap B) \cap C = A \cap (B \cap C)$
교환법칙 (commutative laws)	
3a. $A \cup B = B \cup A$	3b. $A \cap B = B \cap A$
분배법칙 (distributive laws)	
4a. $A \cup (B \cap C) = (A \cup B) \cap (A \cup C)$	4b. $A \cap (B \cup C) = (A \cap B) \cup (A \cap C)$
항등법칙 (identity laws)	
5a. $A \cup \phi = U$	5b. $A \cap U = A$
6a. $A \cup U = U$	6b. $A \cap \phi = \phi$
여집합법칙 (complementary laws)	
7a. $A \cup A^c = U$	7b. $A \cap A^c = \phi$
8a. $(A^c)^c = A$	8b. $U^c = \phi$, $\phi^c = U$
드 모르간 법칙 (De Morgan's laws)	
9a. $(A \cup B)^c = A^c \cap B^c$	9b. $(A \cap B)^c = A^c \cup B^c$

※ 주의 : 위의 각 법칙은 대응하는 논리법칙에서부터 유도된다. 예컨대
$A\cap B=\{x : x\in A$이고 $x\in B\}=\{x : x\in B$이고 $x\in A\}=B\cap A$

여기서 $p\wedge q$로서 표기되는 합성명제 "p인 동시에 q"는 논리적으로 합성명제 "q와 p", 즉 $q\wedge p$와 같다.

집합의 포함관계와 위 집합연산에서 다음 정리가 성립한다.

> **정리 1-3** 다음 명제는 모두 $A\subset B$와 동치이다.
> (i) $A\cap B=A$ (ii) $A\cup B=B$
> (iii) $A\cap B^c=\phi$ (iv) $A^c\cup B=U$
> (v) $B^c\subset A^c$

1.6 적(곱)집합

A와 B를 두 집합이라 하자. A와 B의 **적(곱)집합**(product set)은 $A\times B$로 표현되고, 이것은 $a\in A$이고 $b\in B$일 때, 모든 순서쌍 $\langle a, b\rangle$로 구성된다. 즉,

$$A\times B=\{\langle a, b\rangle : a\in A, b\in B\}$$

집합 그 자신과의 적, 예컨대 $A\times A$는 A^2으로 표현할 것이다.

예제 6.1 독자는 2차원 실평면 $\mathbf{R}^2=\mathbf{R}\times\mathbf{R}$과 익숙할 것이다(그림 1-2). 여기서 각 점 p와 실수의 순서쌍 $\langle a, b\rangle$는 1대 1로 대응하고 있다.

예제 6.2 $A=\{1, 2, 3\}$이고, $B=\{a, b\}$라 하면,

$$A\times B=\{\langle 1, a\rangle, \langle 1, b\rangle, \langle 2, a\rangle, \langle 2, b\rangle, \langle 3, a\rangle, \langle 3, b\rangle\}.$$

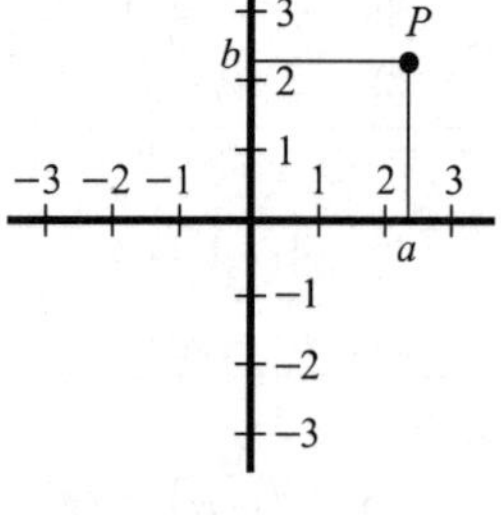

그림 1-2

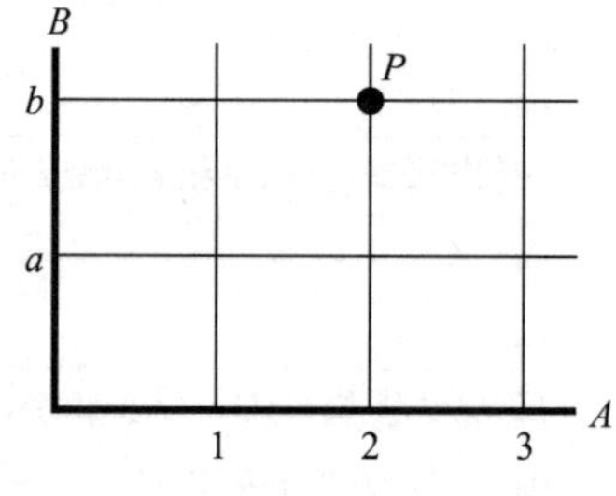

그림 1-3

A와 B는 많은 원소를 포함하지 않으므로 $A \times B$를 앞의 그림 1-3에 표시한 바와 같이 좌표도표로 표현할 수 있다. A의 점을 지나는 세로선과 B의 점을 지나는 가로선은 6개의 점에서 만나고 이들은 명확히 $A \times B$를 나타낸다. 그림의 점 P는 순서쌍 $\langle 2, b \rangle$이다. 일반적으로 A가 s개의 원소이고, 집합 B가 t개의 원소이면 $A \times B$는 st개의 원소를 갖는다.

※ 주의 : "순서쌍(ordered pair)" $\langle a, b \rangle$의 개념은 엄격히 $\langle a, b \rangle \equiv \{\{a\}, \{a, b\}\}$로 정의된다. 이 정의로부터 "순서"의 성질은

$$\langle a, b \rangle = \langle c, d \rangle \text{이면 } a = c \text{이고 } b = d$$

임이 증명될 수 있다. 적집합의 개념은 자연적 방법으로 임의의 유한개의 집합으로 확장될 수 있다. 집합 $A_1, \cdots, A_m$의 적집합은

$$A_1 \times A_2 \times \cdots \times A_m \text{ 또는 } \Pi_{i=1}^{m} A_i$$

로 표현되고, 각 i에 대해서 $a_i \in A_i$일 때 이 적집합은 모든 m-짝 $\langle a_1, a_2, \cdots, a_m \rangle$인 원소로 구성된다.

1.7 관 계

집합 A에서 집합 B로의 **2항관계**(binary relation) R 또는 간단히 **관계**(relation)이란 $A \times B$에 속하는 각 순서쌍 $\langle a, b \rangle$를 다음 두 종류로 구분하는 것이다.

(i) "a는 b와 관계된다", aRb로 표기한다.
(ii) "a는 b와 관계되지 않는다", $a \not{R} b$로 표기한다.

집합 A에서 같은 집합 A로의 관계는 A**상의 관계**(relation in A)라 한다.

예제 7.1 집합의 포함관계는 집합족상의 관계이다. 왜냐하면 임의의 두 집합 A와 B는 $A \subset B$이든지 또는 $A \not\subset B$로 되는 까닭이다.

집합 A에서 집합 B로의 임의의 관계 R는 다음과 같이 $A \times B$의 부분집합 R^*로 유일하게 정의한다.

$$R^* = \{\langle a, b \rangle : aRb\}$$

한편으로 $A \times B$의 임의의 부분집합 R^*는 다음과 같이 A에서 B로의 관계로 정의

한다.

$$aRb \Longleftrightarrow \langle a, b\rangle \in R^*$$

A에서 B로의 관계와 $A\times B$의 부분집합간의 대응에 의하여 관계를 다음과 같이 다시 정의한다.

정의 A에서 B로의 관계는 $A\times B$의 부분집합이다.

A에서 B로의 관계 R의 **정의역**(domain)은 R에 속하는 순서쌍의 첫째 성분의 집합이고, 그 **치역**(range)은 둘째 성분의 집합이다. 즉,

$$R\text{의 정의역} = \{a : \langle a, b\rangle \in R\}, \qquad R\text{의 치역} = \{b : \langle a, b\rangle \in R\}$$

R의 **역관계**(inverse)는 R^{-1}로 표현되고

$$R^{-1} = \{\langle b, a\rangle : \langle a, b\rangle \in R\}$$

로 정의되는 B에서 A로의 관계이다. 즉, R^{-1}은 R에 속하는 순서쌍을 거꾸로 놓음으로써 얻을 수 있다.

예제 7.2 $A = \{1, 2, 3\}$상의 관계

$$R = \{\langle 1, 2\rangle, \langle 1, 3\rangle, \langle 2, 3\rangle\}$$

을 생각하자. 이 경우 R의 정의역$= \{1, 2\}$이고, R의 치역$= \{2, 3\}$이다. 그리고

$$R^{-1} = \{\langle 2, 1\rangle, \langle 3, 1\rangle, \langle 3, 2\rangle\}$$

R과 R^{-1}은 각각 A에 있어서 대소관계 $<$와 $>$와 같음을 알 수 있다. 즉,

$$a < b \Longleftrightarrow \langle a, b\rangle \in R, \qquad a > b \Longleftrightarrow \langle a, b\rangle \in R^{-1}$$

임의의 집합 A상의 **항등관계**(identity relation)는 $\boldsymbol{\Delta}$ 또는 $\boldsymbol{\Delta}_A$로 표현되고 이것은 양좌표가 같은 $A\times A$에 속하는 모든 순서쌍의 집합이다. 즉,

$$\boldsymbol{\Delta}_A = \{\langle a, a\rangle : a \in A\}$$

항등관계는 또한 $A\times A$의 좌표도식의 뜻에서 **대각집합**(diagonal)이라고 불린다.

1.8 동치관계

집합 A상의 관계 R, 다시 말해서 $A \times A$의 부분집합 R가 다음 공리를 만족할 때 R를 **동치관계**(equivalence relation)라 한다.

$[E_1]$ 모든 $a \in A$에 대해서 $\langle a, a \rangle \in R$

$[E_2]$ $\langle a, b \rangle \in R$이면, $\langle b, a \rangle \in R$

$[E_3]$ $\langle a, b \rangle \in R$인 동시에, $\langle b, c \rangle \in R$이면 $\langle a, c \rangle \in R$

일반적으로 관계는 $[E_1]$을 만족할 때 **반사적**(reflexive), $[E_2]$를 만족할 때 **대칭적**(symmetric), $[E_3]$를 만족할 때 **추이적**(transitive)이라 한다. 따라서 관계 R은 반사적, 대칭적이고 추이적일 때 한해서 동치관계이다.

예제 8.1 관계 $\subset$, 즉 집합의 포함관계를 생각하자. 정리 1-1에 의하여 모든 집합 A에 대하여 $A \subset A$이고,

$$A \subset B,\ B \subset C \text{이면 } A \subset C$$

임을 생각하면, $\subset$는 반사적이고 추이적이다. 그러나

$$A \subset B \text{이고 } A \neq B \text{이면 } B \not\subset A$$

이므로, $\subset$대칭적이 아니다. 따라서 포함관계는 동치관계가 아니다.

예제 8.2 유클리드 기하에서 삼각형의 닮음은 동치관계이다. 왜냐하면 α, β와 γ를 임의의 삼각형이라 하면 (i) α는 그 자신과 닮음이고, (ii) α가 β와 닮음이면, β는 α와 닮음이고, (iii) α가 β와 닮음이고, β가 γ와 닮음이면, α는 γ와 닮음인 까닭이다.

R가 A상의 동치관계일 때 임의의 원소 $a \in A$의 **동치류**(equivalence class)를 $[a]$로서 표현하고, 이것은 a와 관계되는 모든 원소의 집합이다. 즉,

$$[a] = \{x : \langle a, x \rangle \in R\}$$

A의 동치류의 족을 A/R로 표현하고 R에 의한 A의 **상(몫)집합**(quotient set)이라 부른다. 즉,

$$A/R = \{[a] : a \in A\}$$

상(몫)집합 A/R는 다음 성질을 갖는다.

> **정리 1-4** R를 A상의 동치관계, $[a]$를 $a \in A$의 동치류라 하면
> (i) 모든 $a \in A$에 대해서 $a \in [a]$
> (ii) $\langle a, b \rangle \in R \Leftrightarrow [a] = [b]$
> (iii) $[a] \neq [b] \Rightarrow [a]$와 $[b]$는 서로소이다. ($[a] \cap [b] = \phi$)

A의 공이 아닌 부분집합의 유 $\mathscr{A}$가 (1) $a \in A$가 A의 어떤 원소에 속하고, (2) $\mathscr{A}$의 원소가 서로소이면 $\mathscr{A}$를 A의 **분할**(partition)이라 한다. 따라서 앞 정리에서 다음 **동치관계의 기본정리**(fundamental theorem of equivalence relations)가 얻어진다.

> **정리 1-5** R를 A상의 동치관계라 하면, 상(몫)집합 A/R는 A의 분할이다.

예제 8.3 R_5를 정수의 집합 $\mathbf{Z}$상에서 다음에 의하여 정의되는 관계라 하자. 즉,

$$x \equiv y (\text{mod } 5)$$

이것을 "x는 y와 법 5로 합동"이라 읽고 이것은 "$x-y$"가 5로 나누어짐을 뜻한다. 이 경우 R_5는 Z상의 동치관계이다. Z/R_5에는 5가지의 상이한 동치류가 존재한다. 즉,

$$E_0 = \{\cdots, -10, -5, 0, 5, 10, \cdots\} = \cdots = [-10] = [-5] = [0] = [5] = \cdots$$
$$E_1 = \{\cdots, -9, -4, 1, 6, 11, \cdots\} = \cdots = [-9] = [-4] = [1] = [6] = \cdots$$
$$E_2 = \{\cdots, -8, -3, 2, 7, 12, \cdots\} = \cdots = [-8] = [-3] = [2] = [7] = \cdots$$
$$E_3 = \{\cdots, -7, -2, 3, 8, 13, \cdots\} = \cdots = [-7] = [-2] = [3] = [8] = \cdots$$
$$E_4 = \{\cdots, -6, -1, 4, 9, 14, \cdots\} = \cdots = [-6] = [-1] = [4] = [9] = \cdots$$

임의의 정수 x는 $0 \leq r < 5$일 때 형식 $x = 5q + r$로 유일하게 표현되고, 이것은 r이 나머지일 때 동치류 E_r의 원소임을 알 수 있다. 동치류는 서로소이므로 $\mathbf{Z} = E_0 \cup E_1 \cup E_2 \cup E_3 \cup E_4$임을 확인하여라.

1.9 관계의 합성

U를 A에서 B로의 관계라 하고 V를 B에서 C로의 관계라 하자. 즉, $U \subset A \times B$이고 $V \subset B \times C$이다. 이 경우 어떤 $b \in B$에 대해서

$$\langle a, b \rangle \in U, \quad \langle b, c \rangle \in V$$

를 만족하는 $\langle a, c \rangle \in A \times C$인 모든 순서쌍으로 이루어진 집합은 A에서부터 C로의 관계이고 이것을 U와 V의 **합성**(composition)이라 하고 $V \circ U$로 표현한다(저자에 따라서 이 관계를 $U \circ V$로도 표현하므로 주의하기 바란다).

그리고 다음 몇 가지 기호를 도입하는 것이 편리하다.

$\exists$: 존재한다   s.t. : 만족하는 $\forall$: 모든 $\Rightarrow$: 이면…이다〈 함의 〉.

따라서 이 기호를 사용하면 관계의 합성은 다음과 같이 쓸 수 있다.

$$V \circ U = \{\langle x, y \rangle : x \in A, y \in C, \exists b \in B \text{ s.t. } \langle x, b \rangle \in U, \langle b, y \rangle \in V\}$$

예제 9.1 $A = \{1, 2, 3, 4\}$, $B = \{x, y, z, w\}$, $C = \{5, 6, 7, 8\}$이라 하고
$U = \{\langle 1, x \rangle, \langle 1, y \rangle, \langle 2, x \rangle, \langle 3, w \rangle, \langle 4, w \rangle\}$,
$V = \{\langle y, 5 \rangle, \langle y, 6 \rangle, \langle z, 8 \rangle, \langle w, 7 \rangle\}$

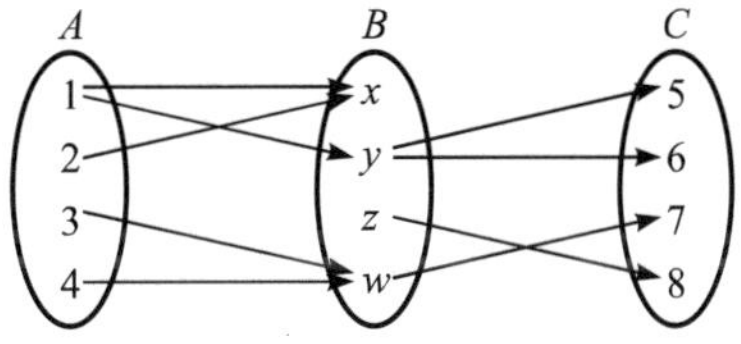

| 그림 1-4 |

이라 하자. 즉, U는 A에서 B로의 관계이고, V는 B에서 C로의 관계이다. U와 V를 그림으로 나타내면 다음과 같다. 따라서,

$y \in B$, $\langle 1, y \rangle \in U$, $\langle y, 5 \rangle \in V$이므로 $\langle 1, 5 \rangle \in V \circ U$
$y \in B$, $\langle 1, y \rangle \in U$, $\langle y, 6 \rangle \in V$이므로 $\langle 1, 6 \rangle \in V \circ U$
$w \in B$, $\langle 3, w \rangle \in U$, $\langle w, 7 \rangle \in V$이므로 $\langle 3, 7 \rangle \in V \circ U$
$w \in B$, $\langle 4, w \rangle \in U$, $\langle w, 7 \rangle \in V$이므로 $\langle 4, 7 \rangle \in V \circ U$

순서쌍, 즉

$$V \circ U = \{\langle 1, 5\rangle, \langle 1, 6\rangle, \langle 3, 7\rangle, \langle 4, 7\rangle\}$$

이고, 이외의 순서쌍은 $V \circ U$에 속하지 않는다. 위 도식에서 두 화살표로 이루어지는 $x \in A$에서부터 $y \in C$로의 "경로(path)"가 존재하는 순서쌍 $\langle x, y\rangle$만이 $V \circ U$를 구성함을 알 수 있다.

예제 9.2 U와 V를

$$U = \{\langle x, y\rangle : x^2 + y^2 = 1\}, \qquad V = \{\langle y, z\rangle : 2y + 3z = 4\}$$

로 정의된 $\mathbf{R}$상의 관계라 하자. 이 경우 U와 V의 합성관계 $V \circ U$는 두 방정식 $x^2 + y^2 = 1$과 $2y + 3z = 4$에서 y를 소거함으로써 구할 수 있다. 즉,

$$V \circ U = \{< x, z >: 4x^2 + 9z^2 - 24z + 12 = 0\}$$

예제 9.3 $\mathbf{N}$을 양의 정수의 집합이라 하고, R을 $\mathbf{N}$에 있어서 관계 $<$이라 하자. 즉, $a < b \Longleftrightarrow \langle a, b\rangle \in R$이다. 따라서 $\langle a, b\rangle \in R^{-1} \Longleftrightarrow a > b$이다. 이 경우

$$\begin{aligned} R \circ R^{-1} &= \{\langle x, y\rangle : x, y \in \mathbf{N}\ ;\ \exists b \in \mathbf{N} \text{ s.t. } \langle x, b\rangle \in R^{-1}, \langle b, y\rangle \in R\} \\ &= \{\langle x, y\rangle : x, y \in \mathbf{N}\ ;\ \exists b \in \mathbf{N} \text{ s.t. } b < x,\ b < y\} \\ &= (\mathbf{N} \setminus \{1\}) \times (\mathbf{N} \setminus \{1\}) \\ &= \{\langle x, y\rangle : x, y \in \mathbf{N}\ ;\ x, y \neq 1\} \\ R^{-1} \circ R &= \{\langle x, y\rangle : x, y \in \mathbf{N}\ ;\ \exists b \in \mathbf{N} \text{ s.t. } \langle x, b\rangle \in R, \langle b, y\rangle \in R^{-1}\} \\ &= \{\langle x, y\rangle : x, y \in \mathbf{N}\ ;\ \exists b \in \mathbf{N} \text{ s.t. } b > x,\ b > y\} \\ &= \mathbf{N} \times \mathbf{N} \end{aligned}$$

$R \circ R^{-1} \neq R^{-1} \circ R$임에 유의하기 바란다.

연습문제

• 집합 · 원소 · 부분집합

1. $A=\{x:3x=6\}$이면 $A=2$인가?

풀이 A는 하나의 원소 2로 구성된 집합, 즉 $A=\{2\}$이다. 수 2는 A에 속한다. 이것은 $A=2$가 아니다. 원소 p와 한 원소집합 $\{p\}$를 혼동해서는 안된다.

2. 집합 ϕ, $\{0\}$, $\{\phi\}$ 중에서 어느 것이 같은가 결정하여라.

풀이 이들 각각은 서로 다르다. 집합 $\{0\}$은 하나의 원소, 즉 수 0을 포함한다. 집합 ϕ는 원소가 없는 공집합이다. 집합 $\{\phi\}$는 또한 하나의 원소, 즉 공집합만을 포함한다.

3. 다음 집합이 공집합인지 아닌지를 결정하여라.

(i) $X=\{x:x^2=9,\ 2x=4\}$

(ii) $Y=\{x:x\neq x\}$

(iii) $Z=\{x:x+8=8\}$

풀이 (i) $x^2=9$와 $2x=4$를 동시에 만족할 수는 없다. 따라서 $X=\phi$

(ii) 임의의 대상이 그 자신이라 생각하면 Y는 공집합이다. 실제로 어떤 교과서에서는 공집합을 $\phi\equiv\{x:x\neq x\}$로 정의하는 경우도 있다.

(iii) 수 0은 $x+8=8$을 만족하므로 $Z=\{0\}$이다. 따라서 $Z\neq\phi$

4. $A=\{2, 3, 4, 5\}$는 $B=\{x:x$는 짝수$\}$의 부분집합이 아님을 증명하여라.

풀이 적어도 A의 하나의 원소가 B에 속하지 않음을 밝히면 된다. $3\in A$이나 $3\notin B$이므로 A는 B의 부분집합이 아니다.

5. [정리 1-1의 (iii)] $A\subset B$이고 $B\subset C$이면 $A\subset C$임을 증명하여라.

풀이 A에 속하는 각 원소가 또한 C에 속함을 밝히면 된다. $x\in A$라고 하자. $A\subset B$이면 $x\in B$이고, 또한 $B\subset C$이므로 $x\in C$, 따라서 $x\in A$이면 $x\in C$, 즉 $A\subset C$이다.

6. A가 공집합 ϕ의 부분집합이면 $A=\phi$임을 증명하여라.

풀이 공집합 ϕ는 모든 집합의 부분집합이다. 특히 $\phi\subset A$, 그러나 가정에 의하여 $A\subset\phi$이므로 정리 1.1에 의하여 $A=\phi$이다.

7. $S=\{1, 2, 3\}$의 멱집합 $p(S)$를 구하여라.

풀이 S의 멱집합 $p(S)$는 S의 모든 부분집합족임을 상기하자. S의 부분집합은 $\{1, 2, 3\}$, $\{1, 2\}$, $\{1, 3\}$, $\{2, 3\}$, $\{1\}$, $\{2\}$, $\{3\}$과 공집합 ϕ이다. 따라서,

$$p(S)=\{S,\ \{1, 3\},\ \{2, 3\},\ \{1, 2\},\ \{1\},\ \{2\},\ \{3\},\ \phi\}$$

S의 부분집합은 $2^3=8$개 존재함에 유의하여라.

8. $S=\{3, \{1, 4\}\}$의 멱집합 $p(S)$를 구하여라.

풀이 첫째로 S는 두 개의 원소 3과 집합 $\{1, 4\}$를 포함함에 유의하여라. 따라서 $p(S)$는 $2^2=4$개로 구성된다. 즉 S 자신, 공집합 ϕ, 3을 포함하는 한 원소집합 $\{3\}$과 집합 $\{1, 4\}$를 포함하는 한 원소집합 $\{\{1, 4\}\}$이다. 따라서,

$$p(S)=\{S, \{3\}, \{\{1, 4\}\}, \phi\}$$

• 집합연산

9. $U=\{1, 2, \cdots, 8, 9\}$, $A=\{1, 2, 3, 4\}$, $B=\{2, 4, 6, 8\}$, $C=\{3, 4, 5, 6\}$이라 할 때 다음 집합을 구하여라.

(i) A^c　　(ii) $(A\cap C)^c$　　(iii) $B\setminus C$　　(iv) $(A\cup B)^c$

풀이 (i) A^c은 A에 속하지 않는 U의 원소로 이루어지는 까닭에 $A^c=\{5, 6, 7, 8, 9\}$

(ii) $A\cap C$는 A와 동시에 C의 원소로 이루어지는 까닭에

$$A\cap C=\{3, 4\}\text{이고, } (A\cap C)^c=\{1, 2, 5, 6, 7, 8, 9\}$$

(iii) $B\setminus C$는 C에 속하지 않는 B의 원소로 이루어지는 까닭에 $B\setminus C=\{2, 8\}$

(iv) $A\cup B$는 A의 원소와 B의 원소로 이루어지는 까닭에

$$A\cup B=\{1, 2, 3, 4, 6, 8\}\text{이고, } (A\cup B)^c=\{5, 7, 9\}$$

10. $(A\backslash B)\cap B=\phi$임을 증명하여라.

풀이
$$\begin{aligned}(A\backslash B)\cap B &=\{x : x\in B, x\in A\backslash B\}\\ &=\{x : x\in B, x\in A, x\notin B\}=\phi\end{aligned}$$

왜냐하면 $x\in B$이고 $x\notin B$를 만족하는 원소 x가 없는 까닭이다.

11. 드 모르간의 법칙 : $(A\cup B)^c=A^c\cap B^c$를 증명하여라.

풀이 $(A \cup B)^c = \{x : x \notin A \cup B\}$
$= \{x : x \notin A,\ x \notin B\}$
$= \{x : x \in A^c,\ x \in B^c\} = A^c \cap B^c$

12. $B \setminus A = B \cap A^c$를 증명하여라.

풀이 $B \setminus A = \{x : x \in B, x \notin A\} = \{x : x \in B,\ x \in A^c\} = B \cap A^c$

13. 분배법칙 $A \cap (B \cup C) = (A \cap B) \cup (A \cap C)$를 증명하여라.

풀이 $A \cap (B \cup C) = \{x : x \in A,\ x \in B \cup C\}$
$= \{x : x \in A,\ x \in B$ 또는 $x \in C\}$
$= \{x : x \in A,\ x \in B$ 또는 $x \in A,\ x \in C\}$
$= \{x : x \in A \cap B$ 또는 $x \in A \cap C\}$
$= (A \cap B) \cup (A \cap C)$

위 셋째 단계에서 대응하는 논리학의 분배법칙

$$p \wedge (q \vee r) = (p \wedge q) \vee (p \wedge r)$$

를 사용했음을 알 수 있고, $\wedge$는 "and", $\vee$는 "or"라고 읽는다.

14. 임의의 집합 A와 B에 대해서 $A \cap B \subset A \subset A \cup B$임을 증명하여라.

풀이 $x \in A \cap B$라 하면 $x \in A$이고 $x \in B$, 특히 $x \in A$, 따라서 $A \cap B \subset A$, $x \in A$이라 하면, $x \in A$ 또는 $x \in B$, 즉 $x \in A \cup B$, 따라서 $A \subset A \cup B$, 즉

$$A \cap B \subset A \subset A \cup B$$

15. 정리 1-3 (i)의 $A \subset B$이기 위한 필요충분조건은 $A \cap B = A$임을 증명하여라.

풀이 $x \in A$이라 하면 가정에 의하여 $x \in B$이므로 $x \in A \cap B$이고, 따라서 $A \subset A \cap B$이다. 그런데 위 문제에 의하여 $A \cap B \subset A$이므로 $A \cap B = A$이다.
한편으로 $A \cap B = A$라 가정하자. 이 경우 특히 $A \subset A \cap B$, 그러나 앞 문제에 의하여 $A \cap B \subset B$, 따라서 정리 1-1에 의하여 $A \subset B$.

• 적(곱)집합, 관계, 관계의 합성

16. $A = \{a, b\}$, $B = \{2, 3\}$이고 $C = \{3, 4\}$라 할 때
(i) $A \times (B \cup C)$ (ii) $(A \times B) \cup (A \times C)$
를 구하여라.

풀이 (i) 첫째로 $B \cup C = \{2, 3, 4\}$이므로

$$A \times (B \cup C) = \{\langle a, 2\rangle, \langle a, 3\rangle, \langle a, 4\rangle, \langle b, 2\rangle, \langle b, 3\rangle, \langle b, 4\rangle\}$$

(ii) 첫째로 $A \times B$와 $A \times C$를 구한다.

$A \times B = \{\langle a, 2\rangle, \langle a, 3\rangle, \langle b, 2\rangle, \langle b, 3\rangle\}$

$A \times C = \{\langle a, 3\rangle, \langle a, 4\rangle, \langle b, 3\rangle, \langle b, 4\rangle\}$

다음에 두 집합의 합을 계산한다.

$$(A \times B) \cup (A \times C) = \{\langle a, 2\rangle, \langle a, 3\rangle, \langle b, 2\rangle, \langle b, 3\rangle, \langle a, 4\rangle, \langle b, 4\rangle\}$$

(i)과 (ii)에서 $A \times (B \cup C) = (A \times B) \cup (A \times C)$임을 알 수 있다.

17. $A \times (B \cap C) = (A \times B) \cap (A \times C)$임을 증명하여라.

풀이

$$\begin{aligned} A \times (B \cap C) &= \{\langle x, y\rangle : x \in A,\ y \in B \cap C\} \\ &= \{\langle x, y\rangle : x \in A,\ y \in B,\ y \in C\} \\ &= \{\langle x, y\rangle : \langle x, y\rangle \in A \times B, \langle x, y\rangle \in A \times C\} \\ &= (A \times B) \cap (A \times C) \end{aligned}$$

18. $A = \{1, 2, 3, 4\}$에서 $B = \{1, 3, 5\}$로의 관계 R를 $\langle a, b\rangle \in R \iff a < b$라 하자.

(i) R를 순서쌍의 집합으로 표기하여라.

(ii) R를 $A \times B$의 좌표도표로 그려라.

(iii) R의 정의역, R의 치역과 R^{-1}을 구하여라.

(iv) $R \circ R^{-1}$을 구하여라.

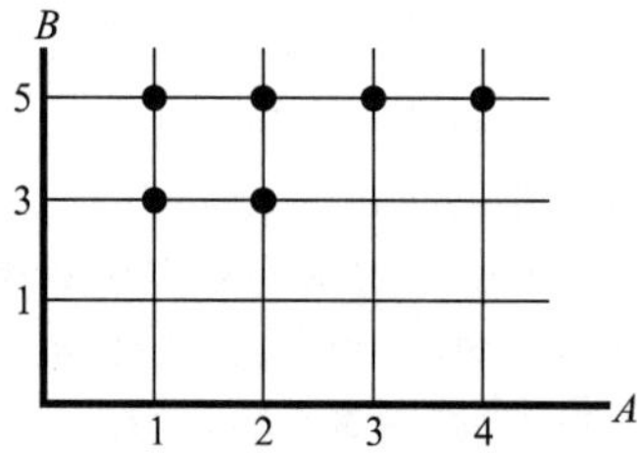

| 그림 1-5 |

풀이 (i) R는 $a < b$인 순서쌍 $\langle a, b\rangle \in A \times B$로 이루어진다. 따라서

$$R = \{\langle 1, 3\rangle, \langle 1, 5\rangle, \langle 2, 3\rangle, \langle 2, 5\rangle, \langle 3, 5\rangle, \langle 4, 5\rangle\}$$

(ii) R는 그림 1-5에서 표시된 바와 같은 좌표도표 $A \times B$이다.

(iii) R의 정의역은 R에 속하는 순서쌍의 첫째 성분의 집합이다. 따라서 R의 정의역은 $R = \{1, 2, 3, 4\}$이다. R의 치역은 R에 있어서 둘째 성분의 집합이고 따라서 R의 치역

은 $R=\{3, 5\}$이다. R^{-1}은 R에 속하는 순서쌍을 뒤집어 놓음으로 얻어진다. 따라서

$$R^{-1}=\{\langle 3, 1\rangle, \langle 5, 1\rangle, \langle 3, 2\rangle, \langle 5, 2\rangle, \langle 5, 3\rangle, \langle 5, 4\rangle\}$$

(iv) $R \circ R^{-1}$을 구하기 위해서 그림 1-6과 같이 R^{-1}과 R의 도표를 구성한다. 도표에서는 합성 $R \circ R^{-1}$에 있어서 둘째 인자가 먼저 구성됨에 주의하여라. 즉,

$$R \circ R^{-1}=\{\langle 3, 3\rangle, \langle 3, 5\rangle, \langle 5, 3\rangle, \langle 5, 5\rangle\}$$

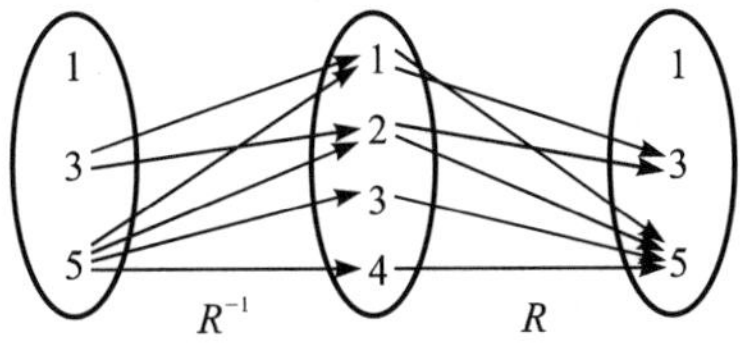

| 그림 1-6 |

19. T를 어떤 정수 n에 대해서

$$_xT_y \Longleftrightarrow x\in[n, n+1], \quad y\in[n, n+1]$$

로 정의되는 실수 $\mathbf{R}$의 집합상의 관계라 하자. 관계 T의 그래프를 그려라.

풀이 T는 그림 1-7의 음영부분의 사각형으로 이루어진다.

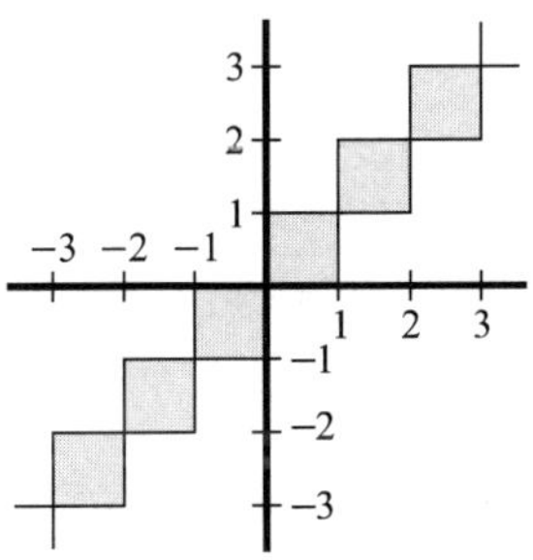

| 그림 1-7 |

20. T를 $xTy \Longleftrightarrow 0 \le x-y \le 1$로 정의된 실수집합 $\mathbf{R}$상의 관계라 하자.

(i) T와 T^{-1}를 $\mathbf{R}\times\mathbf{R}$의 부분집합으로 표기하고 그래프를 그려라.

(ii) $T \circ T^{-1}=\{\langle x, z\rangle : |x-z| \le 1\}$임을 밝혀라.

풀이 (i) $T=\{\langle x, y\rangle : x, y\in\mathbf{R}, 0 \le x-y \le 1\}$

$T^{-1}=\{\langle x, y\rangle : \langle y, x\rangle\in T\}=\{\langle x, y\rangle : x, y\in\mathbf{R}, 0 \le y-x \le 1\}$

관계 T와 T^{-1}의 그래프는 그림 1-8과 같이 나타난다.

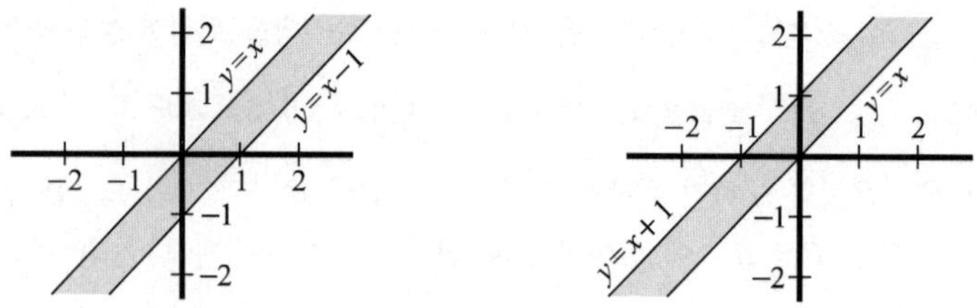

T의 그래프 　　　 T^{-1}의 그래프

| 그림 1-8 |

(ii) $S=\{\langle x, z\rangle : |x-z| \le 1\}$이라 하고 $T \circ T^{-1}=S$임을 밝히기로 한다. 관계의 합성의 정의에 의하여

$$\begin{aligned} T \circ T^{-1} &= \{\langle x, z\rangle : \exists y \in \mathbf{R} \text{ s.t. } \langle x, y\rangle \in T^{-1}, \langle y, z\rangle \in T\} \\ &= \{\langle x, z\rangle : \exists y \in \mathbf{R} \text{ s.t. } \langle y, x\rangle, \langle y, z\rangle \in T\} \\ &= \{\langle x, z\rangle : \exists y \in \mathbf{R} \text{ s.t. } 0 \le y-x \le 1,\ 0 \le y-z \le 1\} \end{aligned}$$

첫째로, $\langle x, z\rangle$가 또한 $T \circ T^{-1}$에 속한다 하자.

$\exists y$ **s.t.** $0 \le y-x,\ \ y-z \le 1$

$0 \le y-x, y-z \le 1 \Rightarrow y-z \le 1$
$\qquad \Rightarrow y-z \le 1+y-x$
$\qquad \Rightarrow x-z \le 1$

$0 \le y-x, y-z \le 1 \Rightarrow y-x \le 1$
$\qquad \Rightarrow y-x \le 1+y-z$
$\qquad \Rightarrow -1 \le x-z$

다시 말해서 $|x-z| \le 1$일 때 한해서

$$0 \le y-x, y-z \le 1 \Rightarrow -1 \le x-z \le 1$$

따라서 $\langle x, z\rangle \in S$, 즉 $T \circ T^{-1} \subset S$

한편으로 $\langle x, z\rangle$가 S에 속한다면 $|x-z| \le 1$

$y=\max\langle x, z\rangle$라면 $0 \le y-x \le 1$이고 $0 \le y-z \le 1$

따라서 $\langle x, z\rangle$는 $T \circ T^{-1}$에 속한다. 즉 $S \subset T \circ T^{-1}$ 따라서

$$T \circ T^{-1}=S$$

21. 임의의 두 관계 $R \subset X \times Y$와 $S \subset Y \times Z$에 대해서 $(S \circ R)^{-1}=R^{-1} \circ S^{-1}$임을 증명하여라.

풀이
$$\begin{aligned} (S \circ R)^{-1} &= \{\langle z, x\rangle : \langle x, z\rangle \in S \circ R\} \\ &= \{\langle z, x\rangle : \exists y \in Y \text{ s.t. } \langle x, y\rangle \in R, \langle y, z\rangle \in S\} \\ &= \{\langle z, x\rangle : \exists y \in Y \text{ s.t. } \langle z, y\rangle \in S^{-1}, \langle y, x\rangle \in R^{-1}\} \\ &= R^{-1} \circ S^{-1} \end{aligned}$$

22. 임의의 세 관계 $R \subset W \times X$, $S \subset X \times Y$, $T \subset Y \times Z$에 대해서

$$(T \circ S) \circ R = T \circ (S \circ R)$$

임을 증명하여라.

풀이 $(T \circ S) \circ R = \{\langle w, z\rangle : \exists x \in X \text{ s.t. } \langle w, x\rangle \in R, \langle x, z\rangle \in T \circ S\}$
$= \{\langle w, z\rangle : \exists x \in X, \exists y \in Y \text{ s.t. } \langle w, x\rangle \in R, \langle x, y\rangle \in S, \langle y, z\rangle \in T\}$
$= \{\langle w, z\rangle : \exists y \in Y \text{ s.t. } \langle w, y\rangle \in S \circ R, \langle y, z\rangle \in T\}$
$= T \circ (S \circ R)$

• 반사, 대칭, 추이와 동치관계

23. R를 A상의 관계, 즉 $R \subset A \times A$라고 할 때 다음을 증명하여라.

(i) R은 반사적 $\iff \Delta_A \subset R$

(ii) R은 대칭적 $\iff R = R^{-1}$

(iii) R은 추이적 $\iff R \circ R \subset R$

(iv) R가 반사적이면 $R \circ R \supset R$인 동시에 $R \circ R$는 반사적이다.

(v) R가 대칭적이면 $R \circ R^{-1} = R^{-1} \circ R$이다.

(vi) R가 추이적이면 $R \circ R$은 추이적이다.

풀이 (i) 대각선집합은 $\Delta_A = \{\langle a, a\rangle : a \in A\}$임을 상기하자. 따라서 R는 모든 $a \in A$에 대해서 R는 반사적 $\iff \langle a, a\rangle \in R$, 즉 $\Delta_A \subset R$일 때 반사적이다.

(ii) R^{-1}의 정의와 대칭성에서부터 곧 성립한다.

(iii) $\langle a, c\rangle \in R \circ R$이라 하면 $\langle a, b\rangle \in R$이고 $\langle b, c\rangle \in R$로 되는 $b \in A$가 존재한다. 그런데 추이성에 의하여 $\langle a, b\rangle$, $\langle b, c\rangle \in R$이면 $\langle a, c\rangle \in R$이다. 따라서 $R \circ R \subset R$이다.

한편, $R \circ R \subset R$이라 가정하자. $\langle a, b\rangle$, $\langle b, c\rangle \in R$이면 $\langle a, c\rangle \in R \circ R \subset R$이다. 바꾸어 말하자면 R는 추이적이다.

(iv) $\langle a, b\rangle \in R$라고 하자. 따라서 $R \circ R = \{\langle a, c\rangle : \exists b \in A \text{ s.t. } \langle a, b\rangle \in R, \langle b, c\rangle \in R\}$

그런데 $\langle a, b\rangle \in R$이며 R은 반사적이고, $\langle b, b\rangle \in R$이다. 따라서 $\langle a, b\rangle \in R \circ R$, 즉 $R \subset R \circ R$이다. 또한 (i)에서부터 $\Delta_A \subset R \subset R \circ R$이므로 $R \circ R$은 또한 반사적이다.

(v) $R \circ R^{-1} = \{\langle a, c\rangle : \exists b \in A \text{ s.t. } \langle a, b\rangle \in R^{-1},\ \langle b, c\rangle \in R\}$
$= \{\langle a, c\rangle : \exists b \in A \text{ s.t. } \langle a, b\rangle \in R,\quad \langle b, c\rangle \in R^{-1}\}$
$= R^{-1} \circ R$

(vi) $\langle a, b\rangle$, $\langle b, c\rangle \in R \circ R$라 하자. (iii)에 의하여 $R \circ R \subset R$이므로 $\langle a, b\rangle$, $\langle b, c\rangle \in R$, 그러므로 $\langle a, c\rangle \in R \circ R$, 즉 $R \circ R$는 추이적이다.

24. $X = \{1, 2, 3\}$상의 관계 $R = \{\langle 1, 1\rangle, \langle 2, 3\rangle, \langle 3, 2\rangle\}$에 대해서 R은 (i) 반사적 (ii) 대칭적 (iii) 추이적인지 아닌지를 결정하여라.

풀이 (i) R는 $2 \in X$이나 $\langle 2, 2\rangle \notin R$인 까닭에 반사적이 아니다.
(ii) $R^{-1} = R$로 되어 있으므로 R는 대칭적이다.
(iii) $\langle 3, 2\rangle \in R$이고 $\langle 2, 3\rangle \in R$이나 $\langle 3, 3\rangle \notin R$인 까닭에 R는 추이적이 아니다.

25. 집합 $\mathbf{N} \times \mathbf{N}$, 즉 양의 정수의 순서쌍의 집합을 생각하자. 관계 R를

$$\langle a, b\rangle \simeq \langle c, d\rangle \iff ad = bc$$

로 정의되는 $\mathbf{N} \times \mathbf{N}$상의 관계를 $\simeq$라 하자. R은 동치관계임을 증명하여라.

풀이 모든 $\langle a, b\rangle \in \mathbf{N} \times \mathbf{N}$에 대해서 $ab = ba$인 까닭에 $\langle a, b\rangle \simeq \langle a, b\rangle$임에 유의하면 R는 반사적이다. $\langle a, b\rangle \simeq \langle c, d\rangle$라 가정하자. 이 경우 $ad = bc$이고, 이것은 $cb = da$를 뜻한다. 따라서 $\langle c, d\rangle \simeq \langle a, b\rangle$이므로 R는 대칭적이다.
다음에 $\langle a, b\rangle \simeq \langle c, d\rangle$, $\langle c, d\rangle \simeq \langle e, f\rangle$라 가정하면, $ad = bc$이고 $cf = de$이다. 따라서,

$$(ad)(cf) = (bc)(de)$$

이고, 양변에서 dc를 약분하므로 $af = be$, 따라서 $\langle a, b\rangle \simeq \langle e, f\rangle$이고, R는 추이적이다.
R는 반사적, 대칭적이고 추이적인 까닭에 R은 동치관계이다.

※ 주의 : 만일에 순서쌍 $\langle a, b\rangle$를 분수 $\frac{a}{b}$로 쓴다면, 위 관계 R는 보통의 두 분수가 같다는 정의, 즉 $ad = bc \iff \frac{a}{b} = \frac{c}{d}$에 해당된다.

26. 정리 1-4에서 R를 A상의 동치관계, $[a]$를 $a \in A$의 동치류라 할 때 다음을 증명하여라.
(i) 모든 $a \in A$에 대하여 $a \in [a]$
(ii) $[a] = [b] \iff \langle a, b\rangle \in R$
(iii) $[a] \neq [b]$이면 $[a]$와 $[b]$는 서로소이다($[a] \cap [b] = \phi$).

풀이 (i)의 증명 : R의 반사성에서부터 모든 $a \in A$에 대해서 $\langle a, a\rangle \in R$이고, 따라서 $a \in [a]$
(ii)의 증명 : $\langle a, b\rangle \in R$라고 가정하고 $[a] = [b]$임을 밝히고자 한다. $x \in [b]$라고 하면 $\langle b, x\rangle \in R$이다. 그런데 가정에 의하여 $\langle a, b\rangle \in R$, 따라서 추이성에 의하여 $\langle a, x\rangle \in R$, 그러므로 $x \in [a]$, 즉 $[b] \subset [a]$. $[a] \subset [b]$임을 증명하기 위하여 $\langle a, b\rangle \in R$이

면 대칭성에 의하여 $\langle b, a\rangle \in R$임을 안다. 이 경우 같은 논법으로 $[a] \subset [b]$가 되므로 $[a]=[b]$.

한편으로 $[a]=[b]$이면 반사성에 의하여 $b\in[b]=[a]$, 즉 $\langle a, b\rangle \in R$

(iii)의 증명 : 동치인 대우 명제, 즉 $[a]\cap[b] \neq \phi$이면, $[a]=[b]$임을 증명한다. $[a]\cap[b] \neq \phi$이면 $x\in[a]\cap[b]$인 원소 $x\in A$가 존재한다. 따라서 $\langle a, x\rangle \in R$이고, $\langle b, x\rangle \in R$이다. 대칭성에 의하여 $\langle x, b\rangle \in R$이고 또한 추이성에 의하여 $\langle a, b\rangle \in R$이다. 따라서 (ii)에 의하여 $[a]=[b]$.

보충문제

• 집합, 원소, 부분집합

27. 다음 집합 중 어느 것이 공집합인지 결정하여라.

(i) $\{x : 1 < x < 2,\ x \in \mathbf{R}\}$ (ii) $\{x : 1 < x < 2,\ x \in \mathbf{N}\}$

(iii) $\{x : x \in \phi\}$ (iv) $\{x : x^2 < x,\ x \in \mathbf{R}\}$

28. $A = \{1, 2, \cdots 8, 9\}$, $B = \{2, 4, 6, 8\}$, $C = \{1, 3, 5, 7, 9\}$, $D = \{3, 4, 5\}$이고 $E = \{3, 5\}$라고 하자. 다음 정보가 주어졌을 때 이들 집합 중의 어느 것이 X와 같은가?

(i) X와 B는 서로소

(ii) $X \subset D$인 동시에 $X \not\subset B$

(iii) $X \subset A$인 동시에 $X \not\subset C$

(iv) $X \subset C$인 동시에 $X \not\subset A$

29. 다음 각 명제가 참인지 거짓인지 기술하여라.

(i) 유한집합의 모든 부분집합은 유한이다.

(ii) 무한집합의 모든 부분집합은 무한이다.

30. 세 개의 집합 ϕ, $\{\phi\}$, $\{\phi, \{\phi\}\}$간의 포함관계와 소속관계를 논하여라.

31. 닫힌 구간 $[a, b]$는 열린 구간 (a, b)의 부분집합이 아님을 증명하여라.

32. $U = \{0, 1, 2\}$의 멱집합 $\mathscr{P}(U)$와 $V = \{0, \{1, 2\}\}$의 멱집합 $\mathscr{P}(V)$를 구하여라.

33. 다음 각각은 참인지 거짓인지를 논하여라. 여기서 S는 공집합이 아닌 임의의 집합이고, 2^s은 S의 멱집합이다.

(i) $S \in 2^s$ (ii) $S \subset 2^s$ (iii) $\{S\} \in 2^s$ (iv) $\{S\} \subset 2^s$

• 집합의 연산

34. $A=\{1, 2, 3, \{1, 2, 3\}\}$, $B=\{1, 2, \{1, 2\}\}$라고 할 때 $A\cup B$, $A\cap B$, $A\setminus B$, $B\setminus A$를 구하여라.

35. 그림 1-9의 각 벤도표에 (i) $A\cap(B\cup C)$ (ii) $C\setminus(A\cap B)$를 빗금으로 표현하여라.

| 그림 1-9 |

36. 벤도표에 의하여 $A^c\setminus B^c=B\setminus A$임을 증명하고 표시하여라.

37. (i) $A\cap(B\setminus C)=(A\cap B)\setminus(A\cap C)$임을 증명하여라.

(ii) $A\cup(B\setminus C)\neq(A\cup B)\setminus(A\cup C)$임을 밝히는 하나의 예를 들어라.

38. $2^A\cap 2^B=2^{A\cap B}$, $2^A\cup 2^B\subset 2^{A\cup B}$임을 증명하여라. 예를 들어 $2^A\cup 2^B\neq 2^{A\cup B}$임을 밝혀라.

39. 정리 1-3에서 다음 각 조건은 $A\subset B$와 동치임을 증명하여라.

(i) $A\cap B=A$ (ii) $A\cup B=B$ (iii) $B^c\subset A^c$

(iv) $A\cap B^c=\phi$ (v) $B\cup A^c=U$

(※ 주의 : $A\cap B=A$는 문제 15에서 $A\subset B$와 동치임을 이미 증명하였다.)

40. 임의의 C에 대해서 $A\subset B\Longleftrightarrow(B\cap C)\cup A=B\cap(C\cup A)$임을 증명하여라.

• 적집합, 관계, 관계의 합성

41. $A\times(B\cup C)=(A\times B)\cup(A\times C)$임을 증명하여라.

42. 순서쌍의 정의, 즉 $\langle a, b\rangle=\{\{a\}, \{a, b\}\}$를 사용하여
$\langle a, b\rangle=\langle c, d\rangle \Longleftrightarrow a=c, b=d$임을 증명하여라.

43. m과 n이 양의 정수일 때 m개의 원소를 갖는 집합에서부터 n개의 원소를 가진 집합으로의 상이한 관계의 개수를 결정하여라.

44. R을 다음에 의하여 정의된 양의 정수 $\mathbf{N}$상의 관계라고 하자.

$$R=\{\langle x, y\rangle : x, y\in\mathbf{N}, x+2y=12\}$$

(i) R를 순서쌍의 집합으로 표기하여라.
(ii) R의 정의역, 치역과 R^{-1}을 구하여라.
(iii) $R\circ R$를 구하여라.
(iv) $R^{-1}\circ R$를 구하여라.

45. $\mathbf{N}$상의 관계 $R=\{\langle 4, 5\rangle, \langle 1, 4\rangle, \langle 4, 6\rangle, \langle 7, 6\rangle, \langle 3, 7\rangle\}$을 생각하자.
(i) R의 정의역, 치역과 R^{-1}을 구하여라.
(ii) $R\circ R$를 구하여라.
(iii) $R^{-1}\circ R$를 구하여라.

46. $U=\{\langle x, y\rangle : x^2+2y=5\}$와 $V=\{\langle x, y\rangle : 2x-y=3\}$에 의하여 정의된 $\mathbf{R}$(실수의 집합)상의 관계를 U와 V라 하자.
(i) $V\circ U$를 구하여라.
(ii) $U\circ V$를 구하여라.

47. $\mathbf{R}$상의 관계 $<$와 $\leq$를 생각하자. Δ가 대각집합일 때 $<\cup\Delta=\leq$임을 밝히라.

• 동치관계

48. 다음 각 명제는 참인지 거짓인지를 논하여라. R와 S는 집합 A(공집합이 아닌)상의 관계라 가정한다.

(1) R가 대칭이면, R^{-1}도 대칭이다.

(2) R가 반사이면, $R \cap R^{-1} \neq \phi$

(3) R가 대칭이면, $R \cap R^{-1} \neq \phi$

(4) R와 S가 추이적이면, $R \cup S$도 추이적이다.

(5) R와 S가 추이적이면, $R \cap S$도 추이적이다.

(6) R와 S가 대칭적이면, $R \cup S$도 대칭적이다.

(7) R와 S가 대칭적이면, $R \cap S$도 대칭적이다.

(8) R와 S가 반사적이면, $R \cap S$도 반사적이다.

49. 양의 정수의 순서쌍의 집합인 $\mathbf{N} \times \mathbf{N}$을 생각하자. $\simeq$를 다음에 의하여 정의되는 관계라 하자.

$$\langle a, b \rangle \simeq \langle c, d \rangle \Longleftrightarrow a+d=b+c$$

(i) $\simeq$는 동치관계임을 증명하여라.

(ii) $\langle 2, 5 \rangle$의 동치류, 즉 $[\langle 2, 5 \rangle]$를 구하여라.

50. 관계, $\sim$를 "$x \sim y \Longleftrightarrow x-y$가 정수"에 의하여 정의되는 $\mathbf{R}$상의 관계라 한다. $\sim$는 동치관계임을 증명하여라.

51. 관계, $\sim$를 "$\langle x, y \rangle \sim \langle u, v \rangle \Longleftrightarrow x=u$"에 의하여 정의되는 cartesian 평면 $\mathbf{R}^2$에 있어서 관계라 하자. 관계, $\sim$는 동치관계임을 증명하고 몇 가지 동치류의 그래프를 그려라.

52. a와 b를 임의의 실수라 하고 다음에 의하여 정의된 $\mathbf{R}^2$상의 관계를 $\sim$이라 하자.

$$\langle x, y \rangle \sim \langle u, v \rangle \Longleftrightarrow \exists\, k \in \mathbf{Z} \text{ s.t. } x-\mu=ka,\ y-v=kb$$

관계, $\sim$는 동치관계임을 증명하고, 몇 가지 동치류의 그래프를 그려라.

• 보충문제의 답

27. (ii)와 (iii)의 집합은 공집합이다.

31. $a \in [a, b]$이나 $a \notin (a, b)$

32. $\mathscr{P}(V) = \{V, \{0\}, \{\{1, 2\}\}, \phi\}$

33. (i) T(참) (ii) F(거짓) (iii) F(거짓) (iv) T(참)

34. $A \cup B = \{1, 2, 3, \{1, 2\}, \{1, 2, 3\}\}$, $A \cap B = \{1, 2\}$, $A \setminus B = \{3, \{1, 2, 3\}\}$, $B \setminus A = \{\{1, 2\}\}$

35.

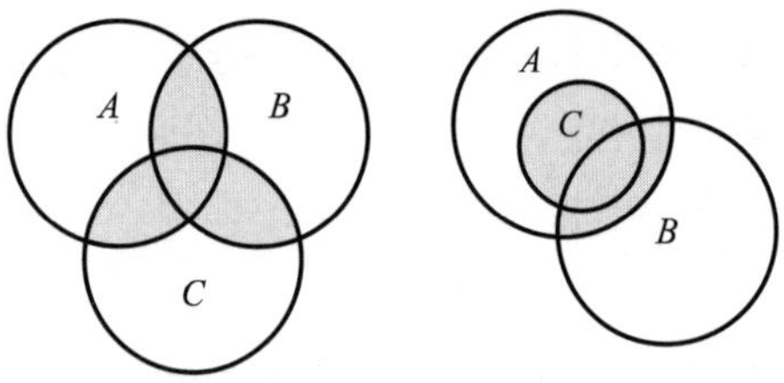

(i)

| 그림 1-10 |

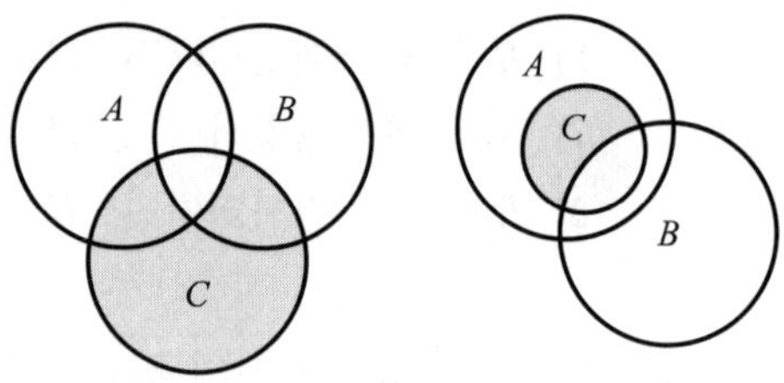

(ii)

| 그림 1-11 |

37. (ii) $C = \phi$, $A = B \neq \phi$

38. 예 : $A = \{1\}$, $B = \{2\}$

43. 2^{mn}

44. (i) $R = \{\langle 10, 1\rangle, \langle 8, 2\rangle, \langle 6, 3\rangle, \langle 4, 4\rangle, \langle 2, 5\rangle\}$
    (ii) R의 정의역$= \{10, 8, 6, 4, 2\}$, R의 치역$= \{1, 2, 3, 4, 5\}$
    $R^{-1} = \{\langle 1, 10\rangle, \langle 2, 8\rangle, \langle 3, 6\rangle, \langle 4, 4\rangle, \langle 5, 2\rangle\}$
    (iii) $R \circ R = \{\langle 8, 5\rangle, \langle 4, 4\rangle\}$
    (iv) $R^{-1} \circ R = \{\langle 10, 10\rangle, \langle 8, 8\rangle, \langle 6, 6\rangle \langle 4, 4\rangle, \langle 2, 2\rangle\}$

45. (i) R의 정의역$= \{4, 1, 7, 3\}$, R의 치역$= \{5, 4, 6, 7\}$
    $R^{-1} = \{\langle 5, 4\rangle, \langle 4, 1\rangle, \langle 6, 4\rangle, \langle 6, 7\rangle, \langle 7, 3\rangle\}$
    (ii) $R \circ R = \{\langle 1, 5\rangle, \langle 1, 6\rangle, \langle 3, 6\rangle\}$
    (iii) $R^{-1} \circ R = \{\langle 4, 4\rangle, \langle 1, 1\rangle, \langle 4, 7\rangle, \langle 7, 4\rangle, \langle 7, 7\rangle, \langle 3, 3\rangle\}$

46. $V \circ U = \{\langle x, y\rangle : x^2 + y = 2\}$, $U \circ V = \{\langle x, y\rangle : 4x^2 - 12x + 2y + 4 = 0\}$

48. (1) T (2) T (3) T (4) F (5) T (6) T (7) T (8) T (단, T=참, F=거짓)

49. (ii) $[\langle 2, 5\rangle] = \{\langle 1, 4\rangle, \langle 2, 5\rangle, \langle 3, 6\rangle, \langle 4, 7\rangle, \cdots, \langle n, n+3\rangle, \cdots\}$

51. 동치류는 수직선이다(그림 1-12).

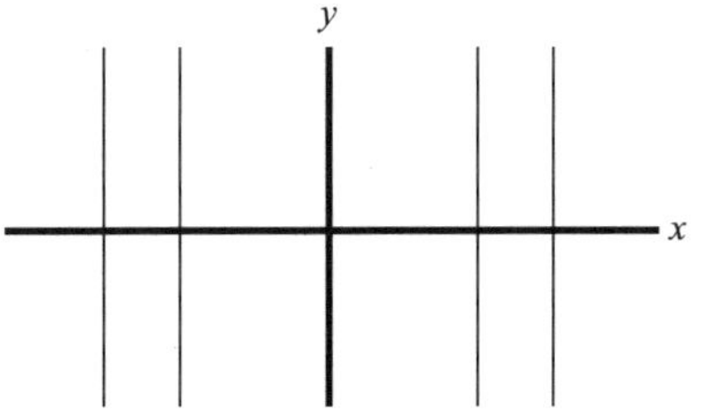

| 그림 1-12 |

52. 그림 1-13에 대표적인 동치류가 그려졌다. 인접된 수평선상의 점 사이의 거리는 a이고, 인접 수직선상의 점 사이의 거리는 b이다.

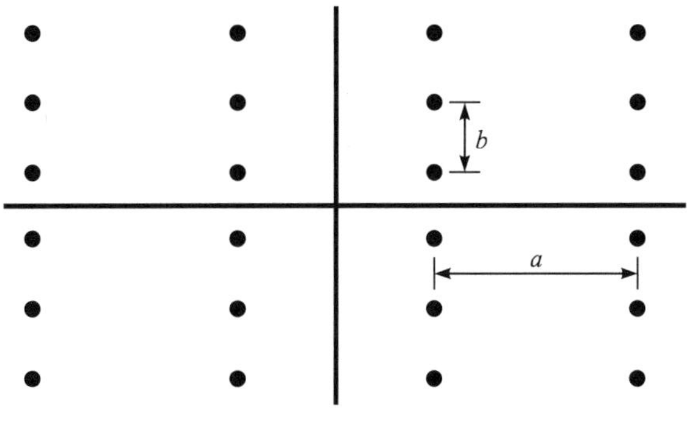

| 그림 1-13 |

02 G·E·N·E·R·A·L·T·O·P·O·L·O·G·Y

함 수

2.1 함 수

집합 A의 각 원소에 집합 B의 유일한 원소가 대응될 때, 이 대응 f를 A에서 B로(안으로)의 **함수**(function) 또는 **사상**(mapping)이라 하고 다음과 같이 표기한다.

$$f: A \longrightarrow B \text{ 또는 } A \xrightarrow{f} B$$

f에 의하여 원소 $a \in A$에 대응하는 B의 원소를 $f(a)$로 표시하고 이것을 a에 있어서 **f의 값**(value of f) 또는 f에 의한 a의 **상**(image)이라 한다. A를 f의 **정의역**(domain)이라 하고 B를 f의 **공변역**(co-domain)이라 한다. 각 함수 $f: A \longrightarrow B$에 대해서 다음과 같이 주어지는 $A \times B$상의 관계가 결정된다.

$$\{\langle a, f(a) \rangle : a \in A\}$$

이 집합을 f의 **그래프**(graph)라 한다. f의 상 전체로 이루어진 집합을 f의 **치역**(range)이라 하고 $f[A]$로 나타낸다. 즉

$$f[A] = \{f(a) : a \in A\}$$

두 함수 $f: A \longrightarrow B$와 $g: A \longrightarrow B$가 모든 $a \in A$에 대해서 $f(a) = g(a)$일 때, 다시 말해서 이들이 같은 그래프를 가질 때 f와 g는 **같다**(equal)고 하고 $f = g$로 표기한다. 따라서 함수와 그래프를 동일시하여 생각한다. $A \times B$의 부분집합 f, 즉 A에서부터 B로의 관계 f가 함수이기 위한 필요충분조건은 다음과 같이 표현된다.

[F] 모든 $a \in A$에 대하여 f에 속하는 하나의 순서쌍 $\langle a, b \rangle$의 둘째 좌표 b는 유일하다.

$f = g$의 부정은 $f \neq g$로 표기하고 이것은 $f(a) \neq g(a)$로 되는 $a \in A$가 존재한다는 명제와 같다. $[\exists a \in A(f(a) \neq g(a))]$

예제 1.1 $f: \mathbf{R} \longrightarrow \mathbf{R}$를 각 실수에 그 제곱을 대응시키는 함수라 하자. 즉, 각 $x \in \mathbf{R}$에 대해서 $f(x) = x^2$이다. 여기서 f는 **실수값함수**(real-valued function)이다. 이 그래프 $\{\langle x, x^2 \rangle : x \in \mathbf{R}\}$는 아래의 그림 2-1에 표시되었다. f의 치역은 음이 아닌 실수의 집합, 즉 $f[\mathbf{R}] = \{x : x \in \mathbf{R}, x \geq 0\}$이다.

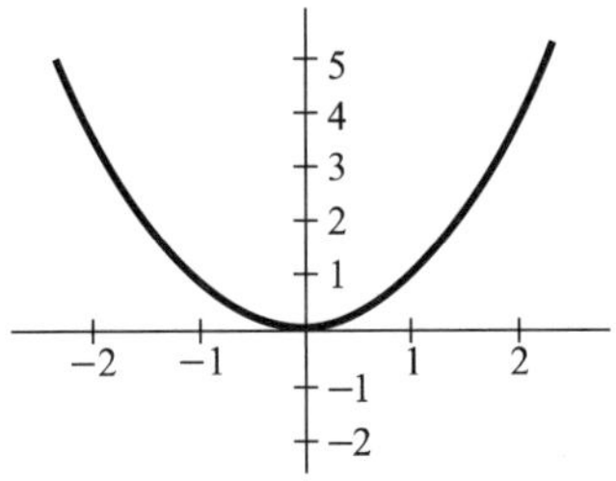

| 그림 2-1 |

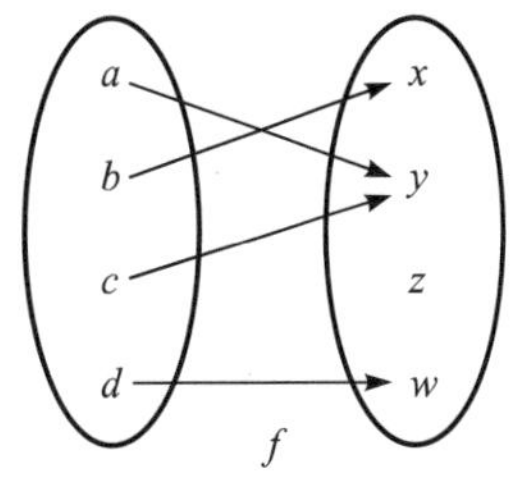

| 그림 2-2 |

예제 1.2 $A=\{a, b, c, d\}$이고 $B=\{x, y, z, w\}$라 하자. 이 경우, 위 그림 2-2의 도표에 의하여 A에서부터 B로의 함수 f가 정의된다. 여기서 $f[A]=\{x, y, w\}$이고, f의 그래프는 다음 관계이다.

$$\{\langle a, y\rangle, \langle b, x\rangle, \langle c, y\rangle, \langle d, w\rangle\}$$

예제 1.3 함수 $f: A \longrightarrow B$가 만일에 어떤 $b_0 \in B$에 대하여, 모든 $a \in A$에 대해서 $f(a)=b_0$이면, f를 **상수함수**(constant function)라 한다. 따라서 임의의 상수함수 f의 치역 $f[A]$는 한 원소집합, 즉 $f[A]=\{b_0\}$이다.

이제 다음에서 설명되는 두 함수 $f: A \longrightarrow B$와 $g: B \longrightarrow C$를 생각하자.

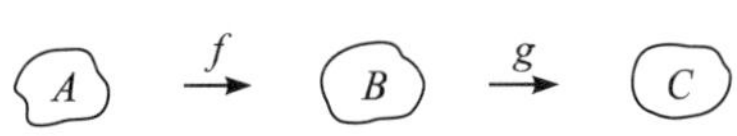

원소 $a \in A$에 C의 원소 $g(f(a))$를 대응시키는, A에서 C로의 함수를 f와 g의 **합성**(composition) 또는 **곱**(product)이라 하고 $g \circ f$로 표시한다. 따라서 정의에 의하여

$$(g \circ f)(a)=g(f(a))$$

만일 $f \subset A \times B$와 $g \subset B \times C$를 관계로 생각한다면, 곱 $g \cdot f$은 이미 정의한 바 있다(제1장). 그러나 이들 곱이 f와 g가 함수이면, $g \cdot f$는 함수이고 $g \cdot f=g \circ f$라는 점에서 같다.

만일 $f: X \longrightarrow Y$이고 $A \subset X$이면,

$$\text{모든 } a \in A\text{에 대해서 } (f \mid A)(a) \equiv f(a)$$

로 정의되는 A에서 Y로의 함수를 f의 A로의 **제한**(restriction)이라 하고 $f \mid A$로

표시한다. 같은 뜻으로 $f | A = f \cap (A \times Y)$이다. 한편, $f : X \longrightarrow Y$가 $X \subset X^*$일 때 어떤 함수 $g : X^* \longrightarrow Y$의 제한이면 g를 f의 **확장**(extension)이라 한다.

2.2 1대 1의 함수, 위로의 함수, 역함수와 항등함수

함수 $f : A \longrightarrow B$가, A에 속하는 상이한 원소에는 상이한 상을 대응시킬 때, 즉

$$f(a) = f(a') \Longrightarrow a = a'$$

를 만족할 때 f를 **1대 1**(one-to-one) 또는 **1-1(단사)함수**라 한다.

모든 $b \in B$가 어떤 $a \in A$의 상일 때, 즉

$$b \in B \Longrightarrow \exists\, a \in A\,(f(a) = b)$$

를 만족할 때 함수 $f : A \longrightarrow B$를 **위로**(onto) 또는 f는 A에서 B **위로**(onto)**함수**(또는 **전사**)라 한다. 따라서 f가 위로(전사)이면 $f[A] - B$이다.

일반적으로 함수 $f \subset A \times B$의 역관계 f^{-1}는 함수라고 할 수 있다. 그러나 f가 1대 1이고, 위로(전사)이면 f^{-1}는 B에서 A로의 함수가 되고 이것을 **역함수**(inverse function)라 한다.

대각집합 $\Delta_A \subset A \times A$는 함수이다. 이것을 A상의 **항등함수**(identity function)라 하고, 1_A 또는 1로 표현된다. 따라서 모든 $a \in A$에 대해서 $1_A(a) = a$이다. 분명히 $f : A \longrightarrow B$이면,

$$1_B \circ f = f = f \circ 1_A$$

또한 F가 위로의 1대 1이면 역함수 f^{-1}가 존재하여, 다음을 만족한다.

$$f^{-1} \circ f = 1_A \quad f \circ f^{-1} = 1_B$$

또한 위의 역도 성립한다.

> **명제 2-1** $f : A \longrightarrow B$와 $g : B \longrightarrow A$가 $g \circ f = 1_A$이고 $f \circ g = 1_B$를 만족한다면, $f^{-1} : B \longrightarrow A$가 존재하여, $g = f^{-1}$이다.

예제 2.1 $f : \mathrm{R} \longrightarrow \mathrm{R}$, $g : \mathrm{R} \longrightarrow \mathrm{R}$와 $h : \mathrm{R} \longrightarrow \mathrm{R}$가

$$f(x) = e^x,\ g(x) = x^3 - x,\ h(x) = x^2$$

로 정의되었다고 하자. 다음 그림 2-3(a)에 표시된 함수 f는 1대 1이다. 기하학적으로 말한다면, 이것은 각 수평선이 f의 하나의 점 이상을 포함하지 않음을 뜻한다. 아래의 그림 2-3(b)에 표시된 함수 g는 위로이다(전사이다). 기하학적으로 말한다면 이것은 각 수평선이 적어도 g의 하나의 점을 포함함을 뜻한다. 다음의 그림 2-3(c)에 표시된 함수 h는 1대 1도 아니고 위로의 함수(전사)도 아니다. 왜냐하면 $h(2) = h(-2) = 4$이고 $h[\mathbf{R}]$은 $\mathbf{R}$의 진부분집합이다. 예컨대 $-16 \notin h[\mathbf{R}]$인 까닭이다.

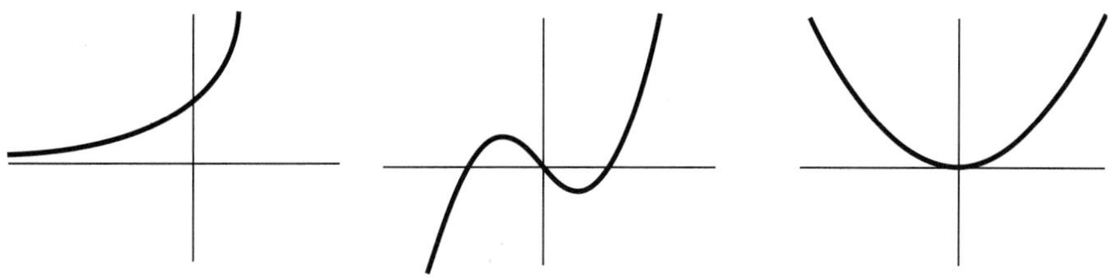

(a) $f(x)=e^x$ (b) $g(x)=x^3-x$ (c) $h(x)=x^2$

| 그림 2-3 |

2.3 첨수된 집합과 데카르트 곱

첨수된 집합족(indexed class of sets)은

$$\{A_i : i \in I\},\ \{A_i\}_{i \in I} \text{ 또는 간단히 } \{A_i\}$$

로 표현되며, 이것은 각 $i \in I$에 대해서 집합 A_i를 대응시킨다. 즉 I에서 집합족으로의 함수이다. 집합 I를 **첨수집합**(index set), $i \in I$를 **첨수**(index)라 하고 집합 A_i를 **첨수된 집합**(indexed set)이라 한다. 첨수집합 I가 양의 정수인 집합일 때 첨수된 집합족 $\{A_1, A_2, \cdots\}$를 **집합열**(sequence of sets)이라 한다.

예제 3.1 각 $n \in \mathbf{N}$(양의 정수)에 대해서

$$D_n\{x : x \in \mathbf{N},\ x\text{는 } n\text{의 배수}\}$$

라고 하면 $D_1=\{1, 2, 3, \cdots\}$, $D_2=\{2, 4, 6, \cdots\}$, $D_3=\{3, 6, 9, \cdots\}$이다.

첨수된 집합족 $\mathscr{A}=\{A_i : i\in I\}$의 **데카르트 곱**(cartesian product)은

$$\Pi\{A_i : i\in I\} \text{ 또는 } \Pi_{i\in I}A_i \text{ 또는 간단히 } \Pi_i A_i$$

로 표시되고 이것은 $p(i)=a_i\in A_i$를 만족하는 $p: I\longrightarrow \cup_i A_i$인 모든 함수의 집합이다. 이와 같은 데카르트 곱의 원소를 $p=\langle a_i : i\in I\rangle$로 나타낸다. 각 $i_0\in I$에 대해서 제 i_0 성분(coordinate)의 **사영함수**(projection function)라 하는 함수 π_{i_0}가 존재하고, 이것은 데카르트 곱 집합 $\Pi_i A_i$에서 **i_0째 성분집합**(i_0th coordinate set) A_{i_0}로의 사상($\pi_{i_0} : \Pi_i A_i \to A_{i_0}$)으로서

$$\pi_{i_0}(\langle a_i : i\in I\rangle)=a_{i_0}$$

로 정의된다.

예제 3.2 $\mathbf{R}^3=\mathbf{R}\times\mathbf{R}\times\mathbf{R}$는 실수의 세 짝 $p=\langle a_1, a_2, a_3\rangle$로 구성됨을 상기하자. 이제 R_1, R_2와 R_3가 다같이 $\mathbf{R}$이라 하면 $p(1)=a_1\in R_i$, $p(2)=a_2\in R_2$이고, $p(3)=a_3\in R_3$일 때 p는 $I=\{1, 2, 3\}$ 상의 함수로 생각할 수 있다. 다시 말하자면

$$\mathbf{R}^3=\Pi\{R_i : i\in I, R_i=\mathbf{R}\}$$

2.4 일반화된 연산

합집합과 공통집합의 개념은 원래 두 집합에 관한 연산이나, 이것을 전체집합 U의 부분집합의 임의의 족 $\mathscr{A}$에 관한 연산으로 일반화할 수 있다. $\mathscr{A}$에 속하는 집합의 합집합은 $\cup\{A : A\in\mathscr{A}\}$로 표현되고, 이것은 적어도 $\mathscr{A}$의 하나의 집합에 속하는 원소의 집합이다. 즉

$$\cup\{A : A\in\mathscr{A}\}=\{x : x\in U, \ \exists A\in\mathscr{A}, \text{ s.t. } x\in A\}.$$

$\mathscr{A}$에 속하는 집합의 공통집합은 $\cap\{A : A\in\mathscr{A}\}$로 표현되고, 이것은 $\mathscr{A}$에 속하는

모든 집합에 공동으로 포함되는 원소의 집합이다. 즉

$$\cap \{A : A \in \mathscr{A}\} = \{x : x \in U,\ \text{모든 } A \in \mathscr{A}\text{에 대하여 } x \in A\}.$$

U의 부분집합의 첨수된 집합족, 예컨대 $\mathscr{A} = \{A_i : i \in I\}$에 대해서 $\mathscr{A}$에 속하는 합집합을 다음과 같이 표기한다.

$$\cup \{A_i : i \in I\},\quad \cup_{i \in I} A_i \text{ 또는 } \cup_i A_i.$$

$\mathscr{A}$에 속하는 집합의 공통집합을

$$\cap \{A_i : i \in I\},\quad \cap_{i \in I} A_i \text{ 또는 } \cap_i A_i$$

로 표기한다.

U의 부분집합열 $A_1,\ A_2,\ \cdots$의 합집합과 공통집합을 각각 다음과 같이 표기하기도 한다.

$$\cup_{i=1}^{\infty} A_i = A_1 \cup A_2 \cup \cdots,\qquad \cap_{i=1}^{\infty} A_i = A_1 \cap A_2 \cap \cdots$$

예제 4.1 각 $n \in \mathbf{N}$(양의 정수)에 대해서 $D_n = \{x : x \in \mathbf{N},\ x\text{는 } n\text{의 배수}\}$(예제 3.1 참조)라 하면,

$$\cup \{D_i : i \geq 10\} = \{10, 11, 12, \cdots\},\quad \cap_{i=1}^{\infty} D_i = \phi.$$

예제 4.2 $I = [0, 1]$이고 각 $i \in I$에 대해서 $A_i = [0, i]$라고 하면

$$\cup_i A_i = [0, 1],\qquad \cap_i A_i = \{0\}.$$

분배법칙과 드 모르간 법칙은 또한 이들 일반화된 연산에 대해서 성립한다.

정리 2-2 임의의 집합족 $\mathscr{A} = \{A_i\}$와 임의의 집합 B에 대해서 다음이 성립한다.

(i) $B \cup (\cap_i A_i) = \cap_i (B \cup A_i)$ (ii) $B \cap (\cup_i A_i) = \cup_i (B \cap A_i)$

정리 2-3 $\mathscr{A} = \{A_i\}$를 U의 임의의 부분집합족이라면 다음이 성립한다.

(i) $(\cup_i A_i)^c = \cap_i A_i^c$ (ii) $(\cap_i A_i)^c = \cup_i A_i^c$

다음 정리는 자주 사용된다.

> **정리 2-4** A를 임의의 집합이라 하고, 각 $p \in A$에 대해서 G_p를 $p \in G_p \subset A$를 만족하는 A의 부분집합이라 하면,
> $$A = \cup \{G_p : p \in A\}$$ 이다.

※ 주의 : 전체집합 U의 부분집합의 공집합족 ϕ인 경우 다음과 같이 정의하면 편리하다.

> $$\cup\{A : A \in \phi\} = \phi, \quad \cap\{A : A \in \phi\} = U$$
> 따라서 $\cup\{A_i : i \in \phi\} = \phi, \quad \cap\{A_i : i \in \phi\} = U$

2.5 관련된 집합함수

$f : X \longrightarrow Y$라고 하면 X의 임의의 부분집합 A의 **상**(image) $f[A]$는 A에 속하는 점의 상의 집합이고, Y의 임의의 부분집합 B의 **역상**(inverse image) $f^{-1}[B]$는 그 상이 B에 속하는 X의 점의 집합이다. 즉

$$f[A] = \{f(x) : x \in A\}, \quad f^{-1}[B] = \{x : x \in X,\ f(x) \in B\}.$$

예제 5.1 $f : \mathrm{R} \longrightarrow \mathrm{R}$가 $f(x) = x^2$으로 정의된다면,

$$f[\{1, 3, 4, 7\}] = \{1, 9, 16, 49\}, \ f[(1, 2)] = (1, 4)$$

또한

$$f^{-1}[\{4, 9\}] = \{-3, -2, 2, 3\}, \ f^{-1}[(1, 4)] = (1, 2) \cup (-2, -1)$$

따라서 함수 $f : X \longrightarrow Y$는 X의 멱집합 $\mathscr{P}(X)$에서 Y의 멱집합 $\mathscr{P}(Y)$로의 함수(또한 f로 표시한다)이며, $\mathscr{P}(Y)$에서 $\mathscr{P}(X)$로의 함수 f^{-1}를 유도한다. 이들 유도함수 f와 f^{-1}는 이들이 집합족에서 집합족으로의 사상인 까닭에 **집합함수**(set functions)이다. 이와 같이 만들어진 f와 f^{-1}를 원래의 f의 **관련된 집합함수**(associated set function)라 한다. 관련된 집합함수 f^{-1}는 일반적으로 관련된 집합함수 f의 역은 아님에 주의하기 바란다. 예컨대 f가 예제 5.1의 함수이면,

$$f^{-1} \circ f[(1, 2)] = f^{-1}[(1, 4)] = (1, 2) \cup (-2, -1) \neq (1, 2).$$

괄호는 원소의 함수와 관련된 집합함수와 구별하기 위해 사용되었음을 알 수 있다. 즉, $f(a)$는 원래의 함수값을 나타내고, $f[A]$와 $f^{-1}[B]$는 관련된 집합함수의 값

을 나타낸다. 관련된 집합함수에는 여러 가지 성질이 있다. 특별히 다음과 같다.

정리 2-5 $f: X \longrightarrow Y$라면, X의 임의의 부분집합 A와 B에 대해서 다음이 성립한다.

(i) $f[A \cup B] = f[A] \cup f[B]$ (iii) $f[A \backslash B] \supset f[A] \backslash f[B]$

(ii) $f[A \cap B] \subset f[A] \cap f[B]$ (iv) $A \subset B$이면 $f[A] \subset f[B]$

더욱 일반적으로 X의 부분집합의 임의의 첨수된 집합족 $\{A_i\}$에 대해서 다음이 성립한다.

(i′) $f[\cup_i A_i] = \cup_i f[A_i]$ (ii′) $f[\cap_i A_i] \subset \cap_i f[A_i]$

다음 예제에서 알 수 있는 바와 같이 (ii)와 (iii)의 포함관계는 일반적으로 등호로 대치될 수 없음을 나타낸다.

예제 5.2 평면 $\mathbf{R}^2$의 부분집합 $A = [1, 2] \times [1, 2]$와 $B = [1, 2] \times [3, 4]$에서 첫째 성분집합, 즉 x축으로 사영 $\pi: \mathbf{R}^2 \longrightarrow \mathbf{R}$를 생각하자. $\pi[A] = [1, 2]$, $\pi[B] = [1, 2]$이고 또한 $A \cap B = \phi$이면, $\pi[A \cap B] = \phi$임을 알 수 있다.

그러나 $\pi[A] \cap \pi[B] = \{1, 2\}$
$\neq \pi[A \cap B] = \phi$.

또한 $A \backslash B = A$이므로

$\pi[A \backslash B] = [1, 2] \neq \phi = \pi[A] \backslash \pi[B]$.

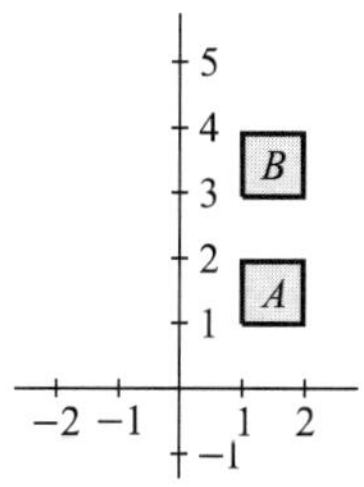

그림 2-4

그러나 역집합함수에서는 등식이 두 경우에 대해서 성립한다는 뜻에서 더욱 "잘 거동된다", 즉

정리 2-6 $f: X \longrightarrow Y$라고 하면, Y의 임의의 부분집합 A와 B에 대해서 다음이 성립한다.

(i) $f^{-1}[A \cup B] = f^{-1}[A] \cup f^{-1}[B]$

(ii) $f^{-1}[A \cap B] = f^{-1}[A] \cap f^{-1}[B]$

(iii) $f^{-1}[A \backslash B] = f^{-1}[A] \backslash f^{-1}[B]$

(iv) $A \subset B$이면 $f^{-1}[A] \subset f^{-1}[B]$

또한 더욱 일반적으로 Y의 부분집합의 임의의 첨수된 족 $\{A_i\}$에 대해서 다음과 같이 성립한다.

(i′) $f^{-1}[\cup_i A_i] = \cup_i f^{-1}[A_1]$
(ii′) $f^{-1}[\cap_i A_i] \subset \cap_i f^{-1}[A_i]$

$f^{-1}[Y] = X$인 까닭에 (iii)의 특수한 경우로 다음 정리가 성립한다.

> **따름정리 2-7** $f: X \longrightarrow Y$이고 $A \subset Y$라 하면, $f^{-1}[A^c] = (f^{-1}[A])^c$이다.

두 집합함수 사이에는 다음의 중요한 관계가 있다.

> **정리 2-8** $f: X \longrightarrow Y$이고 $A \subset X$, $B \subset Y$라 하면 다음이 성립한다.
> (i) $A \subset f^{-1} \circ f[A]$ (ii) $B \supset f \circ f^{-1}[B]$

앞서 밝힌 바와 같이 (i)의 포함관계는 일반적으로 등호로 대치될 수 없다.

2.6 실수값 함수의 대수

$\mathscr{F}(X, \mathbf{R})$을 어떤 집합 X상에서 정의된 모든 실수값 함수족을 나타낸다 하자. $\mathbf{R}$상의 연산에 대응하여 $\mathscr{F}(X, \mathbf{R})$상의 여러 가지 연산을 정의할 수 있다. $f: X \longrightarrow \mathbf{R}$, $g: X \longrightarrow \mathbf{R}$이고 $k \in \mathbf{R}$라고 할 때 다음과 같이 정의한다.

$$(f+g): X \longrightarrow \mathbf{R}\text{로서 } (f+g)(x) \equiv f(x)+g(x)$$
$$(k \cdot f): X \longrightarrow \mathbf{R}\text{로서 } (k \cdot f)(x) \equiv k(f(x))$$
$$(|f|): X \longrightarrow \mathbf{R}\text{로서 } (|f|)(x) \equiv |f(x)|$$
$$(fg): X \longrightarrow \mathbf{R}\text{로서 } (fg)(x) \equiv f(x)g(x)$$

또한 실수 $k \in \mathbf{R}$와 모든 $x \in \mathbf{R}$에 대해서 상수함수 $f(x) = k$와를 동일시하는 것이 편리하다. 이 경우 $(f+k): X \longrightarrow \mathbf{R}$는 다음 함수이다.

$$(f+k)(x) \equiv f(x)+k$$

$(fg): X \longrightarrow \mathbf{R}$는 앞서 서술한 바 있는 f와 g의 합성과는 상이함에 주의하기 바란다.

예제 6.1 정의역이 $X=\{a, b\}$인 함수,

$$f=\{\langle a, 1\rangle, \langle b, 3\rangle\}\text{과} \quad g=\{\langle a, 2\rangle, \langle b, -1\rangle\}$$

을 생각하자. 이 경우

$$(3f-2g)(a) \equiv 3f(a)-2g(a)=3(1)-2(2)=-1$$
$$(3f-2g)(b) \equiv 3f(b)-2g(b)=3(3)-2(-1)=11$$

따라서,

$$3f-2g=\{\langle a, -1\rangle, \langle b, 11\rangle\}$$

같은 방법으로 $|g|(x) \equiv |g(x)|$고, $(g+3)(x) \equiv g(x)+3$인 까닭에

$$|g|=\{\langle a, 2\rangle, \langle b, 1\rangle\}, \quad g+3=\{\langle a, 5\rangle, \langle b, 2\rangle\}.$$

위의 연산을 만족하는 함수족 $\mathscr{F}(X, \mathbf{R})$에는 여러 가지 성질이 있고 이들 중 몇 가지는 다음 정리에 포함되어 있다.

정리 2-9 공집합이 아닌 집합 X에서 정의되며 위의 연산을 만족하는 모든 실수값 함수족 $\mathscr{F}(X, \mathbf{R})$은 다음 **실선형(벡터)공간**(real linear vector space)의 공리를 만족한다.

$[\mathrm{V}_1]$ 함수 f와 g의 덧셈 연산은 다음을 만족한다.

(1) $(f+g)+h=f+(g+h)$

(2) $f+g=g+f$

(3) $f+0=f$를 만족하는 $\exists 0 \in \mathscr{F}(X, \mathbf{R})$, 즉 $0: X \longrightarrow \mathbf{R}$이 존재한다.

(4) 모든 $f \in \mathscr{F}(X, \mathbf{R})$에 대해서 $f+(-f)=0$을 만족하는 $\exists(-f) \in \mathscr{F}(X, \mathbf{R})$, 즉 $-f: X \longrightarrow \mathbf{R}$가 존재한다.

$[\mathrm{V}_2]$ 함수 f와 실수 k와의 스칼라배 $k \cdot f$의 연산은 다음을 만족한다.

(1) $k \cdot (k' \cdot f)(kk') \cdot f$

(2) $1 \cdot f=f$

$[\mathrm{V}_3]$ 덧셈과 스칼라배의 연산은 다음을 만족한다.

(1) $k \cdot (f+g)=k \cdot f=k \cdot g$

(2) $(k+k') \cdot f=k \cdot f+k' \cdot f$

예제 6.2 $X=\{1, 2, \cdots, m\}$이라 하면 각 함수 $f \in \mathscr{F}(X, \mathbf{R})$는 순서 m짝 $\langle f(1), \cdots, f(m)\rangle$로 표기될 수 있고 또한

$$f = \langle a_1, \cdots, a_m \rangle \text{이고, } g = \langle b_1, \cdots, b_m \rangle$$

이면,

$$f + g = \langle a_1 + b_1,\ a_2 + b_2, \cdots, a_m + b_m \rangle$$

이고, 임의의 $k \in \mathbf{R}$에 대해서

$$k \cdot f = \langle ka_1, \cdots, ka_m \rangle.$$

이 경우에 실선형(벡터) 공간 $\mathscr{F}(X, \mathbf{R})$을 **$m$차원-유클리드 공간**($m$-dimensional Euclidean space)이라 한다.

예제 6.3 $f \in \mathscr{F}(X, \mathbf{R})$는 모든 $x \in X$에 대해서 $|f(x)| \le M$로 되는 $M \in \mathbf{R}$가 존재할 때 **유계**(bonded)하다 한다. $\mathscr{F}(X, \mathbf{R})$에 속하는 모든 유계함수족을 $\beta(X, \mathbf{R})$로 나타내면 $\beta(X, \mathbf{R})$는 다음 성질을 만족한다.

(i) $f, g \in \beta(X, \mathbf{R})$이면, $f + g \in \beta(X, \mathbf{R})$
(ii) $f \in \beta(X, \mathbf{R})$이고 $k \in \mathbf{R}$이면, $k \cdot f \in \beta(X, \mathbf{R})$

(i)과 (ii)를 만족하는 $\mathscr{F}(X, \mathbf{R})$의 임의의 부분집합을 $\mathscr{F}(X, \mathbf{R})$의 **선형부분공간**(linear subspace)이라 한다. [$\beta(X, \mathbf{R}) \subset g(X, \mathbf{R})$]

연습문제

● 함 수

1. 다음 각 도표는 $A=\{a, b, c\}$에서 $B=\{x, y, z\}$로의 함수를 정의하는지, 않는지를 조사하여라.

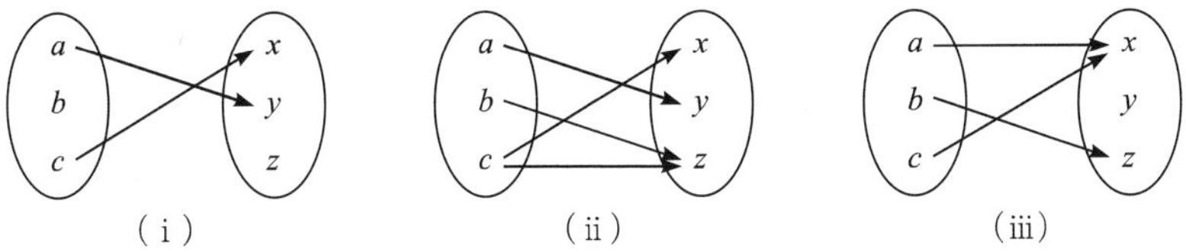

| 그림 2-5 |

풀이 (i) 함수가 아니다. 원소 $b\in A$에 대응되는 원소가 없다.
(ii) 함수가 아니다. $c\in A$에 두 원소 x와 z가 대응된다.
(iii) 함수이다.

2. $X=\{1, 2, 3, 4\}$라고 하자. 다음 관계가 X에서 X로의 함수인지 아닌지를 설명하여라.

(i) $f=\{\langle 2, 3\rangle, \langle 1, 4\rangle, \langle 2, 1\rangle, \langle 3, 2\rangle, \langle 4, 4\rangle\}$

(ii) $g=\{\langle 3, 1\rangle, \langle 4, 2\rangle, \langle 1, 1\rangle\}$

(iii) $h=\{\langle 2, 1\rangle, \langle 3, 4\rangle, \langle 1, 4\rangle, \langle 2, 1\rangle, \langle 4, 4\rangle\}$

풀이 $X\times X$의 부분집합 f가 함수로 되는 것은, 즉 모든 $x\in X$가 f에 속하는 순서쌍의 첫째 성분으로 반드시 한 번 나타날 때 함수 $f: X\longrightarrow X$임을 상기하여라.
(i) 함수가 아니다. f에 속하는 상이한 두 순서쌍 $\langle 2, 3\rangle$과 $\langle 2, 1\rangle$은 같은 첫째 성분을 갖는다.
(ii) 함수가 아니다. 원소 $2\in X$가 g에 속하는 임의의 순서쌍의 첫째 성분으로 나타나 있지 않다.
(iii) 함수이다. $2\in X$가 h에 속하는 순서쌍의 첫째 성분으로 두 번 나타나지만 이들 두 순서쌍은 같으므로 상관없다.

3. $X=\{1, 2, 3, 4, 5\}$에서부터 X로의 다음 함수를 생각하자.

$$f=\{\langle 1, 3\rangle, \langle 2, 5\rangle, \langle 3, 3\rangle, \langle 4, 1\rangle, \langle 5, 2\rangle\}$$
$$g=\{\langle 1, 4\rangle, \langle 2, 1\rangle, \langle 3, 1\rangle, \langle 4, 2\rangle, \langle 5, 3\rangle\}$$

(i) f와 g의 치역을 결정하여라.

(ii) 합성함수 $g \circ f$와 $f \circ g$를 구하여라.

풀이 (i) 함수의 치역은 상의 값의 집합, 즉 둘째 성분의 집합임을 생각하자. 따라서 f의 치역 $=\{3, 5, 1, 2\}$이고, g의 치역$=\{4, 1, 2, 3\}$이다.

(ii) 합성함수의 정의를 사용하여 계산하면 다음과 같다.

$(g \circ f)(1) \equiv g(f(1)) = g(3) = 1$　　$(f \circ g)(1) \equiv f(g(1)) = f(4) = 1$

$(g \circ f)(2) \equiv g(f(2)) = g(5) = 3$　　$(f \circ g)(2) \equiv f(g(2)) = f(1) = 3$

$(g \circ f)(3) \equiv g(f(3)) = g(3) = 1$　　$(f \circ g)(3) \equiv f(g(3)) = f(1) = 3$

$(g \circ f)(4) \equiv g(f(4)) = g(1) = 4$　　$(f \circ g)(4) \equiv f(g(4)) = f(2) = 5$

$(g \circ f)(5) \equiv g(f(5)) = g(2) = 1$　　$(f \circ g)(5) \equiv f(g(5)) = f(3) = 3$

다시 말하자면,

$$g \circ f = \{\langle 1, 1\rangle, \langle 2, 3\rangle, \langle 3, 1\rangle, \langle 4, 4\rangle, \langle 5, 1\rangle\}$$
$$f \circ g = \{\langle 1, 1\rangle, \langle 2, 3\rangle, \langle 3, 3\rangle, \langle 4, 5\rangle, \langle 5, 3\rangle\}$$

따라서 $f \circ g \neq g \circ f$임에 주의하여라.

4. 함수 $f : \mathbf{R} \longrightarrow \mathbf{R}$와 $g : \mathbf{R} \longrightarrow \mathbf{R}$를

$$f(x) = 2x + 1, \quad g(x) = x^2 - 2$$

로 정의하자. 합성함수 $g \circ f$와 $f \circ g$를 정의하는 식을 구하여라.

풀이 $g \circ f : \mathbf{R} \longrightarrow \mathbf{R}$는 다음과 같이 구해진다.

$$(g \circ f)(x) \equiv g(f(x)) = g(2x+1) = (2x+1)^2 - 2 = 4x^2 + 4x - 1$$

같은 식은 다음과 같이 구할 수도 있음을 알 수 있다.

$$y = f(x) = 2x + 1, \quad z = g(y) = y^2 - 2$$

이들 두 방정식에서 y를 소거하면,

$$z = y^2 - 2 = (2x+1)^2 - 2 = 4x^2 + 4x - 1$$

같은 방법으로 $f \circ g = \mathbf{R} \longrightarrow \mathbf{R}$를 계산하면,

$$(f \circ g)(x) \equiv f(g(x)) = f(x^2 - 2) = 2(x^2 - 2) + 1 = 2x^2 - 3$$

5. 합성함수에 대한 결합법칙, 즉 $f : A \longrightarrow B$, $g : B \longrightarrow C$이고 $h : C \longrightarrow D$이면, $(h \circ g) \circ f = h \circ (g \circ f)$임을 증명하여라.

풀이 일반적으로 결합법칙은 관계의 합성이 결합법칙을 만족한다(제1장, 문 12)는 사실에서부터 유도되나 직접 증명할 수도 있다.

$$((h \circ g) \circ f)(a) = (h \circ g)(f(a)) = h(g(f(a))), \quad \forall a \in A$$
$$(h \circ (g \circ f))(a) = h((g \circ f)(a)) = h(g(f(a))), \quad \forall a \in A$$

따라서 $(h \circ g) \circ f = h \circ (g \circ f)$이다.

•1대 1의 함수와 위로의 함수(전사)

6. $f : A \longrightarrow B$, $g : B \longrightarrow C$라 할 때 다음을 증명하여라.

(i) f와 g가 위로의 함수이면, $g \circ f : A \longrightarrow C$도 위로의 함수이다(전사).

(ii) f와 g가 1대 1의 함수이면, $g \circ f : A \longrightarrow C$도 1대 1의 함수이다(단사).

풀이 (i) $c \in C$ 라고 하자. g는 위로의 함수이므로 $\exists b \in B$ s. t., $g(b) = c$. f는 위로의 함수이므로 $\exists\, a \in A$ s. t., $f(a) = b$. 그런데 이 경우 $(g \circ f)(a) = g(f(a)) = c$, 즉 $g \circ f$는 또한 위로의 함수이다.

(ii) $(g \circ f)(a) = (g \circ f)(a')$, 즉 $g(f(a)) = g(f(a'))$라고 하자. 따라서 g는 1대 1의 함수이므로 $f(a) = f(a')$이고, f가 1대 1의 함수이므로 $a = a'$이다. 따라서 $g \circ f$는 1대 1의 함수이다.

7. $A = [-1, 1]$이라 하고 $f : A \longrightarrow A$, $g : A \longrightarrow A$와 $h : A \longrightarrow A$는 다음과 같이 정의된다 하자.

$$f(x) = \sin x,\quad g(x) = \sin \pi x,\quad h(x) = \sin \frac{\pi}{2} x$$

각 함수에서 (i) 1대 1의 함수 (ii) 위로의 함수 (iii) 전단사(bijection), 즉 위로의 1대 1의 함수는 어느 것인가?

풀이 각 함수의 그래프는 그림 2-6과 같다.

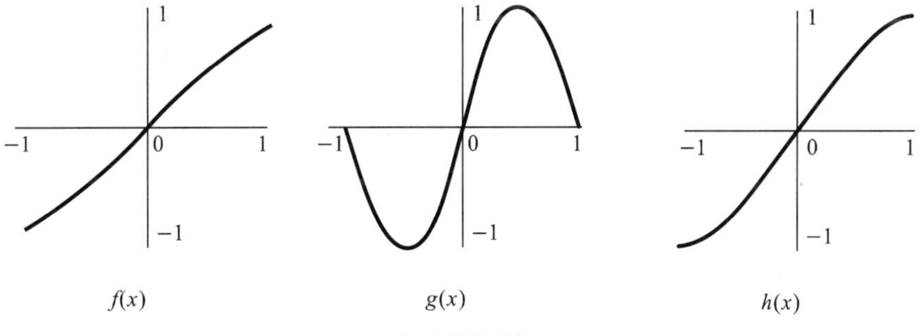

| 그림 2-6 |

(i) 함수 f는 1대 1의 함수이다. 즉, 각 수평선이 기껏해야 f의 한 점과 만나는 까닭이다. 이것은 임의의 $x \in A$에 대해서 $\sin x \neq 1$이므로 위로의 함수는 아니다.

(ii) g는 위로이다. 즉 각 수평선은 적어도 g의 하나의 점을 포함한다. 그러나 g는 1대 1의 함수는 아니다. 예컨대 $g(-1)=g(0)=0$인 까닭이다.

(iii) 함수 h는 1대 1이고 동시에 위로의 함수이다. 즉 각 수평선은 반드시 h의 하나의 점을 포함한다.

8. $f: A \longrightarrow B$와 $g: B \longrightarrow C$를 위로의 1대 1의 함수(전단사)라 하면, $(g \circ f)^{-1}: C \longrightarrow A$가 존재하여 $f^{-1} \circ g^{-1}: C \longrightarrow A$와 같음을 증명하여라.

풀이 명제 2.1을 사용하여 다음을 밝히면 된다.

$$(f^{-1} \circ g^{-1}) \circ (g \circ f) = 1_A, \quad (g \circ f) \circ (f^{-1} \circ g^{-1}) = 1_B$$

합성함수에 대한 결합법칙을 사용하여,

$$\begin{aligned}(f^{-1} \circ g^{-1}) \circ (g \circ f) &= f^{-1} \circ (g^{-1} \circ (g \circ f)) \\ &= f^{-1} \circ ((g^{-1} \circ g) \circ f) \\ &= f^{-1} \circ (1 \circ f) \\ &= f^{-1} \circ f \\ &= 1_A\end{aligned}$$

$g^{-1} \circ g = 1$이고, $1 \circ f = f = f \circ 1$인 까닭에 같은 방법으로,

$$\begin{aligned}(g \circ f) \circ (f^{-1} \circ g^{-1}) &= g(f \circ (f^{-1} \circ g^{-1})) \\ &= g \circ ((f \circ f^{-1}) \circ g^{-1}) \\ &= g \circ (1 \circ g^{-1}) \\ &= g \circ g^{-1} \\ &= 1_B\end{aligned}$$

9. 사영함수 $\pi_{i_0}: \Pi\{A_i : i \in I\} \longrightarrow A_{i_0}$, $(A_{i_0} \neq \phi)$는 어느 경우에 위로의 함수인가?

풀이 적 $\Pi\{A_i : i \in I\}$이 공집합이 아니면, 즉 A_i가 공집합이 아니면 사영함수는 반드시 위로의 함수(전사)이다.

• 첨수된 집합, 일반화된 연산

10. $n \in \mathbf{N}$이 양의 정수일 때 $A_n = \{x : x$는 n의 배수$\}$이고, $i \in \mathbf{Z}$가 정수일 때 $B_i = [i, i+1]$이라 하자. 다음 집합을 구하여라.

(i) $A_3 \cap A_5$ (ii) P가 소수의 집합일 때 $\cup\{A_i : i \in P\}$

(iii) $B_3 \cap B_4$ (iv) $\cup\{B_i : i \in \mathbf{Z}\}$

(v) $(\cup\{B_i : i \geq 7\}) \cap A_5$

풀이 (i) 3과 5의 공배수는 15의 배수이다. 따라서 $A_3 \cap A_5 = A_{15}$이다.

(ii) 1을 제외한 모든 양의 정수는 적어도 하나의 소수의 배수이다. 따라서

$$\cup\{A_i : i \in P\} = \{2, 3, 4, \cdots\} = \mathbf{N} \setminus \{1\}$$

(iii) $B_3 \cap B_4 = \{x : 3 \leq x \leq 4,\ 4 \leq x \leq 5\} = \{4\}$

(iv) 모든 실수는 적어도 하나의 구간 $[i, i+1]$에 포함되는 까닭에 $\cup\{B_i : i \in \mathbf{Z}\} = \mathbf{R}$, 즉 실수의 집합이다.

(v) $(\cup\{B_i : i \geq 7\}) \cap A_5 = \{x : x$는 5의 배수, $x \geq 7\} = A_5 \setminus \{5\} = \{10, 15, 20, \cdots\}$

11. $n \in \mathbf{N}$(양의 정수)이고, $D_n = (0.1/n)$이라 할 때 다음 집합을 구하여라.

(i) $D_3 \cup D_7$ (ii) $D_3 \cap D_{20}$ (iii) $D_s \cup D_t$

(iv) $D_s \cap D_t$ (v) $\cup\{D_i : i \in A \subset \mathbf{N}\}$ (vi) $\cap\{D_i : i \in \mathbf{N}\}$

풀이 (i) $(0, 1/7) \subset (0, 1/3)$이므로, $D_3 \cup D_7 = D_3$

(ii) $(0, 1/20) \subset (0, 1/3)$이므로, $D_3 \cup D_{20} = D_{20}$

(iii) $m = \min\{s, t\}$, 즉 두 수 s와 t 중에서 작은 것을 m이라 하면, D_m은 D_s 또는 D_t와 같으므로 $D_s \cup D_t = D_m$이다.

(iv) $\mathbf{M} = \max\{s, t\}$, 즉 두 수 중 큰 수를 M이라 하면, $D_s \cap D_t = D_M$이다.

(v) $a \in A$를 A의 가장 작은 수라 하면, $\cup\{D_i : i \in A \subset \mathbf{N}\} = D_a$이다.

(vi) $x \in \mathbf{R}$이면, $\exists i \in \mathbf{N}$, s.t. $x \notin (0, 1/i)$, 따라서 $\cap\{D_i : i \in \mathbf{N}\} = \phi$이다.

12. [정리 2-2(ii)] (분배법칙), $B \cap (\cup_{i \in I} A_i) = \cup_{i \in I}(B \cap A_i)$임을 증명하여라.

풀이
$$\begin{aligned} B \cap (\cup_{i \in I} A_i) &= \{x : x \in B,\ x \in \cup_{i \in I} A_i\} \\ &= \{x : x \in B,\ \exists i_0 \in I \text{ s.t. } x \in A_{i_0}\} \\ &= \{x : \exists i_0 \in I \text{ s.t. } x \in B \cap A_{i_0}\} \\ &= \cup_{i \in I}(B \cap A_i) \end{aligned}$$

13. $\{A_i : i \in I\}$를 첨수된 집합족이라 하고, $i_0 \in I$라고 하면,

$$\cap_{i \in I} A_i \subset A_{i_0} \subset \cup_{i \in I} A_i$$

임을 증명하여라.

풀이 $x \in \cap_{i \in I} A_i$라고 하면 모든 $i \in I$에 대해서 $x \in A_i$이다. 특히 $x \in A_{i_0}$, 따라서 $\cap_{i \in I}$

$A_i \subset A_{i_0}$, 또한 $y \in A_{i_0}$라고 하자. $i_0 \in I$이므로 $y \in \cup_{i \in I} A_i$, 따라서 $A_{i_0} \subset \cup_{i \in I} A_i$.

14. (정리 2-4) A를 임의의 집합이라 하고 각 $p \in A$에 대해서 $p \in G_p \subset A$를 만족하는 A의 부분집합을 G_p라 하면 $A = \cup \{G_p : p \in A\}$임을 증명하여라.

풀이 $x \in \cup\{G_p : p \in A\}$라 하면, $\exists p_0 \in A$ s.t. $x \in G_{p0} \subset A$이다. 따라서 $x \in A$이므로 $\cup\{G_p : p \in A\} \subset A$이다.(다시 말해서 각 G_p가 A의 부분집합이면 G_p의 합집합은 또한 A의 부분집합이다.)
한편으로 $y \in A$라 하면 $y \in G_y$, 따라서 $y \in \cup\{G_p : p \in A\}$이다. 그러므로 $A \subset \cup\{G_p : p \in A\}$이고, 따라서 두 집합은 같다.

• 관련된 집합함수

15. $A = \{1, 2, 3, 4, 5\}$라 하고 $f : A \longrightarrow A$가 그림 2-7의 도표에 의하여 정의된다 하자. 다음 집합을 구하여라.

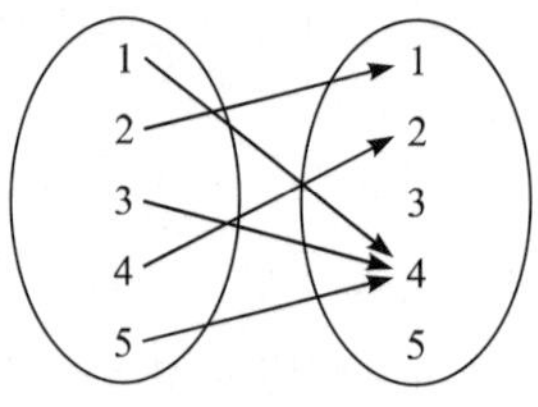

| 그림 2-7 |

(i) $f[\{1, 3, 5\}]$ (ii) $f^{-1}[\{2, 3, 4\}]$ (iii) $f^{-1}[\{3, 5\}]$

풀이 (i) $f[\{1, 3, 5\}] = \{f(1), f(3), f(5)\} = \{4\}$

(ii) $f^{-1}[\{2, 3, 4\}] = \{4, 1, 3, 5\}$

(iii) A의 원소는 상으로 3 또는 5를 갖지 않는 까닭에 $f^{-1}[\{3, 5\}] = \phi$이다.

16. $f(x) = x^2$으로 정의된 함수 $f : \mathrm{R} \longrightarrow \mathrm{R}$에서 다음 집합을 구하여라.

(i) $f^{-1}[\{25\}]$ (ii) $f^{-1}[\{-9\}]$

(iii) $f^{-1}[\{x : x \leq 0\}]$ (iv) $f^{-1}[\{x : 4 \leq x \leq 25\}]$

풀이 (i) $f(5) = 25$, $f(-5) = 25$이고, 다른 수의 제곱은 25가 아니므로 $f^{-1}[\{25\}] = \{5, -5\}$이다.

(ii) 실수의 제곱은 -9가 아니므로 $f^{-1}[\{-9\}] = \phi$이다.

(iii) $f(0)=0 \le 0$이고 모든 다른 실수의 제곱은 0보다 큰 까닭에 $f^{-1}[\{x : x \le 0\}]=\{0\}$이다.

(iv) $f^{-1}[\{x : 4 \le x \le 25\}]$는 $4 \le x^2 \le 25$를 만족하는 수 x로 이루어지는 까닭에 $f^{-1}[\{x : 4 \le x \le 25\}]=[2, 5] \cup [-5, -2]$

17. $f : X \longrightarrow Y$가 1대 1이면, 관련된 집합함수 $f : \mathscr{P}(X) \longrightarrow \mathscr{P}(Y)$는 또한 1대 1임을 증명하여라.

풀이 $X=\phi$이면 $\mathscr{P}(X)=\{\phi\}$이다. 따라서 관련된 함수 $f : \mathscr{P}(X) \longrightarrow \mathscr{P}(Y)$는 1대 1이다. 왜냐하면 $\mathscr{P}(X)$의 상이한 원소는 같은 상을 가질 수 없고 $\mathscr{P}(X)$에 속하는 두 상이한 원소는 존재하지 않는 까닭이다.
$X \ne \phi$라고 하면 $\mathscr{P}(X)$는 적어도 두 개의 원소를 갖는다. A, $B \in \mathscr{P}(X)$이나 $A \ne B$라 하면 $\exists p \in X$ s.t. $p \in A$, $p \notin B$(또는, $p \in B$, $p \notin A$)이다. 따라서 $f(p) \in f[A]$이고, f는 1대 1인 까닭에 $f(p) \notin f[B]$(또는 $f(p) \in f[B]$이고 $f(p) \notin f[A]$)이다. 따라서 $f[A] \ne f[B]$이므로 유도된 집합함수는 또한 1대 1이다.

18. [정리 2-5 (i)과 (iii)]

(a) $f[A \cup B]=f[A] \cup f[B]$ (b) $f[A]-f[B] \subset f[A \backslash B]$

임을 증명하여라.

풀이 (a) 첫째로 $f[A \cup B] \subset f[A] \cup f[B]$임을 밝힌다. $y \in f[A \cup B]$, 즉 $f(x)=y$를 만족하는 $x \in A \cup B$가 존재한다. 즉, $x \in A$ 또는 $x \in B$이다. 그런데

$$x \in A\text{이면 } f(x)=y \in f[A]$$

또는,

$$x \in B\text{이면 } f(x)=y \in f[B]$$

어느 경우에서나 $y \in f[A] \cup f[B]$이다.
이제 역포함관계, 즉 $f[A] \cup f[B] \subset f[A \cup B]$임을 증명한다. $y \in f[A] \cup f[B]$라고 하면, $y \in f[A]$ 또는 $y \in f[B]$이고,

$$y \in f[A]\text{이면, } \exists x \in A \text{ s.t. } f(x)=y$$
$$y \in f[B]\text{이면, } \exists x \in B \text{ s.t. } f(x)=y$$

어느 경우나 $x \in A \cup B$이므로 $y=f(x)$, 즉 $y \in f[A \cup B]$이다.

(b) $y \in f[A] \setminus f[B]$라고 하면 $\exists x \in A$ s.t. $f(x)=y$, 그러나 $y \notin \{f(x) : x \in B\}$, 따라서 $x \notin B$, 즉 $x \in B \setminus A$. 따라서 $y \in f[A \setminus B]$.

19. [정리 2-6 (ii)와 (iii)]

(a) $f^{-1}[A\cap B]=f^{-1}[A]\cap f^{-1}[B]$ (b) $f^{-1}[A\setminus B]=f^{-1}[A]\setminus f^{-1}[B]$

임을 증명하여라.

풀이 (a) 첫째로 $f^{-1}[A\cap B]\subset f^{-1}[A]\cap f^{-1}[B]$임을 밝히자. $x\in f^{-1}[A\cap B]$라면, $f(x)\in A\cap B$. 따라서 $f(x)\in A$이고 $f(x)\in B$, 즉 $x\in f^{-1}[A]$이고 $x\in f^{-1}[B]$. 따라서 $x\in f^{-1}[A]\cap f^{-1}[B]$.

역포함관계에 대해서, $x\in f^{-1}[A]\cap f^{-1}[B]$이라면, $f(x)\in A$이고 $f(x)\in B$, 즉 $f(x)\in A\cap B$, 따라서 $x\in f^{-1}[A\cap B]$이다.

(b) $f^{-1}[A\setminus B]\subset f^{-1}[A]\setminus f^{-1}[B]$를 밝히기 위하여 $x\in f^{-1}[A\setminus B]$라 가정하면, $f(x)\in A\setminus B$, 즉 $f(x)\in A$이고 $f(x)\notin B$이다. 따라서 $x\in f^{-1}[A]$이나 $x\notin f^{-1}[B]$, 즉 $x\in f^{-1}[A]\setminus f^{-1}[B]$.

역포함관계에 대해서, $x\in f^{-1}[A]\setminus f^{-1}[B]$이라 하면 $f(x)\in A$이나 $f(x)\notin B$, 즉 $f(x)\in A\setminus B$ 따라서 $x\in f^{-1}[A\setminus B]$이다.

• 실수값 함수의 대수

20. $X=\{a, b, c\}$이라 하고, $f, g\in\mathscr{F}(X, \mathbf{R})$를 다음과 같다 하자.

$$f=\{\langle a, 1\rangle, \langle b, -2\rangle, \langle c, 3\rangle\},\ g=\{\langle a, -2\rangle, \langle b, 0\rangle, \langle c, 1\rangle\}$$

다음 함수를 구하여라.

(i) $f+2g$ (ii) $fg-2f$ (iii) $f+4$ (iv) $|f|$ (v) f^2

풀이 (i) 다음과 같이 계산한다.

$$(f+2g)(a)\equiv f(a)+2g(a)=1-4=-3$$
$$(f+2g)(b)\equiv f(b)+2g(b)=-2+0=-2$$
$$(f+2g)(c)\equiv f(c)+2g(c)=3+2=5$$

따라서, $f+2g=\{\langle a, -3\rangle, \langle b, -2\rangle, \langle c, 5\rangle\}$

(ii) 같은 방법으로,

$$(fg-2f)(a)\equiv f(a)g(a)-2f(a)=(1)(-2)-2(1)=-4$$
$$(fg-2f)(b)\equiv f(b)g(b)-2f(b)=(-2)(0)-2(-2)=-4$$
$$(fg-2f)(c)\equiv f(c)g(c)-2f(c)=(3)(1)-2(3)=-3$$

즉, $fg-2f=\{\langle a, -4\rangle, \langle b, 4\rangle, \langle c, -3\rangle\}$

(iii) 정의에 의하여 $(f+4)(x) \equiv f(x)+4$이므로 각 상의 값에, 즉 f에 속하는 각 순서쌍의 둘째 성분에 4를 더하여

$$f+4=\{\langle a, 5\rangle, \langle b, 2\rangle, \langle c, 7\rangle\}$$

(iv) $|f|(x) \equiv |f(x)|$이므로 f에 속하는 각 순서쌍의 둘째 성분을 절대값으로 대치해서,

$$|f|=\{\langle a, 1\rangle, \langle b, 2\rangle, \langle c, 3\rangle\}$$

(v) $f^2(x)=(ff)(x) \equiv f(x)f(x)=(f(x))^2$인 까닭에 f에 속하는 각 순서쌍의 둘째 성분을 제곱으로 대치해서

$$f^2=\{\langle a, 1\rangle, \langle b, 4\rangle, \langle c, 9\rangle\}$$

21. $\hat{0} \in \mathscr{F}(X, \mathbf{R})$를 모든 $x \in X$에 대해서 $\hat{0}(x)=0$으로 정의하자. 임의의 $f \in \mathscr{F}(X, \mathbf{R})$에 대해서, (i) $f+\hat{0}=f$이고 (ii) $f\hat{0}=\hat{0}$임을 증명하여라.

풀이 (i) 모든 $x \in X$에 대해서 $(f+\hat{0})x \equiv f(x)+\hat{0}(x)=f(x)+0=f(x)$. 따라서 $f+\hat{0}=f$이다. $\hat{0}$은 정리 2-9의 공리 $[\mathbf{V}_1]$의 0의 조건을 만족함에 주의하여라.

(ii) 모든 $x \in X$에 대해서 $(f\hat{0})(x) \equiv f(x)+\hat{0}(x)=f(x)\cdot(0)=\hat{0}(x)$. 따라서 $f\hat{0}=\hat{0}$이다.

22. $\mathscr{F}(X, \mathbf{R})$는 정리 2-9의 공리 $[\mathbf{V}_3]$, 즉 $f, g \in \mathscr{F}(X, \mathbf{R})$이고, $k, k' \in \mathbf{R}$이라고 하면,

(i) $k\cdot(f+g)=k\cdot f+k\cdot g$ (ii) $(k+k')\cdot f=k\cdot f+k'\cdot f$

를 만족함을 증명하여라.

풀이 (i) 모든 $x \in X$에 대해서

$$[k\cdot(f+g)](x)=k[(f+g)(x)]=k[f(x)+g(x)]=k(f(x))+k(g(x))$$
$$(k\cdot f+k\cdot g)(x)=(k\cdot f)(x)+(k\cdot g)(x)=k(f(x))+k(g(x))$$

따라서 $k\cdot(f+g)=k\cdot f+k\cdot g$이다. $k, f(x)$와 $g(x)$와 실수이므로, 분배법칙을 만족한다는 사실을 사용했다.

(ii) 모든 $x \in X$에 대해서

$$((k+k')\cdot f)(x)=(k+k')f(x)=k(f(x))+k'(f(x))$$
$$(k\cdot f+k'\cdot f)(x)=(k\cdot f)(x)+(k'\cdot f)(x)=k(f(x))+k'(f(x))$$

따라서 $(k+k')\cdot f=k\cdot f+k'\cdot f$이다.

보충문제

• 함 수

23. $f : \mathbf{R} \longrightarrow \mathbf{R}$와 $g : \mathbf{R} \longrightarrow \mathbf{R}$를 $f(x) = \begin{cases} 2x-5 & (x > 2) \\ x^2 - 2|x| & (x \le 2) \end{cases}$, $g(x) = 3x+1$로 정의한다 하자. 다음의 값을 구하여라.

(i) $f(-2)$ (ii) $g(-3)$ (iii) $f(4)$

(iv) $(g \circ f)(1)$ (v) $(f \circ g)(2)$ (vi) $(f \circ f)(3)$

24. $f : \mathbf{R} \longrightarrow \mathbf{R}$와 $g : \mathbf{R} \longrightarrow \mathbf{R}$를 $f(x) = x^2 + 3x + 1$, $g(x) = 2x - 3$으로 정의한다 하자. 다음 합성함수의 식을 구하여라.

(i) $f \circ g$ (ii) $g \circ f$ (iii) $f \circ f$

25. $k : X \longrightarrow X$를 상수함수라 하자. 임의의 함수 $k : X \longrightarrow X$에 대해서 $k \circ f = k$임을 밝혀라. 또한 $f \circ k$는 어떤 함수인가?

26. $x \in \mathbf{R}$, $x \ge 0$일 때 함수 $f(x) = x$를 생각하자. 다음 각 함수 중에서 f의 확장은 어느 것인가?

(i) 모든 $x \in \mathbf{R}$에 대해서 $g_1(x) = |x|$

(ii) $x \in [-1, 1]$일 때 $g_2(x) = x$

(iii) 모든 $x \in \mathbf{R}$에 대해서 $g_3(x) = (x + |x|)/2$

(iv) $1_{\mathbf{R}} : \mathbf{R} \longrightarrow \mathbf{R}$

27. $A \subset X$이고 $f : X \longrightarrow Y$라 하자. A에서 X로의 **포함함수**(inclusion function) j는 $j : A \subset X$로 표시되고 이것은 모든 $a \in A$에 대해서 $j(a) = a$로 정의된다. f의 A로의 제한은 합성 $f \circ j$, 즉 $f|A = f \circ j$임을 밝혀라.

• 1대 1의 함수, 위로의 함수, 역함수와 항등함수

28. 임의의 함수 $f : A \longrightarrow B$에 대해서 $f \circ 1_A = f = 1_B \circ f$임을 증명하여라.

29. $f: A \longrightarrow B$가 위로의 1대 1 함수이면, $f^{-1} \circ f = 1_A$이고 $f \circ f^{-1} = 1_B$임을 증명하여라.

30. $f: A \longrightarrow B$와 $g: B \longrightarrow A$가 $g \circ f = 1_A$를 만족하면, f는 1대 1의 함수이고 g는 위로의 함수임을 증명하여라.

31. (명제 2-1) $f: A \longrightarrow B$와 $g: B \longrightarrow A$가 $g \circ f = 1_A$와 $f \circ g = 1_B$를 만족하면 $f^{-1}: B \longrightarrow A$가 존재하여 $g = f^{-1}$임을 증명하여라.

32. 어떤 조건에서 사영 $\pi_{i_0}: \Pi\{A_i : i \in I\} \longrightarrow A_{i_0}$는 1대 1의 함수가 되는가?

33. $f: (-1, 1) \longrightarrow \mathbf{R}$를 $f(x) = x/(1-|x|)$로 정의한다고 하자. f는 위로의 1대 1의 함수임을 증명하여라.

34. R을 공집합이 아닌 집합 A상의 동치관계라 하자. A에서 상(몫)집합 A/R로의 **자연함수**(natural function) η는 $\eta(a) = [a]$(a의 동치류)로 정의된다. η는 위로의 함수임을 증명하여라.

35. $f: A \longrightarrow B$라 하자. $aRa' \Longleftrightarrow f(a) = f(a')$로 정의되는 A상의 관계 R은 동치관계이다. $\hat{f}$는 상(몫)집합 A/R에서 치역 $f[A]$로의 함수로, $\hat{f}: [a] \longrightarrow f(a)$로 정의한다.

(i) $\hat{f}: A/R \longrightarrow f[A]$는 위로의 1대 1의 함수임을 증명하여라.

(ii) $\eta: A \longrightarrow A/R$를 자연함수, $j: f[A] \subset B$는 포함함수라 하면 $f = j \circ \hat{f} \circ \eta$이다.

$$A \xrightarrow{\eta} A/R \xrightarrow{\hat{f}} f[A] \xrightarrow{j} B$$

임을 증명하여라.

• 첨수된 집합과 일반화된 연산

36. $n \in \mathbf{N}$(양의 정수)일 때 $A_n = \{x : x\text{는 } n\text{의 배수}\} = \{n, 2n, 3n, \cdots\}$라 하자.

(i) $A_2 \cap A_7$　　(ii) $A_6 \cap A_8$　　(iii) $A_3 \cup A_{12}$　　(iv) $A_3 \cap A_{12}$

(v) $s, t \in \mathbf{N}$일 때 $A_s \cup A_{st}$ (vi) $s, t \in \mathbf{N}$일 때 $A_s \cap A_{st}$를 구하여라.
(vii) $J \subset \mathbf{N}$이 무한집합이면 $\cap \{A_i : i \in J\} = \phi$임을 밝혀라.

37. $i \in \mathbf{Z}$(정수)일 때 $B_i = (i, i+1]$을 열린 · 닫힌 구간이라 하자. 다음 집합을 구하여라.
(i) $B_4 \cup B_5$ (ii) $B_6 \cap B_7$
(iii) $\cup_{i=4}^{20} B_i$ (iv) $B_s \cup B_{s+1} \cup B_{s+2}$ $(s \in \mathbf{Z})$
(v) $\cup_{i=0}^{15} B_{s+i} (s \in \mathbf{Z})$ (vi) $\cup_{i \in \mathbf{Z}} B_{s+i} (s \in \mathbf{Z})$

38. $n \in \mathbf{N}$(양의 정수)일 때 $D_n [0.1/n]$, $S_n = (0.1/n]$이고 $T_n = [0.1/n)$이라 하자. 다음 집합을 구하여라.
(i) $\cap \{D_n : n \in \mathbf{N}\}$ (ii) $\cap \{S_n : n \in \mathbf{N}\}$ (iii) $\cap \{T_n : n \in \mathbf{N}\}$

39. 드 모르간의 법칙 : (i) $(\cup_i A_i)^c = \cap_i A_i^c$ (ii) $(\cap_i A_i)^c = \cup_i A_i^c$을 증명하여라.

40. $\mathscr{A} = \{A_i : i \in I\}$를 첨수된 집합족이라 하고 $J \subset K \subset I$라고 하자. 다음을 증명하여라.
(i) $\cup \{A_i : i \in J\} \subset \cup \{A_i : i \in K\}$ (ii) $\cap \{A_i : i \in J\} \supset \cap \{A_i : i \in K\}$

• 관련된 집합함수

41. $f : \mathbf{R} \longrightarrow \mathbf{R}$를 $f(x) = x^2 + 1$로 정의한다고 하자. 다음 값을 구하여라.
(i) $f[\{-1, 0, 1\}]$ (ii) $f^{-1}[\{10, 17\}]$ (iii) $f[(-2, 2)]$
(iv) $f^{-1}[\{5, 10\}]$ (v) $f[\mathbf{R}]$ (vi) $f^{-1}[\mathbf{R}]$

42. 함수 $f : X \longrightarrow Y$가 X의 모든 부분집합 A와 B에 대해서 1대 1의 함수이기 위한 필요충분조건은 $f[A \cap B] = f[A] \cap f[B]$임을 증명하여라.

43. $f : X \longrightarrow Y$와 X의 임의의 부분집합 A와 B에 대해서 다음을 증명하여라.
(a) $f[A \cap B] \subset f[A] \cap f[B]$ (b) $A \subset B$이면 $f[A] \subset f[B]$

44. $f : X \longrightarrow Y$이면 Y의 임의의 부분집합 A와 B에 대해서 다음이 성립함을 증명하여라.

(a) $f^{-1}[A \cup B] = f^{-1}[A] \cup f^{-1}[B]$ (b) $A \subset B$이면 $f^{-1}[A] \subset f^{-1}[B]$

45. (정리 2-8) $f : X \longrightarrow Y$와 $A \subset X$, $B \subset Y$에 대해서 다음이 성립함을 증명하여라.

(i) $A \subset f^{-1} \circ f[A]$ (ii) $B \supset f \circ f^{-1}[B]$

46. $f : X \longrightarrow Y$를 위로의 함수라 하자. 이 경우 관련된 집합함수 $f : \mathscr{P}(X) \longrightarrow \mathscr{P}(Y)$도 위로의 함수임을 증명하여라.

47. 함수 $f : X \longrightarrow Y$가 위로의 1대 1의 함수이기 위한 필요충분조건은 X의 모든 부분집합 A에 대해서 $f[A^c] = (f[A])^c$임을 증명하여라.

48. 함수 $f : X \longrightarrow Y$가 1대 1의 함수이기 위한 필요충분조건은 X의 모든 부분집합 A에 대해서 $A = f^{-1} \circ f[A]$임을 증명하여라.

- 실수값함수의 대수

49. $X = \{a, b, c\}$상의 함수 f와 g를 다음과 같이 정의되는 실수값함수라 하자.

$$f = \{\langle a, 2\rangle, \langle b, -3\rangle, \langle c, -1\rangle\}, \ g = \{\langle a, -2\rangle, \langle b, 0\rangle, \langle c, 1\rangle\}$$

다음 함수를 구하여라.

(i) $3f$ (ii) $2f - 5g$ (iii) fg (iv) $|f|$ (v) f^3 (vi) $|3f - fg|$

50. A를 전체집합 U의 임의의 부분집합이라 할 때 실수값함수를

$$\chi_A(x) = \begin{cases} 1 & (x \in A) \\ 0 & (x \notin A) \end{cases}$$

로 정의하고, $\chi_A(x) : U \longrightarrow \mathbf{R}$를 A의 **특성함수**(characteristic function)라 한다. 이 경우 다음을 밝혀라.

(i) $\chi_{A \cap B} = \chi_A \chi_B$ (ii) $\chi_{A \cup B} = \chi_A + \chi_B - \chi_{A \cap B}$ (iii) $\chi_{A \setminus B} = \chi_A - \chi_{A \cap B}$

51. $\mathscr{F}(X, \mathbf{R})$은 정리 2-9의 공리$[\mathrm{V}_2]$를 만족한다. 즉, $f \in \mathscr{F}(X, \mathbf{R})$이고 $k, k' \in \mathbf{R}$이면

(i) $k \cdot (k' \cdot f) = (kk') \cdot f$ (ii) $1 \cdot f = f$

임을 증명하여라.

52. 각 $k \in \mathbf{R}$에 대해서 $\hat{k} \in \mathscr{F}(X, \mathbf{R})$를 모든 $x \in X$에 대해서 상수함수 $\hat{k}(x) = k$이라 하자.

(i) 상수함수족 $\mathscr{C} = \{\hat{k} : k \in \mathbf{R}\}$는 $\mathscr{F}(X, \mathbf{R})$의 선형부분공간임을 밝혀라.

(ii) $\alpha : \mathscr{C} \longrightarrow \mathbf{R}$를 $\alpha(\hat{k}) = k$로 정의하자. α는 위로의 1대 1의 함수임을 밝히고 또한 임의의 $k : k' \in \mathbf{R}$에 대해서

$$\alpha(\hat{k} + \hat{k}') = \alpha(\hat{k}) + \alpha(\hat{k}')$$

임을 밝혀라.

• 보충문제의 답

23. (i) 0 (ii) -8 (iii) 3 (iv) -2 (v) 9 (vi) -1

24. (i) $(f \circ g)(x) = 4x^2 - 6x + 1$ (ii) $(g \circ f)(x) = 2x^2 + 6x - 1$
(iii) $(f \circ f)(x) = x^4 + 6x^3 + 14x^2 + 15x + 5$

25. 함수 $f \circ k$는 상수함수이다.

26. (i) 확장임 (ii) 아님 (iii) 확장임 (iv) 확장임

32. $i \neq i_0$일 때 A_i는 한 원소집합, 즉 $A_i = \{a_i\}$일 때.

36. (i) A_{14} (ii) A_{24} (iii) A_3 (iv) A_{12} (v) A_s (vi) A_{st}

37. (i) $(4, 6]$ (ii) ϕ (iii) $(4, 21]$ (iv) $(s, s+3]$
(v) $(s, s+16]$ (vi) R

38. (i) $\{0\}$ (ii) ϕ (iii) $\{0\}$

41. (i) $\{1, 2\}$ (ii) $\{3, -3, 4, -4\}$ (iii) $(1, 5)$ (iv) $(-3, -2)$, $(2, 3)$
(v) $\{x : x \geq 1\}$ (vi) $\mathbf{R}$

49. (i) $3f = \{\langle a, 6\rangle, \langle b, -9\rangle, \langle c, -3\rangle\}$
(ii) $2f - 5g = \{\langle a, 14\rangle, \langle b, -6\rangle, \langle c, -7\rangle\}$
(iii) $fg = \{\langle a, -4\rangle, \langle b, 0\rangle, \langle c, -1\rangle\}$
(iv) $|f| = \{\langle a, 2\rangle, \langle b, 3\rangle, \langle c, 1\rangle\}$
(v) $f^3 = \{\langle a, 8\rangle, \langle b, -27\rangle, \langle c, -1\rangle\}$
(vi) $|3f - fg| = \{\langle a, 10\rangle, \langle b, 9\rangle, \langle c, 2\rangle\}$

03 G·E·N·E·R·A·L·T·O·P·O·L·O·G·Y

기수와 순서

3.1 동치집합

집합 A에서 집합 B로, 위로의 1대 1의 함수(전단사, 쌍사) $f: A \longrightarrow B$가 존재하면 A는 B와 **동치**(equivalent)이라 하고 $A \sim B$로 표시한다. 이 경우 함수 f를 집합 A와 B간의 **1대 1의 대응**(one-to-one correspondence)이라 한다.

집합 A가 공집합이든지 또는 어떤 $n \in \mathbf{N}$에 대해서 $\{1, 2, \cdots, n\}$과 동치이면 A를 **유한집합**(finite set), 그렇지 않은 경우에는 **무한집합**(infinite set)이라 한다. 분명히 두 유한집합은 이들이 같은 개수의 원소를 포함할 때 동치이다. 따라서 유한집합에 대해서 동치는 보통으로 같은 개수의 원소를 포함하는 두 집합을 뜻하는 것과 일치한다.

예제 1.1 $\mathrm{N} = \{1, 2, 3, \cdots\}$이고 $E = \{2, 4, 6, \cdots\}$이라 하자. $f(x) = 2x$에 의하여 정의된 함수 $f: \mathrm{N} \longrightarrow E$는 위로의 1대 1의 함수이므로 $\mathbf{N}$과 E는 동치이다.

예제 1.2 $f(x) = x/(1-|x|)$로 정의된 함수 $f: (-1, 1) \longrightarrow \mathbf{R}$는 위로의 1대 1의 함수이므로 열린 구간 $(-1, 1)$은 실수집합 $\mathbf{R}$와 동치이다.

무한집합에는 그 자신의 진부분집합과 동치인 것이 있음을 알 수 있다. 이 성질이 일반적으로 무한집합에 대해서만 성립한다.

명제 3-1 임의의 집합족에 있어서 $A \sim B$에 의하여 정의되는 관계는 동치관계이다.

3.2 가부번집합과 가산집합

N을 양의 정수의 집합 $\{1, 2, 3, \cdots\}$이라 하자. N과 동치인 집합 X를 **가부번집합**(denumerable set)이라 하고, 또한 X는 **기수**(cardinality) $\aleph_0$(알레프 제로 : aleph-null이라 읽음)를 갖는다고 한다. 집합이 유한이든지, 또는 가부번일 때 그 집합을 **가산집합**(countable set)이라 한다.

예제 2.1 상이한 항으로 이루어진 임의의 무한수열의 집합,

$$a_1, a_2, a_3, \cdots$$

은 가부번이다. 왜냐하면 이 수열은 본질적으로 정의역이 N인 함수 $f(n) = a_n$와 같은 까닭이다. 따라서 a_n이 상이하면 함수는 위로의 1대 1의 함수이다. 따라서 다음 각 집합은 가부번이다.

$$\left\{1, \frac{1}{2}, \frac{1}{3}, \cdots\right\}, \ \{1, -2, 3, -4, \cdots\},$$
$$\{\langle 1, 1\rangle, \langle 4, 8\rangle, \langle 9, 27\rangle, \cdots, \langle n^2, n^3\rangle, \cdots\}$$

예제 2.2 그림 3-1에 표시한 바와 같은 적집합 N × N을 생각하자.

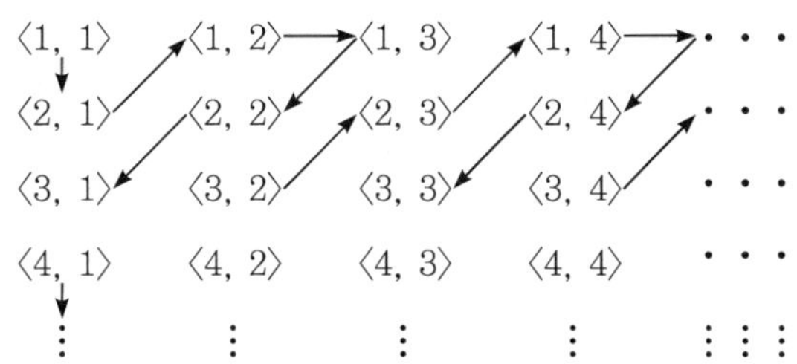

| 그림 3-1 |

집합 N × N은 다음과 같이 상이한 원소의 무한수열로 표기될 수 있다.

$$\langle 1, 1\rangle, \langle 2, 1\rangle, \langle 1, 2\rangle, \langle 1, 3\rangle, \langle 2, 2\rangle, \cdots$$

(이 상이한 항의 무한수열은 위 도표에 있어서 "화살표를 따름"으로 결정됨에 유의하여라.) 따라서 N × N은 가부번임을 알 수 있다.

예제 2.3 $M = \{0, 1, 2, 3, \cdots\} = \mathrm{N} \cup \{0\}$이라 하자. 각 양의 정수 $a \in \mathrm{N}$에 대해서 형식 $a = 2^r(2s+1)$로 되는 r, $s \in M$이 유일하게 결정된다. r와 s가 위와 같을 때

$$f(a) = \langle r, s\rangle$$

로 정의되는 함수 $f : \mathrm{N} \longrightarrow M \times M$은 1대 1이고 위로의 함수이다. 따라서 $M \times M$은 가부번이고 N × N은 $M \times M$의 진부분집합임에 유의하여라.

가부번과 가산집합에 관한 다음 정리가 성립한다.

정리 3-2 모든 무한집합은 가부번부분집합을 부분집합으로 갖는다.

정리 3-3 가산집합의 모든 부분집합은 또한 가산집합이다.

보조정리 3-4 $\{A_1, A_2, \cdots\}$를 가부번집합의 서로소인 가부번집합족이라 하면 $\cup_{i=1}^{\infty} A_i$는 가부번집합이다.

정리 3-5 $\{A_i : i \in I\}$를 가산집합의 가산족, 즉 I는 가산이고, A_i는 각 $i \in I$에 대해서 가산집합이라 하면 $\cup\{A_i : i \in I\}$도 가산집합이다.

유한도 아니고 가부번도 아닌 집합을 **가부번이 아니다**(non-denumerable) 또는 **가산이 아니다**(non-countable)라 한다.

3.3 연속체

모든 무한집합은 가부번이라 할 수 없다. 실제로 다음 정리는 특이하고도 매우 중요한 예를 나타내고 있다.

정리 3-6 단위구간 $[0, 1]$은 가산이 아니다.

집합 X가 단위구간$[0, 1]$과 동치일 때 X는 **연속체농도**(power of the continum) 또는 **기수**(cardinality) c를 갖는다고 한다.

보충문제에서 열린 또는 닫힌 모든 구간은 기수 c를 가짐을 밝힌다. 예제 1.2에 의하여 열린 구간 $(-1, 1)$은 $\mathbf{R}$와 대등하다. 따라서

명제 3-7 실수집합 $\mathbf{R}$은 기수 c를 갖는다.

3.4 슈뢰더-베른슈타인 정리

A가 B의 어떤 부분집합과 동치일 때 $A \lesssim B$로 표기한다. 즉,

$$A \lesssim B \Longleftrightarrow A \sim B^* \text{를 만족하는 } \exists B^* \subset B$$

또한 $A \lesssim B$이나 $A \not\sim B$, 즉 A가 B와 동치가 아닐 때 $A < B$로 표기한다.

예제 3.1 $\mathbf{N}$은 $\mathbf{R}$의 부분집합인 까닭에 $\mathbf{N} \lesssim \mathbf{R}$로 표기할 수 있다. 한편으로 명제 3-7에 의하여 $\mathbf{R}$는 가부번이 아니므로 $\mathbf{R} \not\sim \mathbf{N}$이다. 따라서 $\mathbf{N} < \mathbf{R}$이다.

임의의 두 집합 A와 B가 주어졌다면 적어도 다음 중의 하나가 성립한다.
(i) $A \sim B$ (ii) $A < B$ 또는 $B < A$ (iii) $A \lesssim B$, $B \lesssim A$
(iv) $A \not\lesssim B$, $A \not\sim B$이고, $B \not\lesssim A$

유명한 **슈뢰더-베른슈타인**(Schröder-Bernstein) 정리는 위 경우 (iii)에 있어서 A는 B와 동치임을 뜻한다. 즉,

> **정리 3-7** **슈뢰더-베른슈타인** : $A \lesssim B$이고 $B \lesssim A$이면 $A \sim B$이다.

슈뢰더-베른슈타인 정리는 다음과 같이 바꾸어 말할 수 있다.

> **정리 3-8** $X \supset Y \supset X_1$이고, $X \sim X_1$이라 하면 $X \sim Y$이다.

위 경우 (iv)는 불가능함에 주의하기 바란다. 즉,

> **정리 3-9** **3분법의 법칙** : 임의의 두 집합 A와 B에 대해서 $A < B$, $A \sim B$ 또는 $B < A$의 어느 하나가 성립한다.

3.5 기수의 개념

A가 B와 동치, 즉 $A \sim B$이면 A와 B는 같은 **기수**(cardinal number) 또는 **농도**

(cardinality)를 갖는다고 한다. "A의 기수"를 $\#(A)$로 표기하기로 한다. 따라서

$$\#(A)=\#(B) \Longleftrightarrow A \sim B$$

이것에 대해서 $A < B$이면 A는 B보다 작은 기수를 갖는다. 또는 B는 A보다 큰 기수를 갖는다고 한다. 즉,

$$\#(A)<\#(B) \Longleftrightarrow A < B$$

따라서 $\#(A)\lesssim\#(B) \Longleftrightarrow A\lesssim B$이다. 이 결과로 슈뢰더-베른슈타인 정리를 기수의 개념을 사용하여 다음과 같이 바꾸어 표현할 수 있다.

> **정리 3-8'** $\#(A) \leq \#(B)$이고 $\#(B) \leq \#(A)$이면 $\#(A) = \#(B)$이다.

다음 각 집합의 기수는 각각 0, 1, 2, 3, ⋯로 표현된다.

$$\phi, \{\phi\}, \{\phi, \{\phi\}\}, \{\phi, \{\phi\}, \{\phi, \{\phi\}\}\}, \cdots$$

이것을 **유한기수**(finite cardinal)라 한다. N과 [0, 1]의 기수는

$$\aleph_0 = \#(\boldsymbol{N}),\ \boldsymbol{c} = \#([0, 1]$$

로 표현된다. 따라서 $0<1<2<3<\cdots<\aleph_0<c$임을 알 수 있다.

3.6 칸토어의 정리와 연속체 가설

$\aleph_0$와 c 이외의 무한기수가 존재하느냐 하는 의문은 당연히 나타난다. 이 해답은 긍정적이다. 실제로 **칸토어 정리**(cantor's theorem)에 의하면 주어진 임의의 집합보다 큰 기수를 갖는 집합을 만들 수 있다. 즉,

> **정리 3-10** 임의의 집합 A의 멱집합 $\mathscr{P}(A)$는 A보다 큰 기수를 갖는다.

기수 $\aleph_0$와 c 사이의 기수가 존재하느냐 하는 의문을 생각할 수 있다. 이 답의 부정적 예상을 **연속체 가설**(continum hypothesis)이라 한다. 즉

연속체 가설 : $\aleph_0 < \#(A) < c$인 성질을 만족하는 집합 A는 존재하지 않는다.

이 연속체가설은 1963년에 평행선에 관한 유클리드 제5공준이 다른 기하학의 공리와 독립이라는 것과 같은 뜻에서 집합론의 다른 공리와 독립임이 밝혀졌다.(즉, 긍정할지라도 부정할지라도 모순이 없다는 뜻이다.)

3.7 부분순서집합

집합 A상의 관계 $\lesssim$가 모든 $a, b, c \in A$에 대해서 (ⅰ) $a \lesssim a$ (ⅱ) $a \lesssim b$이고 $b \lesssim a$이면 $a = b$, (ⅲ) $a \lesssim b$이고 $b \lesssim c$이면 $a \lesssim c$일 때 관계 $\lesssim$를 A상의 **부분순서**(partial order) 또는 간단히 **순서**(order)라 한다. 부분순서를 만족하는 집합, 즉 쌍$(A, \lesssim)$을 **부분순서집합**(partially ordered set)이라 한다.

성질 (ⅰ)을 만족하는 관계를 반사적(reflexive), 성질 (ⅲ)을 만족할 때 추이적(transitive), 성질 (ⅱ)를 만족하는 관계를 **반대칭적**(anti-symmetric)이라 한다. 다시 말하자면 순서란 반사적, 반대칭적, 추이적 관계이다.

예제 4.1 집합의 포함관계는 임의의 집합족상의 부분순서이다. 실제로,

(ⅰ) 임의의 집합 A에 대해서 $A \subset A$,

(ⅱ) $A \subset B$이고 $B \subset A$이면 $A = B$이고,

(ⅲ) $A \subset B$이고 $B \subset C$이면 $A \subset C$

예제 4.2 A를 임의의 실수집합이라 하자. 이 경우 $x \leq y$에 의하여 정의된 A상의 관계는 부분순서이고 이것을 A에 있어서 **자연순서**(natural order)라 한다.

예제 4.3 $X = \{a, b, c, d, e\}$라 하면 그림 3-2의 도표는 다음과 같이 X상의 부분순서를 정의한다.

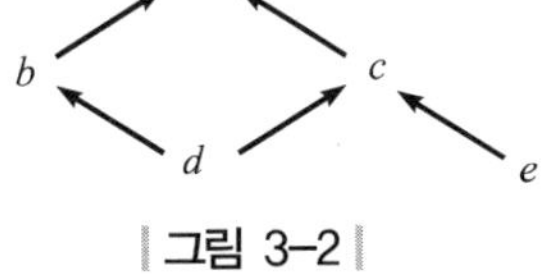

그림 3-2

즉, $x \lesssim y$이란 $x=y$이든지 또는 x에서 y로의 표시된 방향, 즉 위로 화살표 방향에 따라서 이동될 수 있음을 뜻한다.

순서집합에 있어서 $a \lesssim b$이며 a는 b보다 **앞선다**(precedes) 또는 b보다 작다 하고, 또한 b는 a보다 **뒤선다**(follows, dominates) 또는 a보다 우선, 또는 a보다 크다라고 한다. 또한 $a \lesssim b$이나 $a \neq b$일 때 $a < b$로 쓴다.

부분순서집합 A가 모든 $a, b \in A$에 대해서 $a \lesssim b$ 또는 $b \lesssim a$일 때 A를 **완전순서집합**(totally ordered set) 또는 **선형순서집합**(linearly ordered set)이라 한다. $x \leq y$에 의하여 정의된 자연순서를 갖는 실수의 집합 $\mathbf{R}$는 완전순서집합 중의 하나의 예이다.

예제 4.4 A와 B를 완전순서집합이라 하자. 이 경우 적집합 $A \times B$는 다음과 같이 완전순서집합이 되게 할 수 있다. 즉

$$\langle a, b \rangle < \langle a', b' \rangle \iff a < a' \text{ 또는 } (a = a' \text{이고, } b < b')$$

이 순서는 사전에 단어가 나열된 방법과 비슷하다는 뜻에서 $A \times B$의 **사전식 순서**(lexicographical order)라 불린다.

※ 주의 : 집합 A상의 관계 R가 부분순서, 즉 반사적, 반대칭적이고 추이적이면 역관계 R^{-1}는 또한 부분순서이다. 이것을 **역순서**(inverse order)라 한다.

3.8 순서집합의 부분집합

A를 순서집합 X의 부분집합이라 하면 X상의 순서는 다음과 같이 자연적 방법으로 A상의 순서를 유도한다. 즉

$$a, b \in A \text{이면 } a \lesssim b(A\text{에 있어서}) \iff a \lesssim b(X\text{에 있어서})$$

로 정의한다. 더욱 자세히 말하자면 R가 X상의 순서일 때 R를 A로 제한(restriction)한 관계 $R_A = R \cap (A \times A)$는 A상의 부분순서이다. 이것을 ***R*를 *A*로 제한**(restriction of R to A)이라 한다. 순서집합 (A, R_A)를 순서집합 (X, R)의 **부분순서 부분집합**(partially ordered subset)이라 한다.

부분순서집합 X의 어떤 부분집합은 실제로 완전순서로 될 수 있다. 분명히 X 자신이 완전순서이면 X의 모든 부분집합은 또한 완전순서이다.

예제 5.1 그림 3-3의 도표에 의하여 정의되는 $W=\{a, b, c, d, e\}$상의 부분 순서를 생각하자.

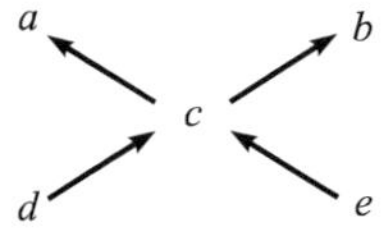

| 그림 3-3 |

집합 $\{a, c, d\}$와 $\{b, c\}$는 완전순서부분집합이나, 집합 $\{a, b, c\}$와 $\{d, e\}$는 완전순서부분집합이 아니다.

3.9 최소원소와 최대원소

X를 순서집합이라 하자. 원소 $a_0 \in X$가 모든 $x \in X$에 대해서 $a_0 \lesssim x$일 때 a_0을 X의 **최초원소**(first element) 또는 **최소원소**(smallest element)라 한다. 같은 방법으로 원소 $b_0 \in X$가 모든 $x \in X$에 대해서 $x \lesssim b_0$일 때 b_0를 X의 **최후원소**(last element) 또는 **최대원소**(largest element)라 한다.

예제 6.1 $X=\{a, b, c, d, e\}$상의 순서가 그림 3-4의 도표와 같은 순서를 이루고 있다고 하자.

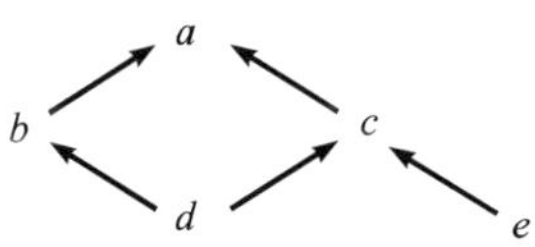

| 그림 3-4 |

이 경우 a는 모든 원소보다 뒤서 있는 까닭에 a는 최대원소이다. X는 최소원소를 갖지 않음에 유의하여라. 원소 d는 e보다 앞서지 않는 까닭에 최소원소가 아니다.

예제 6.2 자연순서를 갖는 양의 정수 $\mathbf{N}$은 최소원소로 1을 갖는다. 자연순서를 갖는 정수 $\mathbf{Z}$는 최소원소와 최대원소를 갖지 않는다.

3.10 극대원소와 극소원소

X를 순서집합이라 하자. 모든 $x \in X$에 대해서 $a_0 \lesssim x$이면 $x = a_0$일 때, 즉 a_0 자신 외에 a_0를 뒤서는 원소가 없을 때 $a_0 \in X$를 **극대원소**(maximal element)라 한다. 같은 방법으로 모든 $x \in X$에 대해서 $x \lesssim b_0$이면 $x = b_0$일 때, 즉 b_0 자신을 제외하고 b_0에 앞서는 원소가 존재하지 않을 때 $b_0 \in X$를 **극소원소**(minimal element)라 한다.

예제 7.1 $X = \{a, b, c, d, e\}$를 예제 6.1의 도표와 같은 순서를 이루고 있다면 d와 e는 모두 극소원소이고 원소 a는 극대원소이다.

예제 7.2 자연순서를 갖는 $\mathbf{R}$는 완전순서집합이나 극소원소와 극대원소를 갖지 않는다.

예제 7.3 $A = \{a_1, a_2, a_3, \cdots, a_m\}$을 유한 완전순서집합이라 하자. 이 경우 A는 정확히 하나의 극소원소와 하나의 극대원소를 갖는다. 이들은 각각 다음과 같이 표시된다.

$$\min\{a_1, \cdots, a_m\}, \qquad \max\{a_1, \cdots, a_m\}$$

3.11 상계와 하계

A를 부분순서집합 X의 부분집합이라 하자. 원소 $m \in X$가 모든 $x \in A$에 대해서 $m \lesssim x$일 때, 즉 m이 A에 속하는 모든 원소보다 앞설 때 $m \in A$를 A의 **하계**(lower bound)라 한다. A의 어떤 하계가 A의 다른 모든 하계보다 뒤서면(즉, A의 하계 전체 중의 최대원소) 이것을 A의 **최대하계**(greatest lower bound : g.l.b.) 또는 A의 **하한**(infimum)이라 하고 $\inf(A)$로 표현한다.

같은 방법으로 원소 $M \in X$가 모든 $x \in A$에 대해서 $x \lesssim M$일 때, 즉 M이 A의 모든 원소보다 뒤설 때 $M \in X$를 A의 **상계**(upper bound)라 한다. A의 어떤 상계가 A의 다른 모든 상계보다 앞서면(A의 상계 전체 중의 최소원소가 있을 때) 이것을 A의 **최소상계**(least upper bound : l.u.b.) 또는 A의 **상한**(supremum)이라 하며 $\sup(A)$로 표현한다.

A가 상계를 가질 때 **위로 유계**(bounded above)하다 하고 A가 하계를 가질 때 **아래로 유계**(bounded below)하다 한다. A가 상계와 하계를 모두 가지면 간단히 **유계**(bounded)하다 한다.

예제 8.1 $X=\{a, b, c, d, e, f, g\}$가 그림 3-5의 도표에서와 같은 순서를 이룬다 하자.

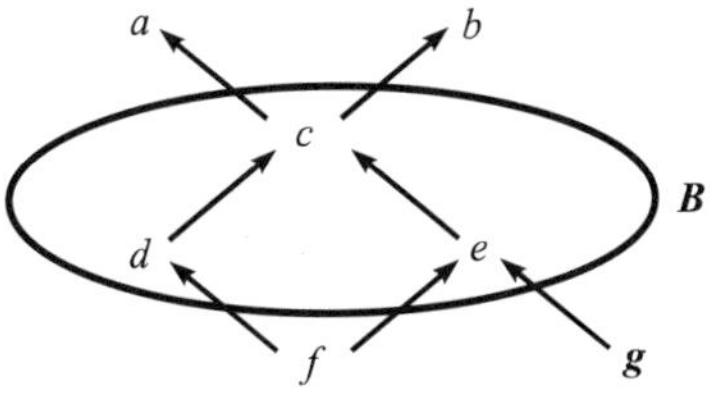

| 그림 3-5 |

$B=\{c, d, e\}$라 하면 a, b와 c는 B의 상계이고 f만이 B의 하계이다. g는 d보다 앞서지 않는 까닭에 B의 하계가 아니고 또한 상한 $c=\sup(B)$는 B에 속하나 하한 $f=\inf(B)$는 B에 속하지 않음에 주의하여라.

예제 8.2 A를 실수의 유계집합이라 하자. 이 경우 실수에 관한 기본정리에서부터 자연순서에 관하여 $\inf(A)$와 $\sup(A)$가 반드시 존재한다.

예제 8.3 $\mathbf{Q}$를 유리수의 집합이라 하고 $B=\{x : x\in\mathbf{Q},\ x>0,\ 2<x^2<3\}$이라 하자. 즉 B는 실수직선상의 $\sqrt{2}$와 $\sqrt{3}$ 사이에 있는 유리점으로 이루어진다. 이 경우 B에는 무한개의 상계와 하계가 있으나 $\inf(B)$와 $\sup(B)$는 존재하지 않는다. 즉, B는 최소상계와 최대상계를 갖지 않는다. $\sqrt{2}$와 $\sqrt{3}$은 $\mathbf{Q}$에 속하지 않으므로 B의 상한, 하한이 될 수 없다.

3.12 소른의 보조정리

소른(Zorn)의 보조정리는 수학에 있어서 매우 중요한 역할을 한다. 이것은 비록 어떤 종류의 원소를 구하는 구성방법을 주지 않으나 어떤 형태의 원소가 존재함을 주장하는 것이다.

소른의 보조정리 1-1	X를 공집합이 아닌 부분순서집합이라 하고 X의 모든 완전순서부분집합이 상계를 갖는다 하면 X는 적어도 하나의 극대원소를 갖는다.

※ 주의 : 소른의 보조정리는 **선택공리**(axiom of choice)와 **정렬가능 원리**(well-ordering principle)와 동치이다. 이 증명은 순서수의 개념을 사용하여 이루어지나 이 증명은 다음 기회로 미루기로 한다.

연습문제

• 동치집합, 가산집합

1. $0 < a < b$에 대해서 동심원

$$C_1 = \{\langle x, y\rangle : x^2 + y^2 = a^2\},\ \ C_2 = \{\langle x, y\rangle : x^2 + y^2 = b^2\}$$

을 생각하자. C_1과 C_2 사이의 1대 1 대응을 기하학적으로 구성하여라.

풀이 $x \in C_2$라 하자. 함수 $f : C_2 \longrightarrow C_1$는 오른쪽 그림 3-6에서 표시한 바와 같이 $f(x)$를 C_2의 중심(이것은 C_1의 중심이기도 하다)에서 x로의 반지름과 C_1과의 교점이라 하자.
이 경우 f는 위로의 1대 1의 함수(전단사, 쌍사)이고 C_1과 C_2는 1대 1 대응을 이룬다.

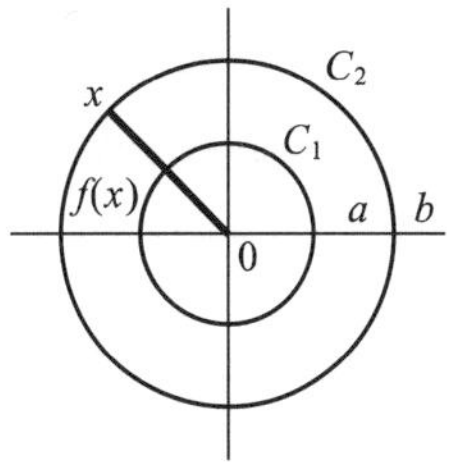

| 그림 3-6 |

2. 유리수의 집합은 가부번(가산)임을 증명하여라.

풀이 $\mathbf{Q}^+$를 양의 유리수 집합이라 하고 $\mathbf{Q}^-$를 음의 유리수 집합이라 하자. 이 경우 $\mathbf{Q} = \mathbf{Q}^- \cup \{0\} \cup \mathbf{Q}^+$이다.
함수 $f : \mathbf{Q}^+ \longrightarrow \mathbf{N} \times \mathbf{N}$을

$$f(p/q) = \langle p,\ q\rangle$$

로 정의한다. 여기서 p/q는 양의 유리수를 기약분수로 표현한 것이다. f는 1대 1의 함수이므로 $\mathbf{Q}^+$는 $\mathbf{N} \times \mathbf{N}$의 부분집합과 동치이다. 그런데 $\mathbf{N} \times \mathbf{N}$은 가부번이므로(예제 2.2 참조) $\mathbf{Q}^+$는 또한 가부번이다. 같은 방법으로 $\mathbf{Q}^-$도 가부번이다. 따라서 정리 3-5에 의하여 $\mathbf{Q}^-$, $\{0\}$과 $\mathbf{Q}^+$의 합집합, 즉 유리수의 집합은 또한 가부번이다.

3. (명제 3-1) 임의의 집합족에서 $A \sim B$로 정의된 관계는 동치관계, 즉
(i) 임의의 집합 A에 대해서 $A \sim A$,
(ii) $A \sim B$이면 $B \sim A$이고,
(iii) $A \sim B$이고 $B \sim C$이면 $A \sim C$
임을 증명하여라.

풀이 (i) 항등함수 $1_A : A \longrightarrow A$는 위로의 1대 1의 함수이다. 따라서 $A \sim A$이다.
(ii) $A \sim B$이면 위로의 1대 1의 함수 $f : A \longrightarrow B$가 존재한다. 그런데 이 경우 f는 역함

수 $f^{-1}: B \longrightarrow A$를 가지며 이것은 또한 위로의 1대 1의 함수이다. 따라서 $A \sim B$이면 $B \sim A$이다.

(iii) $A \sim B$이고 $B \sim C$이면 함수 $f: A \longrightarrow B$와 $g: B \longrightarrow C$가 존재하여 이들은 위로의 1대 1의 함수이다. 따라서 합성함수 $g \circ f: A \longrightarrow C$는 또한 위로의 1대 1의 함수이다. 따라서 $A \sim B$이고 $B \sim C$이면, $A \sim C$.

4. $a_0, a_1, \cdots, a_m$을 정수라 하고 정수를 계수로 하는 모든 다항식

$$p(x) = a_0 + a_1 x + \cdots + a_m x^m$$

의 족을 P라 하면, P는 가부번집합임을 증명하여라.

풀이 양의 정수의 각 쌍 $\langle n, m \rangle \in \mathbf{N} \times \mathbf{N}$에 대해서 P_{nm}을 차수가 m인 다항식 $p(x)$의 집합으로

$$|a_0| + |a_1| + \cdots + |a_m| = n$$

을 만족한다고 하자. 이 경우 P_{nm}은 유한집합이고 따라서,

$$P = \cup \{P_{nm} : \langle n, m \rangle \in \mathbf{N} \times \mathbf{N}\}$$

은 가산집합의 가산개의 합집합이므로 가산이다. 특히 P는 유한집합이 아닌 무한집합인 까닭에 P는 가부번이다.

5. 실수 r가 **대수적 수**(algebraic number)란, r가 정수계수를 갖는 다항식의 방정식

$$p(x) = a_0 + a_1 x + \cdots + a_m x^m = 0$$

의 근이 되는 실수를 말한다. 대수적 수의 집합 A는 가부번집합임을 증명하여라.

풀이 앞 문제에 의하여 다항식의 방정식의 집합 E는 가부번이다. 즉,

$$E = \{p_1(x) = 0,\ p_2(x) = 0,\ p_3(x) = 0, \cdots\}$$
$$A_i = \{x : x\text{는 } p_i(x) = 0\text{의 근}\}$$

이라 하자. n차의 다항식은 기껏해야 n개의 근을 갖는 까닭에 각 A_i는 유한집합이므로 $A = \cup \{A_i : i \in \mathbf{N}\}$는 가부번이다.

6. (정리 3-2) 모든 무한집합 X는 가부번인 부분집합 D를 포함함을 증명하여라.

풀이 $f: \mathscr{P}(X) \longrightarrow X$를 선택함수, 즉 X의 공집합이 아닌 각 부분집합 A에 대해서 $f(A) \in A$라 하자. 이와 같은 함수는 선택공리에 의하여 존재한다. 다음과 같이 $\{a_n\}$를 정의하자.

$$a_1 = f(X)$$
$$a_2 = f(X \setminus \{a_1\})$$
$$a_3 = f(X \setminus \{a_1, a_2\})$$
....
$$a_n = f(X \setminus \{a_1, \cdots, a_{n-1}\})$$

X는 무한인 까닭에 $X \setminus \{a_1, \cdots, a_{n-1}\}$은 모든 $n \in N$에 대해서 공집합이 아니다. 또한 f는 선택함수인 까닭에

$$i < n\text{에 대해서 } a_n \neq a_i.$$

따라서 a_n은 $a_1, \cdots, a_{n-1}$와 상이하고 $D = \{a_1, a_2, \cdots\}$는 X의 가부번부분집합이다.
예컨대 선택함수 f는 "원소 $a_1 \in X$를 선택하고" 다음에 X에서 남은 원소에서 원소 a_2를 선택한다. X는 무한집합인 까닭에 X에서 남은 원소의 집합은 공집합이 아니다.

7. X를 임의의 집합, $C(X)$를 X상의 특성함수족, 즉 $f : X \longrightarrow \{1, 0\}$인 함수족이라 하면 X의 멱집합 $\mathscr{P}(X)$는 $C(X)$와 대등, 즉 $\mathscr{P}(X) \sim C(X)$임을 증명하여라.

풀이 A를 X의 임의의 부분집합, 즉 $A \in \mathscr{P}(X)$라 하고 $f : \mathscr{P}(X) \longrightarrow C(X)$를

$$f(A) = \chi_A = \begin{cases} 0 & (x \notin A\text{일 때}) \\ 1 & (x \in A\text{일 때}) \end{cases}$$

로 정의한다고 하자. 이 경우 f는 위로의 1대 1의 함수이다. 따라서 $\mathscr{P}(X) \sim C(X)$이다.

8. 가부번집합의 부분집합은 유한 또는 가부번, 즉 가산임을 증명하여라.

풀이 $X = \{a_1, a_2, \cdots\}$를 임의의 가부번집합이라 하고, A를 X의 부분집합이라 하자. $A \neq \phi$이면 n_1을 $a_{n1} \in A$를 만족하는 최소의 양의 정수라 하고, n_2는 $n_2 > n_1$이고 $a_{n2} \in A$를 만족하는 최소의 양의 정수라 하자. 이 경우 $A = \{a_{n1}, a_{n2}, \cdots\}$이다. 정수의 집합 $\{n_1, n_2, \cdots\}$이 유계하면 A는 유한집합이고, 그렇지 않은 경우에 A는 가부번집합이다.

9. (정리 3-3) 가산집합의 모든 부분집합은 가산임을 증명하여라.

풀이 X가 가산이면 X는 유한 또는 가부번이다. 어느 경우에서나 X의 부분집합은 가산이다.

10. (보조정리 3-4) $\{A_1, A_2, \cdots\}$를 가부번집합의 서로소인 가부번족이라 하면 $\cup_{i=1}^{\infty} A_i$는 가부번임을 증명하여라.

풀이 집합 A_i는 가부번인 까닭에 다음과 같이 쓸 수 있다.

$$A_1 = \{a_{11}, a_{12}, a_{13}, \cdots\}$$
$$A_2 = \{a_{21}, a_{22}, a_{23}, \cdots\}$$
$$\cdots\cdots\cdots\cdots\cdots\cdots$$
$$A_n = \{a_{n1}, a_{n2}, a_{n3}, \cdots\}$$
$$\cdots\cdots\cdots\cdots\cdots\cdots$$

이 경우 $\cup_{i=1}^{\infty} A_i = \{a_{ij} : \langle i, j\rangle \in \mathbf{N}\times\mathbf{N}\}$. $f(a_{ij}) = \langle i, j\rangle$로 정의하면, 함수 $f : \cup_{i=1}^{\infty} A_i \longrightarrow \mathbf{N}\times\mathbf{N}$는 분명히 위로의 1대 1의 함수이다. 따라서 $\cup_{i=1}^{\infty} A_i$는 $\mathbf{N}\times\mathbf{N}$이 가부번인 까닭에 가부번이다.

11. A를 무한집합, $B = \{b_1, b_2, \cdots\}$를 가부번이라 하고 A와 B를 서로소라고 하면 $A \cup B \sim A$임을 증명하여라.

풀이 A는 무한인 까닭에 A는 가부번부분집합 $D = \{d_1, d_2, \cdots\}$를 포함한다. $f : A\cup B \longrightarrow A$를 그림 3-7의 도표에 의하여 정의한다 하자.

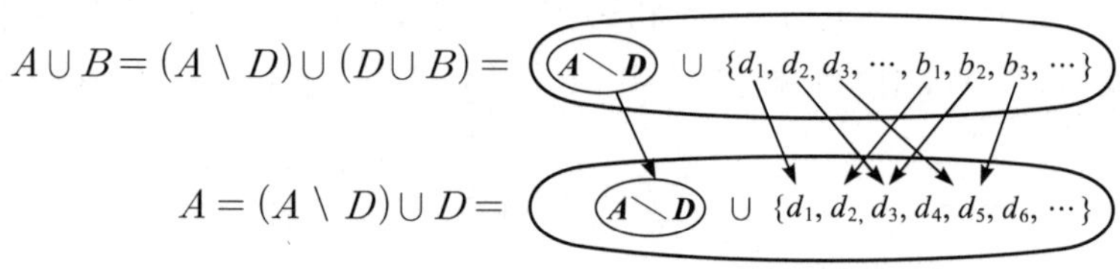

| 그림 3-7 |

다시 말하면,

$$f(x) = \begin{cases} x & (x \in A \setminus D\text{일 때}) \\ d_{2n-1} & (x = d_n\text{일 때}) \\ d_{2n} & (x = b_n\text{일 때}) \end{cases}$$

로 정의한다. 이 경우 f는 1대 1이고 위로의 함수이므로 $A \cup B \sim A$이다.

• 연속체, 기수

12. 구간 $(0, 1)$, $[0, 1)$과 $(0, 1]$은 어느 것이나 기수 $\mathbf{c}$를 갖는다. 즉 $[0, 1]$과 동치임을 증명하여라.

풀이 (i) $A = [0, 1] \setminus \{0, 1, 1/2, 1/3, \cdots\} = (0, 1) \setminus \{1/2, 1/3, 1/4, \cdots\}$이라 하면,

$[0, 1] = \{0, 1, 1/2, 1/3, \cdots\} \cup A$, $(0, 1) = \{1/2, 1/3, 1/4, \cdots\} \cup A$가 성립한다. 그림 3-8과 같은 도표로 정의되는 함수 $f : [0, 1] \longrightarrow (0, 1)$를 생각해 보자.

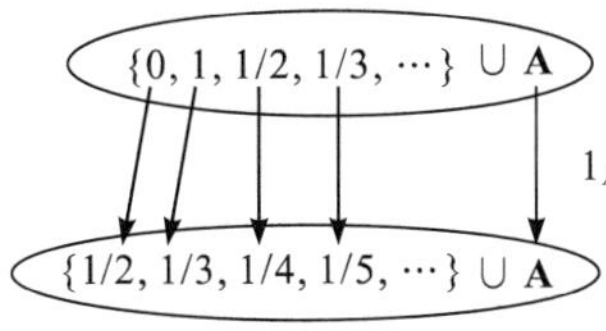

| 그림 3-8 |

$$f(x) = \begin{cases} 1/2 & (x = 0\text{일 때}) \\ 1/(n+2) & (x = 1/n,\ n \in \mathbf{N}\text{일 때}) \\ x & (x \neq 0, 1/n, n \in \mathbf{N},\ \text{즉 } x \in A\text{일 때}) \end{cases}$$

함수 f는 위로의 1대 1의 함수이다. 따라서 $[0, 1] \sim (0, 1)$이다.

(ii) 함수 $f : [0, 1] \longrightarrow [0, 1)$을

$$f(x) = \begin{cases} 1/(n+1) & (x = 1/n,\ n \in \mathbf{N}\text{일 때}) \\ x & (x \neq 1/n,\ n \in \mathbf{N}\text{일 때}) \end{cases}$$

로 정의하면 f는 위로 1대 1의 함수이며(이것은 (i)의 함수와 같다), 따라서 $[0, 1] \sim [0, 1)$이다.

(iii) $f : [0, 1) \longrightarrow (0, 1]$를 $f(x) = 1 - x$로 정의하면, f는 1대 1이고 위로의 함수이다. 따라서 $[0, 1) \sim (0, 1]$이고 추이성에 의하여 $[0, 1] \sim (0, 1]$이다. 다시 말해서 $(0, 1)$, $[0, 1)$과 $(0, 1]$의 기수는 모두 $\boldsymbol{c}$이다.

13. 다음 각 구간은 어느 것이나 연속체의 농도를 갖는다. 즉, 농도 $\boldsymbol{c}$를 가짐을 증명하여라. $[a, b]$, (a, b), $[a, b)$와 $(a, b]$ (단, $a < b$)

풀이 다음 각 함수는 $f(x) = a + (b-a)x$로 정의된다 하자.

$[0, 1] \xrightarrow{f} [a, b]$, $[0, 1) \xrightarrow{f} [a, b)$, $(0, 1) \xrightarrow{f} (a, b)$, $(0, 1] \xrightarrow{f} (a, b]$

이들 함수는 위로의 1대 1의 함수이다. 따라서 앞 문제와 명제 3-1에 의하여 각 구간은 $[0, 1]$과 동치이다. 즉, 모두 기수 $\boldsymbol{c}$를 갖는다.

14. (정리 3-6) 단위구간 $A = [0, 1]$은 가산이 아님을 증명하여라.

풀이 **방법 1** : 반대로 가정하여 A를 가부번이라 한다면 $A = \{x_1, x_2, x_3, \cdots\}$, 즉 A의 원소는 열로 표기될 수 있다. A의 각 원소 x_n은 다음과 같이 무한소수의 형식으로 표현될 수 있다.

$$x_1 = 0.\, a_{11} a_{12} a_{13} \cdots a_{1n} \cdots$$

$$x_2 = 0.\ a_{21}a_{22}a_{23} \cdots a_{2n} \cdots$$
$$x_3 = 0.\ a_{31}a_{32}a_{33} \cdots a_{3n} \cdots$$
$$\cdots\cdots\cdots\cdots\cdots\cdots$$
$$x_n = 0.\ a_{n1}a_{n2}a_{n3} \cdots a_{nn} \cdots$$
$$\cdots\cdots\cdots\cdots\cdots\cdots$$

여기서 $a_{ij} \in \{0, 1, \cdots, 9\}$이고 각 소수는 영이 아닌 무한개의 원소를 포함한다. 단 유한소수는, 예컨대

$$1/2 = .5000 \cdots = .4999 \cdots$$

와 같이 모두 9가 무한히 나타나는 무한소수로 나타내기로 한다.

그런데 다음 방법으로 A에 속하는 실수

$$y = 0.b_1b_2b_3 \cdots b_n \cdots$$

을 구성한다. b_1을 $b_1 \neq a_{11}$이고 $b_1 \neq 0$가 되도록 선택하고 b_2를 $b_2 \neq a_{22}$이고 $b_2 \neq 0$가 되도록 선택하자. $b_1 \neq a_{11}$이므로 $y \neq x_1$이고 $b_2 \neq a_{22}$이므로 $y_2 \neq x_2$이다. 이와 같은 방법으로 해서 $n \in \mathbf{N}$에 대해서 $y \neq x_n$이다. 따라서 $y \notin A$이고 이것은 불가능하다. 따라서 A가 가부번이라는 가정에 모순이 나타나므로 A는 가산이 아니다.

방법 2 : A를 가산집합이라 하자. 이 경우 위에서와 같이

$$A = \{x_1, x_2, x_3, \cdots\}$$

로 된다. 이제 다음과 같이 닫힌 구간열을 만든다. 다음 세 가지의 $A = [0, 1]$의 닫힌부분구간을 생각하자.

$$\left[0, \frac{1}{3}\right],\ \left[\frac{1}{3}, \frac{2}{3}\right],\ \left[\frac{2}{3}, 1\right]$$

각 구간의 길이는 $\frac{1}{3}$이다. x_1은 세 개의 구간 모두에 속할 수는 없다. $I_1 = [a_1, b_1]$을 (1)에 있는 구간의 하나로 $x_1 \notin I_1$이 되는 것으로 하자. 다시 다음과 같이 $I_i = [a_1, b_1]$의 세 개의 닫힌 부분구간을 생각하자.

$$\left[a_1, a_1 + \frac{1}{9}\right],\ \left[a_1 + \frac{1}{9}, a_1 + \frac{2}{9}\right],\ \left[a_1 + \frac{2}{9}, b_1\right].$$

각 구간의 길이는 $\frac{1}{9}$이다. 같은 방법으로 $I_2 = [a_2, b_2]$를 (2)에 있는 구간의 하나라 하고 $x_2 \notin I_2$라고 하자. 이 방법을 계속해 간다. 이와 같이 해서 모든 $n \in N$에 대해서

$x_n \notin I_n$인 닫힌 구간열

$$I_1 \supset I_2 \supset I_3 \supset \cdots$$

를 얻는다. 실수의 **축소구간열의 성질**(Nested Interval Property)(부록 A 참조)에 의하여 실수 $y \in A=[0, 1]$이 존재해서 y는 (3)에 있는 모든 구간에 속한다. 그러나

$$y \in A=\{x_1, x_2, \cdots\}\text{이면, 어떤 } m_0 \in \mathbf{N}\text{에 대해서 } y=x_{m0}\text{이다.}$$

따라서 구성방법에서부터 $y=x_{m0} \notin I_{m0}$이고, 이 사실은 y가 (3)의 모든 구간에 속한다는 사실에 모순된다. 따라서 A는 가부번이라는 가정에서 모순이 나타나므로 A는 가산이 아니다.

15. [정리 3-8(슈뢰더-베른슈타인)] 즉 $X \supset Y \supset X_1$이고 $X \sim X_1$이면 $X \sim Y$임을 증명하여라.

풀이 $X \sim X_1$이므로 위로의 1대 1의 함수 $f: X \longrightarrow X_1$이 존재한다. 또한 $X \supset Y$이므로 f를 Y로의 제한한 함수를 또한 f로 나타내면 이것 또한 1대 1이다. 따라서 Y는 X_1의 부분집합 Y_1과 동치가 되어 $Y \sim Y_1$로 된다. 여기서 Y_1에 대해서

$$X \supset Y \supset X_1 \supset Y_1$$

이며 $f: Y \longrightarrow Y_1$가 위로의 1대 1의 함수가 됨을 밝혔다. 같은 방법으로 해서 $X_1 \subset Y$이므로 X_1은 Y_1의 부분집합 X_2와 동치가 된다. 여기서

$$X \supset Y \supset X_1 \supset Y_1 \supset X_2$$

이며, $f: X_1 \longrightarrow X_2$는 위로의 1대 1의 함수이다. 이 조작을 되풀이하면

$$X \supset Y \supset X_1 \supset Y_1 \supset X_2 \supset Y_2 \supset \cdots$$

를 만족하는 동치집합 $X_1, X_2, X_3, \cdots$, 동치집합 $Y_1, Y_2, Y_3, \cdots$이 존재한다.

$$B=X \cap Y \cap X_1 \cap Y_1 \cap X_2 \cap Y_2 \cdots$$

이라 하면,

$$X=(X \setminus Y) \cup (Y \setminus X_1) \cup (X_1 \setminus Y_1) \cup \cdots \cup B$$
$$Y=(Y \setminus X_1) \cup (X_1 \setminus Y_1) \cup (Y_1 \setminus X_2) \cup \cdots \cup B$$

로 된다. 또한,

$$(X \setminus Y) \sim (X_1 \setminus Y_1) \sim (X_2 \setminus Y_2) \sim \cdots$$

임을 유의하여라. 구체적으로, 함수 $f:(X_n - Y_n) \longrightarrow (X_{n+1} - Y_{n+1})$는 위로의 1대 1의 함수이다. 다음 그림 3-9에서 표시된 함수 $g: X \longrightarrow Y$를 생각하자.

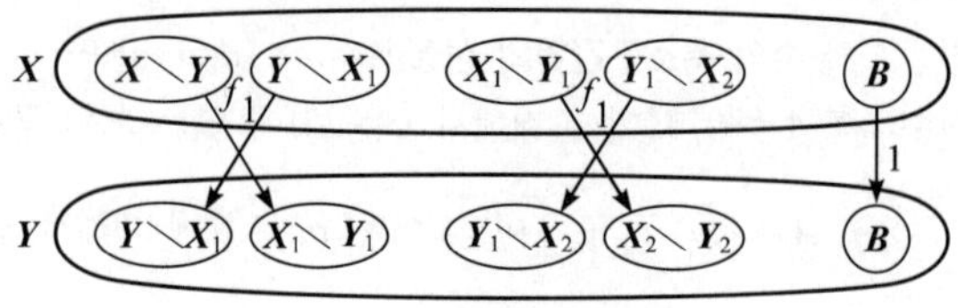

| 그림 3-9 |

$$g(x) = \begin{cases} f(x) & (x \in X_i \setminus Y_i \text{ 또는 } x \in X \setminus Y\text{일 때}) \\ x & (x \in Y_i \setminus X_i \text{ 또는 } x \in B\text{일 때}) \end{cases}$$

이라 하면, $g: X \longrightarrow Y$는 위로의 1대 1의 함수이다. 따라서 $X \sim Y$이다.

16. [정리 3-10(칸토어)] 임의의 집합 A의 멱집합 $\mathscr{P}(A)$는 A보다 큰 기수를 갖는다. 즉, $A < \mathscr{P}(A)$이므로 $\#(A) < \#\mathscr{P}(A)$임을 증명하여라.

풀이 함수 $g: A \longrightarrow \mathscr{P}(A)$를 각 원소 $a \in A$를 한 원소집합 $\{a\}$로 사상한다 하자. 즉 $g(a) = \{a\}$로 정의하면 1대 1이므로 $A \lesssim \mathscr{P}(A)$이다.

만일에 A가 $\mathscr{P}(A)$와 동치가 아님을 밝힌다면 이 정리는 성립한다. 모순명제로 증명하기 위하여 위로의 1대 1의 함수 $f: A \longrightarrow \mathscr{P}(A)$가 존재한다고 가정하자. a가 그 상의 집합의 원소가 아닐 때, 즉 $a \notin f(a)$일 때 $a \in A$를 **"나쁜 원소"**(bad element)라 하고 B를 나쁜원소의 집합이라 하자. 즉,

$$B = \{x : x \in A,\ x \notin f(x)\}$$

B는 A의 부분집합, 즉 $B \in \mathscr{P}(A)$이다. $f: A \longrightarrow \mathscr{P}(A)$는 위로의 함수인 까닭에 $f(b) = B$인 성질을 만족하는 원소 $b \in A$가 존재한다. 문제는 b가 "나쁜 원소"인가, "좋은 원소"인가이다. 만일에 $b \in B$이면 B의 정의에 의하여 $b \notin f(b) = B$이고 가정에 모순된다. 같은 방법으로 $b \notin B$이면 $b \in f(b) = B$이고 이것은 또한 모순이 된다. 따라서 $A \sim \mathscr{P}(A)$라는 원래의 가정에 모순임이 나타난다. 따라서 $A \sim \mathscr{P}(A)$는 거짓이고 따라서 정리가 성립한다.

• 순서집합과 순서부분집합

17. 자연수의 집합 $\mathbf{N}$은 다음과 같은 순서를 이룬다 하자. 즉, 원소 $a, a' \in \mathbf{N}$은 각각

$$a=2^{r}(2s+1),\ a'=a^{r'}(2s'+1)$$

로 유일하게 쓸 수 있다. 단, 여기서 $r, r', s, s' \in \{0, 1, 2, 3, \cdots\}$이다. 이 경우

$$a<a' \iff r<r' \text{ 또는 } r=r' \text{이면 } s<s'$$

라 하자. 다음 두 수에 관하여 공란에 적당한 대소관계 기호(< 또는 >)를 기입하여라 (여기서, $y<x \iff x>y$이다).

(i) 5___14 (ii) 6___9 (iii) 3___20 (iv) 14___21

풀이 **N**의 원소와 r, s의 관계는 다음과 같이 쓸 수 있다.

r \ s	0	1	2	3	4	5	6	7	
0	1	3	5	7	9	11	13	15	$\cdots$
1	2	6	10	14	18	22	26	30	$\cdots$
2	4	12	20	28	36	44	52	60	$\cdots$
	$\vdots$	$\vdots$	$\vdots$	$\vdots$	$\vdots$	$\vdots$	$\vdots$	$\vdots$	

이 경우 위 행에 있는 수는 아래 행에 있는 수보다 앞서 있다. 만일에 두 수가 같은 행에 있으면 좌측에 있는 수가 우측에 있는 수보다 앞선다. 따라서

(i) $5<14$ (ii) $6>9$ (iii) $3<20$ (iv) $14>21$

18. $A=\{a, b, c\}$에 그림 3-10에서와 같은 순서가 주어졌다고 하자. $\mathscr{A}$를 공이 아닌 A의 모든 완전순서부분집합족이라 하고 $\mathscr{A}$에는 집합의 포함관계에 의한 부분순서를 준다 하자. $\mathscr{A}$의 순서를 도표로 작성하여라.

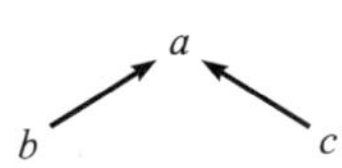

| 그림 3-10 |

풀이 A의 완전순서부분집합은 $\{a\}$, $\{b\}$, $\{c\}$, $\{a, b\}$, $\{a, c\}$이다. $\mathscr{A}$에는 집합의 포함관계에 의하여 순서가 주어졌으므로 $\mathscr{A}$의 순서는 그림 3-11과 같다.

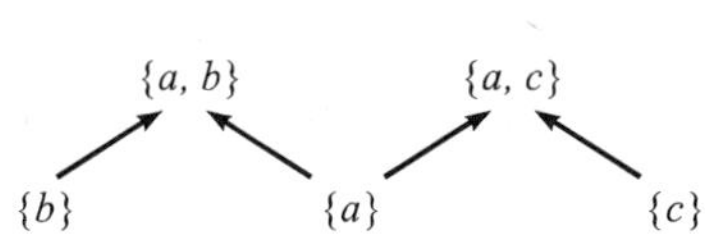

| 그림 3-11 |

19. $A=\{2, 3, 4, \cdots\}=\mathbf{N}-\{1\}$에 "$x$로써 y가 나누어 떨어진다"로 순서를 준다 하자.

(i) A의 극소원소를 구하여라.

(ii) A의 극대원소를 구하여라.

풀이 (i) p를 소수라 하면 p만이 p를 나눈다. 따라서 소수는 모두 극소원소이다. 또한 $a \in A$를 소수가 아니라 하면 $b<a$일 때 b로써 a는 나누어 떨어진다. 따라서 극소원소가 아니다. 따라서 소수만이 극소원소이다.

(ii) 임의의 $a \in A$에 대해서 a가 나누는 상대수, 예컨대 $2a$가 있으므로 극대원소는 없다.

20. $B = \{2, 3, 4, 5, 6, 8, 9, 10\}$에 "$x$는 y의 배수이다"로 순서가 주어진다.

(i) B의 극대원을 모두 구하여라.

(ii) B의 극소원을 모두 구하여라.

풀이 B의 순서를 나타내는 그림을 그리면 그림 3-12와 같다.

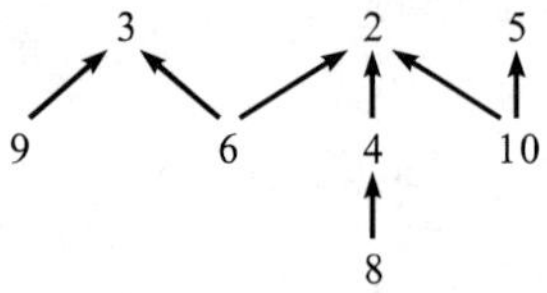

| 그림 3-12 |

(i) 극대원소는 2, 3, 5

(ii) 극소원소는 6, 8, 9, 10이다.

21. $W = \{1, 2, \cdots, 7, 8\}$에 그림 3-13과 같은 순서가 주어졌다고 하자.

W의 부분집합 $V = \{4, 5, 6\}$에서

(i) V의 상계집합을 구하여라.

(ii) V의 하계집합을 구하여라.

(iii) $\sup(V)$는 존재하는가?

(iv) $\inf(V)$는 존재하는가?

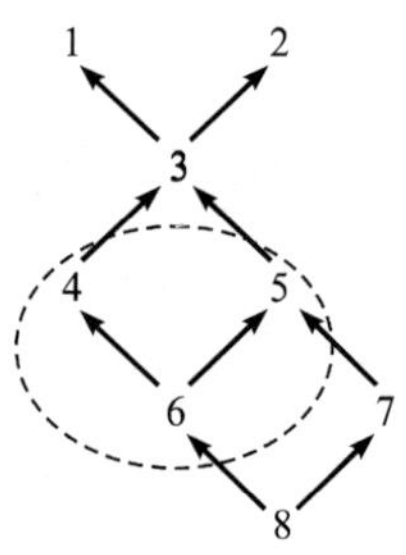

| 그림 3-13 |

풀이 (i) $\{1, 2, 3\}$의 원소만이 V의 각 원소에 뒤선다. 따라서 $\{1, 2, 3\}$이 상계집합이다.

(ii) 6과 8이 V의 각 원소를 앞선다. 따라서 $\{6, 8\}$이 하계집합이다.

(iii) 3은 V의 상계집합의 최소원소이므로 $\sup(V) = 3$, $3 \notin V$이다.

(iv) 6은 V의 하계집합의 최대원소이므로 $\inf(V) = 6$, $6 \in V$이다.

22. $\mathscr{A}$를 집합의 포함관계에 의한 부분순서집합족이라 하고 $\mathscr{B}$를 $\mathscr{A}$의 부분족이라 하자.

(i) $A \in \mathscr{A}$가 $\mathscr{B}$의 상계이면 $\cup\{B : B \in \mathscr{B}\} \subset A$임을 증명하여라.

(ii) $\cup\{B : B \in \mathscr{B}\}$는 $\mathscr{B}$의 상계인가?

풀이 (i) $x \in \cup\{B : B \in \mathscr{B}\}$라고 하면 $x \in B_0$인 $B_0 \in \mathscr{B}$가 존재한다. A는 $\mathscr{B}$의 상계이므로 $B_0 \subset A$이고 따라서 $x \in A$이다. 그러므로 $\cup\{B : B \in \mathscr{B}\} \subset A$

(ii) $\mathscr{B}$는 $\mathscr{A}$의 부분족이나 $\mathscr{B}$의 원소의 합집합, 즉 $\cup\{B : B \in \mathscr{B}\}$는 $\mathscr{A}$의 원소가 될 필요는 없다. 다시 말해서 $\cup\{B : B \in \mathscr{B}\}$가 $\mathscr{A}$에 속할 때 한해서 $\mathscr{B}$의 상계이나 $\mathscr{A}$에 속하지 않으면 상계가 아니다.

• 소른(Zorn) 보조정리의 응용

23. X를 부분순서집합이라 하면 X의 완전순서부분집합으로 X의 임의의 다른 완전순서부분집합의 완전부분집합이 아닌 것이 존재함을 증명하여라.

풀이 $\mathscr{A}$를 X의 모든 완전순서부분집합족이라 하고 $\mathscr{A}$에는 집합의 포함관계에 의하여 부분순서가 주어졌다고 하자. 소른의 보조정리에 의하여 $\mathscr{A}$는 극대원소를 가짐을 밝히고자 한다. $\mathscr{B} = \{B_i : i \in I\}$를 $\mathscr{A}$의 완전순서부분족이라 가정하고 $A = \cup\{B_i : i \in I\}$라고 하면, 이 경우

$$\text{모든 } B_i \in \mathscr{B} \text{에 대해서 } B_i \subset X \text{이면 } A \subset X$$

이다. 다음으로 A가 완전순서임을 밝힌다. $a, b \in A$이면,

$$a \in B_j,\ b \in B_k \text{를 만족하는 } \exists B_j,\ B_k \in \mathscr{B}.$$

그러나 $\mathscr{B}$는 집합의 포함관계에 의하여 완전순서이므로 이들 중 하나, 예컨대 B_j는 다른 것의 부분집합이다. 따라서 $a, b \in B_k$ $B_k \in \mathscr{B}$가 X의 완전순서부분집합임을 생각하면 $a \lesssim b$ 또는 $b \lesssim a$이고, 이 경우 A는 X의 완전순서부분집합이고 따라서 $A \in \mathscr{A}$이다.
그런데 모든 $B_i \in \mathscr{B}$에 대해서 $B_i \in A$이므로 A는 $\mathscr{B}$의 상계이다. $\mathscr{A}$의 모든 완전순서부분집합은 $\mathscr{A}$의 상계를 가지므로 소른의 보조정리에 의하여 $\mathscr{A}$는 극대원소 A를 갖는다. 즉, A는 X의 임의의 다른 완전순서부분집합의 진부분집합이 아닌 X의 완전순서부분집합이다.

24. R를 A에서 B로의 관계, 즉 $R \subset A \times B$라 하고 R의 정의역을 A라 가정하면 R의 부분집합으로 A에서 B로의 함수로 되는 f^*가 존재함을 증명하여라.

풀이 $\mathscr{A}$를 각 $f \in \mathscr{A}$가 A의 부분집합에서 B로의 함수로 되는 R의 부분집합이라 하자. $\mathscr{A}$에 집합의 포함관계에 의한 부분순서를 준다. $f : A_1 \longrightarrow B$가 $g : A_2 \longrightarrow B$의 부분집합이면 $A_1 \subset A_2$임에 주의하자.
이제 $\mathscr{B} = \{f_i : A_i \longrightarrow B\}_{i \in I}$를 $\mathscr{A}$의 완전순서부분집합족이라 하면 $f = \cup_i f_i$는 $\cup_i A_i$에서 B로의 함수이고(문제 44 참조) 또한 $f \subset R$이다. 따라서 f는 $\mathscr{B}$의 상계이다. 소른의 보조정리에 의하여 $\mathscr{A}$에는 극대원소 $f^* : A^* \longrightarrow B$가 존재한다. $A^* = A$임을 밝히면 정리는 증명이 완료된다.
$A^* \neq A$라고 가정하면 $a \notin A^*$로 되는 $a \in A$가 존재한다. 가정에 의하여 R의 정의역은 A이므로 순서쌍 $(a, b) \in R$가 존재한다. 이 경우 $f^* \cup \{\langle a, b \rangle\}$는 $A^* \cup \{a\}$에서 B로의 함수로 되어서 f^*가 $\mathscr{A}$의 극대원소라는 사실에 모순된다. 따라서 $A^* = A$이고 정리는 증명되었다.

보충문제

• 동치집합, 기수

25. 모든 무한집합은 그 자신의 진부분집합과 동치임을 증명하여라.

26. A와 B가 가부번집합이면 $A \times B$도 가부번임을 증명하여라.

27. 유리점의 좌표를 갖는 평면 $\mathbf{R}^2$의 점집합은 가부번임을 증명하여라.

28. 실수 x가 대수적 수가 아닐 때, 즉 x가 정수계수를 갖는 다항식

$$p(x) = a_0 + a_1 x + \cdots + a_m x^m = 0$$

의 근이 아닐 때(문제 5 참조) x를 **초월수**(transcendental number)라 한다. 예컨대 π와 e는 초월수이다.

(i) 초월수집합 T는 가부번이 아님을 증명하여라.

(ii) T는 연속체의 농도, 즉 기수 $\mathbf{c}$를 가짐을 증명하여라.

29. 기수에 관한 곱의 연산은 다음과 같이 정의한다.

$$\#(A)\#(B) = \#(A \times B)$$

(i) 이 연산은 올바르게 정의된다. 즉

$$\#(A) = \#(A')\text{이고 } \#(B) = \#(B')\text{이면, } \#(A)\#(B) = \#(A')\#(B')$$

즉, $A \sim A'$이고 $B \sim B'$이면 $(A \times B) \sim (A' \times B')$임을 밝혀라.

(ii) (a) $\aleph_0 \aleph_0 = \aleph_0$ (b) $\aleph_0 \mathbf{c} = \mathbf{c}$ (c) $\mathbf{cc} = \mathbf{c}$임을 증명하여라.

30. 기수에 관한 덧셈의 연산이 다음과 같이 정의된다.

$$\#(A) + \#(B) = \#(A \times \{1\} \cup B \times \{2\})$$

(i) $A \cap B = \phi$이면 $\#(A) + \#(B) = \#(A \cup B)$임을 밝혀라.

(ii) 이 연산은 올바르게 정의된다. 즉,

$$\#(A)=\#(A')\text{이고 }\#(B)=\#(B')\text{이면, }\#(A)+\#(B)=\#(A')+\#(B')$$

임을 밝혀라.

31. 기수에 관한 거듭제곱을 다음과 같이 정의한다.

$$\#(A)^{\#(B)}=\#\{f : f : B \longrightarrow A\}$$

(i) $\#(A)=m$이고 $\#(B)=n$이 유한기수일 때,

$$\#(A)^{\#(B)}=m^n$$

즉, 유한기수인 경우 기수에 관한 거듭제곱은 보통의 양의 정수의 거듭제곱과 일치함을 밝혀라.

(ii) 이 연산은 올바르게 정의된다. 즉,

$\#(A)=\#(A')$이고 $\#(B)=\#(B')$이면 $\#(A)^{\#(B)}=\#(A')^{\#(B')}$임을 밝혀라.

(iii) 임의의 집합 A에 대해서 $\#(\mathscr{P}(A))=2^{\#(A)}$임을 증명하여라.

32. 실수 $\mathbf{R}$상의 동치관계, $\sim$를 "$x \sim y \iff x-y$는 유리수"로 정의하자. 상(몫)집합 $\mathbf{R}/\sim$의 기수를 결정하여라.

33. $[0, 1]$에서 $\mathbf{R}$로의 모든 함수족의 기수는 2^c임을 증명하여라.

34. 〔정리 3-8(슈뢰더-베른슈타인〕 다음 두 가지 명제와 동치임을 증명하여라.

(i) $A \lesssim B$이고 $B \lesssim A$이면, $A \sim B$

(ii) $X \supset Y \supset X_1$이고 $X \sim X_1$이면, $X \sim Y$

35. (정리 3-9) 임의의 두 집합 A와 B에 대해서 $A < B$, $A \sim B$ 또는 $B < A$임을 증명하여라(힌트 : 소른 보조정리를 사용하여라).

• 순서집합과 순서부분집합

36. $A=(\mathbf{N}, \leq)$를 자연수의 자연순서, $B=\{\mathbf{N}, \geq)$를 자연수에서 자연순서의 역순서라 하자. 또한 $A \times B$의 순서는 A의 순서와 B의 순서에 따라 $\mathbf{N} \times \mathbf{N}$의 사전식 순서를 나타낸다 하자. 이 경우 다음의 공란에 적당한 기호 < 또는 >를 기입하여라.

(i) $\langle 3,\ 8\rangle$____$\langle 1,\ 1\rangle$　　(ii) $\langle 2,\ 1\rangle$____$\langle 2,\ 8\rangle$

(iii) $\langle 3,\ 3\rangle$____$\langle 3,\ 1\rangle$　　(iv) $\langle 4,\ 9\rangle$____$\langle 7,\ 15\rangle$

37. $X = \{1, 2, 3, 4, 5, 6\}$에 그림 3-14에서와 같은 순서가 주어졌다고 하고, X의 부분집합 $A = \{2, 3, 4\}$를 생각하자.

(i) X의 극대원소를 구하여라.

(ii) X의 극소원소를 구하여라.

(iii) X에는 최초원소가 존재하는가?

(iv) X에는 최후원소가 존재하는가?

(v) A의 상계집합을 구하여라.

(vi) A의 하계집합을 구하여라.

(vii) $\sup(A)$는 존재하는가?

(viii) $\inf(A)$는 존재하는가?

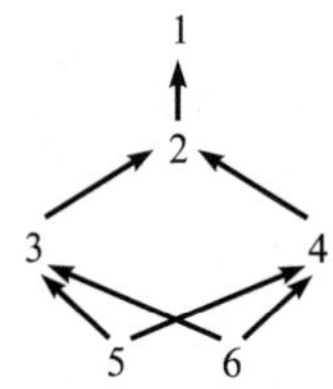

| 그림 3-14 |

38. 자연순서를 갖는 유리수의 집합 $\mathbf{Q}$와 그 부분집합 $A = \{x : x \in Q,\ x^3 < 3\}$을 생각하자.

(i) A는 위로 유계인가?　　(ii) A는 아래로 유계인가?

(iii) $\sup(A)$는 존재하는가?　　(iv) $\inf(A)$는 존재하는가?

39. 양의 정수 $\mathbf{N}$에 "x는 y의 약수이다"에 의한 순서가 주어졌다 하고 $A \subset \mathbf{N}$이라 하자.

(i) $\inf(A)$는 존재하는가?

(ii) $\sup(A)$는 존재하는가?

40. 모든 유한 부분순서집합은 극대원소를 가짐을 증명하여라.

41. 오직 하나의 극대원소는 존재하나 최대원소는 존재하지 않는 부분순서집합의 예를 들어라.

42. R가 A상의 부분순서이면 R^{-1}은 또한 A상의 부분순서임을 증명하여라.

• 소른(Zorn)의 보조정리

43. 다음 명제의 증명을 생각하자.

명제 양의 정수의 유한집합으로 임의의 다른 양의 정수의 유한집합의 진부분집합이 아닌 것이 존재한다.

증명 $\mathscr{A}$를 양의 정수의 모든 유한집합이라 하자. $\mathscr{A}$에 집합의 포함관계에 의한 부분순서를 준다. 이제 $\mathscr{B}=\{B_i : i\in I\}$를 $\mathscr{A}$의 완전순서부분족이라 하고 집합 $A=\cup_i B_i$라 하면 모든 $B_i\in\mathscr{B}$에 대해서 $B_i\subset A$이므로 A는 $\mathscr{B}$의 상계이다. $\mathscr{A}$의 모든 완전순서부분집합은 상계를 가지므로 소른보조정리에 의하여 $\mathscr{A}$는 극대원소 A를 가지며 A는 양의 정수의 유한집합으로 다른 양의 정수의 유한집합의 완전부분집합이 아니다.

문제 이 명제는 분명히 틀렸다. 그렇다면 증명 과정의 어느 부분이 잘못되었는가?

44. 문제 24의 증명에서 가정되었던 사실, 즉 함수족 $\{f_i : A_i \longrightarrow B\}$가 집합의 포함관계에 의하여 완전순서를 이룰 때 $\cup_i f_i$는 $\cup_i A_i$에서 B로의 함수임을 증명하여라.

45. 다음 두 명제는 동치임을 증명하여라.

(i) (**선택공리**) 공집합이 아닌 집합족의 적 $\Pi\{A_i : i\in I\}$는 공집합이 아니다.

(ii) $\mathscr{A}$를 공집합이 아닌 서로소인 집합족이라 하면 B와 각 집합 $A\in\mathscr{A}$와의 공통 집합은 오직 하나의 원소로 이루어지는 부분집합 $B\subset\cup\{A : A\in\mathscr{A}\}$가 존재한다.

46. 순서집합 X의 모든 완전순서부분집합이 X의 하계를 가지면 X는 극소원소를 가짐을 증명하여라.

• 보충문제의 답

32. c

36.	(i) $>$	(ii) $>$	(iii) $<$	(iv) $<$
37.	(i) $\{1\}$	(ii) $\{5, 6\}$	(iii) 존재하지 않는다	(iv) 존재한다. 1
	(v) $\{1, 2\}$	(vi) $\{5, 6\}$	(vii) 존재한다. 2	(viii) 존재하지 않는다.
38.	(i) 존재한다.	(ii) 존재하지 않는다.	(iii) 존재하지 않는다.	(iv) 존재하지 않는다.

39. (i) $\inf(A)$는 $A\neq\phi$일 때 존재한다. (ii) $\sup(A)$는 A가 유한일 때 존재한다.

40.
$$\begin{array}{l} a \\ \uparrow \\ 1 \to 2 \to 3 \to 4 \to \cdots \end{array}$$
여기서 a는 극대원소이나 최대원소는 아니다.

04 G·E·N·E·R·A·L·T·O·P·O·L·O·G·Y

직선과 평면의 위상

4.1 실직선

실수(real numbers)의 집합은 R로 표현되고 이것은 수학, 특히 해석학에서 중요한 역할을 한다. 실제로 위상수학에서 여러 가지 개념은 실수 집합의 성질을 추상화한 것이 많다. 집합 R는 **완비 아르키메데스 순서체**(complete Archimedean ordered field)로 특징화될 수 있다. 이들 개념은 부록에 설명되었다. 여기서는 R의 순서관계를 사용하여 R의 "**보통위상**"(usual topology)을 정의한다.

독자는 직선상의 점으로 R를 나타내는 기하학적 표현에 익숙하리라 믿는다. 그림 4-1에서와 같이 원점(origin)이라 불리는 점은 0으로 표현되었고 통상 0의 우측에 1과 다른 점을 나타낸다. 이 경우 직선상의 점과 실수와는 1대 1로 대응한다. 즉 각 점은 유일한 실수를 나타내고 또한 각 실수는 유일점으로 표현된다. 이와 같은 이유로 직선을 실직선(real line) 또는 실수축(real axis)이라 한다. 앞으로 용어에서 점과 실수를 같은 뜻으로 사용할 것이다.

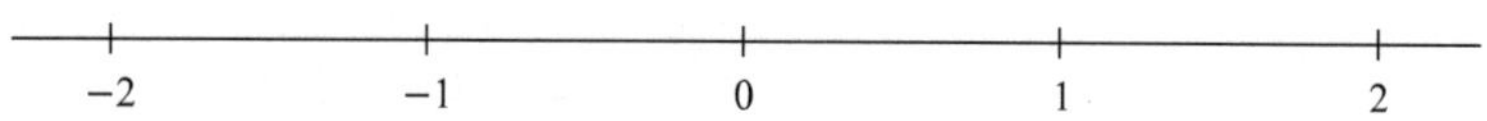

| 그림 4-1 |

4.2 R의 열린집합

A를 실수집합이라 하자. 점 $p \in A$가 A의 **내점**(interior point)이란 p를 포함하고 A에 포함되는 어떤 열린 구간 S_p가 존재한다는 뜻이다. 즉,

$$p \in S_p \subset A$$

집합 A의 모든 점이 내점일 때 A를 **열린집합**(open set) 또는 **$\mathscr{U}$-열린집합**($\mathscr{U}$-open set)이라 한다($\mathscr{U}$-열린집합에서 $\mathscr{U}$의 뜻은 다음 장에서 설명한다).

예제 1.1 열린 구간 $A = (a, b)$는 각 $p \in A$에 대해서 $S_p = A$로 택할 수 있으므로 열린집합이다.

예제 1.2 실직선 R 자신은 열린집합이다. 실제로 임의의 열린 구간 S_p는 R의 부분집합, 즉 $p \in S_p \subset R$이다.

어떤 집합에 내점이 아닌 점이 존재할 때 그 집합은 열린집합이 아님을 알 수 있다.

예제 1.3 닫힌 구간 $B=[a, b]$는 a 또는 b를 포함하는 어떠한 열린 구간도 B 이외의 점을 포함하는 까닭에 열린집합이 아니다. 따라서 끝점 a와 b는 B의 내점이 아니다.

예제 1.4 공집합 ϕ는 열린집합이다. 왜냐하면 내점이 아닌 점이 ϕ에 존재하지 않는 까닭이다.

예제 1.5 무한열린 구간, 즉 다음과 같이 정의되는 $\mathbf{R}$의 부분집합은 열린집합이다.

$$\{x : x\in\mathbf{R},\ x > a\} = (a, \infty),\ \{x : x\in\mathbf{R},\ x < a\} = (-\infty, a),$$
$$\{x : x\in\mathbf{R}\} = \mathbf{R} = (-\infty, \infty)$$

이것에 대해서 무한닫힌 구간, 즉 다음에서와 같이 정의되는 $\mathbf{R}$의 부분집합은 열린집합이 아니다.

$$\{x : x\in\mathbf{R},\ x \geq a\} = [a, \infty),\ \{x : x\in\mathbf{R},\ x \leq a\} = (-\infty, a]$$

그 이유는 $a\in\mathbf{R}$는 $[a, \infty)$ 또는 $(-\infty, a]$의 내점이 아닌 까닭이다.

열린집합에 관한 두 가지 기본정리는 다음과 같다.

정리 4-1	$\mathbf{R}$에 포함되는 임의의 개수의 열린집합의 합집합 또한 열린집합이다.

정리 4-2	$\mathbf{R}$에 포함되는 임의의 유한개의 열린집합의 공통집합 또한 열린집합이다.

앞 정리에서 유한개의 조건을 제외할 수 없음을 다음 예제에서 설명한다.

예제 1.6 다음 열린 구간족, 즉 열린집합족을 생각하자.

$$\{A_n = (-1/n, 1/n) : n\in\mathbf{N}\},\ \text{즉}\ \left\{(-1, 1), \left(-\frac{1}{2}, \frac{1}{2}\right), \left(-\frac{1}{3}, \frac{1}{3}\right), \cdots\right\}$$

열린 구간의 공통집합은 단일점 0으로 이루어진다. 즉,

$$\cap_{n=1}^{\infty} A_n = \{0\}$$

이므로 열린집합이 아니다. 다시 말한다면 무한개의 열린집합의 공통집합은 열린집합이라 할 수 없다.

4.3 집적점(쌓인점)

A를 R(즉, 실수집합)의 부분집합이라 하자. 점 $p \in \mathbf{R}$를 포함하는 모든 열린집합 G가 p와 상이한 A의 점을 포함할 때 p를 A의 **집적점**(accumulation point) 또는 극한점(limit point)이라 한다. 즉,

$$G \text{ 열린집합, } p \in G\text{이면 } A \cap (G \setminus \{p\}) \neq \phi$$

A의 집적점의 집합을 A'로 표현하고 이것을 A의 **유도집합**(derived set)이라 한다.

예제 2.1 $A = \left\{1, \frac{1}{2}, \frac{1}{3}, \frac{1}{4}, \cdots\right\}$이라 하자. 점 0은 A의 집적점이다. 실제로, $0 \in G$인 임의의 열린집합 G에는 $-a_1 < 0 < a_2$일 때 열린 구간 $(-a_1, a_2) \subset G$로 되는 $-a_1$, a_2가 존재하는데 $(-a_1, a_2)$에는 A의 점이 포함되어 있다. 따라서 점 0은 A의 집적점이다.

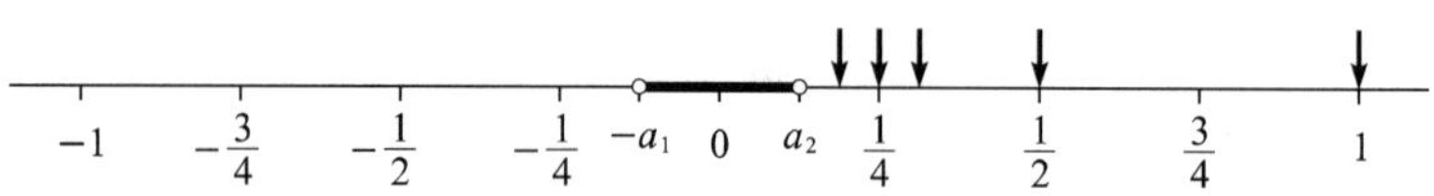

| 그림 4-2 |

A의 집적점 0이 A에 속하지 않음에 주의하여라. 또한 A는 0 이외의 임의의 다른 극한점을 포함하지 않음을 알 수 있는 까닭에 A의 유도집합은 한 원소 집합 $\{0\}$, 즉 $A' = \{0\}$이다.

예제 2.2 유리수의 집합 Q를 생각하자. 모든 열린집합이 유리수(즉, Q의 점)를 포함하는 까닭에 모든 실수 $p \in \mathbf{R}$는 Q의 집적점이다.

예제 2.3 정수의 집합 $Z=\{\cdots, -2, -1, 0, 1, 2, \cdots\}$에는 임의의 집적점이 존재하지 않는다. 다시 말해서 **Z**의 유도집합은 공집합 ϕ이다.

※ 주의 : 독자는 "집합의 극한점" 개념을 상이한 "점렬의 극한"의 개념과 혼동하지 않기를 바란다. 몇 가지 연습문제와 보충문제에서 이들은 관련이 있으나 별개의 개념임이 밝혀질 것이다.

4.4 볼차노-바이어슈트라스(Bolzano-Weierstrass) 정리

여러 가지 집합에 집적점이 존재하느냐, 존재하지 않느냐를 결정함은 위상수학에서 중요한 문제이다. 모든 집합이, 비록 예제 2.3에서와 같이 무한집합일지라도 집적점이 존재한다고 할 수 없다. 그러나 집적점을 갖기 위한 유용한 충분조건이 다음 정리에서 주어진다.

> **정리 4-3** **볼차노-바이어슈트라스 정리** : A를 유계인 실수의 무한집합이라 하면 A는 적어도 하나의 집적점을 갖는다.

4.5 닫힌집합

R(즉, 실수집합)의 부분집합 A의 여집합 A^c가 열린집합일 때 A를 **닫힌집합**(closed set)이라 한다. 닫힌집합은 또한 그 집적점에 의하여 정의할 수도 있다.

> **정리 4-4** R의 부분집합 A가 닫힌집합이기 위한 필요충분조건은 모든 A의 집적점이 A에 포함되는 것이다.

예제 3.1 닫힌 구간 $[a, b]$는 닫힌집합이다. 실제로, 그 여집합은 $(-\infty, a)\cup(b, \infty)$이고, 두 개의 무한 열린 구간의 합집합은 열린집합인 까닭이다.

예제 3.2 집합 $A=\left\{1, \frac{1}{2}, \frac{1}{3}, \frac{1}{4}, \cdots\right\}$은 닫힌집합이 아니다. 실제로 예제 2.1에서와 같이 0은 A의 집적점이나 A에 속하지 않는 까닭이다.

예제 3.3 공집합 ϕ와 실직선 $\mathbf{R}$는 그 여집합인 $\mathbf{R}$와 ϕ가 각각 열린집합이므로 닫힌집합이다.

다음 예제에서 알 수 있는 바와 같이 열린집합도 아니고 닫힌집합도 아닌 집합이 있다.

예제 3.4 열린-닫힌 구간 $A=(a, b]$를 생각하자. $b \in A$는 A의 내점이 아니므로 A는 열린집합이 아니고, 또한 $a \notin A$이나 A의 집적점이므로 A는 닫힌집합도 아니다.

4.6 하이네-보렐(Heine-Borel) 정리

유계닫힌 구간의 가장 중요한 성질 중의 하나는 다음 정리에서 주어진다. 집합족 $\mathscr{A}=\{A_i\}$에 대해서 A가 $\mathscr{A}$의 원소의 합집합에 포함될 때, 즉 $A \subset \cup_i A_i$일 때 $\mathscr{A}$를 집합 A의 **피복**(덮개; cover)이라 한다.

> **정리 4-5** **하이네-보렐 정리** : $A=[c, d]$를 유계닫힌 구간이라 하고 $\mathscr{G}=\{G_i : i \in I\}$를 A를 피복하는 열린 구간족, 즉 $A \subset \cup_i G_i$라 하자. 이 경우 $\mathscr{G}$의 유한부분족 $\{G_{i_1}, \cdots, G_{i_m}\}$은 A를 피복한다. 즉,
>
> $$A \subset G_{i_1} \cup G_{i_2} \cup \cdots \cup G_{i_m}$$

이 정리에서 유계하고 닫힘이라는 두 조건은 모두 필요로 하고 그렇지 않은 경우에 이 정리는 성립하지 않는다. 이 사실은 다음 두 예제에서 알 수 있다.

예제 4.1 유계단위열린 구간 $A=(0, 1)$을 생각하자. 열린 구간족

$$\mathscr{G}=\left\{G_n=\left(\frac{1}{n+2}, \frac{1}{n}\right) : n \in \mathbf{N}\right\}$$

는 A를 피복한다. 즉,

$$A \subset \left(\frac{1}{3}, 1\right) \cup \left(\frac{1}{4}, \frac{1}{2}\right) \cup \left(\frac{1}{5}, \frac{1}{3}\right) \cup \cdots$$

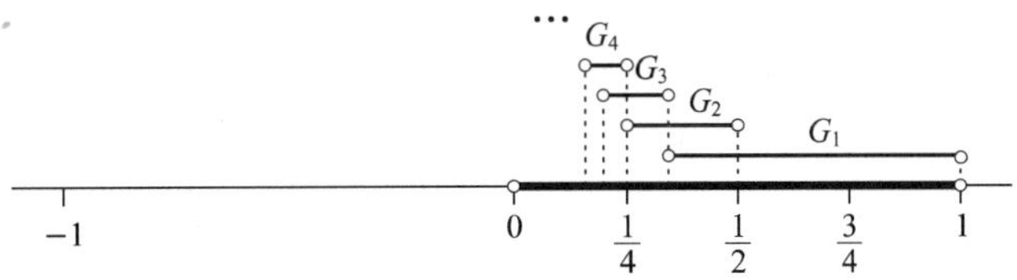

| 그림 4-3 |

그러나 $\mathscr{G}$의 어떠한 유한부분족의 합집합도 A를 피복할 수 없다(그림 4-3 참조).

예제 4.2 무한닫힌 구간 $A = [1, \infty)$를 생각하자. 열린 구간족

$$\mathscr{G} = \{(0, 2),\ (1, 3),\ (2, 4),\ \cdots\}$$

는 A를 피복하나 유한부분족으로는 피복하지 않는다.

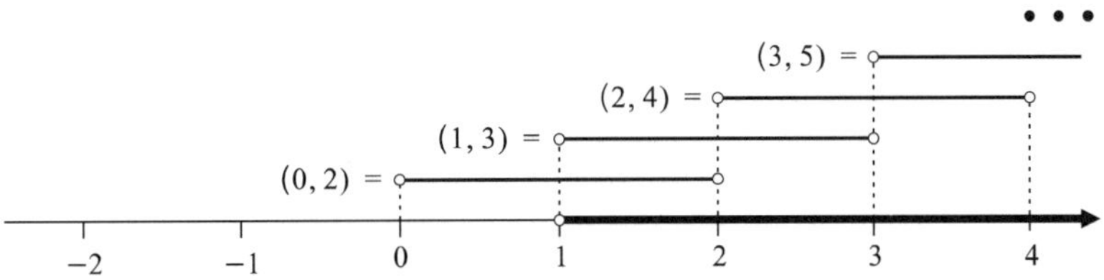

| 그림 4-4 |

4.7 점 렬

다음에 의해 표현되는 **점렬**(sequence)은 정의역이 $\mathbf{N} = \{1, 2, 3, \cdots\}$인 함수이다.

$$\langle s_1, s_2, \cdots \rangle,\ \langle s_n : n \in \mathbf{N} \rangle \text{ 또는 } \langle s_n \rangle$$

즉, 점렬은 각 양의 정수 $n \in \mathbf{N}$에 점 s_n을 대응시킨다. $n \in \mathbf{N}$의 상 $s(n)$, 즉 s_n은 그 점렬의 ***n*째 항**(nth term)이라 불린다.

예제 5.1 점렬,

$$\langle s_n \rangle = \langle 1, 3, 5, \cdots \rangle,$$

$$\langle t_n \rangle = \langle -\frac{1}{2}, \frac{1}{4}, -\frac{1}{8}, \frac{1}{16}, \cdots \rangle,$$

$$\langle u_n \rangle = \langle 1, 0, 1, 0, \cdots \rangle$$

은 각각 다음 식에 의하여 정의될 수 있다.

$$s(n) = 2n - 1,$$
$$t(n) = (-1)^n / 2^n,$$
$$u(n) = \frac{1}{2}(1 + (-1)^{n+1}) = \begin{cases} 1(n\text{이 홀수일 때}) \\ 0(n\text{이 짝수일 때}) \end{cases}$$

그 치역 $\{s_n : n \in \mathbf{N}\}$이 유계집합일 때 점렬 $\langle s_n : n \in \mathbf{N} \rangle$는 **유계**(bounded)하다 한다.

예제 5.2 예제 5.1의 세 가지 점렬을 생각하자. $\langle s_n \rangle$의 치역 $\{1, 3, 5, \cdots\}$이 유계하지 않으므로 $\langle s_n \rangle$은 유계점렬이 아니다. $\langle t_n \rangle$의 치역 $\left\{-\frac{1}{2}, \frac{1}{4}, -\frac{1}{8}, \cdots\right\}$은 유계하므로 $\langle t_n \rangle$은 유계점렬이다. $\langle u_n \rangle$의 치역은 유한집합 $\{0, 1\}$이므로 $\langle u_n \rangle$은 또한 유계점렬이다.

$\langle s_n : n \in \mathbf{N} \rangle$은 점렬을 나타내고 이것은 하나의 함수임을 알 수 있다. 한편으로 $\{s_n : n \in \mathbf{N}\}$은 그 점렬의 치역을 나타내고 이것은 집합이다.

4.8 수렴열

수렴열의 보통의 정의를 다음과 같이 서술할 수 있다.

정의 실수열 $\langle a_1, a_2, \cdots \rangle$와 실수 b가, 모든 $\epsilon > 0$에 대해서 양 정수 n_0가 존재해서

$$n > n_0 \text{이면 } |a_n - b| < \epsilon$$

일 때 $\langle a_n \rangle$는 $b \in R$로 **수렴**(convergent)한다 하고, 같은 뜻으로 실수 b를 점렬 $\langle a_n : n \in \mathbf{N} \rangle$의 **극한**(limit)이라고 하며, 다음과 같이 표현한다.

$$\lim_{n \to \infty} a_n = b,\ \lim a_n = b \text{ 또는 } a_n \longrightarrow b$$

$|a_n - b| < \epsilon$를 바꾸어 말하면, $b-\epsilon < a_n < b+\epsilon$, 또는 같은 뜻으로 a_n은 b를 포함하는 열린 구간 $(b-\epsilon,\ b+\epsilon)$에 속함을 뜻한다. 또한 n_0째 이후의 각 항은 구간 $(b-\epsilon,\ b+\epsilon)$ 내부에 존재하는 까닭에 a_{n_0}를 앞선 항, 즉 이들의 유한개가 구간 $(b-\epsilon,\ b+\epsilon)$의 외부에 있게 된다고 할 수 있다. 따라서 앞 정의를 다시 정리하면 다음과 같다.

정의 b를 포함하는 모든 열린집합에 $\langle a_n \rangle$의 **거의 모든**(almost all) 항, 즉 점렬의 유한개 항을 제외한 모든 항을 포함할 때 점렬 $\langle a_n : n \in \mathbf{N} \rangle$는 b로 수렴한다고 한다.

예제 6.1 $\langle 1, 1, 1, \cdots \rangle$ 또는 $\langle -3, -3, -3, \cdots \rangle$과 같은 정수점렬 $\langle a_0, a_0, a_0, \cdots \rangle$은 a_0를 포함하는 각 열린집합이 그 점렬의 모든 항을 포함하는 까닭에 a_0로 수렴한다.

예제 6.2 다음 각 점렬,

$$\left\langle 1, \frac{1}{2}, \frac{1}{3}, \frac{1}{4}, \cdots \right\rangle,$$

$$\left\langle 1, 0, \frac{1}{2}, 0, \frac{1}{3}, 0, \frac{1}{4}, 0, \cdots \right\rangle,$$

$$\left\langle 1, -\frac{1}{2}, \frac{1}{3}, -\frac{1}{4}, \cdots \right\rangle$$

은 어느 것이나 0을 포함하는 임의의 열린 구간이 각 점렬의 거의 모든 항을 포함하는 까닭에 0으로 수렴한다.

예제 6.3 점렬 $\left\langle \frac{1}{2}, \frac{1}{4}, \frac{3}{4}, \frac{1}{8}, \frac{7}{8}, \frac{1}{16}, \frac{15}{16}, \cdots \right\rangle$ 즉, 점렬

$$a_n = \begin{cases} \dfrac{1}{2^{(n+2)/2}} & (n\text{이 짝수일 때}) \\ 1 - \dfrac{1}{2^{(n+1)/2}} & (n\text{이 홀수일 때}) \end{cases}$$

를 생각하자. 이들 점은 다음과 같이 나열된다.

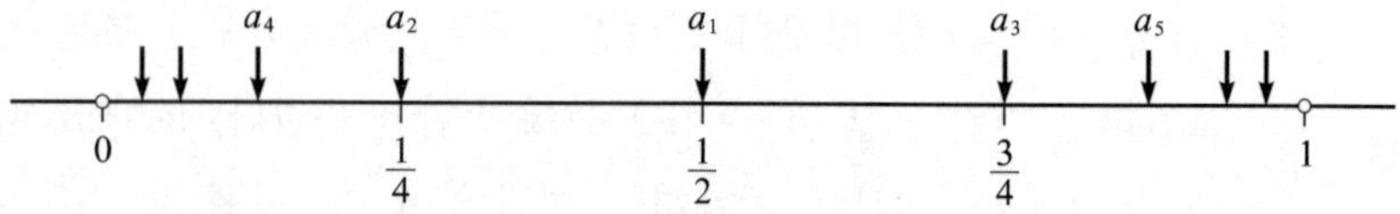

| 그림 4-5 |

0 또는 1을 포함하는 임의의 열린 구간은 그 점렬의 무한개의 항을 포함한다. 그러나 비록 0과 1은 이 점렬의 치역, 즉 집합 $\left\{\frac{1}{2}, \frac{1}{4}, \frac{3}{4}, \frac{1}{8}, \frac{7}{8}, \cdots\right\}$의 집적점이지만 0이나 1은 이 점렬의 극한이 아니다.

4.9 부분열

점렬 $\langle a_1, a_2, a_3, \cdots \rangle$를 생각하자. $\langle i_n \rangle$을 $i_1 < i_2 < \cdots$를 만족하는 양의 정수열이라 할 때

$$\langle a_{i_1}, a_{i_2}, a_{i_3}, \cdots \rangle$$

을 $\langle a_n : n \in \mathbf{N} \rangle$의 **부분열**(subsequence)이라 한다.

예제 7.1 점렬 $\langle a_n \rangle = \langle 1, \frac{1}{2}, \frac{1}{3}, \frac{1}{4}, \cdots \rangle$을 생각하자. $\langle 1, \frac{1}{2}, \frac{1}{4}, \frac{1}{8}, \cdots \rangle$은 $\langle a_n \rangle$의 부분열이나 $\langle \frac{1}{2}, 1, \frac{1}{4}, \frac{1}{3}, \frac{1}{6}, \frac{1}{5}, \cdots \rangle$은 점 1이 주어진 점렬의 점 $\frac{1}{2}$ 앞에 나타나므로 $\langle a_n \rangle$의 부분열이 아니다.

예제 7.2 예제 6.3의 점렬 $\langle \frac{1}{2}, \frac{1}{4}, \frac{3}{4}, \frac{1}{8}, \frac{7}{8}, \cdots \rangle$은 수렴하지 않으나 $\langle \frac{1}{4}, \frac{1}{8}, \frac{1}{16}, \cdots \rangle$과 $\langle \frac{1}{2}, \frac{3}{4}, \frac{7}{8}, \frac{15}{16}, \cdots \rangle$와 모두 수렴하는 부분열을 갖는다. 한편으로 점렬 $\langle 1, 3, 5, \cdots \rangle$는 임의의 수렴하는 부분열을 갖지 않는다.

위 예제에서 알 수 있는 바와 같이 점렬은 수렴부분열을 갖는 경우도 있고 갖지 않는 경우도 있을 수 있다. 이것에 대해서 수렴하는 부분열을 갖기 위한 유용한 충분조

건이 있다.

정리 4-6	실수의 모든 유계점렬은 수렴부분열을 갖는다.

4.10 코시열

실수열 $\langle a_n : n \in \mathbf{N} \rangle$이 모든 $\epsilon > 0$에 대해서 양의 정수 n_0가 존재해서

$$n,\ m > n_0 \text{이면 } | a_n - a_m | \epsilon$$

일 때 $\langle a_n \rangle$를 **코시열**(Cauchy sequence)이라 한다. 다시 말하자면 n이 증가함에 따라서 점렬의 각 항이 서로 얼마라도 근접할 수 있을 때 그 점렬은 코시열이다.

예제 8.1 $\langle a_n : n \in \mathbf{N} \rangle$을 정수의 코시열, 즉 이 점렬의 각 항이 $\mathrm{Z} = \{\cdots, -1, 0, 1, \cdots\}$에 속한다 하자. 이 경우 이 점렬은 형식,

$$\langle a_1, a_2, \cdots, a_{n_0}, b, b, b, \cdots \rangle$$

이고, 다시 말해서 이 점렬은 어떤 n_0째 항 다음은 상수이다. 왜냐하면 $\epsilon = \dfrac{1}{2}$로 택하면,

$$a_n, a_m \in \mathbf{Z} \text{이고 } |a_n - a_m| < \frac{1}{2} \text{이면 } a_n = a_m$$

인 까닭이다.

예제 8.2 모든 수렴열은 코시열임을 밝힌다. $a_n \longrightarrow b$라고 하고 $\epsilon > 0$라고 하면 충분히 큰 $n_0 \in \mathbf{N}$가 존재해서

$$n > n_0 \text{이면 } |a_n - b| < \frac{1}{2}\epsilon \text{이고 } m > n_0 \text{이면 } |a_m - b| < \frac{1}{2}\epsilon$$

이 성립한다. 따라서 $n, m > n_0$이면

$$|a_n - a_m| = |a_n - b + b - a_m| \le |a_n - b| + |b - a_m| < \frac{1}{2}\epsilon + \frac{1}{2}\epsilon = \epsilon$$

이다. 따라서 $\langle a_n \rangle$은 코시열이다.

4.11 완비성

실수의 집합 A에서 A의 점으로 이루어진 모든 코시열 $\langle a_n \in A : n \in \mathbf{N} \rangle$이 A에 속하는 점으로 수렴할 때 A는 **완비**(complete)하다고 한다.

예제 9.1 정수의 집합 $\mathbf{Z} = \langle \cdots, -2, -1, 0, 1, 2, \cdots \rangle$는 완비이다. 왜냐하면 예제 8.1에서 알 수 있듯이 $\mathbf{Z}$에 속하는 코시점렬 $\langle a_n : n \in \mathbf{N} \rangle$은 형식

$$\langle a_1, a_2, \cdots, a_{n_0}, b, b, b, \cdots \rangle$$

이고, 이것은 점 $b \in \mathbf{Z}$로 수렴하는 까닭이다.

예제 9.2 유리수의 집합 $\mathbf{Q}$는 완비가 아니다. 왜냐하면 유리수가 아닌 실수 $\sqrt{2}$로 수렴하는 $\langle 1,\ 1.4,\ 1.41,\ 1.412,\ \cdots \rangle$와 같은 유리수열을 택할 수 있고, $\sqrt{2}$는 $\mathbf{Q}$에 속하지 않기 때문이다.

실수의 전체집합 $\mathbf{R}$의 기본성질은 $\mathbf{R}$가 완비하다는 것이다. 즉,

정리 4-7 **코시 정리** : 실수의 모든 코시열은 하나의 실수로 수렴한다.

4.12 연속함수

연속함수의 개념을 이른바 $\epsilon - \delta$ 논법으로 다음과 같이 정의할 수 있다.

정의 함수 $f : \mathrm{R} \longrightarrow \mathrm{R}$는 모든 $\epsilon > 0$에 대해서 $\delta > 0$가 존재해서

$$|x-x_0|<\delta \text{이면 } |f(x)-f(x_0)|<\epsilon$$

일 때 점 x_0에서 **연속**(continuous)이라 한다 함수 f가 모든 점에서 연속일 때 **연속함수**(continuous function)라 한다.

$|x-x_0|<\delta$란 $x_0-\delta<x<x_0+\delta$, 또는 같은 뜻으로 x가 열린 구간$(x_0-\delta, x_0+\delta)$에 속함을 뜻한다. 같은 방법으로 $|f(x)-f(x_0)|\epsilon$는 $f(x)$가 열린 구간

$$(f(x_0)-\epsilon, f(x_0)+\epsilon)$$

에 속함을 뜻한다. 따라서 다음 명제,

$$|x-x_0|<\delta \text{이면 } |f(x)-f(x_0)|<\epsilon$$

와 명제,

$$x\in(x_0-\delta, x_0+\delta) \text{이면 } f(x)\in(f(x_0)-\epsilon, f(x_0)+\epsilon)$$

와 같고 이것은 또한 명제,

$$f[(x_0-\delta, x_0+\delta)] \text{는 } (f(x_0)-\epsilon, f(x_0)+\epsilon) \text{에 포함된다.}$$

와 같다. 이 사실로부터 앞 정의는 다음과 같이 바꾸어 말할 수 있다.

정의 함수 $f:\mathbf{R} \longrightarrow \mathbf{R}$가 점 $p\in\mathbf{R}$에서 연속이란, $f(p)$를 포함하는 임의의 열린집합 $V_{f(p)}$에 대해서 $f[U_p]\subset V_{f(p)}$를 만족하는 p를 포함하는 열린집합 U_p가 존재하는 것이다. 함수 f가 모든 점에서 연속일 때 f는 연속함수라 한다.

그림 4-6의 벤도표를 보면 이 정의를 이해하기 쉽다.

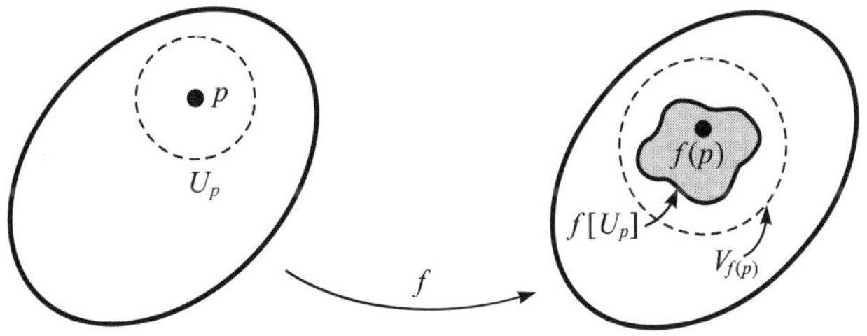

| 그림 4-6 |

연속함수의 개념은 다음과 같이 열린집합에 의하여 완전히 특징화 될 수 있다.

> **정리 4-8** 함수가 연속이기 위한 필요충분조건은 모든 열린집합의 역상(inverse image)이 열린집합으로 되는 것이다.

정리 4-8은 또한 함수가 연속이 되지 않기 위한 필요충분조건이란 그 역상이 열린 집합이 아닌 집합으로 되는 것이라고 말할 수 있다.

예제 10.1 다음에 의하여 정의되는 함수 $f:\mathbf{R} \longrightarrow \mathbf{R}$를 생각하자.

$$f(x)=\begin{cases} x-1 & (x \le 3\text{일 때}) \\ \frac{1}{2}(x+5) & (x > 3\text{일 때}) \end{cases}$$

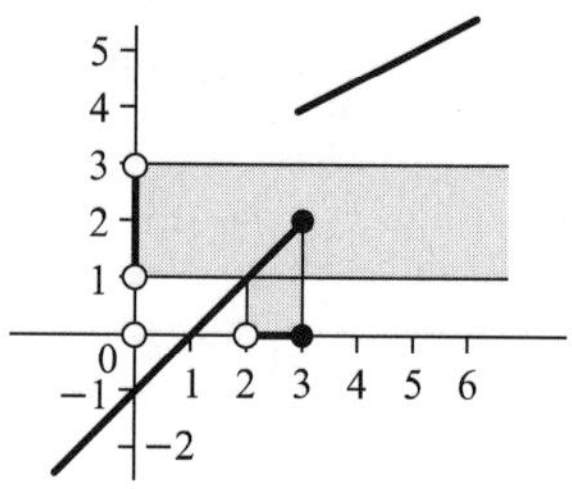

| 그림 4-7 |

이 함수는 그림 4-7에서 설명되었다. 열린 구간 (1, 3)의 역상은 열린 · 닫힌 구간 (2, 3]이고, 이것은 열린집합이 아니다. 따라서 f는 연속이 아니다.

이제 이 교재에서 다음에 언급될 연속함수의 가장 중요한 성질의 하나를 논하고자 한다.

> **정리 4-9** $f:\mathbf{R} \longrightarrow \mathbf{R}$를 닫힌 구간 $[a, b]$상에서 연속이라 하면 이 함수는 $f(a)$와 $f(b)$ 사이의 모든 값을 취한다.

다시 말하자면 y_0가 $f(a) \le y_0 \le f(b)$ 또는 $f(b) \le y_0 \le f(a)$를 만족하는 실수라면, 임의의 y_0에 대하여

$$a \le x_0 \le b\text{이고 } f(x_0) = y_0\text{로 되는 } x_0 \in \mathbf{R}\text{가 존재한다.}$$

이 정리는 **바이어슈트라스의 중간값정리**(Weierstrass intermediate value theorem)로 알려져 있다.

※ 주의 : 함수 $f:\mathbf{R} \longrightarrow \mathbf{R}$가 $\mathbf{R}$의 부분집합 D의 각 점에서 연속일 때 f는 ***D*상에서** 연속이라 한다.

4.13 평면의 위상

평면 $\mathbf{R}^2$의 **열린 원판**(open disc) D란, 예컨대 중심을 $p=\langle a_1, a_2\rangle$에 두고 반지름이 $\delta>0$인 원내부의 점의 집합이다. 즉

$$D=\{\langle x, y\rangle : (x-a_1)^2+(y-a_2)^2<\delta^2\}=\{q\in\mathbf{R}^2 : d(p, q)<\delta\}$$

여기서 $d(p, q)$는 $\mathbf{R}^2$는 두 점, $p=\langle a_1, a_2\rangle$와 $q=\langle b_1, b_2\rangle$ 사이의 보통거리를 나타낸다. 즉,

$$d(p, q)=\sqrt{(a_1-b_1)^2+(a_2-b_2)^2}\,.$$

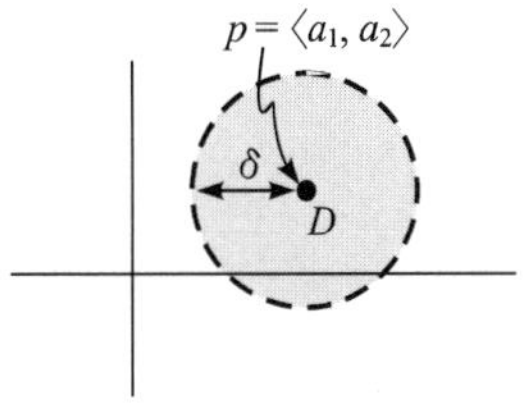

| 그림 4-8 |

직선 $\mathbf{R}^2$의 위상에 있어서 열린 구간이 중심역할을 하는 것처럼 열린 원판은 평면 $\mathbf{R}^2$의 위상에 있어서 중요한 역할을 한다.

A를 $\mathbf{R}^2$의 부분집합이라 하자. 점 $p\in A$를 포함하고 A에 포함되는 어떤 열린 원판 D_p가 존재할 때, 즉

$$p\in D_p\subset A$$

일 때 점 p를 A의 **내점**(interior point)이라 한다.

집합 A의 모든 점이 A의 내점일 때 A를 **열린집합**(open set) 또는 **$\mathscr{U}$-열린집합**($\mathscr{U}$-open set)이라 한다.

예제 11.1 분명히 열린 원판, 전평면 $\mathbf{R}^2$과 공집합 ϕ는 $\mathbf{R}^2$의 열린부분집합이다. 이제 임의의 두 열린 원판, 예컨대

$$D_1=\{q\in\mathbf{R}^2 : d(p_1, q)<\delta_1\}\text{와 } D_2=\{q\in\mathbf{R}^2 : d(p_2, q)<\delta_2\}$$

와의 공통집합은 또한 열린집합임을 밝히자. $p_0\in D_1\cap D_2$라 하면

$$d(p_1, p_0)<\delta_1,\ d(p_2, p_0)<\delta_2$$

이다.

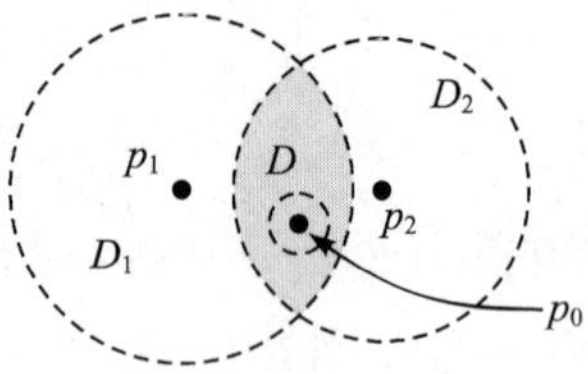

| 그림 4-9 |

$$r = \min\{\delta_1 - d(p_1, p_0),\ \delta_2 - d(p_2, p_0)\} > 0$$

라고 놓고 $D = \left\{ q \in \mathbf{R}^2 : d(p_0, q) < \dfrac{1}{2} r \right\}$ 라고 하면 $p_0 \in D \subset D_1 \cap D_2$, 즉 p_0 는 $D_1 \cap D_2$의 내점이다(그림 4-9 참조).

점 $p \in \mathbf{R}^2$이 $\mathbf{R}^2$의 부분집합 A의 **집적점**(accumulation point) 또는 **극한점**(limit point)이 되기 위한 필요충분조건은 p를 포함하는 모든 열린집합 G가 p와 상이한 A의 점을 포함하는 것이다. 즉

$$G \subset \mathbf{R}^2 \text{ 열린집합, } p \in G \text{이면 } A \cap (G - \{p\}) \neq \phi$$

예제 11.2 다음과 같은 $\mathbf{R}^2$의 부분집합을 생각하자.

$$A = \left\{ \langle x, y \rangle : y = \sin \frac{1}{x},\ x > 0 \right\}$$

집합 A는 그림 4-10에서 설명되어 있다. 곡선은 오른쪽에서 왼쪽으로 감에 따라서 점점 빨리 오르내린다. 즉, 곡선이 x축을 지나는 교점이 점점 밀접해진다. 점 $p = \langle 0, \dfrac{1}{2} \rangle$은 A가 p를 포함하는 임의의 열린 원판도 A와 만나는 까닭에 A의 집적점이다. 실제로 -1과 1 사이의 Y축상의 각 점, 즉 집합

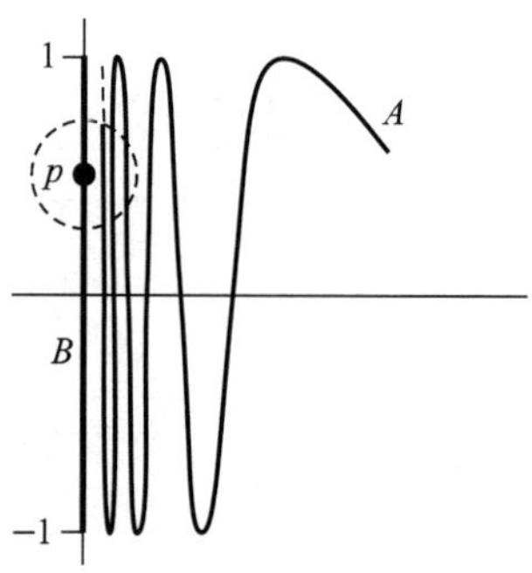

| 그림 4-10 |

$$B = \{ \langle x, y \rangle : x = 0,\ -1 \le y \le 1 \}$$

에 속하는 모든 점은 A의 집적점이다.

$\mathbf{R}^2$의 부분집합 A는 그 여집합 A^c가 $\mathbf{R}^2$의 열린부분집합일 때 **닫힌집합**(closed set)이라 한다.

$\mathbf{R}^2$의 점렬 $\langle p_1, p_2, \cdots \rangle$은, q를 포함하는 임의의 열린집합이 그 점렬의 거의 모든 항을 포함할 때 점 $q \in \mathbf{R}^2$로 **수렴**(converge)한다고 한다. 평면 $\mathbf{R}^2$에 있어서 수렴의 개념은 다음에서와 같이 $\mathbf{R}$에 있어서 수렴의 개념을 사용하여 특징화될 수 있다.

명제 1-10	$\mathbf{R}^2$의 점렬 $\langle p_1 = \langle a_1, b_1 \rangle,\ p_2 = \langle a_2, b_2 \rangle, \cdots \rangle$와 점 $q = \langle a, b \rangle \in \mathbf{R}^2$을 생각하자. 이 경우 $p_n \longrightarrow q$이기 위한 필요충분조건은 $a_n \longrightarrow a$이고 $b_n \longrightarrow b$이다.

함수 $f : \mathbf{R}^2 \longrightarrow \mathbf{R}^2$이 점 $p \in \mathbf{R}^2$에서 **연속**(continuous)이기 위한 필요충분조건은 $f(p)$를 포함하는 임의의 열린집합 $V_{f(p)}$에 대해서 $f[U_p] \subset V_{f(p)}$로 되는 p를 포함하는 열린집합 U_p가 존재하는 것이다.

이 장의 처음에 설명한 바 있는 실직선 $\mathbf{R}$에 대한 정리와 유사한 평면 $\mathbf{R}^2$에 대해 몇 가지 정리를 서술하기로 한다.

정리 4-1*	$\mathbf{R}^2$의 임의개의 열린부분집합의 합집합은 열린집합이다.

정리 4-2*	$\mathbf{R}^2$의 임의의 유한개의 열린부분집합의 공통집합은 열린집합이다.

정리 4-4*	$\mathbf{R}^2$의 부분집합 A가 닫힌집합이 되기 위한 필요충분조건은 A의 모든 집적점이 A에 속하는 것이다.

정리 4-8*	함수 $f : \mathbf{R}^2 \longrightarrow \mathbf{R}^2$이 연속이기 위한 필요충분조건은 모든 열린집합의 f에 의한 역상이 열린집합으로 되는 것이다.

연습문제

• 열린집합, 집적점

1. 다음 각 실수의 집합의 집적점을 결정하여라.

(i) $\mathbf{N}$ (ii) $(a, b]$ (iii) 무리수의 집합, $\mathbf{Q}^c$

풀이 (i) 양의 정수의 집합 $\mathbf{N}$은 임의의 집적점을 갖지 않는다. 왜냐하면 a가 임의의 실수이면 열린집합 $(a-\delta, a+\delta)$에 a 이외의 다른 $\mathbf{N}$의 점을 포함하지 않도록 매우 작은 $\delta > 0$을 택할 수 있는 까닭이다.

(ii) 닫힌 구간 $[a, b]$에 속하는 모든 점은 열린·닫힌 구간 $(a, b]$의 집적점이다. 그 이유는 $p \in [a, b]$를 포함하는 모든 열린 구간이 p 이외의 $(a, b]$의 점을 포함하는 까닭이다.

(iii) 모든 실수 $p \in \mathbf{R}$는, $p \in \mathbf{R}$를 포함하는 모든 열린 구간이 p 이외의 $\mathbf{Q}^c$, 즉 무리수의 점을 포함하는 까닭에 $\mathbf{Q}^c$의 집적점이다.

2. A'는 유도집합, 즉 집합 A의 집적점의 집합을 나타냄을 상기하자. (i) A와 A'는 서로소 (ii) A는 A'의 진부분집합 (iii) A'는 A의 진부분집합 (iv) $A = A'$로 되는 집합 A를 구하여라.

풀이 (i) 집합 $A = \left\{1, \frac{1}{2}, \frac{1}{3}, \cdots\right\}$은 그 유일한 집적점으로 0을 갖는다. 따라서 $A' = \{0\}$이고 A와 A'는 서로소이다.

(ii) $A = (a, b]$를 열린·닫힌 구간이라 하자. 앞 문제에서 공부한 바와 같이 닫힌 구간 $A' = [a, b]$이고 따라서 $A \subset A'$이다.

(iii) $A = \left\{0, 1, \frac{1}{2}, \frac{1}{3}, \cdots\right\}$이라 하면 A에 속하는 0은 유일한 A의 집적점이다. 따라서 $A' = \{0\}$이고 $A' \subset A$이다.

(iv) $A = [a, b]$를, 닫힌 구간이라 하자. 이 경우 A에 속하는 각 점은 A의 집적점이고 이들은 그 유일한 집적점이다. 따라서 $A = A' = [a, b]$이다.

3. (정리 4-1*) $\mathbf{R}^2$의 임의의 개수의 열린부분집합의 합집합은 열린집합임을 증명하여라.

풀이 $\mathscr{A}$를 $\mathbf{R}^2$의 열린부분집합족, $H = \cup\{G : G \in \mathscr{A}\}$이라 하고 $p \in H$이라 하자. 이 정리는 p가 H의 내점, 즉 p를 포함하고 H에 포함되는 열린 원판 D_p가 존재함을 밝힌다면 증명은 완료된다.

$p \in H = \cup\{G : G \in \mathscr{A}\}$인 까닭에

$$p \in G_0\text{로 되는 } G_0 \in \mathscr{A}\text{가 존재한다.}$$

그런데 G_0는 열린집합이므로 p를 포함하는 열린 원판 D_p가 존재해서

$$p \in D_p \in G_0$$

을 만족한다. G_0는 $H = \cup \{G : G \in \mathscr{A}\}$의 부분집합인 까닭에 D_p는 또한 H의 부분집합이다. 따라서 H는 열린집합이다.

4. 평면 $\mathbf{R}^2$의 모든 열린부분집합 G는 열린 원판의 합집합임을 증명하여라.

풀이 G는 열린집합인 까닭에 각 점 $p \in G$에 대해서 $p \in D_p \subset G$를 만족하는 열린 원판 D_p가 존재한다. 따라서

$$G = \cup \{D_p : p \in G\}$$

5. (정리 4-2*) $\mathbf{R}^2$의 임의의 유한개의 열린부분집합의 공통집합은 열린집합임을 증명하여라.

풀이 이 정리를 $\mathbf{R}^2$의 두 열린부분집합의 경우에 대해서 증명하면 이 정리는 귀납법에 의하여 성립된다.

G와 H를 $\mathbf{R}^2$의 열린부분집합, $p \in G \cap H$이라 하자. 따라서 $p \in G$이고 $p \in H$이므로 열린 원판 D_1과 D_2가 존재해서

$$p \in D_1 \subset G \text{이고 } p \in D_2 \subset H$$

를 만족한다. 이 경우 $p \in D_1 \cap D_2 \subset G \cap H$이고, 예제 11.1에 의하여 임의의 두 열린 원판의 공통부분은 열린집합이므로

$$p \in D \subset D_1 \cap D_2 \subset G \cap H$$

를 만족하는 열린 원판 D가 존재한다. 따라서 p는 $G \cap H$의 내점이고, 따라서 $G \cap H$는 열린집합이다.

6. $p \in G$($\mathbf{R}^2$의 열린부분집합)이라 하자. 이 경우 $p \in D \subset G$를 만족하는 중심을 p에 둔 열린 원판 D가 존재함을 증명하여라.

풀이 내점의 정의에 의하면 중심을 p_1에 두고 반지름이 δ인 열린 원판 $D_1 = \{q \in \mathbf{R}^2 : d(p_1, q) < \delta\}$가 존재해서 $p \in D_1 \subset G$를 만족한다. 따라서 $d(p_1, p) < \delta$이다. $r = \delta - d(p_1, p) > 0$이라 놓고 $D = \{q \in \mathbf{R}^2 : d(p, q)$

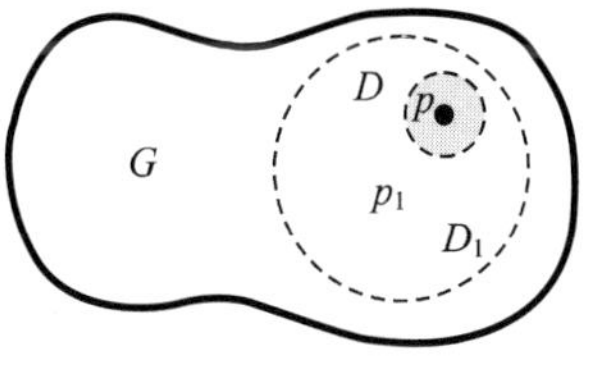

| 그림 4-11 |

$< \frac{1}{2}r\}$이라 하자. 이 경우 앞의 그림 4-11에서 설명된 바와 같이 $p \in D \subset D_1 \subset G$이고, 여기서 D는 중심을 p에 둔 열린 원판이고 이것을 구하고자 하는 열린 원판이다.

7. p를 평면 $\mathbf{R}^2$의 부분집합 A의 집적점이라 하면, p를 포함하는 임의의 열린집합은 A의 무한개의 점을 포함함을 증명하여라.

풀이 G를 p를 포함하는 열린집합이라 하고 p와 상이한 A의 유한개의 점, 예컨대 $a_1, a_2, \cdots, a_m$만을 포함한다 하자. 앞 문제에 의하여 중심을 p에 두고 반지름이 δ인 열린 원판이 존재해서 $p \in D_p \subset G$를 만족한다. D_p의 반지름 δ와 p에서 임의의 점 $a_1, a_2, \cdots, a_m$까지의 거리의 최소값을 $r > 0$이라 하고

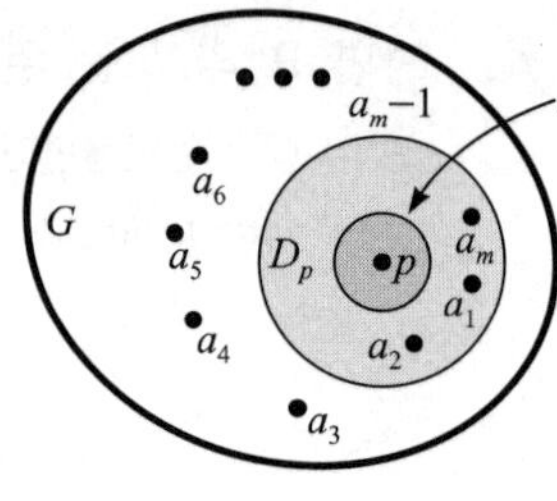

| 그림 4-12 |

$$D = \left\{q \in \mathbf{R}^2 : d(p, q) < \frac{1}{2}r\right\}$$

이라 하면 p를 포함하는 열린 원판 D는 $a_1, a_2, \cdots, a_m$을 포함하지 않는다. $D \subset D_p \subset G$이므로 p와 상이한 A의 임의의 다른 점을 포함하지 않는다.
이 사실은 p가 A의 집적점이라는 사실에 모순된다. 따라서 p를 포함하는 모든 열린집합은 A의 무한개의 점을 포함한다.

※ 주의 : 같은 정리는 실직선 $\mathbf{R}$에 대해서도 성립한다. 즉, $a \in \mathbf{R}$가 $A \subset \mathbf{R}$의 집적점이면 a를 포함하는 $\mathbf{R}$의 모든 열린부분집합은 A의 무한개의 점을 포함한다.

8. 중심을 $p \in \mathbf{R}^2$에 두고 반지름이 δ인 열린 원판 D_p을 생각하자. 이 경우
(i) D의 중심이 유리좌표를 갖는다.
(ii) D의 반지름이 유리수이다.
(iii) $p \in D \subset D_p$
로 되는 열린 원판 D가 존재함을 증명하여라.

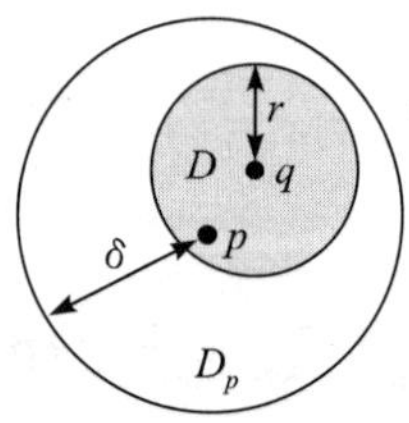

| 그림 4-13 |

풀이 (i) $p = \langle a, b\rangle$라고 하면 $a < c < a + \frac{1}{6}\delta$이고 $b < d < b + \frac{1}{6}\delta$로 되는 유리수 c와 d가 존재한다.

(ii)와 (iii) $q = \langle c, d\rangle$라 하면 $d(p, q) < \frac{1}{3}\delta$임에 유의하여라.

$\frac{1}{3}\delta < r < \frac{2}{3}$이 되도록 유리수 r를 선택하고 D를 유리좌표인 q에 중심을 두고 유리수인 반지름 r를 갖는 열린 원판이라 하자. 이 경우 그림 4-13에서 표시된 바와 같이 $p \in D \subset D_p$이다.

9. 평면 $\mathbf{R}^2$의 모든 열린부분집합 G는 가산개의 열린 원판의 합집합임을 증명하여라.

풀이 G는 열린집합인 까닭에 각 $p\in G$에 대해서 $p\in D_p \subset G$로 되는 중심을 p에 둔 열린 원판 D_p가 존재한다. 그러나 앞 문제에 의하여 각 열린 원판 D_p에 대해서 (ⅰ) E_p의 중심이 유리좌표이고 (ii) E_p의 반지름이 유리수이고 (iii) $p\in E_p \subset D_p$로 되는 열린 원판 E_p가 존재한다. 따라서

$$p\in E_p \subset D_p \subset G$$

이므로

$$G=\cup\{E_p : p\in G\}$$

이 정리는 중심이 유리좌표이고 반지름이 유리수인 가산개의 열린 원판이 존재한다는 사실로부터 성립한다.

10. [정리 4-3(볼차노-바이어슈트라스 정리)] A를 실수의 유계무한집합이라 할 때 A는 적어도 하나의 집적점을 포함함을 증명하여라.

풀이 A는 유계인 까닭에 A는 어떤 닫힌 구간 $I_1=[a_1, b_1]$의 부분집합이다. I_1을 $\frac{1}{2}(a_1+b_1)$에서 등분하자. 이들 두 개의 I_1의 닫힌부분구간

$$\left[a_1, \frac{1}{2}(a_1+b_1)\right] \text{과 } \left[\frac{1}{2}(a_1+b_1), b_1\right]$$

은 A가 무한집합인 까닭에 I_1의 두 부분닫힌 구간이 모두 A의 유한개의 점을 포함할 수 없다. $I_2=[a_2, b_2]$를 A의 무한개 점을 포함하는 I_1의 하나의 구간이라 하자.
또한 I_2를 2등분하여 앞에서와 같이 두 닫힌 구간

$$\left[a_2, \frac{1}{2}(a_2+b_2)\right], \left[\frac{1}{2}(a_2+b_2), b_2\right]$$

의 하나는 A의 무한개점을 포함하는 까닭에 이 구간을 I_3라 하자. 이와 같은 과정을 계속하면 축소닫힌 구간열

$$I_1 \supset I_2 \supset I_3 \supset\cdots$$

이 얻어지고 각 구간 I_n은 A의 무한개의 점을 포함하고

$$\lim |I_n|=0$$

이다. 여기서 $|I_n|$은 구간 I_n의 길이 b_n-a_n를 나타낸다. 실수의 축소구간열의 성질(부록

A를 참조)에 의하여 각 구간 I_n에 속하는 점 p가 존재한다. 이 p가 A의 집적점임을 밝히면 이 정리는 성립할 것이다.

$S_p=(a, b)$가 p를 포함하는 열린 구간이라 하자. $\lim|I_n|=0$인 까닭에

$$|I_{n_0}|<\min(p-a, b-p)\text{를 만족하는 } n_0\in\mathbf{N}\text{가 존재한다.}$$

이 경우 구간 I_{n_0}는 그림 4-14에서 표시된 바와 같이 열린 구간 $S_p=(a, b)$의 부분집합이다.

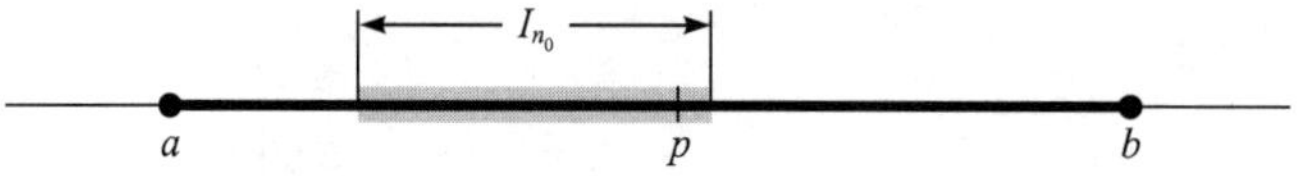

| 그림 4-14 |

I_{n_0}는 A의 무한개의 점을 포함하는 까닭에 열린 구간 S_p는 A의 무한개의 점을 포함한다. 따라서 p를 포함하는 각 열린 구간은 p 이외의 A의 점을 포함한다. 즉, p는 A의 집적점이다.

• 닫힌집합

11. 집합 F가 닫힌집합이기 위한 필요충분조건은 그 여집합 F^c가 열린집합이 되는 것임을 증명하여라.

풀이 $(F^c)^c=F$임에 유의하여라. 따라서 F는 F^c의 여집합이므로, 정의에 의하여 F는 F^c가 열린집합일 때 닫힌집합이다.

12. 유한개의 닫힌집합의 합집합은 닫힌집합임을 증명하여라.

풀이 $F_1, F_2, \cdots, F_m$을 닫힌집합이라 하고, $F=F_1\cup F_2\cup\cdots\cup F_m$이라 하자. 드 모르간법칙에 의하여

$$F^c=(F_1\cup\cdots\cup F_m)^c=F_1^c\cap F_2^c\cap\cdots\cap F_m^c$$

따라서 F^c은 유한개의 열린집합의 공통집합이므로 (F^c)는 또한 열린집합이고, 따라서 그 여집합 $F^{cc}=F$는 닫힌집합이다.

13. 임의개의 닫힌집합의 공통집합은 닫힌집합임을 밝혀라.

풀이 $\{F_i\}$를 닫힌집합족이라 하고 $F=\cap_i F_i$라고 하자. 드 모르간 법칙에 의하여

$$F^c=(\cap_i F_i)^c=\cup_i F_i^c.$$

따라서 F^c는 열린집합의 합집합이므로 그 자신은 열린집합이고 따라서 $F^{cc}=F$는 닫힌집합이다.

14. (정리 4-4*) $\mathbf{R}^2$의 부분집합 F가 닫힌집합이기 위한 필요충분조건은 F의 각 집적점이 모두 F에 속하는 것임을 증명하여라.

풀이 (⇒) p를 닫힌집합 F의 집적점이라 하자. 이 경우 p를 포함하는 모든 열린 원판은 p 이외의 F의 점을 포함한다. 따라서 p를 포함하고 F의 여집합에 완전히 포함되는 열린 원판 D_p가 존재할 수 없다. 바꾸어 말하자면 p는 F^c의 내점이 아니다. 그러나 F^c는 F가 닫힌집합인 까닭에 열린집합이므로 p는 F^c에 속할 수 없다. 즉 $p\in F$.

(⇐) 역으로 집합 A는 그 각 집적점을 포함한다 하자. A는 닫힌집합임을 밝히면 된다. 같은 뜻으로 여집합 A^c가 열린집합임을 밝히면 된다. $p\in A^c$이라 하자. A는 그 각 집적점을 포함하는 까닭에 p는 A의 집적점이 아니다. 따라서 p를 포함하고 D_p가 A의 임의의 점을 포함하지 않는 열린 원판이 적어도 하나 존재한다. 따라서 p는 A^c의 내점이다. 각 점 $p\in A^c$는 내점인 까닭에 A^c는 열린집합이고 따라서 A는 닫힌집합이다.

15. $\mathbf{R}^2$의 임의의 부분집합 A의 유도집합 A', 즉 집적점의 집합은 닫힌집합임을 증명하여라.

풀이 p를 A의 집적점이라 하자. 정리 4-4*에 의하여 이 정리는 $p\in A'$, 즉 p가 또한 A의 집적점임을 밝히면 된다.

G_p를 p를 포함하는 열린집합이라 하자. p는 A'의 집적점이므로 G_p는 p와 상이한, 적어도 한 점 $q\in A'$를 포함한다. 그러나 G_p는 $q\in A'$를 포함하는 열린집합이므로 G_p는 A의 (무한개) 점을 포함한다. 따라서

$$a\neq p,\ a\neq q\text{이고 } a\in G_p\text{로 되는 } a\in A\text{가 존재한다.}$$

즉, p를 포함하는 열린집합은 p 이외의 A의 점을 포함한다. 즉, $p\in A'$이다.

16. A를 실수의 유계닫힌집합이라 하고, $\sup(A)=p$라 하면 $p\in A$임을 증명하여라.

풀이 $p\notin A$라고 가정하고서 p가 A의 집적점임을 밝힌다. G가 p를 포함하는 열린집합이라 하면 G는 p를 포함하는 열린 구간 (b, c)를 포함한다. 즉 $b<p<c$를 만족한다. $\sup(A)=p$이고 $p\notin A$인 까닭에

$$a\in A\text{가 존재해서 } b<a<p<c\text{를 만족한다.}$$

왜냐하면 그렇지 않으면 b는 A에 대한 상계로 되는 까닭이다. 따라서 $a\in(b, c)\subset G$이므로 p를 포함하는 각 열린집합은 p 이외의 A의 점을 포함한다. 따라서 p는 A의 집적점이다. 그런데 A는 닫힌집합인 까닭에 정리 4-4*에 의하여 $p\in A$이다.

17. [정리 4-5(하이네-보렐 정리)] $I_1=[c_1, d_1]$이 열린 구간족 $\mathscr{G}=\{(a_i, b_i): i\in I\}$로 피복된다고 하면 $\mathscr{G}$는 또한 I_1을 피복하는 유한부분족을 포함함을 밝혀라.

풀이 $\mathscr{G}$의 유한부분족이 I_1을 피복하지 않는다고 가정하자. $\frac{1}{2}(c_1+d_1)$에서 $I_1=[c_1, d_1]$을 2등분하여 두 닫힌 구간,

$$\left[c_1, \frac{1}{2}(c_1+d_1)\right] \text{과} \quad \left[\frac{1}{2}(c_1+d_1), d_1\right] \tag{1}$$

을 생각하자. 이들 두 구간 중 적어도 하나는 $\mathscr{G}$의 유한부분족에 의하여 피복될 수 없다. 만일에 그렇지 않으면 모든 구간 I_1은 $\mathscr{G}$의 유한부분족에 의하여 피복될 것이다. $I_2=[c_2, d_2]$를 (1)의 두 구간 중의 하나라 하고 이것은 $\mathscr{G}$의 유한부분족에 의하여 피복될 수 없다 하자. 이제 I_2를 또한 2등분한다. 앞에서와 같이 두 닫힌 구간,

$$\left[c_2, \frac{1}{2}(c_2+d_2)\right] \text{와} \quad \left[\frac{1}{2}(c_2+d_2), d_2\right]$$

중의 하나는 $\mathscr{G}$의 유한부분족으로서 피복될 수 없다 하고, 이 구간을 I_3이라고 하자. 이와 같은 과정을 계속하여 각 구간 I_n이 $\mathscr{G}$의 유한부분족으로 피복될 수 없고 $|I_n|$이 구간 I_n의 길이를 나타낼 때 $\lim|I_m|=0$이 되는 축소 닫힌 구간열

$$I_1 \supset I_2 \supset I_3 \supset \cdots$$

를 얻는다.

실수의 축소구간열의 원리에 의하여(부록 참조), 각 구간 I_n에 속하는 점 p가 존재한다. $\mathscr{G}$는 I_1의 피복인 까닭에 p를 포함하고 $\mathscr{G}$에 속하는 열린 구간 (a_{i_0}, b_{i_0})이 존재한다. 따라서 $a_{i_0}<p<b_{i_0}$이다. $\lim|I_n|=0$인 까닭에 충분히 큰 n_0을 택하면

$$n_0\in\mathbf{N}\text{이 존재해서 } |I_{n_0}|<\min(p-a_{i_0}, b_{i_0}-p)\text{를 만족한다.}$$

이 경우 그림 4-15에서 표시된 바와 같이 구간 I_{n_0}는 $\mathscr{G}$에 속하는 하나의 구간 (a_{i_0}, b_{i_0})의 부분집합이다.

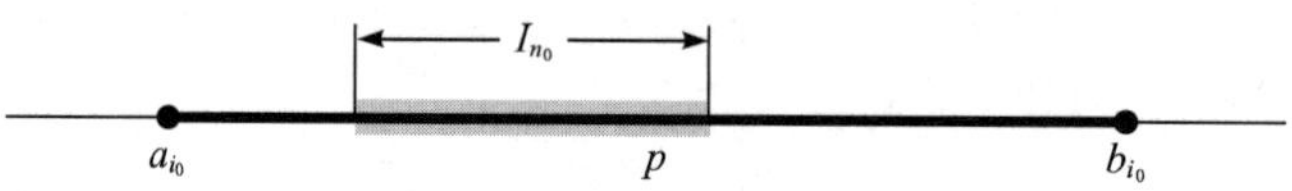

| 그림 4-15 |

그러나 이것은 I_{n_0}가 $\mathscr{G}$의 유한부분족으로 피복할 수 없다는 것에 모순된다. 따라서 $\mathscr{G}$의 유한부분족이 I_1을 피복할 수 없다는 최초의 가정은 거짓이다. 따라서 정리는 성립된다.

• 점렬

18. 다음 각 점렬의 첫 항에서 6항까지를 써라.

(i) $s(n)=\begin{cases} n-1 & (n\text{이 홀수일 때}) \\ n^2 & (n\text{이 짝수일 때}) \end{cases}$

(ii) $t(n)=\begin{cases} 1 & (n=1\text{일 때}) \\ 2 & (n=2\text{일 때}) \\ t(n-1)+t(n-2) & (n>2\text{일 때}) \end{cases}$

풀이 (i) 두 공식은 이 함수를 정의하는 데 사용된다. $s(n)=n-1$에 1, 3과 5를 대입하면 $s_1=0$, $s_3=2$와 $s_5=4$를 얻는다. 다음에 $s(n)=n^2$에 2, 4와 6을 대입하여 $s_2=4$, $s_4=16$과 $s_6=36$을 얻는다. 따라서

$$\langle 0, 4, 2, 16, 4, 36, \cdots \rangle$$

이다.

(ii) 주어진 함수는 귀납적으로 정의되어 있다. 셋째 항 이후의 각 항은 앞선 두 항을 더해 구한다. 따라서

$t_1=1$ $t_4=t_3+t_2=3+2=5$

$t_2=2$ $t_5=t_4+t_3=5+3=8$

$t_3=t_2+t_1=2+1=3$ $t_6=t_5+t_4=8+5=13$

따라서,

$$\langle 1, 2, 3, 5, 8, 13, \cdots \rangle$$

이다.

19. 점렬 $\langle a_n=(-1)^{n-1}(2n-1)\rangle$, 즉 $\langle 1, -3, 5, -7, 9, -11, 13, -15, \cdots \rangle$를 생각하자. 다음 각 점렬은 $\langle a_n \rangle$의 부분열인지 아닌지를 판정하여라.

(i) $\langle b_n \rangle = \langle 1, 5, -3, -7, 9, 13, -11, -15, \cdots \rangle$

(ii) $\langle c_n \rangle = \langle 1, 3, 5, 7, 9, 11, 13, \cdots \rangle$

(iii) $\langle d_n \rangle = \langle -3, -7, -11, -15, -19, -23, \cdots \rangle$

풀이 (i) $\langle b_n \rangle$에서 5가 -3의 앞에 나타나는데 $\langle a_n \rangle$에서는 5는 -3보다 뒤에 있다. 따라서 $\langle b_n \rangle$은 $\langle a_n \rangle$의 부분열이 아니다.

(ii) 항 3, 7과 11은 $\langle a_n \rangle$에 있어서 나타나지 않는다. 따라서 $\langle c_n \rangle$은 $\langle a_n \rangle$의 부분열이 아니다.

(iii) 점렬 $\langle d_n \rangle$은 $\langle a_n \rangle$의 부분열이다. 왜냐하면 $\langle i_n=2n \rangle = \langle 2, 4, 6, \cdots \rangle$은 $i_1<$

$i_2 < i_3 < \cdots$를 만족하는 양의 정수열이므로

$$\langle a_{i_1}, a_{i_2}, \cdots \rangle = \langle a_2, a_4, a_6, \cdots \rangle = \langle -3, -7, -11, \cdots \rangle$$

이것은 $\langle a_n \rangle$의 부분열인 까닭이다.

20. 다음 각 점렬의 치역을 결정하여라.

(i) $\langle 1, \frac{1}{2}, 1, \frac{1}{3}, 1, \frac{1}{4}, 1, \frac{1}{5}, \cdots \rangle$

(ii) $\langle 1, 0, -1, 0, 1, 0, -1, 0, 1, 0, -1, 0, \cdots \rangle$

(iii) $\langle 2, 4, 6, 8, 10, \cdots \rangle$

풀이 점렬의 치역은 상점(image point)의 집합이다. 점렬의 치역은 다음과 같다.

(i) $\left\{1, \frac{1}{2}, \frac{1}{3}, \frac{1}{4}, \cdots\right\}$

(ii) $\{1, 0, -1\}$

(iii) $\{2, 4, 6, 8, \cdots\}$

21. 만일 점렬 $\langle a_n \rangle$의 치역이 유한이면, 이 점렬은 수렴부분열을 가짐을 증명하여라.

풀이 만일에 $\langle a_n \rangle$의 치역 $\{a_n\}$이 유한이면 하나의 상점(image point), 예컨대 b는 이 점렬에 무한회 나타난다. 따라서 $\langle b, b, b, b, \cdots \rangle$는 $\langle a_n \rangle$의 수렴하는 부분열이다.

22. $\lim a_n = b$이고 $\lim a_n = c$이면, $b = c$임을 증명하여라.

풀이 b와 c는 상이하다 하고 $\delta = |b-c| > 0$라고 하면, 각각 b와 c를 포함하는 열린 구간 $B = \left(b - \frac{1}{2}\delta, b + \frac{1}{2}\delta\right)$와 $C = \left(c - \frac{1}{2}\delta, c + \frac{1}{2}\delta\right)$는 서로소이다. $\langle a_n \rangle$이 b로 수렴하는 까닭에 B는 점렬의 유한개 항을 제외한 모든 항을 포함해야 한다. 따라서 C는 이 점렬의 유한개 항만을 포함할 수 있다. 그러나 이것은 $\langle a_n \rangle$이 c로 수렴한다는 사실에 모순된다. 따라서 b와 c는 같다.

23. 만일에 점렬 $\langle a_n \rangle$의 치역 $\{a_n\}$이 집적점 b를 갖는다면 점렬 $\langle a_n \rangle$은 b로 수렴하는 부분열 $\langle a_{i_n} \rangle$을 포함함을 증명하여라.

풀이 b가 $\{a_n\}$의 집적점이므로 각 열린 구간,

$$S_1 = (b-1, b+1), \quad S_2 = \left(b - \frac{1}{2}, b + \frac{1}{2}\right), \quad S_3 = \left(b - \frac{1}{3}, b + \frac{1}{3}\right), \cdots$$

은 각각, 집합 $\{a_n\}$의 무한개 원소를 포함한다. 따라서 점렬 $\langle a_n \rangle$의 무한개 항을 포함한

다. 이것으로부터 $\langle a_{i_n} \rangle$을 다음에서와 같이 선택하자.

a_{i_1}을 S_1에 속하는 점으로 선정한다.

a_{i_2}을 S_2에 속하는 $i_2 > i_1$를 만족하도록, 즉 점렬 $\langle a_n \rangle$에 있어서 a_{i_2}가 a_{i_1}의 뒤에 나타나도록 선정한다.

a_{i_3}를 S_3에 속하는 점이고 $i_3 > i_2$를 만족하도록 선정한다.

이와 같은 방법으로 계속한다.

각 구간 S_n에는 원래의 점렬 $\langle a_n \rangle$의 무한개 항이 존재하는 까닭에 항상 점렬 $\langle a_{i_n} \rangle$에 있는 다음 항을 택할 수가 있다.

$\langle a_{i_n} \rangle$은 정리의 조건을 만족함을 요한다. $i_1 < i_2 < i_3 < \cdots$이 되도록 점렬의 항을 선택함을 상기하면 $\langle a_{i_n} \rangle$은 $\langle a_n \rangle$의 부분열이다. 이제 $\lim a_{i_n} = b$임을 밝히면 충분하다. b를 포함하는 열린집합을 G라 하면 G는 b를 포함하는 열린 구간 (d_1, d_2)를 포함한다. 따라서 $d_1 < b < d_2$이다. $\delta = \min(b - d_1, d_2 - b) > 0$라 하면,

$$n_0 \in N\text{가 존재해서 } 1/n_0 < \delta\text{를 만족한다.}$$

따라서 $S_{n_0} \subset (d_1, d_2) \subset G$이므로

$$n > n_0\text{이면 } a_{i_n} \in S_n \subset S_{n_0} \subset (d_1, d_2) \subset G$$

따라서 G는 점렬 $\langle a_{i_n} \rangle$의 거의 모든 항을 포함하여 $\lim a_{i_n} = b$이다.

24. (정리 4-6) 실수의 모든 유계점렬 $\langle a_n \rangle$은 수렴부분열을 포함함을 증명하여라.

풀이 점렬 $\langle a_n \rangle$의 치역 $\{a_n\}$을 생각하자. 만일에 치역이 유한인 경우에는 문제 21에 의하여 점렬은 수렴부분열을 포함한다. 한편으로 치역이 무한인 경우에는 볼차노-바이어슈트라스 정리에 의하여 유계무한집합 $\{a_n\}$이 집적점을 갖는다. 그런데 이 경우 앞 문제에 의하여 점렬은 또한 수렴부분열을 포함한다.

25. 실수의 모든 코시열은 유계함을 증명하여라.

풀이 $\langle a_n \rangle$를 코시열이라 하고, $\epsilon = 1$이라 하자. 이 경우 코시열의 정의에 의해

$$n_0 \in \mathbf{N}\text{가 존재해서 } n, m \geq n_0\text{이면 } |a_n - a_m| < 1$$

이다 .특히

$$m \geq n_0\text{이면 } |a_{n_0} - a_m| < 1,\ \text{즉 } a_{n_0} - 1 < a_m < a_{n_0} + 1$$

이제

$$\alpha = \max(a_1, a_2, \cdots, a_{n_0}, a_{n_0} + 1)$$

$$\beta = \min(a_1, a_2, \cdots, a_{n_0}, a_{n_0} - 1)$$

이라 하면 α는 점렬 $\langle a_n \rangle$의 치역 $\{a_n\}$에 대한 상계이고 β는 하계이다. 따라서 $\langle a_n \rangle$은 유계열이다.

26. $\langle a_n \rangle$을 코시열이라 하자. 만일에 $\langle a_n \rangle$의 부분열 $\langle a_{i_n} \rangle$이 점 b로 수렴하면 코시열 $\langle a_n \rangle$도 b로 수렴함을 증명하여라.

풀이 $\epsilon > 0$라고 하자. $\langle a_n \rangle$이 b로 수렴하므로,

$$n > n_0 \text{이면 } |a_n - b| < \epsilon$$

로 되는 양의 정수 n_0를 구해야 한다. $\langle a_n \rangle$은 코시열이므로

$$n_0 \in \mathbf{N}\text{가 존재해서 } n, m > n_0 \text{이면 } |a_n - a_m| < \frac{1}{2}\epsilon$$

이다. 또한 부분열 $\langle a_{i_n} \rangle$은 b로 수렴하는 까닭에

$$i_m \in \mathbf{N}\text{이 존재해서 } |a_{i_m} - b| < \frac{1}{2}\epsilon$$

이다. $i_m > n_0$를 만족하는 i_m을 선택할 수 있음에 유의하면

$$\begin{aligned} n > n_0 \text{이면 } |a_n - b| &= |a_n - a_{i_m} + a_{i_m} - b| \\ &\le |a_n - a_{i_m}| + |a_{i_m} - b| \\ &< \frac{1}{2}\epsilon + \frac{1}{2}\epsilon = \epsilon \end{aligned}$$

따라서 $\langle a_n \rangle$은 b로 수렴한다. 그러므로 $n > n_0$이면 $|a_n - a_{i_m}| < \frac{1}{2}\epsilon$이 되기 위해서는 $i_m > n_0$임을 필요로 함을 알 수 있다.

27. [정리 4-7(코시 정리)] 실수의 모든 코시열 $\langle a_n \rangle$은 하나의 실수로 수렴함을 증명하여라.

풀이 문제 25에 의하여 코시열 $\langle a_n \rangle$은 유계하다. 따라서 정리 4-6에 의하여 유계열 $\langle a_n \rangle$은 수렴부분열 $\langle a_{i_n} \rangle$을 포함한다. 그런데 앞 문제에 의하여 코시열 $\langle a_n \rangle$은 그 부분열 $\langle a_{i_n} \rangle$과 같은 극한으로 수렴한다. 다시 말하자면 코시열 $\langle a_n \rangle$은 하나의 실수로 수렴한다.

28. 다음 각 $\mathbf{R}$의 부분집합이 완비인지 아닌지를 판정하여라.

(i) $\mathbf{N}$, 양의 정수의 집합

(ii) $\mathbf{Q}^c$, 무리수의 집합

풀이 (i) $\langle a_n \rangle$을 양의 정수의 코시열이라 하자. 만일에 $\epsilon = \frac{1}{2}$이라 하면

$$|a_n - a_m| < \epsilon = \frac{1}{2} \text{이면 } a_n = a_m$$

이다. 따라서 코시열 $\langle a_n \rangle$은 양의 정수 b로 수렴하는 형식 $\langle a_1, a_2, \cdots, a_{n_0}, b, b, b, \cdots \rangle$인 점렬이다. 따라서 $\mathbf{N}$은 완비이다.

(ii) 각 열린 구간

$$(-1, 1), \left(-\frac{1}{2}, \frac{1}{2}\right), \left(-\frac{1}{3}, \frac{1}{3}\right), \cdots$$

에는 무리수 점이 포함되어 있음에 유의하자. 따라서 무리수 a_n이 열린 구간 $(-1/n, 1/n)$에 속하게 되는 무리수열 $\langle a_n \rangle$이 존재한다. 점렬 $\langle a_n \rangle$이 $\mathbf{Q}^c$에 속하는 코시열이고 이것은 유리수인 0에 수렴한다. 따라서 $\mathbf{Q}^c$는 완비가 아니다.

- 연속

29. 함수 $f : \mathbf{R} \longrightarrow \mathbf{R}$가 상수함수, 예컨대 모든 $x \in \mathbf{R}$에 대해서 $f(x) = a$이면 f는 연속임을 증명하여라.

풀이 **방법 1** : 함수 f는 임의의 열린집합 G의 역상 $f^{-1}[G]$이 또한 열린집합일 때 연속이다. 모든 $x \in \mathbf{R}$에 대해서 $f(x) = a$인 까닭에 임의의 열린집합 G에 대해

$$f^{-1}[G] = \begin{cases} \phi & (a \notin G \text{일 때}) \\ \mathbf{R} & (a \in G \text{일 때}) \end{cases}$$

이고, 어느 경우에서나 $f^{-1}[G]$는 $\mathbf{R}$와 ϕ가 다같이 열린집합인 까닭에 열린집합이다.

방법 2 : $\epsilon - \delta$ 논법의 연속정의를 사용하여 f가 임의의 점 x_0에 있어서 연속임을 밝힌다. $\epsilon > 0$라고 하면 임의의 $\delta > 0$에 대해서 예컨대 $\delta = 1$에 대해서

$$|x - x_0| < 1 \text{이면 } |f(x) - f(x_0)| = |a - a_0| < 0 < \epsilon$$

이다. 따라서 f는 연속이다.

30. 항등함수 $f : \mathbf{R} \longrightarrow \mathbf{R}$, 즉 $f(x) = x$로 정의되는 함수는 연속임을 증명하여라.

풀이 **방법 1** : G를 임의의 열린집합이라 하면 $f^{-1}[G]=G$는 또한 열린집합이다. 따라서 f는 연속이다.

방법 2 : $\epsilon-\delta$논법의 연속의 정의를 사용하여 f가 임의의 점 x_0에서 연속임을 밝히기로 한다.

$\epsilon>0$라 하고 이 경우 $\epsilon=\delta$로 선정하면,

$$|x-x_0|<\delta \text{이면 } |f(x)-f(x_0)|=|x-x_0|<\delta=\epsilon$$

이다. 따라서 f는 연속이다.

31. 함수 $f:\mathbf{R}\longrightarrow\mathbf{R}$와 $g:\mathbf{R}\longrightarrow\mathbf{R}$가 연속이라면 합성함수 $g\circ f:\mathbf{R}\longrightarrow\mathbf{R}$도 또한 연속임을 증명하여라.

풀이 임의의 열린집합 G의 역상 $(g\circ f)^{-1}[G]$는 또한 열린집합임을 밝히면 된다. g는 연속인 까닭에 그 역상 $g^{-1}[G]$는 열린집합이다. 또한 f는 연속인 까닭에 $g^{-1}[G]$의 역상 $f^{-1}[g^{-1}[G]]$는 또한 열린집합이다. $(g\circ f)^{-1}=f^{-1}\circ g^{-1}$이므로

$$(g\circ f)^{-1}[G]=(f^{-1}\circ g^{-1})[G]=f^{-1}[g^{-1}[G]]$$

는 열린집합이다. 따라서 합성함수 $g\circ f:\mathbf{R}\longrightarrow\mathbf{R}$는 연속이다.

32. $f:\mathbf{R}\longrightarrow\mathbf{R}$는 연속함수이고 모든 유리수 $q\in\mathbf{Q}$에서 $f(q)=0$이라 하면, 모든 실수 $x\in\mathbf{R}$에 대해서 $f(x)=0$임을 증명하여라.

풀이 $f(p)$는 어떤 실수 $p\in\mathbf{R}$에 대해서 0이 아니라고 가정하자. 즉

$$p\in\mathbf{R}\text{가 존재해서 } f(p)=\gamma \quad |\gamma|>0$$

라고 가정하고, $\epsilon=\frac{1}{2}|\gamma|$로 택하자. f는 연속인 까닭에

$$\delta>0\text{가 존재해서 } |x-p|<\delta\text{이면 } |f(x)-f(p)|<\epsilon=\frac{1}{2}|\gamma|$$

이다. 따라서 모든 열린 구간에 속하는 유리점이 존재하므로 특히 그 하나를 q라 하자.

$$q\in\mathbf{Q}\text{가 존재해서 } q\in\{x:|x-p|<\delta\}$$

이고 이것은

$$|f(q)-f(p)|=|f(p)|=|\gamma|<\epsilon=\frac{1}{2}|\gamma|$$

으로 되어, 이것은 불가능인 까닭에 모든 $x\in\mathbf{R}$에 대해서 $f(x)=0$이다.

33. (정리 4-8) 함수 $f:\mathbf{R}^2 \longrightarrow \mathbf{R}^2$가 연속이기 위한 필요충분조건은 모든 열린집합 V의 역상이 열린집합으로 되는 것임을 증명하여라.

풀이 (⇒) $f:\mathbf{R}^2 \longrightarrow \mathbf{R}^2$은 연속이고 V를 $\mathbf{R}^2$의 열린부분집합이라 하면, $f^{-1}[V]$는 또한 열린집합임을 밝히고자 한다.

$p\in f^{-1}[V]$라고 하면 $f(p)\in V$이다. 연속의 정의에 의하여 p를 포함하는 열린집합 U_p가 존재해서 $f[U_p]\subset V$이다(그림 4-16에서 표시). 따라서,

$$U_p \subset f^{-1}[f[U_p]] \subset f^{-1}[V]$$

따라서 모든 $p\in f^{-1}[V]$에 대해서 열린집합 U_p가 존재해서

$$p\in U_p \subset f^{-1}[V]$$

를 만족함을 밝혔다. 따라서,

$$f^{-1}[V] = \cup\{U_p : p\in f^{-1}[V]\}$$

이므로 $f^{-1}[V]$는 열린집합의 합집합이고, 따라서 그 자신 열린집합이다.

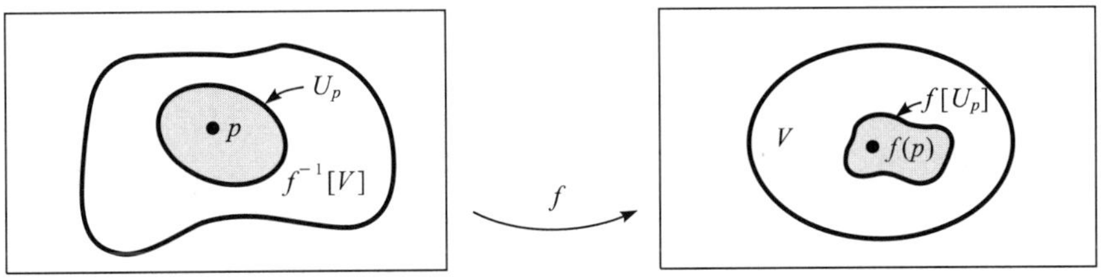

그림 4-16

(⇐) 역으로 모든 열린집합의 역상이 열린집합이라고 가정하고서 f가 임의의 점 $p\in\mathbf{R}^2$에서 연속임을 밝히고자 한다.

V를 $f(p)$를 포함하는 열린집합, 즉 $f(p)\in V$라 하면 $f^{-1}[V]$는 p를 포함하는 열린집합이고 성질 $f[f^{-1}[V]]\subset V$를 만족한다. 따라서 f는 p에서 연속이다.

34. f와 g가 모든 점에서 각각 불연속이나 그 합 $f+g$가 R의 모든 점에서 연속이 되는 두 함수 $f:\mathbf{R} \longrightarrow \mathbf{R}$와 $g:\mathbf{R} \longrightarrow \mathbf{R}$의 예를 들어라.

풀이 다음과 같이 정의되는 함수 f와 g를 생각하자.

$$f(x)=\begin{cases}0: & (x\text{가 유리수일 때})\\ 1: & (x\text{가 무리수일 때})\end{cases} \qquad g(x)=\begin{cases}1: & (x\text{가 유리수일 때})\\ 0: & (x\text{가 무리수일 때})\end{cases}$$

함수 f와 g는 R의 모든 점에서 불연속이나 합 $f+g$는 상수함수 $(f+g)(x)=1$이므로 이것은 연속이다.

35. $f:\mathbf{R} \longrightarrow \mathbf{R}$를 점 $p\in\mathbf{R}$에서 연속함수라 할 때 다음을 증명하여라.

(i) $f(p)$가 양, 즉 $f(p)>0$이면 p를 포함하는 열린 구간 S가 존재해서 S의 모든 점에서 f는 양이다.

(ii) $f(p)$가 음, 즉 $f(p)<0$이면 p를 포함하는 열린 구간 S가 존재해서 S의 모든 점에서 f는 음이다.

풀이 (i)을 증명한다. (ii)의 증명은 비슷하므로 생략하기로 한다.

$f(p)=\epsilon>0$라고 가정하자. f는 p에서 연속이므로
$\delta>0$가 존재해서 $|x-p|<\delta$이면 $|f(x)-f(p)|<\epsilon$

이다. 즉, 같은 뜻으로

$$x\in(p-\delta,\ p+\delta) \text{ 이면 } f(x)\in(f(p)-\epsilon,\ f(p)+\epsilon)=(0,\ 2\epsilon)$$

따라서 열린 구간 $(p-\delta, p+\delta)$에 속하는 모든 점에서 $f(x)$는 양이다.

36. $f:\mathbf{R} \longrightarrow \mathbf{R}$를 닫힌 구간 $[a, b]$의 모든 점에서 연속이고 $f(a)<0<f(b)$라고 하면, $f(p)=0$이 되는 점 $p\in[a, b]$가 존재함을 증명하여라.(다시 말하면 그림 4-17에서 표시된 바와 같이 닫힌 구간상에서 정의되고 x축의 아래 위의 양측을 지나는 연속함수는 적어도 한 점에서 x축을 지난다.)

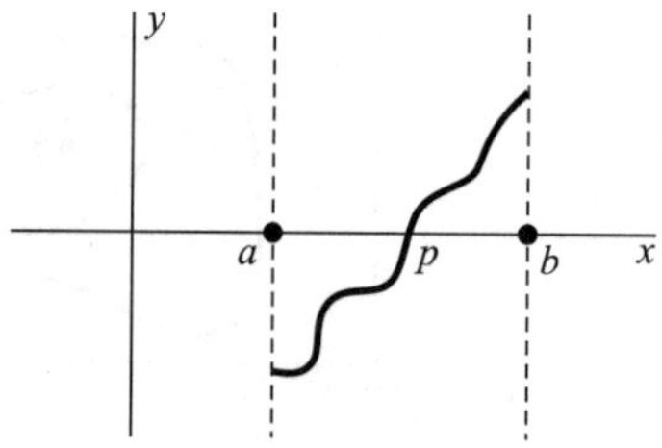

| 그림 4-17 |

풀이 A를 $[a, b]$에 속하는 점의 집합이라 하고 여기서 f는 음, 즉

$$A=\{x : x\in[a, b],\ f(x)<0\}$$

라고 하자. A는 공집합이 아니다. 즉, $a\in A$이다. $p=\sup(A)$를 A에 대한 최소상계라고 하자. $a\in A$인 까닭에 $a\le p$이고 b는 A에 대한 상계이므로 $p\le b$이다. 따라서 p는 구간 $[a, b]$에 속한다.

$f(p)=0$임을 요한다. $f(p)<0$이라 하면 앞 문제에 의하여 어떤 열린 구간 $(p-\delta,\ p+\delta)$에서 f는 음이다. 즉

$$(p-\delta,\ p+\delta)\subset A$$

따라서 p는 A에 대한 상계가 될 수 없다.

한편으로 $f(p)>0$이라 하면 열린 구간 $(p-\delta,\ p+\delta)$에서 f는 양이다. 따라서

$$(p-\delta,\ p+\delta)\cap A=\phi$$

이고 p는 A에 대한 최소상계가 될 수 없음을 뜻한다. 따라서 $f(p)$는 0이다.
즉, $f(p)=0$.

※ 주의 : 이 정리는 $f(b)<0<f(a)$인 경우에도 같은 방법으로 성립한다.

37. [정리 4-9(바이어슈트라스 정리)] $f:\mathbf{R}\longrightarrow\mathbf{R}$가 닫힌 구간 $[a,\ b]$ 상에서 연속이면 함수 f는 $f(a)$와 $f(b)$ 사이의 모든 값을 취한다.

풀이 $f(a)<f(b)$인 경우, y_0를 $f(a)<y_0<f(b)$를 만족하는 실수라고 가정하자. $f(p)=y_0$를 만족하는 점 p가 존재함을 밝히면 된다.
함수 $g(x)=f(x)-y_0$라 하면, 이것은 또한 함수이고 따라서 $g(a)<0<g(b)$임을 알 수 있다.
앞 문제에 의하여 $g(p)=f(p)-y_0=0$을 만족하는 점 p가 존재한다. 따라서 $f(p)=y_0$이다.
$f(b)<f(a)$인 경우도 같은 방법으로 증명된다.

보충문제

• 열린집합, 닫힌집합, 집적점

38. A가 $\mathbf{R}$의 유한부분집합이면 A의 유도집합 A'는 공집합, 즉 $A' = \phi$임을 증명하여라.

39. $\mathbf{R}$의 모든 유한부분집합은 닫힌집합임을 증명하여라.

40. $A \subset B$이면 $A' \subset B'$임을 증명하여라.

41. $\mathbf{R}^2$의 부분집합 B가 닫힌집합이기 위한 필요충분조건은 $d(p, B) = \inf\{d(p, q) : q \in B\}$ 라고 할 때 $d(p, B) = 0$이면 $p \in B$임을 증명하여라.

42. $A \cup A'$는 임의의 집합 A에 대해서 닫힌집합임을 증명하여라.

43. $A \cup A'$는 A를 포함하는 최소의 닫힌집합, 즉 F가 닫힌집합이고 $A \subset F \subset A \cup A'$이면 $F = A \cup A'$임을 증명하여라($A \subset F$이고 F가 닫힌집합 $\Rightarrow A \cup A' \subset F$).

44. 임의의 집합 A의 내점인 집합(이것을 $\text{int}(A)$로 표현한다)은 열린집합임을 증명하여라.

45. A의 내점의 집합은 A에 포함되는 최대의 열린집합, 즉 G가 열린집합이고 $\text{int}(A) \subset G \subset A$이면 $\text{int}(A) = G$임을 증명하여라.

46. 열린집합인 동시에 닫힌집합인 $\mathbf{R}$의 부분집합은 오직 ϕ와 $\mathbf{R}$임을 증명하여라.

• 점렬

47. 점렬 $\langle a_n \rangle$이 $b \in \mathbf{R}$로 수렴하면 점렬 $\langle |a_n - b| \rangle$는 0으로 수렴함을 증명하여라.

48. 점렬 $\langle a_n \rangle$이 0으로 수렴하고 점렬 $\langle b_n \rangle$이 유계하면 점렬 $\langle a_n b_n \rangle$도 0으로 수렴함을 증명하여라.

49. $a_n \longrightarrow a$이고 $b_n \longrightarrow b$이면, 점렬 $\langle a_n + b_n \rangle$은 $a+b$로 수렴함을 증명하여라.

50. $a_n \longrightarrow a$이고 $b_n \longrightarrow b$이면, 점렬 $\langle a_n b_n \rangle$은 ab로 수렴함을 증명하여라.

51. $a_n \longrightarrow a$이고 $b_n \longrightarrow b(b_n \neq 0$이고 $b \neq 0)$이면, 점렬 $\langle a_n / b_n \rangle$은 a/b로 수렴함을 증명하여라.

52. 점렬 $\langle a_n \rangle$이 b로 수렴하면 $\langle a_n \rangle$의 임의의 부분열 $\langle a_{i_n} \rangle$은 또한 b로 수렴함을 증명하여라.

53. 점렬 $\langle a_n \rangle$이 b로 수렴하면 점렬 $\langle a_n \rangle$의 치역 $\{a_n\}$은 유한이든지, 또는 b는 치역 $\{a_n\}$의 집적점임을 증명하여라.

54. 상이한 원소로 이루어진 점렬 $\langle a_n \rangle$이 유계이고 $\langle a_n \rangle$의 치역 $\{a_n\}$이 유일한 집적점 b를 갖는다면, 점렬 $\langle a_n \rangle$은 b로 수렴함을 증명하여라.

※주의 : $\langle 1, \frac{1}{2}, 2, \frac{1}{3}, 3, \frac{1}{4}, 4, \cdots \rangle$인 반례가 있으므로 유계성의 조건이 이 정리에서 제외될 수 없다.

• 연속

55. 함수 $f : \mathbf{R} \longrightarrow \mathbf{R}$가 $a \in \mathbf{R}$에서 연속이기 위한 필요충분조건은 a로 수렴하는 모든 점렬 $\langle a_n \rangle$에 대해서 함수열 $\langle f(a_n) \rangle$이 $f(a)$로 수렴하는 것임을 증명하여라.

56. 함수 $f : \mathbf{R} \longrightarrow \mathbf{R}$가 $p \in \mathbf{R}$에서 연속이면 p를 포함하는 열린 구간 S가 존재해서 f는 열린 구간 S상에서 유계함을 증명하여라.

57. 열린 구간 $S = (0, 1)$의 모든 점에서 연속이나 열린 구간 S상에서 유계가 아닌 함수 $f : \mathbf{R} \longrightarrow \mathbf{R}$의 예를 들어라.

58. $f:\mathbf{R} \longrightarrow \mathbf{R}$가 닫힌 구간 $A=[a,\ b]$의 모든 점에서 연속하면 f는 A상에서 유계함을 증명하여라.

※ 주의 : 앞 문제에 의하여 이 정리는 A가 닫힌 구간이 아니면 성립하지 않는다.

59. $f:\mathbf{R} \longrightarrow \mathbf{R}$와 $g:\mathbf{R} \longrightarrow \mathbf{R}$를 연속이라 하면 $f+g$를 $(f+g)(x) \equiv f(x)+g(x)$로 정의할 때 합 $(f+g):\mathbf{R} \longrightarrow \mathbf{R}$는 연속임을 증명하여라.

60. $f:\mathbf{R} \longrightarrow \mathbf{R}$는 연속이고 k를 임의의 실수라고 하면 함수 $(kf):\mathbf{R} \longrightarrow \mathbf{R}$는 연속임을 증명하여라. 여기서 kf는 $(kf)(x) \equiv k(f(x))$로 정의된다.

61. $f:\mathbf{R} \longrightarrow \mathbf{R}$와 $g:\mathbf{R} \longrightarrow \mathbf{R}$가 연속이면 $\{x \in \mathbf{R} : f(x)=g(x)\}$는 닫힌집합임을 증명하여라.

62. π_x를 $\pi_x(\langle a,\ b\rangle)=a$로 정의하면 사영 $\pi_x:\mathbf{R}^2 \longrightarrow \mathbf{R}$는 연속임을 증명하여라.

63. 다음과 같이 정의되는 함수 $f:\mathbf{R} \longrightarrow \mathbf{R}$와 $g:\mathbf{R} \longrightarrow \mathbf{R}$를 생각하자.

$$f(x)=\begin{cases}\sin(1/x) & (x \neq 0\text{일 때}) \\ 0 & (x=0\text{일 때})\end{cases} \qquad g(x)=\begin{cases}x\sin(1/x) & (x \neq 0\text{일 때}) \\ 0 & (x=0\text{일 때})\end{cases}$$

이 경우 g는 0에서 연속이나 f는 0에서 연속이 아님을 증명하여라.

64. 모든 유리수 $q \in \mathbf{Q}$는 $a \in \mathbf{Z}$, $b \in \mathbf{N}$이고 a와 b가 서로소일 때 형식 $q=a/b$로 유일하게 표기될 수 있다. 다음에서와 같이 정의되는 함수 $f:\mathbf{R} \longrightarrow \mathbf{R}$를 생각하자.

$$f(x)=\begin{cases}0 : x\text{가 무리수일 때} \\ 1/b : x\text{가 유리수, } x=a/b(a \in \mathbf{Z},\ b \in \mathbf{N},\ a\text{와 } b\text{는 서로소})\end{cases}$$

이 경우 f는 모든 무리수 점 x에서 연속이나, f는 모든 유리점 x에서 불연속임을 증명하여라.

• 보충문제의 답

57. 다음 함수를 생각하자.

$$f(x) = \begin{cases} -x : x \leq 0\text{일 때} \\ 1/x : x > 0\text{일 때} \end{cases}$$

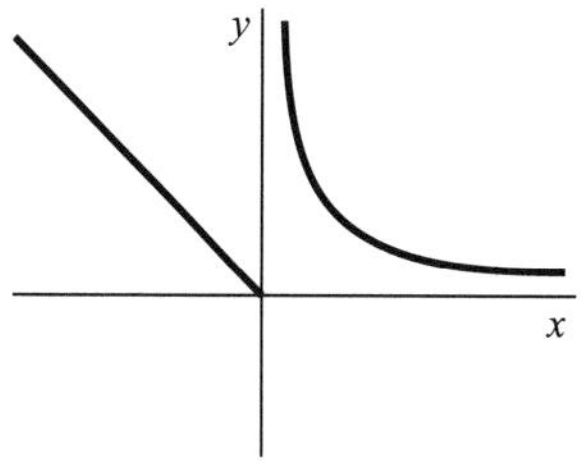

|그림 4-18|

이 함수는 그림 4-18에서 표시된 바와 같이 0을 제외한 $\mathbf{R}$의 모든 점에서 연속이다. 따라서 f는 열린 구간 $(0, 1)$의 모든 점에서 연속이나, f는 $(0, 1)$상에서 유계하지 않는다.

58. 힌트 : 문제 56에서 설명한 결과와 하이네-보렐 정리를 사용하여라.

05 G·E·N·E·R·A·L·T·O·P·O·L·O·G·Y

위상공간의 정의

5.1 위상공간

X를 공집합이 아닌 집합이라 하자. X의 부분집합족 $\mathscr{T}$가 다음 공리를 만족할 때 $\mathscr{T}$를 X상의 **위상**(topology)이라 한다.

[O_1] X와 ϕ은 $\mathscr{T}$에 속한다.

[O_2] $\mathscr{T}$에 속하는 임의 개수의 집합의 합집합은 $\mathscr{T}$에 속한다.

[O_3] $\mathscr{T}$에 속하는 임의의 두 집합의 공통집합은 $\mathscr{T}$에 속한다.

$\mathscr{T}$의 원소를 **$\mathscr{T}$-열린집합**($\mathscr{T}$-open sets), 또는 간단히 **열린집합**(open sets)이라 하며 X와 $\mathscr{T}$, 즉 쌍 $(X, \mathscr{T})$를 **위상공간**(topological space)이라 한다.

예제 1.1 $\mathscr{U}$를 제4장에서 설명한 바 있는 실수의 모든 열린집합족이라 하자. 이 경우 $\mathscr{U}$는 $\mathbf{R}$상의 위상이 된다. 이것을 $\mathbf{R}$상의 **보통위상**(usual topology)이라 한다. 같은 방법으로 평면 $\mathbf{R}^2$에 속하는 모든 열린집합족 $\mathscr{U}$는 위상이 되고, 이것을 또한 $\mathbf{R}^2$상의 **보통위상**이라 부른다. 앞으로 어떤 다른 말이 없는 이상 $\mathbf{R}$와 $\mathbf{R}^2$의 위상은 보통위상을 전제로 하기로 한다.

예제 1.2 다음과 같은 $X=\{a, b, c, d, e\}$의 부분집합족을 생각하자.

$$\mathscr{T}_1=\{X, \phi, \{a\}, \{c, d\}, \{a, c, d\}, \{b, c, d, e\}\}$$

$$\mathscr{T}_2=\{X, \phi, \{a\}, \{c, d\}, \{a, c, d\}, \{b, c, d\}\}$$

$$\mathscr{T}_3=\{X, \phi, \{a\}, \{c, d\}, \{a, c, d\}, \{a, b, d, e\}\}$$

$\mathscr{T}_1$은 필요한 세 가지 공리 [O_1], [O_2]와 [O_3]를 만족하는 까닭에 X상의 위상이다. 그러나 $\mathscr{T}_2$의 두 원소의 합집합

$$\{a, c, d\}\cup\{b, c, d\}=\{a, b, c, d\}$$

가 $\mathscr{T}_2$에 속하지 않는다. 즉, $\mathscr{T}_2$는 공리 [O_2]를 만족하지 않는 까닭에 $\mathscr{T}_2$는 X상의 위상이 아니다. 또한 $\mathscr{T}_3$의 두 집합의 공통집합이 $\mathscr{T}_3$에 속하지 않는다. 왜냐하면 $\{a, c, d\}\cap\{a, b, d, e\}=\{a, d\}\notin\mathscr{T}_3$이므로 $\mathscr{T}_3$는 공리 [O_3]를 만족하지 않는 까닭에 $\mathscr{T}_3$는 X상의 위상이 아니다.

예제 1.3 X의 모든 부분집합족을 $\mathscr{D}$로 나타내자. $\mathscr{D}$는 X상의 위상에 대한 공리를 만족함을 알 수 있다. 이와 같은 위상을 **이산위상**(discrete topology)이라 하고

이산위상을 갖는 X, 즉 **쌍**$(X, \mathscr{D})$를 **이산위상공간**(discrete topological space) 또는 간단히 **이산공간**(discrete space)이라고 한다.

예제 1.4 공리 $[O_1]$에서 알 수 있는 바와 같이 X상의 위상은 집합 X와 ϕ을 포함해야 한다. X와 ϕ만으로 이루어지는 족 $\mathscr{J}=\{X, \phi\}$는 그 자신 X상의 위상이다. 이것을 **밀착위상**(indiscrete topology)이라 하고 밀착위상을 갖는 X, 즉 $(X, \mathscr{J})$를 **밀착위상공간**(indiscrete topological space) 또는 간단히 **밀착공간**(indiscrete space)이라 한다.

예제 1.5 ϕ와 X의 부분집합의 여집합이 유한인 모든 부분집합족을 $\mathscr{T}$로 나타내자. 이와 같은 족 $\mathscr{T}$는 또한 X상의 위상이 된다. 이것을 **여유한 위상**(cofinite topology) 또는 X상의 **T_1-위상**(T_1-topology)이라 한다(T_1의 뜻은 다음 장에서 설명된다).

예제 1.6 X상의 임의의 두 위상 $\mathscr{T}_1$과 $\mathscr{T}_2$의 공통부분 $\mathscr{T}_1 \cap \mathscr{T}_2$는 또한 X상의 위상이 된다. 그 이유는

$[O_1]$ X와 ϕ는 $\mathscr{T}_1$와 $\mathscr{T}_2$의 모두에 속한다. 따라서 X와 ϕ는 각각 공통부분 $\mathscr{T}_1 \cap \mathscr{T}_2$에 속한다. 즉 $\mathscr{T}_1 \cap \mathscr{T}_2$는 $[O_1]$을 만족한다.

$[O_3]$ $G, H \in \mathscr{T}_1 \cap \mathscr{T}_2$이면 특히 $G, H \in \mathscr{T}_1$, $G, H \in \mathscr{T}_2$이다. 또한 $\mathscr{T}_1$과 $\mathscr{T}_2$는 위상인 까닭에 $G \cap H \in \mathscr{T}_1$이고 $G \cap H \in \mathscr{T}_2$이다. 따라서

$$G \cap H \in \mathscr{T}_1 \cap \mathscr{T}_2$$

다시 말해서 $\mathscr{T}_1 \cap \mathscr{T}_2$는 $[O_3]$를 만족한다.

$[O_2]$ 같은 방법으로 $\mathscr{T}_1 \cap \mathscr{T}_2$는 $[O_2]$를 만족한다.

위 예제는 실제로 임의개의 위상족에 대해서 일반화할 수 있다. 즉

정리 5-1 $\{\mathscr{T}_i : i \in I\}$를 집합 X상의 위상족이라 하면 공통집합 $\cap_i \mathscr{T}_i$는 또한 X상의 위상이다.

두 위상의 합은 반드시 위상이 될 수 없음을 다음 예제에서 밝힌다.

예제 1.7 $X=\{a, b, c\}$상의 두 위상, $\mathscr{T}_1=\{X, \phi, \{a\}\}$와 $\mathscr{T}_2=\{X, \phi, \{b\}\}$을 생각하자. 이들의 합집합,

$$\mathscr{T}_1 \cup \mathscr{T}_2=\{X, \phi, \{a\}, \{b\}\}$$

는 $[O_2]$를 만족하지 않는 까닭에 X상의 위상이 아니다. 즉, $\{a\} \in \mathscr{T}_1 \cup \mathscr{T}_2$, $\{b\} \in \mathscr{T}_1 \cup \mathscr{T}_2$이나 $\{a\} \cup \{b\}=\{a, b\}$는 $\mathscr{T}_1 \cup \mathscr{T}_2$에 속하지 않는다.

점 $p \in X$를 포함하는 열린집합 G를 p의 **열린근방**(open neighborhood)이라 하고 p를 제외한 G, 즉 $G-\{p\}$를 p**가 빠진 열린근방**(deleted open neighborhood)이라 한다.

※ 주의 : 공리 $[O_1]$, $[O_2]$와 $[O_3]$는 다음 두 공리와 동치이다.

> $[O_1^*]$ $\mathscr{T}$에 속하는 임의개의 집합의 합집합은 $\mathscr{T}$에 속한다.
> $[O_2^*]$ $\mathscr{T}$에 속하는 임의의 유한개의 공통집합은 $\mathscr{T}$에 속한다.

왜냐하면 $[O_1^*]$에서부터

$$\cup \{G \in \mathscr{T} : G \in \phi\}=\phi$$

즉, 공집합의 합집합은 ϕ(즉, $\phi=\cup\phi$)인 까닭에 ϕ는 $\mathscr{T}$에 속함을 뜻하기 때문이다. 또한 $[O_2^*]$에서부터

$$\cap \{G \in \mathscr{T} : G \in \phi\}=X$$

즉, X의 공인 부분집합의 공통집합은 X 자신인 까닭에 (즉, $X=\cap\phi$) X는 $\mathscr{T}$에 속함을 뜻한다.

5.2 집적점

X를 위상공간이라 하자. p를 포함하는 임의의 열린집합이 p 이외의 A의 점을 포함하면, 즉

$$G \text{ 열린집합이고 } p \in G\text{이면 } (G \setminus \{p\}) \cap A \neq \phi$$

이면, 점 $p \in X$를 X의 부분집합 A의 **집적점**(accumulation point) 또는 **극한점**(limit point), **쌓인점**(cluster point) 또는 **유도점**(derived point)이라고도 한다.

A의 집적점의 집합을 A'로 표현하고 이것을 A의 **유도집합**(derived set)이라 한다.

예제 2.1 족 $\mathscr{T} = \{X, \phi, \{a\}, \{c, d\}, \{a, c, d\}, \{b, c, d, e\}\}$는 $X = \{a, b, c, d, e\}$상의 위상을 정의한다. X의 부분집합 $A = \{a, b, c\}$를 생각하자. b를 포함하는 열린집합은 $\{b, c, d, e\}$와 X이나, 이들 각각은 b와 상이한, A의 점 c를 포함하는 까닭에 b는 A의 집적점이다. 그러나 점 $a \in X$는 a를 포함하는 열린집합 $\{a\}$는 a 이외의 A의 점을 포함하지 않는 까닭에 A의 집적점이 아니다. 같은 방법으로 점 d와 e는 A의 집적점이고, 점 c는 A의 집적점이 아니다. 따라서 $A' = \{b, d, e\}$는 A의 유도집합이다.

예제 2.2 X를 밀착위상공간, 즉 X와 ϕ만이 X상의 열린부분집합이라 하자. 이 경우 X는 임의의 점 $p \in X$를 포함하는 유일한 열린집합이다. 따라서 p는 공집합 ϕ과 한 원소집합 $\{p\}$를 제외한 X의 모든 부분집합의 집적점이다. 따라서 X의 임의의 부분집합 A의 유도집합 A'는 다음과 같다.

$$A' = \begin{cases} \phi & (A = \phi\text{일 때}) \\ \{p\}^c = X \setminus \{p\} & (A = \{p\}\text{일 때}) \\ X & (A\text{가 두 개 이상의 점을 포함할 때}) \end{cases}$$

직선 $\mathbf{R}$ 또는 평면 $\mathbf{R}^2$상의 보통위상에 대해서 집적점과 유도집합의 정의는 제4장에서 주어진 정의와 일치함을 알 수 있다.

5.3 닫힌집합

X를 위상공간이라 하자. X의 부분집합 A의 여집합 A^c이 열린집합일 때 A를 **닫힌집합**(closed set)이라 한다.

예제 3.1 집합족 $\mathscr{T} = \{X, \phi, \{a\}, \{c, d\}, \{a, c, d\}, \{b, c, d, e\}\}$는 $X = \{a, b, c, d, e\}$ 상의 위상이다. X의 닫힌부분집합족은

$$\phi,\ X,\ \{b, c, d, e\},\ \{a, b, e\},\ \{b, e\},\ \{a\}$$

이고 이것은 X의 열린부분집합의 여집합이다. 이 경우 열린 동시에 닫힌

$\{b, c, d, e\}$와 같은 X의 부분집합도 존재하고, 열림도 아니고 닫힘도 아닌 $\{a, b\}$와 같은 X의 부분집합도 존재함에 유의하여라.

예제 3.2 X를 이산위상공간, 즉 X의 모든 부분집합이 열린집합이라 하자. X의 임의의 부분집합은 그 여집합이 열림인 까닭에 또한 닫힌집합이다. 다시 말해서 X의 모든 부분집합은 열림인 동시에 닫힘이다.

X의 임의의 부분집합 A에 대해서 $A^{cc}=A$임을 상기하자.

명제 5-2 위상공간 X에서 X의 부분집합 A의 여집합이 닫힌집합이기 위한 필요충분조건은 A가 열린집합인 것이다.

그러므로 위상공간의 공리 $[\mathrm{O}_1]$, $[\mathrm{O}_2]$, $[\mathrm{O}_3]$와 드 모르간의 법칙에서 다음 정리가 얻어진다.

정리 5-3 위상공간 X는 닫힌부분집합족은 다음 성질을 만족한다.
(i) X와 ϕ는 닫힌집합이다.
(ii) 임의의 개수의 닫힌집합의 공통집합은 닫힌집합이다.
(iii) 임의의 두 닫힌집합의 합집합은 닫힌집합이다.

닫힌집합은 다음에서와 같이 집적점을 사용하여 정의될 수도 있다.

정리 5-4 위상공간 X의 부분집합 A가 닫힌집합이기 위한 필요충분조건은 A의 집적점이 A에 속하는 것이다. 다시 말하자면 집합 A는 A의 유도집합 A'가 A의 부분집합, 즉 $A' \subset A$일 때 닫힌집합이다.

[A가 닫힌집합 $\Longleftrightarrow$ A의 집적점이 모두 A에 포함된다$(A' \subset A)$.]

5.4 집합의 폐포

A를 위상공간 X의 부분집합이라 하자. A의 **폐포**(closure)는

$$\overline{A} \text{ 또는 } A^-$$

로 표현되고, 이것은 A의 모든 포함닫힌집합(A를 포함하는 모든) 집합의 공통집합이다. 다시 말하자면 $\{F_i : i \in I\}$가 A를 포함하는 X의 모든 닫힌부분집합족이면,

$$\overline{A} = \cap_i F_i.$$

$\overline{A}$는 닫힌집합의 공통집합인 까닭에 닫힌집합임을 알 수 있다. 또한 $\overline{A}$는 A의 최소의 포함닫힌집합, 즉 F가 A를 포함하는 닫힌집합이면,

$$A \subset \overline{A} \subset F$$

이다. 따라서 집합 A는 $A = \overline{A}$일 때 닫힌집합이다. 이들의 결과를 형식적으로(논리적으로) 다음과 같이 서술할 수 있다.

명제 5-5 $\overline{A}$를 집합 A의 폐포라고 하면 (i) $\overline{A}$는 닫힌집합이다 (ii) F가 A의 포함닫힌집합이면 $A \subset \overline{A} \subset F$ (iii) A가 닫힌집합 $\Longleftrightarrow A = \overline{A}$

예제 4.1 예제 3.1의 $X = \{a, b, c, d, e\}$상의 위상 $\mathscr{T}$를 생각하자. 여기서 X의 닫힌부분집합은

$$\phi,\ X,\ \{b, c, d, e\},\ \{a, b, e\},\ \{b, e\},\ \{a\}$$

이다. 따라서

$$\overline{\{b\}} = \{b, e\},\ \overline{\{a, c\}} = X,\ \overline{\{b, d\}} = \{b, c, d, e\}$$

예제 4.2 X를 여유한 위상공간, 즉 유한집합의 여집합과 ϕ가 열린집합인 위상공간이라 하자. 이 경우 닫힌집합은 분명히 X와 더불어 X의 유한부분집합이다. 따라서 $A \subset X$가 유한이면 A 자신이 닫힌집합인 까닭에 폐포 $\overline{A}$는 A 자신이다. 한편으로 $A \subset X$가 무한이면 X는 A의 유일한 포함닫힌집합이다. 따라서 $\overline{A}$는 X이다. 더 자세히 말하자면 여집합이 유한인 공간 X의 임의의 부분집합 A에 대해서

$$\overline{A}=\begin{cases}A:(A\text{가 유한일 때})\\X:(A\text{가 무한일 때}).\end{cases}$$

집합의 폐포는 다음에서와 같이 집적점을 사용하여 완전히 기술될 수 있다.

정리 5-6 A를 위상공간 X의 부분집합이라 하면 A의 폐포는 A와 A의 집적점의 집합과의 합집합, 즉

$$\overline{A}=A\cup A'$$

이다.

점 $p\in X$가 A의 폐포에 속할 때, 즉 $p\in\overline{A}$일 때 점 p를 $A\subset X$의 **폐포점**(closure point) 또는 **밀착점**(adherent point)이라 한다. 앞 정리에 의하여 $p\in X$는 $p\in A$ 또는 p가 A의 집적점일 때 $A\subset X$의 폐포점이다.

예제 4.3 유리수 집합 $\mathbf{Q}$를 생각하자. $\mathbf{R}$의 보통위상에서 임의의 실수 $a\in\mathbf{R}$는 $\mathbf{Q}$의 집적점이다. 따라서 $\mathbf{Q}$의 폐포는 실수의 전집합 $\mathbf{R}$이다. 즉 $\overline{\mathbf{Q}}=\mathbf{R}$.

위상공간 X의 부분집합 A의 폐포가 B를 포함할 때, 즉 $A\subset B\subset\overline{A}$일 때 A는 $B\subset X$에서 **조밀** 또는 **촘촘**(dense)하다고 한다. 특히 $\overline{A}=X$일 때, A는 X에서 조밀하다, 또는 X의 **조밀부분집합**(dense subset)이라 한다.

예제 4.4 예제 4.1에서

$$\overline{\{a, c\}}=X\text{이고 }\overline{\{b, d\}}=\{b, c, d, e\}$$

임을 알 수 있다. 여기서 $X=\{a, b, c, d, e\}$이다. 따라서 집합 $\{a, c\}$는 X의 조밀부분집합이나 집합 $\{b, d\}$는 X의 조밀집합이 아니다.

예제 4.5 예제 4.3에서 서술한 바와 같이 $\overline{\mathbf{Q}}=\mathbf{R}$이다. 다시 말한다면 보통위상에 있어서 유리수의 집합 $\mathbf{Q}$는 $\mathbf{R}$의 조밀부분집합이다.

X의 각 부분집합 A에 그 폐포, $\overline{A}\subset X$를 대응시키는 **"폐포"작용소**(closure operators)는 아래의 명제에서 나타나는 네 가지 성질을 만족하고, 이들 성질을 **쿠라토프스키의 폐포공리**(Kuratowski closure axioms)라 한다. 실제로 이들 공리는 다음에서 증명되는 바와 같이 X상의 위상의 정의로 사용될 수도 있다.

> **명제 5-7** (i) $\overline{\phi}=\phi$ (ii) $A\subset\overline{A}$ (iii) $\overline{A\cup B}=\overline{A}\cup\overline{B}$ (iv) $(A^-)^-=\overline{A}$

5.5 내부 · 외부 · 경계

A를 위상공간 X의 부분집합이라 하자. 점 $p\in A$가 A에 포함되는 열린집합 G에 속할 때 점 p를 A의 **내점**(interior point)이라 한다. 즉,

$$p\in G\subset A \qquad (\text{여기서 } G\text{는 열린집합}).$$

A의 내점 전체의 집합은

$$\text{int}(A),\ \ \mathring{A}\ \text{또는}\ A^\circ$$

으로 표현되고 이것을 A의 **내부**(interior) 또는 **열린 핵**(open kernel)이라 한다. A의 내부는 또한 다음에서와 같이 특징지을 수 있다.

> **명제 5-8** 집합 A의 내부는 A의 모든 열린부분집합의 합집합이고, 다음 성질을 만족한다.
> (i) A°는 열린집합
> (ii) A°는 A의 최대의 열린부분집합, 즉 G가 A의 열린부분집합이면
> $G\subset A^\circ\subset A$
> (iii) A는 열린집합 $\Longleftrightarrow$ $A=A^\circ$

A의 **외부**(exterior)는 ext(A)로 표기되고 A의 여집합의 내부, 즉 int(A^c)이다. A의 **경계**(boundary)는 $b(A)$로 표기되고 이것은 A의 내부에도 외부에도 속하지 않는 점의 집합이다. 다음에서와 같이 내부, 외부와 폐포 사이의 중요한 관계가 성립한다.

> **정리 5-9** A를 위상공간 X의 임의의 부분집합이라 하면 A의 폐포는 A의 내부와 경계의 합집합, 즉 $\overline{A}=A^\circ\cup b(A)$이다.

예제 5.1 끝점이 a와 b인 네 개의 구간 $[a, b]$, (a, b), $(a, b]$와 $[a, b)$를 생각하자. 각각의 내부는 열린 구간 (a, b)이고 각각의 경계는 끝점인 집합, 즉 $\{a, b\}$이다.

예제 5.2 $X=\{a, b, c, d, e\}$상의 위상,

$$\mathscr{T}=\{X, \phi, \{a\}, \{c, d\}, \{a, c, d\}, \{b, c, d, e\}\}$$

와 X의 부분집합 $A=\{b, c, d\}$를 생각하자. 점 c와 d는 $\{c, d\}$를 열린집합이라 할 때

$$c, d \in \{c, d\} \subset A$$

인 까닭에 각각 A의 내점이다. 그러나 점 $b \in A$는 A의 내점이 아니다. 따라서 $\text{int}(A)$는 $\{c, d\}$이다. 오직 점 $a \in X$만이 A의 외부, 즉 A의 여집합 $A^c=\{a, e\}$의 내부이다. 따라서 $\text{int}(A^c)=\{a\}$이고, A의 경계는 점 b와 e로 구성된다. 즉 $b(A)=\{b, e\}$.

예제 5.3 유리수의 집합 $\mathbf{Q}$를 생각하자. $\mathbf{R}$의 모든 열린부분집합에는 반드시 유리수와 무리수를 포함하는 까닭에 $\mathbf{Q}$의 내점 또는 외점이 존재하지 않는다. 따라서 $\text{int}(\mathbf{Q})=\phi$이고 $\text{int}(\mathbf{Q}^c)=\phi$이다. $\mathbf{Q}$의 경계는 실수 전체의 집합, 즉 $b(\mathbf{Q})=\mathbf{R}$이다.

위상공간 X의 부분집합 A의 폐포가 내점을 갖지 않을 때, 즉 $\text{int}(\overline{A})=\phi$일 때 A는 X에서 **조밀한 곳이 없다**(nowhere dense)고 한다.

예제 5.4 $\mathbf{R}$의 부분집합 $A=\left\{1, \frac{1}{2}, \frac{1}{3}, \frac{1}{4}, \cdots\right\}$을 생각하자. 앞에서 설명한 바와 같이 A는 유일한 집적점 0만을 갖는다. 따라서 $\overline{A}=\left\{0, 1, \frac{1}{2}, \frac{1}{3}, \frac{1}{4}, \cdots\right\}$이나, $\overline{A}$에는 내점이 존재하지 않으므로 A는 $\mathbf{R}$에서 조밀한 곳이 없다.

예제 5.5 A는 0과 1 사이의 유리점으로 구성된다 하자. 즉, $A=\{x : x \in \mathbf{Q},\ 0 < x < 1\}$이라 하자. A는 내점을 갖지 않는다. 즉, $\text{int}(A)=\phi$이다. 그러나 A는 $\mathbf{R}$에서 조밀한 곳이 있다. 왜냐하면 A의 폐포는 $[0, 1]$이므로 $\text{int}(\overline{A})$는

int([0, 1])= (0, 1)이 공집합이 아닌 까닭이다.

5.6 근방과 근방계

p를 위상공간 X의 하나의 점이라 하자. X의 부분집합 N이 p를 포함하는 열린집합 G를 포함하는 집합일 때 N은 p의 **근방**(neighborhood)이다. 즉

$$p \in G \subset N \qquad (\text{여기서 } G\text{는 열린집합}).$$

다시 말하자면 관계 "N은 점 p의 근방이다"는 관계 "p는 N의 내점이다"의 역관계이다. $p \in X$의 모든 근방족을 $\mathcal{N}_p$로 나타내고 이것을 p의 **근방계**(neighborhood system)라 한다.

예제 6.1 a를 임의의 실수, $a \in \mathbf{R}$이라고 하면 중심을 a에 둔 각 닫힌 구간 $[a-\delta, a+\delta]$는 a를 포함하는 열린 구간 $(a-\delta, a+\delta)$를 포함하는 까닭에 a의 근방이다. 같은 방법으로 p가 평면 $\mathbf{R}^2$의 점이면 p에 중심을 둔 모든 닫힌 원판 $\{q \in \mathbf{R}^2 : d(p, q) \leq \delta \neq 0\}$는 p에 중심을 둔 열린 원판을 포함하는 까닭에 p의 근방이다.

임의의 점 $p \in X$의 근방계 $\mathcal{N}_p$에 관한 중심적인 성질은 아래의 명제에서 나타나는 네 가지 성질이다. 이 성질을 **근방공리**(neighborhood axioms)라 부른다. 실제로 이들 공리는 다음에 설명되는 바와 같이 X상의 위상을 정의하는 데 사용될 수도 있다.

명제 5-10

(i) $\mathcal{N}_p$는 공집합이 아니고 p는 $\mathcal{N}_p$의 각 원소에 속한다.

(ii) $\mathcal{N}_p$는 임의의 두 원소의 공통부분은 역시 $\mathcal{N}_p$에 속한다.

(iii) $\mathcal{N}_p$의 원소의 모든 포함집합은 $\mathcal{N}_p$에 속한다.

(iv) 각 원소, $N \in \mathcal{N}_p$는 원소 $G \in \mathcal{N}_p$를 포함하는 집합이다. 여기서 G는 각 점의 근방, 즉 모든 $g \in G$에 대해서 $G \in \mathcal{N}_g$이다.

5.7 수렴열

위상공간 X에 속하는 점렬 $\langle a_1, a_2, \cdots \rangle$과 $b \in X$를 생각하자. b를 포함하는 임의의 열린집합 G에 대해서, 양의 정수 $n_0 \in N$가 존재해서

$$n > n_0 \text{이면 } a_n \in G$$

일 때, 즉 G가 점렬의 항을 거의 모두 포함할 때, 다시 말해서 점렬의 유한개 항을 제외한 모든 항을 포함할 때 이 점렬은 점 $b \in X$로 **수렴**(converge)한다. 또는 점 b를 점렬 $\langle a_n \rangle$의 **극한**(limit)이라 하고 다음과 같이 표현한다.

$$\lim_{n \to \infty} a_n = b, \ \lim a_n = b \text{ 또는 } a_n \longrightarrow b$$

예제 7.1 $\langle a_1, a_2, \cdots \rangle$를 밀착위상공간 $\langle X, \mathscr{J} \rangle$의 점렬이라 하자.

(i) X는 임의의 점 $b \in X$를 포함하는 유일한 열린집합이다.

(ii) X는 점렬 $\langle a_n \rangle$의 모든 항을 포함하므로 점렬 $\langle a_1, a_2, \cdots \rangle$는 모두 점 $b \in X$로 수렴한다.

예제 7.2 $\langle a_1, a_2, \cdots \rangle$를 이산위상공간 $(X, \mathscr{D} \rangle$의 점렬이라 하자. 이 경우 모든 $b \in X$에 대해서 한 원소집합 $\{b\}$는 b를 포함하는 열린집합이다. 따라서 만일에 $a_n \longrightarrow b$이면 집합 $\{b\}$는 점렬의 거의 모든 항을 포함해야 한다. 다시 말해서 이 점렬이 형식 $\langle a_1, a_2, \cdots, a_{n_0}, b, b, b, \cdots \rangle$일 때 한해서 $\langle a_n \rangle$은 점 $b \in X$로 수렴한다.

예제 7.3 $\mathscr{T}$를 ϕ와 가산부분집합의 여집합으로 구성되는 무한집합 X상의 위상이라 하자(문제 56 참조). X에 속하는 점렬 $\langle a_1, a_2, \cdots \rangle$이 $b \in X$로 수렴하는 필요충분조건은 그 점렬이 $\langle a_1, a_2, \cdots, a_{n_0}, b, b, b, \cdots \rangle$와 같은 형식이어야 한다는 것이다. 즉, b와 상이한 $\langle a_n \rangle$의 항으로 구성된 집합 A가 유한집합이라는 것이다. 충분조건을 증명하자면 A는 가산이므로 A^c는 b를 포함하는 열린집합이다. 따라서 $a_n \longrightarrow b$이면 A^c는 점렬의 유한개 항을 제외한 모든 항을 포함한다. 따라서 A는 유한이다.

5.8 거친 위상과 섬세한 위상

$\mathcal{T}_1$과 $\mathcal{T}_2$를 공이 아닌 집합 X상의 위상이라 하자. X의 각 $\mathcal{T}_1$-열린부분집합이 또한 X의 $\mathcal{T}_2$-열린부분집합이라 가정하자. 즉, $\mathcal{T}_1$이 $\mathcal{T}_2$의 부분족, 즉 $\mathcal{T}_1 \subset \mathcal{T}_2$라 하면 $\mathcal{T}_1$은 $\mathcal{T}_2$보다 **거친**(coarser) 또는 **작은**(smaller) 또는 **약한**(weaker) 위상이라 한다. 또한 $\mathcal{T}_2$는 $\mathcal{T}_1$보다 **섬세한**(finer) 또는 **큰**(larger) 또는 **강한**(stronger) 위상이라 한다. X상의 모든 위상족 $\mathrm{T}=\{\mathcal{T}_i\}$는 족의 포함관계에 관하여 반순서를 이룬다. 따라서 앞으로 $\mathcal{T}_1 \subset \mathcal{T}_2$를 다음과 같이 표기하기로 한다.

$$\mathcal{T}_1 \lesssim \mathcal{T}_2 \ (\mathcal{T}_1 \subset \mathcal{T}_2 \text{에 대해서})$$

X상의 두 위상 사이에 강약관계가 없는 경우, 이들은 **비교가능하지 않다**(not comparable)라 한다.

예제 8.1 임의의 집합 X상의 이산위상 $\mathcal{D}$, 밀착위상 $\mathcal{J}$와 임의의 다른 위상 $\mathcal{T}$를 생각하자. 이 경우 $\mathcal{T}$는 $\mathcal{D}$보다 거칠고 $\mathcal{T}$는 $\mathcal{J}$보다 섬세하다. 즉, $\mathcal{J} \lesssim \mathcal{T} \lesssim \mathcal{D}$이다.

예제 8.2 평면 $\mathbf{R}^2$상의 여유한 위상 $\mathcal{T}$와 보통위상 $\mathcal{U}$를 생각하자. $\mathbf{R}^2$의 모든 유한부분집합은 $\mathcal{U}$-닫힌집합임을 고려하면 임의의 $\mathbf{R}^2$의 유한부분집합의 여집합, 즉 $\mathcal{T}$의 임의의 원소는 또한 $\mathcal{U}$-열린집합이다. 다시 말하자면 $\mathcal{T}$는 $\mathcal{U}$보다 거칠다. 즉 $\mathcal{T} \lesssim \mathcal{U}$이다.

5.9 부분공간, 상대위상

A를 위상공간 $(X,\ \mathcal{T})$의 공이 아닌 부분집합이라 하자. A와 X의 $\mathcal{T}$-열린부분집합과의 모든 공통집합족 $\mathcal{T}_A$는 A상의 위상이 된다. 이것을 A의 **상대위상**(relative topology) 또는 A로의 $\mathcal{T}$의 **상대화**(relativization)라 하고, 위상공간$(A,\ \mathcal{T}_A)$를 $(A,\ \mathcal{T})$의 **부분공간**(subspace)이라 한다. 다시 말해서 A의 부분집합 H가 $\mathcal{T}_A$-열린집합이란, 즉 A로의 상대적 열린집합이란,

$$H = G \cap A$$

을 만족하는 X의 $\mathscr{T}$-열린부분집합 G가 존재함을 뜻한다.

예제 9.1 $X = \{a, b, c, d, e\}$상의 위상

$$\mathscr{T} = \{X, \phi, \{a\}, \{c, d\}, \{a, c, d\}, \{b, c, d, e\}\}$$

와 X의 부분집합 $A = \{a, d, e\}$를 생각하자.

$$X \cap A = A,\ \{a\} \cap A = \{a\},\ \{a, c, d\} \cap A = \{a, d\}$$
$$\phi \cap A = \phi,\ \{c, d\} \cap A = \{d\},\ \{b, c, d, e\} \cap A = \{d, e\}$$

임을 알 수 있다. 따라서 A로의 $\mathscr{T}$의 상대화는 다음과 같다.

$$\mathscr{T}_A = \{A, \phi, \{a\}, \{d\}, \{a, d\}, \{d, e\}\}.$$

예제 9.2 $\mathbf{R}$상의 보통위상 $\mathscr{U}$와 닫힌 구간 $A = [3, 8]$상으로의 상대위상 $\mathscr{T}_A$를 생각하자. 닫힌 · 열린 구간 $[3, 5)$가 A의 상대위상의 열린집합이다. 다시 말해서 $(2, 5)$를 $\mathbf{R}$의 $\mathscr{T}$-열린부분집합이라 할 때

$$[3, 5) = (2, 5) \cap A$$

인 까닭에 이것은 $\mathscr{T}_A$-열린집합임에 유의하면 상대공간의 열린집합은 전체공간에 있어서는 열린집합도 아니고 닫힌집합도 아닐 수 있다.

5.10 위상의 동치 정의

위상공간의 정의는 위상공간에 속하는 열린집합의 몇 가지 공리로 주어졌다. 즉, 위상의 기본개념으로 열린집합을 사용했다. 이제 "점의 근방"과 "집합의 폐포"인 개념을 사용하여 집합상의 위상을 정의하는 다른 두 가지 방법을 제시하는 다음 두 정리를 소개하고자 한다.

정리 5-11 X를 공이 아닌 집합이라 하고 각 점 $p \in X$에 X의 부분집합족 $\mathscr{A}_p$가 대응되어 다음 공리를 만족한다 하자.

[A_1] $\mathscr{A}_p$는 공이 아니고 p는 $\mathscr{A}_p$의 각 원소에 속한다.

[A_2] $\mathscr{A}_p$의 임의의 두 원소의 공통집합은 $\mathscr{A}_p$에 속한다.

[A_3] $\mathscr{A}_p$의 원소의 모든 포함집합은 $\mathscr{A}_p$에 속한다.

[A_4] 각 원소 $N \in \mathscr{A}_p$는 모든 $g \in G$에 대해서 $G \in \mathscr{A}_g$를 만족하는 원소 $G \in \mathscr{A}_p$의 포함집합이다.

이 경우 $\mathscr{A}_p$가 점 $p \in X$의 $\mathscr{T}$-근방계로 되는 X의 위상이 하나만 존재한다.

정리 5-12 X를 공이 아닌 집합이라 하고 k를 각 X의 부분집합 A에 X의 부분집합 A^k를 대응시키는 연산이라 할 때 다음 쿠라토프스키(Kuratowski)의 폐포공리를 만족한다.

[K_1] $= \phi^k = \phi$

[K_2] $= A \subset A^k$

[K_3] $= (A \cup B)^k = A^k \cup B^k$

[K_4] $= (A^k)^k = A^k$

이 경우 A^k를 X의 부분집합 A의 $\mathscr{T}$-폐포로 되게 하는 X의 위상 $\mathscr{T}$가 유일하게 하나 존재한다.

연습문제

G·E·N·E·R·A·L·T·O·P·O·L·O·G

• 위상, 열린집합

1. $X=\{a, b, c, d, e\}$라 하자. 다음 각 X의 부분집합족으로서 X상의 위상이 되는 것은 어느 것인가?

(i) $\mathscr{T}_1=\{X, \phi, \{a\}, \{a, b\}, \{a, c\}\}$

(ii) $\mathscr{T}_2=\{X, \phi, \{a, b, c\}, \{a, b, d\}, \{a, b, c, d\}\}$

(iii) $\mathscr{T}_3=\{X, \phi, \{a\}, \{a, b\}, \{a, c, d\}, \{a, b, c, d\}\}$

풀이 (i) $\mathscr{T}_1$은 X상의 위상이 아니다. 그 이유는

$\{a, b\}, \{a, c\}\in\mathscr{T}_1$이나 $\{a, b\}\cup\{a, c\}=\{a, b, c\}\notin\mathscr{T}_1$인 까닭이다.

(ii) $\mathscr{T}_2$는 X상의 위상이 아니다. 그 이유는

$\{a, b, c\}, \{a, b, d\}\in\mathscr{T}_2$이나 $\{a, b, c\}\cap\{a, b, d\}=\{a, b\}\notin\mathscr{T}_2$인 까닭이다.

(iii) $\mathscr{T}_3$는 필요한 위상의 공리를 만족하는 까닭에 X상의 위상이다.

2. $\mathscr{T}$를 $\mathbf{R}$, ϕ와 $q\in\mathbf{Q}$(유리수)일 때 모든 무한열린 구간 $A_q=(q, \infty)$로 이루어지는 족이라 하자. $\mathscr{T}$는 $\mathbf{R}$상의 위상이 아님을 밝혀라.

풀이
$$A=\cup\{A_q : q\in\mathbf{Q},\ q>\sqrt{2}\}=(\sqrt{2}, \infty)$$

는 $\mathscr{T}$의 원소의 합집합임을 알 수 있다 $\sqrt{2}$는 무리수인 까닭에 $A\notin\mathscr{T}$이다. 따라서 $[\mathrm{O}_2]$를 만족하지 않으므로 $\mathbf{R}$상의 위상이 아니다.

3. $\mathscr{T}$를 네 개의 집합으로 구성되는 위상, 즉 A와 B를 X의 공이 아니고 서로 상이한 진부분집합이라 할 때

$$\mathscr{T}=\{X, \phi, A, B\}$$

라고 하자. $\mathscr{T}$가 X상의 위상이기 위해서는 A와 B는 어떠한 조건을 만족해야 하는가?

풀이 $A\cap B$는 또한 $\mathscr{T}$에 속해야 하므로 다음과 같은 두 가지 가능성이 존재한다. 즉,

경우 1 : $A\cap B=\phi$

이 경우 $A\cup B$는 A 또는 B일 수가 없다. 따라서 $A\cup B=X$이므로 집합족 $\{A, B\}$는 X의 분할이다.

경우 2 : $A\cap B=A$ 또는 $A\cap B=B$

어느 경우에서나 이 집합 중의 하나는 다른 집합의 부분집합이고 $\mathscr{T}$의 원소는 포함관

계에 의하여 완전순서, 즉 $\phi \subset A \subset B \subset X$ 또는 $\phi \subset B \subset A \subset X$이다.

4. $X = \{a, b, c\}$ 상에서 반드시 네 개의 원소만으로 이루어지는 모든 위상을 나열하여라.

풀이 네 개의 원소를 갖는 각 위상 $\mathscr{T}$는 A와 B를 앞 문제의 경우 1 또는 경우 2에 대응시킬 때 형식 $\mathscr{T} = \{X, \phi, A, B\}$이다.

경우 1 : $\{A, B\}$는 X의 분할이다.

이 경우의 위상은 다음과 같다.

$$\mathscr{T}_1 = \{X, \phi, \{a\}, \{b, c\}\},\ \mathscr{T}_2 = \{X, \phi, \{b\}, \{a, c\}\}$$
$$\mathscr{T}_3 = \{X, \phi, \{c\}, \{a, b\}\}$$

경우 2 : $\mathscr{T}$의 원소는 포함관계에 의한 완전순서이다.

이 경우의 위상은 다음과 같다.

$$\mathscr{T}_4 = \{X, \phi, \{a\}, \{a, b\}\} \qquad \mathscr{T}_7 = \{X, \phi, \{b\}, \{a, b\}\}$$
$$\mathscr{T}_5 = \{X, \phi, \{a\}, \{a, c\}\} \qquad \mathscr{T}_8 = \{X, \phi, \{c\}, \{a, c\}\}$$
$$\mathscr{T}_6 = \{X, \phi, \{b\}, \{b, c\}\} \qquad \mathscr{T}_9 = \{X, \phi, \{c\}, \{b, c\}\}$$

5. $f : X \longrightarrow Y$를 공이 아닌 집합 X에서 위상공간 $(Y, \mathscr{U})$로의 함수라고 하자. 또한 $\mathscr{T}$를 Y의 열린부분집합의 f에 의한 역상의 집합족이라 하자. 즉

$$\mathscr{T} = \{f^{-1}[G] : G \in \mathscr{U}\}$$

$\mathscr{T}$는 X상의 위상임을 밝혀라.

풀이 $\mathscr{U}$는 위상인 까닭에 $Y, \phi \in \mathscr{U}$이다. 그러나 $X = f^{-1}[Y]$이고 $\phi = f^{-1}[\phi]$이므로 $X, \phi \in \mathscr{T}$이고 $\mathscr{T}$는 $[\mathrm{O}_1]$을 만족한다.

$\{A_i\}$을 $\mathscr{T}$에 속하는 집합족이라 하자. 정의에 의하여 $A_i = f^{-1}[G_i]$로 되는 $G_i \in \mathscr{U}$가 존재한다. 따라서

$$\cup_i A_i = \cup_i f^{-1}[G_i] = f^{-1}[\cup_i G_i].$$

$\mathscr{U}$는 위상인 까닭에 $\cup_i G_i \in \mathscr{U}$, 따라서 $\cup_i A_i \in \mathscr{T}$이고 $\mathscr{T}$는 $[\mathrm{O}_2]$를 만족한다.

마지막으로 $A_1, A_2 \in \mathscr{T}$라고 하면, $G_1, G_2 \in \mathscr{U}$가 존재해서

$$A_1 = f^{-1}[G_1],\ A_2 = f^{-1}[G_2].$$

그런데

$$A_1 \cap A_2 = f^{-1}[G_1] \cap f^{-1}[G_2] = f^{-1}[G_1 \cap G_2]$$

이고, $G_1 \cap G_2 \in \mathscr{U}$이므로 $A_1 \cap A_2 \in \mathscr{T}$이고 $[\mathrm{O}_3]$는 또한 만족된다.

6. 집합 X상의 위상 $\mathscr{T}$에 대한 둘째 공리를 생각하자.

$[\mathrm{O}_2]$ $\mathscr{T}$에 속하는 임의의 개수의 합집합은 $\mathscr{T}$에 속한다.

$[\mathrm{O}_2]$는 다음 더욱 약한 공리로 대치할 수 있음을 밝혀라.

$[\mathrm{O}_2{}']$ $\mathscr{T} \setminus \{X, \phi\}$에 속하는 집합의 임의개의 합집합은 $\mathscr{T}$에 속한다.

다시 말해서 공리 $[\mathrm{O}_1]$, $[\mathrm{O}_2{}']$와 $[\mathrm{O}_3]$는 공리 $[\mathrm{O}_1]$, $[\mathrm{O}_2]$와 $[\mathrm{O}_3]$와 동치임을 밝혀라.

풀이 $\mathscr{T}$를 $[\mathrm{O}_1]$, $[\mathrm{O}_2{}']$와 $[\mathrm{O}_3]$를 만족하는 X의 부분집합족이라 하고 $\mathscr{A}$를 $\mathscr{T}$의 부분족이라 하면 $\mathscr{T}$는 또한 $[\mathrm{O}_2]$를 만족한다. 즉, $\cup\{E : E \in \mathscr{A}\} \in \mathscr{T}$임을 밝히고자 한다.

경우 1 : $X \in \mathscr{A}$

이 경우 $\cup\{E : E \in \mathscr{A}\} = X$이고 따라서 $[\mathrm{O}_1]$에 의하여 $\mathscr{T}$에 속한다.

경우 2 : $X \notin \mathscr{A}$

이 경우 $\cup\{E : E \in \mathscr{A}\} = \cup\{E : E \in \mathscr{A} \setminus \{X\}\}$

그러나 공집합 ϕ는 임의의 원소의 합집합에 들어가 있지 않으므로

$$\cup\{E : E \in \mathscr{A}\} = \cup\{E : E \in \mathscr{A} \setminus \{X\}\} = \cup\{E : E \in \mathscr{A} \setminus \{X, \phi\}\} \tag{1}$$

$\mathscr{A}$는 $\mathscr{T}$의 부분족인 까닭에 $\mathscr{A} \setminus \{X, \phi\}$는 $\mathscr{T} \setminus \{X, \phi\}$의 부분족이다. 따라서 $[\mathrm{O}_2{}']$에 의하여 (1)의 합집합은 $\mathscr{T}$에 속한다.

7. A를 위상공간 X의 부분집합이라 하자. 각 점 $p \in A$에 대해서 A에 포함되고 p를 포함하는 열린집합 G_p가 존재하면 A는 열린집합임을 증명하여라.

풀이 각 점 $p \in A$에 대해서 $p \in G_p \subset A$이다. 따라서 $\cup\{G_p : p \in A\} = A$이고, 따라서 A는 열린 집합의 합집합이고 $[\mathrm{O}_2]$에 의하여 열린집합이다.

8. X의 부분집합족 $\mathscr{T}$가 포함관계에 의하여 완전순서를 이룬다 하자. $\mathscr{T}$는 $[\mathrm{O}_3]$를 만족한다. 즉 $\mathscr{T}$의 임의의 두 원소의 공통부분은 $\mathscr{T}$에 속함을 밝혀라.

풀이 $A, B \in \mathscr{T}$라고 하자. $\mathscr{T}$는 집합의 포함관계에 의한 완전순서인 까닭에

$$A \cap B = A \text{ 또는 } A \cap B = B.$$

어느 경우에서나 $A \cap B \in \mathscr{T}$이므로 $\mathscr{T}$는 $[\mathrm{O}_3]$를 만족한다.

9. $\mathscr{T}$를 $\mathbf{R}$, ϕ와 $a \in \mathbf{R}$일 때 무한열린 구간 $E_a = (a, \infty)$로 이루어지는 $\mathbf{R}$의 부분족이라 하면 $\mathscr{T}$는 $\mathbf{R}$상의 위상임을 밝혀라.

풀이 $\mathbf{R}$과 ϕ는 $\mathscr{T}$에 속하는 까닭에 $\mathscr{T}$는 $[\mathrm{O}_1]$을 만족한다. $\mathscr{T}$가 집합의 포함관계에 의하여 완전순

서를 이룸을 생각하면 $\mathscr{T}$는 $[O_3]$를 만족한다.

이제 $\mathscr{A}$를 $\mathscr{T} \setminus \{\mathbf{R}, \phi\}$의 부분족이라 하자. 즉 $\mathscr{A}=\{E_i : i\in I\}$이고, I는 실수의 어떤 집합이라 하자. $\cup_i E_i$가 $\mathscr{T}$에 속함을 밝히고자 한다. 만일에 I가 아래로 유계가 아니면, 즉 $\inf(I)=-\infty$이면 $\cup_i E_i=\mathbf{R}$이다. 만일에 I가 아래로 유계하면, 즉 $\inf(I)=i_0$이면 $\cup_i E_i=(i_0, \infty)=E_{i_0}$이다. 어느 경우에서나 $\cup_i E_i\in\mathscr{T}$이고, $\mathscr{T}$는 $[O_2']$를 만족한다.

10. $\mathscr{T}$를 ϕ과 $n\in\mathbf{N}$에 대해서 형식 $E_n=\{n, n+1, n+2, \cdots]$인 $\mathbf{N}$의 모든 부분집합으로 이루어지는 $\mathbf{N}$의 부분집합족이라 하자.

(i) $\mathscr{T}$는 $\mathbf{N}$상의 위상임을 밝혀라.

(ii) 양의 정수 6을 포함하는 열린집합을 모두 구하여라.

풀이 (i) ϕ과 $E_1=\{1, 2, 3, \cdots\}=\mathbf{N}$은 $\mathscr{T}$에 속하는 까닭에 $\mathscr{T}$는 $[O_1]$을 만족한다. 또한 $\mathscr{T}$는 집합의 포함관계에 의하여 완전순서인 까닭에 $\mathscr{T}$는 또한 $[O_3]$를 만족한다.

이제 $\mathscr{A}$를 $\mathscr{T}\setminus\{\mathbf{N}, \phi\}$의 부분족이라 하자. 즉, I가 양의 정수의 어떤 집합일 때 $\mathscr{A}=\{E_n : n\in I\}$라고 하자. I는 최소인 양의 정수 n_0을 포함하고,

$$\cup\{E_n : n\in I\}=\{n_0, n_0+1, n_0+2, \cdots\}=E_{n_0}$$

이고, 이것은 $\mathscr{T}$에 속함에 유의하면 $\mathscr{T}$는 $[O_2']$를 만족하고 따라서 $\mathscr{T}$는 $\mathbf{N}$상의 위상이다.

(ii) 공이 아닌 열린집합은 $n\in\mathbf{N}$일 때 형식,

$$E_n=\{n, n+1, n+2, \cdots\}$$

이므로 양의 정수 6을 포함하는 열린집합은 다음과 같다.

$$E_1=\mathbf{N}=\{1, 2, 3, \cdots\} \qquad E_4=\{4, 5, 6, \cdots\}$$
$$E_2=\{2, 3, 4, \cdots\} \qquad E_5=\{5, 6, 7, \cdots\}$$
$$E_3=\{3, 4, 5, \cdots\} \qquad E_6=\{6, 7, 8, \cdots\}$$

• 집적점, 유도집합

11. 문제 10에서와 같이 $\mathscr{T}$를 ϕ과 $n\in\mathbf{N}$에 대해서 형식 $E_n=\{n, n+1, n+2, \cdots\}$인 $\mathbf{N}$의 모든 부분집합으로 이루어진 $\mathbf{N}$상의 위상이라 하자.

(i) 집합 $A=\{4, 13, 28, 37\}$의 집적점을 구하여라.

(ii) $E'=\mathbf{N}$로 되는 $\mathbf{N}$의 부분집합 E를 구하여라.

풀이 (i) 임의의 점 $p \in \mathbf{N}$를 포함하는 열린집합은 $i \le p$일 때 집합 E_i이다. $n_0 \le 36$일 때 n_0를 포함하는 모든 열린집합 E_i는 또한 n_0와 상이한 $37 \in A$를 포함한다. 따라서 $n_0 \le 36$은 A의 집적점이다. 한편으로 $n_0 > 36$이면 열린집합 $E_{n_0} = \{n_0, n_0+1, n_0+2, \cdots\}$는 A의 점을 포함하지 않는다. 따라서 $n_0 > 36$는 A의 집적점이 아니다. 따라서 A의 유도집합은

$$A' = \{1, 2, 3, \cdots, 34, 35, 36\}.$$

(ii) 만일에 E가 $\mathbf{N}$의 무한집합이면 E는 위로 유한하지 않다. 따라서 임의의 점 $p \in \mathbf{N}$을 포함하는 모든 열린집합은 p 이외의 E의 점을 포함한다. 따라서 $E' \in \mathbf{N}$이다.
한편으로 E가 유한이면 E는 위로 유계하고 예컨대 $n_0 \in \mathbf{N}$인 최대원소를 갖는다. 이 경우 열린집합 E_{n_0+1}은 E의 점을 포함하지 않는다. 따라서 $n_0+1 \in \mathbf{N}$은 E의 집적점이 아니므로 $E' \ne \mathbf{N}$이다.

12. A를 위상공간 $(X, \mathscr{T})$의 부분집합이라 하자. 어느 경우에 점 $p \in X$는 A의 집적점이 될 수 없는가?

풀이 $p \in X$는 p의 모든 열린 근방이 p 이외의 A의 점을 포함할 때 A의 집적점이다. 즉 $p \in G$이고 $G \in \mathscr{T}$이면

$$(G \setminus \{p\}) \cap A \ne \phi$$

인 경우이다. 따라서 p가 A의 집적점이 아닌 조건은 열린집합 G가 존재해서

$$p \in G\text{이고 } (G \setminus \{p\}) \cap A = \phi$$

같은 뜻으로

$$p \in G\text{이고 } G \cap A = \phi \text{ 또는 } G \cap A = \{p\},$$

또는 마찬가지로

$$p \in G\text{이고 } G \cap A \subset \{p\}$$

를 만족하는 경우이다.

13. A를 이산위상공간 X의 임의의 부분집합이라 하자. A의 유도집합 A'는 공집합임을 밝혀라.

풀이 p를 X에 속하는 임의의 점이라 하자. 이산공간의 모든 부분집합이 열린집합임을 생각하자. 따라서 특히 한 원소집합 $G = \{p\}$는 X의 열린부분집합이다. 그러나

$$p \in G\text{이고 } G \cap A = (\{p\} \cap A) \subset \{p\}$$

이다. 따라서 위 문제에 의하여 모든 $p \in X$에 대해서 $p \notin A'$, 즉 $A' = \phi$.

14. $X = \{a, b, c, d, e\}$상의 위상

$$\mathscr{T} = \{X, \ \phi, \ \{a\}, \ \{a, b\}, \ \{a, c, d\}, \ \{a, b, c, d\}, \ \{a, b, e\}\}$$

를 생각하자. (i) $A = \{c, d, e\}$와 (ii) $B = \{b\}$의 유도집합을 결정하여라.

풀이 (i) $\{a, b\}$와 $\{a, b, e\}$는 X의 열린부분집합이고, 또한

$$a, b \in \{a, b\} \text{이고 } \{a, b\} \cap A = \phi$$
$$e \in \{a, b, e\} \text{이고 } \{a, b, e\} \cap A = \{e\}$$

임에 유의하자. 따라서 a, b와 e는 A의 집적점이 아니다. 한편으로 X에 속하는 모든 다른 점 c, d는 c, d를 포함하는 모든 열린집합이 c, d와 상이한 A의 점을 포함하는 까닭에 A의 집적점이다. 따라서 $A' = \{c, d\}$이다.

(ii) $\{a\}$, $\{a, b\}$와 $\{a, c, d\}$는 X의 열린부분집합이고, 또한

$$a \in \{a\} \text{이고 } \{a\} \cap B = \phi$$
$$b \in \{a, b\} \text{이고 } \{a, b\} \cap B = \{b\}$$
$$c, d \in \{a, c, d\} \text{이고 } \{a, c, d\} \cap B = \phi$$

임에 유의하면, a, b, c와 d는 $B = \{b\}$의 집적점이 아니다. 그러나 e는 e를 포함하는 열린집합이 $\{a, b, e\}$와 X이고 각각은 e와 상이한 점 $b \in B$를 포함하는 까닭에 B의 집적점이다. 따라서 $B' = \{e\}$이다.

15. A가 B의 부분집합이면 A의 모든 집적점은 또한 B의 집적점이다. 즉, $A \subset B$이면 $A' \subset B'$임을 증명하여라.

풀이 p를 포함하는 모든 열린집합 G에 대해서 $(G \setminus \{p\}) \cap A \neq \phi$이면 $p \in A'$임을 상기하자. 그런데 $B \supset A$인 까닭에

$$(G \setminus \{p\}) \cap B \supset (G \setminus \{p\}) \cap A \neq \phi$$

따라서 $p \in A'$이면 $p \in B'$, 즉 $A' \subset B'$이다.

16. $\mathscr{T}_1$과 $\mathscr{T}_2$가 $\mathscr{T}_1 \subset \mathscr{T}_2$를 만족하는 X상의 위상이라 하자. 즉, X의 모든 $\mathscr{T}_1$-열린부분집합은 또한 X의 $\mathscr{T}_2$-열린부분집합이고, 또한 A를 X의 임의의 부분집합이라 하자.

(i) A의 모든 $\mathscr{T}_2$-집적점은 또한 A의 $\mathscr{T}_1$-집적점임을 밝혀라.

(ii) $\mathscr{T}_1$-집적점이 $\mathscr{T}_2$-집적점이 아닌 공간을 구성하여라.

풀이 (i) p를 A의 $\mathscr{T}_2$-집적점이라 하자. 즉, $p \in G$인 모든 $G \in \mathscr{T}_2$에 대해서 $(G \setminus \{p\}) \cap A \neq \phi$

라 하자. 그러나 $\mathscr{T}_1 \subset \mathscr{T}_2$이므로 특히 $p \in G$인 모든 $G \in \mathscr{T}_1$에 대해서 $(G \setminus \{p\}) \cap A \neq \phi$이다. 따라서 p는 A의 $\mathscr{T}_1$-집적점이다.

(ii) $\mathbf{R}$상의 보통위상 $\mathscr{U}$와 이산위상 $\mathscr{D}$를 생각하자. $\mathscr{D}$는 $\mathbf{R}$의 모든 부분집합을 포함하는 까닭에 $\mathscr{U} \subset \mathscr{D}$이다. 문제 13에 의하여 0은 A'가 공집합인 까닭에 집합 $A = \left\{1, \frac{1}{2}, \frac{1}{3}, \cdots\right\}$의 $\mathscr{D}$-집적점이 아니다. 그러나 0은 $\mathbf{R}$상의 보통위상에 관한 A의 집적점이다.

17. A와 B를 위상공간 $(X, \mathscr{T})$의 부분집합이라 하면, $(A \cup B)' = A' \cup B'$임을 증명하여라.

풀이 문제 15의 결과를 사용하면

$$A \subset A \cup B \text{이면 } A' \subset (A \cup B)'$$
$$B \subset A \cup B \text{이면 } B' \subset (A \cup B)'.$$

따라서 $A' \cup B' \subset (A \cup B)'$이므로 $(A \cup B)' \subset A' \cup B'$만을 증명하면 된다.
$p \notin A' \cup B'$이라 가정하면 $G, H \in \mathscr{T}$가 존재해서

$$p \in G, \ \ G \cap A \subset \{p\}, \qquad p \in H, \ \ H \cap B \subset \{p\}$$

이다. 그런데

$$G \cap H \in \mathscr{T}, \ \ p \in G \cap H$$

이고

$$(G \cap H) \cap (A \cup B) = (G \cap H \cap A) \cup (G \cap H \cap B)$$
$$\subset (G \cap A) \cup (H \cap B) \subset \{p\} \cup \{p\} = \{p\}$$

이다. 따라서 $p \notin (A \cup B)'$이므로 $(A \cup B)' \subset (A' \cup B')$.

• 닫힌집합, 폐포연산, 조밀집합

18. $X = \{a, b, c, d, e\}$상의 다음 위상을 생각하자.

$$\mathscr{T} = \{X, \ \phi, \ \{a\}, \ \{a, b\}, \ \{a, c, d\}, \ \{a, b, c, d\}, \ \{a, b, e\}\}$$

(i) X의 닫힌부분집합을 구하여라.
(ii) 집합 $\{a\}$, $\{b\}$와 $\{c, e\}$의 폐포를 구하여라.

(iii) (ii)에 있어서 어느 집합이 X에서 조밀한가?

풀이 (i) 임의의 집합은 그 집합의 여집합이 열린집합일 때 닫힌집합이다. 따라서 $\mathscr{T}$에 속하는 각 집합의 여집합은 다음과 같다.

$$\phi,\ X,\ \{b, c, d, e\},\ \{c, d, e\},\ \{b, e\},\ \{e\},\ \{c, d\}$$

(ii) 임의의 집합 A의 폐포 $\overline{A}$는 A의 모든 포함닫힌집합의 공통부분이다. $\{a\}$의 유일한 포함닫힌집합은 X이다. $\{b\}$의 포함닫힌집합은 $\{b, e\}$, $\{b, c, d, e\}$와 X이고 $\{c, e\}$의 포함닫힌집합은 $\{c, d, e\}$, $\{b, c, d, e\}$와 X이다. 따라서

$$\{\overline{a}\}=X,\ \{\overline{b}\}=\{b, e\},\ \{\overline{c, e}\}=\{c, d, e\}.$$

(iii) 집합 A는 $\overline{A}=X$일 때 X에서 조밀하다. 따라서 $\{a\}$는 유일한 조밀집합이다.

19. 문제 10에서와 같이 $\mathscr{T}$를 ϕ와 $n \in \mathbf{N}$에 대해서 형식 $E_n=\{n, n+1, n+2, \cdots\}$인 $\mathbf{N}$의 모든 부분집합으로 이루어진 $\mathbf{N}$상의 위상이라 하자.

(i) $(\mathbf{N}, \mathscr{T})$의 닫힌부분집합을 구하여라.

(ii) 집합 $\{7, 24, 47, 85\}$와 $\{3, 6, 9, 12\}$의 폐포를 구하여라.

(iii) $\mathbf{N}$에서 조밀한 $\mathbf{N}$의 부분집합을 구하여라.

풀이 (i) 임의의 집합이 닫힌집합이기 위한 필요충분조건은 그 여집합이 열린집합인 것이다. 따라서 $\mathbf{N}$의 닫힌부분집합은 다음과 같다.

$$\mathbf{N},\ \phi,\ \{1\},\ \{1, 2\},\ \{1, 2, 3\},\ \cdots,\ \{1, 2, \cdots, m\},\ \cdots$$

(ii) 집합의 폐포는 최소의 포함닫힌집합이다. 따라서

$$\overline{\{7, 24, 47, 85\}}=\{1, 2, \cdots, 84, 85\},\ \overline{\{3, 6, 9, 12, \cdots\}}=\{1, 2, 3, \cdots\}=\mathbf{N}$$

(iii) $\mathbf{N}$의 부분집합 A가 무한, 즉 비유계하면 $\overline{A}=\mathbf{N}$, 즉 A는 $\mathbf{N}$에서 조밀하다. A가 유한이면 그 폐포는 $\mathbf{N}$이 아니다. 즉, A는 $\mathbf{N}$에서 조밀한 곳이 없다.

20. $\mathscr{T}$를 $\mathbf{R}$, ϕ와 $a \in \mathbf{R}$에 대해서 모든 열린무한구간 $E_a=(a, \infty)$로 이루어진 $\mathbf{R}$상의 위상이라 하자.

(i) $(\mathbf{R}, \mathscr{T})$의 닫힌부분집합을 결정하여라.

(ii) 집합 $[3, 7)$, $\{7, 24, 47, 85\}$와 $\{3, 6, 9, 12, \cdots\}$의 폐포를 구하여라.

풀이 (i) 임의의 집합은 그 여집합이 열린집합일 때 한해서 닫힌집합이다. 따라서 $(\mathbf{R}, \mathscr{T})$의 닫힌부분집합은 ϕ, $\mathbf{R}$와 모든 닫힌무한구간 $E_a^c=(-\infty, a]$이다.

(ii) 집합의 폐포는 최소의 포함닫힌집합이다. 따라서

$$\overline{[3,\ 7)} = [-\infty,\ 7],\ \ \overline{\{7,\ 24,\ 47,\ 85\}} = (-\infty,\ 85],$$
$$\overline{\{3,\ 6,\ 9,\ 12,\ \cdots\}} = (-\infty,\ \infty) = \mathbf{R}.$$

21. X를 이산위상공간이라 하자.

(i) X의 임의의 부분집합 A의 폐포를 구하여라.

(ii) X의 조밀부분집합을 구하여라.

풀이 (i) 이산공간 X에 있어서 임의의 $A \subset X$는 닫힌집합이므로 $\overline{A} = A$이다.

(ii) A는 $\overline{A} = X$일 때 X에 있어서 조밀하다. 그러나 $\overline{A} = A$이므로 X 자신이 유일한 조밀부분집합이다.

22. X를 밀착공간이라 하자.

(i) X의 닫힌부분집합을 결정하여라.

(ii) X의 임의의 부분집합 A의 폐포를 구하여라.

(iii) X의 조밀부분집합을 결정하여라.

풀이 (i) 밀착공간 X의 유일한 열린부분집합은 X와 ϕ이므로 X의 닫힌부분집합은 또한 X와 ϕ이다.

(ii) $A = \phi$이면 $\overline{A} = \phi$이다. $\overline{A} = \phi$이면 X는 A의 유일한 포함닫힌집합이다. 따라서 $\overline{A} = X$이다. 즉, 임의의 $A \subset X$에 대해서,

$$\overline{A} = \begin{cases} \phi & (A = \phi\text{일 때}) \\ X & (A \neq \phi\text{일 때}) \end{cases}$$

(iii) $A \subset X$는 $\overline{A} = X$일 때 한해서 X에서 조밀하다. 따라서 ϕ가 아닌 X의 모든 부분집합은 X에서 조밀하다.

23. (정리 5-4) 위상공간 X의 부분집합 A가 닫힌집합이기 위한 필요충분조건은 A가 모든 집적점을 포함, 즉 $A' \subset A$로 됨을 증명하여라.

풀이 A를 닫힌집합이라 가정하고 $p \not\in A$, 즉 $p \in A^c$라고 하자. 닫힌집합의 여집합 A^c는 열린집합이다. 따라서 A^c는 $p \in A^c$이고 $A^c \cap A = \phi$를 만족하는 열린집합이므로 $p \not\in A'$이다. 따라서 A가 닫힌집합일 때 $A' \subset A$이다.

역으로 $A' \subset A$라 가정하고 A^c는 열린집합임을 밝힌다. $p \in A^c$라면 $p \not\in A'$이므로 열린집합 G가 존재해서

$$p \in G\text{이고 } (G \setminus \{p\}) \cap A = \phi$$

이다. 그러나 $p \not\in A$이므로 $G \cap A = (G \setminus \{p\}) \cap A = \phi$.

따라서 $G \subset A^c$이므로 p는 A^c의 내점이고, 따라서 A^c는 열린집합이다.

24. 만일에 F가 임의의 집합 A의 포함닫힌집합이면 $A' \subset F$임을 증명하여라.

풀이 문제 15에 의하여 $A \subset F$이면 $A' \subset F'$이다. 그러나 F는 닫힌집합인 까닭에 정리 5-4에 의하여 $A' \subset F$이다. 따라서 $A' \subset F' \subset F$이고, 이것은 $A' \subset F$임을 뜻한다.

25. $A \cup A'$는 닫힌집합임을 증명하여라.

풀이 $p \in (A \cup A')^c$라고 하자. $p \notin A'$인 까닭에 열린집합 G가 존재해서

$$p \in G \text{이고 } G \cap A = \phi \text{ 또는 } \{p\}$$

을 만족한다. 그러나 $p \notin A$인 까닭에 $G \cap A = \phi$이다. 또한 $G \cap A' = \phi$이다. 왜냐하면 $g \in G$라 하면 G를 열린집합이라 할 때

$$g \in G \text{이고 } G \cap A = \phi$$

이다. 따라서 $g \notin A'$이고 $G \cap A' = \phi$인 까닭이다. 따라서

$$G \cap (A \cup A') = (G \cap A) \cup (G \cap A') = \phi \cup \phi = \phi$$

이므로 $G \subset (A \cup A')^c$이다. 그러므로 p는 $(A \cup A')^c$의 내점이고, 따라서 열린집합이므로 $A \cup A'$는 닫힌집합이다.

26. (정리 5-6) $\overline{A} = A \cup A'$임을 증명하여라.

풀이 $A \subset \overline{A}$이고 $\overline{A}$는 닫힌집합이므로 $A' \subset (\overline{A})' \subset \overline{A}$이고 따라서 $A \cup A' \subset \overline{A}$이다. 역으로 $A \cup A'$는 A를 포함하는 닫힌집합이므로 $A \subset \overline{A} \subset A \cup A'$, 따라서 $\overline{A} = A \cup A'$이다.

27. $A \subset B$이면 $\overline{A} \subset \overline{B}$ 임을 증명하여라.

풀이 $A \subset B$이면 문제 15에 의하여 $A' \subset B'$이다. 따라서 $A \cup A' \subset B \cup B'$, 즉 앞 문제의 결과에 의하여 $\overline{A} \subset \overline{B}$이다.

28. $\overline{A \cup B} = \overline{A} \cup \overline{B}$ 임을 증명하여라.

풀이 앞 문제의 결과를 이용하면 $\overline{A} \subset \overline{A \cup B}$이고 $\overline{B} \subset \overline{A \cup B}$이다. 따라서 $(\overline{A} \cup \overline{B}) \subset \overline{A \cup B}$이다. 그러나 이것은 두 닫힌집합의 합집합이기 때문에 $(A \cup B) \subset (\overline{A} \cup \overline{B})$이고, 닫힌집합이다. 이 경우 (명제 5-5) $(A \cup B) \subset \overline{A \cup B} \subset (\overline{A} \cup \overline{B})$이고, 따라서 $\overline{A \cup B} = \overline{A} \cup \overline{B}$이다.

29. (명제 5-7) (i) $\overline{\phi}=\phi$ (ii) $A\subset\overline{A}$ (iii) $\overline{A\cup B}=\overline{A}\cup\overline{B}$ (iv) $(A^-)^-=A^-$ 임을 증명하여라.

풀이 (i)과 (iv) : ϕ와 $\overline{A}$는 닫힌집합이므로 이들의 폐포는 자기 자신과 같다. (ii) $A\subset A\cup A'=\overline{A}$ (문제 26) (iii) 앞 문제이다.

• 내부, 외부, 경계

30. $X=\{a, b, c, d, e\}$상의 다음 위상을 생각하자.

$$\mathscr{T}=\{X,\ \phi,\ \{a\},\ \{a, b\},\ \{a, c, d\},\ \{a, b, c, d\},\ \{a, b, e\}\}$$

(i) X의 부분집합 $A=\{a, b, c\}$의 내부를 구하여라.

(ii) A의 외부를 구하여라.

(iii) A의 경계를 구하여라.

풀이 (i) 점 a와 b는 $\{a, b\}$를 열린집합이라 할 때

$$a,\ b\in\{a, b\}\subset A=\{a, b, c\}$$

이며, 각각은 A에 포함되는 열린집합에 속하는 까닭에 A의 내점이다. c는 A에 포함되는 임의의 열린집합에 속하지 않기 때문에 c는 A의 내점이 아니다. 따라서 $\text{int}(A)=\{a, b\}$는 A의 내부이다.

(ii) A의 여집합은 $A^c=\{d,e\}$이다. d 또한 e가 $A^c=\{d,e\}$의 임의의 열린부분집합에도 속하지 않기 때문에 d와 e는 모두 A^c의 내점이 아니다. 따라서 $\text{int}(A^c)=\phi$, 즉 A의 외점은 없다.

(iii) A의 경계 $\text{b}(A)$는 A의 내부나 외부에도 속하지 않는 점을 포함하므로 $\text{b}(A)$는 $\{c, d, e\}$이다($\text{b}(A)=X\setminus\text{int}(A)\setminus\text{ext}(A)$).

31. (명제 5-8)을 증명하여라. 즉 집합 A의 내부는 A의 모든 열린부분집합의 합집합이다. 또한 내부는 다음 성질을 만족한다.

(i) A°는 열린집합이고,

(ii) A°는 A의 최대의 열린부분집합, 즉 G가 A의 열린부분집합이면 $G\subset A^\circ\subset A$이다.

(iii) A가 열린집합 $\Longleftrightarrow A=A^\circ$

풀이 $\{G_i\}$를 A의 모든 열린부분족이라 하자. $x\in A^\circ$이라 하면 x는 A의 열린부분집합에 속한다. 즉

$$i_0\text{가 존재해서 } x \in G_{i_0}$$

이다. 따라서 $x \in \cup_i G_i$이므로 $A^\circ \subset \cup_i G_i$이다. 한편으로 $y \in \cup_i G_i$이라 하면 어떤 i_0에 대해서 $y \in G_{i_0}$이다. 따라서 $y \in A^\circ$이고 $\cup_i G_i \subset A^\circ$이다. 따라서 $A^\circ = \cup_i G_i$이다.

(i) $A^\circ = \cup_i G_i$는 열린집합의 합집합이므로 열린집합이다.

(ii) G가 A의 열린부분집합이면 $G \in \{G_i\}$이다. 따라서 $G \subset \cup_i G_i = A^\circ \subset A$

(iii) A가 열린집합이면 $A \subset A^\circ \subset A$, 즉 $A = A^\circ$이다. 만일에 $A = A^\circ$이면 A는 A°가 열린집합인 까닭에 열린집합이다.

32. A를 밀착공간 X의 공집합이 아닌 진부분집합이라 하자. A의 내부, 외부와 경계를 구하여라.

풀이 X와 ϕ은 X의 유일한 열린부분집합이다. $X \neq A$인 까닭에 ϕ은 A의 유일한 열린부분집합이다. 따라서 $\text{int}(A) = \phi$이다. 같은 방법으로 $\text{ext}(A) = \text{int}(A^c) = \phi$, 즉 A의 외부는 공집합이다. 그러므로 $\text{b}(A) = X$이다.

33. $\mathscr{T}$를 $\mathbf{R}$, ϕ와 $a \in \mathbf{R}$에 대해서 모든 무한열린 구간 $E_a = (a, \infty)$로 이루어진 $\mathbf{R}$상의 위상이라 하자. 무한닫힌 구간 $A = [7, \infty)$의 내부, 외부와 경계를 구하여라.

풀이 A의 내부는 A의 최대인 열린부분집합이므로 $\text{int}(A) = (7, \infty)$이다. $A^c = (-\infty, 7)$은 ϕ를 제외하고서 열린집합을 포함하지 않으므로 $\text{int}(A^c) = \text{ext}(A) = \phi$이다. 경계는 $\text{int}(A)$와 $\text{ext}(A)$에 속하지 않는 점으로 이루어지므로 $\text{b}(A) = (-\infty, 7]$이다.

34. (정리 5-9) $\overline{A} = \text{int}(A) \cup \text{b}(A)$임을 증명하여라.

풀이 $X = \text{int}(A) \cup \text{b}(A) \cup \text{ext}(A)$이고, $(\text{int}(A) \cup \text{b}(A))^c = \text{ext}(A)$인 까닭에 $(\overline{A})^c = \text{ext}(A)$임을 밝히면 충분하다.

$p \in \text{ext}(A)$라고 하면, 열린집합 G가 존재해서

$$p \in G \subset A^c\text{이고 이것은 } G \cap A = \phi\text{임을 뜻한다.}$$

따라서 p는 A의 집적점이 아니다. 즉, $p \notin A'$이고 $p \notin A$이다. 따라서 $p \notin A' \cup A = \overline{A}$, 다시 말하자면 $\text{ext}(A) \subset (A)^c$이다.

이제 $p \in (\overline{A})^c = (A \cup A')^c$라 가정하자. 따라서 $p \notin A'$이므로 열린집합 G가 존재해서

$$p \in G\text{이고 } (G \setminus \{p\}) \cap A = \phi$$

이다. 그러나 또한 $p \notin A$이므로 $G \cap A = \phi$이고 $p \in G \subset A^c$이다. 따라서 $p \in \text{ext}(A)$이고, $(\overline{A})^c = \text{ext}(A)$이다.

35. 각 집합에 그 내부를 대응시키는 함수 f, 즉 $f(A)=\mathrm{int}(A)$와 각 집합에 그 폐포를 대응시키는 함수 g, 즉 $g(A)=\overline{A}$와는 교환이 되지 않음을 반례로 밝혀라.

풀이 유리수의 집합 $\mathbf{Q}$를 보통위상을 갖는 $\mathbf{R}$의 부분집합으로 생각하자. $\mathbf{Q}$의 내부가 공집합(예제 5.3)임에 유의하면,

$$(g \circ f)(\mathbf{Q})=g(f(\mathbf{Q}))=g(\mathrm{int}(\mathbf{Q}))=g(\phi)=\overline{\phi}=\phi$$

한편으로 $\overline{\mathbf{Q}}=\mathbf{R}$이고 $\mathbf{R}$의 내부는 $\mathbf{R}$ 자신이다. 따라서

$$(f \circ g)(\mathbf{Q})=f(g(\mathbf{Q}))=f(\overline{\mathbf{Q}})=f(\mathbf{R})=\mathbf{R}$$

따라서 $g \circ f \neq f \circ g$, 즉 f와 g는 교환이 아니다.

• 근방, 근방계

36. $X=\{a, b, c, d, e\}$상의 다음과 같은 위상을 생각하자.

$$\mathscr{T}=\{X, \phi, \{a\}, \{a, b\}, \{a, c, d\}, \{a, b, c, d\}, \{a, b, e\}\}$$

(i) 점 e의 근방계를 구하여라.

(ii) 점 c의 근방계를 구하여라.

풀이 (i) e의 근방은 e를 포함하는 열린집합의 임의의 포함집합이다. e를 포함하는 열린집합은 $\{a, b, e\}$와 X이다. $\{a, b, e\}$의 포함집합은 $\{a, b, e\}$, $\{a, b, c, e\}$, $\{a, b, d, e\}$와 X이다. X의 유일한 포함집합은 X이다. 따라서 e의 근방족, 즉 e의 근방계는

$$\mathscr{N}_e=\{\{a, b, e\}, \{a, b, c, e\}, \{a, b, d, e\}, X\}.$$

(ii) c를 포함하는 열린집합은 $\{a, c, d\}$, $\{a, b, c, d\}$와 X이다. 따라서 c의 근방계는

$$\mathscr{N}_c=\{\{a, c, d\}, \{a, b, c, d\}, \{a, c, d, e\}, X\}.$$

37. 밀착공간 X에 속하는 점 p의 근방계를 결정하여라.

풀이 X와 ϕ는 유일한 X의 열린부분집합이다. 따라서 X는 p를 포함하는 유일한 열린집합이다. 또한 X는 X의 유일한 포함집합이다. 따라서 $\mathscr{N}_p=\{X\}$이다.

38. 점 p의 임의의 두 근방 N과 M의 공통집합 $N \cap M$은 또한 p의 근방임을 증명하여라.

풀이 N과 M은 p의 근방이므로, 열린집합 G, H가 존재해서

$$p \in G \subset N\text{이고 } p \in H \subset M$$

이다. 따라서 $p \in G \cap H \subset N \cap M$이고 $G \cap H$는 열린집합이다. 즉, $N \cap M$은 p의 근방이다.

39. 점 p의 근방 N의 임의의 포함집합 M은 또한 p의 근방임을 증명하여라.

풀이 N은 p의 근방이므로 열린집합 G가 존재해서 $p \in G \subset N$이다. 가정에 의하여 $N \subset M$이므로

$$p \in G \subset N \subset M\text{이고, 이것은 } p \in G \subset M\text{을 뜻한다.}$$

따라서 M은 p의 근방이다.

40. 다음 각 구간은 실직선 $\mathbf{R}$에 관한 보통위상에 관하여 0의 근방인지 아닌지를 결정하여라.

(i) $\left(-\frac{1}{2}, \frac{1}{2}\right]$ (ii) $(-1, 0]$ (iii) $\left[0, \frac{1}{2}\right)$ (iv) $(0, 1]$

풀이 (i) $0 \in \left(-\frac{1}{2}, \frac{1}{2}\right) \subset \left(-\frac{1}{2}, \frac{1}{2}\right]$이고 $\left(-\frac{1}{2}, \frac{1}{2}\right)$은 열린집합이므로, $\left(-\frac{1}{2}, \frac{1}{2}\right]$은 0의 근방이다.

(ii)와 (iii) 0을 포함하는 임의의 $\mathscr{U}$-열린집합 G는 0을 포함하는 열린 구간 (a, b)를 포함한다. 즉, $a < 0 < b$이다. 따라서 G는 0보다 크고 동시에 작은 점을 포함한다. 따라서 $(-1, 0]$와 $\left[0, \frac{1}{2}\right)$은 모두 0의 근방이 아니다.

(iv) 구간 $(0, 1]$은 0조차 포함하지 않는 까닭에 0의 근방이 아니다.

41. 집합 G가 열린집합이 되기 위한 필요충분조건은 G가 G의 모든 점의 근방이 됨을 증명하여라.

풀이 ($\Rightarrow$) G를 열린집합이라고 하면 각 점 $p \in G$는 G에 포함되는 열린집합 G에 속한다 ($p \in G \subset G$). 따라서 G는 각 점 p의 근방이다.

($\Leftarrow$) 역으로 G를 G의 각 점의 근방이라 가정하자. 각 점 $p \in G$에 대해 열린집합 G_p가 존재해서 $p \in G_p \subset G$이다. 따라서 $G = \cup\{G_p : p \in G\}$이고, 이것은 열린집합의 합집합이므로 열린집합이다.

42. (명제 5-10) $\mathscr{N}_p$를 위상공간에 속하는 점 p의 근방계라고 하면 다음이 성립함을 증명하여라.

(i) $\mathscr{N}_p$는 공집합이 아니고 p는 $\mathscr{N}_p$의 각 원소에 속한다.

(ii) $\mathscr{N}_p$의 임의의 두 원소의 공통부분은 $\mathscr{N}_p$에 속한다.

(iii) $\mathcal{N}_p$의 원소의 모든 포함집합은 $\mathcal{N}_p$에 속한다.

(iv) 각 원소 $N \in \mathcal{N}_p$는 G를 G의 모든 점의 근방이라 할 때 원소 $G \in \mathcal{N}_p$의 포함집합이다(즉, $G \subset N$이고 $\forall_g \in G(G \in \mathcal{N}_g)$).

풀이 (i) $N \in \mathcal{N}_p$이면 열린집합 G가 존재해서 $p \in G \subset N$이다. 따라서 $p \in N$, 또한 X는 p를 포함하는 열린집합인 까닭에 $X \in \mathcal{N}_p$이므로 $\mathcal{N}_p \neq \phi$이다.

(ii) 문제 38 참조 (iii) 문제 39 참조

(iv) $N \in \mathcal{N}_p$이라 하면 N은 p의 근방이고, 열린집합 G가 존재해서 $p \in G \subset N$이고 앞 문제에 의하여 $G \in \mathcal{N}_p$이고, G는 G의 모든 점의 근방이다.

• 부분공간, 상대위상

43. $X = \{a, b, c, d, e\}$상의 다음 위상을 생각하자.

$$\mathcal{T} = \{X,\ \phi,\ \{a\},\ \{a, b\},\ \{a, c, d\},\ \{a, b, c, d\},\ \{a, b, e\}\}$$

$A = \{a, c, e\}$의 상대위상 $\mathcal{T}_A$의 원소를 구하여라.

풀이 $\mathcal{T}_A = \{A \cap G : G \in \mathcal{T}\}$이므로 $\mathcal{T}_A$의 원소는

$$A \cap X = A \quad A \cap \{a\} = \{a\} \quad A \cap \{a, c, d\} = \{a, c\} \quad A \cap \{a, b, e\} = \{a, e\}$$
$$A \cap \phi = \phi \quad A \cap \{a, b\} = \{a\} \quad A \cap \{a, b, c, d\} = \{a, c\}$$

다시 말해서 $\mathcal{T}_A = \{A,\ \phi,\ \{a\},\ \{a, c\},\ \{a, e\}\}$이다. $\{a, c\}$는 X에서는 열린집합이 아니나 A의 상대열린집합, 즉 $\mathcal{T}_A$-열린집합임에 주의하여라.

44. 실직선 $\mathbf{R}$상의 보통위상을 생각하자. 양의 정수의 집합 $\mathbf{N}$의 상대위상 $\mathcal{U}_N$을 기술하여라.

풀이 각 양의 정수 $n_0 \in \mathbf{N}$에 대해서

$$\{n_0\} = \mathbf{N} \cap \left(n_0 - \frac{1}{2},\ n_0 + \frac{1}{2}\right) \text{이고 } \left(n_0 - \frac{1}{2},\ n_0 + \frac{1}{2}\right)$$

은 $\mathcal{U}$-열린집합이므로 $\mathbf{N}$의 모든 한 원소부분집합 $\{n_0\}$는 $\mathbf{N}$의 상대열린집합이다. 따라서 $\mathbf{N}$의 모든 부분집합은 한 원소집합의 합집합인 까닭에 $\mathbf{N}$의 상대열린집합이다. 다시 말해서 $\mathcal{U}_N$은 $\mathbf{N}$상의 이산위상이다.

45. A를 $(X,\ \mathcal{T})$의 $\mathcal{T}$-열린부분집합이라 하고 $A \subset Y \subset X$이라 하자. A는 Y의 상대위상에 대한 상대열린집합, 즉 A는 Y의 $\mathcal{T}_Y$-열린부분집합임을 밝혀라.

풀이 $\mathcal{T}_Y = \{Y \cap G : G \in \mathcal{T}\}$이나 $A \subset Y$이고 $A \in \mathcal{T}$이므로 $A = Y \cap A \in \mathcal{T}_Y$이다.

46. 실직선 $\mathbf{R}$상의 보통위상 $\mathscr{U}$를 생각하자. 다음 각 $I=[0, 1]$의 부분집합 I의 상대열린 집합, 즉 $\mathscr{T}_I$-열린집합인지 아닌지를 결정하여라.

(i) $\left(\frac{1}{2}, 1\right]$ (ii) $\left(\frac{1}{2}, \frac{2}{3}\right)$ (iii) $\left(0, \frac{1}{2}\right]$

풀이 (i) $\left(\frac{1}{2}, 1\right]=I\cap\left(\frac{1}{2}, 3\right)$이고 $\left(\frac{1}{2}, 3\right)$은 $\mathbf{R}$에 있어서 열린집합이므로 $\left(\frac{1}{2}, 1\right]$은 I에 관하여 열린집합이다.

(ii) $\left(\frac{1}{2}, \frac{2}{3}\right)$는 $\mathbf{R}$에 있어서 열린집합, 즉 $\left(\frac{1}{2}, \frac{2}{3}\right)\in\mathscr{U}$인 까닭에 앞 문제에 의하여 I에 관하여 열린집합이다. 실제로 $\left(\frac{1}{2}, \frac{2}{3}\right)=I\cap\left(\frac{1}{2}, \frac{2}{3}\right)$

(iii) $\left(0, \frac{1}{2}\right]$은 I와 $\mathbf{R}$의 임의의 $\mathscr{U}$-열린부분집합의 공통집합이 아닌 까닭에 $\mathscr{U}_I$-열린집합이 아니다.

47. A를 위상공간 $(X, \mathscr{T})$의 부분집합이라 하자. 상대위상 $\mathscr{T}_A$는 잘 정의됨을 밝혀라. 다시 말해서 $\mathscr{T}_A=\{A\cap G : G\in\mathscr{T}\}$는 A의 위상임을 밝혀라.

풀이 $\mathscr{T}$는 위상인 까닭에 X와 ϕ은 $\mathscr{T}$에 속한다. 따라서 $A\cap X=A$이고 $A\cap\phi=\phi$은 다같이 $\mathscr{T}_A$에 속하고 따라서 $[\mathrm{O}_1]$을 만족한다.

이제 $\{H_i : i\in I\}$를 $\mathscr{T}_A$의 부분족이라 하자. $\mathscr{T}_A$의 정의에 의하여 각 $i\in I$에 대해서 $\mathscr{T}$-열린집합 G_i가 존재해서 $H_i=A\cap G_i$이다. 합집합에 대한 공통집합의 분배법칙에 의하여

$$\cup_i H_i=\cup_i(A\cap G_i)=A\cap(\cup_i G_i)$$

이다. 그런데 $\cup_i G_i$는 $\mathscr{T}$-열린집합의 합집합이므로 $\cup_i G_i\in\mathscr{T}$이다. 따라서 $\cup_i H_i\in\mathscr{T}_A$이므로, $\mathscr{T}_A$는 $[\mathrm{O}_2]$를 만족한다.

이제 $H_1, H_2\in\mathscr{T}_A$라 가정하면, $G_1, G_2\in\mathscr{T}$가 존재해서 $H_1=A\cap G_1$이고 $H_2=A\cap G_2$를 만족한다. 그러나 $\mathscr{T}$는 위상인 까닭에 $G_1\cap G_2\in\mathscr{T}$이다. 따라서

$$H_1\cap H_2=(A\cap G_1)\cap(A\cap G_2)=A\cap(G_1\cap G_2)$$

는 $\mathscr{T}_A$에 속한다. 따라서 $\mathscr{T}_A$는 $[\mathrm{O}_3]$를 만족하고 A상의 위상이다.

48. $(X, \mathscr{T})$를 $(Y, \mathscr{T}^*)$의 부분공간이라 하고 $(Y, \mathscr{T}^*)$를 $(Z, \mathscr{T}^{**})$의 부분공간이면 $(X, \mathscr{T})$는 또한 $(Z, \mathscr{T}^{**})$의 부분공간임을 밝혀라.

풀이 $\mathscr{T}=\mathscr{T}_X^*$, $\mathscr{T}^*=\mathscr{T}_Y^{**}$이라 하자. $X\subset Y\subset Z$인 까닭에, $(X, \mathscr{T})$는 $(Z, \mathscr{T}^{**})$의 부분공간 $\Longleftrightarrow$ $\mathscr{T}_X^{**}=\mathscr{T}$임을 밝히면 된다. $G\in\mathscr{T}$라고 하자. 이제 $\mathscr{T}_X^*=\mathscr{T}$이므로 $G=X\cap G^*$로 되

는 $G^* \in \mathscr{T}_X^*$가 존재한다. 그러나 $\mathscr{T}^* = \mathscr{T}_Y^{**}$이므로, $G^{**} \in \mathscr{T}^{**}$이 존재해서 $G^* = Y \cap G^{**}$를 만족한다. 따라서,

$$G = X \cap G^* = X \cap Y \cap G^{**} = X \cap G^{**}$$

이다. $X \subset Y$인 까닭에 $G \in \mathscr{T}_X^{**}$이고 따라서 $\mathscr{T} \subset \mathscr{T}_X^{**}$이다.

이제 $G \in \mathscr{T}_X^{**}$, 즉 $G = X \cap H$를 만족하는 $H \in \mathscr{T}^{**}$가 존재한다 가정하자. 그런데 $Y \cap H \in \mathscr{T}_Y^{**} = \mathscr{T}^*$이므로 $X \cap (Y \cap H) \in \mathscr{T}_X^* = \mathscr{T}$이다.

$$X \cap (Y \cap H) = X \cap H = G$$

인 까닭에 $G \in \mathscr{T}$이다. 따라서 $\mathscr{T}_X^{**} \subset \mathscr{T}$이고 정리는 증명되었다.

- 기타 문제

49. $\mathscr{P}(X)$를 멱집합, 즉 공이 아닌 집합 X의 부분족이라 하자. 또한 $k : \mathscr{P}(X) \longrightarrow \mathscr{P}(X)$를 항등사상, 즉 각 $A \subset X$에 대해서 $k(A) = A$라고 하자.

(i) k는 정리 5-12의 쿠라토프스키(Kuratowski)의 폐포공리를 만족함을 밝혀라.

(ii) k에 의하여 유도된 X상의 위상을 결정하여라.

풀이 (i) $k(\phi) = \phi$이므로 $[K_1]$은 만족한다. $k(A \cup B) = A \cup B = k(A) \cup k(B)$이므로 $[K_3]$를 만족한다. $k(A) = A \supset A$이므로 $[K_2]$를 만족한다. $k(k(A)) = k(A)$이므로 $[K_4]$를 만족한다.

(ii) 부분집합 $F \subset X$는 $k(F) = F$일 때 한해서 k에 의해서 유도된 위상에 있어서 닫힌집합이다. 그러나 모든 $A \subset X$에 대해서 $k(A) = A$이므로 모든 집합은 닫힌집합이고 k는 이산위상을 유도한다.

50. $\mathscr{T}$를 실직선 $\mathbf{R}$상의 여유한 위상이라 하고 $\langle a_1, a_2, \cdots \rangle$를 상이한 항을 갖는 $\mathbf{R}$에 있어서의 점렬이라 하자. $\langle a_n \rangle$은 모든 실수 $p \in \mathbf{R}$로 수렴함을 밝혀라.

풀이 G를 $p \in \mathbf{R}$를 포함하는 임의의 열린집합이라 하자. 여유한 위상의 정의에 의하여 G^c는 유한집합이고 따라서, 각 항이 상이한 까닭에 점렬 $\langle a_n \rangle$의 유한개항만을 포함할 수 있다. 따라서 G는 $\langle a_n \rangle$의 거의 모든 항을 포함하고 따라서 $\langle a_n \rangle$은 p로 수렴한다.

51. **T**를 공이 아닌 집합 X상의 모든 위상족이라 하고, 포함관계에 의한 부분순서를 생각하자. **T**는 완비속이다. 즉, **S**를 **T**의 0이 아닌 부분족이라면 sup(S)와 inf(S)가 존재함

을 밝혀라.

풀이 $\mathscr{T}_1 = \cap\{\mathscr{T} : \mathscr{T} \in \mathbf{S}\}$이라 하자. 정리 5-1에 의하여 $\mathscr{T}_1$은 X의 위상이다. 따라서 $\mathscr{T}_1 \in \mathbf{T}$이고

$$\mathscr{T}_1 = \inf(S).$$

이제 **B**를 **S**의 모든 상계족이라 하자. **B**는, 예컨대 X상의 이산위상이 **B**에 속하는 까닭에 공이 아닌 집합이다. $\mathscr{T}_2 = \cap\{\mathscr{T} : \mathscr{T} \in \mathbf{B}\}$라고 하자. 다시 정리 5-1에 의하여 $\mathscr{T}_2$는 X상의 위상이고 또한 $\mathscr{T}_2 = \sup(S)$이다.

52. X를 공이 아닌 집합이라 하고 각 점 $p \in X$에 대해서 p를 포함하는 X의 부분집합족을 $\mathscr{A}_p$로 나타내자.

(i) $\mathscr{A}_p$는 정리 5-11의 근방공리를 만족함을 밝혀라.

(ii) 이것에 의하여 정해지는 X상의 유도위상을 결정하여라.

풀이 (i) $p \in X$이므로 $A \in \mathscr{A}_p$이고 $\mathscr{A}_p \neq \phi$이다. 가정에 의하여 p는 $\mathscr{A}_p$의 각 원소에 속한다. 따라서 $[A_1]$을 만족한다.

만일에 $M, N \in \mathscr{A}_p$이면 $p \in M$이고 $p \in N$이므로 $p \in M \cap N$, 따라서 $M \cap N \in \mathscr{A}_p$이므로 $[A_2]$가 만족된다.

만일 $N \in \mathscr{A}_p$이고 $N \subset M$, 즉 $p \in N \subset M$이면 $p \in M$이다. 따라서 $M \in \mathscr{A}_p$이므로 $[A_3]$는 만족된다.

$\mathscr{A}_p$의 정의에 의하여 모든 $A \subset X$는 모든 $p \in A$에 대해서 $A \in \mathscr{A}_p$이다. 따라서 $[A_4]$가 만족된다.

(ii) 부분집합 $A \subset X$가 유도된 위상의 열린집합이 되기 위한 필요충분조건은 모든 $p \in A$에 대해서 $A \in \mathscr{A}_p$로 되는 것이다. X의 모든 부분집합은 이 성질을 만족하는 까닭에 X상의 유도위상은 이산위상이다.

보충문제

G·E·N·E·R·A·L·T·O·P·O·L·O·G

• 위상공간

53. 집합 $X=\{a, b\}$상의 모든 가능한 위상을 표기하여라.

54. (정리 5-1) $\{\mathscr{T}_i : i \in I\}$를 집합 X상의 임의의 위상족이라 하면 공통부분인 $\cap_i \mathscr{T}_i$는 또한 X상의 위상임을 증명하여라.

55. X를 무한집합이라 하고 $\mathscr{T}$를 X의 모든 무한 부분집합이 열린집합인 X상의 위상이라 하면 $\mathscr{T}$는 X상의 이산위상임을 밝혀라.

56. X를 무한집합이라 하고 $\mathscr{T}$는 ϕ와 그 여집합이 가산인 X의 모든 부분집합이라 하자.

(i) $(X, \mathscr{T})$는 위상공간임을 증명하여라.

(ii) X가 가산집합이면 $\mathscr{T}$에 의하여 결정되는 위상은 어떤 위상인가?

57. $\mathscr{T}$는 $\{\mathbf{R}^2, \phi\} \cup \{G_k : k \in \mathbf{R}\}$를 평면 $\mathbf{R}^2$의 부분집합족이라 하자. 여기서,

$$G_k = \{\langle x, y \rangle : x, y \in \mathbf{R}, \ x > y + k\}$$

(i) $\mathscr{T} = \mathbf{R}^2$상의 위상임을 증명하여라.

(ii) 만일에 "$k \in \mathbf{R}$"를 "$k \in \mathbf{N}$" 또는 "$k \in \mathbf{Q}$"로 대치하면 $\mathscr{T}$는 $\mathbf{R}^2$상의 위상이 되는가?

58. $\mathscr{T}$의 원소를 ϕ와 평면 $\mathbf{R}^2$의 유한개의 직선과 점으로 이루어진 집합의 여집합 전체라 하자. $(\mathbf{R}^2, \mathscr{T})$는 위상공간임을 증명하여라.

59. $\{p\}$를 $p \not\in \mathbf{R}$인 임의의 한 원소집합, 예컨대 $\{\mathbf{R}\}$이라 하자. 또한 $\mathbf{R}^* = \mathbf{R} \cup \{p\}$이고 $\mathscr{T}$를 $\mathbf{R}$의 모든 $\mathscr{U}$-열린부분집합과 $\mathbf{R}$의 모든 유계 $\mathscr{U}$-닫힌부분집합의 여집합($\mathbf{R}^*$의 관한)으로 이루어진 $\mathbf{R}^*$의 부분집합족이라 하자. $\mathscr{T}$는 $\mathbf{R}^*$상의 위상임을 증명하여라.

60. $\{p\}$를 $p \not\in \mathbf{R}$인 임의의 한 원소집합이라 하고 $\mathbf{R}^* = \mathbf{R} \cup \{p\}$이라 하자. 또한 $\mathscr{T}$를 $\mathbf{R}$의 모든 부분집합과 $\mathbf{R}$의 모든 유한부분집합의 여집합($\mathbf{R}^*$에 관한)으로 이루어진 $\mathbf{R}^*$의 부

분집합족이라 하자. 이 경우 $\mathscr{T}$는 $\mathbf{R}^*$상의 위상임을 증명하여라.

• 집적점, 유도집합

61. $A' \cup B' = (A \cup B)'$임을 증명하여라.

62. 만일에 p가 집합 A의 집적점이면 p는 또한 $A \setminus \{p\}$의 집적점임을 증명하여라.

63. X를 여유한 위상공간이라 하면 A'는 X의 임의의 부분집합 A에 대해서 닫힌집합임을 증명하여라.

64. 위상공간 $(\mathbf{R}, \mathscr{T})$를 생각하자. 여기서 $\mathscr{T}$는 $\mathbf{R}$, ϕ과 $a \in \mathbf{R}$일 때 모든 무한열린구간 $E_a = (a, \infty)$로 이루어진다 하자.

(i) 구간 $[4, 10)$의 유도집합을 구하여라.

(ii) 정수집합 $\mathbf{Z}$의 유도집합을 구하여라.

65. $\mathscr{T}$를 문제 59에서 정의된 $\mathbf{R}^* = \mathbf{R} \cup \{p\}$상의 위상이라 하자.

(i) 다음 집합의 집적점을 구하여라.

(1) $a, b \in \mathbf{R}$일 때 열린 구간 (a, b)

(2) $a \in \mathbf{R}$일 때 무한열린 구간 (a, ∞)

(3) $\mathbf{R}$

(ii) 집적점으로 p를 갖는 $\mathbf{R}^*$의 부분집합을 구하여라.

66. $\mathscr{T}_1$과 $\mathscr{T}_2$를 $\mathscr{T}_1$이 $\mathscr{T}_2$보다 거친 위상, 즉 $\mathscr{T}_1 \subset \mathscr{T}_2$를 만족하는 집합 X상의 위상이라 하자.

(i) X의 부분집합 A의 $\mathscr{T}_2$-집적점은 또한 $\mathscr{T}_1$-집적점임을 밝혀라.

(ii) (i)의 역이 성립하지 않는 예를 구성하여라.

• 닫힌집합, 집합의 폐포, 조밀부분집합

67. 닫힌집합이 열린집합과 일치하는 이산이 아닌 위상공간을 구성하여라.

68. $\overline{A \cap B} \subset \overline{A} \cap \overline{B}$ 임을 증명하고 등호가 성립하지 않는 예를 구성하여라.

69. $\overline{A} \setminus \overline{B} \subset \overline{A \setminus B}$ 임을 증명하고 등호가 성립하지 않는 예를 구성하여라.

70. A가 열린집합이면 $A \cap \overline{B} \subset \overline{A \cap B}$ 임을 증명하여라.

71. A를 $(X, \mathscr{T})$의 조밀부분집합이라 하고, B를 X의 공이 아닌 열린부분집합이라 하면, $A \cap B \neq \phi$임을 증명하여라.

72. $\mathscr{T}_1$이 $\mathscr{T}_2$를 좀더 거친 X상의 위상이라 하자. X의 임의의 부분집합 A의 $\mathscr{T}_2$-폐포는 A의 $\mathscr{T}_1$-폐포의 부분집합임을 밝혀라.

73. 무한집합 X의 여유한 위상에 있어서 X의 무한부분집합은 X에서 조밀함을 밝혀라.

74. 밀착공간 X의 공이 아닌 모든 열린부분집합은 X에서 조밀함을 밝혀라.

• 내부, 외부, 경계

75. X를 이산위상공간이라 하고 $A \subset X$라고 하자.
(i) $\mathrm{int}(A)$ (ii) $\mathrm{ext}(A)$ (iii) $\mathrm{b}(A)$를 구하여라.

76. 다음을 증명하여라.
(i) A가 닫힌집합 $\Longleftrightarrow \mathrm{b}(A) \subset A$
(ii) A가 열린집합 $\Longleftrightarrow \mathrm{b}(A) \cap A = \phi$
(iii) A가 열린집합인 동시에 닫힌집합 $\Longleftrightarrow \mathrm{b}(A) = \phi$

77. $\overline{A} \cap \overline{B} = \phi$이면 $\mathrm{b}(A \cup B) = \mathrm{b}(A) \cup b(B)$임을 증명하여라.

78. (i) $A^\circ \cap B^\circ = (A \cap B)^\circ$ (ii) $A^\circ \cup B^\circ \subset (A \cup B)^\circ$ 임을 증명하고 (iii) (ii)에서 등호가 성립하지 않는 예를 구성하여라.

79. $\mathrm{b}(A^\circ) \subset \mathrm{b}(A)$임을 증명하여라. 등호가 성립하지 않는 예를 들어라.

80. $\mathrm{int}(A) \cup \mathrm{ext}(A)$가 공간 X에서 조밀하다고 할 수 없음을 밝혀라($X = \mathbf{R}$이면 조밀하다).

81. $\mathscr{T}_1$과 $\mathscr{T}_2$를 $\mathscr{T}_1$이 $\mathscr{T}_2$보다 거친, 즉 $\mathscr{T}_1 \subset \mathscr{T}_2$인 X상의 위상이라 하고 $A \subset X$이라 하자. 이 경우 다음을 증명하여라.
(i) A의 $\mathscr{T}_1$-내부는 A의 $\mathscr{T}_2$-내부의 부분집합이다.
(ii) A의 $\mathscr{T}_2$-경계는 A의 $\mathscr{T}_1$-경계의 부분집합이다.

• 근방, 근방계

82. X를 여유한 위상공간이라 하자. 점 $p \in X$의 모든 근방은 열린집합임을 밝혀라.

83. X를 밀착위상 공간이라 하자. 임의의 점 $p \in X$의 근방계 $\mathscr{N}_p$를 결정하여라.

84. $\mathscr{N}_p$가 유한이면 $\cap \{N : N \in \mathscr{N}_p\}$는 $\mathscr{N}_p$에 속함을 밝혀라.

• 부분공간, 상대위상

85. 이산위상공간의 모든 부분공간은 또한 이산위상공간임을 밝혀라.

86. 밀착위상공간의 모든 부분공간은 밀착위상공간임을 밝혀라.

87. $(Y,\ \mathscr{T}_Y)$를 $(X,\ \mathscr{T})$의 부분공간이라 하자. $E \subset Y$는 $\mathscr{T}_Y$-닫힌집합 $\Longleftrightarrow$ F가 X의 $\mathscr{T}$-닫힌부분집합일 때 $E = Y \cap F$ 임을 밝혀라.

88. $(A,\ \mathscr{T}_A)$를 $(X,\ \mathscr{T})$의 부분공간이라 하자. $\mathscr{T}_A$는 A에 포함되는 $\mathscr{T}$의 원소로 이루어진다. 즉 A가 X의 $\mathscr{T}$-열린부분집합 $\Longleftrightarrow$ $\mathscr{T}_A = \{G : G \subset A,\ G \in \mathscr{T}\}$임을 증명하여라.

89. $(Y,\ \mathscr{T}_Y)$를 $(X,\ \mathscr{T})$의 부분공간이라 하자. Y의 임의의 부분집합 A에 대해서 $\overline{A}$와 A°를 $\mathscr{T}$에 관한 A의 폐포와 내부라 하고 $(\overline{A})_Y$와 $(A^\circ)_Y$를 $\mathscr{T}_Y$에 관한 A의 폐포와 내부라 하자. (i) $(\overline{A})_Y = \overline{A} \cap Y$, (ii) $A^\circ = (A^\circ)_Y \cap Y^\circ$ 임을 증명하여라.

90. A, B와 C를 위상공간 X의 부분집합이라 하고 $C \subset A \cup B$를 만족한다 하자. A, B와 $A \cup B$의 상대위상이 주어졌을 때 $C \cap A$가 A에 관한 열린집합이고 $C \cap B$가 B에 관한 열린집합 $\Longleftrightarrow$ C가 $A \cup B$에 관한 열린집합임을 증명하여라.

• 위상의 동치 정의

91. (정리 5-11) X를 공이 아닌 집합이라 하고, 각 점 $p \in X$에 다음 공리를 만족하는 X의 부분집합족 $\mathscr{A}_p$가 대응된다 하자.

[$\mathbf{A}_1$] $\mathscr{A}_p$는 공집합이 아니고 p는 $\mathscr{A}_p$의 각 원소에 속한다.

[$\mathbf{A}_2$] $\mathscr{A}_p$의 임의의 두 원소의 공통집합은 $\mathscr{A}_p$에 속한다.

[$\mathbf{A}_3$] $\mathscr{A}_p$의 원소의 모든 포함집합은 $\mathscr{A}_p$에 속한다.

[$\mathbf{A}_4$] 각 원소 $N \in \mathscr{A}_p$는 모든 $g \in G$에 대해서 $G \in \mathscr{A}_g$로 되는 원소 $G \in \mathscr{A}_p$의 포함집합이다.

이 경우 $\mathscr{A}_p$를 점 $p \in X$의 $\mathscr{T}$-근방계로 갖는 X상의 오직 하나의 위상 $\mathscr{T}$가 존재함을 증명하여라.

92. (정리 5-12) X를 공이 아닌 집합이라 하고 $k : \mathscr{P}(X) \longrightarrow \mathscr{P}(X)$는 다음 쿠라토프스키의 폐포공리를 만족한다 하자. 즉,

$$[\mathbf{K}_1]\ k(\phi) = \phi,\ [\mathbf{K}_2]\ A \subset k(A),\ [\mathbf{K}_3]\ k(A \cup B) = k(A) \cup k(B),$$
$$[\mathbf{K}_4]\ k(k(A)) = k(A)$$

이 경우 $k(A)$가 $A \subset X$의 $\mathscr{T}$-폐포로 되는 X상의 오직 하나의 위상 $\mathscr{T}$가 존재함을 증명하여라.

93. X를 공이 아닌 집합이라 하고 $i: \mathscr{P}(X) \longrightarrow \mathscr{P}(X)$는 다음 성질을 만족한다 하자. 즉,

(i) $i(X) = X$ (ii) $i(A) \subset A$

(iii) $i(A \cup B) = i(A) \cup i(B)$ (iv) $i(i(A)) = i(A)$

이 경우 $i(A)$를 $A \subset X$의 $\mathscr{T}$-내부로 하는 X상의 오직 하나의 위상 $\mathscr{T}$가 존재함을 증명하여라.

94. X를 공이 아닌 집합이라 하고 $\mathscr{F}$를 다음 성질을 만족하는 X의 부분집합족이라 하자. 즉,

(i) X와 ϕ는 $\mathscr{F}$에 속한다.

(ii) $\mathscr{F}$의 임의 개수의 원소의 공통 집합은 $\mathscr{F}$에 속한다.

(iii) $\mathscr{F}$의 임의의 두 원소의 합집합은 $\mathscr{F}$에 속한다.

이 경우 $\mathscr{F}$의 원소가 X의 $\mathscr{T}$-닫힌부분집합이 되는 X상의 오직 하나의 위상이 존재함을 증명하여라.

95. 실수 $p \in \mathbf{R}$의 근방을 p를 포함하고 $a < p < b$일 때 어떤 열린 구간 (a, b)에 포함되는 모든 유리수 집합이라 하자. 이 경우

(i) 이들 근방은 실제로 근방의 공리를 만족하고 따라서 실직선 $\mathbf{R}$상의 위상을 정의함을 밝혀라.

(ii) 무리수만으로 이루어지는 어떤 집합도 집적점을 포함하지 않음을 밝혀라.

(iii) 무리수의 임의의 점렬, 예컨대 $< \pi/2, \pi/3, \pi/4, \cdots >$와 같은 점렬은 수렴하지 않음을 밝혀라.

• 보충문제의 답

53. $\{X, \phi\}$, $\{X, \{a\}, \phi\}$, $\{X, \{b\}, \phi\}$와 $\{X, \{a\}, \{b\}, \phi\}$

56. (ii) 이산위상

64. (i) $(-\infty, 10]$, (ii) $\mathbf{R}$

65. (i) : (1) $[a, b]$ (2) $[a, \infty) \cup \{p\}$ (3) $\mathbf{R}^*$ (ii) $\mathbf{R}$의 유계하지 않는 부분집합

67. $X = \{a, b, c\}$, $\mathscr{T} = \{X, \phi, \{a, b\}, \{c\}\}$

75. (i) A (ii) A^c (iii) ϕ

80. $X = \{a, b\}$를 밀착위상공간 ($\mathscr{T} = \{X, \phi\}$), $A = \{a\}$이라 놓아라.

06 G·E·N·E·R·A·L·T·O·P·O·L·O·G·Y

기저와 부분기저

6.1 위상의 기저

$(X, \mathscr{T})$를 위상공간이라 하자. X의 열린집합족, $\mathscr{B}$, 즉 $\mathscr{B} \subset \mathscr{T}$가 다음 조건을 만족할 때 $\mathscr{B}$를 위상 $\mathscr{T}$의 **기저**(base)라 한다.

(i) 모든 열린집합 $G \in \mathscr{T}$는 $\mathscr{B}$의 원소의 합집합이다.

같은 뜻으로 $\mathscr{B} \subset \mathscr{T}$가 다음 조건을 만족할 때 $\mathscr{B}$는 $\mathscr{T}$의 기저이다.

(ii) 열린집합 G에 속하는 임의의 점 p에 대해서 $p \in B \subset G$로 되는 $B \in \mathscr{B}$가 존재한다($\forall G \in \mathscr{T}$, $\forall p \in G$, $\exists B \in \mathscr{B}\,(p \in B \subset G)$).

예제 1.1 열린 구간 전체는 직선 $\mathbf{R}$상의 보통 위상에 있어서 기저를 이룬다. 왜냐하면 $G \subset \mathbf{R}$가 열린집합이고 $p \in G$이면 정의에 의하여 $p \in (a, b) \subset G$를 만족하는 열린 구간 (a, b)가 존재하는 까닭이다. 같은 방법으로 열린 원판 전체는 평면 $\mathbf{R}^2$상의 보통 위상의 기저를 이룬다.

예제 1.2 평면 $\mathbf{R}^2$에 있어서 x축과 y축에 나란한 유계한 열린 직사각형 전체는 $\mathbf{R}^2$상의 보통 위상의 기저 $\mathscr{B}$를 이룬다. 왜냐하면 $G \subset \mathbf{R}^2$를 열린집합이라 하자. 따라서 p에 중심을 두고 $p \in D_p \subset G$로 되는 열린 원판이 존재한다. 이 경우 D_p에 내접하는 임의의 열린 직사각형 $B \in \mathscr{B}$는 그림 6-1에서 표시된 바와 같이

$$p \in B \subset D_p \subset G$$

또는 $p \in B \subset G$

를 만족한다. 바꾸어 말하자면 $\mathscr{B}$는 위 조건 (ii)를 만족하는 까닭이다.

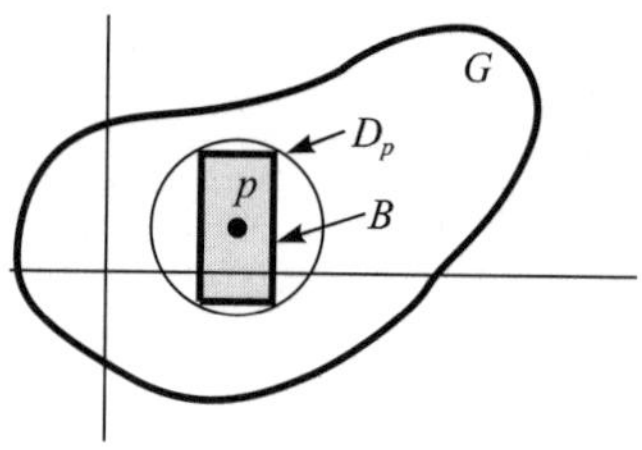

| 그림 6-1 |

예제 1.3 임의의 이산위상공간 $(X, \mathscr{D})$를 생각하자. 이 경우 X의 모든 한 원소부분집합족 $\mathscr{D} = \{\{p\} : p \in X\}$는 X상의 이산위상 $\mathscr{D}$의 기저이다. 왜냐하면 한 원소집합 $\{p\}$는 모든 $A \subset X$가 $\mathscr{D}$-열린집합이므로 $\mathscr{D}$-열린집합이고, 또한 다른 모든 집합이 한 원소집합의 합집합으로 표현되는 까닭이다. 실제로 X의 부분집합의 임의의 다른 족 $\mathscr{B}^*$가 $\mathscr{D}$의 기저이기 위한 필요충분조건은 $\mathscr{B}^*$가 $\mathscr{B}$의 포함집합족으로 되는 것이다. 즉, $\mathscr{B}^* \supset \mathscr{B}$일 때 $\mathscr{D}$의 기저이다.

이제 다음 문제를 생각하자. 집합 X의 주어진 부분집합족 $\mathscr{B}$가 어느 경우에 X상의 위상의 기저가 되는가? 물론 $X = \cup\{B : B \in \mathscr{B}\}$는 X가 X상의 모든 위상에 있어서 열린집합인 까닭에 필요로 한다. 그러나 이것이 다음 예제에서 충분한 조건이 아님을 알 수 있다.

예제 1.4 $X = \{a, b, c\}$라 하자. $\{a, b\}$와 $\{b, c\}$로 이루어진 집합족 $\mathscr{B}$, 즉 $\mathscr{B} = \{\{a, b\}, \{b, c\}\}$는 X상의 임의의 위상의 기저가 될 수 없다. 그 이유는 $\mathscr{B}$를 기저로 하는 위상에는 $\{a, b\}$와 $\{b, c\}$가 열린집합이 되고, 또한 이들의 공통집합 $\{a, b\} \cap \{b, c\} = \{b\}$도 또한 열린집합이다. 그러나 $\{b\}$는 $\mathscr{B}$ 원소의 합집합이 될 수 없는 까닭이다.

다음의 정리는 어떤 집합족이 어떤 위상의 기저이기 위한 필요충분조건을 준다.

정리 6-1 $\mathscr{B}$를 공이 아닌 집합 X의 부분집합족이라 하자. 이 경우 다음 두 성질을 만족하는 것이 $\mathscr{B}$가 X상의 어떤 위상에 대한 기저로 되기 위한 필요충분조건이다.

(i) $X = \cup\{B : B \in \mathscr{B}\}$, 즉 $\forall p \in X,\ \exists B \in \mathscr{B}\ (p \in B)$

(ii) 모든 $B,\ B^* \in \mathscr{B}$에 대해서 $B \cap B^*$가 $\mathscr{B}$의 원소의 합집합이다. 같은 뜻으로 $p \in B \cap B^*$이면 $p \in B_p \subset B \cap B^*$를 만족하는 $B_p \in \mathscr{B}$가 존재한다. 즉 $\forall B,\ B^* \in \mathscr{B},\ \forall p \in B \cap B^*,\ \exists B_p \in \mathscr{B}\ (p \in B_p \subset B \cap B^*)$.

예제 1.5 $\mathscr{B}$를 실직선 $\mathbf{R}$의 열린-닫힌 구간족이라 하자. 즉,

$$\mathscr{B} = \{(a, b] : a, b \in \mathbf{R},\ a < b\}$$

분명히 모든 실수는 어떤 열린-닫힌 구간에 속하는 까닭에 $\mathbf{R}$은 $\mathscr{B}$의 원소의 합집합이다. 또한 임의의 두 열린-닫힌 구간의 공통집합 $(a, b] \cap (c, d]$는 공집합이든지 또는 다른 열린-닫힌 구간이다. 예컨대 그림 6-2에서 표시된 바와 같이

$$a < c < b < d \text{이면},\ (a, b] \cap (c, d] = (c, b]$$

그림 6-2

따라서 열린-닫힌 구간의 합집합으로 이루어진 족 $\mathscr{T}$는 $\mathbf{R}$상의 위상이 된다. 즉 $\mathscr{B}$는 $\mathbf{R}$상의 위상 $\mathscr{T}$의 기저이다. 이와 같은 $\mathscr{T}$를 $\mathbf{R}$상의 **상한위상**(upper limit topology)이라 한다. $\mathscr{T} \neq \mathscr{U}$ 임에 주의하여라. 같은 방법으로 닫힌-열린 구간족

$$\mathscr{B}^* = \{[a, b) : a, b \in \mathbf{R},\ a < b\}$$

는 $\mathbf{R}$상의 위상 $\mathscr{T}^*$의 기저이고, 이 $\mathscr{T}^*$를 $\mathbf{R}$상의 **하한위상**(lower limit topology)이라 한다.

6.2 부분기저

$(X, \mathscr{T})$를 위상공간이라 하자. X의 열린부분집합족 $\mathscr{S}$, 즉 $\mathscr{S} \subset \mathscr{T}$는 $\mathscr{S}$의 원소의 유한 개의 공통집합 전체가 $\mathscr{T}$의 기저를 이룰 때 $\mathscr{S}$를 위상 $\mathscr{T}$의 **부분기저**(subbase)라 한다.

예제 2.1 실직선 $\mathbf{R}$의 모든 열린 구간 (a, b)는 두 개의 무한열린구간 (a, ∞)와 $(-\infty, b)$의 공통집합이다. 즉, $(a, b) = (a, \infty) \cap (-\infty, b)$. 그러나 열린 구간은 $\mathbf{R}$상의 보통 위상의 기저를 이룬다. 따라서 모든 무한열린 구간족 $\mathscr{S}$는 $\mathbf{R}$의 부분기저이다.

예제 2.2 평면 $\mathbf{R}^2$의 수직인 무한히 긴 열린띠 모양의 면과 수평인 무한히 긴 열린띠 모양의 면분의 공통부분은 그림 6-3에 표시된 바와 같은 열린직사각형이다.

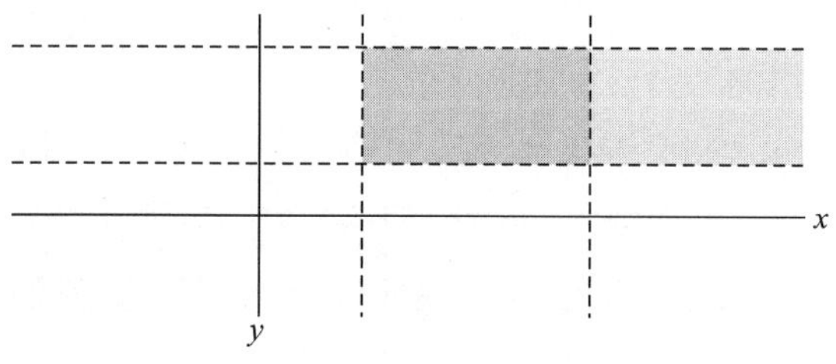

| 그림 6-3 |

그러나 앞서 기술한 바와 같이 열린직사각형은 $\mathbf{R}^2$상의 보통 위상의 기저를 이루므로, 모든 무한히 긴 열린띠 모양 면분족은 $\mathbf{R}^2$의 부분기저이다.

6.3 집합족에서 생성된 위상

$\mathscr{A}$를 공이 아닌 집합 X의 임의의 부분집합족이라 하자. 앞서 설명한 바와 같이 $\mathscr{A}$는 X상의 위상의 기저가 아닐 수도 있다. 그러나 $\mathscr{A}$는 다음과 같은 뜻에서 X상의 위상을 **생성한다**(generate).

> **정리 6-2** 공이 아닌 집합 X의 부분집합족 $\mathscr{A}$를 부분기저로 갖는 X상의 위상 $\mathscr{T}$가 유일히 결정된다. 즉 X상의 위상 $\mathscr{T}$는 $\mathscr{A}$의 원소의 유한개의 공통집합 전체를 기저로 갖는 위상이다.

예제 3.1 $X=\{a, b, c, d\}$의 다음의 부분집합족을 생각하자.

$$\mathscr{A}=\{\{a, b\},\ \{b, c\},\ \{d\}\}$$

$\mathscr{A}$의 원소의 유한공통집합의 전체는 다음의 집합족이다.

$$\mathscr{B}=\{\{a, b\},\ \{b, c\},\ \{d\},\ \{b\},\ \phi,\ X\}$$

(정의에 의하여 X는 $\mathscr{A}$의 원소의 영 개의 공통집합인 까닭에 $X\in\mathscr{B}$임에 유의하여라) $\mathscr{B}$의 원소의 합집합을 취하면, 즉

$$\begin{aligned}\mathscr{T}=\ &\{\{a, b\},\ \{b, c\},\ \{d\},\ \{b\},\ \phi,\ X,\ \{a, b, d\}, \\ &\{b, c, d\},\ \{b, d\},\ \{a, b, c\}\}\end{aligned}$$

이고, 이것이 족 $\mathscr{A}$에 의하여 생성되는 X상의 위상이다.

예제 3.2 $(X,\ \leq)$를 임의의 공이 아닌 완전순서집합이라 하자. 형식

$$\{x\in X : x<p,\ p\in X\}\ \text{ 또는 }\ \{x\in X : p<x,\ p\in X\}$$

인 X의 부분집합에 의하여 생성되는 X상의 위상을 X상의 **순서위상**(order topology)이라 부른다. 예제 2.1에 의하여 $\mathbf{R}$상의 보통위상은 실제로 $\mathbf{R}$상의 (자연) 순서위상과 일치한다.

집합족에 의하여 생성되는 위상을 다음과 같이 특성화할 수도 있다.

> **명제 6-3** $\mathscr{A}$를 공이 아닌 집합 X의 부분집합족이라 하자. 이 경우 $\mathscr{A}$에 의하여 생성되는 X상의 위상 $\mathscr{T}$는 $\mathscr{A}$를 포함하는 X상의 모든 위상의 공통집합이다.

6.4 국소기저

p를 위상공간 X에 속하는 임의의 점이라 하자. p를 포함하는 각 열린집합 G에 대해서 p를 포함하는 열린집합족 $\mathscr{B}_p$가 $p \in G_p \subset G$를 만족하는 $G_p \in \mathscr{B}_p$가 존재할 때 $\mathscr{B}_p$를 p에 있어서 **국소기저**(local base)라고 한다.

예제 4.1 평면 $\mathbf{R}^2$상의 보통위상과 임의의 점 $p \in \mathbf{R}^2$을 생각하자. 이 경우 p에 중심을 둔 열린 원판족 $\mathscr{B}_p$는 p에 있어서 국소기저이다. 그 이유는 앞서 증명한 바와 같이 p를 포함하는 임의의 열린집합 G는 또한 중심이 p인 열린 원판 D_p를 포함하는 까닭이다.

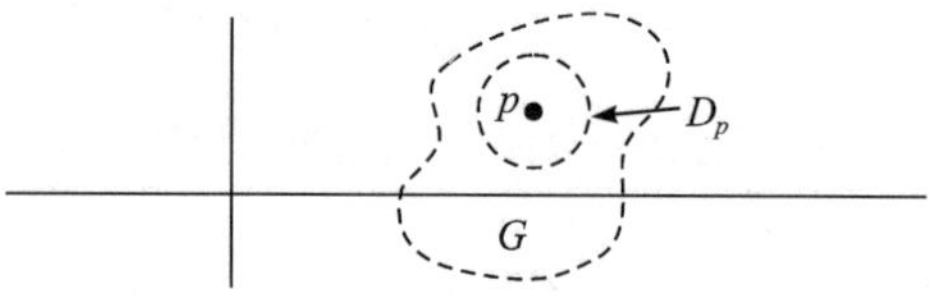

| 그림 6-4 |

같은 방법으로 중심을 $a \in \mathbf{R}$에 둔 직선 $\mathbf{R}$의 열린 구간족 $(a-\delta, a+\delta)$는 점 a에 있어서 하나의 국소기저이다.

임의의 위상에 대한 기저("대역적으로")와 임의의 점에 있어서 국소기저("소역적으로") 사이의 다음 관계는 분명할 것이다.

정리 6-4 $\mathscr{B}$를 X상의 위상 $\mathscr{T}$의 기저라 하고 $p \in X$라 하면 p를 포함하는 기저 $\mathscr{B}$의 원소 전체는 점 p에 있어서 국소기저를 이룬다.

앞서, 점 p를 포함하는 열린집합에 의하여 정의된 몇 가지 개념은 또한 p에 있어서 국소기저를 사용하여 정의될 수 있다.

정리 6-5 위상공간 X에 속하는 점 p가 집합 $A \subset X$의 집적점이기 위한 필요충분조건은 어떤 p의 국소기저 $\mathscr{B}_p$의 각 원소가 p와 상이한 A의 점을 포함하는 것이다.

명제 6-6 위상공간 X의 점렬 $\langle a_1, a_2, \cdots \rangle$가 $p \in X$로 수렴하기 위한 필요충분조건은 p에 있어서 어떤 국소기저 $\mathscr{B}_p$의 모든 원소가 점렬의 거의 모든 $\langle a_n \rangle$의 항을 포함하는 것이다.

앞서 말한 세 가지 명제에서 다음 유용한 따름정리가 얻어진다.

따름정리 6-7 $\mathscr{B}$를 X상의 위상의 기저라 하면 다음을 만족한다.

(i) $p \in X$가 $A \subset X$의 집적점이 되기 위한 필요충분조건은 p를 포함하는 각 열린기저집합 $B \in \mathscr{B}$가 p와 상이한 A의 점을 포함하는 것이다.

(ii) X에 속하는 점렬 $\langle a_1, a_2, \cdots \rangle$이 $p \in X$로 수렴하기 위한 필요충분조건은 p를 포함하는 각 열린기저집합 $B \in \mathscr{B}$가 점렬 $\langle a_n \rangle$의 거의 모든 항을 포함하는 것이다.

예제 4.2 실수직선 $\mathbf{R}$의 기저를 닫힌-열린 구간 $[a, b)$ 족으로 하는 하한위상 $\mathscr{T}$를 생각하고 $A = (0, 1)$이라 하자. $G = [1, 2)$는 $1 \in \mathbf{R}$를 포함하는 $\mathscr{T}$-열린집합이나, $G \cap A = \phi$이다. 따라서 1은 A의 집적점이 아니다. 한편으로 0을 포함하는 임의의 열린기저집합 $[a, b)$, 즉 $a \leq 0 < b$인 열린기저집합은 0 이외의 A의 점을 포함하는 까닭에 $0 \in \mathbf{R}$는 A의 집적점이다.

연습문제

• 기 저

1. 위상의 기저의 두 가지 정의, 즉 $\mathscr{B}$가 $\mathscr{T}$의 부분족이면 다음 두 명제는 동치임을 밝혀라.

(i) 모든 $G \in \mathscr{T}$는 $\mathscr{B}$의 원소의 합집합이다.

(ii) 열린집합 G에 속하는 임의의 점 p에 대하여 $p \in B_p \subset G$를 만족하는 $B_p \in \mathscr{B}$가 존재한다.

풀이 $B_i \in \mathscr{B}$이라 할 때 $G = \cup_i B_i$이라 하면 각 점 $p \in G = \cup_i B_i$는 이 합집합에 속하는 적어도 하나의 원소 B_{i_0}에 속한다. 따라서

$$p \in B_{i_0} \subset \cup_i B_i = G$$

역으로 각 $p \in G$에 대해서 $p \in B_p \subset G$를 만족하는 $B_p \in \mathscr{B}$가 존재한다면,

$$G = \cup \{B_p : p \in G\}$$

로 되고 G는 $\mathscr{B}$ 원소의 집합이다.

2. 평면 $\mathbf{R}^2$의 다음 부분집합족이 $\mathbf{R}^2$상의 보통위상의 기저인지 아닌지를 결정하여라.

(i) 열린정삼각형족　　　　(ii) 가로 세로변을 갖는 열린정사각형족

풀이 위의 두 집합족은 $\mathbf{R}^2$상의 보통위상의 기저이다. 왜냐하면 G를 $\mathbf{R}^2$의 열린부분집합이라 하고 $p \in G$라고 하자. 이 경우 $p \in D_p \subset G$를 만족하고 p에 중심을 둔 열린 원판 D_p가 존재한다. 정삼각형 또는 정사각형은 다음 그림 6-5에서 표시된 바와 같이 D_p에 내접된다.

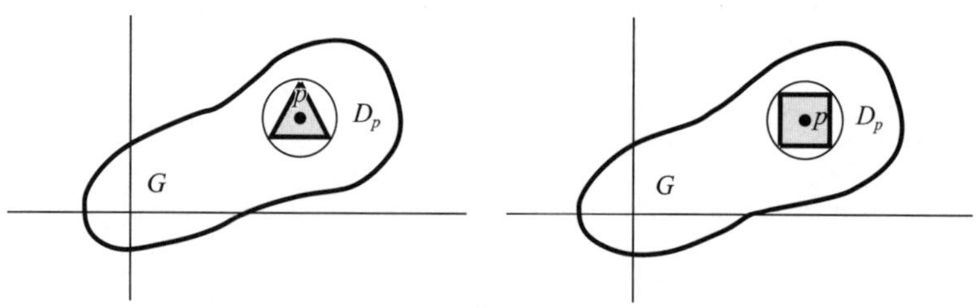

| 그림 6-5 |

따라서 각 집합족은 위상의 기저의 둘째 조건을 만족하는 까닭이다.

3. $\mathscr{B}$를 X상의 위상의 기저라 하고, $\mathscr{B}^*$는 $\mathscr{B}$를 포함하는 열린집합족이라 하면, 즉 $\mathscr{B} \subset \mathscr{B}^* \subset \mathscr{T}$이면, $\mathscr{B}^*$는 또한 $\mathscr{T}$의 기저임을 밝혀라.

풀이 G를 X의 열린부분집합이라 하자. $\mathscr{B}$는 $(X, \mathscr{T})$의 기저이므로 G는 $\mathscr{B}$의 원소의 합집합, 즉 $B_i \in \mathscr{B}$일 때 $G = \cup_i B_i$이다. 그러나 $\mathscr{B} \subset \mathscr{B}^*$이므로 각 $B_i \in \mathscr{B}$는 또한 $\mathscr{B}^*$에 속한다. 따라서 G는 $\mathscr{B}^*$의 원소의 합집합이다. 따라서 $\mathscr{B}^*$는 또한 $(X, \mathscr{T})$의 기저이다.

4. X를 이산위상공간이라 하고 $\mathscr{B}$를 X의 모든 한 원소부분집합족, 즉 $\mathscr{B} = \{\{p\} : p \in X\}$라고 하자. 임의의 X의 부분집합족 $\mathscr{B}^*$가 기저이기 위한 필요충분조건은 $\mathscr{B}^*$가 $\mathscr{B}$의 포함집합족($\mathscr{B} \subset \mathscr{B}^*$)이 되는 것임을 밝혀라.

풀이 $\mathscr{B}^*$를 X의 기저라 하자. 임의의 한 원소집합 $\{p\}$는 이산위상공간에서 열린집합인 까닭에 $\{p\}$는 $\mathscr{B}^*$의 원소의 합집합이다. 그러나 한 원소집합은 오직 자신의 합집합 또는 공집합 ϕ와 자신과의 합집합이다. 따라서 $\{p\}$는 $\mathscr{B}^*$의 원소이므로, $\mathscr{B} \subset \mathscr{B}^*$이다.

역으로 $\mathscr{B}$는 이산위상공간 X의 기저인 까닭에(예제 1.3 참조) $\mathscr{B}$의 임의의 포함집합은 또한 X의 기저이다.

5. (정리 6-1) $\mathscr{B}$를 공이 아닌 집합 X의 부분집합족이라 하자. 이 경우 $\mathscr{B}$가 어떤 X의 위상의 기저로 되기 위한 필요충분조건은 다음 두 성질을 만족하는 것임을 증명하여라.

(i) $X = \cup\{B : B \in \mathscr{B}\}$

(ii) 임의의 B, $B^* \in \mathscr{B}$에 대해서 $B \cap B^*$는 $\mathscr{B}$의 원소의 합집합이다. 또는 같은 뜻으로 만일에 $p \in B \cap B^*$이면 $p \in B_p \subset B \cap B^*$를 만족하는 $B_p \in \mathscr{B}$가 존재한다.

풀이 $\mathscr{B}$를 X상의 위상 $\mathscr{T}$에 대한 기저라고 하자. X는 열린집합인 까닭에 X는 $\mathscr{B}$의 원소의 합집합이다. 따라서 X는 $\mathscr{B}$의 모든 원소의 합집합이다. 즉, $X = \cup\{B : B \in \mathscr{B}\}$. 또한 B, $B^* \in \mathscr{B}$이라 하면, 특히 B와 B^*는 열린집합이다. 따라서 공통집합 $B \cap B^*$는 또한 열린집합이고, $\mathscr{B}$는 $\mathscr{T}$의 기저인 까닭에 이것은 $\mathscr{B}$의 원소의 합집합이다. 따라서 (i)과 (ii)를 만족한다.

역으로 $\mathscr{B}$는 부분집합족이고 위의 (i)과 (ii)를 만족한다 가정하자. $\mathscr{B}$의 원소의 합집합전체 $\mathscr{T}$를 X의 모든 부분집합족이라 하고, $\mathscr{T}$는 X상의 위상임을 밝히면 된다. $\mathscr{B} \subset \mathscr{T}$는 이 위상의 기저임에 유의하자.

(i)에 의하여 $X = \cup\{B : B \in \mathscr{B}\}$이므로 $X \in \mathscr{T}$이다. ϕ는 $\mathscr{B}$의 공인 부분족의 합집합, 즉 $\phi = \cup\{B : B \in \phi \subset \mathscr{B}\}$임에 유의하면 $\phi \in \mathscr{T}$이고, 따라서 $\mathscr{T}$는 $[\mathrm{O}_1]$을 만족한다.

이제 $\{G_i\}$를 $\mathscr{T}$의 원소족이라 하자. $\mathscr{T}$의 정의에 의하여 각 G_i는 $\mathscr{B}$의 원소의 합집합이다. 따라서 합집합 $\cup_i G_i$는 또한 $\mathscr{B}$의 원소의 합집합이므로 $\mathscr{T}$에 속한다. 그러므로 $\mathscr{T}$는 $[\mathrm{O}_2]$를 만족한다.

마지막으로 $G, H \in \mathscr{T}$라 하면, $G \cap H$는 또한 $\mathscr{T}$에 속함을 밝혀야 한다. $\mathscr{T}$의 정의에 의하여 $\mathscr{B}$의 두 부분족 $\{B_i : i \in I\}$와 $\{B_j : j \in J\}$가 존재해서 $G = \cup_i B_i$와 $H = \cup_j B_j$를 만족한다. 이 경우 분배법칙에 의하여

$$G\cap H=(\cup_i B_i)\cap(\cup_j B_j)=\cup_{i,j}\{B_i\cap B_j : i\in I,\ j\in J\}$$

그러나 (ii)에 의하여 $B_i\cap B_j$는 $\mathscr{B}$의 원소의 합집합이다. 따라서 $\cup_{i,j}\{B_i\cap B_j : i\in I,\ j\in J\}$는 또한 $\mathscr{B}$의 원소의 합집합이므로 $G\cap H$는 $\mathscr{T}$에 속하고 따라서 $[O_3]$를 만족한다. 따라서 $\mathscr{T}$는 기저 $\mathscr{B}$를 갖는 X의 위상이다.

6. $\mathscr{B}$와 $\mathscr{B}^*$를 각각 집합 X상의 위상 $\mathscr{T}$와 $\mathscr{T}^*$의 기저라 하자. 각 $B\in\mathscr{B}$가 $\mathscr{B}^*$의 원소의 합집합이라 하면 $\mathscr{T}$는 $\mathscr{T}^*$보다 거친 위상이다. 즉, $\mathscr{T}\subset\mathscr{T}^*$임을 밝혀라.

풀이 G를 $\mathscr{T}$-열린집합이라 하면 G는 $\mathscr{B}$의 원소의 합집합, 즉 $B_i\in\mathscr{B}$일 때 $G=\cup_i B_i$이다. 그러나 가정에 의하여 각 $B_i\in\mathscr{B}$는 $\mathscr{B}^*$의 원소의 합집합이므로 $G=\cup_i B_i$는 또한 $\mathscr{T}^*$-열린집합인 $\mathscr{B}^*$의 원소의 합집합이다. 따라서 G는 또한 $\mathscr{T}^*$-열린집합이므로 $\mathscr{T}\subset\mathscr{T}^*$이다.

7. 실직선 $\mathbf{R}$상의 보통위상 $\mathscr{U}$는 열린-닫힌 구간 $(a, b]$를 기저로 갖는 $\mathbf{R}$상의 상한위상 $\mathscr{T}$보다 거친위상임을 밝혀라.

풀이 보통위상은 열린 구간 (a, b) 전체를 기저로 갖는다. 임의의 열린 구간은 열린-닫힌 구간의 합집합으로 표현됨에 유의하자. 예컨대,

$$(a, b)=\cup\{(a, b-1/n] : n\in\mathbf{N}\}$$

앞 문제에 의하여 $\mathscr{U}\subset\mathscr{T}$이고 임의의 $\mathscr{U}$-열린집합은 또한 $\mathscr{T}$-열린집합이다.

8. 실직선 $\mathbf{R}$의 열린-닫힌 구간 $(a, b]$족을 기저로 갖는 상한위상 $\mathscr{T}$를 생각하자.

(i) 무한열린 구간 $(4, \infty)$와 무한닫힌 구간 $(-\infty, 2]$는 $\mathscr{T}$-열린집합임을 밝혀라.

(ii) 임의의 무한열린 구간 (a, ∞)와 임의의 무한닫힌 구간 $(-\infty, b]$는 $\mathscr{T}$-열린집합임을 밝혀라.

(iii) 임의의 열린-닫힌 구간 $(a, b]$는 $\mathscr{T}$-열린집합인 동시에 $\mathscr{T}$-닫힌집합임을 밝혀라.

풀이 (i) $(4, \infty)=(4, 5]\cup(4, 6]\cup(4, 7]\cup(4, 8]\cup\cdots$

$(-\infty, 2]=(0, 2]\cup(-1, 2]\cup(-2, 2]\cup\cdots$

이므로, 각각은 $\mathscr{T}$의 기저원소의 합집합인 까닭에 $\mathscr{T}$-열린집합이다.

(ii) 같은 방법으로

$$(a, \infty)=(a, a+1]\cup(a, a+2]\cup(a, a+3]\cup\cdots$$
$$(-\infty, b]=(b-1, b]\cup(b-2, b]\cup(b-3, b]\cup(b-4, b]\cup\cdots$$

인 까닭에 각각은 $\mathscr{T}$-열린집합이다.

(iii) $(a, b]^c=(-\infty, a]\cup(b, \infty)$이고 우변의 두 구간은 열린집합이므로 이들의 합집합은 열린집합이고 따라서 $(a, b]$는 닫힌집합이다. 그러나 $(a, b]$는 $\mathscr{T}$의 기저에 속하므로 또한 열린집합이다.

• 부분기저, 집합족에서 생성되는 위상

9. $X=\{a, b, c, d, e\}$이고 $\mathscr{A}=\{\{a, b, c\}, \{c, d\}, \{b, e\}\}$라고 하자. $\mathscr{A}$에서 생성되는 X상의 위상을 구하여라.

풀이 첫째로 $\mathscr{A}$에 속하는 집합의 모든 유한개의 원소의 공통집합족 $\mathscr{B}$를 계산하자.

$$\mathscr{B}=\{X, \{a, b, c\}, \{c, d\}, \{d, e\}, \{c\}, \{d\}, \phi\}$$

(정의에 의하여 X는 $\mathscr{A}$의 0개의 원소의 공통집합인 까닭에 $X\in\mathscr{B}$임에 유의하여라)
$\mathscr{B}$의 원소의 합집합을 취하면 집합족,

$$\mathscr{T}=\{X, \{a, b, c\}, \{c, d\}, \{d, e\}, \{c\}, \{d\}, \phi, \{a, b, c, d\}, \{c, d, e\}\}$$

를 얻고, 이것이 $\mathscr{A}$에서 생성된 X상의 위상이다.

10. 길이가 1인 모든 닫힌 구간 $[a, a+1]$족 $\mathscr{A}$에서 생성된 실직선 $\mathbf{R}$상의 위상 $\mathscr{T}$를 결정하여라.

풀이 p를 $\mathbf{R}$에 속하는 임의의 점이라 하자. 닫힌 구간 $[p-1, p]$와 $[p, p+1]$은 이들이 길이 1을 가질 때 $\mathscr{A}$에 속함에 유의하면,

$$[p-1, p]\cap[p, p+1]=\{p\}$$

는 위상 $\mathscr{T}$에 속한다. 즉, 모든 한 원소집합 $\{p\}$는 $\mathscr{T}$-열린집합이므로 $\mathscr{T}$는 $\mathbf{R}$의 이산위상이다.

11. $\mathscr{A}$를 다음 형식의 평면 $\mathbf{R}^2$에 속하는 모든 열린반평면 H의 족이라 하자.

$$H=\{\langle x, y\rangle : x<a,\ \text{또는}\ x>a,\ \text{또는}\ y<a,\ \text{또는}\ y>a\}$$

(다음 그림 6-6을 참조)

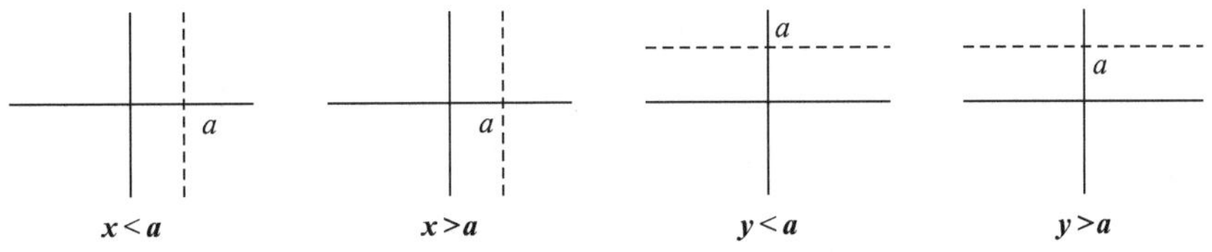

| 그림 6-6 |

$\mathscr{A}$에서 생성되는 $\mathbf{R}^2$상의 위상을 구하여라.

풀이 모든 열린 구간 $B=\{\langle x, y\rangle : a<x<b, c<y<d\}$는 다음 네 개의 반평면의 공통집합임을 알 수 있다.

$$H_1 = \{\langle x, y\rangle : a < x\} \qquad H_3 = \{\langle x, y\rangle : c < y\}$$
$$H_2 = \{\langle x, y\rangle : x < b\} \qquad H_4 = \{\langle x, y\rangle : y < d\}$$

각 $H \in \mathscr{A}$는 $\mathscr{U}$-열린집합이고 모든 열린직사각형 B의 족은 $\mathbf{R}^2$상의 보통위상 $\mathscr{U}$의 기저인 까닭에 족 $\mathscr{A}$는 $\mathscr{U}$의 부분기저이다. 즉 $\mathscr{A}$는 평면 $\mathbf{R}^2$상의 보통위상을 생성한다.

12. $A = \{a, b, c, d, e\}$상의 이산위상 $\mathscr{D}$를 생각하자. 임의의 한 원소집합을 포함하지 않는 $\mathscr{D}$의 부분기저 $\mathscr{S}$를 구하여라.

풀이 X의 임의의 부분집합족 $\mathscr{B}$가 X의 이산위상의 기저이기 위한 필요충분조건은 이것이 X의 모든 한 원소 부분집합을 포함하는 것이었다. 따라서 $\mathscr{S}$가 $\mathscr{D}$의 부분기저이기 위한 필요충분조건은 $\mathscr{S}$의 원소의 유한개의 공통집합으로 $\{a\}$, $\{b\}$, $\{c\}$, $\{d\}$, $\{e\}$로 되는 집합족을 만들면 된다. 따라서 $\mathscr{S} = \{\{a, b\}, \{b, c\}, \{c, d\}, \{d, e\}, \{e, a\}\}$가 $\mathscr{D}$의 부분기저이다.

13. $\mathscr{S}$를 X상의 위상 $\mathscr{T}$의 부분기저이고 A를 X의 부분집합이라 하자. 집합족 $\mathscr{S}_A = \{A \cap S : S \in \mathscr{S}\}$는 A상의 상대위상 $\mathscr{T}_A$의 부분기저임을 밝혀라.

풀이 H를 A의 $\mathscr{S}_A$-열린부분집합이라 하면 G가 X의 $\mathscr{T}$-열린부분집합일 때 $H = A \cap G$이다. 가정에 의하여 $\mathscr{S}$는 $\mathscr{T}$의 부분기저이므로

$$G = \cup_i (S_{i_1} \cap S_{i_2} \cap \cdots \cap S_{in_i}) \text{ 단 } S_{ik} \in \mathscr{S}$$

로 표현된다. 따라서

$$\begin{aligned} H = A \cap G &= A \cap [\cup_i (S_{i_1}, \cap \cdots \cap S_{in_i})] \\ &= \cup_i [(A \cap S_{i_1}) \cap \cdots \cap (A \cap S_{in_i})] \end{aligned}$$

H는 $\mathscr{S}_A$의 원소의 유한공통집합의 합집합이므로 $\mathscr{S}_A$는 $\mathscr{T}_A$의 부분기저이다.

14. $0 < a,\ b < 1$일 때 모든 구간 $(a, 1]$과 $[0, b)$는 단위구간 $I = [0, 1]$상의 상대보통위상의 부분기저를 이룸을 밝혀라.

풀이 무한열린 구간 (a, ∞)와 $(-\infty, b)$는 실직선 $\mathbf{R}$상의 보통위상의 부분기저를 이룸을 상기하자. $I = [0, 1]$와 무한열린 구간의 공통집합은 집합 ϕ, I, $(a, 1]$과 $[0, b)$이고 이들은 앞 문제에 의하여 $I = [0, 1]$의 부분기저를 이룬다. 그러나 임의의 부분기저에서 공집합 ϕ와 전체집합 I를 제외할지라도 부분기저이므로 구간 $(a, 1]$과 $[0, b)$는 I의 부분기저를 이룬다.

15. 만일에 $\mathscr{S}$가 X상의 위상 $\mathscr{T}$와 $\mathscr{T}^*$의 부분기저이면, $\mathscr{T} = \mathscr{T}^*$임을 밝혀라.

풀이 $G \in \mathscr{T}$라고 가정하다. $\mathscr{S}$는 $\mathscr{T}$의 부분기저이므로 $G = \cup_i (S_{i_1} \cap \cdots \cap S_{in_i})$이고, 여기서 $S_{i_k} \in \mathscr{S}$이다.

그러나 $\mathscr{S}$는 또한 $\mathscr{T}^*$의 부분기저이므로 $\mathscr{S}\subset\mathscr{T}^*$이다. 따라서 $S_{ik}\in\mathscr{T}^*$이며 $\mathscr{T}^*$는 위상인 까닭에 $S_{i_1}\cap\cdots\cap S_{in_i}\in\mathscr{T}^*$이므로 $G\in\mathscr{T}^*$이고, 따라서 $\mathscr{T}\subset\mathscr{T}^*$이다. 같은 방법으로 $\mathscr{T}^*\subset\mathscr{T}$이므로 $\mathscr{T}=\mathscr{T}^*$이다.

16. (정리 6-2) 공이 아닌 집합 X의 임의의 부분집합족 $\mathscr{A}$에 대해서 $\mathscr{A}$를 부분기저로 갖는 X상의 위상 $\mathscr{T}$가 유일하게 결정된다. 즉, $\mathscr{A}$의 원소의 유한개의 공통집합 전체는 X상의 위상 $\mathscr{T}$의 기저를 이룸을 증명하여라.

풀이 $\mathscr{A}$의 유한개의 원소의 공통집합족 $\mathscr{B}$가 X상의 위상의 기저인 까닭에 정리 6-1의 다음 두 조건을 만족함을 밝힌다. 즉

(i) $X=\cup\{B:B\in\mathscr{B}\}$

(ii) 임의의 $G, H\in\mathscr{B}$에 대해서 $G\cap H$는 $\mathscr{B}$의 원소의 합집합이다.

정의에 의하면 X는 $\mathscr{A}$의 0개 원소의 공통집합이므로 $X\in\mathscr{B}$임을 유의하면,

$$X=\cup\{B:B\in\mathscr{B}\}$$

또한, $G, H\in\mathscr{B}$이라 하면 G와 H는 $\mathscr{A}$의 유한개의 원소의 공통집합이다. 따라서 $G\cap H$는 또한, $\mathscr{A}$의 유한개의 원소의 공통집합이므로 $\mathscr{B}$에 속한다. 그러므로 $\mathscr{B}$는 $\mathscr{A}$를 부분기저로 하는 X상의 위상 $\mathscr{T}$의 기저이다. 앞 문제에서 $\mathscr{A}$를 부분기저로 갖는 위상 $\mathscr{T}$는 유일하다.

17. (명제 6-3) $\mathscr{A}$를 공이 아닌 집합 X의 부분족이라 하자. 이 경우 $\mathscr{A}$에서 생성되는 X상의 위상 $\mathscr{T}$는 $\mathscr{A}$를 포함하는 X상의 모든 위상의 공통집합임을 증명하여라.

풀이 $\{\mathscr{T}_i\}$를 $\mathscr{A}$를 포함하는 X상의 위상족이라 하고, $\mathscr{T}^*=\cap_i\mathscr{T}_i$라 하자. $\mathscr{A}\subset\mathscr{T}^*$임에 유의하고서 $\mathscr{T}=\mathscr{T}^*$임을 증명하고자 한다. $\mathscr{T}$는 $\mathscr{A}$를 포함하는 위상이고($\mathscr{T}\in\mathscr{T}_i$), $\mathscr{T}^*$는 이와 같은 모든 위상의 공통집합인 까닭에 $\mathscr{T}^*\subset\mathscr{T}$이다. 한편으로 $G\in\mathscr{T}$라고 가정하면, $\mathscr{T}$의 정의에 의하여

$$G=\cup_i(S_{i_1}\cap S_{i_2}\cap\cdots\cap S_{in_i}),\ \text{여기서}\ S_{ik}\in\mathscr{A}$$

이다. $\mathscr{A}\subset\mathscr{T}^*$이므로 $S_{i_k}\in\mathscr{T}^*$이고, 따라서 $S_{i_1}\cap\cdots\cap S_{in_i}\in\mathscr{T}^*$이므로

$$G=\cup_i(S_{i_1}\cap\cdots\cap S_{in_i})\in\mathscr{T}^*$$

이다. 이것으로 $G\in\mathscr{T}$이면 $G\in\mathscr{T}^*$임이 밝혀졌고, 따라서 $\mathscr{T}\subset\mathscr{T}^*$이고, 결과적으로 $\mathscr{T}=\mathscr{T}^*$이다.

- 국소기저

18. (명제 6-5) 위상공간 $(X, \mathscr{T})$에 속하는 점 p가 집합 $A\subset X$의 집적점이 되기 위한 필

요충분조건은 p에 있어서 어떤 국소기저 $\mathscr{B}_p$의 모든 원소가 p와 상이한 A의 점을 포함하는 것임을 증명하여라.

풀이 $p \in X$가 A의 집적점이 되기 위한 필요충분조건은 $p \in G$인 모든 $G \in \mathscr{T}$에 대해서 $(G \setminus \{p\}) \cap A \neq \phi$임을 상기하자. 그러나 $\mathscr{B}_p \subset \mathscr{T}$이므로 모든 $B \in \mathscr{B}_p$에 대해서 $(B \setminus \{p\}) \cap A$ $A \neq \phi$이다.

역으로 모든 $B \in \mathscr{B}_p$에 대해서 $(B \setminus \{p\}) \cap A \neq \phi$이라고 가정하고, G는 p를 포함하는 X의 임의의 열린부분집합이라 하면 $p \in B_0 \subset G$를 만족하는 $B_0 \in \mathscr{B}_p$가 존재한다. 따라서,

$$(G \setminus \{p\}) \cap A \supset (B_0 \setminus \{p\}) \cap A \neq \phi$$

이므로 $(G - \{p\}) \cap A \neq \phi$, 즉 p는 A의 집적점이다.

19. (명제 6-6) 위상공간 $(X,\ \mathscr{T})$의 점렬 $\langle a_1, a_2, \cdots \rangle$이 $p \in X$로 수렴하기 위한 필요충분조건은 p에 있어서 어떤 국소기저 $\mathscr{B}_p$의 모든 원소가 점렬의 거의 모든 항을 포함하는것임을 증명하여라.

풀이 p를 포함하는 모든 열린집합 $G \in \mathscr{T}$가 점렬의 거의 모든 항을 포함할 때 $a_n \to p$임을 상기하자. 그러나 $\mathscr{B}_p \subset \mathscr{T}$이므로 각 $B \in \mathscr{B}_p$는 점렬의 거의 모든 항을 포함한다.

한편으로 모든 $B \in \mathscr{B}_p$는 점렬의 거의 모든 항을 포함한다 가정하고 G는 p를 포함하는 임의의 열린집합이라 하자. 이 경우 $p \in B_0 \subset G$로 되는 $B_0 \in \mathscr{B}_p$가 존재한다. 따라서 G는 또한 점렬의 거의 모든 항을 포함하므로 $\langle a_n \rangle$은 p로 수렴한다.

20. 이산위상공간 X의 모든 점 p는 유한국소기저를 가짐을 밝혀라.

풀이 한 원소집합 $\{p\}$는 이산공간의 모든 부분집합이 열린집합인 까닭에 열린집합임에 유의하면 족 $\mathscr{B}_{p=}\{\{p\}\}$, 즉 한 원소집합 $\{p\}$로 이루어지는 족은 p를 포함하는 모든 열린집합 G가 $\{p\}$의 포함집합인 까닭에 p에 있어서 국소기저이다.

21. 실직선 $\mathbf{R}$에서 열린-닫힌 구간 $(a, b]$족을 기저로 갖는 상한위상 $\mathscr{T}$를 생각하자. 다음 각 점렬은 0으로 수렴하는지 않는지를 판정하여라.

(i) $\langle 1, \frac{1}{2}, \frac{1}{3}, \cdots \rangle$　　　(ii) $\langle -1, -\frac{1}{2}, -\frac{1}{3}, \cdots \rangle$

풀이 (i) 수렴하지 않는다. 왜냐하면 $\mathscr{T}$-열린집합 $(-2, 0]$은 0을 포함하나, 점렬의 임의의 항을 포함하지 않는 까닭이다.

(ii) 수렴한다. 왜냐하면 0을 포함하는 임의의 열린기저집합 $(a, b]$에 대해서, 즉 $a < 0 \leq b$에 대해서 $n_0 \in N$이 존재해서 $a < -1/n_0 < 0$을 만족한다. 따라서 $n > n_0$이면 $-1/n \in (a, b]$인 까닭이다.

보충문제

GENERAL TOPOLOGY

• 위상의 기저

22. a와 b를 유리수라고 하고 $a<b$라 할 때 닫힌구간 $[a, b]$의 족은 실직선 $\mathbf{R}$상의 위상의 기저가 아님을 밝혀라.

23. a는 유리수, b는 무리수이고 $a<b$이라 할 때 닫힌구간 $[a, b]$족은 실직선 $\mathbf{R}$상의 위상의 기저임을 밝혀라.

24. $\mathscr{B}$를 X상의 위상의 기저이라 하고 $A \subset X$라고 하자. 집합족 $\mathscr{B}_A = \{A \cap G : G \in \mathrm{B}\}$는 A상의 상대위상 $\mathscr{T}_A$의 기저임을 밝혀라.

25. $\mathscr{B}$를 그림 6-7에 표시된 평면 $\mathbf{R}^2$에 속하는 반-열린직사각형족, 즉 형식

$$A = \{\langle x, y\rangle : a \leq x < b,\ c \leq y < d\}$$

라 하자.

(i) $\mathscr{B}$는 $\mathbf{R}^2$상의 위상 $\mathscr{T}$의 기저임을 밝혀라.

(ii) 다음 직선의 상대위상 $\mathscr{T}_A$는

$$A = \{\langle x, y\rangle : x + y = 0\}$$

A상의 이산위상임을 밝혀라.

(iii) 직선 $B = \{\langle x, y\rangle : x = y\}$의 상대위상 $\mathscr{T}_B$는 B상의 이산위상이 아님을 밝혀라.

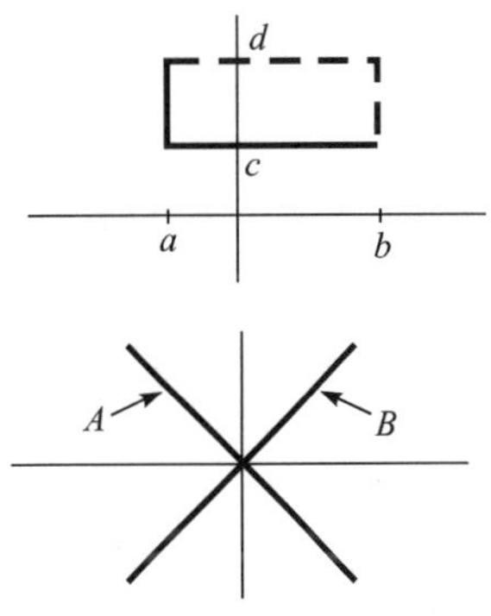

| 그림 6-7 |

26. 공이 아닌 집합 X의 부분족 $\mathscr{B}$가 포함관계에 관해서 완전순서를 이룬다 하자. $X = \cup\{B : B \in \mathscr{B}\}$이면 $\mathscr{B}$는 X상의 어떤 위상의 기저임을 밝혀라.

27. X상의 위상 $\mathscr{T}$이 유한이기 위한 필요충분조건은 $\mathscr{T}$가 유한기저를 갖는 것임을 밝혀라.

• 부분기저

28. $X=\{a, b, c, d, e\}$라고 하자. $\mathscr{A}=\{\{a\}, \{a, b, c\}, \{c, d\}\}$에서 생성되는 X상의 위상 $\mathscr{T}$를 구하여라.

29. 임의의 공이 아닌 집합 X상의 이산위상 $\mathscr{T}$의 최소의 부분기저 $\mathscr{S}$를 결정하여라.

30. a와 b를 유리수, 즉 $a, b\in\mathbf{Q}$이고 $a<b$라고 할 때, 모든 닫힌 구간 $[a, b]$의 족을 $\mathscr{S}$라고 하자. $\mathscr{S}\cup\{\{p\}: p\in\mathbf{Q}\}$는 $\mathscr{S}$에서 생성되는 실수직선 $\mathbf{R}$상의 위상 $\mathscr{T}$의 기저임을 밝혀라.

31. 만일에 $\mathscr{S}$가 X상의 위상 $\mathscr{T}$의 부분기저이면 $\mathscr{S}\setminus\{X, \phi\}$는 또한 $\mathscr{T}$의 부분기저임을 밝혀라.

32. $\mathscr{T}$와 $\mathscr{T}^*$를 각각 $\mathscr{A}$와 $\mathscr{A}^*$에서 생성되는 X상의 위상이라 하자.
(i) $\mathscr{A}\subset\mathscr{A}^*$이면 $\mathscr{T}\subset\mathscr{T}^*$이고
(ii) $\mathscr{A}\subset\mathscr{A}^*\subset\mathscr{T}$이면 $\mathscr{T}=\mathscr{T}^*$임을 밝혀라.

33. $\mathscr{S}$를 위상공간 X의 부분기저라 하고, $G\subset X$를 점 $p\in X$를 포함하는 열린집합이라 하자. 성질 $p\in S_1\cap S_2\cap\cdots\cap S_m\subset G$를 만족하는 $\mathscr{S}$의 유한개의 원소, 예컨대 $S_1, S_2, \cdots, S_m$이 존재함을 밝혀라.

• 국소기저

34. $(X, \mathscr{T})$를 위상공간, $\mathscr{A}$를 $p\in X$에 있어서 $\mathscr{T}$-국소기저라고 하자. $p\in A\subset X$를 만족하는 X의 임의의 부분집합 A와 A상의 상대위상 $\mathscr{T}_A$를 생각하자. 다음의 A의 부분집합족 $\mathscr{A}_A$은 $p\in A$에서 $\mathscr{T}_A$-국소기저임을 밝혀라. $\mathscr{A}_A=\{A\cap G: G\in\mathscr{A}\}$.

35. X를 위상공간, $p\in X$, $\mathscr{N}_p$를 p의 근방계라 하고 $\mathscr{B}_p$를 p의 국소기저라 하자. p의 모든 근방은 p의 국소기저의 원소를 포함한다. 즉, 모든 $N\in\mathscr{N}_p$에 대해서 $G\subset N$을 만족하는 $G\in\mathscr{B}_p$가 존재함을 밝혀라.

36. 만일에 점 p가 유한국소기저 $\mathscr{B}_p$를 가지면 이것은 또한 하나의 집합만으로 이루어지는 국소기저를 가짐을 밝혀라.

37. 열린-닫힌 구간 $(a, b]$의 족을 기저로 갖는 실직선 $\mathbf{R}$상의 상한위상 $\mathscr{T}$를 생각하자. 다음 각 점렬은 수렴하는지 않는지를 결정하여라.

(i) $\langle 1, \frac{1}{2}, \frac{1}{3}, \cdots \rangle$ (ii) $\langle -1, -\frac{1}{2}, -\frac{1}{3}, \cdots \rangle$

(iii) $\langle -1, \frac{1}{2}, -\frac{1}{3}, \frac{1}{4}, \cdots \rangle$

38. a와 b를 유리수라고 할 때 모든 닫힌 구간 $[a, b]$의 족 $\mathcal{S}$에서 생성되는 실직선 $\mathbf{R}$상의 위상을 $\mathscr{T}$라고 하자(문제 30 참조).

(i) 다음 각 점렬은 수렴하는지 않는지를 결정하여라.

(a) $\langle 2+\frac{1}{2}, 2+\frac{1}{3}, 2+\frac{1}{4}, \cdots \rangle$

(b) $\langle \sqrt{2}+\frac{1}{2}, \sqrt{2}+\frac{1}{3}, \sqrt{2}+\frac{1}{4}, \cdots \rangle$

(ii) 다음 $\mathbf{R}$의 다음 각 부분집합의 폐포를 구하여라.

(a) $(2, 4)$ (b) $(\sqrt{2}, 5]$

(c) $(-3, \pi)$ (d) $A = \left[1, \frac{1}{2}, \frac{1}{3}, \cdots\right\}$

(iii) $\mathbf{R}$의 임의의 유한부분집합은 모두 $\mathscr{T}$-닫힌집합임을 밝혀라.

39. **S**를 위상공간 X의 부분기저라 하고, $p \in X$라고 하자.

(i) 족 $\mathcal{S}_p = \{S \in \mathcal{S} : p \in S\}$는 p의 국소기저라고 할 수 없음을 반례로 밝혀라.

(ii) $\mathcal{S}_p$의 유한개 원소의 공통집합전체는 p의 국소기저를 이룸을 밝혀라.

(iii) X의 점렬 $\langle a_n \rangle$이 점 p로 수렴하기 위한 필요충분조건은 모든 $S \in \mathcal{S}_p$가 점렬의 유한개 항을 제외한 모든 항을 포함하는 것임을 밝혀라.

• 보충문제의 답

28. $\mathscr{T}=\{X, \phi, \{a\}, \{c\}, \{a, c\}, \{c, d\}, \{a, b, c\}, \{a, c, d\}, \{a, b, c, d\}\}$

37. (i) 수렴하지 않는다. (ii) 수렴한다. (iii) 수렴하지 않는다.

38. (i) (a) 수렴하지 않는다. (b) 수렴한다.

(ii) (a) $(2, 4)$ (b) $[\sqrt{2}, 5]$ (c) $(-3, \pi]$ (d) A

39. (ii) 힌트 : 문제 33을 사용하여라.

07 G·E·N·E·R·A·L·T·O·P·O·L·O·G·Y

연속성과 위상동형

7.1 연속함수

$(X,\ \mathscr{T})$와 $(Y,\ \mathscr{T}^*)$를 위상공간이라 하자. X에서 Y로의 함수가 $\mathscr{T}$와 $\mathscr{T}^*$**에 관하여 연속**(continuous relative to $\mathscr{T}$ and $\mathscr{T}^*$) 또는 $\mathscr{T}-\mathscr{T}^*$**연속**($\mathscr{T}-\mathscr{T}^*$ continuous) 또는 간단히 **연속**(continuous)이란, Y의 모든 $\mathscr{T}^*$-열린부분집합 H의 역상 $f^{-1}[H]$가 X의 $\mathscr{T}$-열린집합일 때, 즉

$$H \in \mathscr{T}^* \text{이면 } f^{-1}[H] \in \mathscr{T}$$

를 만족할 때를 뜻한다. 관련된 위상을 표시하는 것이 편리한 경우에는 X에서 Y로의 함수를 $f : (X,\ \mathscr{T}) \longrightarrow (Y,\ \mathscr{T}^*)$로 표시한다.

예제 1.1 $X=\{a, b, c, d\}$와 $Y=\{x, y, z, w\}$상의 다음과 같은 각 위상($\mathscr{T}$와 $\mathscr{T}^*$)를 생각하자.

$$\mathscr{T}=\{X,\ \phi,\ \{a\},\ \{a, b\},\ \{a, b, c\}\},$$
$$\mathscr{T}^*=\{Y,\ \phi,\ \{x\},\ \{y\},\ \{x, y\},\ \{y, z, w\}\}$$

또한 그림 7-1의 도표로 정의된 함수 $f : X \longrightarrow Y$와 $g : X \longrightarrow Y$를 생각하자.

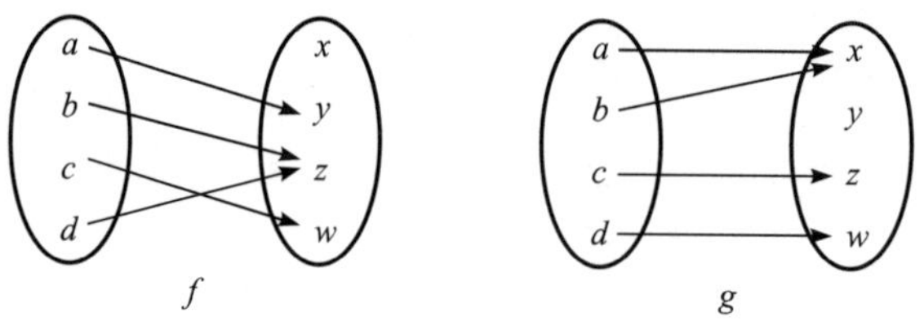

| 그림 7-1 |

함수 f는 Y상의 위상 $\mathscr{T}^*$의 각 원소의 역이 X상의 위상의 원소인 까닭에 연속이다. 함수 g는 $\{y, z, w\} \in \mathscr{T}^*$, 즉 Y의 열린부분집합의 역상 $g^{-1}[\{y, z, w\}]=\{c, d\}$는 X의 열린부분집합이 아니다. 즉, $\mathscr{T}$에 속하지 않는 까닭에 g는 연속이 아니다.

예제 1.2 임의의 이산위상공간 $(X,\ \mathscr{D})$와 임의의 위상공간 $(Y,\ \mathscr{T})$를 생각하자. 이 경우 모든 함수 $f : X \longrightarrow Y$는 $\mathscr{D}-\mathscr{T}$연속이다. 왜냐하면 H를 Y의 임의의 열린부분집합이라 하면 그 역상 $f^{-1}[H]$는 이산위상공간의 모든 부분집합이 열린집합인 까닭에 X의 열린부분집합이다.

예제 1.3 X와 Y를 위상공간이라 할 때 $f: X \longrightarrow Y$라고 하고, $\mathscr{B}$를 Y상의 위상의 기저라고 하자. 각 원소 $B \in \mathscr{B}$에 대해서 $f^{-1}[B]$가 X의 열린부분집합이라 하면 f는 연속함수이다. 왜냐하면 H를 Y의 열린부분집합이라 하면 $H = \cup_i B_i$, 즉 $\mathscr{B}$의 원소의 합집합이다. 그런데

$$f^{-1}[H] = f^{-1}[\cup_i B_i] = \cup_i f^{-1}[B_i]$$

와 각 $f^{-1}[B_i]$는 가정에 의하여 열린집합이므로 $f^{-1}[H]$는 열린집합의 합집합이고 따라서 열린집합이다. 그러므로 f는 연속이다.

위 예제의 결과를 정리하면 다음과 같다.

명제 7-1 함수 $f: X \longrightarrow Y$가 연속이기 위한 필요충분조건은 Y의 기저 $\mathscr{B}$의 각 원소의 역상이 X의 열린부분집합으로 되는 것이다.

이 명제는 다음에서와 같이 더욱 강한 결과로 알려져 있다.

정리 7-2 $\mathscr{S}$를 위상공간 Y의 부분기저라고 하자. 함수 $f: X \longrightarrow Y$가 연속이기 위한 필요충분조건은 $\mathscr{S}$의 각 원소의 역상이 X의 열린부분집합으로 되는 것이다.

예제 1.4 평면 $\mathbf{R}^2$에서 직선 $\mathbf{R}$로의 사영사상은 모두 보통위상에 관하여 연속이다. 예컨대 $\pi(\langle x, y \rangle) = y$로 정의되는 사영 $\pi: \mathbf{R}^2 \longrightarrow \mathbf{R}$를 생각하자. 이 경우 임의의 열린 구간 (a, b)의 역상은 그림 7-2에서 설명된 바와 같은 무한히 긴 열린 띠(infinite open strip)이다. 따라서 명제 7-1에 의하여 $\mathbf{R}$의 모든 열린부분집합의 역상은 $\mathbf{R}^2$의 열린집합이다. 즉, π는 연속이다.

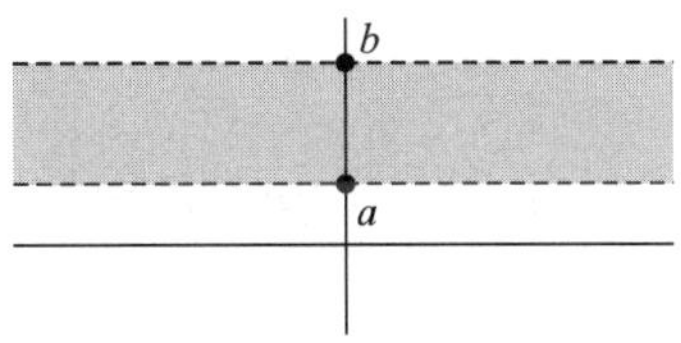

$\pi^{-1}[(a, b)]$는 음영부분

그림 7-2

예제 1.5 $\mathbf{R}$상의 절대값함수, 즉 $x \in \mathbf{R}$에 대해서 $f(x) = |x|$는 연속이다. 왜냐하면 $A(a, b)$가 $\mathbf{R}$의 열린 구간이면 아래와 같이

$$f^{-1}[A] = \begin{cases} \phi & (a < b \leq 0\text{일 때}) \\ (-b, b) & (a < 0 < b\text{일 때}) \\ (-b, -a) \cup (a, b) & (0 \leq a < b\text{일 때}) \end{cases}$$

로 되어 어느 경우에서나 $f^{-1}[A]$는 열린집합이고 따라서 f는 연속이다.

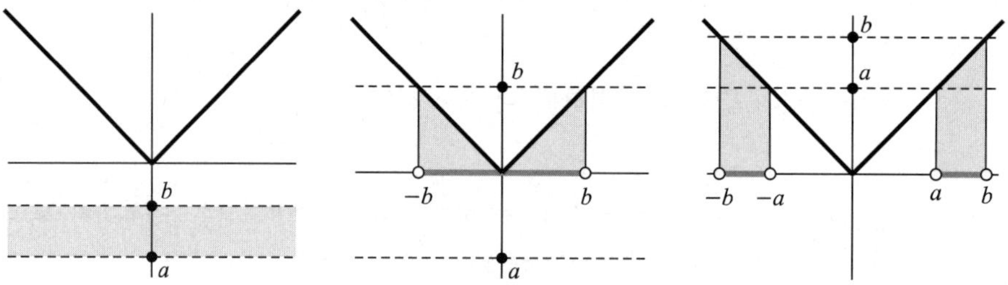

$f^{-1}[A] = \phi$ $f^{-1}[A] = -(b, b)$ $f^{-1}[A] = (-b, -a) \cup (a, b)$

그림 7-3

연속함수정의는 다음과 같이 닫힌집합을 사용하여 특징화할 수도 있다.

> **정리 7-3** 함수 $f : X \longrightarrow Y$가 연속이기 위한 필요충분조건은 Y의 모든 닫힌부분집합의 역상이 X의 닫힌부분집합으로 되는 것이다.

7.2 연속함수와 임의밀착성

X를 위상공간이라 하자. 점 $p \in X$가

(i) $p \in A$이든지 또는 (ii) p가 A의 집적점

일 때 p는 집합 $A \subset X$에 **임의밀착하고 있다**(arbitrarily close)고 한다.

$\overline{A} = A \cup A'$임을 생각하면 A의 폐포는 A에 임의밀착하고 있는 X의 점만으로 이루어진다. 또한 $\overline{A} = A^{\circ} \cup b(A)$이므로 p가 A의 내점 또는 경계점일 때 p는 A에 임의밀착하고 있다고 할 수 있다.

연속함수는 또한 **임의밀착**을 보존하는 함수로 특성화될 수 있다. 즉

정리 7-4 함수 $f:X \longrightarrow Y$가 연속이기 위한 필요충분조건은 임의의 $p \in X$와 임의의 $A \subset X$에 대해서
p가 A에 임의밀착 $\Longrightarrow$ $f(p)$는 $f[A]$에 임의밀착
즉

$$p \in \overline{A} \Longrightarrow f(p) \in \overline{f[A]}$$

또는

$$f[\overline{A}] \subset \overline{f[A]}$$

로 되는 것이다.

7.3 점에서 연속

위에서 정의한 연속성은 **대역적 성질**(global property)이었다. 즉, 함수가 집합 X전체상에서 거동하는 것으로 제한하고 있다. 이것에 대응하여 점에서 연속(continuity at a point)이라는 **국소적 개념**(local concept)도 있다.

함수 $f:X \longrightarrow Y$가 $f(p)$를 포함하는 모든 열린집합 $H \subset Y$의 역상 $f^{-1}[H]$가 p를 포함하는 열린집합 $G \subset X$의 포함집합일 때, 같은 뜻으로 $f(p)$의 모든 근방의 역상이 p의 근방일 때, 즉

$$N \in \mathcal{N}_{f(p)} \longrightarrow f^{-1}[N] \in \mathcal{N}_p$$

일 때 f는 **점 $p \in X$에서 연속**(continuous at point p)이라 한다. 실직선 $\mathbf{R}$상의 보통위상에서 위 정의와 함수 $f:\mathbf{R} \longrightarrow \mathbf{R}$의 점에서 연속성의 $\epsilon-\delta$논법의 정의와는 일치한다. 실제로 함수 $f:\mathbf{R} \longrightarrow \mathbf{R}$의 대역적 연속성과 국소적 연속성간의 관계는 일반적으로 이 정의에서도 성립한다. 즉

정리 7-5 X와 Y를 위상공간이라 하면
함수 $f:X \longrightarrow Y$가 연속 $\Longleftrightarrow$ f가 X의 모든 점에서 연속

7.4 점렬연속

함수 $f:X \longrightarrow Y$가 p로 수렴하는 X에 속하는 모든 점렬 $\langle a_n \rangle$에 대해서 Y의 함

수열 $\langle f(a_n) \rangle$이 $f(p)$로 수렴할 때, 즉

$$a_n \longrightarrow p \text{ 이면 } f(a_n) \longrightarrow f(p)$$

일 때 f는 점 $p \in X$에서 **점렬연속**(sequentially continuous)이라 한다.

점렬연속과 연속은 다음과 같이 관계된다.

> **명제 7-6** 함수 $f: X \longrightarrow Y$가 $p \in X$에서 연속이면 f는 p에서 점렬연속이다.

※ 주의 : 앞 명제의 역은 성립하지 않는다. 예컨대 ϕ와 가산집합의 여집합전체로 이루어진 실직선 $\mathbf{R}$상의 위상 $\mathscr{T}$를 생각하자. 이 위상에서는 점렬 $\langle a_n \rangle$이 형식,

$$\langle a_1, a_2, \cdots, a_{n_0}, p, p, p, \cdots \rangle$$

로 될 때 한해서 p로 수렴(5장의 예제 7.3 참조)함에 유의하면 임의의 함수 f: $(\mathbf{R}, \mathscr{T}) \longrightarrow (X, \mathscr{T}^*)$에 대해서

$$\langle f(a_n) \rangle = \langle f(a_1), \cdots, f(a_{n_0}), f(p), f(p), f(p), \cdots \rangle$$

는 $f(p)$로 수렴하므로 $(\mathbf{R}, \mathscr{T})$상의 모든 함수는 점렬연속이다. 한편으로 $f(x) = x$로 정의되는 함수 $f(\mathbf{R}, \mathscr{T}) \longrightarrow (\mathbf{R}, \mathscr{U})$, 즉 항등함수는 $f^{-1}[(0, 1)] = (0, 1)$이 $\mathbf{R}$의 $\mathscr{T}$-열린부분집합이 아닌 까닭에 $\mathscr{T}$-$\mathscr{U}$ 연속이 아니다.

7.5 열린사상과 닫힌사상

연속함수는 모든 열린집합의 역상(inverse image)이 열린집합이고 모든 닫힌집합의 역상이 닫힌집합인 성질을 갖는다. 이 경우 다음과 같은 함수의 형태를 생각함은 당연하다.

(1) 열린집합의 상이 열린집합인 함수 $f: X \rightarrow Y$를 **열린사상**(open function) 또는 **내부사상**(interior function)이라 한다.

(2) 닫힌집합의 상이 닫힌집합인 함수 $g: X \rightarrow Y$를 **닫힌사상**(closed function)이라 한다.

일반적으로 열린사상은 닫힌사상이라 할 수 없고 그 역도 성립하지 않는다. 실제로 위 첫 예제의 함수는 열린사상이고 연속이나 닫힌사상은 아니다.

예제 2.1 평면 $\mathbf{R}^2$에서 x축으로의 사영사상 $\pi: \mathbf{R}^2 \longrightarrow \mathbf{R}$, 즉 $\pi(\langle x, y \rangle) = x$를

생각하자.

임의의 열린 원판 $D \subset \mathbf{R}^2$의 사영 $\pi[D]$가 열린 구간임에 유의하면 열린집합 $G \subset \mathbf{R}^2$의 상 $\pi[G]$에 속하는 임의의 점 $\pi(p)$는 $\pi[G]$에 포함되는 열린 구간에 속한다. 즉 $\pi[G]$는 열린집합이다. 따라서 π는 열린사상이다. 한편으로 π는 닫힌 사상이 아니다. 왜냐하면 집합 $A = \{\langle x, y \rangle : xy \geq 1,\ x > 0\}$는 닫힌집합이나 그 사영 $\pi[A] = (0, \infty)$는 닫힌집합이 아닌 까닭이다(다음 그림 7-4 참조).

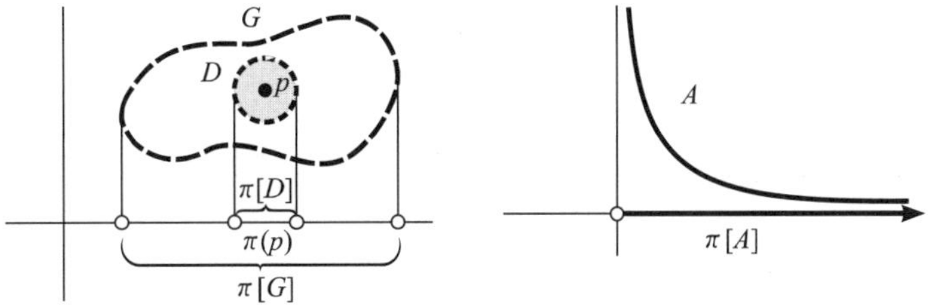

| 그림 7-4 |

7.6 위상동형공간

위상공간$(X, \mathscr{T})$란 우리들이 공부한 바와 같이 집합 X와 어떤 공리를 만족하는 X의 지정된 부분집합족 $\mathscr{T}$이다. 이와 같은 임의의 두 공간 $(X, \mathscr{T})$와 $(Y, \mathscr{T}^*)$ 사이에는 여러 가지 함수 $f: X \rightarrow Y$가 존재한다. 공간 $(X, \mathscr{T})$와 $(Y, \mathscr{T}^*)$의 어떤 구조의 양상을 보존하는 것이 연속함수인 까닭에 임의의 함수를 논하기보다 오히려 연속, 또는 열린 · 닫힌사상을 논하기로 한다.

이제 어떤 전단사(즉, 위로의 1대 1)사상 $f: X \rightarrow Y$가 존재한다 가정하자. 이 경우 f는 X의 멱집합, 즉 X의 부분집합족에서 Y의 멱집합으로의 전단사 $f: \mathscr{P}(X) \longrightarrow \mathscr{P}(Y)$를 유도한다. 만일에 이와 같은 관련함수에 의하여 $\mathscr{T}$도 $\mathscr{T}^*$의 위로 사상할 때, 즉 X의 열린집합과 Y의 열린집합 사이에 1대 1 대응이 존재할 때 공간$(X, \mathscr{T})$와 $(Y, \mathscr{T}^*)$는 위상적 관점에서 동일하다.

정의 두 위상공간 X와 Y에 대해서 f와 f^{-1}가 연속인 전단사(즉, 위로의 1대 1) $f: X \longrightarrow Y$가 존재하면 X와 Y는 **위상동형**(homeomorphic) 또는 **위상적 동치**(topologically equivalent)이라 하고, 함수 f를 **위상동형사상**(homeomorphism)이라 한다.
만일에 f가 열린사상이고 연속이면 함수 f는 **쌍연속**(bicontinuons) 또는 위상적(topological)이라 한다. 따라서 $f: X \longrightarrow Y$는 f가 쌍연속이고 전단사(위로의 1대 1의 함수)일 때 동형사상이다.

예제 3.1 $X = (-1, 1)$이라 하자. $f(x) = \tan\frac{1}{2}\pi x$로 정의되는 함수 $f : X \to \mathbf{R}$는 위로의 1대 1, 연속함수이다. 또한 역함수 f^{-1}은 또한 연속이다. 따라서 실직선 $\mathbf{R}$의 열린 구간 $(-1, 1)$은 위상동형이다.

예제 3.2 X와 Y를 이산위상공간이라 하면 예제 1.2에서 공부한 바와 같이 X에서 Y로의 모든 함수는 연속이다. 따라서 X와 Y는 X에서 Y로의 위로의 1대 1인 함수가 존재하면, 즉 이들의 기수가 동치일 때 위상동형이다.

> **명제 7-7** "X는 Y와 위상동형이다"로 정의되는 위상공간의 임의의 족에서 관계는 동치관계이다.

따라서 동치관계에 관한 기본적인 정리에 의하여 임의의 위상공간족은 위상동형공간의 족으로 유별될 수 있다.

7.7 위상적 성질

만일 위상공간$(X, \mathscr{T})$가 집합에 관한 성질 P를 만족할 때 항상 $(X, \mathscr{T})$와 위상동형인 모든 공간이 또한 P를 만족하면 집합에 관한 성질 P를 **위상적**(topological) 또는 **위상불변**(topological invariant)이라 한다.

예제 4.1 예제 3.1에서 공부한 바와 같이 실직선 $\mathbf{R}$는 열린 구간 $X = (-1, 1)$과 위상동형이었다. 따라서 길이(length)는 X와 $\mathbf{R}$가 상이한 길이를 갖는 까닭에 위상적 성질이 아니다. 그리고 유계성(boundedness)도 X는 유계하지만 $\mathbf{R}$는 유계하지 않으므로 위상적 성질이 아니다.

예제 4.2 X를 양의 실수의 집합, 즉 $X = (0, \infty)$라고 하자. $f(x) = 1/x$로 정의되는 함수 $f : X \longrightarrow X$는 X에서 X 위로의 위상동형사상이다. 점렬

$$\langle a_n \rangle = \langle 1, \frac{1}{2}, \frac{1}{3}, \cdots \rangle$$

은 위상동형사상에 의하여 점렬,

$$\langle f(a_n) \rangle = \langle 1, 2, 3, \cdots \rangle$$

이 대응된다. 점렬 $\langle a_n \rangle$은 코시열이나 점렬 $\langle f(a_n) \rangle$은 코시열이 아니다. 따라서 코시열이라는 성질은 위상적이 아니다.

위상수학의 대부분은 콤팩트성(compactness)과 연결성(connectedness)과 같은 어떤 위상적 성질에서 얻어진 결과에 관한 연구이다. 실제로 형식적으로 위상수학이란 위상적 불변에 대한 연구이다. 다음 예제에서 연결성을 정의하고 이것이 위상적 성질임을 밝히기로 한다.

예제 4.3 위상공간 $(X, \mathscr{T})$는 X가 공이 아니고 서로소인 두 열린부분집합의 합집합으로 되어 있을 때, 즉

$$G, H \in \mathscr{T}, \ G \cap H = \phi, \ G, H \neq \phi \text{이고}, \ X = G \cup H$$

일 때 비연결(disconnect)이라 한다. 만일에 $f : X \longrightarrow Y$가 위상동형사상이면

$$X = G \cup H \Longleftrightarrow Y = f[G] \cup f[H]$$

이므로, $\qquad X$가 비연결 $\Longleftrightarrow$ Y가 비연결

즉, 연결성은 위상적 성질이다.

비연결이 아닌 공간 $(X, \mathscr{T})$를 **연결**(connect)이라 한다.

7.8 사상에 의한 유도위상

$\{(Y_i, \mathscr{T}_i)\}$를 위상공간의 임의의 족이라 하고 각 Y_i에 대해서 공이 아닌 임의의 집합 X상에서 정의되는 함수 $f_i : X \longrightarrow Y_i$가 주어졌다 하자. 모든 함수 f_i가 연속이 되도록 하는 X상의 위상에 관해서 조사하고자 한다. f_i는 Y_i의 각 열린부분집합의 역상이 X의 열린부분집합이면 X상의 어떤 위상에 관하여 연속임을 상기하자. 따라서 다음과 같은 X의 부분집합족을 생각한다.

$$\mathscr{S} = \cup_i \{f_i^{-1}[H] : H \in \mathscr{T}_i\}.$$

즉, $\mathscr{S}$는 모든 공간 Y_i의 각 열린부분집합의 역상으로 이루어진 것이다. $\mathscr{S}$에 의하

여 생성되는 X상의 위상 $\mathscr{T}$를 함수 f_i에 의하여 **유도된**(induced) 또는 **생성된**(generated) 위상이라 한다. $\mathscr{T}$의 중요한 성질을 다음 정리에서 서술하기로 한다.

> **정리 7-8**
> (i) 모든 함수 f_i는 $\mathscr{T}$에 관하여 연속이다.
> (ii) $\mathscr{T}$는 함수 f_i를 연속이 되게 하는 X상의 모든 위상의 공통위상이다.
> (iii) $\mathscr{T}$는 함수 f_i를 연속이 되게 하는 X상의 최소, 즉 가장 거친 위상이다.
> (iv) $\mathscr{S}$는 위상 $\mathscr{T}$의 부분기저이다.

$\mathscr{S}$를 f_i에 의하여 유도된 위상, 즉 함수 f_i가 연속이 되도록 하는 X상의 가장 거친 위상에 관하여 **정의부분기저**(defining subbase)라 한다.

예제 5.1 π_1과 π_2를 평면 $\mathbf{R}^2$에서 $\mathbf{R}$로의 사영, 즉

$$\pi_1(\langle x, y\rangle) = x \text{와 } \pi_2(\langle x, y\rangle) = y$$

라 하자. 그림 7-5에서 설명된 바와 같이 $\mathbf{R}$의 열린구간 (a, b)의 역상은 $\mathbf{R}^2$의 무한히 긴 열린띠 모양의 면분이다.

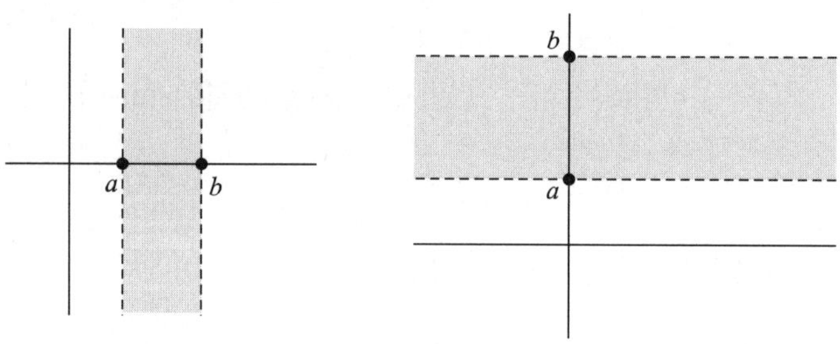

$\pi_1^{-1}[(a, b)]$ $\pi_2^{-1}[(a, b)]$

그림 7-5

이들 무한히 긴 열린띠 모양의 면분은 $\mathbf{R}^2$상의 보통위상의 부분기저를 이룸을 상기하자. 따라서 $\mathbf{R}^2$상의 보통위상은 사영 π_1과 π_2가 연속이 되게 하는 $\mathbf{R}^2$상의 최소위상이다.

연습문제

• 연속함수

1. $f : X \longrightarrow Y$를 상수함수, 예컨대 모든 $x \in X$에 대해서 $f(x) = p(x \in X)$라고 하자. 이 경우 X상의 위상 $\mathscr{T}$와 Y상의 위상 $\mathscr{T}^*$이 어떠할지라도 f는 연속임을 증명하여라.

풀이 Y의 임의의 $\mathscr{T}^*$-열린부분집합의 역상은 X의 $\mathscr{T}$-열린부분집합임을 밝히면 된다. $H \in \mathscr{T}^*$라고 하면 모든 $x \in X$에 대해서 $f(x) = p$이므로,

$$f^{-1}[H] = \begin{cases} X & (p \in H \text{일 때}) \\ \phi & (p \notin H \text{일 때}) \end{cases}$$

어느 경우에서나 $f^{-1}[H]$는 X와 ϕ가 X상의 모든 위상 $\mathscr{T}$에 속하므로 X의 열린부분집합이다.

2. $f : X \longrightarrow Y$를 임의의 함수라고 하자. $(Y, \mathscr{I})$가 밀착공간이면 $f : (X, \mathscr{T}) \longrightarrow (Y, \mathscr{I})$는 임의의 $\mathscr{T}$에 대해서 연속임을 증명하여라.

풀이 Y의 모든 열린부분집합의 역상은 X의 열린부분집합임을 밝히고자 한다. $(Y, \mathscr{I})$는 밀착위상공간인 까닭에 Y와 ϕ만이 Y의 열린부분집합이다. $f^{-1}[Y] = X$, $f^{-1}[\phi] = \phi$이고, X와 ϕ는 X상의 임의의 위상에 속한다. 따라서 f는 임의의 $\mathscr{T}$에 관해서 연속이다.

3. $\mathscr{U}$를 실직선 $\mathbf{R}$상의 보통위상이라 하고, $\mathscr{T}$를 열린-닫힌 구간 $(a, b]$에 의하여 생성된 $\mathbf{R}$상의 상한위상이라 하자. 또한 $f : \mathbf{R} \longrightarrow \mathbf{R}$는

$$f(x) = \begin{cases} x & (x \leq 1 \text{일 때}) \\ x+2 & (x > 1 \text{일 때}) \end{cases}$$

로 정의된다 하자(그림 7-6 참조).

(i) f는 $\mathscr{U}-\mathscr{U}$ 연속이 아님을 밝혀라.

(ii) f는 $\mathscr{T}-\mathscr{T}$ 연속임을 밝혀라.

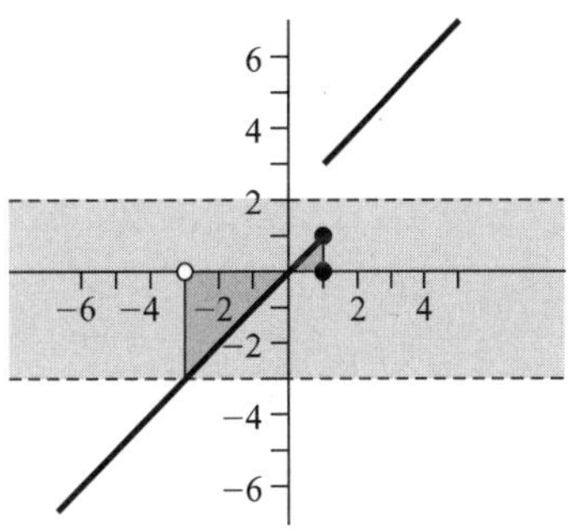

| 그림 7-6 |

풀이 (i) $A = (-3, 2)$라고 하면 $f^{-1}[A] = (-3, 1]$이다. 그런데 $A \in \mathscr{U}$이나 $f^{-1}[A] \notin \mathscr{U}$이므로 f는 $\mathscr{U}-\mathscr{U}$ 연속이 아니다.

(ii) $\mathscr{T}$의 부분기저의 원소 $A = (a, b]$의 역상은

$$f^{-1}[A]=\begin{cases} (a,\ b] & (a<b\le 1\text{일 때}) \\ (a,\ 1] & (a<1<b\le 3\text{일 때}) \\ (a,\ b-2] & (a<1<3<b\text{일 때}) \\ \phi & (1\le a<b\le 3\text{일 때}) \\ (1,\ b-2] & (1\le a<3<b\text{일 때}) \\ (a-2,\ b-2] & (3\le a<b\text{일 때}) \end{cases}$$

어느 경우에서도 $f^{-1}[A]$는 $\mathscr{T}$-열린집합이다. 따라서 f는 $\mathscr{T}$-$\mathscr{T}$ 연속이다.

4. 함수 $f:(X,\ \mathscr{T}_1)\longrightarrow(Y,\ \mathscr{T}_2)$는 $\mathscr{T}_1$-$\mathscr{T}_2$ 연속이 아니라 가정하자. 만일에 $\mathscr{T}_1^*$가 $\mathscr{T}_1$보다 거친 X상의 위상이고 $\mathscr{T}_2^*$가 $\mathscr{T}_2$보다 섬세한 Y상의 위상, 즉 $\mathscr{T}_1^*\subset\mathscr{T}_1$이고 $\mathscr{T}_2\subset\mathscr{T}_2^*$이라면, f는 또한 $\mathscr{T}_1^*$-$\mathscr{T}_2^*$ 연속이 아님을 밝혀라.

풀이 $f:(X,\ \mathscr{T}_1)\longrightarrow(Y,\ \mathscr{T}_2)$는 연속이 아닌 까닭에

$$f^{-1}[G]\notin\mathscr{T}_1\text{인 } G\in\mathscr{T}_2\text{가 존재한다.}$$

그런데 $\mathscr{T}_1^*\subset\mathscr{T}_1$이고 $\mathscr{T}_2\subset\mathscr{T}_2^*$이므로, $G\in\mathscr{T}_2$이면 $G\in\mathscr{T}_2^*$이고 $f^{-1}[G]\notin\mathscr{T}_1$이면 $f^{-1}[G]\notin\mathscr{T}_1^*$이다. 따라서 f는 $\mathscr{T}_1^*$와 $\mathscr{T}_2^*$에 관하여 연속이 아니다.

5. 항등함수 $i:(X,\ \mathscr{T})\longrightarrow(X,\ \mathscr{T}^*)$가 연속이기 위한 필요충분조건은 $\mathscr{T}$가 $\mathscr{T}^*$보다 섬세한 것, 즉 $\mathscr{T}^*\subset\mathscr{T}$로 되는 것임을 증명하여라.

풀이 정의에 의하여 i가 $\mathscr{T}$-$\mathscr{T}^*$연속이기 위한 필요충분조건은

$$G\in\mathscr{T}^*\Longrightarrow i^{-1}[G]\in\mathscr{T}$$

로 되는 것이다. 그런데 $i^{-1}[G]=G$이므로, i가 $\mathscr{T}$-$\mathscr{T}^*$ 연속이기 위한 필요충분조건은

$$G\in\mathscr{T}^*\Longrightarrow G\in\mathscr{T}$$

이다. 즉, $\mathscr{T}^*\subset\mathscr{T}$일 때 한해서 $\mathscr{T}$-$\mathscr{T}^*$연속이다.

6. (정리 7-2) $f:(X,\ \mathscr{T})\longrightarrow(Y,\ \mathscr{T}^*)$라고 하고, $\mathscr{S}$를 Y상의 위상 $\mathscr{T}^*$의 부분기저라고 하자. 이 경우 f가 연속이기 위한 필요충분조건은 부분기저 $\mathscr{S}$의 모든 원소의 역상이 X의 열린부분집합, 즉 모든 $S\in\mathscr{S}$에 대해서 $f^{-1}[S]\in\mathscr{T}$로 되는 것임을 증명하여라.

풀이 모든 $S\in\mathscr{S}$에 대해서 $f^{-1}[S]\in\mathscr{T}$라고 가정하자. f가 연속, 즉 $G\in\mathscr{T}^*$이면 $f^{-1}[G]\in\mathscr{T}$임을 밝히고자 한다. $G\in\mathscr{T}^*$라고 하면 부분기저의 정의에 의하여

$$G=\cup_i(S_{i_1}\cap\cdots\cap S_{in_i}),\quad \text{여기서 } S_{ik}\in\mathscr{S}$$

따라서 $f^{-1}[G]=f^{-1}[\cup_i(S_{i_1}\cap\cdots\cap S_in_i)]=\cup_i f^{-1}[S_{i_1}\cap\cdots\cap S_in_i]$
$=\cup_i(f^{-1}[S_{i_1}]\cap\cdots\cap f^{-1}[S_in_i])$

그런데 $S_{ik}\in\mathscr{S}$이므로 $f^{-1}[S_{i_k}]\in\mathscr{T}$이다. 따라서 이것은 열린집합의 유한개의 공통집합의 합집합인 까닭에 $f^{-1}[G]\in\mathscr{T}$이다. 따라서 f는 연속이다.
한편으로 f가 연속이면 $\mathscr{S}$의 원소를 포함하는 모든 열린집합의 역상은 열린집합이다.

7. f를 위상공간 X에서 단위구간 $[0, 1]$로의 함수라고 하자. 모든 $0<a,\ b<1$에 대해서 $f^{-1}[(a, 1]]$과 $f^{-1}[[0, b)]$가 X의 열린부분집합이면 f는 연속임을 밝혀라.

풀이 구간 $(a, 1]$과 $[0, b)$는 단위구간 $I=[0, 1]$의 부분기저를 이룸을 생각하면, f는 앞 문제, 즉 정리 7-2에 의하여 연속이다.

8. 함수 $f: X\longrightarrow Y$와 $g: Y\longrightarrow Z$를 연속이라 하면 합성함수 $g\circ f: X\longrightarrow Z$는 또한 연속임을 증명하여라.

풀이 G를 Z의 열린부분집합이라 하면 g는 연속인 까닭에 $g^{-1}[G]$는 Y의 열린집합이다. 그러나 f는 또한 연속이므로 $f^{-1}[g^{-1}[G]]$는 X의 열린집합이다. 그런데

$$(g\circ f)^{-1}[G]=f^{-1}[g^{-1}[G]]$$

이므로 Z의 모든 열린부분집합 G에 대해서 $(g\circ f)^{-1}[G]$는 X의 열린집합이다. 즉, $g\circ f$는 연속이다.

9. $\{\mathscr{T}_i\}$를 집합 X상의 위상족이라 하자. 함수 $f: X\longrightarrow Y$가 각 $\mathscr{T}_i$에 관하여 연속이라면 공통위상 $\mathscr{T}=\cap_i\mathscr{T}_i$에 관해서도 f는 연속임을 증명하여라.

풀이 G를 Y의 열린부분집합이라 하면 가정에 의하여 $f^{-1}[G]$는 각 $\mathscr{T}_i$에 속한다. 따라서 $f^{-1}[G]$는 공통위상에 속한다. 즉, $f^{-1}[G]\in\cap_i\mathscr{T}_i=\mathscr{T}$, 따라서 f는 $\mathscr{T}$에 관하여 연속이다.

10. (정리 7-3) 함수 $f: X\longrightarrow Y$가 연속이기 위한 필요충분조건은 Y의 모든 닫힌부분집합의 역상이 X의 닫힌부분집합으로 되는 것임을 증명하여라.

풀이 $f: X\longrightarrow Y$는 연속이라 하고 F를 Y의 닫힌부분집합이라 하면 F^c는 열린집합이므로 $f^{-1}[F^c]$는 X의 열린집합이다. 그러나 $f^{-1}[F^c]=(f^{-1}[F])^c$이므로 $f^{-1}[F]$는 닫힌집합이다. 역으로 F가 Y에서 닫힌집합이면 $f^{-1}[F]$는 X에서 닫힌집합이고, G를 Y의 열린부분집합이라면 G^c는 Y에 있어서 닫힌집합이다. 따라서 $f^{-1}[G^c]=(f^{-1}[F])^c$는 X의 닫힌집합이다. 따라서 $f^{-1}[G]$는 열린집합이므로 f는 연속이다.

11. (정리 7-4) 함수 $f: X \longrightarrow Y$가 연속이기 위한 필요충분조건은 모든 부분집합 $A \subset X$에 대해서 $f[\overline{A}] \subset \overline{f[A]}$임을 증명하여라.

풀이 $f: X \longrightarrow Y$는 연속이라 가정하자. 따라서 $f[A] \subset \overline{f[A]}$이므로

$$A \subset f^{-1}[f[A]] \subset f^{-1}[\overline{f[A]}]$$

그런데 $\overline{f[A]}$는 닫힌집합이므로, $f^{-1}[\overline{f[A]}]$는 또한 닫힌집합이고 따라서

$$A \subset \overline{A} \subset f^{-1}[\overline{f[A]}]$$

그러므로

$$f[\overline{A}] \subset \overline{f[A]} = f[f^{-1}[\overline{f[A]}]]$$

역으로 임의의 $A \subset X$에 대해서 $f[\overline{A}] \subset \overline{f[A]}$라 가정하고 F를 Y의 닫힌부분집합이라 하자. $A = f^{-1}[F]$가, 즉 닫힌집합 또는 같은 뜻으로 $\overline{A} = A$임을 밝히면 된다. 그런데

$$f[\overline{A}] = f[\overline{f^{-1}[F]}] \subset \overline{f[f^{-1}[F]]} = \overline{F} = F$$

따라서,

$$\overline{A} \subset f^{-1}[f[\overline{A}]] \subset f^{-1}[F] = A$$

그런데, $A \subset \overline{A}$ 이므로 $\overline{A} = A$이고 f는 연속이다.

12. $f: (X, \mathscr{T}) \longrightarrow (Y, \mathscr{T}^*)$가 연속이면 $f_A: (A, \mathscr{T}_A) \longrightarrow (Y, \mathscr{T}^*)$도 연속임을 증명하여라. 여기서 $A \subset X$이고 f_A는 f를 A로의 제한이다.

풀이 임의의 $G \subset Y$에 대해서 $f_A^{-1}[G] = A \cap f^{-1}[G]$임에 유의하자.
$G \in \mathscr{T}^*$라고 하면 $f^{-1}[G] \in \mathscr{T}$이므로 유도된 위상의 정의에 의하여 $A \cap f^{-1}[G] \in \mathscr{T}_A$이다. 따라서 $A \cap f^{-1}[G] = f_A^{-1}[G] \in \mathscr{T}_A$이므로 f_A는 연속이다.

• 점에서 연속

13. 어떤 조건에 대해서 함수 $f: X \longrightarrow Y$가 점 $p \in X$에서 연속이 아닌가?

풀이 함수 $f: X \longrightarrow Y$가 $p \in X$에서 연속이란 $f(p)$를 포함하는 모든 열린집합 $H \subset Y$의 역상 $f^{-1}[H]$가 p를 포함하는 열린집합의 포함집합일 때를 뜻한다. 따라서 f가 p에서 연속이 아님은, $f^{-1}[H]$가 p를 포함하는 부분집합이 어느 것이나 X의 열린집합이 아닌, $f(p)$를 포

함하는 Y의 열린집합 $H \subset Y$가 적어도 하나 존재할 때 $p \in X$에서 연속이 아니다.
같은 뜻으로 $f: X \longrightarrow Y$는 $f^{-1}[N]$가 p의 근방이 아닌 $f(p)$의 근방 N이 존재할 때 한해서 $p \in X$에서 연속이 아니다.

14. $X = \{a, b, c, d\}$상에서 정의된 다음 위상을 생각하자.

$$\mathscr{T} = \{X,\ \phi,\ \{a\},\ \{b\},\ \{a, b\},\ \{b, c, d\}$$

함수 $f: X \longrightarrow Y$는 그림 7-7에 의해서 정의된다 하자.

(i) f는 c에서 연속이 아님을 밝혀라.

(ii) f는 d에서 연속임을 밝혀라.

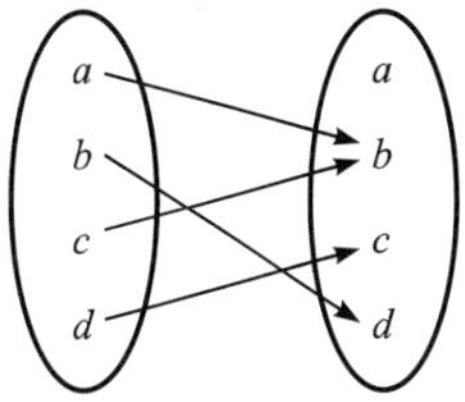

| 그림 7-7 |

풀이 (i) $\{a, b\}$는 $f(c) = b$를 포함하는 열린집합이고 또한 $f^{-1}[\{a, b\}] = \{a, c\}$임에 유의하면 $\{a, c\}$에 포함되고, c를 포함하는 열린집합이 존재하지 않는 까닭에 f는 c에서 연속이 아니다.

(ii) $f(d) = c$를 포함하는 유일한 열린집합은 $\{b, c, d\}$와 X이다. $f^{-1}[\{b, c, d\}] = X$와 $f^{-1}[X] = X$임에 유의하면 $f(d)$를 포함하는 각 열린집합의 역상이 d를 포함하는 열린집합인 까닭에 f는 d에서 연속이다.

15. 한 원소집합 $\{p\}$를 위상공간 X의 열린부분집합이라 가정하자. 임의의 위상공간 Y와 임의의 함수 $f: X \longrightarrow Y$에 대해서 f는 $p \in X$에서 연속임을 밝혀라.

풀이 $H \subset Y$를 $f(p)$를 포함하는 열린집합이라 하자. 그런데

$$f(p) \in H \Longrightarrow p \in f^{-1}[H] \Longrightarrow \{p\} \subset f^{-1}[H]$$

따라서 f는 p에서 연속이다.

16. $f: X \longrightarrow Y$가 $p \in X$에서 연속이면 p를 포함하는 부분집합으로 f의 제한은 또한 p에서 연속이다. 더욱 상세히 말하자면 A를 $p \in A \subset X$를 만족하는 위상공간$(X, \mathscr{T})$의 부분집합이라 하고 $f_A: A \longrightarrow Y$가 A로의 $f: X \longrightarrow Y$의 제한을 나타낸다 하자. 이 경우 f가 p에서 $\mathscr{T}$-연속이면, $\mathscr{T}_A$를 A로의 상대위상이라 할 때 f_A는 p에서 $\mathscr{T}_A$-연속임을 증명하여라.

풀이 $H \subset Y$를 $f(p)$를 포함하는 열린집합이라 하자. f는 p에서 연속인 까닭에

$$G \in \mathscr{T}\text{가 존재해서 } p \in G \subset f^{-1}[H]$$

를 만족한다. 따라서

$$p \in A \cap G \subset A \cap f^{-1}[H] = f_A^{-1}[H]$$

이다. 그런데 유도위상의 정의에 의하여 $A \cap G \in \mathscr{T}_A$이므로 f_A는 p에서 $\mathscr{T}_A$-연속이다.

17. (정리 7-5) X와 Y를 위상공간이라 하자. 이 경우 함수 $f : X \longrightarrow Y$가 연속이기 위한 필요충분조건은 모든 점 $p \in X$에서 연속인 것임을 증명하여라.

풀이 f는 연속이고 $H \subset Y$를 $f(p)$를 포함하는 열린집합이라 하자. 이 경우 $p \in f^{-1}[H]$이고 $f^{-1}[H]$는 열린집합이므로 f는 p에서 연속이다. 이제 f는 모든 점 $p \in X$에서 연속이고 $H \subset Y$를 열린집합이라고 하자.

모든 $p \in f^{-1}[H]$에 대해서 $p \in G_p \subset f^{-1}[H]$를 만족하는 열린집합 $G_p \subset X$가 존재한다. 따라서 $f^{-1}[H] = \cup \{G_p : p \in f^{-1}[H]\}$(열린집합의 합집합)이고, 따라서 $f^{-1}[H]$는 열린집합이므로 f는 연속이다.

18. (명제 7-6) 함수 $f : X \longrightarrow Y$가 $p \in X$에서 연속이면 f는 p에서 점렬연속이다. 즉, $(a_n \longrightarrow p) \Longrightarrow (f(a_n) \longrightarrow f(p))$임을 증명하여라.

풀이 $f(p)$의 임의의 근방 N은 함수열 $\langle f(a_1), f(a_2), \cdots \rangle$의 거의 모든 항을 포함함을 밝히면 된다.

N을 $f(p)$의 근방이라 하자. 가정에 의하여 f는 p에서 연속인 까닭에 $M = f^{-1}[N]$은 p의 근방이다. 만일에 점렬 $\langle a_n \rangle$이 p로 수렴하면 M은 점렬 $\langle a_1, a_2, \cdots \rangle$의 거의 모든 항을 포함한다. 즉, 거의 모든 $n \in N$에 대해서 $a_n \in M$이다. 그런데,

$$a_n \in M \Longrightarrow f(a_n) \in f[M] = f[f^{-1}[N]] = N.$$

따라서 거의 모든 $n \in N$에 대해서 $f(a_n) \in N$이므로, 점렬 $\langle f(a_n) \rangle$은 $f(p)$로 수렴한다. 따라서 f는 p에서 점렬연속이다.

• 열린사상과 닫힌사상, 위상동형사상

19. f는 연속이고 닫힌사상이나 열린사상이 아닌 실함수 $f : \mathrm{R} \longrightarrow \mathrm{R}$의 예를 들어라.

풀이 f를 상수함수, 예컨대 모든 $x \in \mathrm{R}$에 대해서 $f(x) = 1$이라 하면 임의의 $A \subset \mathrm{R}$에 대해서 $f[A] = \{1\}$이다. 따라서 f는 닫힌사상이나 열린사상은 아니다. 또한 f는 연속이다.

20. 실함수 $f : \mathrm{R} \longrightarrow \mathrm{R}$가 $f(x) = x^2$로 정의된다 하자. f는 열린사상이 아님을 밝혀라.

풀이 $A = (-1, 1)$을 열린집합이라 하자. $f[A] = [0, 1)$은 열린집합이 아니다. 따라서 f는 열린사상이 아니다.

21. $\mathscr{B}$를 위상공간 X의 기저라고 하고, $f: X \longrightarrow Y$이라 하자. $f[B]$가 모든 $B \in \mathscr{B}$에 대해서 Y의 열린집합이면 f는 열린사상임을 밝혀라.

풀이 X의 모든 열린부분집합의 상이 Y의 열린집합임을 밝히고자 한다. $G \subset X$를 열린집합이라 하자. $B_i \in \mathscr{B}$라고 할 때 기저의 정의에 의하여 $G = \cup_i B_i$이다. 따라서 $f[G] = f[\cup_i B_i] = \cup_i f[B_i]$. 가정에 의하여 $f[B_i]$는 Y의 열린집합이므로 열린집합의 합집합인 $f[G]$도 또한 Y의 열린집합이다. 따라서 f는 열린사상이다.

22. 닫힌 구간 $A = [a, b]$는 단위닫힌 구간 $I = [0, 1]$과 위상동형임을 밝혀라.

풀이 $f(x) = (b-a)x + a$에 의하여 정의되는 선형함수 $f: I \longrightarrow A$는 위로의 1대 1이고 쌍연속이다. 따라서 f는 위상동형사상이다.

23. 넓이는 위상적 성질이 아님을 밝혀라.

풀이 반지름 1을 갖는 열린 원판 $D = \{\langle r, \theta \rangle : r < 1\}$과 반지름 2를 갖는 열린 원판 $D^* = \{\langle r, \theta \rangle : r < 2\}$는 위상동형이다. 실제로 $f(\langle r, \theta \rangle) = \langle 2r, \theta \rangle$로 정의되는 함수 $f: D \longrightarrow D^*$는 위상동형사상이다. 여기서 $\langle r, \theta \rangle$는 평면 $\mathbf{R}^2$의 점의 극좌표를 나타낸다.

24. $f: (X, \mathscr{T}) \longrightarrow (Y, \mathscr{T}^*)$를 1대 1의 열린사상이고 $A \subset X$, $f[A] = B$라고 하자. 함수 $f_A: (A, \mathscr{T}_A) \longrightarrow (B, \mathscr{T}^*_B)$는 또한 1대 1의 열린사상임을 밝혀라. 여기서 f_A는 A로의 f의 제한을 나타내고, $\mathscr{T}_A$와 $\mathscr{T}^*_B$는 상대위상이다.

풀이 f가 1대 1이면 f의 모든 제한은 또한 1대 1이다. 따라서 f_A가 열린사상임을 밝히면 된다. $H \subset A$를 $\mathscr{T}_A$-열린집합이라고 하면 상대위상의 정의에 의하여 $G \in \mathscr{T}$일 때 $H = A \cap G$이다. f는 1대 1인 까닭에 $f[A \cap G] = f[A] \cap f[G]$이므로,

$$f_A[H] = f[H] = f[A \cap G] = f[A] \cap f[G] = B \cap f[G]$$

f는 열린사상이고 $G \in \mathscr{T}$인 까닭에 $f[G] \in \mathscr{T}^*$이므로 $B \cap f[G] \in \mathscr{T}^*_B$이고, 따라서 $f_A: (A, \mathscr{T}_A) \longrightarrow (B, \mathscr{T}^*_B)$는 열린사상이다.

25. $f: (X, \mathscr{T}) \longrightarrow (Y, \mathscr{T}^*)$를 위상동형사상이라 하고 $(A, \mathscr{T}_A)$를 $(X, \mathscr{T})$의 임의의 부분공간이라 하자. f_A를 A로의 f의 제한이고 $f[A] = B$이고 $\mathscr{T}^*_B$를 B상의 상대위상이라 할 때 $f_A: (A, \mathscr{T}_A) \longrightarrow (B, \mathscr{T}^*_B)$는 위상동형사상임을 밝혀라.

풀이 f는 위로 1대 1인 까닭에 $B = f[A]$일 때 $f_A: A \longrightarrow B$는 또한 위로의 1대 1이다. 따라서 f_A는 쌍연속, 즉 열린사상이고 연속임을 밝히면 된다. 앞 문제에 의하여 f_A는 열린사상이다. 또한 임의의 연속함수의 제한은 또한 연속이다. 따라서 $f_A: (A, \mathscr{T}_A) \longrightarrow (B, \mathscr{T}^*_B)$는

위상동형사상이다.

26. 임의의 구간 $A=(a, b)$는 실직선 $\mathbf{R}$의 부분공간으로 연결임을 밝혀라(연결성의 정의에 관해서 예제 4.3 참조).

풀이 A가 연결이 아니라 가정하면 열린집합 $G, H \subset \mathbf{R}$가 존재해서 $A \cap G$와 $A \cap H$는 공이 아닌 서로소이고 $(A \cap G) \cup (A \cap H)=A$를 만족한다. 함수 $f: A \longrightarrow \mathbf{R}$를

$$f(x)=\begin{cases}1 & (x \in A \cap G\text{일 때}) \\ 0 & (x \in A \cap H\text{일 때})\end{cases}$$

로 정의하면 f는 임의의 열린집합의 역상은 $A \cap G$, $A \cap H$, ϕ 또는 A의 어느 하나로 되는 까닭에 열린사상이므로 연속이다. 그러나 이 경우 중간값정리를 적용하여 $f(x_0)=\dfrac{1}{2}$로 되는 $x_0 \in A$가 존재한다. 그러나 이것은 불가능하므로 A는 연결이다.

27. 평면 $\mathbf{R}^2$의 다음 부분집합 X와 Y에 대해서 보통위상의 X, Y로의 상대화는 위상동형이 아님을 밝혀라.

$$X=\{x : d(x, p_0)=1 \text{ 또는 } d(x, p_1)=1 \,;\, p_0=\langle 0, -1\rangle,\ p_1=\langle 0, 1\rangle\}$$
$$Y=\{x : d(x, p)=1,\ p=\langle 0, 5\rangle\}$$

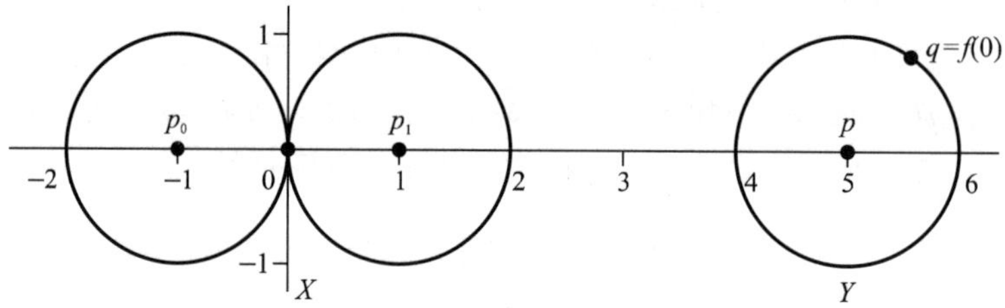

| 그림 7-8 |

풀이 위상동형사상 $f: X \longrightarrow Y$가 존재한다고 가정하고 $q=f(0)$, $X^*=X \setminus \{0\}$이고 $Y^*=Y-\{q\}$라고 하자. 이 경우 $f: X^* \longrightarrow Y^*$는 또한 상대위상에 관한 위상동형사상이다(문제 25 참조).

X^*는 비연결성, Y^*는 연결임을 밝히면, 연결성이 위상적 성질인 것에 모순되므로 증명은 끝난다. $q=\langle 5+\cos\theta_0,\ \sin\theta_0\rangle$이라 하면, $g(\theta)=\langle 5+\cos(\theta_0+\theta),\ \sin(\theta_0+\theta)\rangle$에 의하여 정의되는 함수 $g:(0, 2\pi) \longrightarrow Y^*$는 위상동형사상이다. 그러나 구간 $(0, 2\pi)$는 연결이므로 Y^*는 또한 연결이다.

한편으로 X^*는 연결이 아니다. 왜냐하면 집합

$$G=\{\langle x, y\rangle : x>0\},\ \ H=\{\langle x, y\rangle : x<0\}$$

는 모두 $\mathbf{R}^2$의 열린집합이다. 따라서 $G^*=X^*\cap G$와 $H^*=X^*\cap H$는 X^*의 열린부분집합이다. 또한 G^*와 H^*는 공이 아니고 서로소이며 $G^*\cup H^*=X^*$를 만족한다. 연결성은 위상적 성질인 까닭에 X^*는 Y^*와 위상동형이 아니므로 이와 같은 함수 f는 존재할 수 없다.

• 함수에 의한 유도위상

28. $\{f_i : X \longrightarrow (Y_i,\ \mathscr{T}_i)\}$를 임의의 집합 X에서 위상공간 $(Y_i\ \mathscr{T}_i)$로의 상수함수족이라 하자. 함수 f_i가 연속이 되게 하는 X상의 가장 거친 위상을 구하여라.

풀이 상수함수 $f : X \longrightarrow Y$는 X상의 모든 위상에 관하여 연속임을 상기하자(문제 1참조). 따라서 모든 상수함수 f_i는 X상의 밀착위상 $\{X, \phi\}$에 관하여 연속이다. X상의 밀착위상은 X상의 가장 거친 위상인 까닭에 이것은 또한 상수함수가 연속이 되게 하는 X상의 가장 거친 위상이다.

29. $Y=\{a, b, c, d\}$의 위상, 즉

$$\mathscr{T}=\{Y,\ \phi,\ \{c\},\ \{a, b, c\},\ \{c, d\}\}$$

를 생각하자. $X=\{1, 2, 3, 4\}$이고, 함수 $f : X \longrightarrow (Y,\ \mathscr{T})$와 $g : X \longrightarrow (Y,\ \mathscr{T})$가 다음 그림 7-9에 의하여 정의된다고 하자.

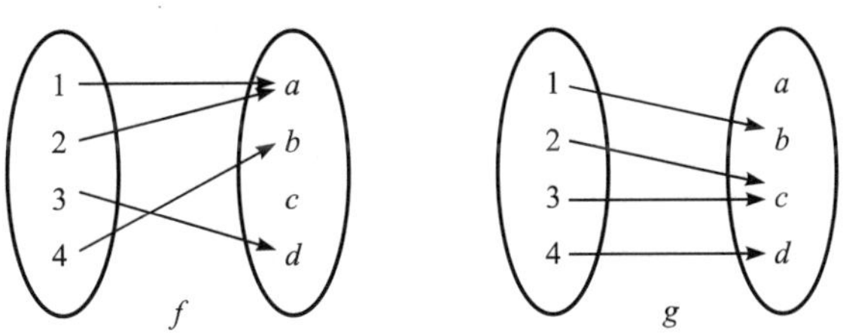

| 그림 7-9 |

f와 g에 의하여 유도된 X상의 위상 $\mathscr{T}^*$의 정의부분기저, 즉 f와 g가 연속이 되게 하는 가장 거친 위상을 구하여라.

풀이
$$\mathscr{S}=\{f^{-1}[H] : H\in\mathscr{T}\}\cup\{g^{-1}[H] : H\in\mathscr{T}\}$$

즉, $\mathscr{S}$는 f와 g에 의한 Y의 열린부분집합의 역상으로 이루어짐을 생각하면

$$\mathscr{S}=\{X,\ \phi,\ \{1, 2, 4\},\ \{3\},\ \{2, 3\},\ \{1, 2, 3\},\ \{2, 3, 4\}\}$$

30. $\mathscr{T}$를 닫힌-열린 구간 $[a, b)$로 생성되는 실수직선 $\mathbf{R}$상의 위상이라 하고 $\mathscr{T}^*$를 모든 선형함수의 족으로 유도되는 $\mathbf{R}$상의 위상이라 하자. 즉

$$f(x)=ax+b,\ a, b\in\mathbf{R}\text{로 정의되는 } f:\mathbf{R}\longrightarrow(\mathbf{R},\ \mathscr{T}).$$

$\mathscr{T}^*$는 $\mathbf{R}$상의 이산위상임을 밝혀라.

풀이 모든 $p\in\mathbf{R}$에 대해서 한 원소집합 $\{p\}$는 $\mathscr{T}^*$-열린집합임을 밝히고자 한다. $\mathscr{T}$-열린집합 $A=[1, 2)$와 선형함수,

$$f(x)=x-p+1,\ g(x)=-x-p+1$$

로서 정의되는 함수 $f:\mathbf{R}\longrightarrow(\mathbf{R},\ \mathscr{T})$와 $g:\mathbf{R}\longrightarrow(\mathbf{R},\ \mathscr{T})$를 생각하자. 이들은 그림 7-10에 설명되었다.

따라서 $A\in\mathscr{T}$이면,

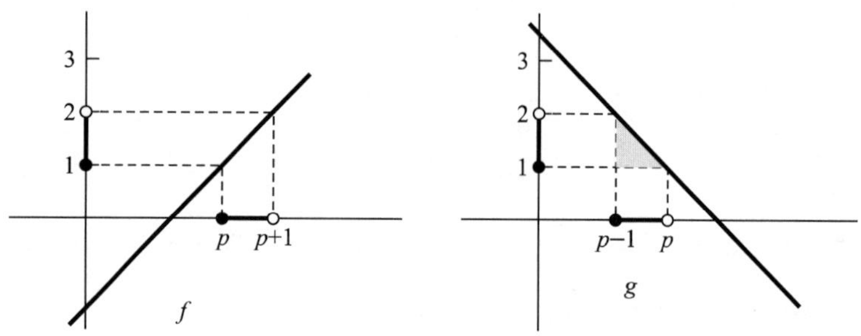

| 그림 7-10 |

$$f^{-1}[A]=[p, p+1)\text{이고 } g^{-1}[A]=(p-1, p]$$

이고 이것은 위상 $\mathscr{T}^*$의 정의부분기저에 속한다. 따라서 공통집합, 즉

$$(p-1, p]\cap[p, p+1)=\{p\}$$

는 $\mathscr{T}^*$에 속하고 따라서 $\mathscr{T}^*$는 $\mathbf{R}$상의 이산위상이다.

31. (정리 7-8) $\{f_i:X\longrightarrow(Y_i,\ \mathscr{T}_i)\}$를 임의의 공이 아닌 집합 X에서 정의된 함수족이라 하고,

$$\mathscr{S}=\cup_i\{f_i^{-1}[H]:H\in\mathscr{T}_i\}$$

이라 하자. $\mathscr{T}$를 $\mathscr{S}$에 의하여 생성된 X상의 위상이라 하면 다음이 성립됨을 증명하여라.

(i) 모든 함수 f_i는 $\mathscr{T}$에 관하여 연속이다.

(ii) $\mathscr{T}^*$가 함수 f_i가 연속이 되게 하는 X상의 모든 위상의 공통위상이면 $\mathscr{T}=\mathscr{T}^*$이다.

(iii) $\mathscr{T}$는 함수 f_i가 연속이 되게 하는 X상의 가장 거친 위상이다.

(iv) $\mathscr{S}$는 $\mathscr{T}$의 부분기저이다.

풀이 (i) 임의의 함수 $f_i:(X, \mathscr{T}) \longrightarrow (Y_i, \mathscr{T}_i)$에 대해서 $H \in \mathscr{T}_i$이라 하면 $f_t^{-1}[H] \in \mathscr{S} \subset \mathscr{T}$이다. 따라서 모든 f_i는 $\mathscr{T}$에 관하여 연속이다.

(ii) 문제 9에 의하여 모든 함수 f_i는 또한 $\mathscr{T}^*$에 관하여 연속이다. 따라서 $\mathscr{S} \subset \mathscr{T}^*$이고 $\mathscr{T}$는 $\mathscr{S}$에 의하여 생성되는 위상인 까닭에 $\mathscr{T} \subset \mathscr{T}^*$이다. 한편으로 $\mathscr{T}$는 f_i가 연속이 되게 하는 위상 중의 하나이다. 따라서 $\mathscr{T}^* \subset \mathscr{T}$이므로 $\mathscr{T}=\mathscr{T}^*$이다.

(iii) (ii)에서부터 성립한다.

(iv) 집합의 임의족은 부분기저가 생성하는 위상의 부분기저라는 사실로부터 성립한다.

보충문제

• 연속함수

32. $f : X \longrightarrow Y$가 연속이기 위한 필요충분조건은 모든 $A \subset X$에 대해서 $f^{-1}[A^\circ] \subset (f^{-1}[A])^\circ$ 임을 증명하여라.

33. X와 Y를 위상공간, $X = E \cup F$라 하고 $f : E \longrightarrow Y$와 $g : F \longrightarrow Y$는 $E \cap F$상에서 $f = g$일 때 상대위상에 관하여 연속이라 하자. $h = f \cup g$가 X에서 Y로의 함수임에 유의하고서

(i) h는 연속이라 할 수 없음을 예를 들어 밝혀라.

(ii) E과 F가 모두 열린집합이면 h는 연속임을 증명하여라.

(iii) E과 F가 모두 닫힌집합이면 h는 연속임을 증명하여라.

34. $f : X \longrightarrow Y$를 연속이라 하자. $f : X \longrightarrow f[X]$는 또한 $f[X]$가 상대위상을 가질 때 연속임을 밝혀라.

35. X를 위상공간, $\chi_A : X \longrightarrow \mathbf{R}$를 X의 어떤 부분집합 A의 특성함수라고 하자. χ_A가 $p \in X$에서 연속이기 위한 필요충분조건은 p가 A의 경계점이 아님을 밝혀라($x \in A$일 때 $\chi_A(x) = 1$이고 $x \in A^c$일 때 $\chi_A(x) = 0$임을 생각하여라).

36. 보통위상을 갖는 실직선 $\mathbf{R}$를 생각하자. 모든 함수 $f : X \longrightarrow \mathbf{R}$가 연속이면 X는 이산공간임을 밝혀라.

• 열린사상과 닫힌사상

37. $f : (X, \mathscr{T}) \longrightarrow (Y, \mathscr{T}^*)$라고 하자. 다음을 증명하여라.

(i) f가 닫힌사상이기 위한 필요충분조건은 모든 $A \subset X$에 대해서 $\overline{f[A]} \subset f[\overline{A}]$이다.

(ii) f가 열린사상이기 위한 필요충분조건은 모든 $A \subset X$에 대해서 $f[A^\circ] \subset (f[A])^\circ$ 이다.

38. $f(x)=\sin(1/x)$에 의하여 정의된 함수 $f:(0, \infty) \longrightarrow [-1, 1]$은 연속이나, $(0, \infty)$와 $[-1, 1]$이 보통위상의 상대위상일 때 열린사상도 아니고 닫힌사상도 아님을 밝혀라.

39. $f:(X, \mathscr{T}) \longrightarrow (Y, \mathscr{T}^*)$를 위로의 열린사상이라 하고 $\mathscr{B}$를 $\mathscr{T}$의 기저라고 하자. 이 경우 $\{f[B]: B \in \mathscr{B}\}$는 $\mathscr{T}^*$의 기저임을 증명하여라.

40. 함수 f가 열린사상일지라도 A로의 f의 제한인 f_A인 열린사상이라 할 수 없는 함수 $f: X \longrightarrow Y$와 부분집합 $A \subset X$의 예를 들어라.

• 위상동형사상, 위상적 성질

41. $f: X \longrightarrow Y$와 $g: Y \longrightarrow Z$는 연속이고, $g \circ f: X \longrightarrow Z$가 위상동형사상이라 하자. g가 1대 1(또는 f가 위로의 함수)이면 f와 g는 위상동형사상임을 밝혀라.

42. 다음 각각은 위상적 성질임을 증명하여라.
(i) 집적점 (ii) 내부 (iii) 경계 (iv) 조밀 (v) 근방

43. $f: X \longrightarrow Y$를 위상동형사상이라 하고 $A \subset X$는 $A \cap A' = \phi$인 성질을 갖는다 하자. 이 경우 $f[A] \cap (f[A])' = \phi$임을 증명하여라($A \cap A' = \phi$인 성질을 갖는 부분집합 $A \subset X$를 **고립되었다**(isolated) 한다. 따라서 고립된 성질은 위상적 성질이다).

• 함수에 의한 유도위상

44. $Y=\{a, b, c, d\}$상의 위상, $\mathscr{T}=\{Y, \phi, \{a, b\}, \{c, d\}\}$를 생각하자. $X=\{1, 2, 3, 4, 5\}$이고 $f: X \longrightarrow Y$와 $g: X \longrightarrow Y$를 다음과 같다 하자.

$$f=\{\langle 1, a\rangle, \langle 2, a\rangle, \langle 3, b\rangle, \langle 4, b\rangle, \langle 5, d\rangle\},$$
$$g=\{\langle 1, c\rangle, \langle 2, b\rangle, \langle 3, d\rangle, \langle 4, a\rangle, \langle 5, c\rangle\}$$

f와 g에 의하여 유도된 X상의 위상의 정의부분기저를 구하여라.

45. $f: X \longrightarrow (Y, \mathscr{T}^*)$라고 하자. $\mathscr{S}$를 오직 함수 f에 의하여 유도된 위상 $\mathscr{T}$의 정의부분기저라고 하면 $\mathscr{S}=\mathscr{T}$임을 밝혀라.

46. $\{f_i : X \longrightarrow (Y_i, \mathscr{T}_i)\}$를 임의의 집합 X상에서 정의된 함수족이라 하고 $\mathscr{S}_i$를 Y_i상의 위상 $\mathscr{T}_i$의 부분기저라고 하자. 이 경우 족 $\mathscr{S}^* = \cup_i \{f_i^{-1}[S] : S \in \mathscr{S}_i\}$는 다음 성질을 가짐을 증명하여라.

(i) $\mathscr{S}^*$는 함수 f_i에 의해서 유도된 X상의 위상의 정의부분기저 $\mathscr{S}$의 부분족이다.

(ii) $\mathscr{S}^*$는 또한 $\mathscr{T}$의 부분기저이다.

47. 선형함수, 즉

$$f(x) = ax + b,\ a, b \in \mathbf{R}\text{에 의하여 정의되는 } f : \mathbf{R} \longrightarrow (\mathbf{R}, \mathscr{U})$$

가 연속이 되게 하는 실직선 $\mathbf{R}$상의 가장 거친 위상은 또한 보통위상 $\mathscr{U}$와 일치함을 밝혀라.

• 보충문제의 답

33. (i) $X=(0, 2)$이고 $E=(0, 1)$, $F=[1, 2)$라고 하자. 이 경우 $f(x)=1$과 $g(x)=2$는 각각 연속함수이나 $h=f \cup g$는 연속이 아니다.

44. $\{X, \phi, \{1, 2, 3, 4\}, \{5\}, \{2, 4\}, \{1, 3, 5\}\}$

45. 힌트 : $\mathscr{S}$는 위상임을 밝혀라.

08 G·E·N·E·R·A·L·T·O·P·O·L·O·G·Y

거리공간과 노름 공간

8.1 거 리

X를 공이 아닌 집합이라 하자. 모든 a, b, $c \in X$에 대하여 다음 공리를 만족하는 $X \times X$상, 즉 X에 속하는 원소의 순서쌍에서, 정의되는 실수값함수 d를 X상의 **거리**(metric) 또는 **거리함수**(distance function)라고 한다.

[$\mathbf{M}_1$] $d(a, b) \geq 0$이고 $d(a, a) = 0$

[$\mathbf{M}_2$] $d(a, b) = d(b, a)$ [**대칭성**(symmetry)]

[$\mathbf{M}_3$] $d(a, c) \leq d(a, b) + d(b, c)$[**3각부등식**(triangle inequality)]

[$\mathbf{M}_4$] $a \neq b$이면 $d(a, b) > 0$

실수값 $d(a, b)$를 a에서 b까지의 **거리**(distance)라고 한다.

[$\mathbf{M}_1$]은 임의의 점에서 다른 점까지의 거리는 절대로 음이 될 수 없고 동일점으로의 거리는 0임을 주장하고 있다. 공리 [$\mathbf{M}_2$]는 점 a에서 점 b까지의 거리는 b에서 a까지의 거리와 같음을 주장한다. 따라서 a와 b 사이의 거리를 말한다.

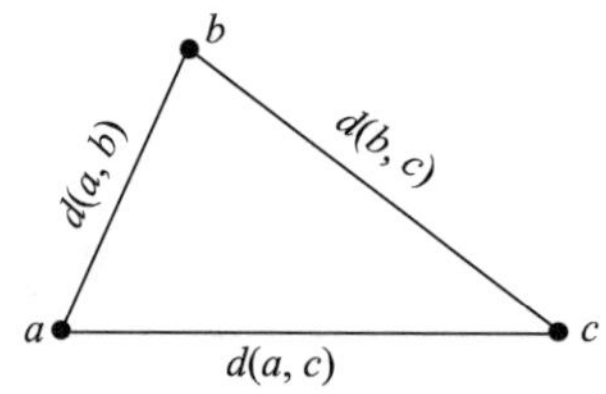

| 그림 8-1 |

[$\mathbf{M}_3$]는 a, b와 c가 그림 8-1에서 설명된 바와 같은 평면 $\mathbf{R}^2$의 점이면 [$\mathbf{M}_3$]는 3각형의 한 변의 길이 $d(a, c)$는 3각형의 다른 두 변의 길이의 합 $d(a, b) + d(b, c)$보다 작거나 같음을 주장하는 까닭에 3각부등식이라 불린다. 마지막 공리 [$\mathbf{M}_4$]는 상이한 두 점간의 거리가 양임을 주장한다.

이제 몇 가지 거리의 예를 들기로 한다. 이들이 실제적으로 소요하는 공리를 만족함은 나중에 증명하기로 한다.

예제 1.1 a와 b를 실수라 할 때 $d(a, b) = |a - b|$로 정의되는 함수 d는 거리이고, 실직선 $\mathbf{R}$상의 **보통거리**(usual metric)라고 부른다. 또한 $p = \langle a_1, a_2 \rangle$, $q = \langle b_1, b_2 \rangle$를 평면 $\mathbf{R}^2$의 점이라 할 때

$$d(p, q) = \sqrt{(a_1 - b_1)^2 + (a_2 - b_2)^2}$$

으로서 정의되는 함수 d는 거리이고, 이것을 $\mathbf{R}^2$상의 **보통거리**라 한다. 앞으로 다른 말이 없는 한 이들을 $\mathbf{R}$와 $\mathbf{R}^2$상의 거리로 가정할 것이다.

예제 1.2 X를 임의의 공이 아닌 집합이라 하고 d를

$$d(a, b) = \begin{cases} 0 & (a = b\text{일 때}) \\ 1 & (a \neq b\text{일 때}) \end{cases}$$

로 정의된 함수라 하자. 이 경우 d는 X상의 거리이다. 이와 같은 거리함수 d는 관례적으로 X상의 **자명거리**(trivial metric)라고 불린다.

예제 1.3 $\mathscr{C}[0, 1]$로 닫힌단위구간 $[0, 1]$상의 연속함수족을 나타낸다 하자. 하나의 거리 d는 연속함수족 $\mathscr{C}[0, 1]$상에서 다음과 같이 정의된다.

$$d(f, g) = \int_0^1 |f(x) - g(x)|\, dx.$$

여기서 $d(f, g)$는 그림 8-2에서 표시된 바와 같이 두 함수 사이에 있는 영역의 넓이를 나타낸다.

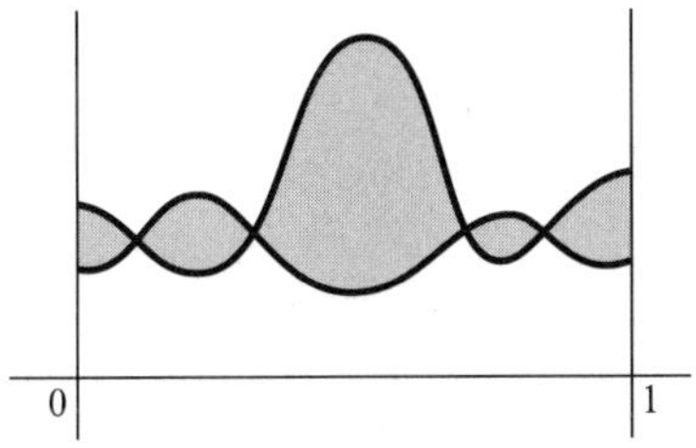

$d(f, g)$는 음영부분

| 그림 8-2 |

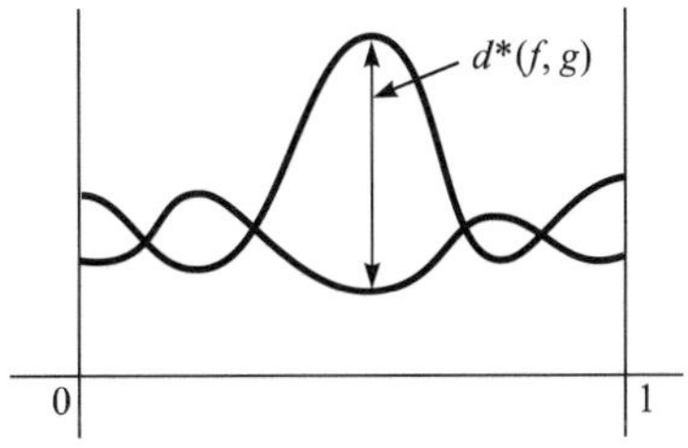

| 그림 8-3 |

예제 1.4 다시 $[0, 1]$상의 연속함수족을 $\mathscr{C}[0, 1]$로 나타내자. 다른 거리 d^*를 다음에서와 같이 $\mathscr{C}[0, 1]$상에서 정의할 수 있다.

$$d^*(f, g) = \sup\{|f(x) - g(x)| : x \in [0, 1]\}.$$

여기서 $d^*(f, g)$는 그림 8-3에 표시된 바와 같이 두 함수 사이의 수직 방향으로의 최대 간격이다.

예제 1.5 $p = \langle a_1, a_2 \rangle$와 $q = \langle b_1, b_2 \rangle$를 평면 $\mathbf{R}^2$의 임의의 점, 즉 실수의 순서쌍이라 하자. 다음에 의해서 정의된 함수 d_1, d_2, 즉

$$d_1(p,\ q)=\max(|a_1-b_1|,\ |a_2-b_2|),\ \ d_2(p,\ q)=|a_1-b_1|+|a_2-b_2|$$

는 $\mathbf{R}^2$상의 상이한 거리이다.

$[\mathrm{M}_1]$, $[\mathrm{M}_2]$와 $[\mathrm{M}_3]$를 만족하되 반드시 $[\mathrm{M}_4]$를 만족할 필요가 없는 함수 ρ를 **유사거리**(pseudometric)라고 한다. 거리에 대한 여러 가지 성질은 또한 유사거리에 대해서도 성립한다.

8.2 집합간의 거리 · 지름

d를 집합 X상의 거리라 하자. 점 $p\in X$와 X의 공이 아닌 부분집합 A 사이의 **거리**(distance)는 다음과 같이 정의되고 표기된다.

$$d(p,\ A)=\inf\{d(p,\ q):a\in A\}$$

즉, p에서 A의 점까지의 거리에 대한 최대하계이다. 또한 X의 공이 아닌 두 부분집합 A와 B 사이의 거리는 다음과 같이 정의되고 표기된다.

$$d(A,\ B)=\inf\{d(a,\ b):a\in A,\ \ b\in B\}.$$

즉, A의 점에서 B의 점까지의 거리의 최대하계이다.

X의 공이 아닌 부분집합 A의 **지름**(diameter)은 다음과 같이 정의되고 표기된다.

$$d(A)=\sup\{d(a,\ a'):a,\ a'\in A\}.$$

즉, A에 속하는 두 점간의 거리의 최소상계이다. 만일에 A의 지름이 유한, 즉 $d(A)<\infty$이면 A는 **유계**(bounded)하다 한다. 만일에 유계하지 않으면, 즉 $d(A)=\infty$이면 A는 **유계하지 않다**(unbounded)고 한다.

예제 2.1 d를 공이 아닌 집합 X상의 자명거리라고 하면 $p\in X$와 $A,\ B\subset X$에 대해서

$$d(p,\ A)=\begin{cases}1 & (p\not\in A\text{일 때})\\ 0 & (p\in A\text{일 때})\end{cases},\ \ d(A,\ B)=\begin{cases}1 & (A\cap B=\phi\text{일 때})\\ 0 & (A\cap B\neq\phi\text{일 때})\end{cases}$$

예제 2.2 실직선 $\mathbf{R}$상의 다음 구간, 즉 $A=[0, 1)$, $B=(1, 2]$를 생각하자. d가 $\mathbf{R}$상의 보통거리이면 $d(A, B)=0$이다. 한편으로 d^*가 $\mathbf{R}$상의 자명거리이면 A와 B는 서로소인 까닭에 $d^*(A, B)=1$이다.

위 정의에서부터 다음 명제를 쉽게 얻을 수 있다.

> **명제 8-1** A와 B를 X의 공이 아닌 부분집합이라 하고, $p\in X$라고 하면 다음이 성립한다.
> (i) $d(p, A)$, $d(A, B)$와 $d(A)$는 음이 아닌 실수이다.
> (ii) $p\in A$이면 $d(p, A)=0$
> (iii) $A\cap B$가 공집합이 아니면 $d(A, B)=0$
> (iv) A가 유한이면 $d(A)<\infty$, 즉 A는 유계하다.

(ii), (iii)과 (iv)의 역은 성립하지 않음을 주의하기 바란다.
편의상 공집합 ϕ에 대해서 다음 규약이 적용된다.

$$d(p, \phi)=\infty,\ d(A, \phi)=d(\phi, A)=\infty,\ d(\phi)=-\infty$$

8.3 열린 구

d를 집합 X상의 거리라고 하자. 임의의 점 $p\in X$와 임의의 실수 $\delta>0$에 대해서 p에서부터 거리 δ 이내의 점의 집합을 $S_d(p, \delta)$ 또는 간단히 $S(p, \delta)$로 나타내자. 즉,

$$S(p, \delta)=\{x : d(p, x)<\delta\}$$

$S(p, \delta)$를 중심이 p이고 반지름이 δ인 **열린 구**(open sphere) 또는 간단히 **구**(sphere)라 한다. 이것을 또한 **구근방**(spherical neighborhood) 또는 **공**(ball)이라고도 한다.

예제 3.1 평면 $\mathbf{R}^2$의 점 $p=\langle 0, 0\rangle$과 실수 $\delta=1$을 생각하자. d가 $\mathbf{R}^2$상의 보통거리라면 $S_d(p, \delta)$는 아래 그림에서 설명된 바와 같은 단위 열린 원판이다. 한편으로 d_1과 d_2가 예제 1.5에서 정의된 $\mathbf{R}^2$상의 거리라면 $S_{d_1}(p, \delta)$와 $S_{d_2}(p, \delta)$는 그림 8-4에서 설명된 바와 같은 $\mathbf{R}^2$의 열린 정사각형이다.

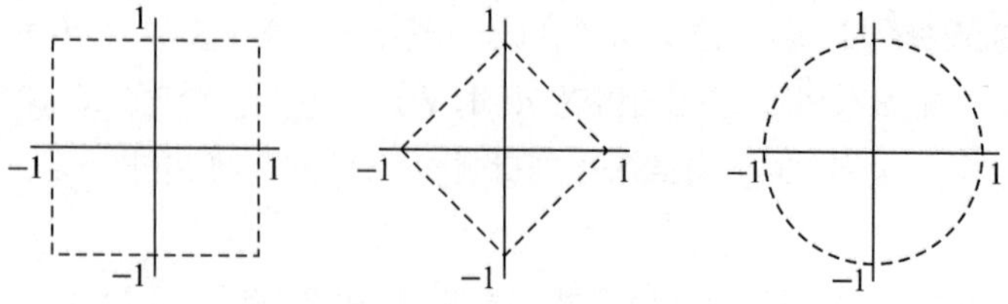

| 그림 8-4 |

예제 3.2 d로 어떤 집합 X상의 자명거리를 나타내고, $p \in X$라고 하자. p와 p 이외의 X의 모든 점 사이의 거리가 1임에 유의하면,

$$S(p, \delta) = \begin{cases} X & (\delta > 1\text{일 때}) \\ \{p\} & (\delta \le 1\text{일 때}) \end{cases}$$

예제 3.3 d를 실직선 $\mathbf{R}$상의 보통거리, 즉 $d(a, b) = |a-b|$라고 하면 열린 구 $S(p, \delta)$는 열린구간 $(p-\delta, p+\delta)$이다.

예제 3.4 d를 다음에서 정의되는 $[0, 1]$상의 모든 연속함수족 $\mathscr{C}[0, 1]$상의 거리라고 하자(예제 1.4 참조).

$$d(f, g) = \sup\{|f(x) - g(x)| : x \in [0, 1]\}$$

$\delta > 0$와 함수 $f_0 \in \mathscr{C}[0, 1]$에 대해서 열린구 $S(f_0, \delta)$는 그림 8-5에서 표시된 바와 같이 $f_0 - \delta$와 $f_0 + \delta$로 둘러싸인 영역 내에 있는 모든 연속함수 g로 이루어진다.

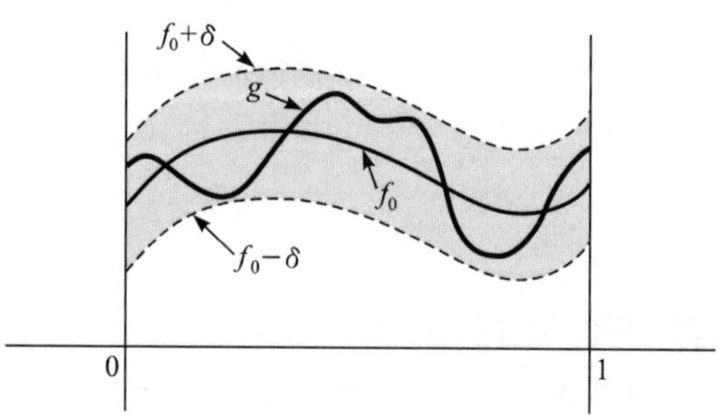

| 그림 8-5 |

거리공간에 있어서 열린구에 관한 중요한 성질은 다음 보조정리와 같다.

보조 정리 8-2 S를 중심 p에 두고 반지름 δ인 열린구라 하면 모든 점 $q \in S$에 대해서 q에 중심을 두는 열린구 T가 존재해서 T는 S에 포함된다(그림 8-6의 벤도표를 참조).

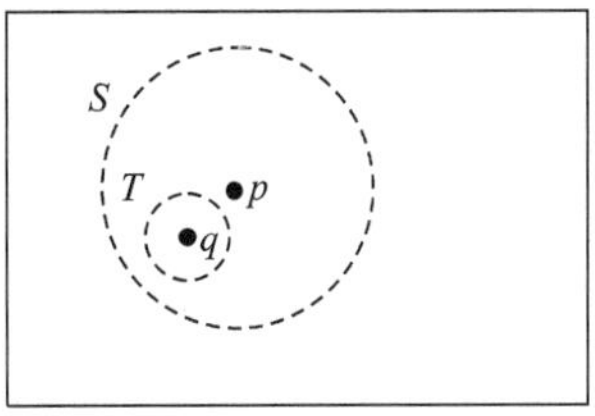

| 그림 8-6 |

8.4 거리위상 · 거리공간

일반적으로 두 열린구의 공통부분은 하나의 열린구가 된다고 할 수 없다. 그러나 두 열린구의 공통집합에 포함되는 하나의 열린구가 존재함을 밝히자. 즉

보조 정리 8-3 S_1과 S_2를 열린구라고 하고 $p \in S_1 \cap S_2$라면 중심을 p에 갖는 열린구 S_p가 존재해서 $p \in S_p \subset S_1 \cap S_2$로 된다.

따라서 정리 6-1에서부터 다음이 성립한다.

정리 8-4 거리 d를 갖는 집합 X의 **열린구족**(the class of open shperes)은 X상의 위상의 기저를 이룬다.

정의 d를 공이 아닌 X상의 거리라고 하자. X의 열린구족에 의하여 생성되는 X상의 위상을 **거리위상**(metric totplogy) [또는 거리 d에 의하여 **유도된**(induced)**위상**] 이라 한다. 또한 거리 d에 의하여 생성된 위상 $\mathscr{T}$를 갖는 집합 X를 **거리공간**(metric space)이라 하고 (X, d)로 표현한다.

따라서 거리공간은 거리에 의하여 유도된 위상을 갖는 하나의 위상공간이다. 따라서 위상공간에 대해서 정의된 모든 개념, 예컨대 열린집합, 닫힌집합, 근방, 집적점, 폐포 등은 또한 거리공간에 대해서도 정의될 수 있다.

예제 4.1 d가 실수직선 $\mathbf{R}$상의 보통거리, 예컨대 $d(a, b) = |a - b|$이라면 $\mathbf{R}$의 열린구는 유한열린구간과 일치한다. 따라서 d에 의하여 유도된 $\mathbf{R}$상의 보통거리

위상은 보통위상이다. 같은 방법으로 평면 $\mathbf{R}^2$상의 거리에 의하여 유도된 거리위상은 $\mathbf{R}^2$상의 보통위상이다.

예제 4.2 d를 어떤 집합 X상의 자명거리라 하자. 임의의 $p \in X$에 대해서 열린구 $S\left(p, \frac{1}{2}\right)$는 $\{p\}$임에 유의하자. 따라서 모든 한 원소집합은 열린집합이고 따라서 모든 집합은 열린집합이다. 바꾸어 말하자면 X상의 자명거리가 유도하는 거리위상은 X상의 이산위상이다.

예제 4.3 (X, d)를 거리공간이라 하고 Y를 X의 공이 아닌 부분집합이라 하자. 부분집합 Y에 속하는 점으로 함수 d의 제한은 또한 d로 표현되고 이것은 Y상의 거리로 된다. (Y, d)를 (X, d)의 **거리부분공간**(metric subspace)이라 한다. (Y, d)는 (X, d)의 부분공간이 되고, 상대위상과 일치한다.

흔히 거리공간 (X, d)로 쓰는 대신에, 간단히 거리공간인 동시에 거리가 정의된 모집합(기초집합 : underlying set) X로 표현한다.

8.5 거리위상의 성질

거리공간의 위상은 거리에 의하여 유도되는 까닭에 X의 위상적 성질은 X의 거리성질과 관계된다고 기대할 수 있다. 예컨대,

정리 8-5 p를 거리공간 X에 속하는 점이라 하면 열린구의 가산족 $\left\{S(p, 1),\ S\left(p, \frac{1}{2}\right),\ S\left(p, \frac{1}{3}\right),\ \cdots\right\}$은 p에서 국소기저를 이룬다.

정리 8-6 거리공간 X의 부분집합 A의 폐포 $\overline{A}$는 A에서부터의 거리가 영인 점의 집합, 즉 $\overline{A} = \{x : d(x, A) = 0\}$이다.

공리 $[\mathrm{M}_4]$에 의하여 한 원소집합 $\{p\}$로부터의 거리가 0인 유일한 점은 p 자신이다. 즉

$$d(x, \{p\}) = 0 \text{이면 } x = p$$

임을 뜻함을 알 수 있다. 따라서 앞 정리에 의하여 거리공간에 있어서 한 원소집합 $\{p\}$는 닫힌집합이다. 따라서 한 원소집합의 유한개의 합집합, 즉 유한집합은 또한 닫힌집합이다. 이 결과를 형식적으로 다음과 같이 기술할 수 있다.

따름정리 8-7 거리공간 X에 있어서 모든 유한집합은 닫힌집합이다.

이와 같이 거리공간 X는 일반적으로 위상공간에 대해서 성립하지 않는 어떤 위상적 성질을 가짐을 알 수 있다.

다음은 거리공간에서 중요한 "**분리**"(separation) 성질이다.

정리 8-8 **분리공리** : A와 B를 거리공간 X의 서로소인 닫힌부분집합이라 하자. 이 경우 $A \subset G$와 $B \subset H$로 되는 서로소인 열린집합 G와 H가 존재한다(그림 8-7의 벤도표 참조).

위 정리에서부터 서로소인 두 닫힌집합 사이의 거리는 영보다 크다고 생각할 수 있으나, 다음 예제에서 알 수 있는 바와 같이 반드시 그러하지는 않다.

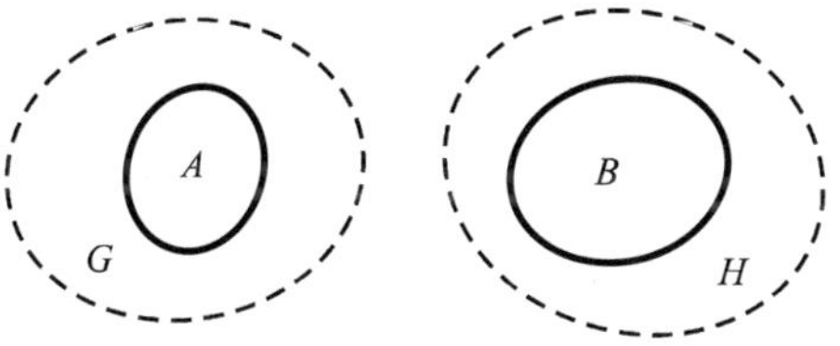

| 그림 8-7 |

예제 5.1 그림 8-8에서 표시된 평면 $\mathbf{R}^2$의 다음 집합을 생각하자.

$$A = \{(x, y) : xy \geq -1,\ x < 0\},\quad B = \{(x, y) : xy \geq 1,\ x > 0\}$$

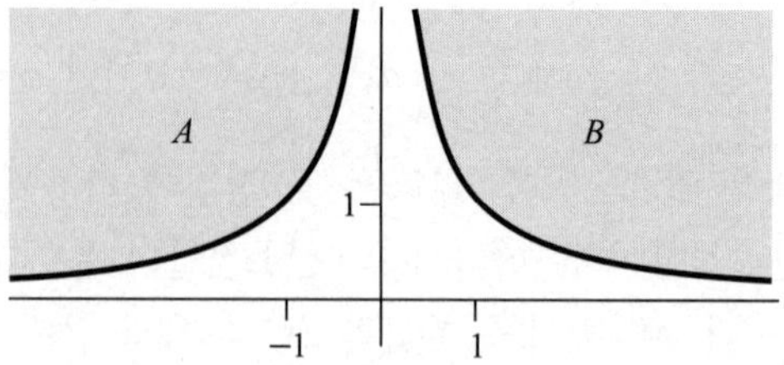

| 그림 8-8 |

A와 B는 다같이 닫힌집합이고 서로소이다. 그러나 $d(A, B) = 0$임을 알 수 있다.

8.6 동치거리

집합 X상의 두 거리 d와 d^*가 X상의 같은 위상을 유도할 때, 즉 X의 d-열린구와 d^*-열린구가 X상의 같은 위상의 기저이면 d와 d^*는 **동치**(equivalent)라 한다.

예제 6.1 예제 1.5에 정의된 보통거리 d와 거리 d_1, 거리 d_2는 모두 평면 $\mathbf{R}^2$상의 보통위상을 유도한다. 왜냐하면 각 거리의 열린구족(그림 8-9에 설명된)은 $\mathbf{R}^2$상의 보통위상에 대한 기저인 까닭이다.

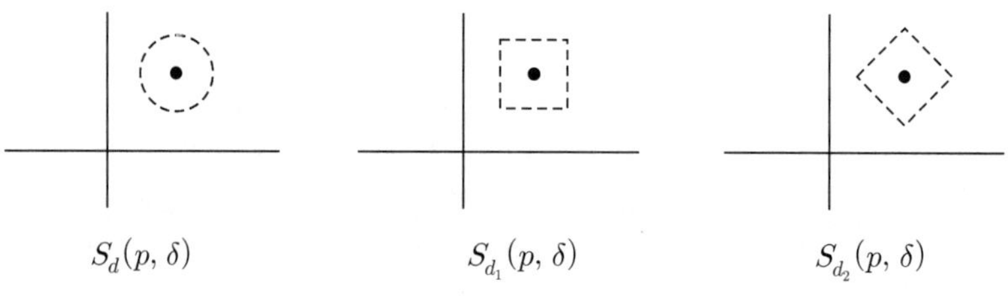

| 그림 8-9 |

따라서 이들 거리는 동치이다.

예제 6.2 다음에 의해 정의된 공이 아닌 집합 X상의 거리 d를 생각하자.

$$d(a, b) = \begin{cases} 2 & (a \neq b\text{일 때}) \\ 0 & (a = b\text{일 때}) \end{cases}$$

$S_d(p, 1) = \{p\}$이므로 한 원소집합은 열린집합이고 d는 X상의 이산위상을 유도한다. 따라서 d는 이산위상을 유도하는 X상의 자명거리와 동치이다.

다음 명제는 위 정의에서부터 쉽게 유도된다.

명제 8-9 "d는 d^*와 동치이다"라는 관계는 집합 X상의 임의의 거리족에 있어서 동치관계이다.

8.7 거리화 문제

주어진 임의의 위상공간 $(X, \mathscr{T})$에 대해서 위상 $\mathscr{T}$를 유도하는 X상의 거리가 존재하느냐 않느냐를 알고자 함은 당연하다. 이와 같은 거리가 존재할 때 위상공간 $(X, \mathscr{T})$는 **거리화 가능**(metrizable)이라 한다.

예제 7.1 모든 이산위상공간 $(X, \mathscr{D})$는 X상의 자명거리가 이산위상 $\mathscr{D}$를 유도하는 까닭에 거리화 가능이다.

예제 7.2 보통위상 $\mathscr{U}$를 갖는 실수직선 $\mathbf{R}$, 즉 위상공간 $(\mathbf{R}, \mathscr{U})$를 생각하자. $(\mathbf{R}, \mathscr{U})$는 $\mathbf{R}$상의 보통거리가 $\mathbf{R}$상의 보통위상을 유도하는 까닭에 거리화 가능이다. 같은 방법으로 보통위상을 갖는 평면 $\mathbf{R}^2$도 거리화 가능이다.

예제 7.3 집합 X가 한 점 이상으로 이루어졌을 때 밀착공간 $(X, \mathscr{J})$는 거리화 가능이 아니다. 그 이유는 X와 ϕ는 밀착공간 $(X, \mathscr{J})$의 유일한 닫힌집합인 까닭이다. 그러나 따름정리 8-7에 의하여 거리공간의 모든 유한집합은 닫힌집합이다. 따라서 X와 ϕ는 거리에 의하여 유도된 X상의 위상의 유일한 닫힌집합일 수 없다. 따라서 $(X, \mathscr{T})$는 거리화가능이 아니다.

위상수학에 있어서 **거리화 문제**(metrization problem)는 거리화되기 위한 필요하고도 충분조건을 구하는 것으로 이루어진다. 이 문제에 대한 중요한 부분적 해답은 1942년에 우리손(Urysohn)에 의하여 얻어졌고, 그 후 1950년이 되어 비로소 이 문제에 대한 완전해답이 여러 수학자들에 의하여 서로 독립적으로 얻어졌다. 나중에 우리손의 결과를 증명할 것이다. 거리화 문제에 대한 완전해답은 이 교재에서는 다루지 않으므로 켈리(Kelley) 저서 《일반위상수학(General Topology)》을 참조하기 바란다.

8.8 거리동형공간

거리공간 (X, d)와 (Y, e) 사이에 거리를 보존하는 위로의 1대 1인 함수 $f: X \longrightarrow Y$, 즉 모든 $p, q \in X$에 대해서

$$d(p, q) = e(f(p), f(q))$$

를 만족할 때 거리공간 (X, d)는 거리공간 (Y, e)와 **거리동형**(isometric)이라 한다. "(X, d)가 (Y, e)와 거리동형이다"라는 관계는 거리공간의 임의의 족에 있어서 동치관계이다. 또한

> **정리 8-10** 거리공간 (X, d)가 (Y, e)와 거리동형이면 (X, d)는 또한 (Y, e)와 위상동형이다.

위 정리의 역은 반드시 성립하지 않는다. 다음 예제에서, 즉 두 거리공간은 위상동형이나 거리동형이 아님을 설명한다.

예제 8.1 d를 집합 X상의 자명거리라 하고 e를 다음으로 정의된 집합 Y상의 거리라고 하자.

$$e(a, b) = \begin{cases} 2 & (a \neq b\text{일 때}) \\ 0 & (a = b\text{일 때}). \end{cases}$$

X와 Y는 1보다 크거나 같은 기수를 갖는다 가정하면 (X, d)와 (Y, e)는 각 공간의 두 점 사이의 거리가 상이한 까닭에 거리동형이 아니다. 그러나 d와 e가 유도하는 위상은 다같이 이산위상이고, 같은 기저를 갖는 두 이산위상공간은 위상동형이다. 따라서 X와 Y의 기수가 같으면 (X, d)와 (Y, e)는 위상동형이다.

8.9 m차원 유클리드 공간

$\mathbf{R}^m$의 실수의 집합 $\mathbf{R}$의 m개의 적집합, 즉 실수의 모든 m-짝 $\langle a_1, a_2, \cdots, a_m \rangle$으로 이루어지는 집합임을 생각하자. $p = \langle a_1, \cdots, a_m \rangle$이고 $q = \langle b_1, \cdots, b_m \rangle$이라 할 때 다음에 의하여 정의되는 함수 d,

$$d(p, q) = \sqrt{(a_1 - b_1)^2 + \cdots + (a_m - b_m)^2} = \sqrt{\sum_{i=1}^{m} (a_i - b_i)^2} = \sqrt{\sum_{i=1}^{m} |a_i - b_i|^2}$$

를 $\mathbf{R}^m$상의 **유클리드 거리**(Euclidean metric)라고 한다. 앞으로 별다른 언급이 없는 한 $\mathbf{R}^m$상의 거리는 이와 같은 거리로 한다. 유클리드 거리를 갖는 거리공간 $\mathbf{R}^m$을 **m차원 유클리드 공간**(Euclidean m-space)이라 하고 또한 E^m로 나타내기로 한다.

> **정리 8-11** m차원 유클리드 공간은 거리공간이다.

1차원 유클리드 공간은 보통위상을 갖는 실직선 $\mathbf{R}$와 일치하고 2차원 유클리드 공간은 보통위상을 갖는 평면 $\mathbf{R}^2$과 일치한다.

8.10 힐베르트 공간

모든 실수의 무한점렬족,

$$\langle a_1, a_2, \cdots \rangle \text{이 } \sum_{n=1}^{\infty} a_n^2 < \infty \text{을 만족,}$$

즉 급수 $a_1^2 + a_2^2 + \cdots$이 수렴하는 경우 이것을 $\mathbf{R}^\infty$로 표현한다.

예제 9.1 점렬,

$$p = \langle 1, 1, 1, \cdots \rangle \text{과 } q = \langle 1, \frac{1}{2}, \frac{1}{4}, \frac{1}{8}, \cdots \rangle$$

을 생각하자. $1^2 + 1^2 + \cdots$은 수렴하지 않는 까닭에 p는 $\mathbf{R}^\infty$의 점이 아니다.

한편으로 급수 $1^2+\left(\frac{1}{2}\right)^2+\left(\frac{1}{4}\right)^2+\cdots$은 수렴하는 까닭에 q는 $\mathbf{R}^\infty$에 속하는 점이다.

이제 $p=\langle a_n\rangle$과 $q=\langle b_n\rangle$은 $\mathbf{R}^\infty$에 속한다 하자. 다음에 의하여 정의되는 함수 d,

$$d(p,\ q)=\sqrt{\sum_{n=1}^{\infty}|\,a_n-b_n\,|^2}$$

은 거리로 되고 이것을 $\mathbf{R}^\infty$상의 **l_2-거리**(l_2-metric)라고 한다. 다른 말이 없는 한 $\mathbf{R}^\infty$상의 거리는 이와 같은 거리로 한다. l_2-거리를 갖는 $\mathbf{R}^\infty$을 이루어진 거리공간을 **힐베르트 공간**(Hilbert space) 또는 **l_2-공간**(l_2-space)이라 하고, 이것을 또한 $\mathbf{H}$로 표현한다. 형식적으로 다음과 같이 기술한다.

> **정리 8-12** 힐베르트 공간(즉 l_2-공간)은 거리공간이다.

예제 9.2 $\mathbf{H}_m$은 다음 형식의 모든 점렬로 이루어진 힐베르트 공간 $\mathbf{H}$의 부분공간을 나타낸다 하자.

$$\langle a_1,\ a_2,\ \cdots,\ a_{m-1},\ a_m,\ 0,\ 0,\ 0,\ \cdots\rangle$$

$\mathbf{H}_m$은 m차원 유클리드 공간과 거리동형이고 따라서 동일시하는 대응,

$$\langle a_1,\ \cdots,\ a_m\rangle \longleftrightarrow \langle a_1,\ \cdots,\ a_m,\ 0,\ 0,\ \cdots\rangle$$

에 의해 m차원 유클리드 공간과 거리동형, 따라서 위상동형이다.

힐베르트 공간에는(m차원 유클리드 공간에서 나타나지 않는) 두 가지 현상이 있음을 아래의 예제에서 밝힌다.

예제 9.3 $p_k=\langle a_{1_k},\ a_{2_k},\ \cdots\rangle$가 $a_{i_k}=\delta_{i_k}$로 정의될 때, 즉 $i=k$일 때 $a_{i_k}=1$이고, $i\neq k$이면 $a_{i_k}=0$이라 할 때 힐베르트 공간의 점렬 $\langle p_n\rangle$을 생각하자. 아래에 설명된 바와 같이 $\langle p_n\rangle$은 각 성분공간으로의 사영 $\langle \pi(p_n)\rangle$은 0으로 수렴된다. 즉,

$$
\begin{aligned}
p_1 &= \langle 1, 0, 0, 0, \cdots \rangle \\
p_2 &= \langle 0, 1, 0, 0, \cdots \rangle \\
p_3 &= \langle 0, 0, 1, 0, \cdots \rangle \\
p_4 &= \langle 0, 0, 0, 1, \cdots \rangle \\
\cdot &\quad \cdots \\
\cdot &\quad \cdots \\
\cdot &\quad \cdots \\
&\quad \downarrow \downarrow \downarrow \downarrow \\
\mathbf{0} &= \langle 0, 0, 0, 0, \cdots \rangle
\end{aligned}
$$

그러나 점렬 $\langle p_n \rangle$은 모든 $k \in \mathbf{N}$에 대해서 $d(p_k, \mathbf{0}) = 1$인 까닭에 $\mathbf{0}$으로 수렴하지 않는다. 실제로 $\langle p_n \rangle$은 수렴부분열을 갖지 않는다.

예제 9.4 $\mathbf{H}$에 속하는 점으로 그 첫째 성분이 영인 모든 점으로 이루어진 $\mathbf{H}$의 진부분공간을 $\mathbf{H}^*$로 나타내자. $f(\langle a_1, a_2, \cdots \rangle) = \langle 0, a_1, a_2, \cdots \rangle$로 정의되는 함수 $f : \mathbf{H} \longrightarrow \mathbf{H}^*$는 위로 1대 1이고 거리를 보존함을 알 수 있다. 따라서 힐베르트 공간은 그 자신의 진부분공간과 거리동형이다.

8.11 거리공간에 있어서 수렴과 연속

거리공간에 있어서 수렴과 연속의 다음 정의는 자주 사용된다. 이들은 보통의 $\epsilon - \delta$ 논법의 정의와 비슷함을 알 수 있다.

정의 거리공간 (X, d)의 점렬 $\langle a_1, a_2, \cdots \rangle$이 모든 $\epsilon > 0$에 대해서 양의 정수 n_0가 존재해서

$$n > n_0 \text{이면 } d(a_n, b) < \epsilon$$

를 만족할 때 $\langle a_n \rangle$는 $b \in X$로 **수렴**(convergent)한다고 한다.

정의 (X, d)와 (Y, d^*)를 거리공간이라 하자. X에서 Y로의 함수 f이 모든 $\epsilon > 0$에 대해서 $\delta > 0$가 존재해서

$$d(p, x) < \delta \text{이면 } d^*(f(p), f(x)) < \epsilon$$

를 만족할 때 f는 $p \in X$에서 **연속**(continuous)이라 한다.

위 정의는 일반적으로 위상공간에 대해서 주어진 수렴 및 연속의 정의와(거리위상에 있어서) 일치한다.

8.12 노름 공간

V를 실선형 벡터공간, 즉 벡터의 덧셈과 실수의 스칼라배의 연산에 관하여 제2장의 공리 $[V_1]$, $[V_2]$와 $[V_3]$를 만족한다 하자. 각 벡터 $v \in \boldsymbol{V}$에 실수 $\|v\|$를 대응시키는 함수가 모든 $v, w \in \boldsymbol{V}$와 $k \in \mathbb{R}$에 대해서 다음 공리를 만족할 때 이 함수를 **V**상의 **노름**(norm)이라 한다.

$[N_1]$ $\|v\| \geq 0$이고 $\Longleftrightarrow v = 0$ $\|v\| = 0$

$[N_2]$ $\|v+w\| \leq \|v\| + \|w\|$

$[N_3]$ $\|kv] = |k| \, \|v\|$

노름을 갖는 선형공간 **V**를 **노름선형벡터공간**(normed linear vector space) 또는 간단히 **노름 공간**(normed space)이라 한다. 실수 $\|v\|$를 벡터 v의 **노름**이라 한다.

정리 8-13 **V**를 노름 공간이라 하자. $v, w \in \boldsymbol{V}$라고 할 때

$$d(v, w) = \|v-w\|$$

로 정의되는 함수 d를 **V**상의 **유도된 거리**(induced metric)라 한다.

따라서 노름 공간은 유도된 거리에 의하여 거리공간이고 따라서 또한 위상공간이다.

예제 10.1 적집합 $\mathbb{R}^m$은 다음에 정의되는 덧셈,

$$\langle a_1, \cdots, a_m \rangle + \langle b_1, \cdots, b_m \rangle = \langle a_1 + b_1, \cdots, a_m + b_m \rangle$$

과 다음에 정의되는 스칼라배,

$$k \langle a_1, \cdots, a_m \rangle = \langle ka_1, \cdots ka_m \rangle$$

을 만족하는 선형벡터공간이다. 다음에 의하여 정의되는 $\mathbb{R}^m$상의 함수,

$$\|\langle a_1, \cdots a_m \rangle\| = \sqrt{{a_1}^2 + \cdots + {a_m}^2} = \sqrt{\Sigma {a_i}^2} = \sqrt{\Sigma |a_i|^2}$$

은 노름이고 이것을 $\mathbf{R}^m$ 상의 **유클리드 노름**이라 한다. $\mathbf{R}^m$ 상의 유클리드 노름은 $\mathbf{R}^m$ 상의 유클리드 거리를 유도한다. $p = \langle a_1, a_2, a_3 \rangle$가 $\mathbf{R}^3$의 점이면 $\|p\|$는 그림 8-10에서 설명된 바와 같이 원점에서 p까지의 화살표(즉, 벡터)의 "길이"에 대응한다.

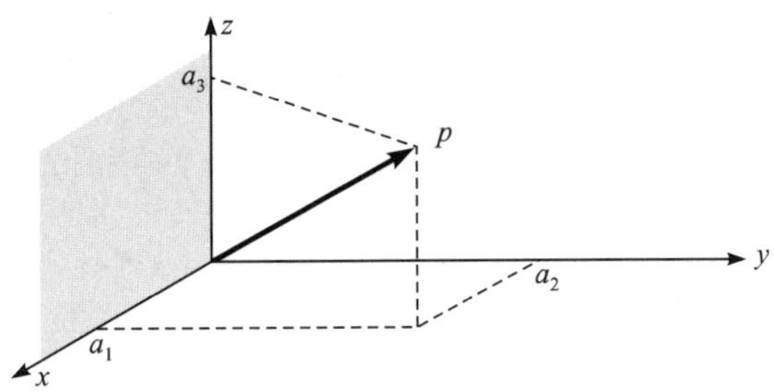

| 그림 8-10 |

예제 10.2 다음 두 함수는 또한 선형공간 $\mathbf{R}^m$ 상의 노름이 된다.

$$\|\langle a_1, \cdots, a_m \rangle\| = \max(|a_1|, |a_2|, \cdots, |a_m|)$$
$$\|\langle a_1, \cdots, a_m \rangle\| = |a_1| + |a_2| + \cdots + |a_m|$$

$\mathscr{F}(X, \mathbf{R})$을 공이 아닌 집합 X상의 모든 실수값 함수족이라 하자. $\mathscr{F}(X, \mathbf{R})$은 다음과 같이 정의되는 벡터의 덧셈과 스칼라배를 만족하는 선형공간임을 상기하자(정리 2-9 참조).

$$(f+g)(x) \equiv f(x) + g(x), \ \ (kf)(x) \equiv kf(x).$$

종종 유계성, 연속 등과 같은 어떤 다른 성질을 만족하는 함수족을 다루는 경우가 있다. 앞으로는 선형대수학의 다음 결과를 사용하기로 한다.

명제 8-14 $\mathscr{A}(X, \mathbf{R})$를 다음 두 성질을 만족하는 $\mathscr{F}(X, \mathbf{R})$의 공이 아닌 부분족이라 하자.

(i) $f, g \in \mathscr{A}(X, \mathbf{R})$이면 합 $f+g \in \mathscr{A}(X, \mathbf{R})$이다.

(ii) $f \in \mathscr{A}(X, \mathbf{R})$이고 $k \in \mathbf{R}$이면 스칼라배 $kf \in \mathscr{A}(X, \mathbf{R})$이다.

이 경우 $\mathscr{A}(X, \mathbf{R})$ 자신도 선형벡터공간이다.

예제 10.3 구간 $I=[0,\ 1]$상의 모든 연속실수값함수족 $\mathscr{C}[0,\ 1]$은 연속함수의 합과 스칼라배는 연속인 까닭에 선형공간이다.

$$\|f\| = \int_0^1 |f(x)|dx$$

로 정의되는 $\mathscr{C}[0,\ 1]$상의 모든 함수는 예제 1.3에서 정의된 $\mathscr{C}[0,\ 1]$상의 거리를 유도하는 노름이다.

예제 10.4 다음에 의하여 정의된 선형공간 $\mathscr{C}[0,\ 1]$상의 함수,

$$\|f\| = \sup\{|f(x)| : x \in [0,\ 1]\}$$

는 또한 노름이다. 이 노름은 예제 1.4에서 정의된 $\mathscr{C}[0,\ 1]$상의 거리를 유도한다.

예제 10.5 $\mathscr{B}(X,\ \mathbf{R})$를 모든 유계함수 $f : X \longrightarrow \mathbf{R}$로 이루어진 $\mathscr{F}(X,\ \mathbf{R})$의 부분족이라 하자. 이 경우 $\mathscr{B}(X,\ \mathbf{R})$은 유계함수의 합과 스칼라 배는 또한 유계하므로 선형공간이다.

$$\|f\| = \sup\{|f(x)| : x \in X\}$$

로 정의되는 $\mathscr{B}(X,\ \mathbf{R})$상의 함수는 노름이다.

예제 10.6 $\Sigma|a_n|^2 < \infty$을 만족하는 모든 실수열 $\langle a_n \rangle$의 족 $\mathbf{R}^\infty$는 선형공간임을 나중에 밝힌다.

$$\|\langle a_n \rangle\| = \sqrt{\Sigma|a_n|^2}$$

로 정의되는 $\mathbf{R}^\infty$상의 함수는 노름이고 $\mathbf{R}^\infty$상의 **l_2-노름**이라 불린다. 이 노름은 힐베르트 공간에 있어서 l_2-거리를 유도함을 알 수 있다.

연습문제

• 거리

1. 거리의 공리에 있어서 공리 $[\mathbf{M}_3]$는 다음과 같은 공리로 대치할 수 있음을 밝혀라.

$[\mathbf{M}_3^*]$ $a, b, c \in X$가 상이하면 $d(a, c) \le d(a, b) + d(b, c)$이다.

풀이 $a = b$라고 가정하면,

$$d(a, c) = d(b, c) = d(b, b) + d(b, c) \le d(a, b) + d(b, c)$$

$b = c$이면 이 논법은 같다. 마지막으로 $a = c$라고 하면,

$$d(a, c) = 0 \le d(a, b) + d(b, c)$$

따라서 3각부등식은 점 a, b와 c가 모두 상이하지 않을 때 $[\mathbf{M}_1]$에서부터 성립한다.

2. 집합 X상의 자명거리, 즉 다음에 의하여 정의되는 함수,

$$d(a, b) = \begin{cases} 1 & (a \neq b\text{일 때}) \\ 0 & (a = b\text{일 때}) \end{cases}$$

는 $[\mathbf{M}_1]$, $[\mathbf{M}_2]$, $[\mathbf{M}_3^*]$와 $[\mathbf{M}_4]$를 만족함을 밝혀라.

풀이 $a, b \in X$라고 하면 $d(a, b) = 1$ 또는 $d(a, b) = 0$이다. 어느 경우에서나 $d(a, b) \ge 0$이다. 또한 $a = b$이면 d의 정의에 의하여 $d(a, b) = 0$이다. 따라서 d는 $[\mathbf{M}_1]$을 만족한다. $a, b \in X$라고 하자. $a \neq b$이면 $b \neq a$이다. 따라서 $d(a, b) = 1$이고 $d(b, a) = 1$이다. 따라서 $d(a, b) = d(b, a)$이다. 한편으로 $a = b$이면 $b = a$이며 d는 $[\mathbf{M}_2]$를 만족한다. 이제 $a, b, c \in X$를 상이한 점이라 하면 $d(a, c) = 1$, $d(a, b) = 1$이고 $d(b, c) = 1$이다. 따라서

$$d(a, c) = 1 \le 1 + 1 = d(a, b) + d(b, c)$$

이고, d는 $[\mathbf{M}_3^*]$를 만족한다.

마지막으로 $a, b \in X$이고 $a \neq b$라고 하면, $d(a, b) = 1$. 따라서 $d(a, b) \neq 0$이고 d는 $[\mathbf{M}_4]$를 만족한다.

3. d를 공이 아닌 집합 X상의 거리라고 하자. $a, b \in X$라고 할 때 다음에 의하여 정의되는 함수 e,

$$e(a,\ b) = \min(1,\ d(a,\ b))$$

는 또한 X상의 거리임을 밝혀라.

풀이 $a, b \in X$라고 하자. d는 거리인 까닭에 $d(a, b)$는 음이 아니다. 따라서 $e(a, b)$는 1이든지 또는 $d(a, b)$이므로 또한 음이 아니다. 또한 $a = b$일 때

$$e(a, b) = \min(1,\ d(a,\ b)) = \min(1,\ 0) = 0,$$

따라서 e는 $[\mathbf{M}_1]$을 만족한다.

이제 $a, b \in X$라고 하자. 정의에 의하여 $e(a, b) = d(a, b)$ 또는 $e(a, b) = 1$이다. $e(a, b) = d(a, b)$라고 가정하면 $d(a, b) < 1$, d는 거리인 까닭에 $d(b, a) = d(a, b) < 1$. 따라서

$$e(b,\ a) = d(b,\ a) = d(a,\ b) = e(a,\ b)$$

한편으로 $e(a, b) = 1$이라 가정하면 $d(a, b) \geq 1$이다. 따라서 $d(b, a) = d(a, b) \geq 1$. 그러므로

$$e(b,\ a) = 1 = e(a,\ b)$$

어느 경우에서나 e는 $[\mathbf{M}_2]$를 만족한다.

이제 $a, b, c \in X$라고하자. 3각부등식

$$e(a,\ c) \leq e(a,\ b) + e(b,\ c)$$

를 밝히고자 한다. $e(a, c) = \min(1, d(a, c)) \leq 1$임을 알 수 있다. 따라서 $e(a, b) = 1$ 또는 $e(b, c) = 1$이면 3각부등식은 성립한다. 그러나 모두 $e(a, b) < 1$이고, $e(b, c) < 1$이면 $e(a, b) = d(a, b)$이고, $e(b, c) = d(b, c)$이다.

$$e(a,\ c) = \min(1,\ d(a,\ c)) \leq d(a,\ c) \leq d(a,\ b) + d(b,\ c) = e(a,\ b) + e(b,\ c)$$

따라서 어느 경우에서도 3각부등식이 성립한다. 따라서 e는 $[\mathbf{M}_3]$를 만족한다.

마지막으로 $a, b \in X$이고 $a \neq b$라고 하면 $d(a, b) \neq 0$이다. 따라서 $e(a, b) = \min(1, d(a, b))$는 또한 영이 아니다. 따라서 e는 $[\mathbf{M}_4]$를 만족한다.

4. d를 공이 아닌 집합 X상의 거리라고 하자. $a, b \in X$라고 할 때 다음에 의하여 정의되는 함수 e는 또한 X상의 거리임을 밝혀라.

$$e(a,\ b) = \frac{d(a,\ b)}{1 + d(a,\ b)}$$

풀이 d는 거리인 까닭에 e는 분명히 $[\mathbf{M}_1]$, $[\mathbf{M}_2]$와 $[\mathbf{M}_4]$를 만족한다. 따라서 e가 3각부등식인 $[\mathbf{M}_3]$를 만족함을 밝히면 된다. $a, b, c \in X$라고 하면,

$$\frac{d(a, b)}{1+d(a, b)+d(b, c)} \le \frac{d(a, b)}{1+d(a, b)} = e(a, b)$$

이고

$$\frac{d(b, c)}{1+d(a, b)+d(b, c)} \le \frac{d(b, c)}{1+d(b, c)} = e(b, c)$$

d는 거리인 까닭에 $d(a, c) \le d(a, b)+d(b, c)$이고,

$$\begin{aligned} e(a, c) &= \frac{d(a, c)}{1+d(a, c)} \le \frac{d(a, b)+d(b, c)}{1+d(a, b)+d(b, c)} \\ &= \frac{d(a, b)}{1+d(a, b)+d(b, c)} + \frac{d(b, c)}{1+d(a, b)+d(b, c)} \le e(a, b)+e(b, c) \end{aligned}$$

따라서, e는 거리이다.

• 열린구

5. (보조정리 8-2) S를 중심이 p이고 반지름이 δ인 열린구, 즉 $S=S(p, \delta)$라고 하자. 이 경우 모든 점 $q \in S$에 대해서 중심을 q에 둔 열린구 T가 존재해서 T는 S에 포함됨을 밝혀라.

풀이 $q \in S = S(p, \delta)$이므로 $d(q, p) < \delta$이다.
따라서

$$\epsilon = \delta - d(q, p) > 0$$

이라 놓자. 중심을 q에 두고 반지름이 ϵ인 열린구 $T=S(q, \epsilon)$가 S의 부분집합임을 밝히면 된다. $x \in T = S(q, \epsilon)$라고 하면 $d(x, q) < \epsilon = \delta - d(q, p)$이므로 3각부등식에 의하여

$$\begin{aligned} d(x, p) &\le d(x, q) + d(q, p) \\ &< [\delta - d(q, p)] + d(q, p) = \delta \end{aligned}$$

따라서 p에서부터의 거리가 δ보다 작은 까닭에 $x \in S = S(p, \delta)$이다. 따라서 $x \in T$이면 $x \in S$, 즉 T는 S의 부분집합이다(그림 8-11 벤도표에 표시된 바와 같이).

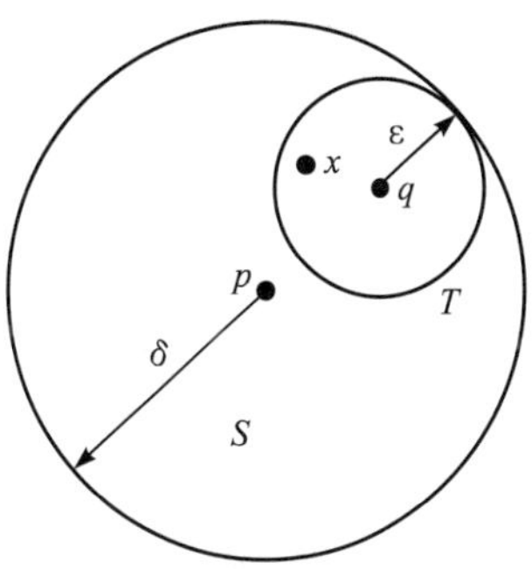

| 그림 8-11 |

6. δ_1과 δ_2를 $0 < \delta_1 \leq \delta_2$로 되는 실수라고 하자. 열린구 $S(p, \delta_1)$은 열린구 $S(p, \delta_2)$의 부분집합임을 밝혀라.

풀이 $x \in S(p, \delta_1)$라 하면 $d(x, p) < \delta_1 \leq \delta_2$. 따라서 $x \in S(p, \delta_2)$이므로 $S(p, \delta_1) \subset S(p, \delta_2)$.

7. S와 T를 같은 중심을 갖는 열린구라 하면 이들 중 하나는 다른 것의 부분집합임을 밝혀라.

풀이 예컨대 $S = S(p, \delta_1)$이고 $T = S(p, \delta_2)$, 즉 S와 T는 같은 중심 p에 두고 각각 반지름이 δ_1과 δ_2를 갖는다 하자. 그러나 어느 경우에서나 $\delta_1 \leq \delta_2$ 또는 $\delta_2 \leq \delta_1$이다. 따라서 앞 문제에 의하여 $S \subset T$ 또는 $T \subset S$이다.

8. (보조정리 8-3) S_1과 S_2를 열린구라 하고 $p \in S_1 \cap S_2$라고 하자. 이 경우 중심 p를 갖는 열린구 S_p가 존재해서 $p \in S_p \subset S_1 \cap S_2$로 됨을 밝혀라.

풀이 $p \in S_1$이고 S_1는 열린구인 까닭에 보조정리 8-2에 의하여 중심 p를 갖는 열린구 S_1^*가 존재해서 $p \in S_1^* \subset S_1$를 만족한다. 같은 방법으로 중심 p를 갖는 열린구 S_2^*가 존재해서 $p \in S_2^* \subset S_2$를 만족한다. 그런데 S_1^*와 S_2^* 각각은 중심 p를 가지므로 문제 7에 의하여 이들 중의 하나, 예컨대 S_1^*는 다른 것에 포함된다. 따라서

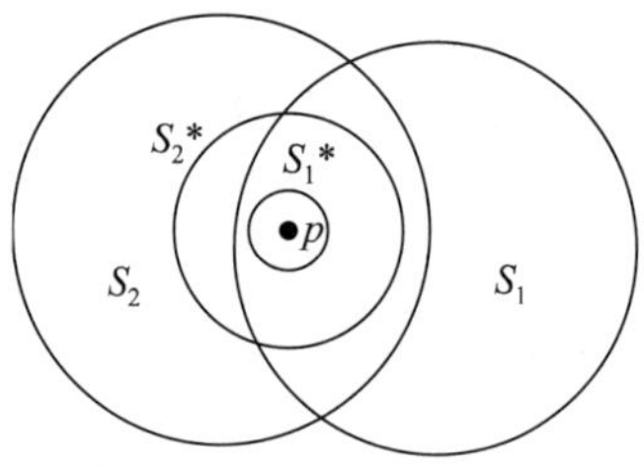

| 그림 8-12 |

$$p \in S_1^* \subset S_1 \text{이고 } p \in S_1^* \subset S_2^* \subset S_2$$

이다. 따라서 $p \in S_1^* \subset S_1 \cap S_2$, 따라서 $S_p = S_1^*$로 하면 된다(그림 8-12 참조).

• 거리위상

9. X를 거리공간이라 하자. 중심을 $p \in X$에 갖는 열린구족 $\mathscr{D}_p$는 p에서 국소기저를 이룸을 밝혀라.

풀이 p를 포함하는 X의 열린부분집합을 G라 하자. X에서 열린구 전체는 거리위상의 기저를 이루는 까닭에 $p \in S \subset G$를 만족하는 열린구 S가 존재한다. 그런데 보조정리 8-2에 의하여 중심을 p에 갖는 열린구 $S_p \in \mathscr{D}_p$가 존재해서 $p \in S_p \subset S \subset G$를 만족한다. 따라서 $\mathscr{D}_p$는 p에서의 국소기저를 이룬다.

10. (정리 8-5) X를 거리공간이라 하면 중심을 $p \in X$에 갖는 열린구의 가산족

$$\mathscr{Z} = \left\{ S(p, 1),\ S\left(p, \frac{1}{2}\right),\ S\left(p, \frac{1}{3}\right),\ \cdots \right\}$$

은 p의 국소기저임을 밝혀라.

풀이 G는 p를 포함하는 X의 열린부분집합이라 하자. 앞 문제에 의하여 중심을 p에 갖는 열린구 $S(p, \delta)$가 존재해서 $P \in S(p, \delta) \subset G$를 만족한다. $\delta > 0$인 까닭에 $n_0 \in N$가 존재해서 $1/n_0 < \delta$이다.

따라서 $S(p, 1/n_0) \in \mathscr{Z}$일 때 $p \in S(p, 1/n_0) \subset S(p, \delta) \subset G$. 따라서 $\mathscr{Z}$는 p에서의 국소기저를 이룬다.

11. (정리 8-6) 거리공간 X의 부분집합 A의 폐포 $\overline{A}$는 A에서부터 거리가 영인 점의 집합, 즉 $\overline{A} = \{x : d(x, A) = 0\}$임을 증명하여라.

풀이 $d(p, A) = 0$이라 가정하면 중심 p를 갖는 모든 열린구는 물론이고, p를 포함하는 모든 열린집합 G는 또한 A의 적어도 한 점을 포함한다. 따라서 $p \in A$, 즉 p는 A의 집적점이므로 $p \in \overline{A}$.

한편으로 $d(p, A) = \epsilon > 0$라고 가정하면 중심 p를 갖는 열린구 $S\left(p, \frac{1}{2}\epsilon\right)$은 A의 점을 포함하지 않는다. 따라서 p는 A의 외부에 속하고 $p \notin \overline{A}$이므로

$$\overline{A} \{x : d(x, A) = 0\}$$

12. 거리공간 X의 부분집합 F가 닫힌집합이기 위한 필요충분조건은 $\{x : d(x, F) = 0\} \subset F$임을 밝혀라.

풀이 이것은 직접, 문제 11과 집합이 닫힌집합이기 위한 필요충분조건은 $F = \overline{F}$라는 사실로부터 곧 성립한다.

13. F가 거리공간 X의 닫힌부분집합이고 $p \in X$가 F에 속하지 않는다. 즉, $p \notin F$라면, $d(p, F) \neq 0$임을 밝혀라.

풀이 $d(p, F) = 0$이고 F가 닫힌집합이면 문제 12에 의하여 $p \in F$. 그런데 가정에 의하여 $p \notin F$이므로 $d(p, F) \neq 0$이다.

14. (정리 8-8) A와 B를 거리공간 X의 서로소인 닫힌부분집합이라 하자. 이 경우 $A \subset G$와 $B \subset H$로 되는 서로소인 열린집합 G와 H가 존재함을 증명하여라.

풀이 A 또는 B의 어느 하나가 공집합, 예컨대 $A=\phi$이면 ϕ과 X는 $A\subset\phi$이고 $B\subset X$를 만족하는 서로소인 열린집합이다. 따라서 A와 B는 공이 아닌 집합으로 가정할 수 있다.

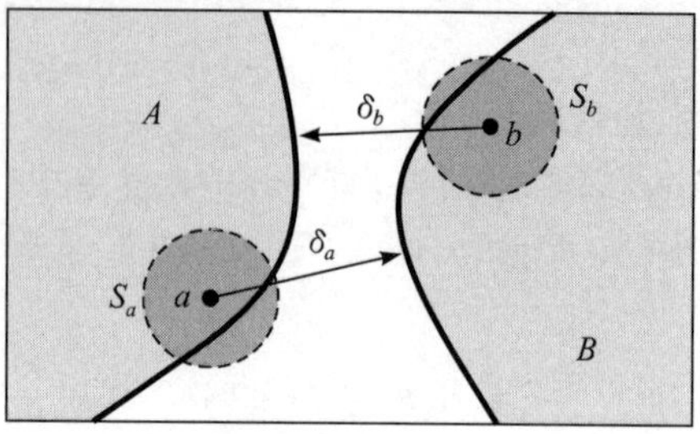

| 그림 8-13 |

$a\in A$라고 하자. A와 B는 서로소인 까닭에 $a\notin B$, 그러나 B는 닫힌집합이므로 앞 문제에 의하여 $d(a,B)=\delta_a>0$. 같은 방법으로 $b\in B$이라 하면 $d(b,A)=\delta_b>0$이다.

$$S_a=S\left(a,\ \frac{1}{3}\delta_a\right)\text{이고 } S_b=S\left(b,\ \frac{1}{3}\delta_b\right)$$

라고 놓자. 따라서 $a\in S_a$이고 $b\in S_b$(그림 8-13 벤도표를 참조).

집합 $G=\cup\{S_a : a\in A\}$와 $H=\cup\{S_b : b\in B\}$가 구하고자 하는 열린집합이다. 그런데 G와 H는 이들이 각각 열린구의 합집합인 까닭에 열린집합이다. 또한 $a\in S_a$이면 $A\subset G$이고 $b\in S_b$이면 $B\subset H$이다. 이제 $G\cap H=\phi$임을 밝히면 된다.

$G\cap H\neq\phi$이라 하자. 예컨대 $p\in G\cap H$라면,

$$a_0\in A,\ b_0\in B\text{가 존재해서 } p\in S_{a_0},\ p\in S_{b_0}\text{ 이다.}$$

$d(a_0,b_0)=\epsilon>0$이면 $d(a_0,B)=\delta a_0\le\epsilon$이고 $d(b_0,A)=\delta_{b_0}\le\epsilon$, 그런데 $p\in S_{a_0}$이고 $p\in S_{b_0}$이므로

$$d(a_0,p)<\frac{1}{3}\delta_{a_0}\text{ 이고 } d(p,b_0)<\frac{1}{3}\delta_{b_0}.$$

따라서 3각부등식에 의하여

$$d(a_0,b_0)=\epsilon\le d(a_0,p)+d(p,b_0)<\frac{1}{3}\delta_{a_0}+\frac{1}{3}\delta_{b_0}\le\frac{1}{3}\epsilon+\frac{1}{3}\epsilon=\frac{2}{3}\epsilon$$

이것은 불합리하고 따라서 G와 H는 서로소이므로 정리는 성립한다.

• 동치거리

15. d와 e를 X의 거리라 하자. 중심을 $p \in X$에 갖는 각 d-열린구 S_d에 대해서 중심을 p에 갖는 e-열린구 S_e가 존재해서 $S_e \subset S_d$이라 하면 d에 의하여 유도된 위상 $\mathscr{T}_d$는 e에 의해서 유도된 위상 $\mathscr{T}_e$보다 거칠다. 즉, $\mathscr{T}_d \subset \mathscr{T}_e$임을 밝혀라.

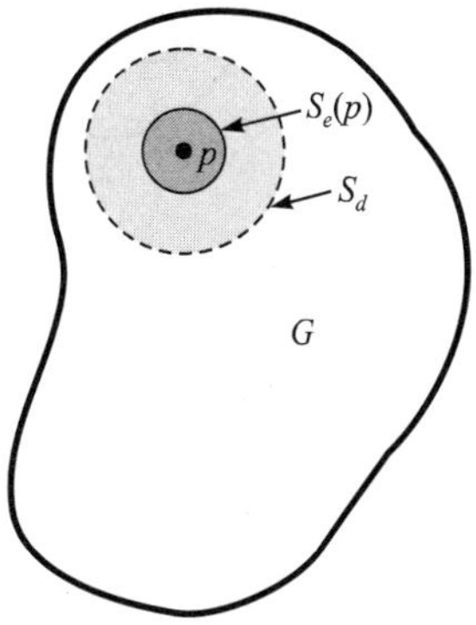

| 그림 8-14 |

풀이 $G \in \mathscr{T}_d$라 하자. G가 또한 e-열린집합임을 밝히고자 한다. $p \in G$라 하자. G는 d-열린집합인 까닭에 중심을 p에 갖는 d-열린구 S_d가 존재해서 $p \in S_d \subset G$를 만족한다. 가정에 의하여 중심을 p에 갖는 e-열린구 $S_e(p)$가 존재해서 $p \in S_e(p) \subset S_d \subset G$를 만족한다. 따라서 $G = \cup\{S_e(p) : p \in G\}$. 그러므로 G는 e-열린구의 합집합이므로 이것은 e-열린집합이다. 따라서 $\mathscr{T}_d \subset \mathscr{T}_e$이다.

16. d와 e를 X의 거리라 하자. 중심을 $p \in X$에 갖는 각 d-열린구 S_d에 대해서 p를 중심으로 하는 e-열린구 S_e가 존재해서 $S_e \subset S_d$를 만족하고 역으로 중심을 $p \in X$에 갖는 각 e-열린구 S_e^*에 대해서 d-열린구 S_d^*가 존재해서 $S_d^* \subset S_e^*$를 만족하면 d와 e는 동치거리이다. 즉, 이들은 X상의 같은 위상을 유도함을 밝혀라.

풀이 문제 15에 의하여 d에 의하여 유도된 위상 $\mathscr{T}_d$는 e에 의하여 유도된 위상 $\mathscr{T}_e$보다 거칠다. 즉, $\mathscr{T}_d \subset \mathscr{T}_e$이다. 또한 문제 15에 의하여 $\mathscr{T}_e \subset \mathscr{T}_d$이므로 $\mathscr{T}_d = \mathscr{T}_e$이다.

17. 평면 $\mathbf{R}^2$상의 통상거리 d는 예제 1.5에서 정의된 $\mathbf{R}^2$상의 거리 d_1과 d_2와 동치임을 밝혀라.

풀이 그림 8-15(a)에 표시한 바와 같이 정사각형을 임의의 원에 내접시킬 수 있고, 그림 (b)에 표시된 바와 같이 원을 정사각형에 내접시킬 수 있다. 따라서 원 내부의 점은 d-열린구를 구성하고 정사각형 내부의 점은 d_1-열린구를 구성하므로 거리 d와 d_1은 문제 16에 의하여 동치이다.

또한 그림 (c)에 표시된 바와 같이 "마름모"를 임의의 원에 내접시킬 수 있고 그림 (d)에 표시된 바와 같이 원을 임의의 마름모에 내접시킬 수 있다. "마름모"의 내부점은 d_2-열린구를 형성하므로 거리 d와 d_2는 문제 16에 의하여 동치이다.

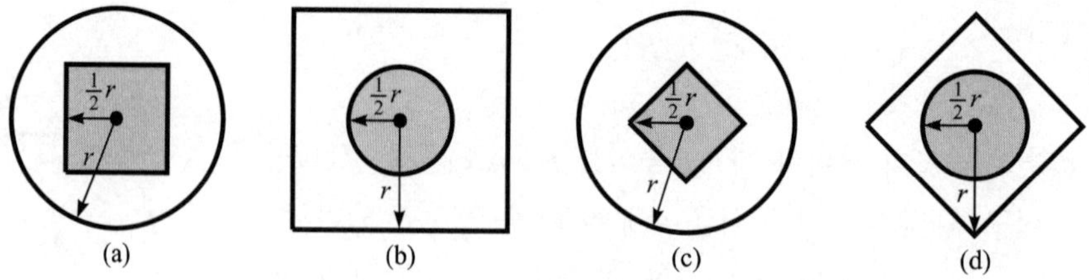

| 그림 8-15 |

18. $\mathscr{C}[0, 1]$은 $I=[0, 1]$상에서 정의되는 모든 실수값연속함수족을 나타낸다 하고, $\mathscr{C}[0, 1]$상에서 거리 d와 e는 다음에 의하여 정의된다 하자(예제 1.3과 예제 1.4 참조).

$$d(f, g)=\sup\{|f(x)-g(x)| : x\in I\},\ e(f, g)=\int_0^1 |f(x)-g(x)|dx$$

d에 의하여 유도된 위상 $\mathscr{T}_d$는 e에 의하여 유도된 위상 $\mathscr{T}_e$보다 거칠지 않다. 즉, $\mathscr{T}_d \not\subset \mathscr{T}_e$임을 밝혀라.

풀이 p를 상수함수 $p(x)=2$라 하고, $\epsilon=1$이라 하면, 열린구 $S_d(p, \epsilon)$은 $p-1$과 $p+1$ 사이에 있는, 즉 모든 $x\in I$에 대해서 $1<g(x)<3$으로 되는 모든 함수 g로 이루어진다.

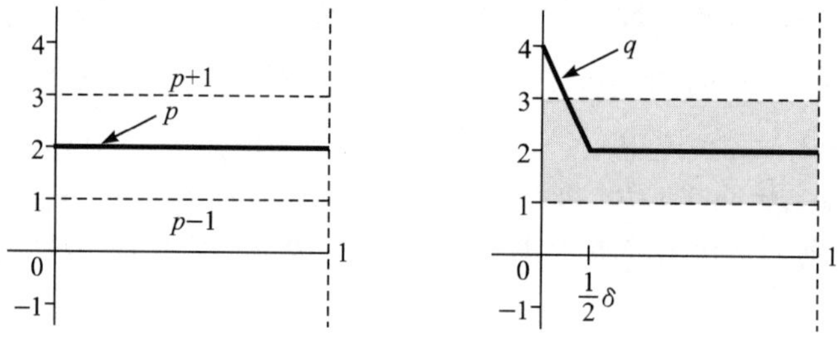

| 그림 8-16 |

$S_d(p, \epsilon)$가 중심을 p에 갖는 e-열린구를 포함하지 않음, 즉 모든 $\delta>0$에 대해서 $S_e(p, \delta)\not\subset S_d(p, \epsilon)$임을 밝히면 충분하다. 점 $(0, 4)$와 $\left(\frac{1}{2}\delta, 2\right)$ 사이와 $\left(\frac{1}{2}\delta, 2\right)$와 $(1, 2)$ 사이에 있는 선분으로 이루어지는 함수 q. 즉 다음에 의하여 정의되는 함수 $q(x)$를 생각하자(그림 8-16 참조).

$$q(x)=\begin{cases}(-4x/\delta)+4 & (0\le x<\frac{1}{2}\delta\text{일 때})\\ 2 & (\frac{1}{2}\delta\le x\le 1\text{일 때})\end{cases}$$

p와 q 사이의 "넓이"는 $\frac{1}{2}\delta$이다. 즉, $e(p, q) = \frac{1}{2}\delta$임을 알 수 있다. 이 경우 $q \in S_e(p, \delta)$이나 $d(p, q) = 2$이므로 $q \notin S_d(p, \epsilon)$. 따라서 임의의 $\delta > 0$에 대해서

$$S_e(p, \delta) \not\subset S_d(p, \epsilon) \text{이므로 } \mathscr{T}_d \not\subset \mathscr{T}_e$$

19. $\mathscr{C}[a, b]$는 닫힌구간 $X = [a, b]$상의 모든 함수족을 나타낸다 하자. 다음에 의하여 정의되는 $\mathscr{C}[a, b]$상의 거리 d와 e를 생각하자.

$$d(f, g) = \sup\{|f(x) - g(x)| : x \in X\}, \quad e(f, g) = \int_a^b |f(x) - g(x)| dx$$

e에 의하여 유도된 위상 $\mathscr{T}_e$는 d에 의하여 유도된 위상 $\mathscr{T}_d$보다 거칠다. 즉, $\mathscr{T}_e \subset \mathscr{T}_d$임을 밝혀라.

풀이 중심을 $p \in \mathscr{C}[a, b]$에 갖는 $\mathscr{C}[a, b]$의 e-열린구를 $S_e(p, \epsilon)$이라 하고 $\delta = \epsilon/(b-a)$라 하자. 문제 15에 의하여 중심이 p에 있고 반지름이 δ인 d-열린구인 $S_d(p, \delta)$는 $S_e(p, \epsilon)$의 부분집합이다. 즉, $S_d(p, \delta) \subset S_e(p, \epsilon)$임을 밝히면 충분하다. $f \in S_d(p, \delta)$라면 $\sup\{|p(x) - f(x)|\} < \delta = \epsilon/(b-a)$ 따라서,

$$\begin{aligned} e(p, f) &= \int_a^b |p(x) - f(x)| dx \le \int_a^b \sup\{|p(x) - f(x)|\} dx \\ &< \int_a^b \epsilon/(b-a) dx = \epsilon \end{aligned}$$

즉, $f \in S_e(p, \epsilon)$, 따라서 $S_d(p, \delta) \subset S_e(p, \epsilon)$.

• 노름 공간

20. (정리 8-13) v와 w를 노름 공간 $\mathbf{V}$에 속하는 벡터라고 할 때

$$d(v, w) = \|v - w\|$$

로 정의되는 함수 d는 $\mathbf{V}$상의 거리임을 증명하여라.

풀이 $[\mathrm{N}_1]$에 의하여

$$d(v, w) = \|v - w\| \ge 0, \quad d(v, v) = \|v - v\| = \|0\| = 0$$

따라서 d는 $[\mathrm{M}_1]$을 만족한다. 또한 $[\mathrm{N}_3]$에 의하여

$$\begin{aligned} d(v, w) &= \|v-w\| = \|(-1)(w-v)\| \\ &= |-1|\ \|w-v\| = \|w-v\| = d(w, v) \end{aligned}$$

따라서 d는 $[\mathrm{M}_2]$를 만족한다. $[\mathrm{N}_2]$에 의하여 모든 $v, w \in \boldsymbol{V}$에 대해서 $\|v+w\| \le \|v\| + \|w\|$. 따라서 $a, b, c \in \boldsymbol{V}$이면 $v = a-b$와 $w = b-c$를 대입하여

$$\begin{aligned} \|a-c\| &= \|(a-b)+(b-c)\| = \|v+w\| \\ &\le \|v\| + \|w\| = \|a-b\| + \|b-c\| \end{aligned}$$

즉, $d(a, c) \le d(a, b) + d(b, c)$ 따라서 d는 $[\mathrm{M}_3]$를 만족한다.
마지막으로 $v \ne w$이면 $v - w \ne 0$이고, 따라서 $[\mathrm{N}_1]$에 의하여 $d(v, w) = \|v-w\| > 0$이므로 d는 $[\mathrm{M}_4]$를 만족한다.

21. **코시-슈바르츠 부등식**(Cauchy-Schwarz Inequality), 즉 $\mathbf{R}^m$에 속하는 임의의 두 점 $p = \langle a_1, \cdots, a_m \rangle$과 $q = \langle b_1, \cdots, b_m \rangle$에 대해서 $\|p\|$를 유클리드 노름이라 할 때

$$\sum_{i=1}^{m} |a_i b_i| \le \|p\|\,\|q\| = \sqrt{\sum_{i=1}^{m} |a_i|^2}\ \sqrt{\sum_{i=1}^{m} |b_i|^2}$$

임을 밝혀라.

풀이 $p=0$ 또는 $q=0$이면 이 부등식은 $0 \le 0$이므로 성립한다. 따라서 $p \ne 0$와 $q \ne 0$, 즉 $\|p\| \ne 0$와 $\|q\| \ne 0$인 경우만을 생각하면 된다.
따라서 임의의 실수 $x, y \in \mathbf{R}$에 대해서 $0 \le (x-y)^2 = x^2 - 2xy + y^2$이고, 같은 뜻으로

$$2xy \le x^2 + y^2$$

이다. x와 y는 임의의 실수인 까닭에 (1)에 있어서 $x = |a_i| / \|p\|$와 $y = |b_i| / \|q\|$라고 놓을 수 있다. 따라서 임의의 i에 대해서,

$$2 \frac{|a_i|}{\|p\|} \frac{|b_i|}{\|q\|} \le \frac{|a_i|^2}{\|p\|^2} + \frac{|b_i|^2}{\|q\|^2}$$

그런데 유클리드 노름의 정의에 의하여 $\sum |a_i|^2 = \|p\|^2$이고 $\sum |b_i|^2 = \|q\|^2$이므로 (2)를 i에 관해서 합하고 $|a_i b_i| = |a_i||b_i|$임을 사용하면,

$$2 = \frac{\sum_{i=1}^{m} |a_i b_i|}{\|p\|\,\|q\|} \le \frac{\sum_{i=1}^{m} |a_i|^2}{\|p\|^2} + \frac{\sum_{i=1}^{m} |b_i|^2}{\|q\|^2} = \frac{\|p\|^2}{\|p\|^2} + \frac{\|q\|^2}{\|q\|^2} = 2$$

$$\frac{\sum_{i=1}^{m}|a_i b_i|}{\|p\|\,\|q\|} \leq 1$$

양변에 $\|p\|\,\|q\|$를 곱하면 원하는 부등식을 얻는다.

22. **민코프스키의 부등식**(Minkowskis' Inequality), 즉 $\mathbf{R}^m$에 속하는 임의의 두 점 $p = \langle a_i, \cdots, a_m \rangle$과 $q = \langle b_i, \cdots, b_m \rangle$에 대해서 다음 부등식이 성립함을 증명하여라.

$$\|p+q\| \leq \|p\| + \|q\|, \text{ 즉 } \sqrt{\Sigma|a_i + b_i|^2} \leq \sqrt{\Sigma|a_i|^2} + \sqrt{\Sigma|b_i|^2}$$

풀이 $\|p+q\| = 0$이면 이 부등식은 분명히 성립한다. 따라서 $\|p+q\| \neq 0$인 경우만을 생각하면 된다. 실수 $a_i, b_i \in \mathbf{R}$에 대해서 $|a_i + b_i| \leq |a_i| + |b_i|$임을 생각하면

$$\begin{aligned}\|p+q\|^2 = \Sigma|a_i + b_i|^2 &= \Sigma|a_i + b_i||a_i + b_i| \\ &\leq \Sigma|a_i + b_i|(|a_i + b_i|) \\ &= \Sigma|a_i + b_i||a_i| + \Sigma|a_i + b_i||b_i|\end{aligned}$$

코시-슈바르츠의 부등식에 의하여

$$\Sigma|a_i + b_i||a_i| \leq \|p+q\|\,\|p\|, \quad \Sigma|a_i + b_i||b_i| \leq \|p+q\|\,\|q\|$$

따라서

$$\|p+q\|^2 \leq \|p+q\|\,\|p\| + \|p+q\|\,\|q\| = \|p+q\|(\|p\| + \|q\|)$$

이 곳에서 $\|p+q\| \neq 0$인 경우를 생각하는 까닭에 $\|p+q\|$로 나눌 수 있고, 이 결과 원하는 부등식이 얻어진다.

23. 유클리드 노름,

$$\|p\| = \sqrt{\Sigma|a_i|^2}\,(p = \langle a_i, \cdots, a_m \rangle \in \mathbf{R}^m)$$

는 노름의 공리 $[\mathbf{N}_1]$, $[\mathbf{N}_2]$와 $[\mathbf{N}_3]$를 만족함을 증명하여라.

풀이 $[\mathbf{N}_1]$은 실수의 성질에서부터 성립하고 $[\mathbf{N}_2]$는 앞 문제에 증명된 민코프스키의 부등식이다. 따라서 $[\mathbf{N}_3]$가 성립하는 것만을 밝히면 된다. 그런데 임의의 벡터 $p = \langle a_1, \cdots, a_m \rangle$과 임의의 실수 $k \in \mathbf{R}$에 대해서

$$\begin{aligned}\|kp\| &= \|k\langle a_1, \cdots, a_m \rangle\| = \|\langle ka_1, \cdots, ka_m \rangle\| \\ &= \sqrt{\Sigma|ka_i|^2} = \sqrt{\Sigma|k|^2|a_i|^2} = \sqrt{|k|^2\Sigma|a_i|^2} \\ &= \sqrt{|k|^2}\sqrt{\Sigma|a_i|^2} = |k|\sqrt{\Sigma|a_i|^2} = |k|\,\|p\|\end{aligned}$$

따라서 $[N_3]$이 성립한다.

24. (정리 8-11) m차원 유클리드 공간은 거리공간이다. 즉 $\mathbf{R}^m$상의 유클리드 거리는 공리 $[\mathbf{M}_1]$에서 $[\mathbf{M}_4]$까지를 만족함을 증명하여라.

풀이 문제 23과 $\mathbf{R}^m$상의 유클리드 거리는 $\mathbf{R}^m$상의 유클리드 노름에 의하여 유도된다는 사실로부터 유도된다.

25. $\langle a_1, a_2, \cdots \rangle$를 모든 $n \in \mathbf{N}$에 대해서 $a_n \leq b$로 되는 성질을 갖는 실수의 수렴열이라 하자. 이 경우 $\lim a_n \leq b$임을 밝혀라.

풀이 $\lim a_n = a > b$라고 가정하고 $\epsilon = a - b > 0$이라고 하자. $a_n \longrightarrow a$인 까닭에,

$$n \in \mathbf{N}\text{가 존재해서 } a - a_{n_0} \leq |a - a_{n_0}| < \epsilon = a - b$$

따라서 $-a_{n_0} < -b$이므로, $b < a_{n_0}$이고 이것은 가정에 모순된다. 그러므로 $\lim a_n \leq b$이다.

26. 무한합에 대한 민코프스키의 부등식, 즉 $\langle a_n \rangle$, $\langle b_n \rangle \in \mathbf{R}^\infty$에 대해서

$$\| \langle a_n + b_n \rangle \| \leq \| \langle a_n \rangle \| + \| \langle b_n \rangle \|,$$

$$\text{즉, } \sqrt{\sum_{n=1}^{\infty} |a_n + b_n|^2} \leq \sqrt{\sum_{n=1}^{\infty} |a_n|^2} + \sqrt{\sum_{n=1}^{\infty} |b_n|^2}$$

이 성립함을 증명하여라.

풀이 유한합에 대한 민코프스키의 부등식에 의하여

$$\sqrt{\sum_{n=1}^{m} |a_n + b_n|^2} \leq \sqrt{\sum_{n=1}^{m} |a_n|^2} + \sqrt{\sum_{n=1}^{m} |a_n|^2} \leq \sqrt{\sum_{n=1}^{\infty} |a_n|^2} + \sqrt{\sum_{n=1}^{\infty} |b_n|^2}$$

이것은 모든 $m \in N$에 대해서 성립하는 까닭에 앞 문제에 의하여 극한에서도 성립한다.

27. $\mathbf{R}^\infty$상의 l_2-노름, 즉 $\| \langle a_n \rangle \| = \sqrt{\Sigma |a_n|^2}$은 노름의 공리 $[\mathbf{N}_1]$, $[\mathbf{N}_2]$와 $[\mathbf{N}_3]$를 만족함을 밝혀라.

풀이 이것은 유클리드 노름과 공리 $[\mathbf{N}_1]$, $[\mathbf{N}_2]$와 $[\mathbf{N}_3]$를 만족하는 문제 23의 증명과 같다.

28. (정리 8-12) 힐베르트 공간(즉, l_2-공간)은 거리공간임을 증명하여라.

풀이 문제 27과 $\mathbf{R}^\infty$상의 l_2-거리는 l_2-노름에 의하여 유도되는 사실을 사용하면 분명하다.

29. a와 b를 실수라 하자. 모든 $\epsilon > 0$에 대해서 $a \le b + \epsilon$이면 $a \le b$임을 밝혀라.

풀이 $a > b$라고 가정하면 $\delta > 0$일 때 $a = b + \delta$이다. $\epsilon = \frac{1}{2}\delta$라고 놓자. 따라서 $\epsilon > 0$일 때

$a > b + \frac{1}{2}\delta = b + \epsilon$이다. 그러나 이것은 가정에 모순된다. 따라서 $a \le b$이어야 한다.

30. $I = [0, 1]$이라 하자. $\|f\| = \sup\{|f(x)|\}$는 $\mathscr{C}[0, 1]$상의 노름임을 밝혀라.

풀이 닫힌구간상의 실수값 연속함수는 유계이므로 $\|f\|$는 올바르게 정의된다. 모든 $x \in I$에 대해서 $|f(x)| \ge 0$인 까닭에 $\|f\| \ge 0$. 또한 모든 $x \in I$에 대해서 $|f(x)| = 0$이면 $\|f\| = 0$, 즉 $f = 0$이다. 따라서 $[\mathbf{N}_1]$은 만족된다.

$\epsilon > 0$라고 하면 $x_0 \in I$가 존재해서 다음을 만족한다.

$$\begin{aligned} \|f+g\| &= \sup\{|f(x)+g(x)|\} \le |f(x_0)+g(x_0)| + \epsilon \\ &\le |f(x_0)| + |g(x_0)| + \epsilon \\ &\le \sup\{|f(x)|\} + \sup\{|g(x)|\} + \epsilon \\ &= \|f\| + \|g\| + \epsilon \end{aligned}$$

따라서 문제 29에 의하여 $\|f+g\| \le \|f\| + \|g\|$이고 $[\mathbf{N}_2]$는 만족된다.

이제 $k \in \mathbf{R}$라면,

$$\begin{aligned} \|kf\| &= \sup\{|(kf)(x)|\} = \sup\{|kf(x)|\} = \sup\{|k|\ |f(x)|\} \\ &= |k| \sup\{|f(x)|\} = |k|\ \|f\| \end{aligned}$$

이고, $[\mathbf{N}_3]$는 만족된다.

보충문제

• 거리

31. $\mathscr{B}(X, Y)$를 임의의 집합 X에서 거리공간 (Y, d)로의 모든 유계함수족이라 하자. 다음 함수 e는 $\mathscr{B}(X, Y)$상의 거리임을 밝혀라.

$$e(f, g) = \sup\{d(f(x), g(x)) : x \in X\}$$

32. $d_1, \cdots, d_m$을 각각 $X_1, \cdots, X_m$상의 거리라 하자. 다음 함수는 적집합 $X = \Pi_i X_i$상의 거리임을 밝혀라.

$$d(p, q) = \max\{d_1(a_1, b_1), \cdots, d_m(a_m, b_m)\}$$
$$e(p, q) = d_1(a_1, b_1) + \cdots + d_m(a_m, b_m)$$

여기서 $p = \langle a_1, \cdots, a_m \rangle$, $q = \langle b_1, \cdots, b_m \rangle \in X = \Pi_i X_i$ 이다.

33. $\mathbf{R}^* = \mathbf{R} \cup \{\infty, -\infty\}$를 확장된 실직선이라 하고 $f : \mathbf{R}^* \longrightarrow [-1, 1]$은 $x \in \mathbf{R}$일 때 $f(x) = x/(1+|x|)$로 정의되고 $f(\infty) = 1$이며, $f(-\infty) = -1$이라 하자. 다음 함수는 $\mathbf{R}^*$상의 거리임을 밝혀라. $d(x, y) = |f(x) - f(y)|$.

34. $\mathbf{R}^+$는 음이 아닌 실수를 나타내고 $f : \mathbf{R}^+ \longrightarrow \mathbf{R}^+$는 연속함수로 다음을 만족한다 하자. (i) $f(0) = 0$ (ii) $f(x+y) \leq f(x) + f(y)$ (iii) $x < y$이면 $f(x) < f(y)$, 만일에 d가 임의의 집합 X상의 거리이면 합성함수 $f \circ d$는 또한 X상의 거리임을 밝혀라.

35. ρ를 어떤 집합 X상의 유사거리라 하고 ~를 다음에 정의되는 X상의 관계라 하자.

$$a \sim b \Longleftrightarrow \rho(a, b) = 0$$

(i) ~는 X상의 동치관계임을 밝혀라.
(ii) 다음 함수는 상(몫)집합 $X/\sim = \{[a] : a \in X\}$상의 거리임을 밝혀라.
$d([a], [b] = \rho(a, b)$. 여기서 $[a]$는 $a \in X$의 동치류를 나타낸다.

36. $\mathscr{R}[0, 1]$은 $[0, 1]$상의 리만적분가능한 함수족을 나타낸다 하자. 다음 함수는 $\mathscr{R}[0, 1]$

상의 유사거리임을 밝혀라.

$$\rho(f, g) = \int_0^1 |f(x) - g(x)| dx$$

또한 ρ는 거리가 아님을 반례로 밝혀라.

37. 함수 d가 X상의 거리이기 위한 필요충분조건은 다음 두 조건을 만족하는 것임을 밝혀라.

(i) $d(a, b) = 0 \iff a = b$

(ii) $d(a, c) \leq d(a, b) + d(c, b)$

• 집합간의 거리, 지름

38. 다음을 만족하는 실직선상의 두 닫힌부분집합 A와 B의 예를 들어라.

$$d(A, B) = 0 \text{이고 } A \cap B = \phi$$

39. d를 X상의 거리라고 하자. 임의의 부분집합 $A, B \subset X$에 대해서 다음이 성립함을 밝혀라.

(i) $d(A \cup B) \leq d(A) + d(B) + d(A, B)$

(ii) $d(\overline{A}) = d(A)$

40. d를 X상의 거리라고 하고 A를 X의 임의의 부분집합이라 하자. $f(x) = d(x, A)$로 정의되는 함수 $f : X \longrightarrow \mathbf{R}$는 연속임을 밝혀라.

41. $d(\langle a, b \rangle) = |a - b|$(즉, $\mathbf{R}$상의 보통거리)로 정의되는 함수 $d : \mathbf{R}^2 \longrightarrow \mathbf{R}$를 생각하자. d는 실직선 $\mathbf{R}$와 평면 $\mathbf{R}^2$상의 보통위상에 관하여 연속임을 밝혀라.

42. A를 거리공간 X의 임의의 부분집합이라 하자. $d(A) = d(\overline{A})$임을 밝혀라.

• 거리위상

43. (A, d)를 (X, d)의 부분거리공간이라 하자. (A, d)는 또한 (X, d)의 부분위상공간, 즉 A로의 d의 제한이 유도하는 위상은 A상의 상대위상과 일치함을 밝혀라.

44. 위상공간 $(X, \mathscr{T})$이 거리공간 (Y, d)와 위상동형이면 $(X, \mathscr{T})$는 거리화 가능임을 증명하여라.

45. (정리 8-10) (X, d)가 (Y, e)와 거리동형이면 (X, d)는 또한 (Y, e) 와 위상동형임을 증명하여라.

46. 열린구 $S(p, \delta) = \{x : d(p, x) \le \delta\}$의 폐포는 반드시 "닫힌구" $\overline{S}(p, \delta) = \{x : d(p, x) \le \delta\}$이라 할 수 없음을 예로 밝혀라.

47. 닫힌구 $\overline{S}(p, \delta) = \{x : d(p, x) \le \delta\}$는 닫힌집합임을 밝혀라.

48. 거리공간 X의 점렬 $\langle a_1, a_2, \cdots \rangle$이 점 p로 수렴하기 위한 필요충분조건은 실수의 점렬 $\langle d(a_1, p), d(a_2, p), \cdots \rangle$이 $0 \in \mathbf{R}$로 수렴함, 즉

$$\lim d(a_n, p) = 0 \iff \lim a_n = p$$

임을 증명하여라.

49. 거리공간 X에 있어서 $\lim a_n = p$이고 $\lim b_n = q$이면 실수열 $\langle d(a_1, b_1), d(a_2, b_2), \cdots \rangle$이 $d(p, q) \in \mathbf{R}$로 수렴한다. 즉, $\lim d(a_n, b_n) = d(\lim a_n, \lim b_a)$임을 증명하여라.

• 동치거리

50. d를 X상의 거리라 하자. 다음 거리 e는 d와 동치임을 밝혀라.

$$e(a, b) = \min(1, d(a, b)\}$$

51. d를 X상의 거리라 하자. 다음 거리 e는 d와 동치임을 밝혀라.

$$e(a,\ b) = \frac{d(a,\ b)}{1 + d(a,\ b)}$$

52. d와 e를 X상의 거리라 하자. $k,\ k' \in \mathbf{R}$가 존재해서 모든 $a,\ b \in X$에 대해서

$$d(a,\ b) \le ke(a,\ b),\ \ e(a,\ b) \le k'd(a,\ b)$$

라 하면, d와 e는 동치거리임을 밝혀라.

• m차원 유클리드 공간, 힐베르트 공간

53. $p_1 = \langle a_{11},\ a_{12},\ \cdots,\ \cdots\ a_{1m} \rangle$, $p_2 = \langle a_{12},\ a_{22}, \cdots,\ a_{2m} \rangle$, $\cdots$를 m차원 유클리드 공간의 점이라 하자. $p_n \longrightarrow q = \langle b_1,\ b_2,\ \cdots\ b_m \rangle$이기 위한 필요충분조건은 $k = 1, \cdots, m$에 대해서 $\langle a_{1k},\ a_{2k},\ a_{3k},\ \cdots \rangle$가 b_k로 수렴, 즉 사영 $\langle \pi_k(p_n) \rangle$이 각 좌표 공간에 속하는 $\pi_k(q)$로 수렴하는 것임을 밝혀라.

54. G를 힐베르트 공간 $\mathbf{H}$의 열린부분집합이라 하면 $a_1 \ne 0$인 $p = \langle a_n \rangle \in G$가 존재함을 밝혀라.

55. H^*는 $\mathbf{H}$의 점의 첫째 좌표가 0이 되는 모든 점으로서 이루어진 힐베르트 공간 $\mathbf{H}$의 진부분집합을 나타낸다 하자.

(i) H^*는 닫힌집합임을 밝혀라.

(ii) H^*는 $\mathbf{H}$에서 조밀한 곳이 없다, 즉 $\mathrm{int}(\overline{H^*}) = \phi$임을 밝혀라.

56. $p_1 = \langle a_{11},\ a_{12},\ \cdots \rangle$, $p_2 = \langle a_{21},\ a_{22},\ \cdots \rangle$, $\cdots$를 $\mathbf{R}^\infty$의 점이라 하고 실수열$\langle \pi_k(p_n) \rangle = \langle a_{1k},\ a_{2k},\ a_{3k},\ \rangle$는 모든 $k \in \mathbf{N}$에 대해서 $b_k \in \mathbf{R}$로 수렴한다 가정하자.

(i) $q = \langle b_1, b_2,\ \cdots \rangle$는 $\mathbf{R}^\infty$에 속함을 밝혀라.

(ii) 점렬 $\langle p_1,\ p_2,\ \cdots \rangle$는 q로 수렴함을 밝혀라.

- 힐베르트 정육면체

57. 모든 $n \in \mathbf{N}$에 대해서 $0 \le a_n \le \dfrac{1}{n}$을 만족하는 모든 실수열 $\langle a_1, a_2, \cdots \rangle$의 집합 $\mathbf{I}$를 **힐베르트 정육면체**(Hilbert cube)라 한다.

(i) $\mathbf{I}$는 $\mathbf{R}^\infty$의 부분집합임을 밝혀라.

(ii) $\mathbf{I}$는 $\mathbf{R}^\infty$의 유계닫힌부분집합임을 밝혀라.

- 노름 공간

58. $\mathscr{B}(x, \mathbf{R})$은 공이 아닌 어떤 집합 X에서 정의되는 모든 유계실수값함수 $f : X \longrightarrow \mathbf{R}$의 족을 나타낸다 하자. 다음은 $\mathscr{B}(X, \mathbf{R})$상의 노름임을 밝혀라.

$$\|f\| = \sup\{|f(x)| : x \in X\}$$

59. 선형공간 X상의 두 개의 노름 $\|\cdots\|_1$과 $\|\cdots\|_2$가 X상의 동치거리를 유도할 때, 즉 이들이 X상의 같은 위상을 결정할 때 동치라 한다. $\|\cdots\|_1$이 $\|\cdots\|_2$와 동치이기 위한 필요충분조건은 $a_1, a_2, b_1, b_2 \in \mathbf{R}$가 존재해서 모든 $x \in X$에 대해

$$a_1\|x\|_1 < \|x\|_2 < b_1\|x\|_1 \text{ 이고 } a_2\|x\|_2 < \|x\|_1 < b_2\|x\|_2$$

로 되는 것임을 밝혀라.

60. $\|\cdots\|$를 유클리드 노름이라 하고 d를 이 노름이 유도하는 평면 $\mathbf{R}^2$상의 거리라고 하자. 다음에 의하여 정의되는 함수 e를 생각하자.

$$e(p, q) = \begin{cases} \|p\| + \|q\| & (\|p\| \ne \|q\| \text{일 때}) \\ d(p, q) & (\|p\| = \|q\| \text{일 때}) \end{cases}$$

(i) e는 $\mathbf{R}^2$상의 거리임을 밝혀라.

(ii) 거리공간 $(\mathbf{R}^2, e)$에 속하는 열린구를 기술하여라.

61. 다음은 $\mathscr{C}[0, 1]$상의 노름임을 밝혀라.

$$\|f\| = \int_0^1 |f(x)|dx$$

62. X를 노름 공간이라 하자. $f(x) = \|x\|$로 정의되는 함수 $f : X \longrightarrow \mathbf{R}$는 연속임을 밝혀라.

• 보충문제의 답

36. 다음에 의하여 정의되는 함수,

$$f(x) = \begin{cases} 1 & (x = 0\text{일 때}) \\ 0 & (0 < x \leq 1\text{일 때}) \end{cases}$$

는 리만 적분가능, 즉 $\mathscr{R}[0, 1]$에 속한다. 영 함수 $g : [0, 1] \longrightarrow \mathbf{R}$, 즉 모든 $x \in [0, 1]$에 대해서 $g(x) = 0$은 또한 $\mathscr{R}[0, 1]$에 속한다. 그러나 $\rho(f, g) = 0$이고 $f \neq g$이다. 따라서 ρ는 $[\mathrm{M}_4]$를 만족하지 않는 까닭에 거리가 아니다.

38. $A = \{2, 3, 4, 5, \cdots\}$와 $B = \left\{2\frac{1}{2}, 3\frac{1}{3}, 4\frac{1}{4}, \cdots\right\}$

46. d를 한 점 이상을 포함하는 집합 X의 자명거리라고 하면 임의의 $p \in X$에 대해

$$S(p, 1) = \{x : d(p, x) < 1\} = \{p\}$$
$$\overline{S}(p, 1) = \{x : d(p, x) \leq 1\} = X.$$

그런데 d는 X상의 이산위상을 유도하므로 X의 모든 부분집합은 열린집합인 동시에 닫힌집합이다. 따라서

$$\overline{S(p, 1)} = \{\overline{p}\} = \{p\} \neq \overline{S}(p, 1).$$

58. 힌트 : 증명은 문제 30의 방법과 같다.

60. (ii) $\|p\| \geq \delta$이면 $S(p, \delta)$는 원 $\{x : \|x\| = \|p\|\}$의 호이다. 만일에 $\|p\| < \delta$이면 $S(p, \delta)$는 원 $\{x : \|x\| = \delta - \|p\|\}$에 대한 내부점과 원 $\{x : \|x\| = \|p\|\}$의 호상의 점으로 이루어진다.

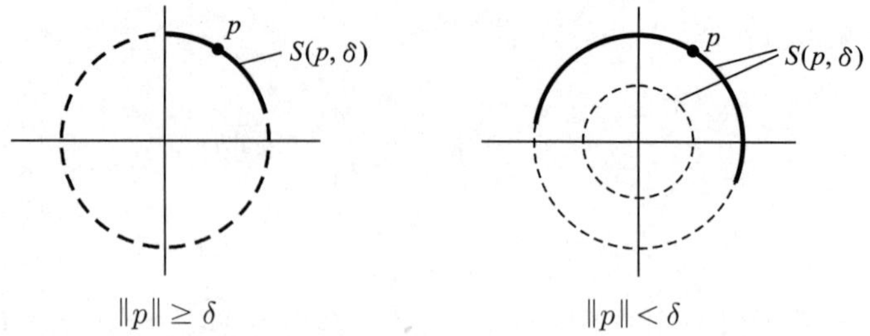

| 그림 8-17 |

61. $\|f+g\| = \int_0^1 |f(x)+g(x)|dx \le \int_0^1 (|f(x)|+|g(x)|)dx$

$$= \int_0^1 |f(x)|dx + \int_0^1 |g(x)|d(x) = \|f\|+\|g\|$$

09 G·E·N·E·R·A·L·T·O·P·O·L·O·G·Y

가산성

9.1 제1 가산공간

위상공간 X는, **제 1 가산공리**(first axiom of countability)라고 하는 다음 공리를 만족할 때 **제 1 가산공간**(first countable space)이라 한다.
$[\mathrm{C}_1]$ 각 점 $p \in X$에 대해서 p를 포함하는 열린집합의 가산족 $\mathscr{B}_p$를 알맞게 택하면 p를 포함하는 모든 열린집합 G도 또한 $\mathscr{B}_p$의 어떤 원소를 포함한다.

다시 말하자면 위상공간 X가 제1가산공간이 되기 위한 필요충분조건은 모든 점 $p \in X$에 대해서 가산국소기저가 존재하는 것이다. $[\mathrm{C}_1]$은 위상공간 X의 국소적 성질, 즉 점 $p \in X$의 임의의 근방의 성질에만 의존함을 알 수 있다.

예제 1.1 X를 거리공간이라 하고 $p \in X$라고 하자. 중심을 p에 둔 열린구의 가산족 $\left\{S(p, 1),\ S\left(p, \frac{1}{2}\right),\ S\left(p, \frac{1}{3}\right), \cdots\right\}$은 p의 국소기저이다. 따라서 모든 거리공간은 제1가산공리를 만족한다.

예제 1.2 X를 임의의 이산공간이라 하자. 한 원소집합 $\{p\}$는 열린집합이고 $p \in X$를 포함하는 모든 열린집합 G에도 포함된다. 따라서 모든 이산공간은 $[\mathrm{C}_1]$을 만족한다.

다음 성질은 제1가산공간이 갖는 성질이며 이것을 실직선 $\mathbf{R}$의 특수한 경우에 대해서 증명한다.

> **정리 9-1** 제1가산공간 X상에서 정의된 함수가 $p \in X$에서 연속이기 위한 필요충분조건은 그 함수가 p에서 점렬연속인 것이다.

다시 말해서 X가 $[\mathrm{C}_1]$을 만족할 때 $f : X \longrightarrow Y$가 $p \in X$에서 연속이란 X에 속하는 p로 수렴하는 모든 점렬 $\langle a_n \rangle$에 대해서도 함수열 $\langle f(a_n) \rangle$이 Y에 속하는 $f(p)$로 수렴한다는 것이다. 즉,

$$a_n \longrightarrow p \text{이면 } f(a_n) \longrightarrow f(p)$$

※ 주의 : $\mathscr{B}_p$를 점 $p \in X$의 가산국소기저라고 하면 $\mathscr{B}_p$의 원소를 $\mathbf{N}$에 의하여 첨수를 붙일 수 있다. 즉,

$\mathscr{B}_p = \{B_1, B_2, \cdots\}$로 표기할 수 있다($\mathscr{B}_p$가 유한인 경우에는 반복을 허용한다). 또한 $B_1 \supset B_2 \supset B_3 \supset \cdots$이 성립되면 $\mathscr{B}_p$를 p에서의 **축소국소기저**(nested local base)라고 부른다. 연습문제에서 가산국소기저에서 축소국소기저를 항상 구성할 수 있음을 밝힌다.

9.2 제 2 가산공간

제2가산공리(second axiom of countability)라 하는 다음 공리를 만족할 때 위상공간 $(X, \mathscr{T})$를 **제2가산공간**(second countable space)이라 한다.

$[\mathrm{C}_2]$ 위상 $\mathscr{T}$에 대한 가산기저 $\mathscr{B}$가 존재한다.

제2가산성은 위상공간의 국소적 성질이라기보다 대역적 성질이다.

예제 2.1 유리수, $a, b \in \mathbf{Q}$를 끝점으로 하는 열린구간 (a, b)족 $\mathscr{B}$는 가산이고 실직선 $\mathbf{R}$상의 보통위상의 기저이다. 따라서 $\mathbf{R}$는 제2가산공간이다. 즉, $\mathbf{R}$는 $[\mathrm{C}_2]$를 만족한다.

예제 2.2 실직선 $\mathbf{R}$상의 이산위상 $\mathscr{D}$를 생각하자. 족 $\mathscr{B}$가 이산위상의 기저이기 위한 필요충분조건은 $\mathscr{B}$가 모든 한 원소집합을 포함하는 것이다. 그러나 $\mathbf{R}$의 한 원소부분집합 $\{p\}$의 족은 가산이 아니다. 따라서 $(\mathbf{R}, \mathscr{D})$는 제2가산공리를 만족하지 않는다.

따라서 $\mathscr{B}$가 공간 X의 가산기저이고 $\mathscr{B}_p$가 점 $p \in X$를 포함하는 $\mathscr{B}$의 원소로 이루어지면 $\mathscr{B}_p$는 p의 가산국소기저이다. 다시 말하자면,

명제 9-1 제2가산공간은 또한 제1가산이다.

한편으로, 이산위상을 갖는 실직선 $\mathbf{R}$은 예제 2.2에 의하여 $[\mathrm{C}_2]$를 만족하지 않으나 예제 1.2에 의하여 $[\mathrm{C}_1]$을 만족한다. 따라서 명제 9.2의 역은 성립하지 않는다.

9.3 린델뢰프(Lindelöf)의 정리

편의상 몇 가지 용어를 도입하기로 한다. $A \subset X$이고 $\mathscr{A}$를 X의 부분집합족으로

$$A \subset \cup \{E : E \in \mathscr{A}\}$$

을 만족한다 하자. 이 경우 $\mathscr{A}$를 A의 **피복**(cover) 또는 $\mathscr{A}$는 A를 **피복한다**(covering)고 한다. $\mathscr{A}$의 각 원소가 X의 열린부분집합이면 $\mathscr{A}$를 A의 **열린피복**(open cover)이라 한다. 또한 $\mathscr{A}$가 A를 피복하는 가산(유한)부분족을 포함하는 경우 $\mathscr{A}$는 **가산(유한) 피복으로 환산할 수 있다**[reducible to a countable (finite) cover]. 또는 $\mathscr{A}$는 가산(유한) **부분피복**(subcover)을 포함한다고 한다. 제2가산공간에 관한 중요 사실은 린델뢰프에 의한 다음 두 정리로 주어진다.

정리 9-3	A를 제2가산공간 X의 임의의 부분집합이라 하면 A의 어떠한 열린피복도 가산피복으로 환산될 수 있다.

정리 9-4	X를 제2가산공간이라 하자. 이 경우 X에 대한 모든 기저 $\mathscr{B}$는 X의 가산기저로 환산될 수 있다.

이 정리가 린델뢰프 공간의 정의를 낳는 동기로 되어 있다. 위상공간 X의 어떠한 열린피복도 가산피복으로 환산될 수 있을 때 X를 **린델뢰프 공간**(Lindelöf space)이라 한다. 따라서 모든 제2가산공간은 린델뢰프 공간이다.

9.4 분리가능공간

위상공간 X가 다음 공리를 만족할 때 X는 **분리가능**(separable)이라 한다.

[S] X는 가산 조밀부분집합을 포함한다.

다시 말해서 X가 분리가능이기 위한 필요충분조건은 X의 유한 또는 가산무한인 부분집합 A가 존재해서 A의 폐포가 전체공간으로 되는 것, 즉 $\overline{A} = X$로 되는 것이다.

예제 3.1 보통위상을 갖는 실직선 $\mathbf{R}$는 유리수의 집합 $\mathbf{Q}$가 가산이고 $\mathbf{R}$에서 조밀하다. 즉, $\overline{\mathbf{Q}} = \mathbf{R}$인 까닭에 분리가능 공간이다.

예제 3.2 이산위상 $\mathscr{D}$를 갖는 실직선 $\mathbf{R}$를 생각하자. $\mathbf{R}$의 모든 부분집합은 $\mathscr{D}$-열린집합인 동시에 $\mathscr{D}$-닫힌집합이다. 따라서 $\mathbf{R}$의 $\mathscr{D}$-조밀부분집합은 $\mathbf{R}$ 자신이다. 그런데 $\mathbf{R}$는 가산집합이 아니다. 따라서 $(\mathbf{R}, \mathscr{D})$는 분리가능공간이 아니다.

이제 모든 제2가산공간은 또한 분리가능임을 밝힐 것이다. 즉

명제 9-5 X가 제2가산공리를 만족하면 X는 분리가능이다.

닫힌-열린구간 $[a, b)$의 전체에 의하여 생성되는 위상을 갖는 실직선 $\mathbf{R}$는 제2가산공리를 만족하지 않는 분리가능공간인 전형적 예이다. 따라서 앞 명제의 역은 일반적으로 성립하지 않는다. 그러나 다음 특수한 경우에는 역도 성립한다.

정리 9-6 모든 분리가능거리공간은 제2가산이다.

예제 3.3 $C[0, 1]$은 닫힌구간 $[0, 1]$상의 모든 연속함수의 선형공간을 나타내고

$$\|f\| = \sup\{|f(x)| : 0 \le x \le 1\}$$

로 정의되는 노름을 갖는다 하자. 바이어슈트라스(Weierstrass)의 근사정리에 의하면 임의의 함수 $f \in C[0, 1]$과 임의의 $\epsilon > 0$에 대해서 유리계수를 갖는 다항식 p가 존재하여

$$\|f - p\| < \epsilon, \text{ 즉 모든 } x \in [0, 1]\text{에 대해서 } |f(x) - p(x)| < \epsilon$$

이 만족된다. 따라서 이와 같은 모든 다항식족 $\mathscr{P}$는 $C[0, 1]$에서 조밀하다. 그러나 $\mathscr{P}$는 가산집합이므로 $C[0, 1]$은 분리가능이고 또한 정리 9-6에 의하여 제2가산이다.

마지막 예로 거리공간은 반드시 분리가능이 아님을 밝힌다.

예제 3.4 $\|\cdots\|$를 $\mathbf{R}^2$상의 유클리드 노름이라 하고 d를 이 노름에서 유도된 보통 거리라고 할 때(8장 문제 60 참조),

$$e(p, q) = \begin{cases} \|p\| + \|q\| & (\|p\| \neq \|q\| \text{일 때}) \\ d(p, q) & (\|p\| = \|q\| \text{일 때}) \end{cases}$$

로 정의되는 평면 $\mathbf{R}^2$상의 거리 e를 생각하자. $p \neq \langle 0, 0 \rangle$이고 $\delta < \|p\|$이면 e-열린구 $S(p, \delta)$는 원주

$$P = \{x : \|x\| = \|p\|\}$$

상의 점만으로 이루어짐을 생각하면 p는 A가 원주 P의 점을 포함하지 않는 한 임의의 $A \subset \mathbf{R}^2$의 집적점이 될 수 없다. 그러나 중심을 $\langle 0, 0 \rangle$에 갖는 비가산 개의 원들이 존재하므로 $A \subset \mathbf{R}^2$은 A가 가산이면 $\mathbf{R}^2$에 있어서 조밀할 수 없다. 따라서 거리공간 $(\mathbf{R}^2, e)$는 분리가능이 아니다.

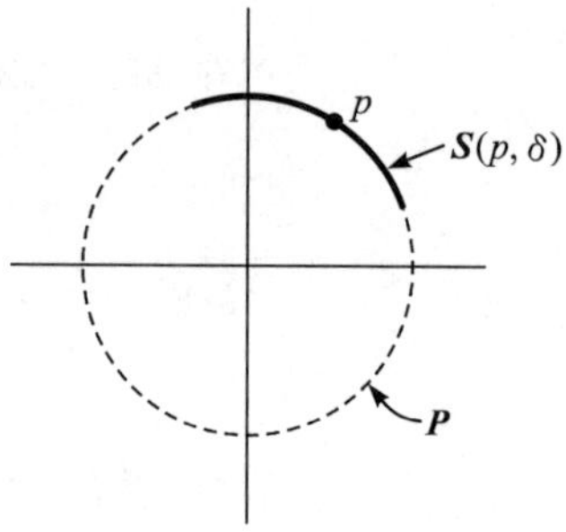

| 그림 9-1 |

9.5 유전적 성질

위상공간 X가 성질 P를 갖는다면 X의 모든 부분공간이 또한 성질 P를 가질 때 성질 P를 **유전적**(hereditary) 성질이라 한다. 제2가산공간의 모든 부분공간은 제2가산이고 제1가산공간의 모든 부분공간은 제1가산임을 나중에 밝히기로 한다. 다시 말해서 성질 $[C_1]$과 $[C_2]$는 모두 유전적이다. 이것과 역으로 분리가능공간의 부분공간은 반드시 분리가능공간이 되는 것은 아니다. 즉, 분리가능성이 유전적이 아님을 반례로 밝힐 것이다.

이 장의 세 가지 공리간의 관계를 다음 도식으로 나타내고서 이 장을 끝마치고자 한다.

$$\text{분리가능} \leftarrow \text{제2가산} \rightarrow \text{제1가산}$$

여기서 화살표는 명제 9-2와 9-5에서 서술한 바와 같은 내용을 나타낸다.

연습문제

• 제1 가산공간

1. 제1가산공간 $(X, \mathscr{T})$의 임의의 부분공간 $(Y, \mathscr{T}_Y)$는 또한 제1가산임을 밝혀라.

풀이 $p \in Y$라고 하자. $Y \subset X$인 까닭에 $p \in X$. 가정에 의하여 $(X, \mathscr{T})$는 제1가산공간이다. 따라서 p에 대한 가산 $\mathscr{T}$-국소기저 $\mathscr{B}_p = \{B_n : n \in \mathbf{N}\}$가 존재한다. 앞 문제에 의하여 $B_p^* = \{Y \cap B_n : n \in \mathbf{N}\}$는 p에 대한 $\mathscr{T}_Y$-국소기저이다. B_p^*는 가산인 까닭에 $(Y, \mathscr{T}_Y)$는 $[\mathbf{C}_1]$을 만족한다.

2. $\mathscr{B}_p = \{G_1, G_2, \cdots\}$를 $p \in X$의 가산국소기저라고 하자. 이 경우 다음을 밝혀라.

(i) 점 p의 축소국소기저가 존재한다.

(ii) X가 $[\mathbf{C}_1]$을 만족하면 모든 $p \in X$에도 축소국소기저가 존재한다.

풀이 (i) $B_1 = G_1$, $B_2 = G_1 \cap G_2$, $\cdots$ $B_n = G_1 \cap \cdots \cap G_n$이라 놓으면 $B_1 \supset B_2 \supset \cdots$이고, 각 B_k는 열린집합이고 p를 포함한다. 또한 G가 p를 포함하는 열린집합이면,

$$n_0 \in \mathbf{N}\text{가 존재해서 } B_{n_0} \subset G_{n_0} \subset G$$

따라서 $\{B_1, B_2, \cdots\}$는 p의 축소국소기저이다.

(ii) X가 $[\mathbf{C}_1]$을 만족하고 $p \in X$이면 $[\mathbf{C}_1]$에 의하여 p의 가산국소기저가 존재하고 (i)에 의하여 p의 축소국소기저가 존재한다.

3. $\mathscr{B}_p = \{B_1, B_2, \cdots\}$를 $p \in X$에 있어서 축소국소기저라고 하고 $\langle a_1, a_2, \cdots, \rangle$를 $a_1 \in B_1$, $a_2 \in B_2$, $\cdots$를 만족하는 점렬이라 하자. 이 경우 $\langle a_n \rangle$은 p로 수렴함을 밝혀라.

풀이 p를 포함하는 열린집합을 G라 하자. $\mathscr{B}_p$는 p의 국소기저인 까닭에

$$n_0 \in \mathbf{N}\text{가 존재해서 } B_{n_0} \subset G\text{이다.}$$

그런데 $\mathscr{B}_p$는 축소이므로 $n > n_0$이면 $a_n \in B_{n_0} \subset G$이고, 따라서 $a_n \longrightarrow p$.

4. $\mathscr{T}$를 실직선상의 여유한 위상, 즉 $\mathscr{T}$는 ϕ과 유한집합의 여집합 모두를 포함한다. 이 경우 $(\mathbf{R}, \mathscr{T})$는 제1가산공리를 만족하지 않음을 밝혀라.

풀이 $(\mathbf{R}, \mathscr{T})$는 $[\mathbf{C}_1]$을 만족한다고 가정하자. 이 경우 $1 \in \mathbf{R}$는 가산열린국소기저 $\mathscr{B}_1 = \{B_n :$

$n \in \mathbf{N}\}$를 갖는다. 각 B_n은 $\mathscr{T}$-열린집합인 까닭에 그 여집합 B_n^c는 $\mathscr{T}$-닫힌집합이고 따라서 유한집합이다. 따라서 $A = \cup\{B_n^c : n \in \mathbf{N}\}$는 유한집합의 가산합집합이므로 가산이다. 그러나 $\mathbf{R}$는 가산이 아닌 까닭에 A에 속하지 않는 1과 상이한 점 $p \in \mathbf{R}$가 존재한다. 즉 $p \in A^c$이다. 그런데 드 모르간의 법칙에 의하여

$$p \in A^c = (\cup\{B_n^c : n \in \mathbf{N}\})^c = \cap\{B_n^{cc} : n \in \mathbf{N}\} = \cap\{B_n : n \in \mathbf{N}\}$$

이므로 모든 $n \in \mathbf{N}$에 대해서 $p \in B_n$이다. 한편으로 $\{p\}^c$는 유한집합의 여집합인 까닭에 $\mathscr{T}$-열린집합이고 p가 1과 상이한 까닭에 $\{p\}^c$는 1을 포함한다. B_1은 국소기저인 까닭에 $B_{n_0} \subset \{p\}^c$로 되는 원소 $B_{n_0} \in B_1$가 존재한다. 따라서 $p \notin B_{n_0}$이나, 이것은 모든 $n \in \mathbf{N}$에 대해서 $p \in B_n$라는 사실에 모순한다. 따라서 $(\mathbf{R}, \mathscr{T})$가 제1가산공리를 만족한다는 처음의 가정이 잘못이다.

5. (정리 9-1) X가 제1가산공리를 만족한다면 함수 $f : X \longrightarrow Y$가 $p \in X$에서 연속이기 위한 필요충분조건은 f가 p에서 점렬연속임을 증명하여라.

풀이 f가 p에서 점렬연속이면 f가 p에서 연속임을 밝히면 충분하다. 왜냐하면 이 역은 임의의 위상공간에 대해서 증명했기 때문이다. 실제로 대우명제로 증명하면 f가 p에서 연속이 아니면 f는 p에서 점렬연속이 아님을 밝히기로 한다.

$\mathscr{B}_p = \{B_1, B_2, \cdots\}$를 p에서의 축소국소기저라고 하고 f는 p에서 연속이 아니라 가정하자. 이 경우 Y의 열린부분집합 H가 존재해서

$$f(p) \in H\text{이나, 모든 } n \in \mathbf{N}\text{에 대해서 } B_n \not\subset f^{-1}[H]$$

따라서 모든 $n \in \mathbf{N}$에 대해서

$$a_n \in B_n\text{가 존재해서 } a_n \notin f^{-1}[H]\text{이고, 즉 } f(a_n) \notin H.$$

그런데 앞 문제에 의하여 점렬 $\langle a_n \rangle$은 p로 수렴한다. 그러나 $f(p)$를 포함하는 열린집합 H는 점렬의 임의의 항을 하나도 포함하지 않는 까닭에 함수열 $\langle f(a_n) \rangle$은 $f(p)$로 수렴하지 않는다. 따라서 f는 p에서 점렬연속이 아니다.

• 제2가산공간

6. 보통위상을 갖는 평면 $\mathbf{R}^2$은 제2가산공리를 만족함을 밝혀라.

풀이 $\mathscr{B}$를 유리수의 반지름을 가지며 그 중심의 좌표가 유리수인 $\mathbf{R}^2$의 열린원판족이라 하자. 이 경우 $\mathscr{B}$는 가산집합이고 또한 $\mathbf{R}^2$의 보통위상에 대한 기저이다. 따라서 $\mathbf{R}^2$은 제2가산공간이다.

7. 제2가산공간의 모든 부분공간은 제2가산임을 밝혀라.

풀이 $\mathscr{B}=\{B_n : n\in\mathbf{N}\}$를 제2가산공간 X의 가산기저라 하고 Y를 X의 부분공간이라 하자. 앞 문제에 의하여 $\mathscr{B}_Y=\{Y\cap B_n : n\in\mathbf{N}\}$는 Y의 기저이다. $\mathscr{B}_Y$는 가산인 까닭에 Y는 $[\mathrm{C}_2]$를 만족한다.

8. [정리 9-3(린델뢰프의 정리)] A를 제2가산공간 X의 임의의 부분집합이라 하자. $\mathscr{G}$가 A의 열린피복이면 $\mathscr{G}$는 가산피복으로 환산될 수 있음을 증명하여라.

풀이 $\mathscr{B}$를 X의 가산기저라고 하자. 모든 $p\in A$에 대해서 $A\subset\cup\{G: G\in\mathscr{G}\}$인 까닭에 $G_p\in\mathscr{G}$가 존재해서 $p\in G_p$로 된다. 또한 $\mathscr{B}$는 X의 기저인 까닭에 모든 $p\in A$에 대해서

$$\exists\, B_p\in\mathscr{B},\ (p\in B_p\subset G_p).$$

따라서 이 경우 $A\subset\cup\{B_p : p\in A\}$로 된다. 그러나 $\{B_p : p\in A\}\subset\mathscr{B}$이므로, 이것은 가산이다. 따라서

$$\{B_p : p\in A\}=\{B_n : n\in N\}$$

이라 놓을 수 있고 여기서 N은 가산첨수집합이다. 각 $n\in N$에 대해서 $B_n\subset G_n$으로 되는 하나의 집합 $G_n\subset\mathscr{G}$를 택하면,

$$A\subset\cup\{B_n : n\in N\}\subset\cup\{G_n : n\in N\}$$

이므로 $\{G_n : n\in N\}$는 $\mathscr{G}$의 가산부분피복으로 되어 있다.

9. [정리 9-4(린델뢰프의 정리)] $\mathscr{G}$를 제2가산공간 X의 기저라고 하면 $\mathscr{G}$는 X의 가산기저로 환산될 수 있음을 증명하여라.

풀이 X는 제2가산인 까닭에 X는 가산기저 $\mathscr{B}=\{B_n : n\in\mathbf{N}\}$를 갖는다. $\mathscr{G}$도 또한 X의 기저인 까닭에 각 $n\in\mathbf{N}$에 대해서

$$\mathscr{G}\text{의 부분집합인 어떤 }\mathscr{G}_n\text{이 존재하여 }B_n=\cup\{G: G\in\mathscr{G}_n\}.$$

따라서 $\mathscr{G}_n$은 B_n의 열린피복이고 앞 문제에 의하여 가산피복 $\mathscr{G}_n^*$로 환산될 수 있다. 즉, 각 $n\in\mathbf{N}$에 대해서

$$\mathscr{G}_n^*\subset\mathscr{G}\text{이고, }\mathscr{G}_n^*\text{가 가산일 때 }B_n=\cup\{G: G\in\mathscr{G}_n^*\}$$

그런데

$$\mathscr{G}^*=\{G: G\in\mathscr{G}_n^*,\ n\in\mathbf{N}\}$$

이라 놓으면 $\mathscr{B}$가 X의 기저인 까닭에 $\mathscr{G}^*$도 X의 기저이다. 또한 $\mathscr{G}^* \subset \mathscr{G}$이고 $\mathscr{G}^*$는 가산이다.

• 분리가능성

10. $\mathscr{T}$를 임의의 집합 X상의 여유한 위상이라 하자. 이 경우 $(X, \mathscr{T})$는 분리가능, 즉 조밀한 가산부분집합을 포함함을 밝혀라.

풀이 X 자신이 가산이면 분명히 X는 $(X, \mathscr{T})$의 가산조밀부분집합이다. 한편으로 X는 가산이 아니라 가정하자. 이 경우 X는 가부번, 즉 유한이 아닌 가산부분집합 A를 포함한다. 그런데 오직 $\mathscr{T}$-닫힌집합은 유한집합이든지 또는 X임을 상기하면 유한이 아닌 집합 A의 폐포는 전체공간 X이다. 즉, $\overline{A} = X$이다. 그러나 A는 가산이므로 $(X, \mathscr{T})$는 분리가능이다.

11. 이산공간 X가 분리가능이기 위한 필요충분조건은 X가 가산임을 밝혀라.

풀이 이산공간 X의 모든 부분집합은 열린집합인 동시에 닫힌집합임을 상기하면 유일한 X의 조밀부분집합은 X 자신이다. 따라서 X가 가산조밀부분집합을 포함하기 위한 필요충분조건은 X가 가산인 것이다. 즉, X는 X가 가산일 때 한해서 분리가능이다.

12. (명제 9-5) X가 제2가산공리를 만족하면 X는 분리가능임을 증명하여라.

풀이 X는 $[\mathrm{C}_2]$를 만족하는 까닭에 X는 가산기저 $\mathscr{B} = \{B_n : n \in \mathbf{N}\}$를 갖는다. 각 $n \in \mathbf{N}$에 대해서 점 $a_n \in B_n$를 택하자. 이 경우 집합 $A = \{a_n : n \in \mathbf{N}\}$는 또한 가산이다. 이 경우 $\overline{A} = X$, 즉 같은 뜻으로 각 점 $p \in A^c$(A의 여집합)이 A의 집적점임을 밝히자. G를 p를 포함하는 열린집합이라 하면 G는 적어도 하나의 집합 $B_{n_0} \in \mathscr{B}$를 포함한다. 따라서 $a_{n_0} \in B_{n_0} \subset G$가 성립한다. 그런데 $p \in A^c$이지만 $a_{n_0} \in A$이므로 a_{n_0}는 p와 상이하다. 따라서 A의 점 p를 포함하는 모든 열린집합 G는 p 이외의 A의 점을 포함하는 까닭에 p는 A의 집적점이다.

13. $\mathscr{T}$를 다음 반열린직사각형

$$[a, b) \times [c, d) = \{\langle x, y \rangle : a \le x < b,\ c \le y < d\}$$

에 의하여 생성되는 평면 $\mathbf{R}^2$상의 위상이라 하자. $(\mathbf{R}^2, \mathscr{T})$는 분리가능임을 밝혀라.

풀이 $a < x_0 < b$, $c < y_0 < d$를 만족하는 유리수 x_0와 y_0가 반드시 존재하므로 위 열린직사각형은 유리수 좌표를 갖는 점 $p = \langle x_0, y_0 \rangle$를 포함한다. 따라서 유리수 좌표를 갖는 $\mathbf{R}^2$의 모든 점으로 이루어지는 집합 $A = \mathbf{Q} \times \mathbf{Q}$는 $\mathbf{R}^2$에서 조밀하다. 그러나 A는 가산집합이므로 $(\mathbf{R}^2, \mathscr{T})$는 분리가능이다.

14. 분리가능공간의 부분공간은 반드시 분리가능이 아니다. 즉, 분리가능은 유전적 성질이 아님을 밝혀라.

풀이 앞 문제의 분리가능위상공간 $(\mathbf{R}^2, \mathscr{T})$를 생각하자. 직선 $Y=\{\langle x, y\rangle : x+y=0\}$상의 상대위상 $\mathscr{T}_y$는 Y의 각 한 원소부분집합 $\{p\}$가 $\mathscr{T}_y$-열린집합인 까닭에 이산위상임을 생각하자(제6장의 문제 25 참조). 그러나 가산이 아닌 이산공간은 분리가능이 아니다. 따라서 $(\mathbf{R}^2, \mathscr{T})$의 분리가능성은 부분공간 $(Y, \mathscr{T}_y)$으로 유전되지 않는다.

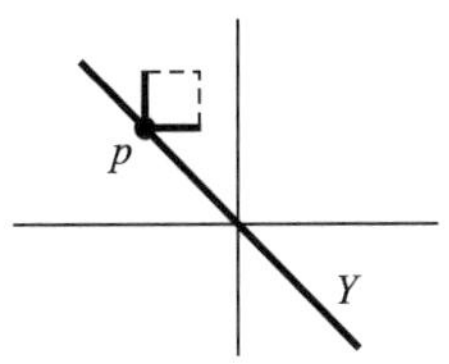

| 그림 9-2 |

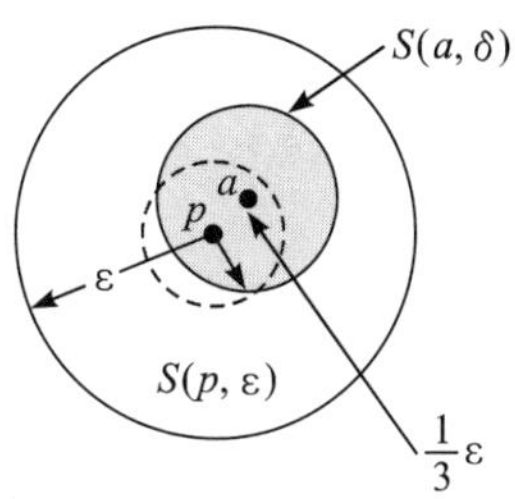

| 그림 9-3 |

15. $S(p, \epsilon)$을 거리공간 X에 있어서 열린구라 하고 $d(p, a)<\frac{1}{3}\epsilon$라고 하자. $\frac{1}{3}\epsilon<\delta<\frac{2}{3}\epsilon$이면, $p\in S(a, \delta)\subset S(p, \epsilon)$를 만족함을 밝혀라.

풀이 $d(p, a)<\frac{1}{3}\epsilon<\delta$이므로 $p\in S(a, \delta)$이다. 따라서 $S(a, \delta)\subset S(p, \epsilon)$만을 밝히면 된다. $x\in S(a, \delta)$라고 하면 $d(a, x)<\delta$이므로, 3각부등식에 의하여

$$d(p, x)\leq d(p, a)+d(a, x)<\frac{1}{3}\epsilon+\delta<\frac{1}{3}\epsilon+\frac{2}{3}\epsilon=\epsilon.$$

따라서 $x\in S(p, \epsilon)$이고, 즉 $S(a, \delta)\subset S(p, \epsilon)$.

16. (정리 9-6) X를 분리가능거리공간이라 하면 X는 $[\mathrm{C}_2]$를 만족한다. 즉, X는 가산기저를 가짐을 증명하여라.

풀이 X는 분리가능인 까닭에 X는 가산조밀부분집합 A의 원소를 포함한다. $\mathscr{B}$를 A의 원소에 중심을 가지며 유리수인 반지름을 갖는 모든 열린구족이라 하자. 즉,

$$\mathscr{B}=\{S(a, \delta) : a\in A, \delta\in\mathbf{Q}\}.$$

$\mathscr{B}$는 가산집합임을 유의하고서 $\mathscr{B}$는 X상의 위상에 대한 기저로 됨을 밝힌다. 즉, 모든 열린집합 $G\subset X$와 모든 $p\in G$에 대해서

$$S(a, \delta)\in\mathscr{B}\text{가 존재해서 } p\in S(a, \delta)\subset G$$

임을 밝힌다. $p \in G$인 까닭에 $p \in S(p, \epsilon) \subset G$를 만족하는 중심 p를 갖는 열린구 $S(p, \epsilon)$이 존재한다. A는 X에서 조밀한 까닭에

$$a_0 \in A\text{가 존재해서 } d(p, a_0) < \frac{1}{3}\epsilon$$

δ_0를 $\frac{1}{3}\epsilon < \delta_0 < \frac{2}{3}\epsilon$을 만족하는 유리수라 하면 앞 문제에 의하여

$$p \in S(a_0, \delta_0) \subset S(p, \epsilon) \subset G$$

그런데 $S(a_0, \delta_0) \in \mathscr{B}$이므로, $\mathscr{B}$는 X상의 위상의 가산기저이다.

보충문제

G·E·N·E·R·A·L·T·O·P·O·L·O·G·Y

• 제 1 가산공간

17. 제1가산공간이라는 성질은 위상적 성질임을 밝혀라.

18. $\mathscr{B}_p = \{B_1, B_2, \cdots\}$를 $p \in X$에서의 축소국소기저라 하자. $\mathscr{B}_p$의 임의의 부분열 $\{B_{i_1}, B_{i_2}, \cdots\}$는 또한 p에서의 축소국소기저임을 밝혀라.

19. $\mathscr{T}$를 닫힌-열린구간 $[a, b)$ 전체에 의하여 생성되는 실직선 $\mathbf{R}$상의 위상이라 하자. $(\mathbf{R}, \mathscr{T})$는 임의의 점 $p \in \mathbf{R}$에서의 가산국소기저임을 밝힘으로써 $[\mathrm{C}_1]$을 만족함을 밝혀라.

20. $\mathscr{T}$를 반열린직사각형,

$$[a, b) \times [c, d) = \{\langle x, y \rangle : a \leq x < b, c \leq y < b\}$$

에 의하여 생성되는 평면 $\mathbf{R}^2$상의 위상이라 하자. $(\mathbf{R}^2, \mathscr{T})$는 임의의 점 $p \in \mathbf{R}^2$의 가산국소기저임을 밝힘으로써 $[\mathrm{C}_1]$을 만족함을 밝혀라.

21. $\mathscr{T}$와 $\mathscr{T}^*$를 $\mathscr{T}$가 $\mathscr{T}^*$보다 거친 위상, 즉 $\mathscr{T} \subset \mathscr{T}^*$인 X상의 위상이라 하자.
(i) $(X, \mathscr{T}^*)$는 제1가산일 수 있으나 $(X, \mathscr{T})$는 제1가산이 아님을 밝혀라.
(ii) $(X, \mathscr{T})$는 제1가산일 수 있으나 $(X, \mathscr{T}^*)$는 제1가산이 아님을 밝혀라.

• 제 2 가산공간

22. 제2가산공간이라는 성질은 위상적 성질임을 밝혀라.

23. X가 가산부분기저를 가지면 X는 $[\mathrm{C}_2]$를 만족함을 밝혀라.

24. m차원 유클리드 공간의 가산기저를 표기하여라.

25. $\mathscr{A}$를 제2가산공간 X의 서로소인 임의의 열린부분집합족이라 하자. $\mathscr{A}$는 가산족임을 밝혀라.

26. A를 제2가산공간 X의 가산이 아닌 부분집합이라 하자. A는 적어도 하나의 집적점을 가짐을 밝혀라.

27. $\mathscr{T}$를 닫힌-열린구간 $[a, b)$ 전체에 의하여 생성되는 실직선 $\mathbf{R}$상의 위상이라 하자. $(\mathbf{R}, \mathscr{T})$는 $[\mathrm{C}_2]$를 만족하지 않음을 밝혀라.

28. l_2-공간(힐베르트 공간)은 제2가산임을 밝혀라.

• 분리가능

29. 분리가능공간이라는 성질이 위상적 성질임을 밝혀라.

30. m차원 유클리드 공간은 분리가능임을 밝혀라.

31. l_2-공간(힐베르트 공간)은 분리가능임을 밝혀라.

32. $\mathscr{T}$를 닫힌-열린구간 $[a, b)$ 전체에 의하여 생성되는 실직선 $\mathbf{R}$상의 위상이라 하자. $(\mathbf{R}, \mathscr{T})$는 분리가능임을 밝혀라.

33. $\mathscr{T}$와 $\mathscr{T}^*$를 $\mathscr{T}$가 $\mathscr{T}^*$보다 거칠다, 즉 $\mathscr{T} \subset \mathscr{T}^*$인 X상의 위상이라 하자.

(i) $(X, \mathscr{T}^*)$가 분리가능이면 $(X, \mathscr{T})$는 또한 가분임을 밝혀라.

(ii) 반례로 (i)의 역은 성립하지 않음을 밝혀라.

34. $C[0, 1]$은 $[0, 1]$상의 연속함수족을 나타낸다 하고, 노름

$$\|f\| = \int_0^1 |f(x)| dx$$

를 갖는다 하자. $C[0, 1]$은 분리가능인 까닭에 제2가산임을 밝혀라.

• 린델뢰프(Lindelöf) 공간

35. 린델뢰프 공간의 연속상은 또한 린델뢰프 공간임을 밝혀라.

36. A를 린델뢰프 공간 X의 닫힌부분집합이라 하자. 상대위상을 갖는 A는 또한 린델뢰프 공간임을 밝혀라.

37. 이산공간 X가 린델뢰프 공간이기 위한 필요충분조건은 X가 가산집합임을 밝혀라.

38. $\mathscr{T}$를 반열린직사각형, 즉 $[a, b) \times [c, d) = \{\langle x, y \rangle : a \leq x < b,\ c \leq y < d\}$에 의하여 생성되는 평면 $\mathbf{R}^2$상의 위상이라 하자. $\mathscr{T}$는 직선 $Y = \{\langle x, y \rangle : x + y = 1\}$상의 이산위상을 유도함을 상기하고서(문제 14 참조), $(\mathbf{R}^2,\ \mathscr{T})$는 린델뢰프 공간이 아니므로 $(\mathbf{R}^2,\ \mathscr{T})$는 제2가산공리를 만족하지 않으나, 분리가능인 제1가산공간임을 밝혀라.

10 G·E·N·E·R·A·L·T·O·P·O·L·O·G·Y

분리공리

서 론

위상공간 X의 여러 가지 성질은 그 공간의 열린집합의 분포에 의존한다. 대충 말하자면 열린집합이 적으면 적을수록 분리가능, 제1 또는 제2가산으로 되기 쉽고 역으로 열린집합이 많을수록 X에서 다른 위상공간으로의 함수가 연속이 되기 쉽고 점렬의 극한이 유일하게 될 빈도가 높아진다.

이 장에서 논하게 될 알렉산드로프(Alexandroff)와 호프(Hopf)의 **분리공리**(separation axioms)는 "충분한" 열린집합이 존재함을 규정하고 있는 공리이다.

10.1 T_1-공간

위상공간 X는 다음 공리를 만족할 때 **T_1-공간**(T_1-space)이다.

[T_1] 상이한 임의의 두 점 $a, b \in X$에 대해서 이들 각각은 서로 다른 점을 포함하지 않는 열린집합에 속한다. 다시 말하자면, 다음과 같은 열린집합 G와 H가 존재한다.

$$a \in G,\ \ b \notin G,\ \ b \in H,\ \ a \notin H.$$

열린집합 G와 H는 반드시 서로소가 아니다.

다음 정리는 T_1-공간의 특성을 더욱 단순화한다.

정리 10-1 위상공간 X가 T_1-공간이기 위한 필요충분조건은 X의 모든 한 원소부분 집합 $\{p\}$가 닫힌집합인 것이다.

닫힌집합의 유한개의 합집합은 닫힌집합인 까닭에 위정리에서 다음이 유도된다.

따름정리 10-2 $(X, \mathscr{T})$가 T_1-공간이기 위한 필요충분조건은 $\mathscr{T}$가 X상의 여유한 위상을 포함한다는 것이다.

예제 1.1 모든 거리공간 X는 T_1-공간이다. 왜냐하면 X의 유한부분집합은 닫힌집합임을 밝혔기 때문이다.

예제 1.2 집합 $X=\{a, b\}$상의 위상 $\mathscr{T}=\{X, \phi, \{a\}\}$를 생각하자. X는 b를 포함하는 유일한 열린집합이나 또한 a를 포함함에 유의하면 $(X, \mathscr{T})$는 $[\mathrm{T}_1]$을 만족하지 않는다. 즉 $(X, \mathscr{T})$는 T_1-공간이 아니다. 이 경우 한 원소집합 $\{a\}$는 여집합 $\{a\}^c=\{b\}$가 열린집합이 아닌 까닭에 닫힌집합이 아니다.

예제 1.3 X상의 여유한 위상은 $(X, \mathscr{T})$가 T_1-공간이 되게 하는 위상 $\mathscr{T}$ 중에서 가장 거친 위상이다(따름정리 10-2). 따라서 여유한 위상을 **T_1-위상**(T_1-topology)이라고도 부른다.

10.2 하우스도르프 공간

위상공간 X가 다음 공리를 만족할 때 X를 **하우스도르프 공간**(Hausdorff space) 또는 **T_2-공간**(T_2-space)이라 한다.

$[T_2]$ 상이한 두 점 $a, b\in X$의 각각은 서로소인 열린집합에 속한다.

다시 말하자면, 열린집합 G와 H가 존재해서

$$a\in G,\ b\in H\text{이고 } G\cap H=\phi\text{이다.}$$

하우스도르프 공간은 항상 T_1-공간임을 알 수 있다.

예제 2.1 모든 거리공간 X는 하우스도르프임을 밝힌다.

$a, b\in X$를 서로 상이한 점이라 하자. 따라서 $[\mathrm{M}_4]$에 의하여 $d(a, b)=\epsilon>0$이다. 중심을 각각 a와 b에 갖는 열린구 $G=S\left(a, \frac{1}{3}\epsilon\right)$와 $H=S\left(b, \frac{1}{3}\epsilon\right)$을 택하면 G와 H는 서로소라고 할 수 있다. 왜냐하면 만일에 $p\in G\cap H$이라 하면 $d(a, p)<\frac{1}{3}\epsilon$이고 $d(p, b)<\frac{1}{3}\epsilon$인 까닭에 3각부등식에 의하여

$$d(a,\ b) \le d(a,\ p) + d(p,\ b) < \frac{1}{3}\epsilon + \frac{1}{3}\epsilon = \frac{2}{3}\epsilon$$

그러나 이것은 $d(a,\ b) = \epsilon$라는 사실에 모순된다. 따라서 G와 H는 서로소이고, 즉 a와 b는 서로소인 열린구 G와 H에 속하는 까닭이다. 따라서 X는 하우스도르프이다.

앞 예제의 뜻을 다음과 같이 형식적으로 말할 수 있다. 즉,

정리 10-3 모든 거리공간은 하우스도르프 공간이다.

예제 2.2 $\mathscr{T}$를 여유한 위상, 즉 실수직선 $\mathbf{R}$상의 T_1-위상이라 하자. $(\mathbf{R},\ \mathscr{T})$는 하우스도르프가 아님을 밝힌다. G와 H는 공이 아닌 임의의 $\mathscr{T}$-열린집합이라 하자. 따라서 이들은 유한집합의 여집합인 까닭에 G와 H는 무한집합이다. 만일에 $G \cap H = \phi$이라 하면 무한집합인 G가 H의 여집합(유한집합)에 포함될 것이다. 따라서 G와 H는 서로소가 아니다. 따라서 $\mathbf{R}$에 속하는 상이한 두 점을 어떻게 택할지라도 각각 서로소인 $\mathscr{T}$-열린집합에 속할 수가 없다. 따라서 T_1-공간은 반드시 하우스도르프가 아니다.

위 사실에 유의하면서 위상공간 X의 점렬 $\langle a_1,\ a_2,\ \cdots \rangle$는 일반적으로 X의 한 점 이상의 점으로 수렴할 수 있다. 이와 같은 사실은 X가 하우스도르프일 때는 나타날 수가 없다.

정리 10-4 X가 하우스도르프 공간이면, X 내의 모든 수렴열은 유일한 극한을 갖는다.

위의 정리의 역은 어떤 조건이 부가되지 않으면 성립하지 않는다.

정리 10-5 X를 제1가산이라 하자. X가 하우스도르프 공간이기 위한 필요충분조건은 X 내의 모든 수렴열이 유일한 극한을 갖는 것이다.

※ 주의 : 점렬의 개념은 **네트**(net)의 개념(Moore-Smith 점렬)과 **필터**(filter)의 개념으로 일반화되어 다음 결과를 만족한다.

정리 10-4A X가 하우스도르프 공간이기 위한 필요충분조건은 X의 모든 수렴 네트(net)가 유일한 극한을 갖는 것이다.

정리 10-4B X가 하우스도르프 공간이기 위한 필요충분조건은 X의 모든 수렴 필터(filter)가 유일한 극한을 갖는 것이다.

네트와 필터의 정의와 위 정리의 증명은 본서의 성격상 생략하기로 한다.

10.3 정칙공간

위상공간 X가 다음 공리를 만족할 때 X를 **정칙**(regular)이라 한다.

[R] F가 X의 닫힌부분집합이고 $p \in X$가 F에 속하지 않는다면, $F \subset G$이고 $p \in H$를 만족하는 서로소인 열린집합 G와 H가 존재한다.

정칙공간은 다음 예제에서 알 수 있는 바와 같이 T_1-공간일 필요는 없다.

예제 3.1 집합 $X = \{a, b, c\}$상의 위상 $\mathscr{T} = \{X, \phi, \{a\}, \{b, c\}\}$를 생각하자. X의 닫힌부분집합은 $X, \phi, \{a\}, \{b, c\}$이고, 또한 $(X, \mathscr{T})$는 [R]를 만족함은 분명하다. 한편으로, $(X, \mathscr{T})$는 닫힌 집합이 아닌 유한집합, 예컨대 $\{b\}$가 존재하는 까닭에 T_1-공간이 아니다.

분리공리 $[\mathrm{T}_1]$을 만족하는 정칙공간 X, 즉 정칙인 T_1-공간을 **T_3-공간**(T_3-space)이라 부른다.

예제 3.2 X를 T_3-공간이라 하면 X는 또한 하우스도르프 공간, 즉 T_2-공간이다. 왜냐하면 $a, b \in X$를 상이한 점이라 하자. X는 T_1-공간인 까닭에 $\{a\}$는 닫힌집합이고 a와 b는 상이한 까닭에 $b \not\in \{a\}$이다. 따라서 [R]에 의하여 $\{a\} \subset G$와 $b \in H$를 만족하는 서로소인 열린집합 G와 H가 존재한다. 따라서 a와 b는 각각 서로소인 열린집합 G와 H에 속한다.

10.4 정규공간

위상공간 X가 다음 공리를 만족할 때 X를 **정규**(normal)라 한다.

[N] F_1, F_2가 서로소인 X의 닫힌부분집합이면 $F_1 \subset G$와 $F_2 \subset H$를 만족하는 서로소인 열린집합 G와 H가 존재한다.

정규공간은 또한 다음과 같이 특성화될 수도 있다.

> **정리 10-6** 위상공간 X가 정규공간이 되기 위한 필요충분조건은 모든 닫힌집합 F와 F를 포함하는 열린집합 H에 대해서 $F \subset G \subset \overline{G} \subset H$를 만족하는 열린집합 G가 존재하는 것이다.

예제 4.1 모든 거리공간은 분리정리 8-8에 의하여 정규이다.

예제 4.2 집합 $X = \{a, b, c\}$상의 위상 $\mathscr{T} = \{X, \phi, \{a\}, \{b\}, \{a, b\}\}$를 생각하자. 닫힌집합은 X, ϕ, $\{b, c\}$, $\{a, c\}$, $\{c\}$임을 알 수 있다. 만일에 F_1과 F_2를 $(X, \mathscr{T})$의 서로소인 닫힌부분집합이라 하면 이들 중의 하나, 예컨대 F_1은 공집합 ϕ이어야 한다. 따라서 ϕ와 X는 서로소인 열린집합이고 $F_1 \subset \phi$와 $F_2 \subset X$을 만족하게 된다는 사실로부터 $(X, \mathscr{T})$는 정규공간이다. 한편으로는 한 원소집합 $\{a\}$가 닫힌집합이 아닌 까닭에 $(X, \mathscr{T})$는 T_1-공간이 아니다. 더욱이 $a \not\in \{c\}$이나 닫힌집합 $\{c\}$의 유일한 포함열린집합은 또한 a를 포함하는 X인 까닭에 $(X, \mathscr{T})$는 정칙공간도 아니다.

또한 분리공리 $[\mathbf{T}_1]$을 만족하는 정규공간, 즉 정규인 T_1-공간을 $\boldsymbol{T_4}$**-공간**(T_4-space)이라 한다.

예제 4.3 X를 T_4-공간이라 하면 X는 또한 정칙 T_1-공간, 즉 T_3-공간이다. 왜냐하면 F는 X의 닫힌부분집합이고 $p \in X$는 F에 속하지 않는다고 가정하자. $[T_1]$에 의하여 $\{p\}$는 닫힌집합이고 F와 $\{p\}$는 서로소인 까닭에 [N]에 의하여 $F \subset G$와 $p \in \{p\} \subset H$를 만족하는 서로소인 열린집합 G와 H가 존재하는 까닭이다.

따라서 거리공간은 정규공간인 동시에 T_1-공간이므로, T_4-공간이다. 다음 도표는 이 장에서 논한 여러 공간 사이의 관계를 나타낸 것이다.

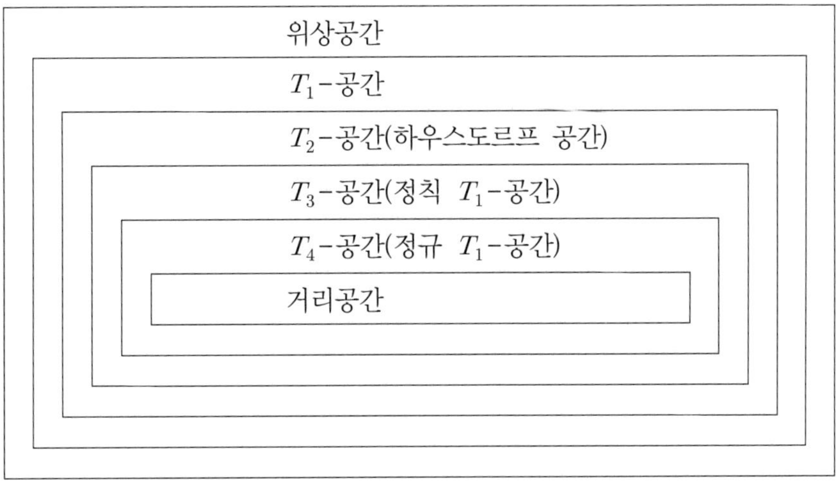

| 그림 10-1 |

10.5 우리손(Urysohn)의 보조정리와 거리화 문제

다음은 고전적인 우리손(Urysohn)의 결과이다.

정리 10-7 **우리손의 보조정리** : F_1과 F_2를 정규공간 X의 서로소인 닫힌부분집합이라 하자. 이 경우

$$f[F_1] = \{0\}, \ f[F_2] = \{1\}$$

을 만족하는 연속함수 $f : X \longrightarrow [0, 1]$이 존재한다.

우리손의 보조정리의 한 가지 중요한 결과는 제8장에서 논한 바와 같이 거리화 문제에 대한 부분해답을 제공한다.

정리 10-8 **우리손의 거리화 정리** : 모든 제2가산이고 정규인 T_1-공간은 거리화 가능이다.

실제로 모든 제2가산 정규인 T_1-공간은 $\mathbf{R}^\infty$에 속하는 힐베르트 정육면체의 어떤 부분집합과 위상동형이라는 것이 나중에 증명된다.

10.6 점을 분리하는 함수

$\mathscr{A}=\{f_i : i\in I\}$를 집합 X에서 집합 Y로의 함수족이라 하자. 임의의 상이한 두 점 $a, b\in X$에 대하여 $f(a)\neq f(b)$를 만족하는 $\mathscr{A}$에 속하는 함수가 존재할 때 함수족 $\mathscr{A}$는 **점을 분리한다**(separate points)고 한다.

예제 5.1 $\mathbf{R}$상에서 정의된 실수값함수

$$\mathscr{A}=\{f_1(x)=\sin x,\ f_2(x)=\sin 2x,\ f_3(x)=\sin 3x,\ \cdots\}$$

를 생각하자. 모든 함수 $f_n\in\mathscr{A}$에 대하여 $f_n(0)=f_n(\pi)=0$임을 알 수 있다. 따라서 족 $\mathscr{A}$는 점을 분리하지 않는다.

예제 5.2 $\mathscr{C}(X, \mathbf{R})$을 위상공간 X상의 모든 실수값연속함수족이라 하자. $\mathscr{C}(X, \mathbf{R})$이 점을 분리한다면 X는 하우스도르프 공간임을 밝히기로 한다. $a, b\in X$를 상이한 두 점이라 하자. 가정에 의하여 $f(a)\neq f(b)$를 만족하는 연속함수 $f: X\longrightarrow \mathbf{R}$가 존재한다. 그런데, $\mathbf{R}$는 하우스도르프 공간이므로 각각 $f(a)$와 $f(b)$를 포함하는 $\mathbf{R}$의 서로소인 열린부분집합 G와 H가 존재한다. 이 경우 역 $f^{-1}[G]$와 $f^{-1}[H]$는 서로소인 열린집합이고 각각 a와 b를 포함한다. 따라서 X는 하우스도르프 공간이다.

앞 예제의 결과를 형식적으로 다음 명제로 기술하기로 한다.

명제 10-9 위상공간 X상의 모든 실수값 연속함수족 $\mathscr{C}(X, \mathbf{R})$이 점을 분리하면 X는 하우스도르프 공간이다.

10.7 완전정칙공간

위상공간 X가 다음 공리를 만족할 때 X는 **완전정칙**(completely regular)이라 한다.

[CR] F가 X의 닫힌부분집합이고 $p \in X$가 F에 속하지 않으면, $f(p)=0$과 $f[F]=\{1\}$을 만족하는 연속함수 $f: X \longrightarrow [0, 1]$이 존재한다.

다음은 나중에 밝혀진다.

명제 10-10 완전정칙공간은 또한 정칙이다.

또한 $[\mathrm{T}_1]$을 만족하는 완전정칙공간, 즉 완전정칙인 T_1-공간을 **치호노프 공간**(Tychonoff space)이라 한다. 우리손의 보조정리에 의하여 T_4-공간은 치호노프 공간이고 명제 10-10에 의하여 치호노프 공간은 T_3-공간이다. 따라서 치호노프 공간, 즉 완전정칙 T_1-공간을 간혹 $\boldsymbol{T_{3\frac{1}{2}}}$**-공간**($T_{3\frac{1}{2}}$-space)이라 부르는 경우도 있다.

치호노프 공간의 한 가지 중요한 성질은 다음과 같다.

정리 10-11 완전정칙 T_1-공간 X상의 모든 실수값 연속함수족 $\mathscr{C}(X, \mathbf{R})$은 점을 분리한다.

연습문제

• T_1-공간

1. (정리 10-1) 위상공간 X가 T_1-공간이기 위한 필요충분조건은 X의 모든 한 원소 부분집합이 닫힌집합인 것임을 증명하여라.

풀이 X는 T_1-공간이고 $p \in X$라고 가정하자. $\{p\}^c$가 열린집합임을 밝힌다. $x \in \{p\}^c$라면 $x \neq p$이므로 $[T_1]$에 의하여 열린집합 G_x가 존재해서 $x \in G_x$이나 $p \notin G_x$이 되게 할 수 있다. 따라서 $x \in G_x \subset \{p\}^c$이므로 $\{p\}^c = \cup\{G_x : x \in \{p\}^c\}$가 성립한다. 따라서 열린집합의 합집합인 $\{p\}^c$는 열린집합이고 $\{p\}$는 닫힌집합이다. 역으로 $\{p\}$는 모두 $p \in X$에 대해서 닫힌집합이라고 가정하자.

또한 $a, b \in X$이고 $a \neq b$라고 하자. 따라서 $a \neq b \Longrightarrow b \in \{a\}^c$이므로, $\{a\}^c$은 b를 포함하는 열린집합이나 a를 포함하지 않는다. 같은 방법으로 $\{b\}^c$는 a를 포함하는 열린집합이나 b를 포함하지 않는다. 따라서 X는 T_1-공간이다.

2. T_1-공간이라는 성질은 유전적이다. 즉, T_1-공간의 모든 부분공간은 또한 T_1-공간임을 밝혀라.

풀이 $(X, \mathscr{T})$를 T_1-공간, $(Y, \mathscr{T}_Y)$를 $(X, \mathscr{T})$의 부분공간이라 하자. Y의 모든 한 원소부분집합 $\{p\}$는 $\mathscr{T}_Y$-닫힌집합이다. 즉, 같은 뜻으로 $Y \setminus \{p\}$가 $\mathscr{T}_Y$-열린집합임을 밝히면 된다. $(X, \mathscr{T})$는 T_1-공간인 까닭에 $X \setminus \{p\}$는 $\mathscr{T}$-열린집합이다. 그러나

$$p \in Y \subset X \Longrightarrow Y \cap (X \setminus \{p\}) = Y \setminus \{p\}.$$

따라서 부분공간의 정의에 의하여 $Y \setminus \{p\}$는 $\mathscr{T}_Y$-열린집합이다. 따라서 $(Y, \mathscr{T}_Y)$는 또한 T_1-공간이다.

3. T_1-공간 X의 유한부분집합은 집적점을 갖지 않음을 밝혀라.

풀이 $A \subset X$가 n개의 원소를 갖는다 하자. 예컨대 $A = \{a_1, \cdots, a_n\}$이라 하자. A는 유한인 까닭에 닫힌집합이고 따라서 A의 집적점은 모두 A 자신에 포함되어 있다. 또한 $\{a_2, \cdots, a_n\}$도 유한인 까닭에 닫힌집합이다. 따라서 $\{a_2, \cdots, a_n\}$의 여집합 $\{a_2, \cdots, a_n\}^c$는 열린집합이고, a_1을 포함하며 a_1 이외의 A의 점을 포함하지 않는다. 따라서 a_1은 A의 집적점이 아니다. 같은 방법으로 A의 다른 점도 A의 집적점이 아니므로 A는 집적점을 갖지 않는다.

4. 모든 유한 T_1-공간 X는 이산공간임을 밝혀라.

풀이 X의 모든 부분집합은 유한이므로 닫힌집합이다. 따라서 그 여집합을 생각하면 X의 모든 부분집합도 열린집합이다. 따라서 X는 이산공간이다.

5. X를 T_1-공간이라 하면, 다음은 동치임을 증명하여라.

(i) $p \in X$는 A의 집적점이다.

(ii) p를 포함하는 모든 열린집합은 A의 점을 무한개 포함한다.

풀이 집합의 집적점의 정의에 의하여 (ii) ⇨ (i)은 당연하다. (i) ⇨ (ii)만을 증명하면 된다. p를 포함하는 열린집합을 G라 하고 p와 상이한 A의 유한개의 점을 포함한다 가정하자. 예컨대

$$B = (G \setminus \{p\}) \cap A = \{a_1, a_2, \cdots, a_n\}$$

이라 하자. 그런데 T_1-공간의 유한부분집합 B는 닫힌집합이므로 B^c는 열린집합이다. $H = G \cap B^c$라 놓으면 H는 열린집합이고, $p \in H$이며, H는 p 이외의 A의 점을 포함하지 않는다. 따라서 p는 A의 집적점이 아니므로 (i) ⇨ (ii)이다.

6. X를 T_1-공간, $\mathscr{B}_p$를 $p \in X$의 국소기저라고 하자. $q \in X$를 p와 상이한 점이라 하면 $\mathscr{B}_p$의 원소로 q를 포함하지 않는 것이 존재함을 밝혀라.

풀이 $p \neq q$이고, X는 $[T_1]$을 만족하는 까닭에 p를 포함하는 열린집합 $G \subset X$가 존재하나 q를 포함하지 않는다. 따라서 $\mathscr{B}_p$는 p의 국소기저이므로 G는 어떤 $B \in \mathscr{B}_p$의 포함집합이고 또한 B는 q를 포함하지 않는다.

7. X를 제1가산공리를 만족하는 T_1-공간이라 하자. $p \in X$가 $A \subset X$의 집적점이면 p로 수렴하는 A의 상이한 항을 갖는 점렬이 존재함을 밝혀라.

풀이 $\mathscr{B} = \{B_n\}$을 p의 축소국소기저라 하자. $B_{i_1} = B_1$이라 놓자. p는 A의 집적점인 까닭에 B_{i_1}은 p와 상이한 점 $a_1 \in A$를 포함한다. 앞 문제에 의하여

$$B_{i_2} \in \mathscr{B}\text{가 존재해서 } a_1 \notin B_{i_2}\text{이다.}$$

같은 방법으로 B_{i_2}은 p와 상이한 점 $a_2 \in A$를 포함한다. 더구나 $a_1 \notin B_{i_2}$인 까닭에 a_2는 a_1과 상이하다. 또한 앞 문제에 의하여 $B_{i_3} \in \mathscr{B}$가 존재해서 $a_2 \notin B_{i_3}$이다. 또한 축소성에 의하여

$$a_2 \in B_{i_2},\ a_2 \notin B_{i_3} \Longrightarrow B_{i_2} \supset B_{i_3}.$$

이 방법을 계속하면 $\mathscr{B}$의 부분열 $\{B_{i_1}, B_{i_2}, \cdots\}$와 $a_1 \in B_{i_1}$, $a_2 \in B_{i_2}$, ……인 A의 상이한 항을 갖는 점렬 $\langle a_1, a_2, \cdots \rangle$를 얻는다. 그런데 $\{B_{i_n}\}$도 또한 단조감소하는 p에서의 축소국소기저를 이루고 있다. 따라서 $\langle a_n \rangle$은 p로 수렴한다.

• 하우스도르프 공간

8. 하우스도르프 공간이라는 성질은 유전적이다. 즉 하우스도르프 공간의 모든 부분공간은 또한 하우스도르프임을 밝혀라.

풀이 $(X,\ \mathscr{T})$를 하우스도르프 공간, $(Y,\ \mathscr{T}_Y)$를 $(X,\ \mathscr{T})$의 부분공간이라 하자. 또한 $a, b \in Y \subset X(a \neq b)$이 임의로 주어졌다 하자. 가정에 의하여 $(X,\ \mathscr{T})$는 하우스도르프인 까닭에

$$G,\ H \in \mathscr{T}\text{가 존재해서 } a \in G,\ b \in H\text{이고 } G \cap H = \phi\text{이다.}$$

부분공간의 정의에 의하여 $Y \cap G$와 $Y \cap H$는 $\mathscr{T}_y$-열린집합이다. 더구나,

$$a \in G,\ a \in Y \Longrightarrow a \in Y \cap G$$
$$b \in H,\ b \in Y \Longrightarrow b \in Y \cap H$$
$$G \cap H = \phi \Longrightarrow (Y \cap G) \cap (Y \cap H) = Y \cap (G \cap H) = Y \cap \phi = \phi$$

(그림 10-2에서 설명된 바와 같이) 따라서 $(Y,\ \mathscr{T}_Y)$는 또한 하우스도르프 공간이다.

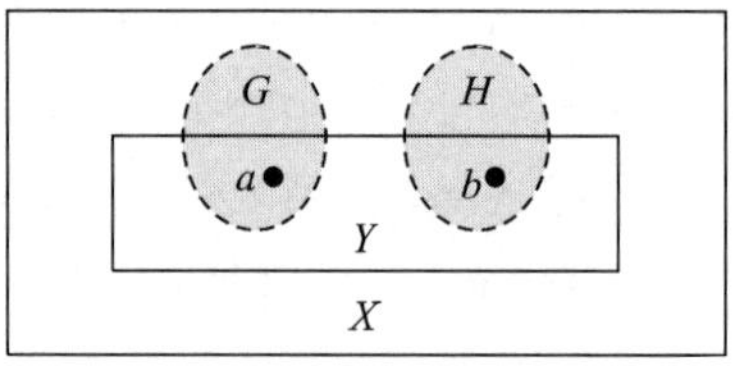

| 그림 10-2 |

9. $\mathscr{T}$를 열린-닫힌구간 $(a, b]$ 전체에 의하여 생성된 실직선 $\mathbf{R}$상의 위상이라 하자. $(\mathbf{R},\ \mathscr{T})$는 하우스도르프임을 밝혀라.

풀이 $a, b \in \mathbf{R}$이고 $a \neq b$, $a < b$라고 하자. $G = (a-1, a]$와 $H = (a, b]$를 택하면,

$$G,\ H \in \mathscr{T},\ a \in G,\ b \in H,\ G \cap H = \phi$$

가 만족된다. 따라서 $(X,\ \mathscr{T})$는 하우스도르프이다.

10. (정리 10-4) X를 하우스도르프 공간이라 하자. 이 경우 X의 모든 수렴 점렬은 유일한 극한을 가짐을 증명하여라.

풀이 $\langle a_1, a_2, \cdots \rangle$는 a와 b로 수렴한다 하고, $a \neq b$라고 가정하자. X는 하우스도르프인 까닭에 열린집합 G와 H가 존재해서 다음을 만족한다.

$$a \in G,\ b \in H,\ G \cap H = \phi$$

가정에 의하여 $\langle a_n \rangle$은 a로 수렴하는 까닭에

$$n_0 \in \mathbf{N}\text{가 존재해서 } n > n_0 \text{이면 } a_n \in G.$$

즉 G는 점렬의 유한개 항을 제외하고서 모든 항을 포함한다. 그러나 G와 H는 서로소인 까닭에 H는 G에 속하지 않는 점렬의 항만을 포함할 수 있고 이들 중 유한개항만이 존재한다. 따라서 $\langle a_n \rangle$은 b로 수렴할 수 없다. 그러나 이것은 가정에 모순된다. 따라서 $a = b$이다.

11. (정리 10-5) X를 제1가산공간이라 하면 다음은 동치임을 증명하여라.

(i) X는 하우스도르프이다.

(ii) 모든 수렴열은 유일한 극한을 갖는다.

풀이 앞 문제에 의하여 (i) $\Longrightarrow$ (ii), 따라서 (ii) $\Longrightarrow$ (i)만을 밝히면 된다. X는 하우스도르프가 아니라고 가정하면 $a \neq b$인 $a, b \in X$가 존재해서 a를 포함하는 모든 열린집합과 b를 포함하는 모든 열린집합은 공이 아닌 공통집합을 갖는다. 따라서 $\{G_n\}$과 $\{H_n\}$을 각각 a와 b의 단조감소인 축소국소기저라고 하면, 모든 $n \in \mathbf{N}$에 대해서 $G_n \cap H_n \neq \phi$이므로

$$\langle a_1, a_2, \cdots \rangle \text{이 존재해서 } a_1 \in G_1 \cap H_1,\ a_2 \in G_2 \cap H_2,\ \cdots$$

따라서 $\langle a_n \rangle$은 a와 동시에 b로 수렴한다. 다시 말하자면 (ii) $\Longrightarrow$ (i) 이다.

• 정규공간과 우리손(Urysohn)의 보조정리

12. (정리 10-6) X를 위상공간이라 하면 다음 조건은 동치임을 증명하여라.

(i) X는 정규이다.

(ii) H가 닫힌집합 F의 포함열린집합이면 $F \subset G \subset \overline{G} \subset H$를 만족하는 열린집합 G가 존재한다.

풀이 (i) $\Longrightarrow$ (ii) : $F \subset H$이고 F는 닫힌집합이며 H는 열린집합이라고 하자. 이 경우 H^c는 닫힌집합이고 $F \cap H^c = \phi$이다. 그러나 X는 정규인 까닭에 열린집합 G, G^*가 존재해서 $F \subset G$, $H^c \subset G^*$이고 $G \cap G^* = \phi$. 그런데 $G \cap G^* = \phi \Longrightarrow G \subset G^{*c}$이고, $H^c \subset G^* \Longrightarrow G^{*c} \subset H$, 또한 G^{*c}는 닫힌집합이므로,

$$F \subset G \subset \overline{G} \subset G^{*c} \subset H.$$

(ii) $\Longrightarrow$ (i) : F_1과 F_2를 서로소인 닫힌집합이라 하면 $F_1 \subset F_2^c$이고, F_2^c는 열린집합이다. (ii)에 의하여 열린집합 G가 존재하여

$$F_1 \subset G \subset \overline{G} \subset F_2^c$$

를 만족한다. 그러나

$$\overline{G} \subset F_2^c \implies F_2 \subset \overline{G}^c\text{이고, } G \subset \overline{G} \implies G \cap \overline{G}^c = \phi$$

또한 $\overline{G}^c$는 열린집합이므로 $F_1 \subset G$이고 $F_2 \subset \overline{G}^c$이며, G, $\overline{G}^c$는 서로소인 열린집합이다. 따라서 X는 정규이다.

13. $\mathscr{B}$를 정규 T_1-공간 X의 기저라고 하자. 각 $G_i \in \mathscr{B}$와 임의의 점 $p \in G_i$에 대해서 $p \in \overline{G}_j \subset G_i$를 만족하는 원소 $G_j \in \mathscr{B}$가 존재함을 밝혀라.

풀이 X는 T_1-공간인 까닭에 $\{p\}$는 닫힌집합이다. 따라서 G_i는 닫힌집합 $\{p\}$의 포함열린집합이다. 정리 10-6에 의하여 열린집합 G가 존재해서 $\{p\} \subset G \subset \overline{G} \subset G_i$를 만족한다. $p \in G$인 까닭에 기저 $\mathscr{B}$ 중에는 $p \in G_j \subset G$를 만족하는 기저의 원소 G_j가 존재한다. 이 경우 $p \in \overline{G}_j \subset \overline{G}$이나, $\overline{G} \subset G_i$인 까닭에 $p \in \overline{G}_j \subset G_i$가 만족된다.

14. D를 단위구간 $[0, 1]$에 속하는 2진분수(dyadic fractions : 분모가 2의 거듭제곱인 분수)의 집합이라 하자. 즉,

$$D = \left\{\frac{1}{2}, \frac{1}{4}, \frac{3}{4}, \frac{1}{8}, \frac{3}{8}, \frac{5}{8}, \frac{7}{8}, \frac{1}{16}, \cdots \frac{15}{16}, \cdots\right\}$$

이 경우 D는 단위구간 $[0, 1]$에서 조밀함을 밝혀라.

풀이 $\overline{D} = [0, 1]$임을 밝히려면 임의의 점 $a \in [0, 1]$에 중심을 둔 임의의 열린구간 $(a-\delta, a+\delta)$가 D의 점을 포함함을 밝히면 충분하다. $\lim_{n\to\infty} \frac{1}{2^n} = 0$이므로 $0 < 1/q < \delta$를 만족하는 2의 거듭제곱 $q = 2^{n_0}$이 존재한다. 따라서 다음 구간을 생각하자.

$$\left[0, \frac{1}{q}\right], \left[\frac{1}{q}, \frac{2}{q}\right], \left[\frac{2}{q}, \frac{3}{q}\right], \cdots, \left[\frac{q-2}{q}, \frac{q-1}{q}\right], \left[\frac{q-1}{q}, 1\right]$$

$[0, 1]$은 위 구간의 합집합인 까닭에 이들 중의 하나는 a를 포함하고 있다. 예컨대 이것을 $\left[\frac{m}{q}, \frac{m+1}{q}\right]$, 즉 $\frac{m}{q} \le a \le \frac{m+1}{q}$이라 하자. 그런데 $\frac{1}{q} < \delta$인 까닭에

$$a - \delta < \frac{m}{q} \le a < a + \delta.$$

다시 말해서 열린구간 $(a-\delta, a+\delta)$는 D에 속하는 점 m/q를 포함한다. 따라서 D는 $[0, 1]$

에서 조밀하다.

15. [정리 10-7(우리손의 보조정리)] F_1과 F_2를 서로소인 정규공간 X의 닫힌부분집합이라 하면 $f[F_1]=\{0\}$와 $f[F_2]=\{1\}$을 만족하는 연속함수 $f:X \longrightarrow [0,1]$이 존재함을 증명하여라.

풀이 가정에 의하여 $F_1 \cap F_2 = \phi$인 까닭에 $F_1 \subset F_2^c$. 더구나 F_2는 닫힌집합인 까닭에 F_2^c은 닫힌집합 F_1의 포함열린집합이다. 정리 10-6에 의하여 열린집합 $G_{1/2}$이 존재해서

$$F_1 \subset G_{1/2} \subset \overline{G}_{1/2} \subset F_2^c$$

를 만족한다.

여기서 $G_{1/2}$은 닫힌집합 F_1의 포함열린집합이고, F_2^c는 닫힌집합 $\overline{G}_{1/2}$의 포함열린집합임을 알 수 있으므로 재차, 정리 10-6에 의하여 열린집합 $G_{1/4}$과 $G_{3/4}$이 존재해서

$$F_1 \subset G_{1/4} \subset \overline{G}_{1/4} \subset G_{1/2} \subset \overline{G}_{1/2} \subset G_{3/4} \subset \overline{G}_{3/4} \subset F_2^c$$

를 만족한다.

이와 같은 방법을 계속하면 D가 $[0,1]$의 2진분수의 집합일 때 각 $t \in D$에 대해서 $t_1, t_2 \in D$이고 $t_1 < t_2$이면, $\overline{G_{t1}} \subset G_{t2}$인 성질을 만족하는 열린집합 G_t를 만들 수 있다. X상의 함수 f를 다음과 같이 정의하자.

$$f(x) = \begin{cases} \inf\{t : x \in G_t\} & (x \notin F_2\text{일 때}) \\ 1 & (x \in F_2\text{일 때}) \end{cases}$$

모든 $x \in X$에 대해서 $0 \le f(x) \le 1$, 즉 f는 X를 $[0,1]$로 사상함에 유의하기 바란다. 또한 모든 $t \in D$에 대해서 $F_1 \subset G_t$이므로 $f[F_1]=\{0\}$이다. 또한 정의에 의하여 $f[F_2]=\{1\}$이 성립되고, 따라서 f가 연속인 것만을 증명하면 된다.

그런데 f가 연속이기 위해서는 집합 $[0,a)$와 $(b,1]$의 역상이 X의 열린부분집합으로 되는 것이다(제7장의 문제 7 참조). 따라서

$$f^{-1}[[0,a)] = \cup\{G_t : t < a\} \tag{1}$$

$$f^{-1}[(b,1]] = \cup\left\{\overline{G}_t^c : t < b\right\} \tag{2}$$

임을 밝힌다. 이 경우 각각은 열린집합의 합집합이고 따라서 열린집합이다.

첫째로 (1)을 증명한다. $x \in f^{-1}[[0,a)]$라고 하면 $f(x) \in [0,a)$, 즉 $0 \le f(x) < a$이다. D는 $[0,1]$에서 조밀한 까닭에 $f(x) < t_x < a$를 만족하는 $t_x \in D$가 존재한다.

다시 말해서

$$f(x) = \inf\{t : x \in G_t\} < t_x < a.$$

따라서 $t_x < a$일 때 $x \in G_{t_x}$이므로 $x \in \cup\{G_t : t < a\}$이다. 이것에 의하여 $f^{-1}[[0, a)]$의 모든 원소는 또한 $\cup\{G_t : t < a\}$에 속함을 밝혔다. 즉,

$$f^{-1}[[0, a)] \subset \cup\{G_t : t < a\}.$$

한편으로 $y \in \cup\{G_t : t < a\}$라 가정하면 $t_y \in D$가 존재해서 $t_y < a$이고 $y \in G_{t_y}$임을 만족한다. 따라서

$$f(y) = \inf\{t : y \in G_t\} \le t_y < a$$

가 성립한다. 따라서 y는 또한 $f^{-1}[[0, a)]$에 속한다. 다시 말해서

$$\cup\{G_t : t < a\} \subset f^{-1}[[0, a)].$$

위 두 결과에서 (1)이 성립한다.
이제 (2)를 증명한다. $x \in f^{-1}[(b, 1]]$이라 하면 $f(x) \in (b, 1]$, 즉 $b < f(x) \le 1$이다. D는 $[0, 1]$에서 조밀한 까닭에 $b < t_1 < t_2 < f(x)$를 만족하는 $t_1, t_2 \in D$가 존재한다. 다시 말해서

$$f(x) = \inf\{t : x \in G_t\} > t_2$$

따라서 $x \notin G_{t2}$이다. $t_1 < t_2$이면 $\overline{G}_{t1} \subset G_{t2}$이므로 x는 $\overline{G}_{t1}$에도 속하지 않는다.
따라서 $t_1 > b$일 때 $x \in \overline{G}_{t1}^c$이므로 $x \in \cup\left\{\overline{G}_t^c : t > b\right\}$이다. 따라서

$$f^{-1}[(b, 1]] \subset \cup\left\{\overline{G}_t^c : t > b\right\}.$$

한편으로 $y \in \cup\left\{\overline{G}_t^c : t > b\right\}$라 하면 $t_y > b$이고 $y \in \overline{G}_{t_y}^c$인 $t_y \in D$가 존재한다. 따라서 y는 $\overline{G}_{ty}$에 속하지 않는다. $t < t_y$이면 $G_t \subset G_{t_y} \subset \overline{G}_{t_y}$이다. 따라서 t_y보다 작은 모든 t에 대해서 $y \notin G_t$이다. 따라서

$$f(y) = \inf\{t : y \in G_t\} \ge t_y > b$$

따라서 $y \in f^{-1}((b, 1])$. 다시 말해서

$$\cup\left\{\overline{G}_t^c : t > b\right\} \subset f^{-1}[(b, 1]]$$

위 두 결과에서 (2)가 밝혀졌다. 따라서 f는 연속이고 이것으로 우리손의 보조정리가 증명되었다.

16. [정리 10-8(우리손의 거리화 정리)] 모든 제2가산정규 T_1-공간 X는 거리화 가능이다(실제로 X는 $\mathbf{R}^{\infty}$의 힐베르트 정육면체, $\mathbf{I}$의 어떤 부분집합과 위상동형이다)를 증명

하여라.

풀이 X를 유한집합이라 하면 X는 이산공간이고, 따라서 X는 같은 개수의 점을 갖는 I의 임의의 부분집합과 위상동형이다. 만일에 X가 무한이면 X는 가산기저 $\mathscr{B}=\{G_1, G_2, G_3, \cdots\}$를 포함한다. 여기서 $\mathscr{B}$의 원소는 어느 것이나 X 자신과는 상이한 것으로 해도 상관 없다. 앞 문제에 의하여 $\mathscr{B}$에 속하는 각 G_i에 대해서 $\overline{G}_j \subset G_i$를 만족하는 $\mathscr{B}$에 속하는 어떤 G_j가 존재한다. $\overline{G}_j \subset G_i$일 때 모든 그와 같은 쌍 $\langle G_j, G_i \rangle$의 족은 가산이다. 따라서 이들을 $P_n = \langle G_{j_n}, G_{i_n} \rangle$이라 할 때 $P_1, P_2, \cdots$로 나열할 수 있다. $\overline{G}_{j_n} \subset G_{i_n}$이므로, $\overline{G}_{j_n}$와 $G_{i_n}^c$는 서로소인 X의 닫힌부분집합이다. 따라서 우리손의 보조정리에 의하여 $f_n[\overline{G}_{j_n}]=\{0\}$과 $f_n[G_{i_n}^c]=\{1\}$을 만족하는 함수 $f_n : X \longrightarrow [0, 1]$이 존재한다. 이제 함수 $f : X \longrightarrow \mathbf{I}$를 다음과 같이 정의하자.

$$f(x) = \left\langle \frac{f_1(x)}{2}, \frac{f_2(x)}{2^2}, \frac{f_3(x)}{2^3}, \cdots \right\rangle.$$

모든 $n \in N$에 대해서 $0 \le f_n(x) \le 1$이므로, $\left|\frac{f_n(x)}{2^n}\right| \le \frac{1}{n}$임을 알 수 있다. 따라서 $f(x)$는 힐베르트 정육면체 $\mathbf{I}$의 점이다.

($\mathbf{I} = \{\langle a_n \rangle : a_n \in \mathbf{R},\ n \in \mathbf{N},\ 0 \le a_n \le 1/n\}$임을 상기하여라)

첫째로 f가 1대 1임을 밝히자. x와 y를 X의 상이한 점이라 하자. X는 T_1-공간인 까닭에 $x \in G_i$이나 $y \notin G_i$임을 만족하는 기저 $\mathscr{B}$의 원소 G_i가 존재한다. 앞 문제에 의하여 $x \in \overline{G}_j \subset G_i$를 만족하는 쌍 $P_m = \langle G_j, G_i \rangle$가 존재한다. 정의에 의하여 $x \in \overline{G}_j$인 까닭에 $f_m(x)=0$이고 $y \notin G_i$, 즉 $y \in G_i^c$이기 때문에 $f_m(y)=1$이다. 이들은 m째의 좌표에서 상이하므로 $f(x) \ne f(y)$이다. 따라서 f는 1대 1이다.

다음에 f가 연속임을 증명한다. $\epsilon > 0$라고 하자. f가 $p \in X$에서 연속이란 p의 열린근방 G가 존재해서 $x \in G$이면 $\|f(x)-f(p)\| < \epsilon$, 즉 $\|f(x)-f(p)\|^2 < \epsilon^2$을 만족함을 밝히면 된다. 그런데 정의에 의하면

$$\|f(x)-f(p)\|^2 = \sum_{n=1}^{\infty} \frac{|f_n(x)-f_n(p)|^2}{2^{2n}}$$

이었고 또한 f_n의 값은 $[0, 1]$에 속하는 까닭에 $(|f_n(x)-f_n(p)|^2)/2^{2n} \le 1/2^{2n}$이다. $\sum_n 1/2^{2n}$은 수렴하므로, x, p에 의존하지 않는 $n_0 = n_0(\epsilon)$이 존재해서 다음을 만족한다.

$$\|f(x)-f(p)\|^2 = \sum_{n=1}^{n_0} \frac{|f_n(x)-f_n(p)|^2}{2^{2n}} + \frac{\epsilon^2}{2}$$

따라서 각 함수 $f_n : X \longrightarrow [0, 1]$은 연속이므로 p의 열린근방 G_n이 존재해서 $x \in G_n$이면 $|f_n(x) - f_n(p)|^2 < \epsilon^2/2n_0$로 된다. 여기서 $G = G_1 \cap \cdots \cap G_{n_0}$라고 하면 G는 p의 열린근방의 유한개의 공통집합이기 때문에 G는 또한 p의 열린근방이다. 또한 $x \in G$이면,

$$\|f(x) - f(p)\|^2 = \sum_{n=1}^{\infty} \frac{|f_n(x) - f_n(p)|^2}{2^{2n}} < n_0\left(\frac{\epsilon^2}{2n_0}\right) + \frac{\epsilon^2}{2} = \epsilon^2,$$

따라서 f는 연속이다.

이제 Y를 f의 치역, 즉 $Y = f[X] \subset \mathbf{I}$라 하자. 이 경우 $f^{-1} : Y \longrightarrow X$는 또한 연속임을 밝히고자 한다. Y에 있어서 연속성은 점렬연속과 동치이므로 f^{-1}가 $f(p)$에서 연속임을 밝히려면, 모든 점렬 $\langle f(y_n) \rangle$가 $f(p)$로 수렴하면 점렬 $\langle y_n \rangle$이 p로 수렴함을 밝히면 된다.

그래서 f^{-1}는 연속이 아니라고 가정하자. 즉 $\langle y_n \rangle$은 p로 수렴하지 않는다 하자. 이 경우 p의 열린근방 G가 존재해서 G는 $\langle y_n \rangle$의 무한개 항을 포함하지 않는다. 따라서 $\langle x_n \rangle$의 모든 항이 G의 외부에 존재하도록 $\langle y_n \rangle$의 부분열 $\langle x_n \rangle$을 선택할 수 있다. $p \in G$인 까닭에 $p \in G_i \subset G$로 되는 기저 $\mathscr{B}$에 속하는 원소 G_i가 존재한다. 또한 앞 문제에 의하여 $p \in \overline{G_j} \subset G_i \subset G$를 만족하는 쌍 $P_m = \langle G_j, G_i \rangle$가 존재한다. 모든 $n \in \mathbf{N}$에 대해서 $x_n \notin G$이었으므로 $x_n \in G_i^c$임을 알 수 있다. 따라서 $f_m(p) = 0$이고 $f_m(x_n) = 1$이다. 이 경우 $|f_m(x_n) - f_m(p)|^2 = 1$이고

$$\|f(x_n) - f(p)\|^2 = \sum_{k=1}^{\infty} \frac{|f_k(x_n) - f_k(p)|^2}{2^{2k}} \geq \frac{1}{2^{2m}}$$

다시 말해서 모든 $n \in \mathbf{N}$에 대해서 $\|f(x_n) - f(p)\| > 1/2^m$이다. 따라서 함수열 $\langle f(x_n) \rangle$은 $f(p)$로 수렴하지 않는다. 이것은 $\langle f(y_n) \rangle$의 모든 부분열이 또한 $f(p)$로 수렴한다는 사실에 모순된다. 따라서 f^{-1}는 연속이다. 이상으로부터 f는 위상동형 사상이고 X는 힐베르트 정육면체의 어떤 부분집합과 위상동형이다. 따라서 X는 거리화 가능이다.

• 정칙공간과 완전정칙공간

17. (명제 10-10) 완전정칙공간 X는 또한 정칙임을 증명하여라.

풀이 F를 X의 닫힌부분집합이라 하고 $p \in X$는 F에 속하지 않는다고 가정하자. 가정에 의하여 X는 완전정칙인 까닭에 $f(p) = 0$이고 $f[F] = \{1\}$로 되는 연속함수 $f : X \longrightarrow [0, 1]$이 존재한다. 그런데 $\mathbf{R}$와 그 부분공간 $[0, 1]$은 하우스도르프 공간이다. 따라서 각각 0과 1을 포함하는 서로소인 열린집합 G와 H가 존재한다. 이 경우, 이들의 역상 $f^{-1}[G]$와 $f^{-1}[H]$는 서로소인 열린집합이고 각각 p와 F를 포함하고 있다. 다시 말해서, X는 또한 정칙이다.

18. (정리 10-11) 완전정칙 T_1-공간 X상의 모든 실수값 연속 함수족 $\mathscr{C}(X, \mathbf{R})$은 점을 분리함을 증명하여라.

풀이 a와 b를 X에 속하는 상이한 점이라 하자. X는 T_1-공간인 까닭에 $\{b\}$는 닫힌집합이다. 또한 a와 b는 상이한 까닭에 $a \notin \{b\}$이다. 가정에 의하여 X는 완전정칙이므로 $f(a)=0$이고, $f[\{b\}]=\{1\}$을 만족하는 X상의 실수값 연속함수가 존재한다. 따라서 $f(a) \neq f(b)$이다.

19. $(Y, \mathscr{T}_Y)$를 $(X, \mathscr{T})$의 부분집합, $p \in Y$이고 $A \subset Y \subset X$라고 하자. 이 경우 p가 A의 $\mathscr{T}_Y$-폐포에 속하지 않으면 $p \notin \overline{A}$(A의 $\mathscr{T}$-폐포)임을 밝혀라.

풀이 부분공간의 성질에 의하여(제5장 문제 89 참조)

$$A\text{의 } \mathscr{T}_Y\text{-폐포} = Y \cap \overline{A}$$

그런데 $p \in Y$이고 A의 점 $p \notin \mathscr{T}_Y$-폐포인 까닭에 $p \notin \overline{A}$이다(특히 F가 Y의 $\mathscr{T}_Y$-닫힌부분집합이고 $p \notin F$이면, $p \notin \overline{F}$임을 유의하여라).

20. 정칙공간이라는 성질은 유전적이다. 즉, 정칙공간의 모든 부분공간은 정칙임을 밝혀라.

풀이 $(X, \mathscr{T})$를 정칙공간이라 하고 $(Y, \mathscr{T}_Y)$를 $(X, \mathscr{T})$의 부분공간이라 하자. 또한 $p \in Y$이고 $p \notin F$를 만족하는 F를 Y의 $\mathscr{T}_Y$-닫힌부분집합이라 하자. 이 경우 문제 19에 의하여 $p \notin \overline{F}$ (F의 $\mathscr{T}$-폐포)이고, 가정에 의하여 $(X, \mathscr{T})$는 정칙이므로,

$$G, H \in \mathscr{T}\text{가 존재해서 } \overline{F} \subset G,\ p \in H\text{이고, } G \cap H = \phi$$

그런데 $Y \cap G$와 $Y \cap H$는 Y의 $\mathscr{T}_Y$-열린부분집합이고, 다음을 만족한다.

$$\begin{aligned}
&F \subset Y,\ F \subset \overline{F} \subset G &&\Longrightarrow F \subset Y \cap G \\
&p \in Y,\ p \in H &&\Longrightarrow p \in Y \cap H \\
&G \cap H = \phi &&\Longrightarrow (Y \cap G) \cap (Y \cap H) = \phi
\end{aligned}$$

따라서 $(Y, \mathscr{T}_Y)$를 또한 정칙이다.

보충문제

GENERAL TOPOLOGY

• T_1-공간

21. T_1-공간이라는 성질은 위상적임을 밝혀라.

22. 연속사상에 의한 T_1-공간의 상은 반드시 T_1-공간이 아님을 반례로 밝혀라.

23. $(X, \mathscr{T})$를 T_1-공간, $\mathscr{T} \lesssim \mathscr{T}^*$라고 한다면 $(X, \mathscr{T}^*)$는 또한 T_1-공간임을 밝혀라.

24. X가 T_1-공간이기 위한 필요충분조건은 모든 $p \in X$에 대해서 p를 포함하는 모든 열린집합의 공통집합이 p 한 점만으로 이루어진다. 즉, $\{p\} = \cap\{G : G$열린집합, $p \in G\}$ 임을 증명하여라.

25. 위상공간 X는 다음 공리를 만족할 때 T_0**-공간**(T_0-space)이라 한다.

$[\mathrm{T}_0]$ X의 상이한 임의의 두 점에 대해서 이들 점들의 한쪽만을 포함하나 다른쪽을 포함하지 않는 열린집합이 존재한다.

(i) T_1-공간이 아닌 T_0-공간의 예를 들어라.

(ii) 모든 T_1-공간은 T_0-공간임을 밝혀라.

26. X를 적어도 두 점을 포함하는 T_1-공간이라 하자. $\mathscr{B}$가 X의 기저이면 $\mathscr{B} \setminus \{X\}$는 또한 X의 기저임을 밝혀라.

• 하우스도르프 공간

27. 하우스도르프 공간이라는 성질은 위상적임을 밝혀라.

28. $(X, \mathscr{T})$는 하우스도르프 공간이고 $\mathscr{T} \lesssim \mathscr{T}^*$라고 하자. 이 경우 $(X, \mathscr{T}^*)$는 또한 하우스도르프 공간임을 밝혀라.

29. $a_1, \cdots, a_m$를 하우스도르프 공간 X에 속하는 상이한 점이라 하면 이 경우 $a_1 \in G_1, \cdots,$

$a_m \in G_m$를 만족하는 X의 서로소인 열린부분집합족 $\{G_1, \cdots, G_m\}$이 존재함을 밝혀라.

30. X를 무한 하우스도르프 공간이라 하면, X의 서로소인 무한개의 열린부분집합족이 존재함을 증명하여라.

31. $f : X \longrightarrow Y$와 $g : X \longrightarrow Y$를 위상공간 X에서 하우스도르프 공간 Y로의 연속함수라 하면 $A = \{x : f(x) = g(x)\}$는 X의 닫힌부분집합임을 증명하여라.

• 정규공간

32. 정규공간이라는 성질은 위상적임을 밝혀라.

33. $\mathscr{T}$를 닫힌-열린구간 $[a, b)$ 전체에 의하여 생성된 실직선 $\mathbf{R}$상의 위상이라 하자. $(\mathbf{R}, \mathscr{T})$는 정규공간임을 밝혀라.

34. $\mathscr{T}$를 다음 반열린직사각형에 의하여 생성된 평면 $\mathbf{R}^2$상의 위상이라 하자.

$$[a, b) \times [c, d) = \{\langle x, y \rangle : a \le x < b,\ c \le y < d\}$$

또한 A를 그 좌표가 유리수인 직선 $Y = \{\langle x, y \rangle : x + y = 1\} \subset \mathbf{R}^2$상의 점으로 이루어진다 하고 $B = Y \setminus A$라고 하자.

(i) A와 B는 $(\mathbf{R}^2, \mathscr{T})$의 닫힌부분집합임을 밝혀라.

(ii) $A \subset G$이고 $B \subset H$를 만족하는 $\mathbf{R}^2$의 서로소인 $\mathscr{T}$-열린부분집합 G와 H가 존재하지 않으므로 $(\mathbf{R}^2, \mathscr{T})$는 정규가 아님을 밝혀라.

35. A를 정규 T_1-공간의 닫힌부분집합이라 하자. 상대위상을 갖는 A는 또한 정규 T_1-공간임을 밝혀라.

36. X를 순서집합, $\mathscr{T}$를 X상의 순서위상이라 하자. 즉, $\mathscr{T}$는 형식 $\{x : x < a\}$와 $\{x : x > a\}$인 X의 부분집합에 의하여 생성된다 하자, 이 경우 $(X, \mathscr{T})$는 정규공간임을 밝혀라.

37. X를 정규공간이라 하면 X가 정칙이기 위한 필요충분조건은 X가 완전정칙임을 밝혀라.

• 우리손(Urysohn)의 보조정리

38. 위상공간 X의 모든 서로소인 두 개의 닫힌부분집합 F_1과 F_2에 대해서 $f[F_1]=\{0\}$이고 $f[F_2]=\{1\}$을 만족하는 연속함수 $f: X \longrightarrow [0, 1]$이 존재하면 X는 정규공간임을 증명하여라(이것은 우리손의 보조정리의 역임에 유의하여라).

39. **우리손의 보조정리의 일반화.** F_1과 F_2를 정규공간 X의 서로소인 닫힌부분집합이라 하면 $f[F_1]=\{a\}$와 $f[F_2]=\{b\}$를 만족하는 연속함수 $f: X \longrightarrow [a, b]$가 존재함을 증명하여라.

40. **티체의 확장정리**(Tietze Extension Theorem). F를 정규공간 X의 닫힌부분집합, $f: F \longrightarrow [a, b]$를 실수값연속함수라고 하면 f는 연속함수 $f^*: X \longrightarrow [a, b]$로 확장될 수 있음을 증명하여라.

41. 티체 확장정리를 사용하여 우리손의 보조정리를 증명하여라.

• 정칙공간과 완전정칙공간

42. 정칙공간이라는 성질이 위상적임을 밝혀라.

43. 완전정칙이라는 성질이 위상적임을 밝혀라.

44. 완전정칙공간이라는 성질은 유전적이다. 즉, 완전정칙공간의 모든 부분공간은 또한 완전정칙임을 밝혀라.

45. X를 정칙 린델뢰프 공간이라 하면 X는 정규임을 증명하여라.

• 보충문제의 답

25. (i) $X=\{a, b\}$, $\mathscr{T}=\{X, \{a\}, \phi\}$로 놓아라.

11 G·E·N·E·R·A·L·T·O·P·O·L·O·G·Y

콤팩트성(Compactness)

11.1 피 복

$\mathscr{A}=\{G_i\}$를 집합 $A\subset X$에 대해서 $A\subset\cup_i G_i$를 만족하는 X의 부분집합족이라 하자. 이 경우 $\mathscr{A}$를 A의 **피복**(cover)이라 하며, 각 G_i가 열린집합일 때 **열린피복**(open cover)이라 함을 상기하자. 또한 $\mathscr{A}$의 유한부분족이 A의 피복일 때,

$$G_{i_1},\ \cdots,\ G_{i_m}\in\mathscr{A}\text{가 존재해서 } A\subset G_{i_1}\cup\cdots\cup G_{i_m}$$

이면 $\mathscr{A}$를 **유한피복으로 환산할 수 있다**(reducible to a finite cover) 또는 **유한부분피복**(finite subcover)**을 포함한다**고 한다.

예제 1.1 D_p를 반지름이 1이고 중심이 $p=\langle m, n\rangle$이며 m과 n을 정수라 할 때 집합족 $\mathscr{A}=\{D_p : p\in\mathbf{Z}\times\mathbf{Z}\}$를 생각하자. 이 경우 $\mathscr{A}$는 $\mathbf{R}^2$의 피복, 즉 $\mathbf{R}^2$의 모든 점은 적어도 하나의 $\mathscr{A}$의 원소에 속한다. 한편으로 D_p가 중심 p를 가지며 반지름이 $\frac{1}{2}$일 때 열린 원판족 $\mathscr{B}=\{D_p^* : p\in\mathbf{Z}\times\mathbf{Z}\}$는 $\mathbf{R}^2$의 피복이 아니다. 예컨대 점 $\langle\frac{1}{2},\frac{1}{2}\rangle\in\mathbf{R}^2$는 그림 11-1에서 표시된 바와 같이 $\mathscr{B}$의 어떠한 원소에도 속하지 않는다.

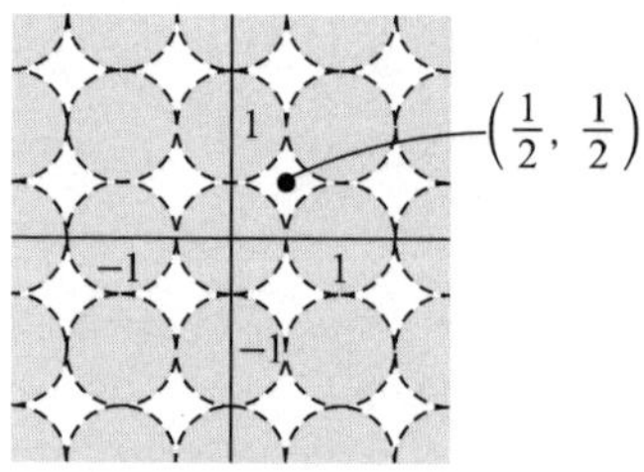

$\mathscr{B}$의 분포상태

| 그림 11-1 |

예제 1.2 다음 고전적 정리를 생각하자.

하이네-보렐 정리(Heine-Borel Theorem) : $A=[a, b]$를 유계닫힌구간이라 하고 $\{G_i\}$를 $A\subset\cup_i G_i$를 만족하는 열린집합족이라 하자. 이 경우 $A\subset G_{i_1}\cup\cdots\cup G_{i_m}$으로 되는 유한개의 열린집합, 예컨대 $G_{i_1},\ \cdots,\ G_{i_m}$을 선택할 수 있다.

위 용어를 사용하면 하이네-보렐 정리는 다음과 같이 바꾸어 말할 수 있다.

> **하이네-보렐 정리** : 유계닫힌구간 $A=[a, b]$의 모든 열린피복은 유한피복으로 환산될 수 있다.

11.2 콤팩트 집합

콤팩트성(compactness)의 개념은 고전적 하이네-보렐 정리에서 서술한 바와 같이 유계닫힌구간의 성질에서 동기가 되어 생긴 것이다. 즉

정의 위상공간 X의 부분집합 A의 모든 열린피복이 유한피복으로 환산될 수 있을 때 A를 콤팩트라고 한다.

다시 말해서 A가 콤팩트이고 G_i가 열린집합일 때 $A \subset \cup_i G_i$이면 $A \subset G_{i_1} \cup \cdots \cup G_{i_m}$이 되도록 유한개의 열린집합, 예컨대 $G_{i_1}, \cdots, G_{i_m}$을 선택할 수 있다.

예제 2.1 하이네-보렐 정리에 의하여 실직선 $\mathbf{R}$상의 모든 유계닫힌구간 $[a, b]$는 콤팩트이다.

예제 2.2 A를 위상공간 X의 임의의 유한부분집합, 예컨대 $A = \{a_1, \cdots, a_m\}$이라 하면 A는 반드시 콤팩트이다. 왜냐하면 $\mathscr{G} = \{G_i\}$를 A의 열린피복이라 하면 A에 속하는 각 점은 $\mathscr{G}$의 하나의 원소에 속한다. 즉, $a_1 \in G_{i_1}, \cdots, a_m \in G_{i_m}$이다. 따라서 $A \subset G_{i_1} \cup G_{i_2} \cup \cdots \cup G_{i_m}$인 까닭이다.

집합 A의 어떠한 열린피복도 유한부분피복을 포함한다는 것이 A의 콤팩트성인 까닭에 A가 콤팩트가 아님을 증명하려면 유한부분피복을 갖지 않는 A의 열린피복을 하나 나타내면 충분하다.

예제 2.3 보통위상을 갖는 실직선 $\mathbf{R}$상의 열린구간 $A = (0, 1)$은 콤팩트가 아니다. 예컨대 열린구간족,

$$\mathscr{G} == \left\{\left(\frac{1}{3}, 1\right), \left(\frac{1}{4}, \frac{1}{2}\right), \left(\frac{1}{5}, \frac{1}{3}\right), \left(\frac{1}{6}, \frac{1}{4}\right), \cdots\right\}$$

을 생각하자. $G_n = \left(\frac{1}{n+2}, \frac{1}{n}\right)$일 때 $A = \cup_{n=1}^{\infty} G_n$임을 알 수 있으므로 $\mathscr{G}$는 A의 피복이다.
그러나 $\mathscr{G}$는 유한부분피복을 포함하지 않는다. 왜냐하면,

$$\mathscr{G}^* = \{(a_1, b_1), (a_2, b_2), \cdots, (a_m, b_m)\}$$

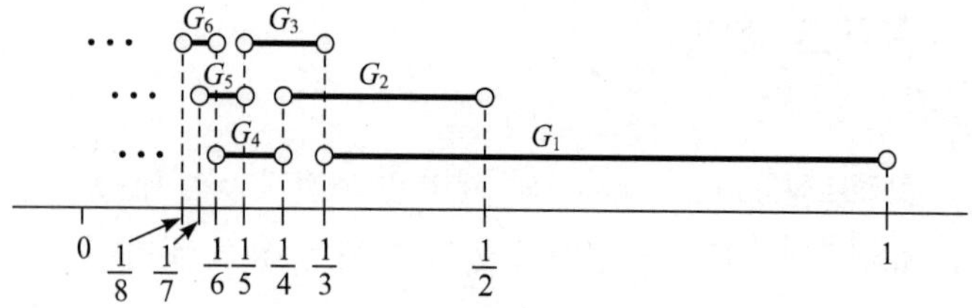

|그림 11-2|

를 $\mathscr{G}$의 임의의 유한부분족이라 하자. $\epsilon = \min(a_1, \cdots, a_m)$이라 하면, $\epsilon > 0$이고

$$(a_1, b_1) \cup \cdots \cup (a_m, b_m) \subset (\epsilon, 1)$$

그러나 $(0, \epsilon]$과 $(\epsilon, 1)$은 서로소인 까닭에 $\mathscr{G}^*$는 A의 피복이 아니고 따라서, A는 콤팩트가 아니다.

예제 2.4 콤팩트 집합의 연속상은 또한 콤팩트이다. 즉, 함수 $f : X \longrightarrow Y$가 연속이고 A가 X의 콤팩트 부분집합이면 그 상 $f[A]$는 Y의 콤팩트 부분집합임을 나타낸다. 왜냐하면 $\mathscr{G} = \{G_i\}$가 $f[A]$의 열린피복, 즉 $f[A] \subset \cup_i G_i$이라 하면,

$$A \subset f^{-1}[f[A]] \subset f^{-1}[\cup_i G_i] = \cup_i f^{-1}[G_i]$$

따라서 $\mathscr{H} = \{f^{-1}[G_i]\}$는 A의 피복이다. 따라서 f는 연속이고 각 G_i는 열린집합이므로 각 $f^{-1}[G_i]$는 또한 열린집합이다. 다시 말하자면 $\mathscr{H}$는 A의 열린피복이다. 그런데 A는 콤팩트이므로 $\mathscr{H}$는 유한피복으로 환산할 수 있다. 즉,

$$A \subset f^{-1}[G_{i_1}] \cup \cdots \cup f^{-1}[G_{i_m}]$$

따라서

$$f[A] \subset f[f^{-1}[G_{i_1}] \cup \cdots \cup f^{-1}[G_{i_m}]] \subset G_{i_1} \cup \cdots \cup G_{i_m}$$

를 얻는다. 따라서 $f[A]$는 콤팩트이다.

예제 2.4의 결과를 형식적으로 다음과 같이 서술해 둔다.

정리 11-1 콤팩트 집합의 연속상은 콤팩트이다.

콤팩트성은 집합의 **절대적 성질**(absolute property)이다. 즉,

정리 11-2 A를 위상공간 $(X, \mathscr{T})$의 부분집합이라 하면, A가 $\mathscr{T}$에 관하여 콤팩트이기 위한 필요충분조건은 A상의 상대위상 $\mathscr{T}_A$ 관하여 콤팩트인 것이다.

따라서 간혹 콤팩트성을 연구대상으로 하는 경우, 자신이 콤팩트인 위상공간, 즉 **콤팩트 공간**(compact spaces)으로 제한하는 경우가 많다.

11.3 콤팩트 공간의 부분집합

콤팩트 공간의 부분집합이라 해서 콤팩트라 할 수 없다. 예컨대 단위폐구간 $[0, 1]$은 하이네-보렐 정리에 의하여 콤팩트이나 $[0, 1]$의 부분집합인 열린구간 $(0, 1)$은 위 예제 2.3에 의하여 콤팩트가 아니다. 그러나 다음 정리가 성립한다.

정리 11-3 F를 콤팩트 공간 X의 닫힌부분집합이라 하면 F도 또한 콤팩트이다.

증명 : $\mathscr{G}=\{G_i\}$를 F의 열린피복, 즉 $F\subset \cup_i G_i$라고 하면 $X=(\cup_i G_i)\cup F^c$, 즉 $\mathscr{G}^*=\{G_i\}\cup\{F^c\}$는 X의 피복이다. 그러나 F는 닫힌집합인 까닭에 F^c는 열린집합이므로 $\mathscr{G}^*$는 X의 열린피복이다. 가정에 의하여 X는 콤팩트이므로 $\mathscr{G}^*$는 X의 유한피복으로 환산될 수 있다. 즉

$$X=G_{i_1}\cup\cdots\cup G_{i_m}\cup F^c,\ \ G_{i_k}\in\mathscr{G}$$

그런데 F와 F^c는 서로소이므로

$$F\subset G_{i_1}\cup\cdots\cup G_{i_m},\ \ G_{i_k}\in\mathscr{G}$$

이것에 의하여, F의 임의의 열린피복 $\mathscr{G}=\{G_i\}$는 유한부분피복을 포함함을 밝혔다. 즉, F는 콤팩트임을 밝혔다.

11.4 유한교차성

집합족 $\{A_i\}$의 어떠한 유한부분족 $\{A_{i_1}, \cdots, A_{i_m}\}$을 취할지라도 공이 아닌 공통집합을 가지면, 즉

$$A_{i_1} \cap \cdots \cap A_{i_m} \neq \phi$$

이면 집합족 $\{A_i\}$는 **유한교차성**(finite intersection property)을 갖는다 한다.

예제 3.1 다음 열린구간족,

$$\mathscr{A} = \left\{(0,\ 1),\ \left(0,\ \frac{1}{2}\right),\ \left(0,\ \frac{1}{3}\right),\ \left(0,\ \frac{1}{4}\right),\ \cdots\right\}$$

을 생각하자. 따라서 A는 유한교차성을 갖는다. 왜냐하면 $b = \min(a_1, \cdots, a_m) > 0$라고 할 때

$$(0,\ a_1) \cap (0,\ a_2) \cap \cdots \cap (0,\ a_m) = (0,\ b)$$

인 까닭이다. $\mathscr{A}$ 전체의 공통집합은 공이 됨에 유의하여라.

예제 3.2 다음 무한닫힌구간족,

$$\mathscr{B} = \{\cdots,\ (-\infty, -2],\ (-\infty, -1],\ (-\infty, 0],\ (-\infty, 1],\ (-\infty, 2],\ \cdots\}$$

을 생각하자. $\mathscr{B}$는 공인 공통집합을 갖는다. 즉, $B_n = (-\infty, n]$이라 하면 $\cap\{B_n : n \in \mathrm{Z}\} = \phi$임에 유의하여라.
그러나 $\mathscr{B}$의 임의의 유한부분족은 공이 아닌 공통집합을 갖는다. 다시 말해서 $\mathscr{B}$는 유한교차성을 갖는다.

위 용어에 따라서 콤팩트성의 개념을 위상공간의 닫힌부분집합을 사용하여 기술할 수가 있다.

정리 11-4 위상공간 X가 콤팩트이기 위한 필요충분조건은 유한교차성을 갖는 X의 모든 닫힌부분집합족 $\{F_i\}$에 대해서는 항상 그 전체의 공통집합이 공이 아닌 것이다.

11.5 콤팩트성과 하우스도르프 공간

이제 콤팩트성의 개념과 하우스도르프 공간의 분리성질과의 관계를 조사하기로 한다.

> **정리 11-5** 하우스도르프 공간의 모든 콤팩트인 부분집합은 닫힌집합이다.

위 정리는 일반적으로 성립하지 않는다. 예컨대 유한집합은 반드시 콤팩트이지만, 위상공간에 따라서는 유한부분집합이 반드시 닫힌집합이라 할 수 없다.

> **정리 11-6** A와 B를 하우스도르프 공간 X의 서로소인 콤팩트 부분집합이라 하면 $A \subset G$이고 $B \subset H$로 되는 서로소인 열린집합 G와 H가 존재한다.

특히 X가 하우스도르프인 동시에 콤팩트이고 F_1과 F_2가 X의 서로소인 닫힌부분집합이라 가정하면, 정리 11-3에 의하여 F_1과 F_2는 콤팩트이고 따라서 정리 11-6에 의하여 F_1과 F_2는 각각 서로소인 열린집합의 부분집합이다. 다시 말해서

> **따름정리 11-7** 모든 콤팩트 하우스도르프 공간은 항상 정규이다.

따라서 거리공간과 콤팩트인 하우스도르프 공간은 다같이 T_4-공간족, 즉 정규 T_1-공간족에 포함된다.

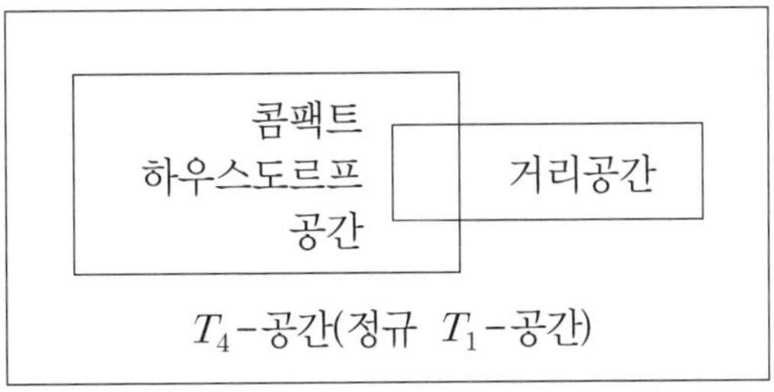

그림 11-3

다음 정리는 기하학에서 매우 중요한 역할을 한다.

> **정리 11-8** f를 콤팩트 공간 X에서 하우스도르프 공간 Y로의 1대 1인 연속함수라 하면 X와 $f[X]$는 위상동형이다.

위 정리가 일반의 위상공간에 대해서는 성립하지 않음을 다음 예제에서 밝힌다.

예제 4.1 f를 반열린구간 $X=[0, 1)$에서 평면 $\mathbf{R}^2$으로의 함수로서 $f(t)=\langle \cos 2\pi t, \sin 2\pi t\rangle$로 정의한다 하자. 이 f는 X에서 단위원 위로 사상하고, 또한 f는 1대 1이고 연속임을 알 수 있다.

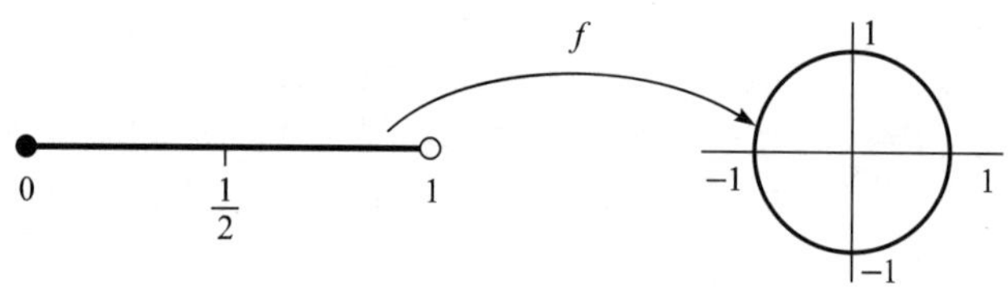

|그림 11-4|

그러나 반열린구간 $[0, 1)$은 원과 위상동형이 아니다. 예컨대 X에서 $t=\frac{1}{2}$을 삭제하면 X는 연결이 되지 않는다. 그러나 만일 원에서 임의의 점을 삭제할지라도 원은 연결이 된다. 이 경우에 정리 11-8이 적용될 수 없는 이유는 X가 콤팩트가 아니라는 사실에 있다.

예제 4.2 f를 단위닫힌구간 $I=[0, 1]$에서 n차원 유클리드 공간 $\mathbf{R}^n$으로의 1대 1인 연속함수라고 하자. I는 하이네-보렐 정리에 의하여 콤팩트이고 또한 $\mathbf{R}^n$은 거리공간이므로 하우스도르프이다. 따라서, 정리 11-8에 의하여 I와 $f[I]$는 위상동형이다.

11.6 점렬콤팩트 집합

위상공간 X의 부분집합 A의 모든 점렬이 A에 속하는 점으로 수렴하는 부분열을 포함할 때 A를 **점렬콤팩트**(sequentially compact)라 한다.

예제 5.1 A를 위상공간 X의 유한부분집합이라 하면 A는 반드시 점렬콤팩트이다. 왜냐하면 $\langle s_1, s_2, \cdots \rangle$를 A의 점렬이라 하면 적어도 A의 하나의 원소, 예컨대 a_0는 그 점렬에서 무한회수로 나타난다. 따라서 $\langle a_0, a_0, a_0, \cdots \rangle$는 $\langle s_n \rangle$의 부분열이 되고 또한 이것은 A에 속하는 점 a_0로 수렴한다.

예제 5.2 보통위상을 갖는 실직선 $\mathbf{R}$상의 열린구간 $A=(0,\,1)$은 점렬콤팩트가 아니다. 예컨대, A의 점렬 $\langle s_n \rangle = \langle \frac{1}{2}, \frac{1}{3}, \frac{1}{4}, \cdots \rangle$을 생각하자. $\langle s_n \rangle$은 0으로 수렴하므로 모든 부분열은 또한 0으로 수렴함을 알 수 있다. 그러나 0은 A에 속하지 않는다. 다시 말해서 A의 점렬 $\langle s_n \rangle$은 A의 점으로 수렴하는 부분열을 포함하지 않는다. 즉, A는 점렬콤팩트가 아니다.

일반적으로 점렬콤팩트가 아닌 콤팩트 집합이 존재하고 이 역도 성립한다. 그러나 거리공간에서는 이들이 동치임을 나중에 밝혀진다.

※ 주의 : 역사적으로 말한다면, **쌍콤팩트**(bicompact)라는 용어가 콤팩트 집합을 나타내는 데 사용되었고, 콤팩트라는 용어는 점렬콤팩트 집합을 나타내는 데 사용되어 왔다.

11.7 가산콤팩트 집합

위상공간 X의 부분집합 A의 어떠한 무한부분집합 B도 A에서 집적점을 가질 때 A를 **가산콤팩트**(countably compact)라 한다. 이 정의는 고전적인 다음 정의에 의하여 동기가 주어졌음을 알 수 있다.

> **볼차노-바이어슈트라스 정리** : 실수의 모든 유계무한집합은 집적점을 갖는다.

예제 6.1 모든 유계닫힌구간 $A=[a,\,b]$는 가산콤팩트이다. 왜냐하면 B를 A의 무한부분집합이라 하면 B는 또한 유계이므로 볼차노-바이어슈트라스 정리에 의하여 B는 집적점 p를 갖는다. 또한 A는 닫힌집합인 까닭에 B의 집적점 p는 A에 속한다. 따라서 A는 가산콤팩트이다.

예제 6.2 열린구간 $A=(0,\,1)$은 가산콤팩트가 아니다. 그 이유는 $A=(0,\,1)$의 무한 부분집합 $B=\left\{\frac{1}{2}, \frac{1}{3}, \frac{1}{4}, \cdots\right\}$을 생각하자. B는 0인 유일한 집적점을 가지나 0은 A에 속하지 않는 까닭이다. 따라서 A는 가산콤팩트가 아니다.

콤팩트, 점렬콤팩트와 가산콤팩트간의 일반적 관계는 다음 도식과 정리에서 주어진다.

$$\text{콤팩트} \rightarrow \text{가산콤팩트} \leftarrow \text{점렬콤팩트}$$

정리 11-9 A를 위상공간 X의 부분집합이라 하자. A가 콤팩트 또는 점렬콤팩트이면 A는 또한 가산콤팩트이다.

다음 예제는 위 도표의 어느 화살표 방향도 역으로 할 수 없음을 밝힌다.

예제 6.3 $\mathscr{T}$를 다음 집합에 의하여 생성되는 양의 정수의 집합 $\mathbf{N}$상의 위상이라 하자.

$$\{1, 2\}, \{3, 4\}, \{5, 6\}, \cdots$$

A를 $\mathbf{N}$의 공이 아닌 부분집합이라 하고, 예컨대 $n_0 \in A$라고 하자. n_0가 기수(홀수)이면 n_0+1은 A의 집적점이다. 만일에 n_0가 짝수이면 n_0-1은 A의 집적점이다. 어느 경우에서나 A는 집적점을 갖는다. 따라서 $(\mathbf{N}, \mathscr{T})$는 가산콤팩트이다. 한편으로 $(\mathbf{N}, \mathscr{T})$는 집합족,

$$\mathscr{A}=\{\{1, 2\}, \{3, 4\}, \{5, 6\}, \cdots\}$$

이 유한부분피복을 갖지 않는 $\mathbf{N}$의 열린피복인 까닭에 콤팩트가 아니다. 또한 $(\mathbf{N}, \mathscr{T})$는 점렬 $\langle 1, 2, 3, \cdots \rangle$이 수렴하는 부분열을 포함하지 않는 까닭에 점렬콤팩트가 아니다.

11.8 국소콤팩트 공간

위상공간 X가 **국소콤팩트**(locally compact)라는 것의 정의는 X의 모든 점에 콤팩트인 근방이 존재하는 것이다.

예제 7.1 보통위상을 갖는 실직선 R를 생각하자. 각 점 $p \in \mathbf{R}$는 닫힌구간 $[p-\delta, p+\delta]$의 내점이다. 더구나 이 닫힌구간은 하이네-보렐 정리에 의하여 콤팩트이다. 따라서 R는 국소콤팩트 공간이다. 한편으로 R는 콤팩트 공간이 아니다. 예컨대 집합족

$$\mathscr{A} = \{\cdots, (-3, -1), (-2, 0), (-1, 1), (0, 2), (1, 3), \cdots\}$$

는 R는 열린피복이나 유한부분피복을 포함하지 않는다.

따라서 위 예제에 의하여 국소콤팩트 공간이 반드시 콤팩트가 아님을 알았다. 한편으로 위상공간은 그 자신이 각 점의 근방인 까닭에 이 역은 성립한다. 즉

정리 11-10 모든 콤팩트 공간은 모두 국소콤팩트이다.

11.9 콤팩트화

만일에 위상공간 X가 위상공간 Y의 어떤 부분집합과 위상동형이면 위상공간 X는 위상공간 Y로 **매장**(embedded)된다고 한다. 또한 Y가 콤팩트 공간일 때 Y를 X의 **콤팩트화**(compactification)라 한다. 공간 X의 콤팩트화는 다음과 같은 형식으로 실행되는 경우가 많다. X에 한 점 또는 그 이상의 점을 추가시켜서 확장된 공간이 콤팩트이며, X를 부분집합으로 포함하도록 확장된 집합 위에 적당한 위상을 정의함으로써 이루어진다.

예제 8.1 보통위상 $\mathscr{U}$를 갖는 실직선 R를 생각하자. ∞와 $-\infty$로 표시되는 두 개의 새로운 점을 R에 부가하여 확장된 집합 $\mathbf{R}^* = \mathbf{R} \cup \{-\infty, \infty\}$를 **확장된 실직선**(extended real line)이라 부른다. R에 있어서 순서관계는 임의의 $a \in \mathbf{R}$에 대해서 $-\infty < a < \infty$로 정의하여 $\mathbf{R}^*$로 확장될 수 있다. 형식,

$$(a, b) = \{x : a < x < b\},$$
$$(a, \infty] = \{x : a < x\},\ [-\infty, a) = \{x : x < a\}$$

는 $\mathbf{R}^*$상의 위상 $\mathscr{U}^*$에 대한 기저이다. 또한 $(\mathbf{R}^*, \mathscr{U}^*)$는 콤팩트 공간이고 부분집합으로 $(\mathbf{R}, \mathscr{U})$를 포함한다. 따라서 이것은 $(\mathbf{R}, \mathscr{U})$의 콤팩트화(compactification)이다.

보통위상을 갖는 실직선 $\mathbf{R}$는 실수의 임의의 열린구간 (a, b)와 위상동형임을 상기하자. 실제로 위 공간 $(\mathbf{R}^*, \mathscr{U}^*)$는 고전적 하이네-보렐 정리에 의하여 콤팩트인 임의의 닫힌구간 $[a, b]$와 위상동형임을 밝힐 수 있다.

예제 8.2 C로서 3차원 유클리드 공간 $\mathbf{R}^3$의 $\langle x, y\rangle$-평면을 나타내고 S로 중심이 z축상의 $\langle 0, 0, 1\rangle$ 있고 반지름이 1인 구면을 나타내자. "북극점" $\infty = \langle 0, 0, 2\rangle \in S$와 임의의 점 $p \in C$를 지나는 직선은 그림 11-5에서 표시된 바와 같이 ∞ 이외의 하나의 점 p'에서 구 S와 만난다.
이 경우, $f: C \longrightarrow S$를 $f(p) = p'$로 정의한다면 실제로 f는 콤팩트가 아닌 평면 C에서부터 콤팩트인 구면 S의 부분집합 $S \setminus \{\infty\}$ 위로의 위상동형사상이다. 따라서 S는 C의 콤팩트화이다.

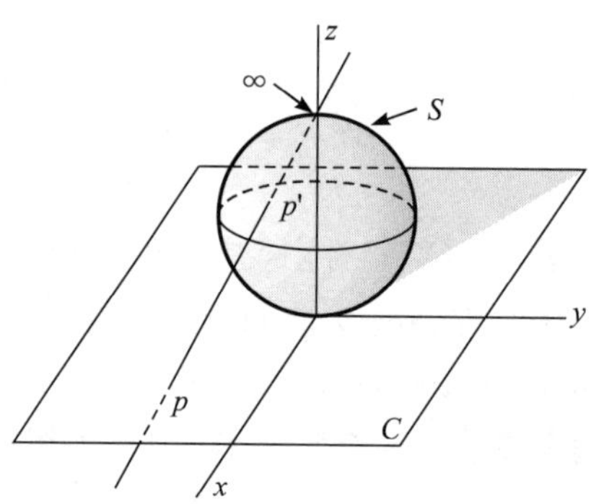

그림 11-5

이제 $(X, \mathscr{T})$를 임의의 위상공간이라 하자. $(X, \mathscr{T})$의 **알렉산드로프 콤팩트화**(Alexandrov compactification) 또는 **한점 콤팩트화**(one-point compactification)를 정의하기로 하고 이것을 $(X_\infty, \mathscr{T}_\infty)$로 표시한다. 즉

(1) $X_\infty = X \cup \{\infty\}$, 여기서 ∞은 **무한원점**(point of infinity)이라 하고 이것은 X의 모든 점과 상이하다.

(2) $\mathscr{T}_\infty$는 다음 집합으로 이루어진다.

 (i) X상의 위상 $\mathscr{T}$의 각 원소

 (ii) X의 각 콤팩트 닫힌부분집합의 X_∞에 관한 여집합

이것을 형식적으로 다음과 같이 서술한다.

> **명제 11-11** 앞에서 설명한 집합족 $\mathscr{T}_\infty$는 X_∞상의 위상이고, $(X_\infty, \mathscr{T}_\infty)$는 $(X, \mathscr{T})$의 콤팩트화이다.

일반적으로 공간 $(X_\infty, \mathscr{T}_\infty)$는 원래의 공간과 같은 성질을 갖지 않을 수도 있다. 두 공간 사이에는 한 가지 가장 중요한 관계가 존재한다. 즉

> **정리 11-12** $(X, \mathscr{T})$가 국소콤팩트 하우스도르프 공간이면 $(X_\infty, \mathscr{T}_\infty)$는 콤팩트 하우스도르프 공간이다.

우리손의 보조정리를 사용하면 측도론과 적분론에 사용되는 중요한 결과가 얻어진다.

> **따름정리 11-13** E를 국소콤팩트 하우스도르프 공간 X의 콤팩트 부분집합이라 하고 E를 열린 집합 $G \neq X$의 부분집합이라 하면 $f[E] = \{0\}$와 $f[G^c] = \{1\}$을 만족하는 연속함수 $f : X \longrightarrow [0, 1]$이 존재한다.

11.10 거리공간에 있어서 콤팩트성

거리공간에 있어서 콤팩트성은 다음과 같이 요약될 수 있다.

> **정리 11-14** A를 거리공간 X의 부분집합이라 하면 다음 명제는 동치이다.
> (i) A는 콤팩트이다.
> (ii) A는 가산콤팩트이다.
> (iii) A는 점렬콤팩트이다.

역사적으로 거리공간은 위상공간에 앞서서 연구되었다. 따라서 앞 정리에서 콤팩트와 점렬콤팩트라는 용어가 간혹 동의어로 사용된 이유를 알 수 있을 것이다.

앞 정리의 증명을 위해서 보조로 사용되는 흥미 있는 두 가지 거리적 개념을 도입하기로 한다. 즉, **완전유계집합**(totally bounded set)과 **피복의 르베그수**(Lebesgue number)이다.

11.11 완전유계집합

A를 거리공간 X의 부분집합이라 하고 $\epsilon > 0$라고 하자. 유한점 집합 $N = \{e_1, e_2, \cdots, e_m\}$이 모든 점 $p \in A$에 대해서 $d(p, e_{i_0}) < \epsilon$를 만족하는 $e_{i_0} \in N$이 존재하면 N을 A에 대한 **ϵ-네트**(ϵ-그물 : ϵ-net)라 한다.

예제 9.1 $A = \{\langle x, y \rangle : x^2 + y^2 < 4\}$, 즉 A를 원점에 중심을 두고 반지름이 2인 열린 원판이라 하자. $\epsilon = \dfrac{3}{2}$이라 하면 집합,

$$N = \{\langle 1, -1 \rangle, \langle 1, 0 \rangle, \langle 1, 1 \rangle, \langle 0, -1 \rangle, \langle 0, 0 \rangle,\\ \langle 0, 1 \rangle, \langle -1, -1 \rangle, \langle -1, 0 \rangle, \langle -1, 1 \rangle\}$$

은 A에 대한 ϵ-네트이다. 한편 $\epsilon = \dfrac{1}{2}$이라 하면 N은 A에 대한 ϵ-네트가 아니다. 예컨대 $p = \langle \dfrac{1}{2}, \dfrac{1}{2} \rangle$은 A에 속하나 p와 N의 임의의 점 사이의 거리는 $\dfrac{1}{2}$보다 크다.

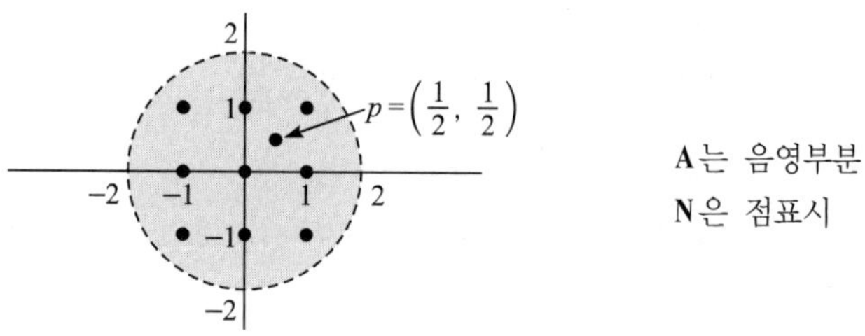

| 그림 11-6 |

A의 지름은 $d(A) = \sup\{d(a, a') : a, a' \in A\}$로 정의되고, 더구나 A는 $d(A) < \infty$이면 유계임을 상기하여라.

정의 거리공간 X의 부분집합 A가 모든 $\epsilon > 0$에 대해서 ϵ-네트를 가지면 A를 **완전유계**라 한다.

완전유계집합은 또한 다음과 같이 기술될 수 있다.

명제 11-15 집합 A가 완전유계이기 위한 필요충분조건은 모든 $\epsilon > 0$에 대해서 A를 각각 지름이 ϵ보다 작은 유한개의 집합으로의 분해가 존재하는 것이다.

첫째로 유계집합은 반드시 완전유계가 아님을 밝힌다.

예제 9.2 A를 힐베르트 공간의 부분집합, 즉 다음 점으로 이루어지는 l_2-공간의 부분집합이라 하자.

$$e_1 = \langle 1, 0, 0, \cdots \rangle$$
$$e_2 = \langle 0, 1, 0, \cdots \rangle$$
$$e_3 = \langle 0, 0, 1, \cdots \rangle$$
$$\vdots \qquad \vdots$$

$i \neq j$이면 $d(e_i, e_j) = \sqrt{2}$ 임을 알 수 있다. 따라서 A는 유계이다. 실제로

$$d(A) = \sup\{d(e_i, e_j) : e_i, e_j \in A\} = \sqrt{2}$$

한편으로 A는 완전유계가 아니다. 왜냐하면 $\epsilon = \frac{1}{2}$이라 하면 ϵ보다 작은 지름을 갖는 A의 유일한 공이 아닌 부분집합은 한 원소십합이다. 즉, 한 점으로 이루어지는 집합이다. 따라서 무한집합 A는 $\frac{1}{2}$보다 작은 지름을 갖는 유한개의 서로소인 부분집하으로 분해될 수가 없다.

그러나 앞 명제의 역은 성립한다. 즉

명제 11-16 완전유계집합은 유계이다.

콤팩트성과 완전유계성간의 하나의 관계는 다음과 같다.

보조 정리 11-17 점렬콤팩트 집합은 완전유계이다.

11.12 피복의 르베그수

$\mathscr{A}=\{G_i\}$를 거리공간 X의 부분집합 A의 피복이라 하자. 실수 $\delta>0$보다 작은 지름을 갖는 A의 각 부분집합에 대해서 그 부분집합을 포함하는 피복 $\mathscr{A}$의 원소가 존재하면 δ를 그 피복의 **르베그수**(Lebesgue number)라 한다.

피복에 대한 콤팩트성과 르베그수 간의 하나의 관계는 다음과 같다.

보제 11-18 **르베그수** : 거리공간의 점렬콤팩트 부분집합의 모든 열린피복은 반드시 (양의) 르베그수를 갖는다.

연습문제

• 콤팩트 공간

1. $\mathscr{T}$를 임의의 집합 X상의 여유한 위상이라 하자. $(X, \mathscr{T})$는 콤팩트 공간임을 밝혀라.

풀이 $\mathscr{G}=\{G_i\}$를 X의 열린피복이라 하자. $G_0 \in \mathscr{G}$를 선택하자. $\mathscr{T}$는 여유한 위상인 까닭에 G_0^c는 유한집합이다. 예컨대 $G_0^c=\{a_i, \cdots, a_m\}$이라 하자. $\mathscr{G}$는 X의 피복인 까닭에

$$\text{각 } a_k \in G_0^c \text{에 대해서 } G_{i_k} \in \mathscr{G}\text{가 존재해서 } a_k \in G_{i_k}$$

따라서 $G_0^c \subset G_{i_1} \cup \cdots \cup G_{i_m}$이고, $X=G_0 \cup G_0^c = G_0 \cup G_{i_1} \cup \cdots \cup G_{i_m}$. 따라서 X는 콤팩트이다.

2. 이산위상공간 X의 임의의 무한부분집합 A는 콤팩트가 아님을 밝혀라.

풀이 유한부분피복을 갖지 않는 A의 열린피복을 나타낼 수 있으면 A는 콤팩트가 아님을 상기하자. A의 한 원소부분집합족 $\mathscr{A}=\{\{a\}: a\in A\}$을 생각하자.

(i) $\mathscr{A}$는 A의 피복이다. 실제로 $A=\cup\{\{a\}: a\in A\}$

(ii) 이산공간의 모든 부분집합은 열린집합인 까닭에 $\mathscr{A}$는 A의 피복이다.

(iii) $\mathscr{A}$의 진부분족은 A의 피복이 아니다.

(iv) $\mathscr{A}$는 A가 무한인 까닭에 무한이다. 따라서 A의 열린피복 $\mathscr{A}$는 유한부분피복을 포함하지 않는다. 따라서 A는 콤팩트가 아니다.

유한집합은 항상 콤팩트인 까닭에 또한 이산공간의 부분집합에 대해서는 이것이 유한인 것과 콤팩트성과 일치함을 알 수 있다.

3. (정리 11-2) A를 위상공간 $(X, \mathscr{T})$의 부분집합이라 하면 다음은 동치임을 증명하여라.

(i) A는 $\mathscr{T}$에 관하여 콤팩트이다.

(ii) A는 A상의 상대위상 $\mathscr{T}_A$에 관하여 콤팩트이다.

풀이 (i) ⇨ (ii) : $\{G_i\}$를 A의 $\mathscr{T}_A$-열린피복이라 하자. 상대위상의 정의에 의하여

$$H_i \in \mathscr{T}\text{가 존재해서 } G_i = A \cap H_i \subset H_i.$$

따라서

$$A \subset \cup_i G_i \subset \cup_i H_i$$

이므로, $\{H_i\}$는 A의 $\mathscr{T}$-열린피복이다. (i)에 의하여 A는 $\mathscr{T}$-콤팩트이므로 $\{H_i\}$는 유한부분피복을 포함한다. 예컨대,

$$A \subset H_{i_1} \cup \cdots \cup H_{i_m}, \qquad H_{i_k} \in \{H_i\}$$

그런데, 이 경우

$$\begin{aligned} A \subset A \cap (H_{i_1} \cup \cdots \cup H_{i_m}) &= (A \cap H_{i_1}) \cup \cdots \cup (A \cap H_{i_m}) \\ &= G_{i_1} \cup \cdots \cup G_{i_m} \end{aligned}$$

즉, $\{G_i\}$는 유한부분피복 $\{G_{i_1}, \cdots, G_{i_m}\}$을 포함하고, 따라서 $(A,\ \mathscr{T}_A)$는 콤팩트이다.

(ii) ⇨ (i) : $\{H_i\}$를 A의 $\mathscr{T}$-열린피복이라 하고 $G_i = A \cap H_i$라 놓으면

$$A \subset \cup_i H_i \Longrightarrow A \subset A \cap (\cup_i H_i) = \cup_i (A \cap H_i) = \cup_i G_i$$

그러나 $G_i \in \mathscr{T}_A$이므로 $\{G_i\}$는 A의 $\mathscr{T}_A$-열린피복이다. 가정에 의하여 A는 $\mathscr{T}_A$-콤팩트이었으므로, $\{G_i\}$는 유한부분피복 $\{G_{i_1}, \cdots, G_{i_m}\}$을 포함한다. 따라서

$$\begin{aligned} A \subset G_{i_1} \cup \cdots \cup G_{i_m} &= (A \cap H_{i_1}) \cup \cdots \cup (A \cap H_{i_m}) \\ &= A \cap (H_{i_1} \cup \cdots \cup H_{i_m}) \subset H_{i_1} \cup \cdots \cup H_{i_m} \end{aligned}$$

즉, $\{H_i\}$는 유한피복 $\{H_{i_1}, \cdots, H_{i_m}\}$으로 환산될 수 있다. 따라서 A는 $\mathscr{T}$에 관하여 콤팩트이다.

4. $(Y,\ \mathscr{T}^*)$는 $(X,\ \mathscr{T})$의 부분공간이고 $A \subset Y \subset X$라 하자.

$$A\text{가 } \mathscr{T}^*\text{-콤팩트} \Longleftrightarrow A\text{는 } \mathscr{T}\text{-콤팩트}$$

임을 밝혀라.

풀이 $\mathscr{T}_A$와 $\mathscr{T}^*_A$를 A상의 상대위상이라 하면, 앞 문제에 의하여

$$A\text{는 } \mathscr{T}_A\text{-또는 } \mathscr{T}^*_A\text{-콤팩트} \Longleftrightarrow \mathscr{T}\text{-콤팩트 또는 } \mathscr{T}^*\text{-콤팩트}$$

그런데 $\mathscr{T}_A = \mathscr{T}^*_A$이다.

5. 다음 명제는 동치임을 증명하여라.

(i) X는 콤팩트이다.

(ii) X의 모든 닫힌부분집합족 $\{F_i\}$에 대해서 $\cap_i F_i = \phi$이면 $\{F_i\}$는 $F_{i_1} \cap \cdots \cap F_{i_m} = \phi$를 만족하는 유한부분집합족 $\{F_{i}, \cdots, F_{i_m}\}$을 포함한다.

풀이 (i) ⇨ (ii) : $\cap_i F_i = \phi$이라 가정하자. 이 경우 드 모르간의 법칙에 의하여

$$X = \phi^c = (\cap_i F_i)^c = \cup_i F_i^c$$

따라서 $\{F_i^c\}$는 F_i가 닫힌집합인 까닭에 X의 열린피복이다. 그러나 가정에 의하여 X는 콤팩트인 까닭에

$$F_{i_1}^c, \cdots, F_{i_m}^c \in \{F_i^c\} \text{가 존재해서 } X = F_{i_1}^c \cup \cdots \cup F_{i_m}^c$$

따라서 드 모르간 법칙에 의하여

$$\phi = X^c = (F_{i_1}^c \cup \cdots \cup F_{i_m}^c)^c = F_{i_1}^{cc} \cap \cdots \cap F_{i_m}^{cc} = F_{i_1} \cap \cdots \cap F_{i_m}$$

이고 (i) ⇨ (ii)를 밝혔다.

(ii) ⇨ (i) : $\{G_i\}$를 X의 열린피복이라 하자. 즉 $X = \cup_i G_i$이므로, 드 모르간의 법칙에 의하여

$$\phi = X^c = (\cup_i G_i)^c = \cap_i G_i^c$$

각 G_i는 열린집합인 까닭에 $\{G_i^c\}$는 닫힌집합족이고 더구나 위 사실에 의하여 공인 공통집합을 갖는다. 따라서 가정에 의하여

$$G_{i_1}^c, \cdots, G_{i_m}^c \in \{G_i^c\} \text{가 존재해서 } G_{i_1}^c \cap \cdots \cap G_{i_m}^c = \phi.$$

따라서 드 모르간 법칙에 의하여

$$X = \phi^c = (G_{i_1}^c \cap \cdots \cap G_{i_m}^c) = G_{i_1}^{cc} \cup \cdots \cup G_{i_m}^{cc} = G_{i_1} \cup \cdots \cup G_{i_m}$$

따라서 X는 콤팩트이므로 (ii) ⇒ (i)이다.

6. (정리 11-4) 위상공간 X가 콤팩트이기 위한 필요충분조건은 유한교차성을 만족하는 X의 모든 닫힌부분집합족 $\{F_i\}$가 그 자신 공이 아닌 공통집합을 갖는 것임을 증명하여라.

풀이 앞 문제의 결과를 이용하면, 다음 명제가 동치임을 밝히면 충분하다. 여기서 $\{F_i\}$는 X의 임의의 닫힌부분집합족이다. 즉

(i) 어떠한 $i_1, i_2, \cdots i_m$에 대해서도 $F_{i_1} \cap \cdots \cap F_{i_m} \neq \phi \Longrightarrow \cap_i F_i \neq \phi$

(ii) $\cap_i F_i \neq \phi \Longrightarrow F_{i_1} \cap \cdots \cap F_{i_m} = \phi$로 되는 어떤 $i_1, \cdots i_m$가 존재한다.

그러나 이들의 명제는 대우에 지나지 않는다.

• 콤팩트성과 하우스도르프 공간

7. A를 하우스도르프 공간 X의 콤팩트 부분집합이라 하고 $p \in X \setminus A$라고 가정하면, 열린집합 G, H가 존재해서

$$p \in G, \qquad A \subset H, \qquad G \cap H = \phi$$

임을 증명하여라.

풀이 $a \in A$라고 하자. $p \notin A$인 까닭에 $p \neq a$이다. 가정에 의하여 X는 하우스도르프이므로,

$$\text{열린집합 } G_a, H_a\text{가 존재해서 } p \in G_a,\ a \in H_a,\ G_a \cap H_a = \phi$$

이 경우 $A \subset \cup\{H_a : a \in A\}$이므로, $\{H_a : a \in A\}$는 A의 열린피복이다. 그러나 A의 콤팩트이므로

$$H_{a_1}, \cdots, H_{a_m} \in \{H_a\}\text{가 존재해서 } A \subset H_{a_1} \cup \cdots \cup H_{a_m}.$$

그러므로 $H = H_{a_1} \cup \cdots \cup H_{a_m}$이고 $G = G_{a_1} \cap \cdots \cap G_{a_m}$이라 하자. H와 G는 각각 열린집합의 합집합이고 유한개의 공통집합인 까닭에 모두 열린집합이다. 도한 $A \subset H$이고 p는 개별적으로 각 G_{a_i}에 속하는 까닭에 $p \in G$이다.

마지막으로 $G \cap H = \phi$임을 확인한다. 첫째로 $G_{a_i} \cap H_{a_i} = \phi$에 의하여 $G \cap H_{a_i} = \phi$임을 유의하자. 따라서 분배법칙에 의하여

$$\begin{aligned} G \cap H &= G \cap (H_{a_1} \cup \cdots \cup H_{a_m}) \\ &= (G \cap H_{a_1}) \cup \cdots \cup (G \cap H_{a_m}) = \phi \cup \cdots \cup \phi = \phi \end{aligned}$$

따라서 증명은 끝났다.

8. A를 하우스도르프 공간 X의 콤팩트 부분집합이라 하자. 이 경우 $p \notin A$이면 $p \in G \in A^c$를 만족하는 열린집합 G가 존재함을 밝혀라.

풀이 문제 7에 의하여 $p \in G$, $A \subset H$이고 $G \cap H = \phi$을 만족하는 열린집합 G와 H가 존재한다. 따라서 이 G, H에 대해서 $G \cap A = \phi$이고 $p \in G \subset A^c$가 만족된다.

9. (정리 11-5) A를 하우스도르프 공간 X의 콤팩트 부분집합이라 하면 A는 닫힌집합임을 밝혀라.

풀이 같은 뜻으로 A^c가 열린집합임을 증명하면 된다. $p \in A^c$. 즉 $p \notin A$라고 하자. 이 경우 문제 8에 의하여 $p \in G_p \subset A^c$를 만족하는 열린집합 G_p가 존재한다. 따라서 $A^c = \cup\{G_p : p \in A^c\}$, 이것은 열린집합의 합집합인 까닭에 A^c는 열린집합이고, 즉 A는 닫힌집합이다.

10. (정리 11-6) A와 B를 하우스도르프 공간 X의 서로소인 콤팩트 부분집합이라 하면 $A \subset G$이고 $B \subset H$를 만족하는 서로소인 열린집합 G와 H가 존재함을 밝혀라.

풀이 $a \in A$라고 하자. 이 경우 A와 B는 서로소인 까닭에 $a \notin B$이다. 가정에 의하여 B는 콤팩트이므로 문제 1에 의하여 열린집합 G_a와 H_a가 존재해서

$$a \in G_a,\ B \subset H_a \text{이고 } G_a \cap H_a = \phi$$

이다. $a \in G_a$인 까닭에 $\{G_a : a \in A\}$는 A의 열린피복이다. A는 콤팩트인 까닭에 유한개의 열린집합, 예컨대 $A \subset G_{a_1} \cup \cdots \cup G_{a_m}$로 되는 $G_{a_1}, \cdots, G_{a_m}$을 선택할 수 있다. 또한 B는 어느 H_a의 부분집합인 까닭에 $B \subset H_{a_1} \cap \cdots \cap H_{a_m}$이다. 여기서 $G = G_{a_1} \cup \cdots \cup G_{a_m}$이고, $H = H_{a_1} \cap \cdots \cap H_{a_m}$이라 하자. 위에서부터 $A \subset G$이고 $B \subset H$임을 알 수 있다. 또한 G와 H는 이들이 각각의 열린집합의 합집합이고 유한공통부분인 까닭에 열린집합이다. 이 정리는 이제 G와 H가 서로소인 것을 밝히면 증명이 완료된다. 첫째로 각 i에 대해서 $G_{a_i} \cap H_{a_i} = \phi$이므로 $G_{a_i} \cap H = \phi$임에 유의하면 분배법칙에 의하여

$$\begin{aligned} G \cap H &= \{G_{a_1} \cup \cdots \cup G_{a_m}) \cap H \\ &= (G_{a_1} \cap H) \cup \cdots \cup (G_{a_m} \cap H) = \phi \cup \cdots \cup \phi = \phi \end{aligned}$$

따라서 정리는 증명되었다.

11. (정리 11-8) f를 콤팩트 공간 X에서 하우스도르프 공간 Y로의 1대 1인 연속함수라고 하면 X와 $f[X]$는 위상동형임을 증명하여라.

풀이 가정에 의하여 $f : X \longrightarrow f[X]$는 위로의 1대 1인 연속함수이므로 $f^{-1} : f[X] \longrightarrow X$가 존재한다. 이제 f^{-1}가 연속임을 밝혀야 한다. 이를 위해서는 f^{-1}는 X의 모든 닫힌부분집합 F에 대해서 $(f^{-1})^{-1}[F] = f[F]$가 $f[X]$의 닫힌부분집합임을 밝히면 된다. 정리 11-3에 의하여 콤팩트 공간 X의 닫힌부분집합 F는 또한 콤팩트이다. f는 연속인 까닭에 $f[F]$는 $f[X]$의 콤팩트 부분집합이다. 그러나 하우스도르프 공간 Y의 부분공간 $f[X]$ 또한 하우스도르프인 까닭에 정리 11-5에 의하여 $f[F]$는 닫힌집합이다. 따라서 f^{-1}는 연속이므로 $f : X \longrightarrow f[X]$는 위상동형사상이고 X와 $f[X]$는 위상동형이다.

12. $(X, \mathscr{T})$는 콤팩트이고 $(X, \mathscr{T}^*)$는 하우스도르프라 하자. $\mathscr{T}^* \subset \mathscr{T}$이면 $\mathscr{T}^* = \mathscr{T}$임을 밝혀라.

풀이 $f(x) = x$, 즉 X상의 항등함수로 정의되는 함수 $f : (X, \mathscr{T}) \longrightarrow (X, \mathscr{T}^*)$를 생각하자. 따라서 f는 위로의 1대 1이다. 또한 $\mathscr{T}^* \subset \mathscr{T}$인 까닭에 f는 연속이다. 따라서 앞 문제에 의하여 f는 위상동형사상이고, 따라서 $\mathscr{T}^* = \mathscr{T}$이다.

• 점렬콤팩트집합과 가산콤팩트집합

13. 점렬콤팩트집합의 연속상은 점렬콤팩트임을 밝혀라.

풀이 $f: X \longrightarrow Y$는 연속함수이고 A를 X의 점렬콤팩트 부분집합이라 하자. $f[A]$가 Y의 점렬콤팩트 부분집합임을 밝히고자 한다. $\langle b_1, b_2, \cdots \rangle$를 $f[A]$의 점렬이라 하자. 그러면

$$a_1, a_2, \cdots \in A\text{가 존재해서 } f(a_n) = b_n,\ \ \forall n \in \mathrm{N},$$

여기서 A는 점렬콤팩트이므로 점렬 $\langle a_1, a_2, \cdots \rangle$는 점 $a_0 \in A$로 수렴하는 부분열 $\langle a_{i_1}, a_{i_2}, \cdots \rangle$를 포함한다. 그런데 f는 연속이므로 점렬연속이다. 따라서 $\langle f(a_{i_1}), f(a_{i_2}), \cdots \rangle = \langle b_{i_1}, b_{i_2}, \cdots \rangle$는 $f(a_0) \in f[A]$로 수렴한다. 따라서 $f[A]$는 점렬콤팩트이다.

14. $\mathscr{T}$를 ϕ과 X의 가산부분집합의 여집합으로 이루어진 X상의 위상이라 하자. 이 경우 X의 모든 무한부분집합은 점렬콤팩트가 아님을 밝혀라.

풀이 $(X, \mathscr{T})$의 점렬은 다음 형식

$$\langle a_1, a_2, \cdots, a_{n_0}, p, p, p, \cdots \rangle$$

즉, 어떤 항 이후로는 상수항일 때 수렴함을 상기하자(제5장의 예제 7.3 참조). 따라서 A가 X의 무한부분집합이면 상이한 항을 갖는 A의 점렬 $\langle b_n \rangle$이 존재하나 $\langle b_n \rangle$은 임의의 수렴부분열을 포함하지 않는다. 따라서 A는 점렬콤팩트가 아니다.

15. 다음을 밝혀라.

(i) 가산콤팩트 집합의 연속상은 반드시 가산콤팩트가 아니다.

(ii) 가산콤팩트 공간의 닫힌부분집합은 가산콤팩트이다.

풀이 (i) $\mathscr{T}$를 집합 $\{1, 2\}$, $\{3, 4\}$, $\{5, 6\}$, $\cdots$에 의해 생성된 양의 정수 $\mathbf{N}$상의 위상이라 할 때 $X = (\mathbf{N}, \mathscr{T})$라고 하자. 예제 6.3에 의하여 X는 가산콤팩트이다. 한편으로 $\mathscr{D}$를 $\mathbf{N}$상의 이산위상이라 할 때 $Y = (\mathbf{N}, \mathscr{D})$라고 하면 Y는 가산 콤팩트가 아니다. 한편으로 $2n$과 $2n-1$를 $n \in \mathbf{N}$인 n 위로 사상하는 함수 $f: X \longrightarrow Y$는 연속이고 가산콤팩트 집합 X를 비가산콤팩트 집합 Y위로 사상한다.

(ii) X는 가산콤팩트이고 F는 X의 닫힌부분집합이라 가정하자. A를 F의 무한부분집합이라 하자. $F \subset X$인 까닭에 A는 또한 X의 무한부분집합이다. 가정에 의하여 X는 가산콤팩트이므로 A는 집적점 $p \in X$를 갖는다. $A \subset F$인 까닭에 p는 또한 F의 집적점이다. 그러나 F는 닫힌집합이고 따라서 그 집적점을 포함한다. 따라서 $p \in F$이다. F의 임의의 무한부분집합 A는 집적점 $p \in F$를 가짐이 밝혀졌다. 따라서 F는 가산콤팩트임을 알 수 있다.

16. X를 콤팩트라 하자. 이 경우 X는 또한 가산 콤팩트임을 증명하여라.

풀이 A를 X에 집적점을 갖지 않는 X의 부분집합이라 하자. 이 경우 각 점 $p \in X$는 기껏해야 A의 한 점을 포함하는 열린집합 G_p에 속한다. 이 경우 집합족 $\{G_p : p \in X\}$는 콤팩트 집합 X의 열린피복임을 알 수 있고, 따라서 유한부분피복, 예컨대 $\{G_{p_1}, \cdots, G_{p_m}\}$을 포함한다. 따라서

$$A \subset X \subset G_{p_1} \cup \cdots \cup G_{p_m}.$$

그러나 각 G_{p_i}는 기껏해야 A의 한 점만을 포함한다. 따라서 $G_{p_1} \cup \cdots \cup G_{p_m}$의 부분집합인 A는 기껏해야 m개의 점을 포함한다. 즉, A는 유한이다. 따라서 X의 모든 무한부분집합은 X 내에 집적점을 포함한다. 즉, X는 가산콤팩트이다.

17. 점렬콤팩트인 공간 X는 또한 가산콤팩트임을 증명하여라.

풀이 A를 X의 임의의 무한부분집합이라 하자. 이 경우 상이한 항을 갖는 A의 점렬 $\langle a_1, a_2, \cdots \rangle$가 존재한다. X는 점렬콤팩트인 까닭에 점렬 $\langle a_n \rangle$은 점 $p \in X$로 수렴하는 부분열 $\langle a_{i_1}, a_{i_2}, \cdots \rangle$(또는 상이한 항을 갖는)를 포함한다. 이 경우 p의 모든 열린근방은 수렴부분열 $\langle a_{i_n} \rangle$의 무한개 항을 포함한다. 그러나 이들 항은 상이하다. 따라서 p의 모든 열린근방은 A의 무한개의 점을 포함한다. 따라서 $p \in X$는 A의 집적점이다. 다시 말해서 X는 가산콤팩트이다.

※ 주의 : 문제 16과 17은 정리 11-9를 뜻함에 유의하여라.

18. $A \subset X$를 점렬콤펙트라고 하면 A의 모든 가산열린피복은 유한피복으로 환산될 수 있음을 증명하여라.

풀이 A를 무한이라 가정할 수 있다. 왜냐하면 유한인 경우의 증명은 자명한 까닭이다. 이제 대우명제로 증명한다. 즉, 유한부분피복을 갖지 않는 가산열린피복 $\{G_i : i \in \mathbf{N}\}$가 존재한다고 가정한다. 이 경우 점렬 $\langle a_1, a_2, \cdots \rangle$를 다음과 같이 정의한다.

n_1이 $A \cap G_{n_1} \neq \phi$를 만족하는 최소의 양의 정수라 하고 $a_1 \in A \cap G_{n_1}$을 택한다. n_2를 $A \cap G_{n_2} \neq \phi$를 만족하는 n_1보다 큰 최소의 양의 정수라고 하고서 $a_2 \in (A \cap G_{n_2}) \setminus (A \cap G_{n_1})$을 택한다. 이와 같은 점은 항상 존재한다. 왜냐하면 그렇지 않는 경우에는 G_{n_1}인 하나가 A를 피복하기 때문이다. 이와 같은 방법을 계속하면 모든 $i \in \mathbf{N}$에 대해서

$$a_i \in A \cap G_{n_i}, \ a_i \notin \cup_{j=1}^{n-1}(A \cap G_{n_j}), \ n_i > n_{i-1}$$

인 성질을 갖는 점렬 $\langle a_1, a_2, \cdots \rangle$를 얻는다. 이제 이 $\langle a_i \rangle$는 A의 수렴부분열을 갖지 않음을 밝힌다. $p \in A$라고 하자. 이 경우

$$G_{i_0} \in \{G_i\}\text{가 존재해서 } p \in G_{i_0}.$$

따라서 $A\cap G_{i_0} \neq \phi$이다. $p\in A\cap G_{i_0}$이므로

$$j_0\in\mathbf{N}\text{이 존재해서 } G_{n_{j_0}} = G_{i_0}.$$

그러나 점렬 $\langle a_1, a_2, \cdots\rangle$의 선택에 의하여

$$i > j_0 \implies a_i \notin G_{i_0}.$$

따라서 G_{i_0}는 p를 포함하는 열린집합인 까닭에 $\langle a_i\rangle$의 부분열이 p로 수렴하지 않는다. 그러나 p는 임의이었으므로 A는 점렬콤팩트가 아니다.

• 거리공간에 있어서 콤팩트성

19. (보조정리 11-17) A를 거리공간 X의 점렬콤팩트인 부분집합이라 하면 A는 완전유계임을 증명하여라.

풀이 위 명제의 대우명제로 증명한다. 즉, A가 완전유계가 아니면 A는 점렬콤팩트가 아님을 밝힌다. A가 완전유계가 아니면 $\epsilon > 0$가 존재해서 A는 (유한) ϵ-네트를 갖지 않는다. $a_1\in A$라고 하면 $d(a_1, a_2) \geq \epsilon$를 만족하는 점 $a_2\in A$가 존재한다. 왜냐하면 그렇지 않은 경우에는 $\{a_1\}$은 A의 ϵ-네트로 될 것이다. 같은 방법으로 $d(a_1, a_3) \geq \epsilon$, $d(a_2, a_3) \geq \epsilon$를 만족하는 점 $a_3\in A$가 존재하게 된다. 그렇지 않은 경우에는 $\{a_1, a_2\}$는 A의 ϵ-네트로 될 것이다. 이 방법을 계속하면 $i\neq j$에 대해서 $d(a_i, a_j) \geq \epsilon$인 성질을 갖는 점렬 $\langle a_1, a_2, \cdots\rangle$이 얻어진다. 따라서 점렬 $\langle a_n\rangle$은 수렴하는 임의의 부분열을 포함할 수 없다. 바꾸어 말하자면 A는 점렬콤팩트가 아니다.

20. [보조정리 11-18(르베그)] $\mathscr{A}= G_i$를 점렬콤팩트집합 A의 열린피복이라 하면 $\mathscr{A}$는 양의 르베그수를 가짐을 증명하여라.

풀이 $\mathscr{A}$가 르베그수를 갖지 않는다고 가정하면 각 양의 정수 $n\in\mathbf{N}$에 대해서 $0 < d(B_n) < 1/n$이고 $\mathscr{A}$의 모든 G_i에 대해서 $B_n \not\subset G_i$인 성질을 갖는 A의 부분집합 B_n이 존재한다. 각 $n\in\mathbf{N}$에 대해서 $b_n\in B_n$를 선택한다. A는 점렬콤팩트인 까닭에 점렬 $\langle b_1, b_2, \cdots\rangle$는 점 $p\in A$로 수렴하는 부분열 $\langle b_{i_1}, b_{i_2}, \cdots\rangle$를 포함한다. 그 극한값을 p라 하면 $p\in A$인 까닭에 p는 피복 $\mathscr{A}$에 속하는 열린집합 G_p에 속한다. 따라서 중심을 p에 두고 반지름이 ϵ이며 $p\in S(p, \epsilon) \subset G_p$를 만족하는 열린구 $S(p, \epsilon)$이 존재한다. $\langle b_{i_n}\rangle$은 p로 수렴하는 까닭에 양의 정수 i_{n_0}가 존재해서

$$d(p, b_{i_{n_0}}) < \frac{1}{2}\epsilon,\ b_{i_{n_0}}\in B_{i_{n_0}} \text{ 이고 } d(B_{i_{n_0}}) < \frac{1}{2}\epsilon$$

3각부등식을 사용하여 $B_{i_{n_0}} \subset S(p, \epsilon) \subset G_p$를 얻는다(그림 11-7 참조). 그러나 이것은 피복 $\mathscr{A}$에 속하는 모든 G_i에 대해서 $B_{i_{n_0}} \not\subset G_i$인 사실에 모순된다. 따라서 $\mathscr{A}$는 르베그수를 갖는다.

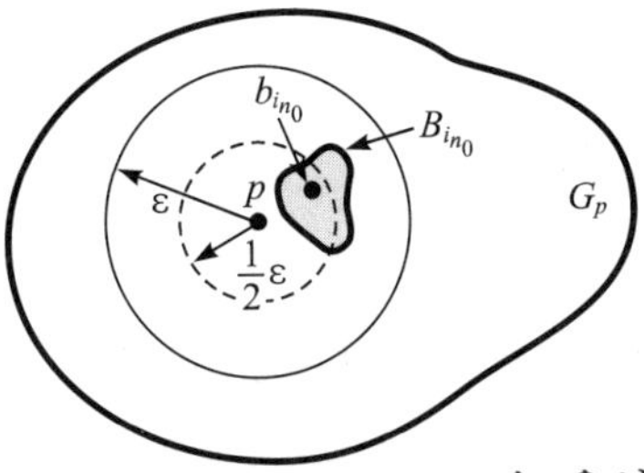

$B_{i_{n_0}}$은 음영부분

그림 11-7

21. A를 거리공간 X의 가산콤팩트 부분집합이라 하면 A는 또한 점렬콤팩트임을 증명하여라.

풀이 $\langle a_1, a_2, \cdots \rangle$를 A의 점렬이라 하자. 만일 집합 $B = \{a_1, a_2, \cdots\}$가 유한이면 한 점, 예컨대 a_{i_0}는 무한개의 $j \in \mathbf{N}$에 대해서 $a_{i_0} = a_j$를 만족한다. 이 경우에 $\langle a_{i_0}, a_{i_0}, \cdots \rangle$는 A의 점 a_{i_0}로 수렴하는 $\langle a_n \rangle$의 부분열이다.

한편으로 $B = \{a_1, a_2, \cdots\}$가 무한이라 가정하자. 가정에 의하여 A는 가산콤팩트이다. 따라서 A의 무한부분집합 B는 A에 있어서 집적점 p를 갖는다. 그러나 X는 거리공간이므로 A의 점 p로 수렴하는 점렬 $\langle a_n \rangle$의 부분열을 선택할 수 있다. 다시 말해서 A는 점렬콤팩트이다.

22. (정리 11-14) A를 거리공간 X의 부분집합이라 하면 다음은 동치임을 증명하여라.

(i) A는 콤팩트이다.

(ii) A는 가산콤팩트이다.

(iii) A는 점렬콤팩트이다.

풀이 모든 위상공간에서 (i)이면 (ii)가 성립함을 상기하여라(정리 11-8 참조). 따라서 거리공간에 대해서도 성립한다. 앞 문제에서 (ii)이면 (iii)임을 증명하였다. 따라서 이 정리는 (iii)이면 (i)임을 밝히면 증명이 완료된 셈이다. A를 점렬콤팩트라 하고 $\mathscr{A} = \{G_i\}$를 A의 열린 피복이라 하자. A가 콤팩트, 즉 $\mathscr{A}$가 유한부분피복을 가짐을 밝히고자 한다. 가정에 의해 A는 점렬콤팩트인 까닭에 보조정리 11-18에 의하여 피복 $\mathscr{A}$는 르베그수 $\delta > 0$를 갖는다. 또한 보조정리 11-17에 의하여 A는 완전유계이다. 따라서 A를 유한개의 부분집합으로 분할할 수가 있다. 예컨대 $d(B_i) < \delta$를 만족하는 유한개의 부분집합 $B_1, \cdots, B_m$으로 분할할

수 있다. 그러나 δ는 $\mathscr{A}$의 르베그수이므로,

$$B_1 \subset G_{i_1}, \cdots, B_m \subset G_{i_m}$$

를 만족하는 열린집합 $G_{i_1}, \cdots G_{i_m} \in \mathscr{A}$가 존재한다. 따라서

$$A \subset B_1 \cup B_2 \cup \cdots \cup B_m \subset G_{i_1} \cup G_{i_2} \cup \cdots \cup G_{i_m}$$

그러므로 $\mathscr{A}$는 유한부분피복 $\{G_{i_1}, \cdots G_{i_m}\}$을 갖는다. 따라서 A는 콤팩트이다.

23. A를 거리공간 (X, d)의 콤팩트 부분집합이라 하자. 임의의 $B \subset X$에 대해서도 $d(p, B) = d(A, B)$를 만족하는 점 $p \in A$가 존재함을 밝혀라.

풀이 $d(A, B) = \epsilon$이라 하자. $d(A, B) = \inf\{d(a, b)\ a \in A,\ b \in B\}$인 까닭에 모든 양의 정수 $n \in \mathbf{N}$에 대해서

$$a_n \in A,\ b_n \in B\text{가 존재해서 } \epsilon \le d(a_n, b_n) < \epsilon + 1/n$$

를 만족한다. 따라서 A는 콤팩트이므로 점렬콤팩트이고, 따라서 점렬 $\langle a_1, a_2, \cdots \rangle$는 점 $p \in A$로 수렴하는 부분열을 갖는다. 이 p에 대해서 $d(p, B) = d(A, B) = \epsilon$임을 밝힌다. $d(p, B) = \epsilon$, 즉 $\delta > 0$일 때 $d(p, B) = \epsilon + \delta$라고 가정하자. $\langle a_n \rangle$의 부분열은 p로 수렴하는 까닭에

$$n_0 \in \mathbf{N}\text{가 존재해서 } d(p, a_{n_0}) < \frac{1}{2}\delta\text{이고 } d(a_{n_0}, b_{n_0}) < \epsilon + 1/n_0 < \epsilon + \frac{1}{2}\delta$$

이 경우

$$d(p, a_{n_0}) + d(a_{n_0}, b_{n_0}) < \frac{1}{2}\delta + \epsilon + \frac{1}{2}\delta = \epsilon + \delta = d(p, B) \le d(p, b_{n_0})$$

그러나 이것은 3각부등식에 모순된다. 따라서 $d(p, B) = d(A, B)$이다.

24. A를 거리공간 (X, d)의 콤팩트 부분집합이라 하고, B를 $A \cap B = \phi$를 만족하는 X의 닫힌부분집합이라 하자. 이 경우 $d(A, B) > 0$임을 밝혀라.

풀이 $d(A, B) = 0$이라 가정하면 앞 문제에 의하여

$$p \in A\text{가 존재해서 } d(p, B) = d(A, B) = 0$$

그러나 B는 닫힌집합인 까닭에 B에서 거리가 0인 모든 점을 포함한다. 따라서 $p \in B$이고 $p \in A \cap B$이다. 그러나 이것은 가정에 모순된다. 따라서 $d(A, B) > 0$이다.

25. 함수 f를 콤팩트 거리공간 (X, d)에서 거리공간 (Y, d^*)로의 연속함수라고 하면 이 경우 f는 **균등연속**(uniformly continuous), 즉 모든 $\epsilon > 0$에 대해서 $\delta > 0$가 존재해서, 모든 $x, y \in X$에 대해서

$$d(x, y) < \delta \implies d^*(f(x), f(y)) < \epsilon$$

임을 증명하여라(**주의** : 균등연속은 연속보다 더욱 강한 조건이고 이 경우, δ는 ϵ에만 의존하고 특별한 점에 의존하지 않는다).

풀이 $\epsilon > 0$라고 놓자. f는 각 점 $p \in X$에 대해서 연속인 까닭에 열린구 $S(p, \delta_p)$가 존재하여

$$x \in S(p, \delta_p) \implies f(x) \in S\left(f(p), \frac{1}{2}\epsilon\right)$$

이다. 이 경우 집합족 $A = \{S(p, \delta_p) : p \in X\}$는 X의 열린피복으로 되어 있다. 가정에 의해 X는 콤팩트이므로 또한 점렬콤팩트이다. 따라서 피복 $\mathscr{A}$는 르베그수 $\delta > 0$를 갖는다. 이제 $x, y \in X$이고 $d(x, y) < \delta$라고 하자. $d(x, y) = d\{x, y\} < \delta$이므로 르베그수의 성질에 의하여 $\{x, y\}$는 피복 $\mathscr{A}$의 원소 $S(p_0, \delta_{p_0})$에 포함된다. 따라서

$$x, y \in S(p_0, \delta_{p_0}) \implies f(x), f(y) \in S\left(f(p_0), \frac{1}{2}\epsilon\right)$$

그런데 구 $S\left(f(p_0), \frac{1}{2}\epsilon\right)$은 지름 ϵ을 갖는다. 따라서

$$d(x, y) < \delta \implies d^*(f(x), f(y)) < \epsilon.$$

다시 말해서 f는 균등연속이다.

보충문제

• 콤팩트 공간

26. E가 콤팩트이고 F가 닫힌집합이면 $E \cap F$는 콤팩트임을 증명하여라.

27. $A_1, \cdots, \cdots A_m$을 위상공간 X의 콤팩트 부분집합이라 하자. $A_i \cup \cdots \cup A_m$은 또한 콤팩트임을 밝혀라.

28. 콤팩트성은 위상적 성질임을 증명하여라.

29. (명제 11-11) 족 $\mathscr{T}_\infty$은 X_∞ 상의 위상이고 $(X_\infty, \mathscr{T}_\infty)$는 $(X, \mathscr{T})$의 콤팩트화임을 증명하여라(여기서 $(X_\infty, \mathscr{T}_\infty)$는 $(X, \mathscr{T})$의 알렉산드로프의 한 점 콤팩트화이다).

30. (정리 11-12) $(X, \mathscr{T})$가 국소콤팩트 하우스도르프 공간이면 $(X_\infty, \mathscr{T}_\infty)$는 콤팩트 하우스도르프 공간임을 증명하여라.

• 점렬콤팩트 공간과 가산콤팩트 공간

31. 점렬콤팩트성은 위상적 성질임을 밝혀라.

32. 점렬콤팩트 공간의 닫힌부분집합 A는 점렬콤팩트임을 증명하여라.

33. 가산콤팩트성은 위상적 성질임을 밝혀라.

34. $(X, \mathscr{T})$는 가산콤팩트라 하고 $\mathscr{T}^* \leq \mathscr{T}$라고 하자. $(X, \mathscr{T}^*)$는 또한 가산콤팩트임을 밝혀라.

35. 위상공간 X의 모든 가산열린피복이 유한피복으로 환산될 수 있다고 하자. 이 경우 X는 가산콤팩트임을 증명하여라.

36. X를 T_1-공간이라 하면 X가 가산 콤팩트이기 위한 필요충분조건은 X의 모든 가산열린피복이 유한피복으로 환산될 수 있음을 증명하여라.

37. X를 제2가산 T_1-공간이라 하면 X가 콤팩트이기 위한 필요충분조건은 X가 가산콤팩트임을 증명하여라.

• 완전유계집합

38. (명제 11-15) 집합 A가 완전유계이기 위한 필요충분조건은 모든 $\epsilon > 0$에 대해서 A를 ϵ보다 작은 지름을 갖는 유한개의 부분집합으로의 분할이 존재하는 것임을 증명하여라.

39. (명제 11-16) 완전유계집합은 유계임을 밝혀라.

40. 완전유계집합의 모든 부분집합은 완전유계임을 밝혀라.

41. A가 완전유계이면 $\overline{A}$는 또한 완전유계임을 밝혀라.

42. 모든 완전유계인 거리공간은 분리가능임을 증명하여라.

• 콤팩트성, 거리공간

43. 거리공간 X의 콤팩트 부분집합은 닫힌집합이고 유계임을 증명하여라.

44. $f: X \longrightarrow Y$를 콤팩트 공간 X에서 거리공간 Y로의 연속함수라 하면 $f[X]$는 Y의 유계부분집합임을 증명하여라.

45. 실직선 $\mathbf{R}$의 부분집합 A가 콤팩트이기 위한 필요충분조건은 A가 유계닫힌집합임을 증명하여라.

46. A를 거리공간 X의 콤팩트 부분집합이라 하면 A의 유도집합 A'은 콤팩트임을 증명하여라.

47. 힐베르트 정육면체 $\mathbf{I}=\{\langle a_n\rangle : a \le a_n \le 1/n\}$은 $\mathbf{R}^{\infty}$의 콤팩트 부분집합임을 증명하여라.

48. A와 B를 거리공간 X의 콤팩트 부분집합이라 하면 $d(a, b)=d(A, B)$를 만족하는 $a\in A$와 $b\in B$가 존재함을 증명하여라.

• 국소콤팩트 공간

49. 국소콤팩트성은 위상적 성질임을 밝혀라.

50. 모든 이산공간은 국소콤팩트임을 밝혀라.

51. 모든 밀착공간은 국소콤팩트임을 밝혀라.

52. 보통위상을 갖는 평면 $\mathbf{R}^2$은 국소 콤팩트임을 밝혀라.

53. A를 국소콤팩트 공간 $(X, \mathscr{T})$의 닫힌부분집합이라 하면 상대위상을 갖는 A는 국소콤팩트임을 증명하여라.

12 GENERAL TOPOLOGY

적공간

12.1 적위상

$\{X_i : i \in I\}$를 임의의 집합족이라 하고 이들 집합의 적을 X라 하자, 즉 $X = \Pi_i X_i$를 나타낸다 하자. X는 $a_i \in X_i$라고 할 때 모든 점 $p = \langle a_i : i \in I \rangle$로 이루어짐에 유의하고 각 $j_0 \in I$에 대해서 적집합 X에서 좌표공간 X_{j_0}로의 **사영**(projection) π_{j_0}, 즉

$$\pi_{j_0}(\langle a_i : i \in I \rangle) = a_{j_0}$$

로 정의하였음을 상기하자. 이들 사영을 사용하여 적위상을 정의한다.

정 의 $\{(X_i, \mathscr{T}_i)\}$를 위상공간족이라 하고 X를 집합 X_i의 적, 즉 $X = \Pi_i X_i$라 하자. X상의 위상 중에서 모든 사영 $\pi_i : X \to X_i$이 연속이 되게 하는 가장 거친 X상의 위상 $\mathscr{T}$를 **치호노프의 적위상**(Tychonoff product topology)이라 한다. 적위상 $\mathscr{T}$를 갖는 적집합 X를 **적위상공간**(product topological space) 또는 간단히 **적공간**(product space)이라 한다.

다시 말해서 적집합 $X = \Pi_i X_i$상의 적위상(product topology) $\mathscr{T}$란 사영에 의하여 생성된 위상이다(제7장 참조).

예제 1.1 데카르트 평면 $\mathbf{R}^2 = \mathbf{R} \times \mathbf{R}$를 생각하자. 역 $\pi_1^{-1}(a, b)$와 $\pi_2^{-1}(a, b)$는 $\mathbf{R}^2$상의 보통위상에 대한 부분기저를 이루는 무한히 긴 열린띠 모양의 면분임을 상기하자.

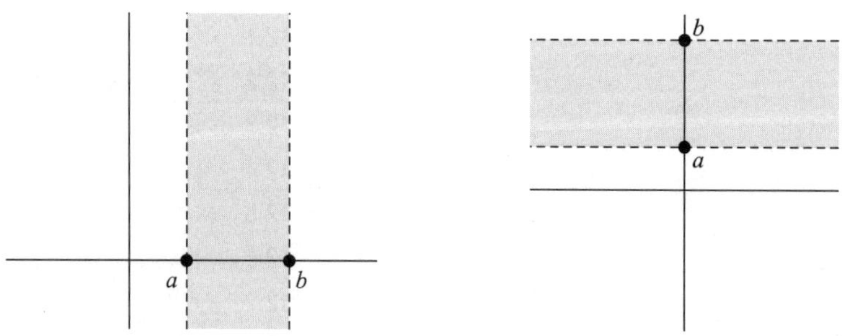

$\pi_1^{-1}(a, b)$　　　　$\pi_2^{-1}(a, b)$

| 그림 12-1 |

따라서 $\mathbf{R}^2$상의 보통위상은 $\mathbf{R}^2$에서 $\mathbf{R}$로의 사영 전부에 의하여 생성된 위상

이다.

앞의 정의를 사용하면, 예제 1.1의 결과를 다음과 같이 표현할 수 있다.

정리 12-1 $\mathbf{R}^2 = \mathbf{R} \times \mathbf{R}$상의 보통위상은 적위상이다.

예제 1.2 $\{X_i : i \in I\}$를 하우스도르프 공간족이라 하고 X를 적공간, 즉 $X = \Pi_i X_i$라고 하자. 이 경우 X는 또한 하우스도르프 공간임을 밝히자. $p = \langle a_i : i \in I \rangle$와 $q = \langle b_i : i \in I \rangle$를 X의 상이한 두 점이라 하면, p와 q는 적어도 하나의 좌표공간에서 달라야 한다. 즉, $a_{j_0} \neq b_{j_0}$이다. 가정에 의하여 X_{j_0}는 하우스도르프이므로 $a_{j_0} \in G$와 $b_{j_0} \in H$를 만족하는 X_{j_0}의 서로소인 열린부분집합 G와 H가 존재한다. 적공간의 정의에 의하여 사영 $\pi_{j_0} : X \longrightarrow X_{j_0}$는 연속이다. 따라서 $\pi_{j_0}^{-1}[G]$와 $\pi_{j_0}^{-1}[H]$는 각각 p와 q를 포함한 X의 서로소인 열린부분집합이다. 따라서 X는 또한 하우스도르프 공간이다.

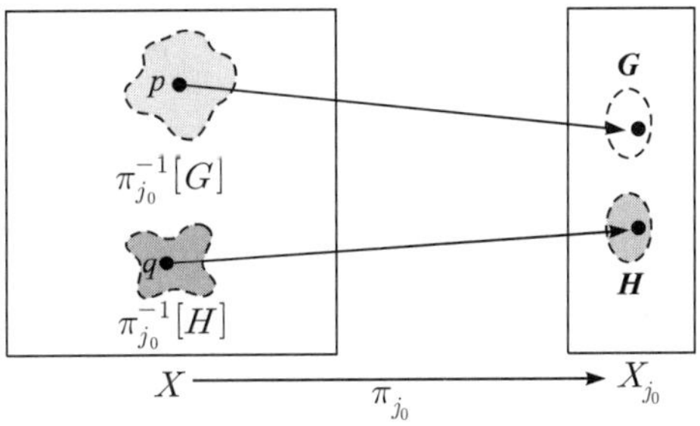

| 그림 12-2 |

12.2 유한적 위상의 기저

두 개의 유계열린구간 A와 B의 적 $A \times B$는 그림 12-3에서 설명된 바와 같이 $\mathbf{R}^2$의 열린직사각형이다.

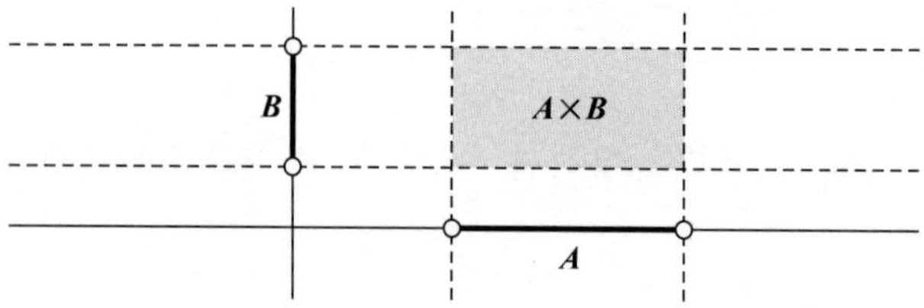

| 그림 12-3 |

앞서 설명한 바와 같이 열린직사각형은 $\mathbf{R}^2$상의 보통위상에 대한 기저를 이루고, 이것은 또한 $\mathbf{R}^2$상의 적위상의 기저이다. 같은 명제는 모든 유한적 위상에 대해서 성립한다. 즉

> **명제 12-2** $X_1, \cdots, X_m$을 유한개의 위상공간이라 하고 X를 적공간, 즉 $X = X_1 \times \cdots \times X_m$이라 하자. 이 경우 적집합 X의 다음 부분집합, 즉 G_i를 X_i의 열린부분집합이라 할 때
>
> $$G_1 \times G_2 \times \cdots \times G_m$$
>
> 은 X상의 적위상에 대한 기저를 이룬다.

다음 절에서 알 수 있는 바와 같이 위 명제는 무한적공간의 경우에는 성립하지 않는다.

12.3 적위상의 정의부분기저와 정의기저

$\{X_i : i \in I\}$를 위상공간족이라 하고 X를 적공간, 즉 $X = \Pi_i X_i$이라 하자. G_{j_0}가 좌표공간 X_{j_0}의 열린부분집합이면 $\pi_{j_0}^{-1}[G_{j_0}]$는 $\pi_{j_0}(p) \in G_{j_0}$를 만족하는 X의 모든 점 $p = \langle a_i : i \in I \rangle$로 이루어진다. 다시 말해서

$$\pi_{j_0}^{-1}[G_{j_0}] = \Pi\{X_i : i \neq j_0\} \times G_{j_0}$$

특히, 가산개의 위상공간족, 예컨대 $\{X_1, X_2, \cdots\}$인 경우에는 적공간,

$$X = \prod_{n=1}^{\infty}$$

는 모든 점렬,

$$p = \langle a_1, a_2, a_3, \cdots \rangle, \text{ 여기서 } a_n \in X_n$$

로서 이루어지고 또한,

$$\pi_{j_0}^{-1}[G_{j_0}] = X_1 \times \cdots \times X_{j_0 - 1} \times G_{j_0} \times X_{j_0 + 1} \times \cdots$$

이다.

정의에 의하면 X상의 적위상은 모든 사영을 연속이 되게 하는 최소의(가장 거친) X상의 위상, 즉 사영에 의하여 생성된 위상이다. 따라서 각 좌표 공간의 열린부분집합의 역사영 전체는 적위상의 부분기저를 이룬다(정리 7-8). 즉

정리 12-3 G_{j_0}를 좌표공간 X_{j_0}의 열린부분집합이라 할 때 형식,

$$\pi_{j_0}^{-1}[G_{j_0}] = \Pi\{X_i : i \neq j_0\} \times G_{j_0}$$

인 적공간 $X = \Pi_i X_i$의 부분집합족은 적위상의 부분기저이고 이것을 적위상에 대한 **정의부분기저**(defining subbase)라 한다.

또한 부분기저원소의 유한개의 공통집합은 그 위상에 대한 기저를 구성하는 까닭에 다음 정리를 얻는다.

정리 12-4 G_{jk}를 좌표공간 X_{j_k}의 열린부분집합이라 하자.

$$\pi_{j_1}^{-1}[G_{j_1}] \cap \cdots \cap \pi_{j_m}^{-1}[G_{j_m}] = \Pi\{X_i : i \neq j_1, \cdots, j_m\} \times G_{j_1} \times \cdots \times G_{j_m}$$

인 적공간 $X = \Pi_i X_i$의 부분집합족은 적위상의 기저이고 이것을 적위상에 대한 **정의기저**(defining base)라고 부른다.

위 성질을 사용하면 적공간에 관한 다음 중요한 사실이 유도된다.

정리 12-5 위상공간 Y에서 적공간 $X = \Pi_i X_i$로의 함수 f가 연속이기 위한 필요충분조건은 모든 사영 π_i에 대해서 합성사상 $\pi_i \circ f : Y \longrightarrow X_i$가 또한 연속인 것이다.

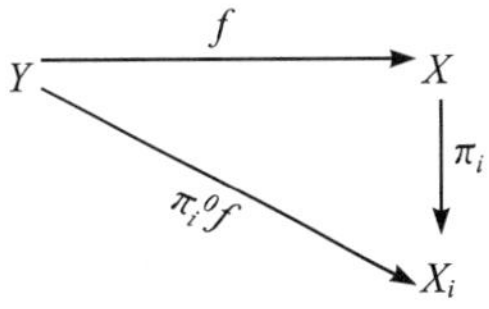

| 그림 12-4 |

> **정리 12-6** 적공간 $X = \Pi_i X_i$상의 모든 사영 $\pi_i : X \longrightarrow X_i$는 열린사상인 동시에 연속, 즉 쌍연속이다.

> **정리 12-7** 적공간 $X = \Pi_i X_i$의 점렬 $p_1, p_2, \cdots$가 X의 점 q로 수렴하기 위한 필요충분조건은 사영 $\pi_i : X \longrightarrow X_i$에 대해서 점렬 $\pi_i(p_1), \pi_i(p_2), \cdots$가 좌표공간 X_i의 $\pi_i(q)$로 수렴하는 것이다.

다시 말해서 $p_1 = \langle a_{1_i} \rangle$, $p_2 = \langle a_{2_i} \rangle$, $\cdots$와 $q = \langle b_i \rangle$가 적공간 $X = \Pi_i X_i$의 점이라 하면

$$p_n \longrightarrow q(\text{in } X) \Longleftrightarrow a_{n_i} \longrightarrow b_i(\text{모든 좌표공간 } X_i\text{에서})$$

12.4 적공간의 예

각 R_i는 보통위상을 갖는 실수집합 $\mathbf{R}$를 나타낸다 하고 첨수집합을 단위닫힌구간 $I = [0, 1]$이라 하고서, 적공간 $X = \Pi\{R_i : i \in I\}$를 생각하자. X는 그래프로 그림 12-5와 같이 표현될 수 있다. 여기서 수평축은 첨수집합 $I = [0, 1]$을 나타내고 I의 한 점, 예컨대 j_0를 지나는 각 수직선은 좌표공간 R_{j_0}를 나타낸다. 적공간 X의 원소 $p = \langle a_i : i \in I \rangle$를 생각하자. p는 각 수 $i \in I$를 실수 a_i에 대응함을 알 수 있다. 즉 p는 첨수집합 $I = [0, 1]$ 상에 정의된 실수값함수이다. 다시 말해서 적공간 X는 I 상에서 정의된 모든 실수값 함수족, 즉

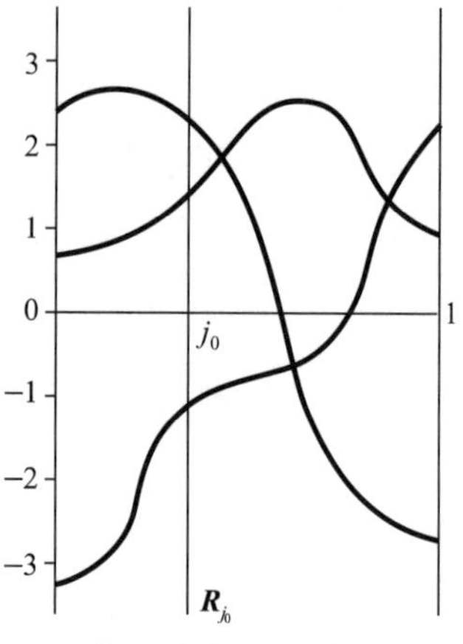

각 곡선의 X의 원소

그림 12-5

$$X = \{p : p : I \longrightarrow \mathbf{R}\}$$

이다. X의 몇 개의 원소는 또한 그림에 표시되었다.

이제 X상의 적위상에 대한 정의부분기저 $\mathcal{S}$의 원소에 대해 설명하기로 한다. G_{j_0}를 좌표공간 R_{j_0}의 열린부분집합이라 할 때 $\mathcal{S}$는 형식,

$$\pi_{j_0}^{-1}[G_{j_0}] = \Pi\{R_i : i \neq j_0\} \times G_{j_0}$$

인 X의 모든 부분집합으로 이루어짐을 상기하자. G_{j_0}를 열린구간 $(1, 2)$라고 가정하면 $\pi_{j_0}^{-1}[G_{j_0}]$는 $a_{j_0} \in G_{j_0} = (1, 2)$를 만족하는 X의 모든 점 $p = \langle a_i : i \in I \rangle$로서 이루어진다. 즉 $1 < p(j_0) < 2$를 만족하는 모든 함수 $p : I \longrightarrow \mathbf{R}$로 이루어진다. 그래프적으로 말하자면 $\pi_{j_0}^{-1}$는 그림 12-6에서 설명된 바와 같이 좌표공간 R_{j_0}을 나타내는 수직선상의 열린구간 $G_{j_0} = (1, 2)$를 지나는 함수로 이루어진다.

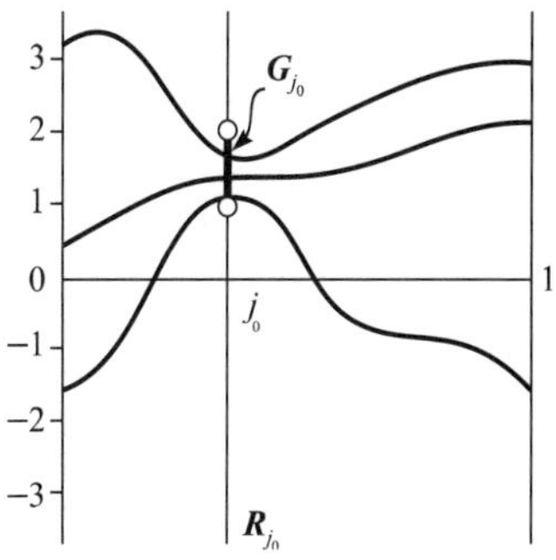

$\pi_{j_0}^{-1}[G_{j_0}]$의 원소

그림 12-6

마지막으로 X상의 적위상의 정의 기저 $\mathscr{B}$의 하나의 열린집합, 예컨대 B는 어떠한가를 기술한다. B는 적위상을 정의하는 부분기저 $\mathscr{S}$의 유한개 원소의 공통집합이었다. 즉

$$\begin{aligned} B &= \pi_{j_1}^{-1}[G_{j_1}] \cap \pi_{j_2}^{-1}[G_{j_2}] \cap \pi_{j_3}^{-1}[G_{j_3}] \\ &= \Pi\{R_i : i \neq j_1, j_2, j_3\} \times G_{j_1} \times G_{j_2} \times G_{j_3} \end{aligned}$$

임을 상기하자. 이 경우 그림 12-7에서 말한다면 B는 좌표공 간 R_{j_1}, R_{j_2}와 R_{j_3}를 나타내는 수직선상에 있는 열린집합 G_{j_1}, G_{j_2}와 G_{j_3}를 지나는 모든 함수로 이루어진다. B의 몇 개의 원소가 그림 12-7에 표시되었다.

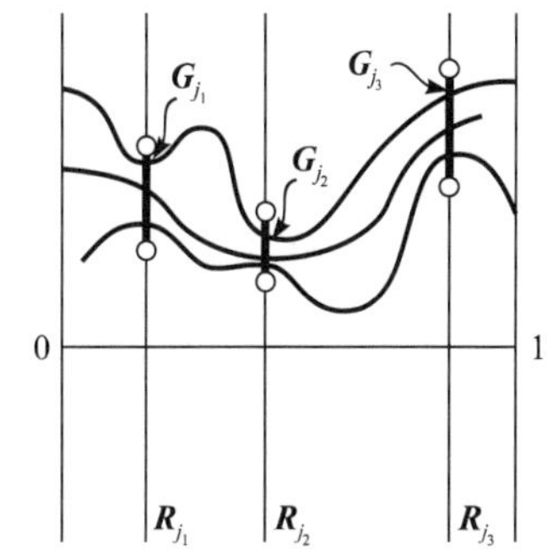

B의 원소

그림 12-7

다음 명제를 생각하자.

> **명제 12-8** $\{(X_i, \mathscr{T}_i)\}$를 위상공간족이라 하고 X는 집합 X_i의 적, 즉 $X = \Pi_i X_i$를 나타낸다 하자. 이 경우 G_i를 좌표공간 X_i의 열린부분집합이라 할 때 형식,
>
> $$\Pi\{G_i : i \in I\}$$
>
> 인 X의 부분집합의 전체는 적집합 X상의 위상의 기저를 이룬다.

※ 주의 : 명제 12-8에서 설명된 적집합 $X = \Pi_i X_i$상의 위상은 반드시 이 장에서 정의된 바와 같은 X상의 적위상과 일치하지 않는다. 그러나 명제 12-2에서 밝힌 바와 같이 두 위상은 유한적 공간의 경우에는 일치한다. 역사적으로 말한다면 명제 12-8의 위상이 먼저 등장되어 연구되었다. 치호노프 적위상을 정의한 것은 치호노프에 의한 것이고 이것에 관하여 위상수학에 있어서 더욱 중요하고 유용한 정리, 즉 치호노프 적정리를 증명하였다. 이 정리에 의하여 이 적위상이 적집합상의 "정당한" 위상으로 생각하게 되었다.

12.5 치호노프(Tychonoff)의 적정리

각 좌표공간 X_i가 성질 P를 가질 때 항상 그 적공간 $X=\Pi_i X_i$도 성질 P를 가지면 그 위상공간의 성질 P는 **적불변**(product invariant)이라 한다. 예컨대 하우스도르프 공간이라는 성질 P는 예제 1.2에 의하여 하우스도르프 공간의 적이 또한 하우스도르프인 까닭에 적불변이다. 유명한 치호노프 적정리는 콤팩트성이 또한 적불변성임을 서술한다.

> **정리 12-9** **치호노프** : 콤팩트 공간의 적은 콤팩트이다.

연습문제에서 주어진 정리 12-9의 증명은 다음의 집합론적 보조정리에 의존한다. 즉, 이 보조정리의 증명에는 소른보조정리(zorn-lemma)가 사용된다. 치호노프 적정리가 실제로 소른보조정리와 동치임이 밝혀졌기 때문에 이 사실은 놀랄 만한 일은 아니다.

> **보조정리 12-10** $\mathscr{A}$를 유한교차성을 갖는 집합 X의 부분집합족이라 하자. 유한교차성을 갖는 $\mathscr{A}$의 모든 포함집합족의 족 $\boldsymbol{P}$를 생각하면 이 족의 원소간에 포함관계에 의한 순서를 도입하였을 때 $\boldsymbol{P}$는 최대원소 $\mathscr{M}$을 포함한다.

집합족 $\mathscr{A}=\{A_i : i\in I\}$가 유한교차성을 갖기 위한 필요충분조건은 $\mathscr{A}$의 모든 유한부분족, 예컨대 $\{A_{i_1}, \cdots, A_{i_m}\}$이 공이 아닌 공통집합, 즉 $A_{i_1}\cap\cdots\cap A_{i_m}\neq\phi$인 것임을 재확인해 둔다.

12.6 거리공간의 적공간

$\{(X_i, d_i)\}$를 거리공간족이라 하고 X는 집합 X_i의 적, 즉 $X=\Pi_i X_i$를 나타낸다 하자. 거리공간 (X_i, d_i)는 또한 위상공간인 까닭에 X상의 적위상을 생각할 수 있다. 한편으로 거리 d에 의하여 유도된 X상의 위상이 적위상과 같도록 적집합 X상에 거리 d를 정의할 수 있는지 없는지를 묻는 것은 당연하다. 다음 두 명제는 거리공간이 유한개인 경우, 또는 거리공간이 가산개인 경우에는 이 물음에 대한 긍정적인 답을

준다. 거리의 도입방법은 유일하지 않다.

명제 12-11 $(X_i, d_i), \cdots, (X_m, d_m)$을 거리공간이라 하고 $p=\langle a_1, \cdots, a_m \rangle$, $q=\langle b_1, \cdots, b_m \rangle$을 적집합 $X=\prod_{i=1}^{m}$ 의 임의의 두 점이라 하자. 다음 각 함수는 적집합 X 상의 거리가 된다.

$$d(p, q) = \sqrt{d_1(a_1, b_1)^2 + \cdots + d_m(a_m, b_m)^2}$$
$$d(p, q) = \max\{d_1(a_1, b_1), \cdots, d_m(a_m, b_m)\}$$
$$d(p, q) = d_1(a_1, b_1) + \cdots + d_m(a_m, b_m)$$

또한 위 각 거리에 의하여 유도된 X상의 위상은 어느 것이나 적위상이 된다.

명제 12-12 $\{(X_i, d_i), (X_2, d_2), \cdots\}$를 거리공간의 가산족이라 하고 $p=\langle a_1, a_2, \cdots \rangle$와 $q=\langle b_1, b_2, \cdots \rangle$를 적집합 $X=\prod_{n=1}^{\infty}$ 의 임의의 두 점이라 하면

$$d(p, q) = \sum_{n=1}^{\infty}$$

에 의하여 정의된 함수 d는 적집합 X상의 거리가 되고 d에 의하여 유도된 위상은 적위상이 된다.

12.7 칸토어집합

이제 **칸토어집합**(Cantor set) 또는 **3진집합**(ternary set)이라 하는 실수의 집합 T를 정의한다. 이것은 몇 가지 현저한 성질을 갖는다. 단위닫힌구간 $I=[0, 1]$을 점 $\frac{1}{3}$과 $\frac{2}{3}$에서 3등분한 다음에 "3등분의 중앙"이라 불리는 열린구간 $\left(\frac{1}{3}, \frac{2}{3}\right)$를 삭제한다. T_1으로 I의 나머지 점을 나타내자. 즉

$$T_1 = \left[0, \frac{1}{3}\right] \cup \left[\frac{2}{3}, 1\right]$$

다음에 T_1의 두 선분의 각각을 $\frac{1}{9}$과 $\frac{2}{9}$, $\frac{7}{9}$과 $\frac{8}{9}$에서 3등분한 다음에 각 선분에

서 "3등분의 중앙", 즉 $\left(\frac{1}{9}, \frac{2}{9}\right)$와 $\left(\frac{7}{9}, \frac{8}{9}\right)$을 삭제한다. T_2로 T_1의 나머지 부분을 나타내자. 즉

$$T_2 = \left[0, \frac{1}{9}\right] \cup \left[\frac{2}{9}, \frac{1}{3}\right] \cup \left[\frac{2}{3}, \frac{7}{9}\right] \cup \left[\frac{8}{9}, 1\right]$$

만일 이 방법을 계속하면 감소집합열,

$$T_1 \supset T_2 \supset T_3 \supset \cdots$$

이 얻어진다. 여기서 T_m은 그림 12-8에 표시된 바와 같이 T_{m-1}의 각 구간에서 "3등분의 중앙"을 제외한 나머지 점으로 이루어진다.

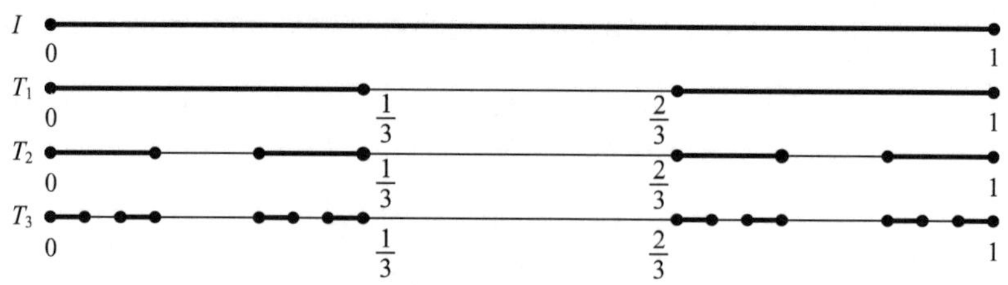

| 그림 12-8 |

T_m은 2^m개의 서로소인 닫힌구간으로 구성됨을 알 수 있고, 만일에 이들을 좌측에서 우측으로 연속적으로 헤아린다면 T_m의 홀수구간과 짝수구간이 나타난다.

칸토어집합 T이란, 위에서 만들어진 집합의 공통집합, 즉 $T = \cap\{T_i : i \in \mathbf{N}\}$이다.

12.8 칸토어집합의 성질

칸토어집합 T상의 함수 f를 다음과 같이 정의한다.

$$f(x) = \langle a_1, a_2, \cdots \rangle$$

여기서

$$a_m = \begin{cases} 0 : (x\text{가 } T_m\text{의 홀수구간에 속할 때}) \\ 2 : (x\text{가 } T_m\text{의 짝수구간에 속할 때}) \end{cases}$$

위 점렬은 기저를 3으로 표기하는 x의 "소수전개"에 지나지 않다. 즉

$$x = a_1\left(\frac{1}{3}\right) + a_2\left(\frac{1}{9}\right) + a_3\left(\frac{1}{27}\right) + \cdots + a_m\left(\frac{1}{3^m}\right) + \cdots$$

이제 두 원소로 이루어진 이산공간, 예컨대 $A = \{0, 2\}$를 생각하고 A_n을 각 $i \in \mathbf{N}$(양의 정수)인 첨수를 붙인 $A_i = A$로 나타낸다 하자.

명제 12-13 칸토어집합 T는 적공간

$$X = \Pi\{A_i : i \in \mathbf{N}\}$$

와 위상동형이다. 특히, 위에서 정의된 함수 $f: T \longrightarrow X$는 위상동형사상이다.

※ 주의 : 칸토어집합 T는 다음 흥미 있는 성질을 갖는다.

(i) T는 가산이 아니다. 왜냐하면 $a_i = 0$ 또는 2라고 할 때 T는 점렬 $\langle a_1, a_2, \cdots \rangle$의 집합과 동등하나 점렬의 기수는 $2^{\aleph_0} = \mathbf{c}$를 갖는 까닭이다.

(ii) T는 "측도" 0을 갖는다. 왜냐하면 $I = [0, 1]$에 관한 T의 여집합의 측도, 즉 삭제된 3등분의 중앙의 합집합은

$$\frac{1}{3} + \frac{2}{9} + \frac{4}{27} + \frac{8}{81} + \cdots = 1$$

과 같다. 그러나 $I = [0, 1]$의 측도는 또한 1이다. 따라서 T의 측도는 0이다.

연습문제

• 적공간

1. $X=\{a, b, c\}$상의 위상 $\mathscr{T}=\{X, \phi, \{a\}, \{b, c\}\}$와 $Y=\{u, v\}$상의 위상 $\mathscr{T}^*=\{Y, \phi, \{u\}\}$를 생각하자.

(i) $X\times Y$상의 적위상에 대한 정의부분기저 $\mathscr{S}$를 결정하여라.

(ii) $X\times Y$상의 적위상에 대한 정의기저 $\mathscr{B}$를 결정하여라.

풀이 첫째로 $X\times Y=\{\langle a, u\rangle, \langle a, v\rangle, \langle b, u\rangle, \langle b, v\rangle, \langle c, u\rangle, \langle c, v\rangle\}$는 적위상이 정의될 적집합이다.

(i) 정의부분기저 $\mathscr{S}$는 G가 X의 열린부분집합이고 H를 Y의 열린부분집합이라 할 때 역상 $\pi_x^{-1}[G]$와 $\pi_y^{-1}[H]$로 주어지는 집합족이다. 이것을 계산하면 다음과 같다.

$$\begin{aligned}
\pi_x^{-1}[X] &= \pi_y^{-1}[Y]=X\times Y\\
\pi_x^{-1}[\phi] &= \pi_y^{-1}[\phi]=\phi\\
\pi_x^{-1}[\{a\}] &= \{\langle a, u\rangle, \langle a, v\rangle\}\\
\pi_x^{-1}[\{b, c\}] &= \{\langle b, u\rangle, \langle b, v\rangle, \langle c, u\rangle, \langle c, v\rangle\}\\
\pi_y^{-1}[\{u\}] &= \{\langle a, u\rangle, \langle b, u\rangle, \langle c, u\rangle\}
\end{aligned}$$

따라서 정의부분기저 $\mathscr{S}$는 위 $X\times Y$의 부분집합으로 이루어진다.

(ii) 정의 기저 $\mathscr{B}$는 정의부분기저 $\mathscr{S}$의 원소의 유한개의 공통집합전부이다. 즉,

$$\begin{aligned}
\mathscr{B}=\{&X\times Y, \phi, \{\langle a, u\rangle\}, \{\langle b, u\rangle, \langle c, u\rangle\}, \{\langle a, u\rangle, \langle a, v\rangle\},\\
&\{\langle b, u\rangle, \langle b, v\rangle, \langle c, u\rangle, \langle c, v\rangle\}, \{\langle a, u\rangle, \langle b, u\rangle, \langle c, u\rangle\}\}
\end{aligned}$$

2. (정리 12-5) 위상공간 Y에서 적공간 $X=\Pi_i X_i$로의 함수가 연속이기 위한 필요충분조건은 모든 사영 $\pi_i : X \longrightarrow X_i$에 대해서 합성함수 $\pi_i \circ f : Y \longrightarrow X_i$가 연속이라는 것임을 증명하여라.

풀이 적공간의 정의에 의하여 모든 사영은 연속이다. 따라서 f가 연속이면 두 연속함수의 합성인 $\pi_i \circ f$는 또한 연속이다. 역으로 모든 합성함수 $\pi_i \circ f: Y \longrightarrow X_i$는 연속이라 가정하자. G를 X_i의 열린부분집합이라 가정하면 $\pi_i \circ f$의 연속성에 의하여

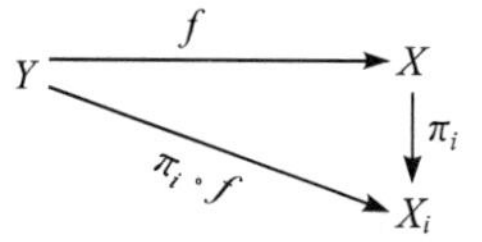

그림 12-9

$$(\pi_i \circ f)^{-1}[G]=f^{-1}[\pi_i^{-1}[G]]$$

는 Y의 열린집합이다. 그러나 G를 X_i의 열린부분집합이라 할 때 형식이

$$\pi_i^{-1}[G]$$

인 집합족은 X상의 적위상의 정의부분기저이다. f에 의한 역상은 어느 것이나 Y의 열린부분집합이므로 정리 7-2에 의하여 f는 연속함수이다.

3. B를 적공간 $X=\Pi_i X_i$의 정의기저의 원소라고 하자. B를 임의의 좌표공간으로 사영할지라도 그 상은 열린집합임을 밝혀라.

풀이 B는 X의 정의기저에 속하므로, 따라서 G_{j_k}가 X_{j_k}의 열린부분집합일 때

$$B=\Pi\{X_i : i\neq j_1, \cdots, j_m\}\times G_{j_1}\times\cdots\times G_j$$

이므로 임의의 사영 $\pi_a : X \longrightarrow X_a$에 대해서도

$$\pi_a(B)=\begin{cases} X_a & (a\neq j_1, \cdots, j_m \text{일 때}) \\ G_a & (a\in\{j_i, \cdots, j_m\}\text{일 때}) \end{cases}$$

어느 경우에서나 $\pi_a(B)$는 열린집합이다.

4. (정리 12-6) 적공간 $X=\Pi_i X_i$상의 모든 사영 $\pi_i : X \longrightarrow X_i$는 열린사상인 동시에 연속이다. 즉, 쌍연속임을 증명하여라.

풀이 적공간의 정의에 의하여 모든 사영은 연속이다. 따라서 이들이 열린사상임을 증명하면 된다. G를 적공산 $X=\Pi_i X_i$의 열린부분집합이라 하자. 어떤 점 $p\in G$에 대해서도 $p\in B\subset G$를 만족하는 적위상의 정의기저의 원소 B가 존재한다. 따라서 임의의 사영 $\pi_i : X \longrightarrow X_i$에 대해서

$$\pi_i(p)\in\pi_i[B]\subset\pi_i[G]$$

앞 문제에 의하여 $\pi_i[B]$는 열린집합이다. 즉, $\pi_i[G]$의 모든 점 $\pi_i(p)$는 $\pi_i[G]$에 포함되는 열린집합 $\pi_i[B]$에 속한다. 따라서 $\pi_i[G]$는 열린집합이다.

5. (정리 12-7) 적공간 $X=\Pi_i X_i$의 점렬 $p_1, p_2, \cdots$가 점 $q\in X$로 수렴하기 위한 필요충분조건은 모든 사영 $\pi_i : X \longrightarrow X_i$에 대해서 점렬 $\pi_i(p_1), \pi_i(p_2), \cdots$가 좌표공간 X_i의 $\pi_i(q)$로 수렴하는 것임을 증명하여라.

풀이 $p_n \longrightarrow q$라고 가정하여 모든 사영은 연속인 까닭에 $\pi_i(p_n) \longrightarrow \pi_i(q)$이다. 역으로 모든 사영 π_i에 대해서 $\pi_i(p_n) \longrightarrow \pi_i(q)$라고 가정하자. $p_n \longrightarrow q$를 밝히기 위해서는 B가 점 $q\in X$를 포함하는 적공간 $X=\Pi_i X_i$의 정의기저의 원소이면,

$$n_0 \in \mathbf{N}\text{가 존재해서 } n > n_0 \Rightarrow p_n \in B$$

임을 밝히면 충분하다. 적공간 $X = \Pi_i X_i$에 대한 정의기저의 정의에 의하여

$$B = \pi_{j_1}^{-1}[G_{j_1}] \cap \cdots \cap \pi_{j_m}^{-1}[G_{j_m}]$$

여기서 G_{j_k}는 좌표공간 X_{j_k}의 열린부분집합이다. $q \in B$임을 생각하면

$$\pi_{j_1}(q) \in \pi_{j_1}[B] = G_{j_1}, \cdots, \pi_{j_m}(q) \in \pi_{j_m}[B] = G_{j_m}.$$

가정에 의하여 $\pi_{j_i}(p_n) \longrightarrow \pi_i(q)$이다. 따라서 각 $i = 1, \cdots, m$에 대해서

$$n_i \in \mathbf{N}\text{가 존재해서 } n > n_i \Longrightarrow \pi_{j_i}(p_n) \in G_{j_i} \Longrightarrow p_n \in \pi_{j_i}^{-1}[G_{j_i}]$$

$n_0 = \max(n_1, \cdots, n_m)$이라 하면

$$n > n_0 \Longrightarrow p_n \in \pi_{j_1}^{-1}[G_{j_1}] \cap \cdots \cap \pi_{j_m}^{-1}[G_{j_m}] = B$$

따라서 $p_n \longrightarrow q$이다.

• 치호노프(Tychonoff)의 정리

6. (보조정리 12-10) $\mathscr{A}$를 유한교차성을 갖는 집합 X의 부분집합족이라 하자. 각각 유한교차성을 갖는 $\mathscr{A}$의 모든 포함집합족의 족 $\boldsymbol{P}$를 생각하면 이 족의 포함관계에 의한 순서를 도입할 때 $\boldsymbol{P}$는 극대원소 $\mathscr{M}$을 포함함을 증명하여라.

풀이 $\boldsymbol{T} = \{\mathscr{B}_i\}$를 $\boldsymbol{P}$의 완전순서 부분집합족이라 하고 $\mathscr{B} = \cup_i \mathscr{B}_i$라 하자. $\mathscr{B}$도 $\boldsymbol{P}$에 속한다. 즉, $\mathscr{B}$는 유한교차성을 갖는 $\mathscr{A}$의 포함집합족임을 밝힌다. 이것이 밝혀지면 $\mathscr{B}$는 $\boldsymbol{T}$에 대한 상계임이 성립한다. 따라서 소른의 보조정리에 의하여 $\boldsymbol{P}$는 극대원소 $\mathscr{M}$을 포함한다고 결론을 내린다. 분명히 $\mathscr{B} = \cup_i \mathscr{B}_i$는 각 $\mathscr{B}_i$가 $\mathscr{A}$의 포함집합족이므로 $\mathscr{A}$의 포함집합족이다. $\mathscr{B}$가 유한교차성을 가짐을 밝히기 위하여 $\{A_1, \cdots, A_m\}$을 $\mathscr{B}$의 임의의 유한집합족이라 하자. 그러나 $\mathscr{B} = \cup_i \mathscr{B}_i$이다. 따라서

$$\mathscr{B}_{i_1}, \cdots, \mathscr{B}_{i_m} \in \boldsymbol{T}\text{가 존재해서 } A_1 \in \mathscr{B}_{i_1}, \cdots, A_m \in \mathscr{B}_{i_m}$$

그런데 $\boldsymbol{T}$가 완전순서임을 생각하면 집합족의 하나, 예컨대 $\mathscr{B}_{i_{j_0}}$는 모든 집합 $\mathscr{A}_i$를 포함한다. 또한 이것은 유한교차성을 갖는 까닭에

$$A_1 \cap A_2 \cap \cdots \cap A_m \neq \phi$$

이와 같이 $\mathscr{B}$의 각 유한부분족 $\{A_1, \cdots, A_m\}$은 어느 것이나 공이 아닌 공통집합을 갖는다. 즉 $\mathscr{B}$는 유한교차성을 갖는다. 따라서 $\mathscr{B}$는 **P**에 속한다.

7. 보조정리 12-10에서 서술한 극대원소 $\mathscr{M}$은 다음 성질을 가짐을 증명하여라.

(i) $\mathscr{M}$의 원소의 모든 포함집합은 또한 $\mathscr{M}$에 속한다.

(ii) $\mathscr{M}$의 원소의 유한개의 공통집합은 또한 $\mathscr{M}$에 속한다.

(iii) 모든 $M \in \mathscr{M}$에 대해서 $A \cap M \neq \phi$를 만족하는 A는 $\mathscr{M}$에 속한다.

풀이 여기서 (ii)만을 증명한다. (i)과 (iii)의 증명은 보충문제로 남기기로 한다.

(ii) 임의의 두 집합 $A, B \in \mathscr{M}$의 공통부분은 또한 $\mathscr{M}$에 속함을 증명한다. 다음에 이 정리는 귀납법에 의하여 성립할 것이다. 첫째로 $C = A \cap B$라고 하자. $\mathscr{M} \cup \{C\}$가 유한교차성을 가짐을 밝히면 $\mathscr{M} \cup \{C\}$가 **P**에 속하고 따라서 $\mathscr{M}$은 **P**의 극대원소인 까닭에 $\mathscr{M} = \mathscr{M} \cup \{C\}$이고, 따라서 증명되는 바와 같이 C는 $\mathscr{M}$에 속하게 될 것이다.

$\{A_1, A_2, \cdots, A_m\}$을 $\mathscr{M} \cup \{C\}$의 유한부분집합이라 하자. 두 가지 경우로 나누어 증명한다.

경우 1 : C가 $\{A_1, \cdots, A_m\} \subset \mathscr{M} \cup \{C\}$에 속하지 않을 때 : 이 경우 $\{A_1, \cdots, A_m\}$은 $\mathscr{M}$의 유한부분족이므로, $\mathscr{M}$의 유한교차성에 의하여 $A_1 \cap \cdots \cap A_m \neq \phi$이다.

경우 2 : C가 $\{A_1, \cdots, A_m\}$에 포함되었을 때 예컨대 $C = A_1$이라 하자. 이 경우 $A, B, A_2, \cdots, A_m \in \mathscr{M}$인 까닭에

$$A_1 \cap \cdots \cap A_m = C \cap A_2 \cap \cdots \cap A_m = A \cap B \cap A_2 \cap \cdots \cap A_m \neq \phi$$

어느 경우에서나 $\{A_1, \cdots, A_m\}$은 공이 아닌 공통집합을 갖는다. 따라서 $\mathscr{M} \cup \{C\} \in$ **P**이고 위에 진술한 이유 때문에 $C \in \mathscr{M}$이다.

8. [정리 12-9(치호노프)] $\{A_i : i \in I\}$를 콤팩트 위상공간족이라 하면 적공간 $X = \Pi\{A_i : i \in I\}$는 또한 콤팩트임을 증명하여라.

풀이 $\mathscr{A} = \{F_j\}$를 유한교차성을 갖는 X의 닫힌부분집합족이라 하자. 정리는 $\mathscr{A}$가 공이 아닌 공통집합을 가짐을 증명하면 된다. 즉

$$p \in X\text{가 존재해서 모든 } F_j \in \mathscr{A}\text{에 대해서 } p \in F_j$$

임을 증명한다. $\mathscr{M} = \{M_k : k \in K\}$를 유한교차성을 갖는 $\mathscr{A}$의 극대포함집합족이라 하고(보조정리 12-10 참조), $\overline{\mathscr{M}} = \{\overline{M}_k : k \in K\}$로 정의하자.

$$F_j \in \mathscr{A} \Rightarrow F_j = \overline{F_j}, \ F_j \in \mathscr{M} \Rightarrow F_j \in \overline{\mathscr{M}}$$

인 두 명제가 성립한다.

따라서 만일에 $\overline{\mathscr{M}}$가 공이 아닌 공통집합을 갖는 것이 증명되면 $\mathscr{A}$는 또한 공이 아닌 공통집

합을 가질 것이다. 다시 말해서

$$p \in X\text{가 존재해서 모든 } k \in K\text{에 대해 } p \in \overline{\mathscr{M}}_k$$

임을 밝히면 된다. $p \in \overline{M}_k$는 다음과 동치이다. B가 $X = \Pi_i A_i$상의 적위상의 정의기저의 원소일 때

$$p \in X\text{가 존재해서 } p \in B \Rightarrow B \cap M_k \neq \phi(\text{모든 } k \in K\text{에 대해서}) \tag{1}$$

이것이 밝혀지면, 증명은 완료된다. 이유는 이 조건이 p가 각 집합 M_k의 집적점인 까닭에 p는 $\overline{M}_k$에 포함되는 까닭이다. $\mathrm{M} = \{M_k : k \in K\}$는 유한교차성을 가짐을 상기하자. 따라서 각 사영 $\pi_i : X \longrightarrow A_i$에 대해서도 좌표공간 A_i의 부분집합족

$$\{\pi_i[M_k] : k \in K\}$$

는 또한 유한교차성을 갖는다. 따라서 폐포족,

$$\{\overline{\pi_i[M_k]} : k \in K\}$$

는 유한교차성을 갖는 A_i의 닫힌부분집합족이다. 가정에 의하여 A_i는 콤팩트이므로 $\{\overline{\pi_i[M_k]} : k \in K\}$는 공이 아닌 공통집합, 즉

$$a_i \in A_i\text{가 존재해서 모든 } k \in K\text{에 대해서 } a_i \in \overline{\pi_i[M_k]}$$

또는 같은 뜻으로 다음이 성립한다. 좌표공간 A_i의 임의의 열린부분집합 G_i에 대해서

$$a_i \in A_i\text{가 존재해서 } a_i \in G_i \Longrightarrow G_i \cap \pi_i[M_k] \neq \phi(\text{모든 } k \in K\text{에 대해서}) \tag{2}$$

여기서 $p = \langle a_i : i \in I \rangle$이라 하자. p가 조건 (1)을 만족함을 밝히고자 한다. B가 $X = \Pi_i A_i$상의 적위상에 대한 정의기저의 원소일 때, 즉 G_{ia}를 A_{ia}의 열린부분집합이라 하면

$$B = \pi_{i_1}^{-1}[G_{i_1}] \cap \cdots \cap \pi_{i_m}^{-1}[G_{i_m}]$$

일 때 $p \in B$라고 하자. $p \in B$이므로 $\pi_{i_1}(p) = a_{i_1}$은 $\pi_{i_1}[B] = G_{i_1}$에 속함을 알 수 있다. 따라서 위의 (2)에 의하여

$$\text{모든 } k \in K\text{에 대해서 } G_{i_1} \cap \pi_{i_1}[M_k] \neq \phi$$

이고 이것은 모든 $M_k \in \mathscr{M}$에 대해서

$$\pi_{i_1}^{-1}[G_{i_1}] \cap M_k = (\Pi\{A_i : i \neq i_1\} \times G_{i_1}] \cap M_k \neq \phi$$

임을 뜻한다. 앞 문제에서 서술한 $\mathscr{M}$의 성질 (iii)에 의하여 $\pi_{i_1}^{-1}[G_{i_1}]$은 $\mathscr{M}$에 속한다. 같은

방법으로 $\pi_{i_2}^{-1}[G_{i_2}], \cdots, \pi_{i_m}^{-1}[G_{i_m}]$도 $\mathscr{M}$에 속한다. 따라서 $\mathscr{M}$의 유한교차성에 의하여 다음을 얻는다.

$$\text{모든 } k \in K\text{에 대해서 } B \cap M_k = \pi_{i_1}^{-1}[G_{i_1}] \cap \cdots \cap \pi_{i_m}^{-1}[G_{i_m}] \cap M_k \neq \phi$$

따라서 (1)은 만족되고 정리가 증명되었다.

• 칸토어집합

9. 칸토어집합 T는 $\mathbf{R}$의 닫힌부분집합임을 밝혀라.

풀이 T_m은 2^m개의 닫힌구간의 합집합임을 상기하자. 따라서 T_m, 즉 닫힌집합의 유한개의 합집합은 또한 닫힌집합이다. 그런데 $T = \cap\{T_i : i \in \mathbf{N}\}$이므로, 이것은 닫힌집합의 공통집합이고, 따라서 T는 닫힌집합이다.

10. T는 콤팩트임을 밝혀라.

풀이 T는 실수의 유계닫힌집합인 까닭에 이것은 콤팩트이다.

11. 각 $A_i = \{0, 2\}$가 이산위상을 가질 때 $X = \Pi\{A_i : i \in \mathbf{N}\}$라고 하자. X는 콤팩트임을 밝혀라.

풀이 A_i는 유한인 까닭에 A_i는 콤팩트임을 알 수 있다. 따라서 치호노프 적정리에 의하여 $X = \Pi_i A_i$는 또한 콤팩트이다.

12. 각 $A_i = \{0, 2\}$가 이산위상을 가질 때 $X = \Pi\{A_i : i \in \mathbf{N}\}$라고 하자.

(i) 다음에 의하여 정의된 함수 $f : X \longrightarrow T$는 연속임을 증명하여라.

$$f(\langle a_1, a_2, \cdots \rangle) = a_1\left(\frac{1}{3}\right) + a_2\left(\frac{1}{9}\right) + a_3\left(\frac{1}{27}\right) + \cdots = \sum_{i=1}^{\infty} a_i\left(\frac{1}{3}\right)^i$$

(ii) X는 T와 위상동형임을 증명하여라.

풀이 (i) $p = \langle a_1, a_2, \cdots \rangle \in X$이고, $\epsilon > 0$라고 하자. p를 포함하는 X의 열린부분집합 B가 존재해서

$$x \in B \Longrightarrow |f(x) - f(p)| < \epsilon$$

임을 밝히면 된다. $\sum_{i=1}^{\infty}\left(\frac{2}{3}\right)^i$은 수렴함에 유의하여라. 따라서

$$n_0 \in \mathbf{N}\text{가 존재해서 } \sum_{i=n_0+1}^{\infty}\left(\frac{2}{3}\right)^i < \epsilon$$

이다. X의 부분집합, B를

$$B = \{a_1\} \times \{a_2\} \times \cdots \times \{a_{n_0}\} \times A_{n_0+1} \times A_{n_0+2} \times \cdots$$

이라 하자. $p \in B$이고 B가 $X = \Pi_i A_i$상의 적위상의 정의기저의 원소인 것으로부터 B가 열린집합임을 알 수 있다. 또한, 만일에

$$x = \langle a_1, \cdots, a_{n_0}, b_{n_0+1}, b_{n_0+2}, \cdots \rangle \in B$$

이면

$$|f(x) - f(p)| = \left| \sum_{i=n_0+1}^{\infty} (b_i - a_i)\left(\frac{1}{3}\right)^i \right| \leq \sum_{i=n_0+1}^{\infty}\left(\frac{2}{3}\right)^i < \epsilon$$

따라서 f는 연속이다.

(ii) 함수 $f: X \longrightarrow T$는 콤팩트 공간 X에서 거리공간 T 위로의 1대 1 연속함수이다. 따라서 정리 11-8에 의하여 f는 위상동형사상이다.

보충문제

• 적공간

13. T_1-공간이라는 성질은 적불변이다. 즉, T_1-공간끼리의 적은 T_1-공간임을 밝혀라.

14. 정칙공간이라는 성질은 적불변임을 밝혀라.

15. 완전정칙공간이라는 성질은 적불변임을 밝혀라.

16. $p=\langle a_i : i \in I\rangle$를 적공간 $X=\Pi\{X_i : i\in I\}$의 임의의 점이라 하면 임의의 $j_0 \in I$에 대해서

$$X_{j_0}\times \Pi\{a_i : i \neq j_0\}\text{는 } X_{j_0}\text{와 위상동형}$$

임을 증명하여라(3차원 유클리드 공간 $\mathbf{R}^3$의 경우의 예로 말한다면 이 정리는 예컨대, $p=\langle a_1, a_2, a_3\rangle$를 지나는 직선

$$Y=\{a_1\}\times\{a_2\}\times \mathbf{R}_3=\{\langle a_1, a_2, x\rangle : x\in \mathbf{R}\}$$

는 $\mathbf{R}$와 위상동형이라는 것이다. 그림 12-10 참조).

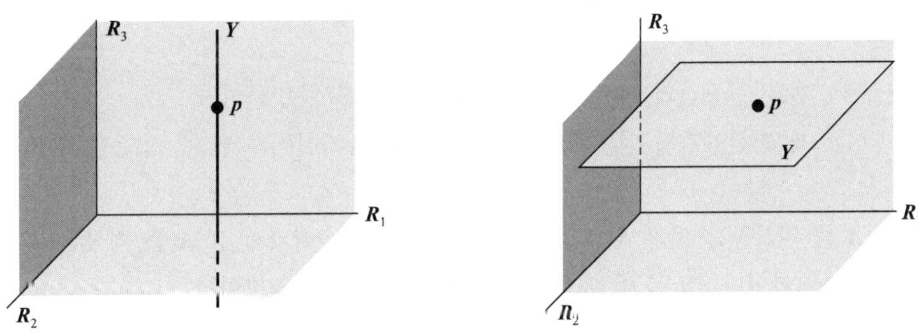

(a) | 그림 12-10 |

(b) | 그림 12-11 |

17. $p=\langle a_i : i \in I\rangle$를 적공간 $X=\Pi\{X_i : i\in I\}$의 임의의 점이라 하면 임의의 $j_0 \in I$에

대해서

$$\{a_{j_0}\} \times \Pi\{X_i : i \neq j_0\}\text{는 } \Pi\{X_i : i \neq j_0\}\text{와 위상동형}$$

임을 증명하여라(3차원 유클리드 공간 $\mathbf{R}^3$의 경우의 예로 말한다면 이 정리는 예컨대 $p = \langle a_1, a_2, a_3 \rangle$를 지나는 평면,

$$Y = \mathbf{R}_1 \times \mathbf{R}_2 \times \{a_3\} = \{\langle x, y, a_3 \rangle : x, y \in \mathbf{R}\}$$

이 $\mathbf{R}^2 = \mathbf{R} \times \mathbf{R}$와 위상동형이다. 그림 12-11 참조).

18. 치호노프 적정리의 역, 즉 적공간 $X = \Pi_i X_i$가 콤팩트이면 각 좌표공간 X_i는 또한 콤팩트임을 증명하여라.

19. A를 적공간 $X = \Pi\{X_i : i \in I\}$의 부분집합이라 하고 사영 $\pi_{i_A} : A \longrightarrow X_i$는 사영 $\pi_i : X \longrightarrow X_i$을 A로의 제한을 나타낸다 하자. A상의 상대위상은 함수 π_{i_A}가 연속이 되게 하는 A상의 위상 중에서 가장 거친 위상임을 밝혀라.

20. (i) 제1가산공간의 가산개의 적은 제1가산임을 증명하여라.
(ii) 제1가산공간의 임의개의 적은 반드시 제1가산이라 할 수 없음을 밝혀라.

21. 가산이 아닌 적공간 $X = \Pi_i X_i$는 거리화 가능이 아님을 밝혀라(좌표공간의 가산개를 제외한 모두가 한 원소집합이 아니면).

22. (i) 제2가산공간의 가산개의 적은 제2가산임을 증명하여라.
(ii) 제2가산공간의 임의개의 적은 반드시 제2가산이라 할 수 없음을 밝혀라.

23. A_i를 위상공간 X_i의 임의의 부분집합이라 하자. 따라서 $\Pi_i A_i$는 적공간 $X = \Pi_i X_i$의 부분집합이다. $\Pi_i A_i$에 대해서 다음이 성립함을 증명하여라.
(i) $\Pi_i \overline{A_i} = \overline{\Pi_i A_i}$,
(ii) $\Pi_i A_i^\circ \supset (\Pi_i A_i)^\circ$. 일반적으로 (ii)에 있어 상등이 성립하지 않음을 밝히고 예를 들어라.

24. A_i를 X_i의 임의의 부분공간이라 하자. $\Pi_i A_i$상의 적위상은 적공간 $\Pi_i X_i$의 부분집합으로 $\Pi_i A_i$상의 상대위상과 같음을 밝혀라.

• 적집합상의 다른 위상

25. (명제 12-8) $\{(X_i, \mathscr{T}_i) : i \in I\}$를 위상공간족이라 하고 X를 집합 X_i의 적, 즉 $X = \Pi_i X_i$라고 하자. 이 경우 G_i를 좌표공간 X_i의 열린부분집합이라 할 때 형식 $\Pi\{G_i : i \in I\}$인 X의 부분집합은 적집합 X상의 하나의 위상 $\mathscr{T}$의 기저를 이룸을 밝혀라.

26. 적집합 $X = \Pi_i X_i$상의 적위상은 앞 문제(명제 12-8)에서 정의된 X상의 위상 $\mathscr{T}$보다 거칢을 밝혀라.

27. 적집합 $X = \Pi_i X_i$상의 위상 중에서 적위상보다 거친 위상의 예를 들어라.

28. $\mathscr{T}$를 문제 25에서 정의된 적집합 $X = \Pi_i X_i$상의 위상이라 하자. 각 좌표공간 X_i가 이산이면 $(X, \mathscr{T})$도 이산임을 밝혀라.

• 유한적

29. (명제 12-2) G_i를 X_i의 열린부분집합이라 할 때 $G_i \times \cdots \times G_m$로 표현되는 적공간 $X = X_1 \times \cdots \times X_m$의 부분집합은 X상의 적위상의 기저를 이룸을 증명하여라.

30. $\mathscr{B}$가 X의 기저이고 $\mathscr{B}^*$가 Y의 기저이면, $\{G \times H : G \in \mathscr{B},\ H \in \mathscr{B}^*\}$는 적공간 $X \times Y$의 기저임을 증명하여라.

31. $\mathscr{B}_a$가 $a \in X$의 국소기저이고 $\mathscr{B}_b$가 $b \in Y$의 국소기저라면, $\{G \times H : G \in B_a, H \in \mathscr{B}_b\}$는 $p = \langle a, b \rangle \in X \times Y$의 국소기저임을 증명하여라.

32. 두 개의 제1가산공간의 적은 역시 제1가산임을 증명하여라.

33. 두 개의 제2가산공간의 적은 역시 제2가산임을 증명하여라.

34. 두 개의 분리가능공간의 적은 역시 분리가능임을 증명하여라.

35. 두 콤팩트 공간의 적은 역시 콤팩트임을 증명하여라(소른보조정리 또는 이와 동치인 보조정리를 사용하지 않고).

36. $\mathscr{T}^*$를 반열린직사각형

$$[a, b) \times [c, d) = \{\langle x, y\rangle : a \le x < b,\ c \le y < d\}$$

에 의하여 생성된 평면 $\mathbf{R}^2$상의 위상이라 하자. 또한 $\mathscr{T}$를 닫힌-열린구간 $[a, b)$에 의하여 생성된 실수직선 $\mathbf{R}$상의 위상이라 하자. $(\mathbf{R}^2, \mathscr{T}^*)$는 적공간 $(\mathbf{R}, \mathscr{T}) \times (\mathbf{R}, \mathscr{T})$에 일치함을 밝혀라.

37. 두 개의 정규공간의 적은 반드시 정규가 아님을 반례로 밝혀라.

38. $A \subset X$이고 $B \subset Y$라고 하자. 따라서 $A \times B \subset X \times Y$이다. 다음을 증명하여라.

(i) $\overline{A} \times \overline{B} = \overline{A \times B}$

(ii) $A^\circ \times B^\circ = (A \times B)^\circ$

[상등은 일반적으로 성립하지 않음을 상기하여라.(문제 23 참조)]

39. $f : X \longrightarrow Y$라고 하고 $F : X \longrightarrow X \times Y$는 $F(x) = \langle x, f(x)\rangle$로 정의된다 하자. 이 경우 f가 연속이기 위한 필요충분조건은 F가 X에서 $F[X]$로의 위상동형사상임을 증명하여라($F[X]$는 f의 그래프라 함을 상기하여라).

40. X를 $\mathbf{R}$상의 노름벡터공간이라 하자. $f(\langle p, q\rangle) = p + q$로 정의된 함수 $f : X \times X \longrightarrow X$는 연속임을 밝혀라.

41. X를 $\mathbf{R}$상의 노름벡터공간이라 하자. $f(\langle k, p\rangle) = kp$로 정의되는 함수 $f : \mathbf{R} \times X \longrightarrow X$는 연속임을 밝혀라.

• 거리공간의 적

42. m차원 유클리드 공간 $\mathbf{R}^m$의 모든 유계닫힌부분집합은 콤팩트임을 증명하여라.

43. (명제 12-11) $(X_1, d_1), \cdots, (X_m, d_m)$를 거리공간이라 하고 $p=\langle a_1, \cdots, a_m \rangle$과 $q=\langle b_1, \cdots, b_m \rangle$을 적집합 $X=\prod_{i=1}^{m}$의 임의의 두 점이라 하자. 이 경우 다음 각 함수는 X상의 거리임을 증명하여라.

(i) $d(p, q)=\sqrt{d_1(a_1, b_1)^2+\cdots+d_m(a_m, b_m)^2}$

(ii) $d(p, q)=\max\{d_1(a_1, b_1), \cdots, d_m(a_m, b_m)\}$

(iii) $d(p, q)=d_1(a_1, b_1)+\cdots+d_m(a_m, b_m)$

더구나 위 각 거리에 의하여 유도된 X상의 위상은 어느 것이나 적위상과 일치함을 증명하여라.

44. (명제 12-12) $\{(X_i, d_i), (X_2, d_2), \cdots\}$를 거리공간의 가산족이라 하고 $p=\langle a_1, a_2, \cdots \rangle$와 $q=\langle b_1, b_2, \cdots \rangle$를 적집합 $X=\prod_{n=1}^{\infty}$의 임의의 두 점이라 하자. 이 경우

$$d(p, q)=\sum_{n=1}^{\infty}$$

으로 정의된 함수 d는 X상의 거리이고 d에 의하여 유도된 위상은 적위상임을 증명하여라.

13

G·E·N·E·R·A·L·T·O·P·O·L·O·G·Y

연결성

13.1 분리된 집합

위상공간 X의 두 부분집합 A와 B는 (i) A와 B가 서로소이고 (ii) 어느 것이나 다른 집합의 집적점을 포함하지 않을 때 **분리되어 있다**(separated)라고 한다. 다시 말해서 A와 B가 분리되기 위한 필요충분조건은

$$A \cap \overline{B} = \phi, \quad \overline{A} \cap B = \phi$$

이다.

예제 1.1 실직선 $\mathbf{R}$상의 다음 구간을 생각하자.

$$A = (0, 1), \quad B = (1, 2), \quad C = [2, 3)$$

이 경우 $\overline{A} = [0, 1]$이고 $\overline{B} = [1, 2]$이므로 $A \cap \overline{B}$와 $\overline{A} \cap B$는 공집합이기 때문에 A와 B는 분리된다. 한편으로 $2 \in C$는 B의 집적점이기 때문에 B와 C는 분리되지 않는다. 따라서

$$\overline{B} \cap C = [1, 2] \cap [2, 3) = \{2\} \neq \phi$$

예제 1.2 평면 $\mathbf{R}^2$의 다음 부분집합을 생각하자(그림 13-1 참조).

$$A = \left\{ \langle 0, y \rangle : \frac{1}{2} \leq y \leq 1 \right\}$$

$$B = \{ \langle x, y \rangle : y = \sin(1/x), \ 0 < x \leq 1 \}$$

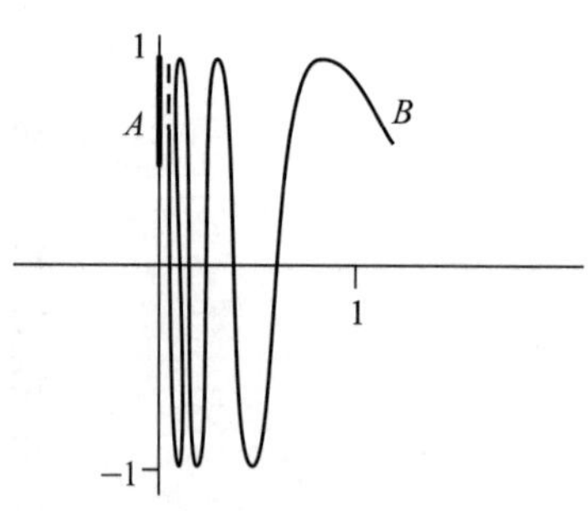

| 그림 13-1 |

이 경우, A의 각 점은 B의 집적점이므로 A와 B는 분리되지 않는다.

13.2 연결집합

정의 위상공간 X의 부분집합 A에 대하여, 열린집합 G와 H가 존재해서 $A \cap G$와 $A \cap H$가 공이 아닌 서로소인 집합들이고 이들의 합집합이 A가 되는 경우, $G \cup H$를 A의 **절단**(discconnection)이라고 한다. 이런 절단이 존재할 때, 집합 A를 **비연결(disconnected) 집합**이라고 하고, 존재하지 않을 때 **연결(connected)집합**이라고 한다.

따라서 $A = (A \cap G) \cup (A \cap H)$이기 위한 필요충분조건은 $A \subset G \cup H$이고, $\phi = (A \cap G) \cap (A \cap H)$이기 위한 필요충분조건은 $G \cap H \subset A^c$이다. 따라서 $G \cup H$가 A의 절단이기 위한 필요충분조건은

$$A \cap G \neq \phi,\ \ A \cap H \neq \phi,\ \ A \subset G \cup H \text{이고 } G \cap H \subset A^c$$

이다.

따라서 공집합 ϕ와 한 원소집합 $\{p\}$는 항상 연결 집합들임에 유의하여라.

예제 2.1 평면 $\mathbf{R}^2$의 다음 부분집합은 비연결이다.

$$A = \{\langle x, y \rangle : x^2 - y^2 \geq 4\}$$

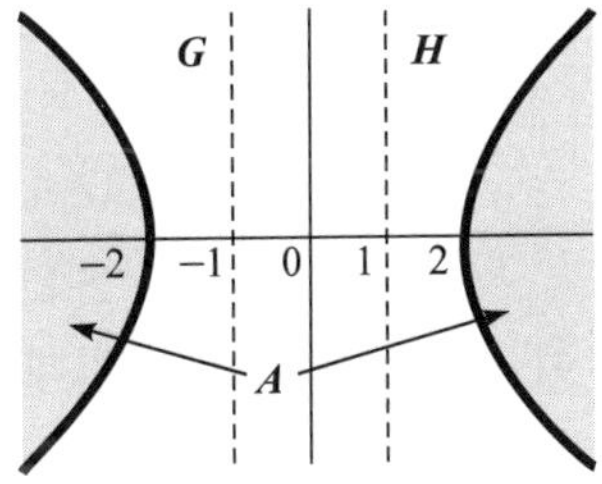

| 그림 13-2 |

왜냐하면 두 열린반평면,

$$G = \{\langle x, y \rangle : x < -1\} \text{와 } H = \{\langle x, y \rangle : x > 1\}$$

는 그림 13-2에 표시된 바와 같이 A의 절단을 이루는 까닭이다.

예제 2.2 $X = \{a, b, c, d, e\}$상의 다음 위상을 생각하자.

$$\mathscr{T} = \{X,\ \phi,\ \{a, b, c\},\ \{c, d, e\},\ \{c\}\}$$

이 경우 $A=\{a, d, e\}$는 비연결이다. 왜냐하면 열린집합 $G=\{a, b, c\}$와 $H=\{c, d, e\}$를 생각하면(G와 H는 서로소가 아니나) $A\cap G=\{a\}$이고 $A\cap H=\{d, e\}$는 공이 아닌 서로소인 집합이고 이들 합집합은 A인 까닭이다.

연결과 분리간의 기본관계는 다음과 같다.

정리 13-1 집합이 연결집합이 되기 위한 필요충분조건은 그 집합이 두 개의 공이 아닌 분리된 집합의 합집합으로 표현될 수 없는 것이다.

다음 명제는 매우 유용하다.

명제 13-2 만일에 A와 B가 분리되어 있지 않은 연결집합들이면 $A\cup B$도 연결집합이다.

예제 2.3 A와 B를 예제 1.2에서 정의되었고 설명된 평면 $\mathbf{R}^2$의 부분집합이라 하자. A와 B가 각각 연결되었음을 나중에 밝힌다. 또한 A와 B는 분리되지 않으므로 앞 명제에 의하여 $A\cup B$는 연결집합이다.

13.3 연결공간

콤팩트성과 같이 연결성도 집합의 절대적 성질이다. 즉

정리 13-3 A를 위상공간 $(X, \mathscr{T})$의 부분집합이라 하자. 이 경우 A가 $\mathscr{T}$에 관해서 연결집합이기 위한 필요충분조건은 A가 A상의 상대위상 $\mathscr{T}_A$에 관해서 연결집합인 것이다.

따라서 때때로 연결성을 연구할 때 자신이 연결된 위상공간, 즉 **연결공간**(connected spaces)으로 제한하는 경우가 많다.

예제 3.1 X를 비연결인 위상공간이라 하고, $G\cup H$를 X의 절단이라 하면

$$X=(X\cap G)\cup(X\cap H),\ \ (X\cap G)\cap(X\cap H)=\phi$$

그러나 $X \cap G = G$이고 $X \cap H = H$이므로 X가 비연결이기 위한 필요충분조건은

$$X = G \cup H, \quad G \cap H = \phi$$

으로 되는 공이 아닌 열린집합 G와 H가 존재하는 것이다.

위 예제에서부터 연결공간을 간단히 특성화할 수 있다.

정리 13-4 위상공간 X가 연결이기 위한 필요충분조건은 (i) X는 두 개의 공이 아니고 서로소인 열린집합의 합이 아니다. 같은 뜻으로 (ii) X와 ϕ은 열린집합인 동시에 닫힌집합인 X의 유일한 부분집합인 것이다.

예제 3.2 $X = \{a, b, c, d, e\}$상의 다음 위상을 생각하자.

$$\mathscr{T} = \{X, \ \phi, \ \{a\}, \ \{c, d\}, \ \{a, c, d\}, \ \{b, c, d, e\}\}$$

이 경우 X는 연결이 아니다. 왜냐하면 $\{a\}$와 $\{b, c, d, e\}$는 서로 여집합이고 따라서 열린집합인 동시에 닫힌집합인 까닭이다. 다시 말해서

$$X = \{a\} \cup \{b, c, d, e\}$$

는 X의 절단이다. 또한 부분집합 $A = \{b, d, e\}$상의 상대위상은 $\{A, \ \phi, \ \{d\}\}$임을 알 수 있고, 따라서 A와 ϕ는 상대위상에 있어서 열린집합인 동시에 닫힌집합인 A의 유일한 부분집합인 까닭에 A는 연결이다.

예제 3.3 보통위상을 갖는 실수직선 $\mathbf{R}$는 $\mathbf{R}$와 ϕ가 열린집합인 동시에 닫힌집합인 $\mathbf{R}$의 유일한 부분집합인 까닭에 연결공간이다.

예제 3.4 f를 연결공간 X에서 위상공간 Y로의 연속함수라 하자. 따라서 $f : X \longrightarrow f[X]$도 연속이다(여기서 $f[X]$는 상대위상을 갖는다). 이제 $f[X]$는 연결임을 밝힌다. $f[X]$는 비연결이라 가정하자. 예컨대 G와 H가 $f[X]$의 절단을 이룬다 하자. 이 경우

$$f[X] = G \cup H\text{이고 } G \cap H = \phi.$$

이고 따라서 $X = f^{-1}[G] \cup f^{-1}[H]$이고 $f^{-1}[G] \cap f^{-1}[H] = \phi$

f는 연속인 까닭에 $f^{-1}[G]$와 $f^{-1}[H]$는 X의 열린부분집합이고 따라서 X의 절단을 이룬다. 그러나 이것은 가정에서 모순된다. 따라서 만일에 X가 연결이면 $f[X]$도 연결이다.

앞 예제의 결과를 다음 정리로서 서술해 둔다.

정리 13-5 연결집합의 연속함수의 상은 연결집합이다.

예제 3.5 X를 연결공간이 아니라 하자. 예컨대 $G \cup H$를 X의 절단이라 하면 함수,

$$f(x) = \begin{cases} 0 & (x \in G\text{일 때}) \\ 1 & (x \in H\text{일 때}) \end{cases}$$

는 X에서 이산공간 $Y = \{0, 1\}$ 위로의 연속함수이다.

역으로 연결공간 X인 경우, 정리 13-5에 의하면 연결공간 X의 연속상이 연결이 아닌 이산공간 $Y = \{0, 1\}$로 될 수 없다. 다시 말하자면,

보조정리 13-6 위상공간 X가 연결공간이기 위한 필요충분조건은 X에서 $Y = \{0, 1\}$로의 연속함수는 상수함수(즉, $f(x) = 0$ 또는 $f(x) = 1$로 되는), 이외에는 없는 것이다.

13.4 실직선상의 연결성

실수의 연결집합은 다음과 같이 간단히 기술될 수 있다.

정리 13-7 적어도 두 점을 포함하는 실직선 $\mathbf{R}$의 부분집합 E가 연결이기 위한 필요충분조건은 E가 구간인 것이다.

실직선 $\mathbf{R}$상의 구간에는 다음 형식이 있음을 상기하자.

(a, b), $(a, b]$, $[a, b)$, $[a, b]$: 유한구간

$$(-\infty, a),\ (-\infty, a],\ (a, \infty),\ [a, \infty),\ (-\infty, \infty)\ :\ \text{무한구간}$$

구간 E란, 다음 성질에 의하여 특성화될 수 있다.

$$a, b \in E,\ a < x < b \Longrightarrow x \in E$$

연결집합의 연속함수의 상은 연결집합인 까닭에 다음의 바이어슈트라스의 중간값 정리(정리 4-9 참조)의 일반화가 성립한다.

> **정리 13-8** $f : X \longrightarrow \mathbb{R}$를 연결집합 X상에서 정의된 연속실수값함수라 하면 f는 임의의 두 값 사이의 모든 실수값을 취한다.

예제 4.1 연결성이론의 흥미 있는 응용은 다음의 **부동점정리**(fixed point theorem)이다. $I = [0, 1]$이고 $f : I \longrightarrow I$를 연속이라 하면 $p \in I$가 존재해서 $f(p) = p$를 만족한다.

이 정리는 기하학적으로 설명될 수 있다. 첫째로 $f : I \longrightarrow I$의 그래프는 단위 정사각형,

$$I^2 = \{\langle x, y \rangle : 0 \leq x < 1,\ 0 \leq y \leq 1\}$$

내에 존재한다. 이 경우 정리는 그림 13-3에서 표시된 바와 같이 정사각형의 좌측변의 한 점에서 정사각형 우측변의 한 점으로 연결된 f의 그래프가 I^2의 대각선 Δ와 만난다. 즉, $\langle p, p \rangle$에서 만나야 함을 말해준다.

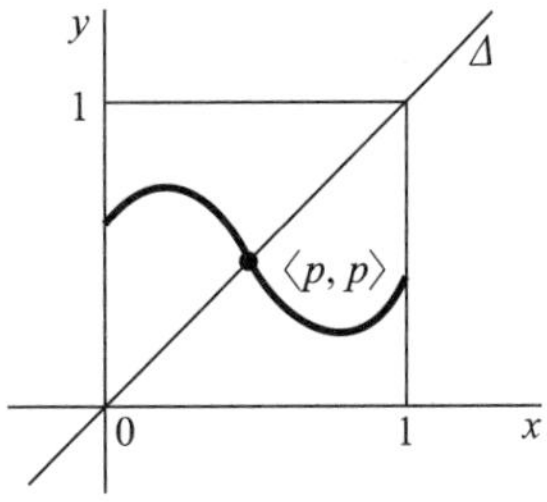

| 그림 13-3 |

13.5 연결성분

위상공간 X의 **연결성분**(component) E란 X의 극대인 연결부분집합이다. 즉, E는 연결이고 E는 X의 임의의 연결부분집합의 진부분집합이 아니다. 분명히 E는 공집합이 아니다. 공간의 연결성분에 관한 중요한 성질은 다음 정리와 같다.

> **정리 13-9** 위상공간 X의 연결성분은 X의 분할을 이룬다. 즉, 이들은 서로소이고 이들의 합집합은 X이다. X의 어떤 연결부분집합도 어떤 연결성분에 포함된다.

따라서 각 점 $p \in X$에 대해서 **p의 연결성분**(component of p)이라 불리는 p를 포함하는 X의 연결성분이 유일하게 존재한다.

예제 5.1 X가 연결공간이면 X는 단지 하나의 성분, 즉 X 자신을 갖는다.

예제 5.2 $X = \{a, b, c, d, e\}$상의 다음 위상을 생각하자.

$$\mathscr{T} = \{X,\ \phi,\ \{a\},\ \{c, d\},\ \{a, c, d\},\ \{b, c, d, e\}\}$$

이 경우 X의 연결성분은 $\{a\}$와 $\{b, c, d, e\}$이다. $\{b, d, e\}$와 같은 X의 임의의 다른 연결 부분집합은 하나의 연결성분의 부분집합이다(예제 3.2 참조).

예제 5.1은 연결성이 적불변임을 증명하는 데 사용된다.

> **정리 13-10** 연결공간의 적은 연결공간이다.

> **계 13-11** m차원 유클리드 공간 $\mathbf{R}^m$은 연결공간이다.

13.6 국소연결공간

위상공간 X가 점 $p \in X$에 있어서 **국소연결**(locally connected)이란 p를 포함하는 모든 열린집합이 p를 포함하는 연결열린집합을 포함함을 뜻한다. 즉, p를 포함하는 연결열린집합족이 p의 국소기저를 이룰 때 $p \in X$에서 국소연결이다. X가 각 점에서 국소연결일 때, 또는 같은 뜻으로 X의 연결열린부분집합이 X의 기저를 이룰 때 간단히 X는 **국소연결**이라 한다.

예제 6.1 모든 이산공간 X는 국소연결이다. 왜냐하면 $p \in X$이라 하면 $\{p\}$는 p를 포함하는 연결열린집합이고 이것은 p를 포함하는 모든 열린집합에 포함되는 까닭이다. 만일에 X가 한 점 이상의 원소를 포함한다면 X는 연결이 아님에 유의하여라.

예제 6.2 A와 B를 예제 1.2의 평면 $\mathbf{R}^2$의 부분집합이라 하자. 따라서 $A \cup B$는 연결집합이다. 그러나 $A \cup B$는 $p = \langle 0,\ 1 \rangle$에서 국소연결이 아니다. 예컨대 중심을 p에 두고 반지름이 $\dfrac{1}{4}$인 열린 원판은 p의 임의의 연결근방을 포함하지 않는다.

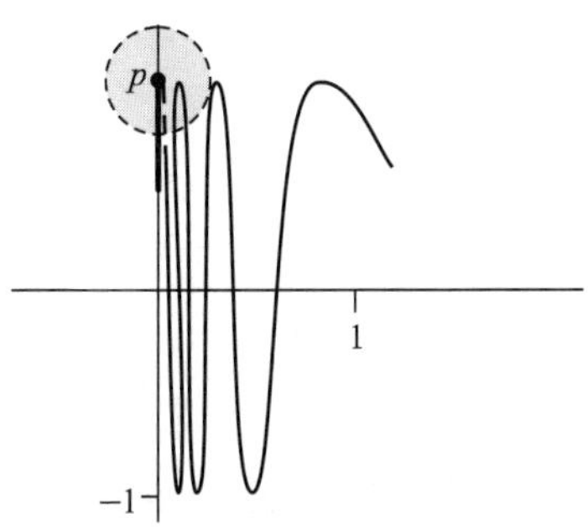

| 그림 13-4 |

13.7 경로

$I = [0,\ 1]$를 단위닫힌구간이라 하자. 위상공간 X에 있어서 점 a에서 점 b로 이르는 **경로**(path)란 $f(0) = a$이고 $f(1) = b$를 만족하는 연속함수 $f : I \longrightarrow X$를 뜻한다. 여기서 a를 경로 f의 **시초점**(initial point)이라 하고, b를 경로 f의 **종점**(terminal point)이라 한다.

예제 7.1 임의의 $p \in X$에 대해서 $e_p(s) = p\,(s \in I)$에 의하여 정의되는 상수함수

$e_p : I \longrightarrow X$는 연속이고 따라서 경로이다. 이것을 p에서 **상수경로**(constant path)라 한다.

예제 7.2 $f : I \longrightarrow X$를 a에서 b로의 경로라 하자. 이 경우 $\hat{f}(s) = f(1-s)$로 정의되는 함수 $\hat{f} : I \longrightarrow X$는 b에서 a로의 경로이다.

예제 7.3 $f : I \longrightarrow X$를 a에서 b로의 경로라 하고 $g : I \longrightarrow X$를 b에서 c로의 경로라 하면 $f * g$로 표시되는 두 경로 f와 g의 이음 $f * g : I \longrightarrow X$를

$$(f * g)(s) = \begin{cases} f(2s) & (0 \le s \le \frac{1}{2}\text{일 때}) \\ g(2s-1) & (\frac{1}{2} \le s \le 1\text{일 때}) \end{cases}$$

로 정의한다. $f * g$는 a에서 b로의 경로 f를 지나서, b에서 c로의 경로 g를 따라서 얻어지는 a에서부터 c로의 경로이다.

13.8 호로 연결된 집합

위상공간 X의 부분집합 E는 임의의 두 점 $a, b \in E$에 대해서 a에서 b로의 경로 $f : I \longrightarrow X$가 E에 포함될 때, 즉 $f[I] \subset E$로 될 때 **호로 연결된다**(arcwise connected)고 한다. **호로 연결된 성분**(arcwise connected components)이라 불리는 X의 극대인 호로 연결된 부분집합은 X의 분할을 이룬다. 연결성과 호의 연결성간의 관계는 다음과 같다.

정리 13-12 호로 연결된 집합은 연결집합이다.

다음 예제에서 알 수 있는 바와 같이 이 정리의 역은 성립하지 않는다.

예제 8.1 평면 $\mathbf{R}^2$의 다음 부분집합을 생각하자.

$$A = \left\{ \langle x, y \rangle : 0 \le x \le 1,\ y = \frac{x}{n},\ n \in \mathbf{N} \right\}$$

$$B = \left\{ \langle x, 0 \rangle : \frac{1}{2} \le x \le 1 \right\}$$

여기서 A는 원점 $\langle 0, 0 \rangle$과 점 $\langle 1, \frac{1}{n} \rangle$, $(n \in \mathbf{N})$를 잇는 선분상의 모임이고, B는 $\frac{1}{2}$과 1 사이의 x축상의 점으로 이루어진다. 그런데 A와 B는 모두 호로의 연결이므로 연결이다. 또한 A와 B는 각 $p \in B$가 A의 집적점인 까닭에 분리되지 않는다. 따라서 $A \cup B$는 연결이다. 그러나 $A \cup B$는 호로의 연결이 아니다. 실제로 A의 임의의 점에서 B의 임의의 점으로의 경로가 존재하지 않는 까닭이다.

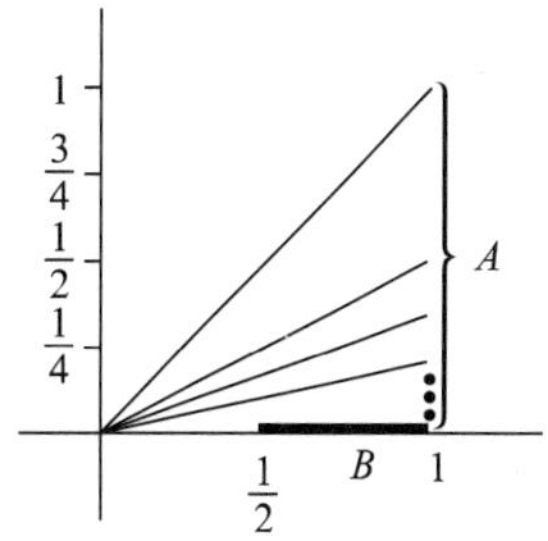

| 그림 13-5 |

예제 8.2 A와 B를 예제 1.2에서 정의된 평면 $\mathbf{R}^2$의 부분집합이라 하자. 그런데 A와 B는 구간의 연속상이므로 연결이다. 또한 A와 B는 분리집합이 아니다. 따라서 $A \cup B$는 연결이다. 그러나 $A \cup B$는 호로의 연결이 아니다. 실제로 A의 점에서 B의 점으로의 경로가 존재하지 않는다.

평면 $\mathbf{R}^2$의 위상은 복소변수함수론의 본질적인 부분의 하나이다. 이 경우 **영역**(region)은 평면의 연결열린부분집합으로 정의된다.

다음 정리는 복소함수론에서 중요한 역할을 한다.

> **정리 13-13** 평면 $\mathbf{R}^2$의 연결열린부분집합은 호로의 연결이다.

13.9 호모토픽(연속변형인 : homotopic)한 경로

$f : I \longrightarrow X$와 $g : I \longrightarrow X$를 같은 시초점 $p \in X$와 같은 종점 $q \in X$를 갖는 두 경로라 하자. 그림 13-6에 표시된 바와 같이

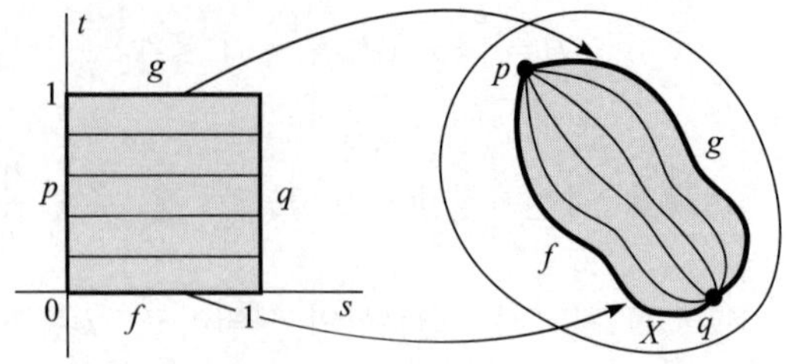

| 그림 13-6 |

$$H(s, 0) = f(s) \quad H(0, t) = p$$
$$H(s, 1) = g(s) \quad H(1, t) = q$$

를 만족하는 연속함수

$$H : I^2 \longrightarrow X$$

가 존재하면 f는 g에 **호모토픽**(연속변형적 : homotopic)이라 하고 $f \simeq g$로 표기한다. 이것은 f를 연속적으로 g로 변형할 수 있음을 뜻한다. 함수 H를 f에서 g로의 **호모토피**(연속변형성 : homotopy)이라 한다.

예제 9.1 X를 두 동심원 사이의 점의 집합이라 하자. 이것을 **원환**(annulus)이라 한다. 이 경우 아래의 좌측에 있는 그림의 경로 f와 g는 호모토픽이고 아래의 그림의 우측에 있는 그림의 경로 f'와 g'는 호모토픽이 아니다.

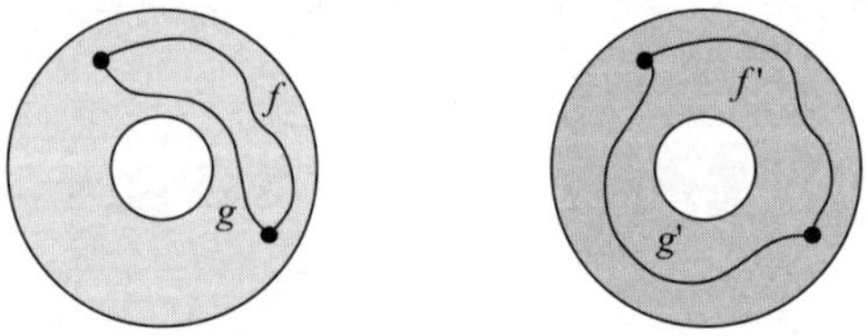

| 그림 13-7 |

예제 9.2 $f : I \longrightarrow X$를 임의의 경로라 하면 $f \simeq f$이다. 즉, 그 자신에 호모토픽이다. 왜냐하면,

$$H(s, t) = f(s) \quad (s, t \in I)$$

로 정의되는 함수 $H : I^2 \longrightarrow X$는 f에서 f로의 호모토픽인 까닭이다.

예제 9.3 $f \simeq g$라고 하고 예컨대 $H: I^2 \longrightarrow X$를 f에서 g로의 호모토픽이라 하면,

$$\hat{H}(s, t) = H(s, 1-t)$$

로 정의되는 함수 $\hat{H}: I^2 \longrightarrow X$는 g에서 f로의 호모토픽이므로 $g \simeq f$이다.

예제 9.4 $f \simeq g$이고 $g \simeq h$라고 하자. 즉 $F: I^2 \longrightarrow X$를 f에서 g로의 호모토픽이고 $G: I^2 \longrightarrow X$를 g에서 h로의 호모토픽이라 하자.

$$H(s, t) = \begin{cases} F(s, 2t) & (0 \le t \le \frac{1}{2}\text{일 때}) \\ G(s, 2t-1) & (\frac{1}{2} \le t \le 1\text{일 때}) \end{cases}$$

로 정의되는 함수 $H: I^2 \longrightarrow X$는 f에서 h로의 호모토픽이므로 $f \simeq h$이다. 호모토픽 H는 기하학적으로 설명하자면, F와 G의 정의역을 하나의 정사각형으로 압축한 것으로 해석할 수 있다.

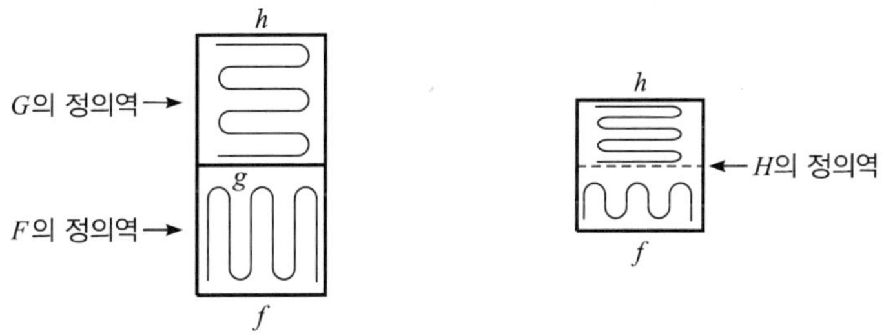

그림 13-8

상술한 세 가지 성질에서부터 다음 명제가 성립한다.

명제 13-14 호모토픽이라는 관계는 a에서 b로의 모든 경로들의 족 위에서의 동치관계이다.

13.10 단순연결공간

시초점과 종점이 같을 때, 예컨대 $f(0)=f(1)=p$를 갖는 경로 $f:I \longrightarrow X$를 $p \in X$에 있어서 **닫힌경로**(closed path)라 한다. 특히 $e_p(s)=p$에 의하여 정의된 상수경로 $e_p : I \longrightarrow X$는 p에 있어서 닫힌경로이다. 닫힌경로 $f:I \longrightarrow X$는 이것이 상수경로와 호모토픽할 때 **한 점으로 줄일 수 있다**(contractable to a point)고 한다.

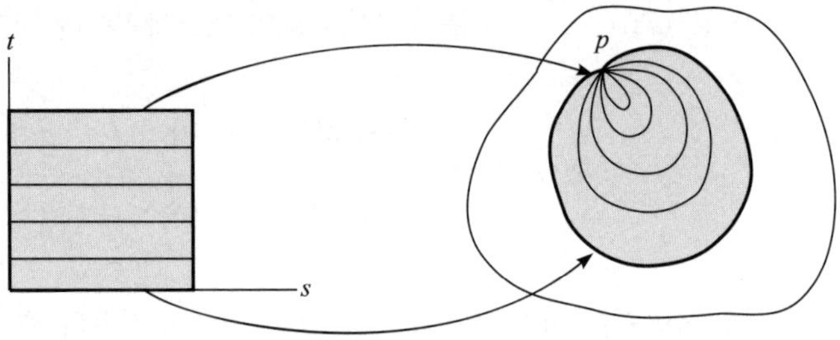

| 그림 13-9 |

위상공간 X의 모든 닫힌 경로를 한 점으로 줄일 수 있을 때 X는 **단순연결**(simply connected)이라 한다.

예제 10.1 평면 $\mathbb{R}^2$의 열린 원판은 단순연결이고, 한편으로 원환은 그림 13-10에서 표시된 바와 같이 한 점으로 줄일 수 있는 닫힌곡선이 아닌 까닭에 단순연결이 아니다.

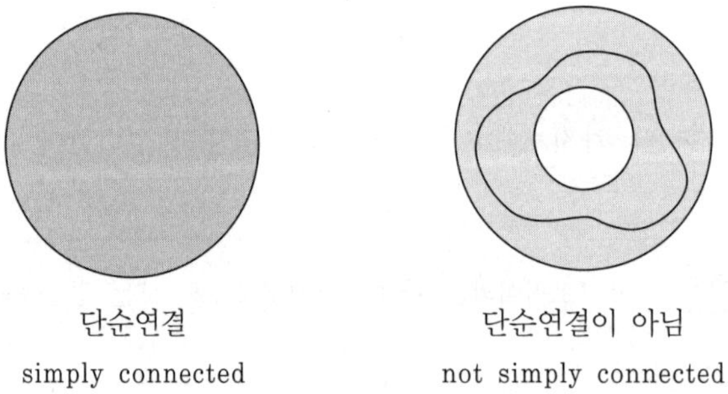

| 그림 13-10 |

연습문제

G·E·N·E·R·A·L·T·O·P·O·L·O·G·Y

• 분리된 집합

1. A와 B가 공이 아닌 분리된 집합이면 $A\cup B$는 연결이 아님을 밝혀라.

풀이 A와 B는 분리되어 있는 까닭에 $A\cap\overline{B}=\phi$이고 $\overline{A}\cap B=\phi$이다. $G=\overline{B}^c$이고 $H=\overline{A}^c$이라 하면 G와 H는 열린집합이고

$$(A\cup B)\cap G=A\text{와 } (A\cup B)\cap H=B$$

는 합집합이 $A\cup B$인 공이 아닌 서로소인 집합이다. 따라서 G와 H는 $A\cup B$의 절단을 이루므로 $A\cup B$는 연결이 아니다.

2. $G\cup H$를 A의 절단이라 하자. $A\cap G$와 $A\cap H$는 분리된 집합임을 밝혀라.

풀이 가정에 의하여 $A\cap G$와 $A\cap H$는 서로소인 까닭에 각 집합은 서로 상대의 집적점을 포함하지 않은 것만을 밝히면 된다. p를 $A\cap G$의 집적점이라 하고 $p\in A\cap H$라고 가정하자. 이 경우 H는 p를 포함한 열린집합이므로 H는 p와 상이한 $A\cap G$의 점을 포함한다. 즉 $(A\cap G)\cap H\neq\phi$이다. 그러나 가정에 의하여

$$(A\cap G)\cap(A\cap H)=\phi=(A\cap G)\cap H$$

이므로, 따라서 $p\notin A\cap H$.
같은 방법으로 p가 $A\cap H$의 집적점이면 $p\notin A\cap G$이다. 이상으로부터 $A\cap G$와 $A\cap H$는 분리된 집합이다.

3. (정리 13-1) 집합 A가 연결이기 위한 필요충분조건은 A가 공이 아닌 두 분리된 집합의 합집합이 아님을 증명하여라.

풀이 같은 뜻으로 A가 연결이 아니기 위한 필요충분조건은 A가 공이 아닌 두 분리된 집합의 합집합임을 밝힌다. A가 연결이 아니라 가정하고 $G\cup H$를 A의 절단이라 하자. 이 경우 A는 앞 문제에 의하여 분리된 공이 아닌 집합 $A\cap G$와 $A\cap H$의 합집합이다. 한편으로 A가 공이 아닌 두 분리된 집합의 합집합이면 A는 문제 1에 의하여 연결이 아니다.

• 연결집합

4. $G\cup H$를 A의 절단이라 하고 B를 A의 연결부분집합이라 하자. 이 경우 $B\cap H=\phi$이

든지 또는 $B\cap G=\phi$가 성립하고, 따라서 $B\subset G$ 또는 $B\subset H$임을 밝혀라.

풀이 그런데 $B\subset A$이므로

$$A\subset G\cup H \Longrightarrow B\subset G\cup H \text{이고} \quad G\cap H\subset A^c \Longrightarrow G\cap H\subset B^c$$

따라서 $B\cap G$와 $B\cap H$가 모두 공이 아닌 집합이면 $G\cup H$는 B의 절단을 이룬다. 그러나 B는 연결이므로 결론이 성립한다.

5. (명제 13-2) A와 B는 연결집합이라 하고 이들은 분리되지 않는다고 하면, $A\cup B$는 연결임이 밝혀라.

풀이 $A\cup B$는 연결이 아니라 가정하고 $G\cup H$를 $A\cup B$의 절단이라 하자. A는 $A\cup B$의 연결부분집합이기 때문에 앞 문제에 의하여 $A\subset G$이든지 또는 $A\subset H$로 된다.
같은 방법으로 $B\subset G$이든지 또는 $B\subset H$이다.
그런데 $A\subset G$이고 $B\subset H$(또는 $B\subset G$이고 $A\subset H$)이라 하면 문제 2에 의하여 두 집합,

$$(A\cup B)\cap G=A \text{와 } (A\cup B)\cap H=B$$

는 분리된 집합이다. 그러나 이것은 가정에 모순된다. 따라서 $A\cup B\subset G$이든지 또는 $A\cup B\subset H$이므로 $G\cup H$는 $A\cup B$의 절단이 아니다. 다시 말해서 $A\cup B$는 연결이다.

6. $\mathscr{A}=\{A_i\}$를 $\mathscr{A}$의 두 원소가 분리되지 않는 X의 연결부분집합족이라 하면 $B=\cup_i A_i$는 연결임을 증명하여라.

풀이 B가 연결이 아니고 $G\cup H$를 B의 절단이라 하자. 그런데 각 $A_i\in\mathscr{A}$는 연결이므로(문제 4) G 또는 H에 포함되고 서로소이다. 또한 임의의 두 원소 A_{i_1}, $A_{i_2}\in\mathscr{A}$는 분리되지 않으므로 명제 13-2에 의하여 $A_{i_1}\cup A_{i_2}$도 연결이다. 이 경우 $A_{i_1}\cup A_{i_2}$는 G 또는 H에 포함되고 서로소이다. 따라서 $\mathscr{A}$의 모든 원소가 G 또는 H의 한쪽에 포함되어야 하고 서로소이다. 즉 $B=\cup_i A_i$는 G 또는 H의 어느 하나에 포함되어야 하고 서로소이다. 그러나 이것은 $G\cup H$가 B의 절단이라는 사실에 모순되므로 B는 연결이다.

7. $\mathscr{A}=\{A_i\}$를 공이 아닌 공통집합을 갖는 X의 연결부분집합족이라 하면 $B=\cup_i A_i$는 연결임을 증명하여라.

풀이 $\cap_i A_i\neq\phi$인 까닭에 $\mathscr{A}$의 임의의 두 원소는 서로소가 아니다. 따라서 분리되지 않는다. 따라서 앞 문제에 의하여 $B=\cup_i A_i$는 연결이다.

8. A가 X의 연결부분집합이고 $A\subset B\subset \overline{A}$라고 하자. B는 연결이고 따라서 특히, $\overline{A}$는 연결임을 밝혀라.

풀이 B가 연결이 아니고 $G\cup H$를 B의 절단이라 가정하자. 그런데 A는 B의 연결부분집합이므로 문제 4에 의하여 $A\cap H=\phi$이든지 또는 $A\cap G=\phi$이다. 예컨대 $A\cap H=\phi$이라 하자. 그러면, H^c은 A의 포함닫힌집합이고 따라서 $A\subset B\subset \overline{A}\subset H^c$이다. 따라서 $B\cap H=\phi$이다. 그러나 이것은 $G\cup H$가 B의 절단이라는 사실에 모순되고 따라서 B는 연결이다.

• 연결공간

9. X를 위상공간이라 하자. 다음 조건은 동치임을 밝혀라.

(i) X는 연결이 아니다.

(ii) X의 공이 아닌 진부분집합으로 열린집합이고 동시에 닫힌집합이 존재한다.

풀이 (i) ⇒ (ii) : G와 H를 공이 아닌 열린집합이라 할 때 $X=G\cup H$라고 하자. 이 경우 G는 X의 공이 아닌 진부분집합이다. $G=H^c$인 까닭에 G는 열린집합인 동시에 닫힌집합이다.
(ii) ⇒ (i) : A를 열린집합인 동시에 닫힌집합인 X의 공이 아닌 진부분집합이라 가정하자. 이 경우 A^c도 공이 아닌 열린집합이며, $X=A\cup A^c$이다. 따라서 X는 연결이 아니다.

10. (정리 13-3) A를 위상공간 $(X, \mathscr{T})$의 부분집합이라 하고 $\mathscr{T}_A$를 상대위상이라 하면, A가 $\mathscr{T}$-연결이기 위한 필요충분조건은 A가 $\mathscr{T}_A$-연결임을 증명하여라.

풀이 A를 $\mathscr{T}$-연결이 아니라 하자. A의 $\mathscr{T}$-절단 $G\cup H$가 존재한다. 그런데 $G, H\in\mathscr{T}$이므로 $A\cap G,\ A\cap H\in\mathscr{T}_A$이다. 따라서 $A\cap G$와 $A\cap H$는 A의 $\mathscr{T}_A$-절단을 이룬다. 따라서 A는 $\mathscr{T}_A$-연결이 아니다.
역으로 A는 $\mathscr{T}_A$-연결이 아니라 하자. 예컨대 G^*와 H^*는 A의 $\mathscr{T}_A$-절단을 이루고 이 경우 G^*, $H^*\in\mathscr{T}_A$이므로

$$G,\ H\in\mathscr{T}\text{가 존재해서 } G^*=A\cap G\text{이고 } H^*=A\cap H$$

그러나
$A\cap G^*=A\cap A\cap G=A\cap G$이고, $A\cap H^*=A\cap A\cap H=A\cap H$
이므로 $G\cup H$는 A의 절단이고, A는 $\mathscr{T}$-연결이 아니다.

11. $p, q\in X$라고 하자. X의 부분집합 $A_1, \cdots, A_m$이 p를 q로 잇는 **단순(유한)연쇄**(simple (finite) chain)란, A_1이 p만을 포함하고, A_m이 q만을 포함하며,

$$|i-j|>1 \iff A_i\cap A_j=\phi$$

인 조건을 만족함을 뜻한다.
X가 연결이고 $\mathscr{A}$가 X의 열린피복일 때 X의 어떠한 두 점도 $\mathscr{A}$의 원소로 이루어진 단

순연쇄에 의하여 이어질 수 있음을 증명하여라.

풀이 p는 X의 임의의 점이고, H는 $\mathscr{A}$의 원소로 이루어진 어떤 단순연쇄로 p와 이을 수 있는 X의 점으로 이루어진다 하자. 따라서 $p\in H$인 까닭에 $H\neq\phi$이다. 앞으로 H는 열린집합인 동시에 닫힌집합임을 밝힌다. 이것이 성립하면 X가 연결인 까닭에 $H=X$로 된다. $h\in H$라고 하자. 이 경우 h에서 p로의 단순연쇄를 이루는 $G_1, \cdots, G_m\in\mathscr{A}$가 존재한다. 이 경우 만일에 $x\in G_1\setminus G_2$이면 $G_1, \cdots, G_m$은 x에서 p로의 단순연쇄를 이루고, $y\in G_1\cap G_2$이면 $G_2, \cdots, G_m$은 그림 13-11에서 표시된 바와 같이 y에서 p로의 단순연쇄를 이룬다.

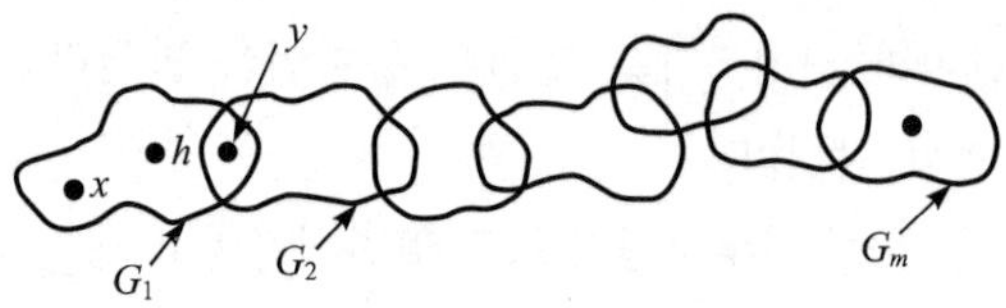

그림 13-11

따라서 G_1은 H의 부분집합이다. 즉 $h\in G_1\subset H$이다. 따라서 H는 H의 각 점의 근방으로 되고 따라서 H는 열린집합이다.

다음에 $g\in H^c$라고 하자. $\mathscr{A}$는 X의 열린피복인 까닭에 $g\in G$로 되는 열린집합 $G\in\mathscr{A}$가 존재한다. 이 경우 $G\cap H\neq\phi$이면 $h\in G\cap H\subset H$로 되는 h를 택하여 h에서 p로의 단순연쇄를 이루는 $G_1, \cdots, G_m\in\mathscr{A}$가 존재한다. 그러나 이 경우 G가 G_k와 공통집합을 갖게 되는 최대의 k를 택할 때 $G, G_k, \cdots, G_m$이든지, 또는 $G_1, \cdots, G_m$은 g에서 p로의 단순연쇄를 이룬다. 따라서 $g\in H$이고 이것은 가정에 모순된다. $G\cap H=\phi$이므로 $g\in G\subset H^c$이다. 이상에서부터 H^c은 열린집합이므로 $H^{cc}=H$는 닫힌집합이다.

12. (정리 13-7) E를 적어도 두 점을 포함하는 실직선 $\mathbf{R}$의 부분집합이라 하면 E가 연결이기 위한 필요충분조건은 E가 구간임을 증명하여라.

풀이 E를 구간이 아니라 가정하면,

$$a, b\in E,\ p\notin E\text{가 존재해서 } a<p<b.$$

그러므로 $G=(-\infty, p)$이고 $H=(p, \infty)$라 놓자. 이 경우 $a\in G$이고 $b\in H$이므로 $E\cap G$와 $E\cap H$는 이들 합이 E이고 공이 아닌 서로소인 집합이다. 따라서 E는 연결이 아니다.
역으로 E는 구간이고 더구나 E는 연결이 아니라 하자. 예컨대 G와 H가 E의 절단을 이룬다고 가정하자. $A=E\cap G$이고 $B=E\cap H$라고 놓으면 $E=A\cup B$이다. 이제 A와 B는 공이 아닌 집합, 예컨대 $a\in A, b\in B, a<b$이라 하고 $p=\sup\{A\cap[a, b]\}$이라 놓으면 $[a, b]$는 닫힌집합인 까닭에 $p\in[a, b]$이고 따라서 $p\in E$이다.
첫째로 $p\in A=E\cap G$라고 가정하면 $p<b$이고 $p\in G$이다. G는 열린집합인 까닭에

$$\delta>0\text{가 존재해서 } p+\delta\in G\text{이고 } p+\delta<b$$

따라서 $p+\delta \in E$이므로 $p+\delta \in A$. 그런데 이것은 p의 정의, 즉 $p=\sup\{A\cap [a, b]\}$에 모순된다. 따라서 $p \notin A$이다.

다음으로 $p \in B = E\cap H$라고 가정하면 특히, $p\in H$이고 H가 열린집합인 까닭에

$$\delta^* > 0\text{가 존재해서 } [p-\delta^*, p] \subset H\text{이고 } a < p-\delta^*$$

따라서 $[p-\delta^*, p] \subset E$이므로 $[p-\delta^*, p] \subset B$이다. 따라서 $[p-\delta^*, p]\cap A = \phi$. 그러나 이 경우 $p-\delta^*$는 $A\cap [a, b]$의 상계이고 이것은 $p=\sup\{A\cap [a, b]\}$라고 한 것에 위배한다. 따라서 $p \notin B$이다. 그러나 이것은 $p\in E$인 사실에 모순이므로 E는 연결이다.

13. $I=[0, 1]$이고 $f: I \longrightarrow I$는 연속이라 하자. 이 경우 $f(p)=p$를 만족하는 점 $p\in I$가 존재함을 증명하여라(예제 4.1 참조)

풀이 $f(0)=0$ 또는 $f(1)=1$이면 정리는 성립한다. 따라서 $f(0)>0$이고 $f(1)<1$라고 가정할 수 있다. f는 연속인 까닭에 $F(x)=\langle x, f(x)\rangle$로 정의되는 $F: I \longrightarrow \mathbf{R}^2$인 함수는 또한 연속이다.

$$G=\{\langle x, y\rangle : x<y\},$$
$$H=\{\langle x, y\rangle : y<x\}$$

라 놓으면 $\langle 0, f(0)\rangle \in G$, $\langle 1, f(1)\rangle \in H$이다. 따라서 만일에 $F[I]$가 대각집합의 점,

$$\Delta = \{\langle x, y\rangle : x=y\} = \mathbf{R}^2 \setminus (\mathrm{G}\cup\mathrm{H})$$

를 포함하지 않으면 $G\cup H$는 $F[I]$의 절단이다. 그러나 이것은 연결집합의 연속상인 $F[I]$가 연결이라는 사실에 모순된다. 따라서 $F[I]$는 점 $\langle p, p\rangle \in\Delta$를 포함하므로 $f(p)=p$이다.

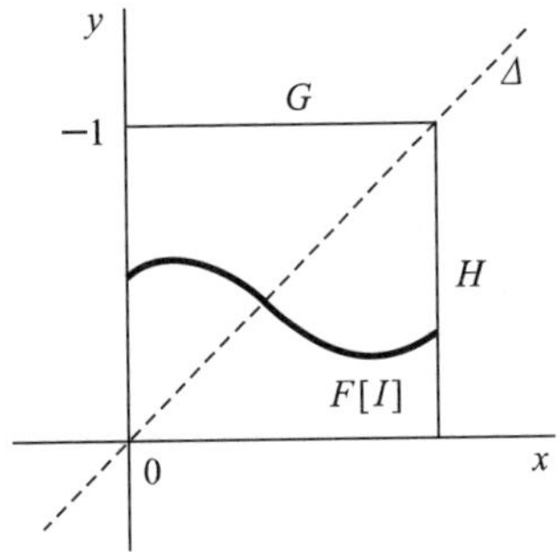

| 그림 13-12 |

• 연결성분

14. 모든 연결성분 E는 닫힌집합임을 밝혀라.

풀이 그런데 E는 연결이므로 문제 6에 의하여 $\overline{E}$는 연결이고 $E\subset \overline{E}$이다. 그러나 연결성분 E는

극대 연결집합이므로 $E=\overline{E}$이고 따라서 E는 닫힌집합이다.

15. $p\in X$라고 하고 $\mathscr{A}_p=\{A_i\}$는 p를 포함하는 X의 연결부분집합족이라 하자. 또한 $C_p=\cup_i A_i$라고 할 때 다음을 증명하여라.

(i) C_p는 연결이다.

(ii) B가 p를 포함하는 X의 연결부분집합이면 $B\subset C_p$이다.

(iii) C_p는 X의 최대 연결부분집합, 즉 연결성분이다.

풀이 (i) 각 $A_i\in\mathscr{A}_p$는 p를 포함하는 까닭에 $p\in\cap_i A_i$이므로 문제 7에 의하여 $C_p=\cup_i A_i$는 연결이다.

(ii) B가 p를 포함하는 X의 연결부분집합이면 $B\in\mathscr{A}_p$이므로 $B\subset C_p=\cup\{A_i : A_i\in\mathscr{A}_p\}$.

(iii) D가 연결일 때 $C_p\subset D$라고 하면 $p\in D$이고, 따라서 (ii)에 의하여 $D\subset C_p$, 즉 $C_p=D$ 따라서 C_p는 연결성분이다.

16. (정리 13-9) X의 연결성분은 X의 분할을 이룬다. X의 모든 연결부분집합은 어떤 연결성분에 포함됨을 증명하여라.

풀이 C_p를 앞 문제에서와 같이 정의할 때 집합족 $\mathscr{C}=\{C_p : p\in X\}$를 생각하자. $\mathscr{C}$는 X의 모든 연결성분으로 이루어짐을 밝힌다. 앞 문제에 의하여 각 $C_p\in\mathscr{C}$는 연결성분이다. 한편으로 D가 연결성분이면 D는 어떤 점 $p_0\in X$를 포함하므로 $D\subset C_{p_0}$이다. 그러나 D 자신은 연결성분인 까닭에 $D=C_{p_0}$이다.

이제 $\mathscr{C}$는 X의 분할임을 밝힌다. 분명히 $X=\cup\{C_p : p\in X\}$인 까닭에 상이한 연결성분이 서로소임을 밝히면 된다. 즉, 같은 뜻으로 $C_p\cap C_q\neq\phi$이면 $C_p=C_q$임을 밝히면 된다. $a\in C_p\cap C_q$라고 하면 C_p와 C_q는 a를 포함하는 연결집합인 까닭에 $C_p\subset C_a$이고 $C_q\subset C_a$이다. 그러나 C_p와 C_q는 연결성분인 까닭에 $C_p=C_a=C_q$이다.

마지막으로 E가 X의 공이 아닌 연결부분집합이라 하면 E는 점 $p_0\in X$를 포함한다. 따라서 앞 문제에 의하여 $E\subset C_{p0}$이다. 한편으로 $E=\phi$이면 E는 모든 연결성분에 포함된다.

17. X와 Y가 연결공간이면 $X\times Y$도 연결이고 따라서 연결공간의 유한개의 적은 연결임을 밝혀라.

풀이 $p=\langle x_1, y_1\rangle$과 $q=\langle x_2, y_2\rangle$를 $X\times Y$의 임의의 두 점이라 하자. 그런데 $\{x_1\}\times Y$는 Y와 위상동형이므로 연결집합이다. 같은 방법으로 $X\times\{y_2\}$도 연결집합이다. 그러나 $(\{x_1\}\times Y)\cap(X\times\{y_2\})=\{\langle x_1, y_2\rangle\}$이므로 $(\{x_i\}\times Y)\cup(X\times\{y_2\})$는 연결집합이다. 따라서 p와 q는 같은 연결성분에 속한다. 그러나 p와 q는 임의였으므로 $X\times Y$는 하나의 연결성분을 가지며 따라서 연결집합이다.

18. (정리 13-10) 연결공간의 적은 연결이다. 즉, 연결성은 적불변임을 증명하여라.

풀이 $\{X_i : i \in I\}$를 연결공간족이라 하고 $X = \Pi_i X_i$를 적공간이라 하자. 또한 $p = \langle a_i : i \in I \rangle \in X$이고 $E \subset X$를 p의 연결성분이라 하자. 이 경우 임의의 점 $x = \langle x_i : i \in I \rangle \in X$는 E의 폐포에 속하고 따라서 E가 닫힌집합인 까닭에 E에 속함을 밝히자.
이제

$$G = \Pi\{X_i : i \neq i_i, \cdots, i_m\} \times G_{i_1} \times \cdots \times G_{i_m}$$

을 $x \in X$를 포함하는 임의의 기저열린집합이라 하자. 그런데

$$H = \Pi\{\{a_i\} : i \neq i_i, \cdots, i_m\} \times X_{i_1} \times \cdots \times X_{i_m}$$

은 $X_{i_1} \times \cdots \times X_{i_m}$과 위상동형이므로 연결이다. 더구나 $p \in H$이므로 H는 p의 연결성분인 E의 부분집합이다. 그러나 $G \cap H$는 공이 아닌 집합이므로 G는 E의 점을 포함한다. 따라서 $x \in \overline{E} = E$이고 따라서 X는 하나의 연결성분이고 따라서 X는 연결이다.

• 호로 연결된 집합

19. $f : I \longrightarrow X$를 X의 임의의 경로라 하자. 이 경우 $f[I]$, 즉 f의 치역은 연결임을 밝혀라.

풀이 $I = [0, 1]$은 연결이고 f는 연속이다. 따라서 정리 13-5에 의해 $f[I]$는 연결이다.

20. 호로 연결된 집합의 연속상은 호로 연결됨을 증명하여라.

풀이 $E \subset X$를 호로의 연결이라 하고 $f : X \longrightarrow Y$를 연속이라 하자. $f[E]$는 호로의 연결임을 밝힌다. $p, q \in f[E]$라 하면 $f(p^*) = p$이고 $f(q^*) = q$를 만족하는 $p^*, q^* \in E$가 존재한다. 그러나 E는 호로의 연결이므로

$$\text{경로 } g : I \longrightarrow X\text{가 존재해서 } g(0) = p^*,\ g(1) = q^*\text{이고 } g[I] \subset E$$

그런데 연속함수의 합성은 연속이므로 $f \circ g : I \longrightarrow Y$는 연속이다. 더구나,

$$f \circ g(0) = f(p^*) = p,\ f \circ g(1) = f(q^*) = q,\ f \circ g[I] = f[g[I]] \subset f[E]$$

따라서 $f[E]$는 호로의 연결이다.

21. (정리 13-12) 모든 호로 연결된 집합 A는 연결임을 증명하여라.

풀이 A가 공집합이면 A는 연결이다. A는 공이 아니라 가정하자. 즉 $p \in A$이라 하자. 그런데 A는 호로 연결된 집합이므로 각 $a \in A$에 대해서 p에서 a로의 경로 $f_a : I \longrightarrow A$가 존재한다. 또한

$$a \in f_a[I] \subset A\text{이므로 } A = \cup \{f_a[I] : a \in A\}$$

그러나 모든 $a \in A$에 대해서 $p \in f_a[I]$이므로 $\cap \{f_a[I] : a \in A\}$는 공이 아니다.
더구나 각 $f_a[I]$는 연결이므로 문제 7에 의하여 A는 연결이다.

22. $\mathscr{A}$를 공이 아닌 공통집합을 갖는 X의 호로 연결된 집합족이라 하면 $B = \cup \{A : A \in \mathscr{A}\}$는 호로 연결된 집합임을 증명하여라.

풀이 $a, b \in B$라고 하면,

$$A_a,\ A_b \in \mathscr{A}\text{가 존재해서 } a \in A_a,\ b \in A_b\text{를 만족한다.}$$

그런데 $\mathscr{A}$는 공이 아닌 공통집합을 갖는다. 따라서 $p \in \cap \{A : A \in \mathscr{A}\}$이라 하면 $p \in A_a$이고 A_a는 호로의 연결된 집합인 까닭에 a에서 p로의 경로 $f : I \longrightarrow A_a \subset B$가 존재한다. 같은 방법으로 p에서 b로의 경로 $g : I \longrightarrow A_b \subset B$가 존재한다. 두 경로의 이음(예제 7.3 참조)은 B에 포함되는 a에서 b로의 경로이다. 따라서 B는 호로 연결된 집합이다.

23. 평면 $\mathbf{R}^2$의 열린 원판 D는 호로 연결된 집합임을 밝혀라.

풀이 $p = \langle a_1, b_1 \rangle$, $q = \langle a_2, b_2 \rangle \in D$라고 하자.

$$f(t) = \langle a_1 + t(a_2 - a_1),\ b_1 + t(b_2 - b_1) \rangle$$

에 의하여 정의되는 함수 $f : I \longrightarrow \mathbf{R}^2$는 D에 포함되는 p에서 q로의 경로이다(기하학적으로, $f[I]$는 p와 q를 연결하는 선분이다).
따라서 D는 호로 연결된 집합이다.

24. (정리 13-13) E를 평면 $\mathbf{R}^2$의 공이 아닌 연결열린부분집합이라 하면, E는 호로 연결된 집합임을 증명하여라.

풀이 **방법 1** : $p \in E$이고 G는 E의 경로에 의하여 p로 이어질 수 있는 E의 점으로 이루어진다 하자. 첫째로 G는 열린집합임을 밝힌다. 그리고 $q \in G \subset E$라고 하자. E는 열린집합이므로 중심을 q에 두고 $q \in D \subset E$를 만족하는 열린 원판 D가 존재한다. 그러나 D는 호로 연결된 집합이므로, 각 점 $x \in D$도 q와 이어지고 q는 p와 이어져 있다. 따라서 각 점 $x \in D$는 p와 이어지고, 따라서 $q \in D \subset G$이다. 그러므로 G는 열린집합이다.
다음에, $H = E \setminus G$라 놓자. 즉, H는 E의 경로에 의하여 E로 이을 수 없는 E의 점으로 이루어진다. H는 열린집합임을 밝히자. $q^* \in H \subset E$라 하자. E는 열린집합인 까닭에 $q^* \in D^* \subset E$를 만족하고 중심 q^*를 갖는 열린 원판 D^*가 존재한다. D^*는 호로 연결된 집합인 까닭에 어느 $x \in D^*$도 E의 경로로 p와 이어질 수 없다. 따라서 $q^* \in D^* \subset H$이고 따라서 H는 열린집합이다.

그러나 E는 연결이고 따라서 E는 공이 아닌 두 개의 서로소인 열린집합의 합집합이 될 수 없다. 따라서 $H=\phi$이고, $E=G$는 호로 연결된 집합이다.

방법 2 : E는 열린집합인 까닭에 E는 열린 원판의 합집합이다. 또한 E는 연결이므로 문제 11에 의하여 임의의 $p \in E$와 임의의 $q \in E$를 잇는 단순연쇄를 이루는 열린 원판 $S_1, \cdots, S_m \subset E$가 존재한다. a_i를 S_i의 중심이라 하고 $b_i \in S_i \cap S_{i+1}$이라 하면 p와 $a_1, b_1, a_2 \cdots\cdots$ 등을 잇는 다각선은 이들 m개의 원판의 합집합에 포함되고 따라서 E에 포함된다. 따라서 E는 호로 연결된 집합이다.

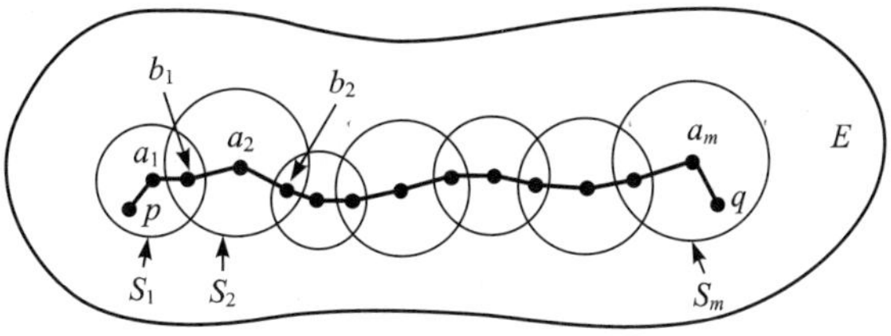

그림 13-13

• 완전연결이 아닌 공간

25. 위상공간 X는 임의의 두 점 $p, q \in X$에 대해서 $p \in G$이고 $q \in H$인 X의 절단 $G \cup H$가 존재할 때 **완전연결되지 않다**(totally disconnected)라 한다. 열린-닫힌구간 $(a, b]$에 의하여 생성되는 위상 $\mathscr{T}$를 갖는 실수직선 $\mathbf{R}$는 완전연결이 아님을 밝혀라.

풀이 $p, q \in \mathbf{R}$, $p < q$라고 하면 $G=(-\infty, p]$와 $H=(p, \infty)$는 그 합이 $\mathbf{R}$인 서로소인 열린집합이다. 즉 $G \cup H$는 $\mathbf{R}$의 절단이다. 더구나 $p \in G$이고 $q \in H$이므로 $(\mathbf{R}, \mathscr{T})$는 완전연결이 아니다.

26. 보통의 상대위상을 갖는 유리수의 집합 $\mathbf{Q}$는 완전연결이 아님을 밝혀라.

풀이 $p, q \in \mathbf{Q}$, $p < q$라고 하자. 그런데 $p < a < q$를 만족하는 무리수 a가 존재한다. $G=\{x \in Q : x < a\}$이고 $H=\{x \in Q : x > a\}$라고 하면 $G \cup H$는 $\mathbf{Q}$의 절단이고 $p \in G$이고 $q \in H$이다. 따라서 $\mathbf{Q}$는 완전연결이 아니다.

27. 완전연결이 아닌 공간 X의 연결성분은 X의 한 원소 부분집합임을 증명하여라.

풀이 E를 X의 연결성분이라 하고 $p \neq q$인 $p, q \in E$라고 가정하자. X는 완전연결이 아닌 까닭에 $p \in G$와 $q \in H$로 되는 X의 절단 $G \cup H$가 존재한다. 따라서 $E \cap G$와 $E \cap H$는 공이 아닌 집합이고, 따라서 $G \cup H$는 E의 절단이다. 그러나 이것은 E가 연결성분인 사실에 모순된다. 따라서 연결이다. 그러므로 E는 오직 하나의 점만으로 이루어진다.

• 국소연결구간

28. E를 국소연결구간 X의 연결성분이라 하면 E는 열린집합임을 증명하여라.

풀이 $p\in E$라고 하자. X의 국소연결인 까닭에 p는 적어도 하나의 연결열린집합 G_p에 속한다. 그러나 E는 p의 연결성분이므로

$$p\in G_p \subset E\text{이므로 } E=\cup\{G_p : p\in E\}$$

따라서 E는 열린집합의 합집합인 까닭에 열린집합이다.

29. X와 Y를 국소연결이라 하면 $X\times Y$도 국소연결임을 증명하여라.

풀이 그런데 X가 국소연결이라는 것은 X가 연결집합으로 이루어지는 기호 $\mathscr{B}$를 갖는 것과 같다. 같은 방법으로 Y도 연결집합으로 이루어지는 기저 $\mathscr{B}^*$를 갖는다. 그러나 $X\times Y$는 유한적이므로

$$\{G\times H : G\in\mathscr{B},\ H\in\mathscr{B}^*\}$$

는 적공간 $X\times Y$의 기저이다. 그런데 각 $G\times H$는 G와 H가 연결인 까닭에 연결이다. 다시 말해서 $X\times Y$는 연결집합으로 이루어진 기저를 갖는다. 따라서 $X\times Y$는 국소연결이다.

30. $\{X_i\}$를 국소연결공간의 연결족이라 하면 적공간 $X=\Pi_i X_i$는 국소연결임을 증명하여라.

풀이 G를 $p=\langle a_1 : i\in I\rangle\in X$를 포함하는 X의 열린부분집합이라 하면 $p\in B\subset G$를 만족하는 정의기저,

$$B=G_{i_1}\times\cdots\times G_{i_m}\times\Pi\{X_i : i\neq i_i, \cdots, i_m\}$$

의 원소가 존재한다. 이 경우, $a_{i_k}\in G_{i_k}$이다. 그런데 각 좌표공간은 국소연결이므로,

$$a_{i_1}\in H_{i_1}\subset G_{i_1}, \cdots, a_{i_m}\in H_{i_m}\subset G_{i_m}$$

을 만족하는 연결열린부분집합 $H_{i_k}\subset X_{i_k}$가 존재한다. 그래서

$$H=H_{i_1}\times\cdots\times H_{i_m}\times\Pi\{X_i : i\neq i_i, \cdots, i_m\}$$

이라 하자. 어느 X_i도 연결이고, 어느 H_{i_k}도 연결인 까닭에 H는 또한 연결이다. 더구나 H는 열린집합이고 $p\in H\subset B\subset G$이므로 X는 국소연결이다.

보충문제

GENERAL TOPOLOGY

• 연결공간

31. $(X, \mathscr{T})$가 연결이고 $\mathscr{T}^* \lesssim \mathscr{T}$이면 $(X, \mathscr{T}^*)$는 연결임을 밝혀라.

32. $(X, \mathscr{T})$가 연결이 아니고 $\mathscr{T} \lesssim \mathscr{T}^*$이면 $(X, \mathscr{T}^*)$는 연결이 아님을 밝혀라.

33. 모든 밀착공간은 연결임을 밝혀라.

34. 연결성은 유전적 성질이 아님을 반례로 밝혀라.

35. $A_1, A_2, \cdots$이 A_1과 A_2는 분리되지 않고, A_2와 A_3가 분리되지 않는 따위의 연결 집합열이라 하면 $A_1 \cup A_2 \cup \cdots$는 연결임을 증명하여라.

36. E를 하나의 원소 이상을 포함하는 T_1-공간의 연결부분집합이라 하면 E는 무한집합임을 증명하여라.

37. 위상공간 X가 연결이기 위한 필요충분조건은 X의 공이 아닌 모든 부분집합은 공이 아닌 경계를 가짐을 증명하여라.

• 연결성분

38. 이산공간의 연결성분이란 무엇인가.

39. 여유한 공간의 연결성분이란 무엇인가.

40. 상이한 두 연결성분은 분리됨을 밝혀라.

41. X가 유한개의 연결성분을 가지면 각 연결성분은 열린집합인 동시에 닫힌집합임을 증명하여라.

42. E가 열린집합인 동시에 닫힌집합인 X의 공이 아닌 연결부분집합이면 E는 연결성분임을 증명하여라.

43. E가 Y의 연결성분이고 $f: X \longrightarrow Y$가 연속이라 하면 $f^{-1}[E]$는 X의 연결성분의 합집합으로 표현됨을 증명하여라.

44. X를 콤팩트 공간이라 하자. X의 연결성분이 열린집합이면 X에는 유한개의 연결성분만이 존재함을 증명하여라.

• 호로 연결된 집합

45. 밀착공간은 호로 연결된 공간임을 밝혀라.

46. X의 호로 연결된 성분은 X의 분할을 이룸을 증명하여라.

47. X의 모든 연결성분은 호로 연결된 성분에 의하여 분할됨을 증명하여라.

• 기타문제

48. 밀착공간은 단순연결임을 밝혀라.

49. 완전연결이 아닌 공간은 하우스도르프임을 밝혀라.

50. G를 국소연결공간 X의 열린부분집합이라 하면 G는 국소연결임을 증명하여라.

51. $A=\{a, b\}$를 이산공간이라 하고 $I=[0, 1]$이라 하자. 적공간 $X=\Pi\{A_i : A_i = A, i \in I\}$는 국소연결이 아님을 밝혀라. 따라서 국소연결성은 적불변이 아님을 알 수 있다.

52. "단순연결"은 위상적 성질임을 밝혀라.

53. X를 국소연결이라 하자. 이 경우 X가 연결이기 위한 필요충분조건은 X의 임의의 두 점을 잇는 연결집합의 단순쇄가 존재하는 것임을 증명하여라.

14

G·E·N·E·R·A·L·T·O·P·O·L·O·G·Y

완비거리공간

14.1 코시(Cauchy)열

X를 거리공간이라 하자. X의 점렬 $\langle a_1, a_2, \cdots \rangle$이 모든 $\epsilon > 0$에 대해서

$$n_0 \in \mathbf{N}\text{이 존재해서 } n, m > n_0 \Longrightarrow d(a_n, a_m) < \epsilon$$

일 때 이 점렬을 **코시열**(Cauchy sequence)이라 한다. 따라서 X가 노름공간인 경우에는, 모든 $\epsilon > 0$에 대해서

$$n_0 \in \mathbf{N}\text{이 존재해서 } n, m > n_0 \Longrightarrow \|a_n - a_m\| < \epsilon$$

일 때 한하여 점렬 $\langle a_n \rangle$은 코시열이다.

예제 1.1 $\langle a_n \rangle$을 수렴열, 예컨대 $a_n \longrightarrow p$라 하면 $\langle a_n \rangle$은 모든 $\epsilon > 0$에 대해서

$$n_0 \in \mathbf{N}\text{이 존재해서 } n > n_0 \longrightarrow d(a_n, p) < \frac{1}{2}\epsilon$$

인 까닭에 반드시 코시열이다. 이 경우 3각부등식에 의하여

$$n, m > n_0 \Longrightarrow d(a_n, a_m) \le d(a_n, p) + d(a_m, p) < \frac{1}{2}\epsilon + \frac{1}{2}\epsilon = \epsilon$$

다시 말해서 $\langle a_n \rangle$은 코시열이다.

예제 1.1의 결과를 다음 명제로 설명하기로 한다.

> **명제 14-1** 거리공간에 있어서 모든 수렴열은 코시열이다.

다음 명제에서 알 수 있는 바와 같이 명제 14-1의 역은 성립하지 않는다.

예제 1.2 $X = (0, 1)$이 보통거리를 갖는다 하면 $\langle \frac{1}{2}, \frac{1}{3}, \frac{1}{4}, \cdots \rangle$은 X의 점렬로서 코시이나 X에서는 수렴하지 않는다.

예제 1.3 d를 임의의 집합 X상의 이산거리라고 하고 $\langle a_n \rangle$을 (X, d)에 있어서

코시열이라 하자. d는

$$d(a, b) = \begin{cases} 0 & (a = b\text{일 때}) \\ 1 & (a \neq b\text{일 때}) \end{cases}$$

로 정의됨을 상기하자. $\epsilon = \frac{1}{2}$이라 하면 $\langle a_n \rangle$은 코시인 까닭에, $n_0 \in \mathbf{N}$가 존재해서

$$n, m > n_0 \Longrightarrow d(a_n, a_m) < \frac{1}{2} \Longrightarrow a_n = a_m$$

다시 말해서 $\langle a_n \rangle$은 $\langle a_1, a_2, \cdots, a_{n_0}, p, p, p, \cdots \rangle$인 형식, 즉 어떤 항 이후는 상수로 되는 형식이다.

예제 1.4 $\langle p_1, p_2, \cdots \rangle$를 m차원 유클리드 공간 $\mathbf{R}^m$의 코시열이라 하자. 예컨대

$$p_1 = \langle a_1^{(1)}, \cdots\cdots, a_1^{(m)} \rangle, \ p_2 = \langle a_2^{(1)}, \cdots, a_2^{(m)} \rangle, \cdots$$

로 나타내자. 각 m개의 좌표공간으로의 점렬 $\langle p_n \rangle$의 사영, 즉

$$\langle a_1^{(1)}, a_2^{(1)}, a_3^{(1)}, \cdots \rangle, \ \cdots, \ \langle a_1^{(m)}, a_2^{(m)}, a_3^{(m)}, \cdots \rangle \tag{1}$$

은 어느 것이나 $\mathbf{R}$에 있어서 코시열이다. 왜냐하면 $\epsilon > 0$라고 하자. $\langle p_n \rangle$은 코시열인 까닭에 $n_0 \in \mathbf{N}$이 존재해서

$$r, s > n_0 \Longrightarrow d(p_r, p_s)^2 = |a_r^{(1)} - a_s^{(1)}|^2 + \cdots + |a_r^{(m)} - a_s^{(m)}|^2 < \epsilon^2$$

따라서 특히

$$r, s > n_0 \Longrightarrow |a_r^{(1)} - a_s^{(1)}|^2 < \epsilon^2, \cdots, |a_r^{(m)} - a_s^{(m)}|^2 < \epsilon^2$$

다시 말하자면, (1)의 m개의 점렬의 각각은 코시열이다.

14.2 완비거리공간

정의 거리공간 (X, d)는 X의 모든 코시열 $\langle a_n \rangle$이 점 $p \in X$로 수렴할 때 **완비**(complete)라 한다.

예제 2.1 기본적인 코시 수렴정리(정리 4-7)에 의하면 보통거리를 갖는 $\mathbf{R}$는 완비이다.

예제 2.2 d를 임의의 집합 X상의 자명(이산)거리라고 하자. 예제 1.3에 의하여 X의 점렬 $\langle a_n \rangle$이 코시열이란 그 점렬이 형식 $\langle a_1, a_2, \cdots, a_{n_0}, p, p, p, \cdots \rangle$인 것이고 분명히 $p \in X$로 수렴한다. 따라서 모든 자명(이산)거리공간은 완비이다.

예제 2.3 보통거리를 갖는 단위열린구간 $X = (0, 1)$은 X의 점렬 $\langle \frac{1}{2}, \frac{1}{3}, \frac{1}{4}, \cdots \rangle$이 코시열이나 X의 점으로 수렴하지 않는 까닭에 완비가 아니다(예제 1.2 참조).

※ 주의 : 예제 2.1과 예제 2.3은 완비성이 위상적 성질이 아님을 나타낸다. 왜냐하면 $\mathbf{R}$는 완비이고 $(0, 1)$은 완비가 아니나 $\mathbf{R}$는 $(0, 1)$과 위상동형인 까닭이다.

예제 2.4 m차원 유클리드 공간 $\mathbf{R}^m$은 완비이다. 왜냐하면 $\langle p_1, p_2, \cdots \rangle$를 $\mathbf{R}^m$에 있어서 코시열이라 하고,

$$p_1 = \langle a_1^{(1)}, \cdots, a_1^{(m)} \rangle, \ p_2 = \langle a_2^{(1)}, \cdots, a_2^{(m)} \rangle, \cdots$$

이라 하면, 이 경우 m개의 좌표공간으로의 $\langle p_n \rangle$의 사영은 코시이다(예제 1.4 참조). $\mathbf{R}$는 완비인 까닭에 이들은 각각,

$$\langle a_1^{(1)}, a_2^{(1)}, \cdots \rangle \longrightarrow b_1, \cdots, \langle a_1^{(m)}, a_2^{(m)}, \cdots \rangle \longrightarrow b_m$$

으로 수렴한다. 따라서 $\langle p_n \rangle$은 점 $q = \langle b_1, \cdots, b_m \rangle \in \mathbf{R}^m$로 수렴한다. 왜냐하면 각 m개의 사영은 q의 사영으로 수렴하는 까닭이다(제12장, 정리 12-7 참조).

14.3 축소닫힌집합열의 원리

거리공간 X의 부분집합 A의 지름은 $d(A)$로 표현되고, 이것은 $d(A)=\sup\{d(a, a') : a, a' \in A\}$로 정의되었다. 더구나 집합열 $A_1, A_2, \cdots$은 $A_1 \supset A_2 \supset \cdots$일 때 축소열이라 한다.

다음 정리는 실수에 있어서 축소구간원리와 비슷하게 완비거리공간을 특성화한 것이다.

> **정리 14-2** 거리공간 X가 완비이기 위한 필요충분조건은 지름이 0으로 접근하는 공이 아닌 모든 닫힌집합의 축소열이 공이 아닌 공통집합을 갖는 것이다.

다시 말해서 $A_1 \supset A_2 \supset \cdots$이 $\lim_{n\to\infty} d(A_n)=0$으로 되는 완비거리공간의 공이 아닌 닫힌부분집합열이면 $\cap_{n=0}^{\infty} A_n \neq \phi$이고, 이 역도 성립한다. 다음 예제에서 $\lim_{n\to\infty} d(A_n)=0$이고 더구나 A_i가 닫힌집합이라는 조건이 모두 정리 14-2에서 필요함을 알 수 있다.

예제 3.1 X는 실직선 $\mathbf{R}$이고 $A_n=[n, \infty)$라고 하자. 그런데 X는 완비이고 A_n은 닫힌집합이며 $A_1 \supset A_2 \supset \cdots$이나 $\cap_{n=1}^{\infty} A_n$은 공집합이다. 따라서 $\lim_{n\to\infty} d(A_n) \neq 0$임을 알 수 있다.

예제 3.2 X는 실직선 $\mathbf{R}$이고 $A_n=\left(0, \frac{1}{n}\right]$이라 하자. 그런데 X는 완비이고 $A_1 \supset A_2 \supset \cdots$이며 더구나 $\lim_{n\to\infty} d(A_n)=0$이나 $\cap_{n=1}^{\infty} A_n$은 공집합이다. 이 경우 A_n은 닫힌집합이 아님을 알 수 있다.

14.4 완비성과 축소사상

X를 거리공간이라 하자. 함수 $f: X \longrightarrow X$를, 실수 a, $(0 \leq a < 1)$가 존재해서 모든 $p, q \in X$에 대해

$$d(f(p), f(q)) \leq ad(p, q) < d(p, q)$$

를 만족할 때 **축소사상**(contracting mapping)이라 한다. 따라서 축소사상에 의한 임의의 두 점에 대한 f의 상 사이의 거리는 이들 두 점 사이의 거리보다 작다.

예제 4.1 f를 2차원 유클리드 $\mathbf{R}^2$상의 함수, 즉 $f(p) = \frac{1}{2}p$로 정의되는 $f : \mathbf{R}^2 \longrightarrow \mathbf{R}^2$라고 하면 f는 축소사상이다.
왜냐하면

$$\begin{aligned} d(f(p), f(q)) &= \| f(p) - f(q) \| = \left\| \frac{1}{2}p - \frac{1}{2}q \right\| \\ &= \frac{1}{2} \| p - q \| = \frac{1}{2}d(p, q) \end{aligned}$$

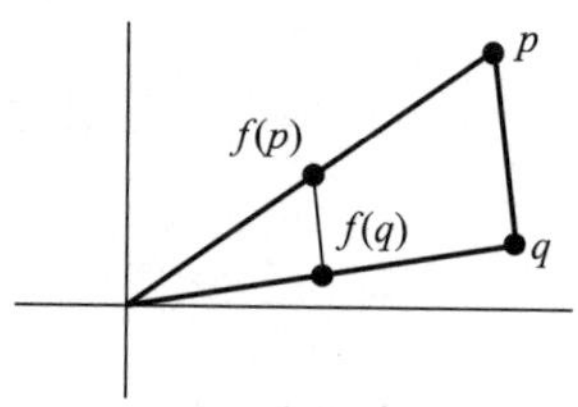

| 그림 14-1 |

만일에 X가 완비거리공간이면 해석학에서 많이 응용되는 다음 **부동점 정리**(fixed point theorem)가 성립한다.

> **정리 14-3** f가 완비거리공간 X상의 축소사상이면 $f(p) = p$를 만족하는 유일한 점 $p \in X$가 존재한다.

14.5 완비화

거리공간 X^*가 완비이고 X가 X^*의 조밀부분집합과 거리동형이면 X^*를 거리공간 X의 **완비화**(completion)라 한다.

예제 5.1 실수집합 $\mathbf{R}$는 유리수집합 $\mathbf{Q}$의 완비화이다. 왜냐하면 $\mathbf{R}$는 완비이고 $\mathbf{Q}$는 $\mathbf{R}$의 조밀부분집합인 까닭이다.

이제 임의로 주어진 거리공간 X의 완비화에 대해서 그 완비화를 얻는 방법의 한 가지를 간단히 서술하기로 한다. $C[X]$를 X에 있어서 모든 코시열의 족을 나타내고, 관계 ~를

$$\langle a_n \rangle \sim \langle b_n \rangle \iff \lim_{n\to\infty} d(a_n, b_n) = 0$$

으로 정의되는 $C[X]$상의 관계라 하자. 따라서 동일한 극한을 "갖는" 코시열을 "~"에 의하여 동일시한다.

보조정리 14-4 관계 ~는 $C[X]$상의 동치관계이다.

여기서 상집합 $C[X]/\sim$을 X^*로 나타내자. 즉, X^*는 코시열 $\langle a_n \rangle \in C[X]$의 동치류 $[\langle a_n \rangle]$을 원소로 하는 집합이다. 이제 함수 e를

$$e([\langle a_n \rangle], [\langle b_n \rangle]) = \lim_{n\to\infty} d(a_n, b_n)$$

에 의하여 정의된다 하자. 여기서 $[\langle a_n \rangle], [\langle b_n \rangle] \in X^*$이다.

보조정리 14-5 함수 e는 잘 정의된다. 즉 $\langle a_n \rangle \sim \langle a_n^* \rangle$이고 $\langle b_n \rangle \sim \langle b_n^* \rangle$이면 $\lim_{n\to\infty} d(a_n, b_n) = \lim_{n\to\infty} d(a_n^*, b_n^*)$이다.

다시 말해서 e의 정의는 각 동치류를 대표하는 코시열의 선택에 의존하지 않는다.

보조정리 14-6 함수 e는 X^*상의 거리이다.

따라서 각 $p \in X$에 대해서 점렬 $\langle p, p, p, \cdots \rangle \in C[X]$은 코시이다. 따라서

$$\hat{p} = [\langle p, p, \cdots \rangle],\ \ \hat{X} = \{\hat{p} : p \in X\}$$

라고 놓으면 $\hat{X}$는 X^*의 부분집합이다.

> 보조정리 14-7 X는 $\hat{X}$와 거리동형이고 $\hat{X}$는 X^*에서 조밀하다.

> 보조정리 14-8 X^*에서 모든 코시열은 수렴하고 따라서 X^*는 X의 완비화이다.

마지막으로 다음을 밝힌다.

> 보조정리 14-9 Y^*가 X의 임의의 완비화이면 Y^*는 X^*와 거리동형이다.

위 보조정리는 다음 기본결과를 준다.

> 정리 14-10 어떠한 거리공간 X도 완비화를 가지며 X의 완비화는 모두 서로 거리동형이다.

다시 말해서 거리동형인 것을 동일시하면 어떠한 거리공간에도 유일한 완비화가 존재한다.

14.6 베르(Baire)의 카테고리(category)정리

위상공간 X의 부분집합 A의 폐포의 개핵(내부)이 공집합일 때 A는 X의 **조밀한 곳이 없다**(nowhere dense)고 한다. 즉

$$\text{int}(\overline{A}) = \phi$$

예제 6.1 정수의 집합 $\mathbf{Z}$는 실직선 $\mathbf{R}$의 조밀한 곳이 없는 부분집합이다. 왜냐하면

$\mathbf{Z}$는 닫힌집합, 즉 $\mathbf{Z} = \overline{\mathbf{Z}}$이고 그 개핵(내부)은 공집합이다. 따라서

$$\text{int}(\overline{\mathbf{Z}}) = \text{int}(\mathbf{Z}) = \phi$$

인 까닭이다. 같은 방법으로 $\mathbf{R}$의 모든 유한부분집합은 $\mathbf{R}$에 있어서 조밀한 곳이 없다.

한편으로 유리수의 집합 $\mathbf{Q}$는 $\mathbf{R}$에서 조밀한 곳이 있다. 왜냐하면 $\mathbf{Q}$의 폐포는 $\mathbf{R}$이므로,

$$\text{int}(\overline{\mathbf{Q}}) = \text{int}(\mathbf{R}) = \mathbf{R} \neq \phi$$

인 까닭이다.

조밀한 곳이 없는 부분집합의 가산 합집합으로 표현하는 위상공간 X는 **제1범주**(first category)에 속한다든가 또는 **가늘다**(meager or thin)라 한다. 그렇지 않는 경우에는 X는 **제2범주**(second category)에 속한다든가 또는 **두껍다**(non-meager or thick)라 한다.

예제 6.2 유리수의 집합 $\mathbf{Q}$는 $\mathbf{Q}$의 한 원소부분집합 $\{p\}$가 $\mathbf{Q}$에서 조밀한 곳이 없고 $\mathbf{Q}$는 한 원소집합의 가산개의 합집합이므로 제1범주이다.

베르의 카테고리(범주)정리에 의하면 실직선 $\mathbf{R}$는 제2범주에 속한다.

> **정리 14-11** **베르의 정리** : 모든 완비거리공간 X는 제2범주에 속한다.

14.7 완비성과 콤팩트성

A를 거리공간 X의 부분집합이라 하자. 그런데 A가 콤팩트라는 것과 A가 점렬 콤팩트, 즉 A의 모든 점렬 $\langle a_n \rangle$이 수렴부분열 $\langle a_{i_n} \rangle$을 갖는 것과 동치였다. 그러나 예제 1.1에 의하여 $\langle a_{i_n} \rangle$은 코시열이다. 이 사실로부터 완비성의 개념은 콤팩트성의 개념, 이것과 관계가 깊은 완전유계성의 개념에 무엇인가 결부된다고 예상될 수 있다.

이와 같은 두 가지 관계를 설명하면 다음과 같다.

> **정리 14-12** 거리공간 X가 콤팩트이기 위한 필요충분조건은 X가 완비이고 완전유계인 것이다.

> **정리 14-13** X를 완비거리공간이라 하면 $A \subset X$가 콤팩트이기 위한 필요충분조건은 A가 완전유계인 닫힌집합인 것이다.

14.8 실수의 구성

실수는 이 장에서 기술된 방법에 의하여 유리수로부터 구성될 수 있다. 특별히 $\mathbf{Q}$를 유리수의 집합이라 하고 $\mathbf{Q}$에 있어서 코시열의 동치류족을 $\mathbf{R}$라 하자. 즉

$$\mathbf{R}=\{[\langle a_n \rangle] : \langle a_n \rangle \text{은 } \mathbf{Q}\text{에 있어서 코시열}\}$$

따라서 이 $\mathbf{R}$에 소정의 거리(보조정리 14-5의 위쪽)를 도입하면 $\mathbf{R}$는 완비거리공간이 된다.

※ 주의 : X를 노름벡터공간이라 하자. 제14장의 방법으로 X에서 완비거리공간 X^*이 얻어진다. 이 경우 X^*에 벡터의 덧셈, 스칼라배와 X^*의 노름을 다음과 같이 정의할 수 있고 따라서 실제로 X^*는 **바나흐 공간**(Banach space)이라 하는 완비노름벡터공간이다.

(i) $[\langle a_n \rangle]+[\langle b_n \rangle] \equiv [\langle a_n + b_n \rangle]$ (ii) $k[\langle a_n \rangle] \equiv [\langle k a_n \rangle]$

(iii) $\| [\langle a_n \rangle] \| = \lim_{n \to \infty} \| a_n \|$

연습문제

• 코시(Cauchy)열

1. 거리공간 X에서 모든 코시 열 $\langle a_n \rangle$은 완전유계(따라서 또한 유계)임을 밝혀라.

풀이 $\epsilon > 0$라고 하면 $\{a_n\}$을 각각 ϵ보다 작은 지름을 갖는 유한개의 집합으로 분할할 수 있음을 밝히고자 한다. $\langle a_n \rangle$은 코시인 까닭에 $n_0 \in \mathbf{N}$이 존재해서

$$n, m > n_0 \Longrightarrow d(a_n, a_m) < \epsilon$$

이다. 따라서 $B = \{a_{n_0+1}, a_{n_0+2}, \cdots\}$는 기껏해야 ϵ인 지름을 갖는다. 따라서 $\{a_1\}, \cdots, \{a_{n_0}\}$, 즉 B는 $\{a_n\}$을 ϵ보다 작은 지름을 갖는 집합으로의 유한분할하고 있다.
따라서 $\langle a_n \rangle$은 완전유계이다.

2. $\langle a_1, a_2, \cdots \rangle$를 거리공간 X의 점렬이라 하고,

$$A_1 = \langle a_1, a_2, \cdots \rangle,\ A_2 = \langle a_2, a_3, \cdots \rangle,\ A_3 = \langle a_3, a_4, \cdots \rangle,\ \cdots$$

라고 하자. $\langle a_n \rangle$이 코시열이기 위한 필요충분조건은 A_n의 지름이 영으로 수렴하는 것, 즉 $\lim_{n\to\infty} d(A_n) = 0$임을 밝혀라.

풀이 $\langle a_n \rangle$을 코시열이라 가정하고 $\epsilon > 0$라고 하면,

$$n_0 \in \mathbf{N}\text{이 존재해서 } n, m > n_0 \Longrightarrow d(a_n, a_m) < \epsilon$$

따라서

$$n > n_0 \Longrightarrow d(A_n) < \epsilon\text{이므로 } \lim_{n\to\infty}(A_n) = 0$$

역으로 $\lim_{n\to\infty} d(A_n) = 0$이라 가정하고 $\epsilon > 0$라고 하면,

$$n_0 \in \mathbf{N}\text{이 존재해서 } d(A_{n_0+1}) < \epsilon$$

이 경우,

$$n, m > n_0 \Longrightarrow a_n, a_m \in A_{n_0+1} \Longrightarrow d(a_n, a_m) < \epsilon$$

그러므로 $\langle a_n \rangle$은 코시열이다.

3. $\langle a_1, a_2, \cdots \rangle$를 X에 있어서 코시열이라 하고 $\langle a_{i_1}, a_{i_2}, \cdots \rangle$를 $\langle a_n \rangle$의 부분열이라 하면, $\lim\limits_{n\to\infty} d(a_n, a_{i_n}) = 0$임을 밝혀라.

풀이 $\epsilon > 0$라고 하자. $\langle a_n \rangle$은 코시열인 까닭에

$$n_0 \in \mathbf{N}\text{이 존재해서 } n, m > n_0 - 1 \Longrightarrow d(a_n, a_m) < \epsilon$$

이 경우, $i_{n_0} \geq n_0 > n_0 - 1$이므로 $d(a_{n_0}, a_{i_{n_0}}) < \epsilon$이다. 다시 말하자면 $\lim\limits_{n\to\infty} d(a_n, a_{i_n}) = 0$이다.

4. $\langle a_1, a_2, \cdots \rangle$를 X에 있어서 코시열이라 하고 $\langle a_{i_1}, a_{i_2}, \cdots \rangle$를 $p \in X$로 수렴하는 $\langle a_n \rangle$의 부분열이라 하자. 이 경우 $\langle a_n \rangle$은 또한 p로 수렴함을 밝혀라.

풀이 3각부등식에 의하여 $d(a_n, p) \leq d(a_n, a_{i_n}) + d(a_{i_n}, p)$이므로

$$\lim_{n\to\infty} d(a_n, p) < \lim_{n\to\infty} d(a_n, a_{i_n}) + \lim_{n\to\infty} d(a_{i_n}, p)$$

$a_{i_n} \longrightarrow p$인 까닭에 $\lim\limits_{n\to\infty} d(a_{i_n}, p) = 0$이고, 또한 앞 문제에 의하여 $\lim\limits_{n\to\infty} d(a_n, a_{i_n}) = 0$이다. 따라서

$$\lim_{n\to\infty} d(a_n, p) = 0\text{이므로 } a_{i_n} \longrightarrow p.$$

5. $\langle b_1, b_2, \cdots \rangle$를 거리공간 X에서 코시열이라 하고 $\langle a_1, a_2, \cdots \rangle$를 모든 $n \in \mathbf{N}$에 대해서 $d(a_n, b_n) < 1/n$를 만족하는 X에 있어서의 점렬이라 하자. 이 경우,

(i) $\langle a_n \rangle$은 또한 X에 있어서 코시열임을 밝혀라.

(ii) $\langle a_n \rangle$이 수렴, 즉 $p \in X$로 수렴하기 위한 필요충분조건은 $\langle b_n \rangle$이 p로 수렴하는 것임을 밝혀라.

풀이 (i) 3각부등식에 의하여

$$d(a_m, a_n) \leq d(a_m b_m) + d(b_m, b_n) + d(b_n, a_n)$$

$\epsilon > 0$라고 하면 $1/n_1 < \epsilon/3$을 만족하는 $n_1 \in \mathbf{N}$이 존재하므로

$$n, m > n_1 \Longrightarrow d(a_m, a_n) \leq \epsilon/3 + d(b_m, b_n) + \epsilon/3$$

한편으로 가정에 의하여 $\langle b_1, b_2, \cdots \rangle$는 코시열이므로

$$n_2 \in \mathbf{N}\text{이 존재해서 } n, m > n_2 \Longrightarrow d(b_m, b_n) < \epsilon/3$$

따라서 $n_0 = \max\{n_1, n_2\}$라고 놓으면

$$n, m > n_0 \Longrightarrow d(a_m, a_n) < \epsilon/3 + \epsilon/3 + \epsilon/3 = \epsilon$$

따라서 $\langle a_n \rangle$은 코시열이다.

(ii) 3각부등식에 의하여 $d(b_n, p) \leq d(b_n, a_n) + d(a_n, p)$이므로

$$\lim_{n\to\infty} d(b_n, p) \leq \lim_{n\to\infty} d(b_n, a_n) + \lim_{n\to\infty} d(a_n, p)$$

그런데 $\lim_{n\to\infty} d(b_n, a_n) \leq \lim_{n\to\infty}(1/n) = 0$이므로 $a_n \Longrightarrow p$이면 $\lim_{n\to\infty} d(b_n, p) \leq \lim_{n\to\infty} d(a_n, p) = 0$. 따라서 $\langle b_n \rangle$은 또한 p로 수렴한다. 가정의 조건은 $\langle a_n \rangle$, $\langle b_n \rangle$에 대해서 대칭적이므로 역으로 $b_n \Longrightarrow p$이면 $a_n \Longrightarrow p$이다.

• 완비공간

6. (정리 14-2) 거리공간 X에 관한 다음 두 조건은 동치임을 증명하여라.

(i) X는 완비거리공간이다.

(ii) 지름이 0으로 수렴하는 공이 아닌 모든 닫힌집합의 축소열의 공통부분은 공집합이 아니다.

풀이 (i) ⇒ (ii) : $A_1 \supset A_2 \supset \cdots$이 $\lim_{n\to\infty} d(A_n) = 0$을 만족하는 X의 공이 아닌 닫힌부분집합열이라 하자. 목적은 $\cap_n A_n \neq \phi$임을 밝히고자 한다. 각 A_i는 공집합이 아닌 까닭에

$$a_1 \in A_1,\ a_2 \in A_2,\ \cdots \text{ 인 점렬 } \langle a_1, a_2, \cdots \rangle$$

를 택할 수 있다. 이 $\langle a_n \rangle$가 코시열임을 밝힌다. $\epsilon > 0$라고 하면 $\lim_{n\to\infty} d(A_n) = 0$인 까닭에

$$n_0 \in \mathbf{N}\text{이 존재해서 } d(A_{n_0}) < \epsilon$$

그런데 $\{A_i\}$는 축소열이므로,

$$n, m > n_0 \Longrightarrow A_n, A_m \subset A_{n_0} \Longrightarrow a_n, a_m \subset A_{n_0} \Longrightarrow d(a_n, a_m) < \epsilon$$

따라서 $\langle a_n \rangle$은 코시열이다.

그런데 X는 완비이므로 $\langle a_n \rangle$은 어떤 점 $p \in X$로 수렴한다. 이 경우 $p \in \cap_n A_n$임을 밝히자. 그렇지 않다고 가정한다면, 즉

$$k \in \mathbf{N}\text{이 존재해서 } p \notin A_k$$

로 된다. A_k는 닫힌집합인 까닭에 p와 A_k 사이의 거리는 0이 아니다.

예컨대 $d(p, A_k) = \delta > 0$이다. 이 경우 A_k와 열린구 $S = S\left(p, \frac{1}{2}\delta\right)$는 서로소이다. 따라서

$$n > k \implies a_n \in A_k \implies a_n \notin S\left(p, \frac{1}{2}\delta\right)$$

이다. 따라서 이것은 $a_n \longrightarrow p$인 것에 위배한다. 다시 말해서 $p \in \cap_n A_n$이고, 따라서 $\cap_n A_n$은 공집합이 아니다.

(ii) ⇒ (i) : $\langle a_1, a_2, \cdots \rangle$를 X의 코시열이라 하자. $\langle a_n \rangle$이 수렴함을 밝히고자 한다.

$$A_1 = \{a_1, a_2, \cdots\},\ A_2 = \{a_2, a_3, \cdots\},\ \cdots$$

이라 놓자(즉 $A_k = \{a_n : n \geq k\}$). 이 경우 $A_1 \supset A_2 \supset \cdots$이고 문제 2에 의하여 $\lim_{n\to\infty} d(A_n) = 0$이다. 또한 $\overline{A}$를 A의 폐포라고 할 때 $d(\overline{A}) = d(A)$가 성립하는 까닭에 $\overline{A}_1 \supset \overline{A}_2 \supset \cdots$는 지름이 0으로 수렴하는 공이 아닌 닫힌집합열이다. 따라서 가정에 의하여 $\cap_n \overline{A}_n \neq \phi$이다. 예컨대 $p \in \cap_n \overline{A}_n$이라 하자. 이 경우 코시열 $\langle a_n \rangle$은 p로 수렴함을 밝힌다. 왜냐하면 $\epsilon > 0$라고 하면 $\lim_{n\to\infty} d(\overline{A}_n) = 0$인 까닭에

$$n_0 \in \mathbf{N}\text{이 존재해서 } d(\overline{A}_{n_0}) < \epsilon$$

따라서

$$n > n_0 \implies a_n, p \in \overline{A}_{n_0} \implies d(a_n, p) < \epsilon$$

다시 말해서 $\langle a_n \rangle$은 p로 수렴한다.

7. X를 거리공간이라 하고 $f : X \longrightarrow X$를 X상의 축소사상이라 하자. 즉, 모든 $p, q \in X$에 대해서 $d(f(p), f(q)) \leq \alpha d(p, q)$를 만족하는 $\alpha \in \mathbf{R}$, $(0 \leq \alpha < 1)$이 존재한다 하자. 이 경우 f는 연속임을 밝혀라.

풀이 f는 각 점 $x_0 \in X$에서 연속임을 밝힌다. $\epsilon > 0$라고 하면,

$$d(x, x_0) < \epsilon \implies d(f(x), f(x_0)) \leq \alpha d(x, x_0) \leq \alpha\epsilon < \epsilon$$

이므로 f는 연속이다.

8. (정리 14-3) f를 완비거리공간 X상의 축소사상이라 하자. 즉

$$d(f(a), f(b)) \leq \alpha d(a, b),\ 0 \leq \alpha < 1$$

이라 하자. 이 경우 $f(p)=p$를 만족하는 오직 하나의 점 $p \in X$가 존재함을 밝혀라.

풀이 a_0를 X의 임의의 점이라 하고

$$a_1 = f(a_0),\ \ a_2 = f(a_1) = f^2(a_0), \cdots, a_n = f(a_{n-1}) = f^n(a_0), \cdots$$

이라 놓자. 이 점렬 $\langle a_1, a_2, \cdots \rangle$이 코시열임을 밝힌다. 첫째로 다음을 유의하자.

$$\begin{aligned} d(f^{s+t}(a_0), f^t(a_0)) &\le \alpha d(f^{s+t-1}(a_0), f^{t-1}(a_0)) \le \cdots \le \alpha^t d(f^s(a_0), a_0) \\ &\le \alpha^t [d(a_0, f(a_0)) + d(f(a_0), f^2(a_0)) + \cdots + d(f^{s-1}(a_0), f^s(a_0))] \end{aligned}$$

그러나 $d(f^{i+1}(a_0), f^i(a_0)) \le \alpha^i d(f(a_0), a_0)$이고 $(1+\alpha+\alpha^2+\cdots+\alpha^{s-1}) \le 1/(1-\alpha)$인 까닭에

$$\begin{aligned} d(f^{s+t}(a_0), f^t(a_0)) &\le \alpha^t d(f(a_0), a_0)\,(1+\alpha+\alpha^2+\cdots+\alpha^{s-1}) \\ &\le \alpha^t d(f(a_0), a_0)\,[1/(1-\alpha)] \end{aligned}$$

그런데 $\epsilon > 0$라고 하고 이것에 대해서 δ를 다음과 같이 놓자.

$$\delta = \begin{cases} \epsilon(1-\alpha) & (d(f(a_0), a_0) = 0\text{일 때}) \\ \epsilon(1-\alpha)/d(f(a_0), a_0) & (d(f(a_0), a_0) \ne 0\text{일 때}) \end{cases}$$

$\alpha < 1$인 까닭에 $n_0 \in \mathbf{N}$이 존재해서 $\alpha^{n_0} < \delta$. 이 경우 $r \ge s > n_0$이면

$$d(a_s, a_r) \le \alpha^s [1/(1-\alpha)] d(f(a_0), a_0) < \delta [1/(1-\alpha)] d(f(a_0), a_0) \le \epsilon$$

이 성립하므로 $\langle a_n \rangle$은 코시열이다.

그런데 X는 완비이고 따라서 $\langle a_n \rangle$은 예컨대 $p \in X$로 수렴한다. 이 경우 $f(p)=p$임을 밝히자. 왜냐하면 f는 연속이므로 점렬연속이고 따라서

$$f(p) = f(\lim_{n\to\infty} a_n) = \lim_{n\to\infty} f(a_n) = \lim_{n\to\infty} a_{n+1} = p$$

마지막으로 p가 유일함을 밝힌다. $f(p)=p$이고 $f(q)=q$라 하면

$$d(p, q) = d(f(p), f(q)) \le \alpha d(p, q)$$

그런데 $\alpha < 1$, 따라서 $d(p, q) = 0$, 즉 $p = q$이다.

- 완비화

9. $\langle a_n \rangle \sim \langle b_n \rangle$이기 위한 필요충분조건은 $\langle a_n \rangle$, $\langle b_n \rangle$ 모두가 어떤 코시열 $\langle c_n \rangle$의 부분열임을 밝혀라.

풀이 $\langle a_n \rangle \sim \langle b_n \rangle$, 즉 $\lim_{n\to\infty} d(a_n, b_n)=0$이라 가정하자. $\langle c_n \rangle$을 다음과 같이 정의한다.

$$c_n = \begin{cases} a_{1/2n} & (n\text{이 짝수일 때}) \\ b_{1/2(n+1)} & (n\text{이 홀수일 때}) \end{cases}$$

따라서 $\langle c_n \rangle = \langle b_1, a_1, b_2, a_2, \cdots \rangle$이다. 이 $\langle c_n \rangle$은 코시열임을 밝힌다. 왜냐하면 $\epsilon > 0$라고 하자. 가정에 의하여

$$n_1 \in \mathbf{N}\text{이 존재해서 } m, n > n_1 \implies d(a_m, a_n) < \frac{1}{2}\epsilon$$

$$n_2 \in \mathbf{N}\text{이 존재해서 } m, n > n_2 \implies d(b_m, b_n) < \frac{1}{2}\epsilon$$

$$n_3 \in \mathbf{N}\text{이 존재해서 } n > n_3 \implies d(a_n, b_n) < \frac{1}{2}\epsilon$$

$n_0 = \max(n_1, n_2, n_3)$라고 놓으면

$$m, n > 2n_0 \implies d(c_m, c_n) < \epsilon$$

임을 밝히자.

$$m > 2n_0 \implies \frac{1}{2}m > n_1, n_3 : \frac{1}{2}(m+1) > n_2, n_3$$

임에 유의하고, $m, n > 2n_0$이라 하면

$$m, n\text{짝수} \implies c_m = a_{1/2m}, c_n = a_{1/2n} \implies d(c_m, c_n) < \frac{1}{2}\epsilon < \epsilon$$

$$m, n\text{홀수} \implies c_m = b_{1/2(m+1)}, c_n = b_{1/2(n+1)} \implies d(c_m, c_n) < \frac{1}{2}\epsilon < \epsilon$$

$$m\text{짝수, } n\text{홀수} \implies c_m = a_{1/2m}, c_n = b_{1/2(n+1)}$$

$$\implies d(c_m, c_n) \le d(a_{1/2m}, b_{1/2m}) + d(b_{1/2m}) + d(b_{1/2m}, b_{1/2(n+1)}) < \frac{1}{2}\epsilon + \frac{1}{2}\epsilon = \epsilon$$

그러므로 $\langle c_n \rangle$은 코시열이다 역으로 $\langle a_n \rangle = \langle c_{j_n} \rangle$이고 $\langle b_n \rangle = \langle c_{k_n} \rangle$인 코시열이 존재하면, $\langle c_n \rangle$은 코시이고 $n \longrightarrow \infty$이면 $j_n, k_n \longrightarrow \infty$인 까닭에

$$\lim_{n\to\infty} d(a_n, b_n) = \lim_{n\to\infty} d(c_{j_n}, c_{k_n}) = 0.$$

10. (보조정리 14-5) 함수 e는 잘 정의된다. 즉 $\langle a_n \rangle \sim \langle a_n^* \rangle$ 이고 $\langle b_n \rangle \sim \langle b_n^* \rangle$ 이면 $\lim_{n\to\infty} d(a_n, b_n) = \lim_{n\to\infty} d(a_n^*, b_n^*)$임을 증명하여라.

풀이 $r = \lim_{n\to\infty} d(a_n, b_n)$, $r^* = \lim_{n\to\infty} d(a_n^*, b_n^*)$이고 $\epsilon > 0$라고 하자. 3각부등식에 의하여

$$d(a_n, b_n) \le d(a_n, a_n^*) + d(a_n^*, b_n^*) + d(b_n^*, b_n)$$

그런데 가정에서부터,

$$n_1 \in \mathbf{N}\text{이 존재해서 } n > n_1 \implies d(a_n, a_n^*) < \epsilon/3$$
$$n_2 \in \mathbf{N}\text{이 존재해서 } n > n_2 \implies d(b_n, b_n^*) < \epsilon/3$$
$$n_3 \in \mathbf{N}\text{이 존재해서 } n > n_3 \implies |d(a_n^*, b_n^*) - r^*| < \epsilon/3$$

따라서 $n > \max(n_1, n_2, n_3)$이라 하면,

$$d(a_n, b_n) < r^* + \epsilon \text{ 이므로 } \lim_{n\to\infty} d(a_n, b_n) = r \le r^* + \epsilon$$

그런데 이 부등식은 모든 $\epsilon > 0$에 대해서 성립하므로 $r \le r^*$이고 같은 방법으로 해서 $r^* \le r$임을 밝힐 수 있다. 따라서 $r = r^*$이다.

11. $\langle a_n \rangle$을 X의 코시열이라 하자. 이 경우 $a = [\langle a_n \rangle] \in X^*$는 $\hat{X}$의 점렬 $\langle \hat{a}_1, \hat{a}_2, \cdots \rangle$의 극한임을 밝혀라. 여기서 $\hat{X} = \{\hat{p} = [\langle p, p, p, \cdots \rangle] : p \in X\}$이다.

풀이 $\langle a_n \rangle$은 X의 코시열인 까닭에

$$\lim_{m\to\infty} e(\hat{a}_m, \alpha) = \lim_{m\to\infty} (\lim_{n\to\infty} d(a_m, a_n)) = \lim_{\substack{m\to\infty \\ n\to\infty}} d(a_m, a_n) = 0$$

따라서 $(\hat{a}_n) \longrightarrow \alpha$이다.

12. (보조정리 14-7) X는 $\hat{X}$와 거리동형이고 $\hat{X}$는 X^*에서 조밀함을 증명하여라

풀이 모든 $p, q \in X$에 대해서

$$e(\hat{p}, \hat{q}) = \lim_{n\to\infty} d(p, q) = d(p, q)$$

따라서 X는 $\hat{X}$와 거리동형이다. 이제 X^*의 모든 점이 $\hat{X}$의 점렬의 극한임을 밝힘으로써 $\hat{X}$는 X^*에서 조밀함을 밝힌다. $\alpha=[\langle a_1, a_2, \cdots\rangle]$를 X^*의 임의의 점이라 하면 $\langle a_n\rangle$은 X의 코시열이므로, 따라서 앞 문제에 의하여 α는 $\hat{X}$의 점렬 $\langle \hat{a}_1, \hat{a}_2, \cdots\rangle$의 극한이다. 따라서 $\hat{X}$는 X^*에서 조밀한다.

13. (보조정리 14-8) $(X^*,\ e)$의 모든 코시열은 수렴한다. 따라서 $(X^*,\ e)$는 X의 완비화임을 증명하여라.

풀이 $\langle \alpha_1, \alpha_2, \cdots\rangle$를 X^*의 코시열이라 하자. $\hat{X}$는 X^*에서 조밀한 까닭에 모든 $n\in\mathbf{N}$에 대해서

$$\hat{a_n}\in\hat{X}\text{가 존재해서 } e(\hat{a_n}, \alpha_n)<1/n$$

이 경우 $\langle \hat{a}_1, \hat{a}_2, \cdots\rangle$는 또한 코시열이다(문제 5). 더구나 문제 12에 의하여 $\langle \hat{a}_1, \hat{a}_2,\cdots\rangle$는 $\beta=[\langle a_1, a_2, \cdots\rangle]\in X^*$로 수렴한다. 따라서 문제 5에 의하여 $\langle \alpha_n\rangle$은 또한 β로 수렴하므로 $(X^*,\ e)$는 완비이다.

14. (보조정리 14-9) Y^*가 X의 완비화이면, Y^*는 X^*와 거리동형임을 증명하여라.

풀이 X는 Y^*의 부분집합이라 가정할 수 있다, 따라서 모든 $p\in Y^*$에 대해서 p로 수렴하는 X의 점렬 $\langle a_1, a_2, \cdots\rangle$이 존재하고, 특히 $\langle a_n\rangle$은 코시열이다. 따라서 함수 $f: Y^* \longrightarrow X^*$를

$$f(p)=[\langle a_1, a_2, \cdots\rangle]$$

로 정의하자. 그런데 만일 $\langle a_1{}^*, a_2{}^*, \cdots\rangle\in X$가 또한 p로 수렴하는 코시열이면

$$\lim_{n\to\infty} d(a_n, a_n{}^*)=0\text{이므로 } [\langle a_n\rangle]=[\langle a_n{}^*\rangle]$$

다시 말해서 f는 잘 정의된다. 첫째로 f는 위로의 함수임을 밝힌다. 왜냐하면 $[\langle b_1, b_2, \cdots\rangle]\in X^*$이면, $\langle b_1, b_2, \cdots\rangle$는 $X\subset Y^*$의 코시열이다. Y^*는 완비인 까닭에 $\langle b_n\rangle$은 예컨대 $q\in Y^*$로 수렴한다. 따라서 $f(q)=[\langle b_n\rangle]$이다.
다음에 $p, q\in Y^*$라고 하고 X의 점렬 $\langle a_n\rangle$과 $\langle b_n\rangle$은 각각 p와 q로 수렴한다 하자. 이 경우,

$$\begin{aligned} e(f(p), f(q)) &= e([\langle a_n\rangle], [\langle b_n\rangle]) = \lim_{n\to\infty} d(a_n, b_n) \\ &= d(\lim_{n\to\infty} a_n, \lim_{n\to\infty} b_n) = d(p, q) \end{aligned}$$

따라서 f는 Y^*와 X^* 간의 등거리변환이다.

• 베르(Baire)의 카테고리(Category)정리

15. N을 X의 조밀한 곳이 없는 부분집합이라 하자. $(\overline{N})^c$는 X에서 조밀함을 밝혀라.

풀이 $(\overline{N})^c$가 X에서 조밀하지 않다고 하자. 즉

$$p \in G\text{이고 } G \cap (\overline{N})^c = \phi$$

을 만족하는 $p \in X$와 열린집합 G가 존재한다 하자. 이 경우 $p \in G \subset \overline{N}$이므로 $p \in \text{int}(\overline{N})$이다. 그러나 이것은 N이 X에서 조밀한 곳이 없는 것, 즉 $\text{int}(\overline{N}) = \phi$인 것에 위배된다. 따라서 $(\overline{N})^c$는 X에서 조밀하다.

16. G를 거리공간 X의 열린부분집합이라 하고 N을 X에서 조밀한 곳이 없는 부분집합이라고 하자. 이 경우 $S(p, \delta) \subset G$이고 $S(p, \delta) \cap N = \phi$을 만족하는 $p \in X$와 $\delta > 0$가 존재함을 밝혀라.

풀이 $H = G \cap (\overline{N})^c$라고 놓으면 $H \subset G$이고 $H \cap N = \phi$로 된다. 또한 H는(G가 열린집합이고 $(\overline{N})^c$는 X에서 조밀한 까닭에) 공이 아닌 집합이다. $p \in H$이라 하자. 또한 G와 $(\overline{N})^c$는 열린집합이기 때문에 H도 열린집합이다. 따라서 $S(p, \delta) \subset H$를 만족하는 $\delta > 0$가 존재한다. 그러므로 이것으로부터 $S(p, \delta) \subset G$이고 $S(p, \delta) \cap N = \phi$이다.

17. (정리 14-11) 모든 완비거리공간 X는 제2범주에 속함을 증명하여라.

풀이 $M \subset X$이고 M을 제1범주에 속한다고 하자. $M \neq X$임을 밝히면 된다. 즉, $p \notin M$로 되는 $p \in X$가 존재함을 밝히고자 한다. M은 제1범주에 속하는 까닭에 각 N_i가 X에서 조밀한 곳이 없을 때 $M = N_1 \cup N_2 \cup \cdots$이다. N_1은 X에서 조밀한 곳이 없기 때문에 $S(a_1, \delta_1) \cap N_1 = \phi$을 만족하는 $a_1 \in X$와 $\delta_1 > 0$가 존재한다. $\epsilon_1 = \delta_1/2$라 놓으면,

$$\overline{S(a_1, \epsilon_1)} \cap N_1 = \phi$$

그런데 $S(a_1, \epsilon_1)$은 열린 구이고 N_2는 X에서 조밀한 곳이 없으므로 문제 16에 의하여 $a_2 \in X$와 $\delta_2 > 0$가 존재해서

$$S(a_2, \delta_2) \subset S(a_1, \epsilon_1) \subset \overline{S(a_1, \epsilon_1)}\text{이고 } S(a_2, \delta_2) \cap N_2 = \phi$$

이다. 여기서 $\epsilon_2 = \delta_2/2 \leq \epsilon_1/2 = \delta_1/4$라고 놓으면,

$$\overline{S(a_2, \epsilon_2)} \subset \overline{S(a_1, \epsilon_1)}\text{이고 } \overline{S(a_2, \epsilon_2)} \cap N_2 = \phi$$

이 방법을 계속하면 모든 $n \in N$에 대해서 $\overline{S(a_n, \epsilon_n)} \cap N_n = \phi$이고 $\epsilon_n \leq \delta_1/2^n$를 만족하는

닫힌집합의 축소열,

$$\overline{S(a_1, \epsilon_1)} \supset \overline{S(a_2, \epsilon_2)} \supset \overline{S(a_3, \epsilon_3)} \supset \cdots$$

를 얻는다. 따라서 $\lim_{n\to\infty} \epsilon_n \leq \lim_{n\to\infty} \delta_1/2^n = 0$이므로 정리 14-2에 의하여

$$p \in X\text{가 존재해서 } p \in \cap_{n=1}^{\infty} \overline{S(a_n, \epsilon_n)}$$

또한 모든 $n \in N$에 대해서 $p \notin N_n$이므로 $p \notin M$이다.

• 완비성과 콤팩트

18. 모든 콤팩트 거리공간 X는 완비임을 밝혀라.

풀이 $\langle a_1, a_2, \cdots \rangle$를 X의 코시열이라 하자. 그런데 X는 콤팩트이므로 점렬 콤팩트이다. 따라서 $\langle a_n \rangle$은 예컨대 $p \in X$로 수렴하는 부분열 $\langle a_{i_1}, a_{i_2}, \cdots \rangle$를 포함한다. 문제 4에 의하여 $\langle a_n \rangle$은 또한 p로 수렴한다. 따라서 X는 완비이다.

19. E를 거리공간 X의 완전유계부분집합이라 하자. E의 어떠한 점렬 $\langle a_n \rangle$도 코시 부분열을 포함함을 밝혀라.

풀이 E는 완전유계인 까닭에 E를 지름이 $\epsilon_1 = 1$보다 작은 유한개의 부분집합으로 분할할 수 있다. 이들 집합 중의 하나를 A_1이라 하면 A_1은 점렬의 무한개 항을 포함해야 한다. 따라서

$$i_1 \in \mathbf{N}\text{이 존재해서 } a_{i_1} \in A_1$$

그런데 A_1은 완전유계이므로 지름이 $\epsilon_2 = 1/2$보다 작은 유한개의 부분집합으로 분할될 수 있다. 같은 방법으로 이들 중 하나를 A_2라 하면 A_2는 점렬의 무한개 항을 포함해야 한다. 따라서,

$$i_2 \in \mathbf{N}\text{이 존재해서 } i_2 > i_1\text{이고 } a_{i_2} \in A_2$$

또한 $A_2 \subset A_1$이다.

이 방법을 계속하면 $d(A_n) < 1/n$을 만족하는 축소집합열,

$$E \supset A_1 \supset A_2 \supset \cdots$$

를 얻고 $a_{i_n} \in A_n$인 $\langle a_n \rangle$의 부분열 $\langle a_{i_1}, a_{i_2}, \cdots \rangle$를 얻는다. 이 $\langle a_n \rangle$가 코시열임을 밝힌다. $\epsilon > 0$라고 하면,

$$n_0 \in \mathbf{N}\text{이 존재해서 } 1/n_0 < \epsilon\text{이므로 } d(A_{n_0}) < \epsilon$$

이 경우,

$$i_n, i_m > i_{n_0} \Longrightarrow a_{i_n}, a_{i_m} \in A_{n_0} \Longrightarrow d(a_{i_m}, a_{i_n}) < \epsilon$$

즉 $\langle a_{i_n} \rangle$는 코시열이다.

20. (정리 14-12) 거리공간 X가 콤팩트이기 위한 필요충분조건은 X가 완비이고 완전유계한 것임을 밝혀라.

풀이 X를 콤팩트라고 가정하면 문제 18에 의하여 X는 완비이고 보조정리 11-17(제11장)에 의하여 X는 완전유계이다.
역으로 X가 완비이고 완전유계라고 가정하자. $\langle a_1, a_2, \cdots \rangle$를 X의 점렬이라 하면 앞 문제에 의하여 $\langle a_n \rangle$은 코시 부분열 $\langle a_{i_n} \rangle$을 포함한다. 그럼데 X가 완비인 까닭에 코시 부분열 $\langle a_{i_n} \rangle$은 수렴한다. 그러므로 X는 점렬 콤팩트이고 따라서 콤팩트이다(정리 11-14).

21. (정리 14-13) A를 완비거리공간 X의 부분집합이라 하면 다음은 동치임을 증명하여라.

(i) A는 콤팩트이다.

(ii) A는 완전유계인 닫힌집합이다.

풀이 A가 콤팩트이면 정리 11-5와 보조정리 11-17에 의하여 이것은 닫힌집합이고 완전유계이다. 역으로 A가 닫힌집합이고 완전유계라고 가정하자. 그런데 완비공간의 닫힌부분집합은 완비이므로 A는 완비이고 완진유계이다. 따라서 앞 문제에 의하여 A는 콤팩트이다.

보충문제

G·E·N·E·R·A·L·T·O·P·O·L·O·

• 완비거리공간

22. (X, d)를 거리공간이라 하고 X상의 새로운 거리 e를 $e(a, b) = \min\{1, d(a, b)\}$로 정의하자. 이 경우 점렬 $\langle a_n \rangle$이 (X, d)의 코시열이기 위한 필요충분조건은 $\langle a_n \rangle$이 (X, e)의 코시열임을 밝혀라.

23. 모든 유한거리공간은 완비임을 밝혀라.

24. 완비거리공간은 모든 닫힌부분공간은 완비임을 증명하여라.

25. 힐베르트 공간(l_2-공간)은 완비임을 증명하여라.

26. $\mathscr{B}(X, \mathbf{R})$을 X상에 정의된 유계실수값함수족으로 노름 ;

$$\| f \| = \sup\{|f(x)| : x \in X\}$$

를 갖는다 하자. 이 경우 $\mathscr{B}(X, \mathbf{R})$은 완비임을 밝혀라.

27. 거리공간 X가 완비이기 위한 필요충분조건은 모든 완전유계인 무한부분집합은 항상 집적점을 가짐을 증명하여라.

28. 제1범주집합의 가산합집합은 제1범주집합임을 밝혀라.

29. 거리공간 X가 완전유계이기 위한 필요충분조건은 X의 모든 점렬이 코시 부분열을 포함하는 것임을 밝혀라.

30. X가 Y와 거리동형이고 X가 완비이면 Y는 완비임을 밝혀라.

• 기타문제

31. 모든 노름벡터공간 X는 바나흐 공간, 즉 완비노름벡터 공간으로 조밀하게 매장될 수 있음을 증명하여라(힌트 : 370쪽의 "주의" 참조).

15

G·E·N·E·R·A·L·T·O·P·O·L·O·G·Y

함수공간

15.1 함수공간

X와 Y를 임의의 집합이라 하고 $\mathscr{F}(X, Y)$를 X에서 Y로의 모든 함수족을 나타낸다 하자. 어떤 위상 $\mathscr{T}$를 주었을 때 $\mathscr{F}(X, Y)$의 임의의 부분족을 **함수공간**(function space)이라 한다.

$\mathscr{F}(X, Y)$를 다음과 같이 적집합과 동일시 할 수 있다. 각 $x \in X$마다 Y의 복사 Y_x를 취하여 이들의 적을 **F**라 하자. 즉

$$\mathbf{F} = \Pi\{Y_x : x \in X\}.$$

F는 각 $x \in X$에 대해서 $a_x \in Y_x = Y$를 만족하는 모든 점 $p = \langle a_x : x \in X \rangle$로써 이루어진다. 즉 **F**는 X에서 Y로의 모든 함수로 이루어진다. 따라서 $\mathbf{F} = \mathscr{F}(X, Y)$이다.

이제 각 원소 $x \in X$에 대해서 함수집합 $\mathscr{F}(X, Y)$에서 Y로의 사상 e_x는

$$e_x(f) = f(x)$$

로 정의되고 이 e_x를 x에 있어서 **값매김사상**(evaluation mapping)이라 한다(여기서 f는 $\mathscr{F}(X, Y)$에 속하는 임의의 함수, 즉 $f : X \longrightarrow Y$이다). $\mathscr{F}(X, Y)$를 **F**와 동일시함으로 값매김사상 e_x는 **F**에서 좌표공간 $Y_x = Y$로의 사영사상 π_x에 지나지 않는다.

예제 1.1 $\mathscr{F}(I, \mathrm{R})$을 $I = [0, 1]$상에서 정의된 모든 실수값함수족이라 하고 $f, g, h \in \mathscr{F}(I, \mathrm{R})$을 함수,

$f(x) = x^2$, $g(x) = 2x + 1$, $h(x) = \sin \pi x$ 라고 하자. 값매김함수 $e_j : \mathscr{F}(I, \mathrm{R}) \longrightarrow \mathrm{R}$를 생각하면, 예컨대 $j = 1/2$에서 생각하면,

$$e_j(f) = f(j) = f(1/2) = 1/4$$
$$e_j(g) = g(j) = g(1/2) = 2$$
$$e_j(h) = h(j) = h(1/2) = 1$$

그래프적으로 말하자면 $e_j(f)$, $e_j(g)$와 $e_j(h)$는 그래프 f, g와 h가 $x = j$를 지나는 수직

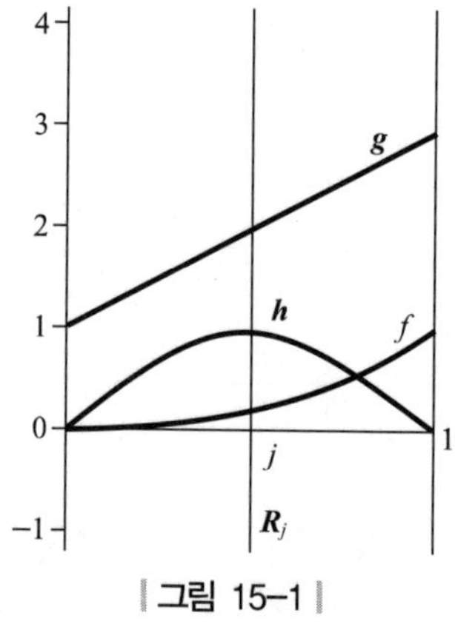

| 그림 15-1 |

선 R_j와 만나는 점이다(그림 15-1).

15.2 점 열린위상

X를 임의의 집합, Y를 위상공간이라 하자. 첫째로 위에서와 같이 $\mathscr{F}(X, Y)$와 적집합 $\boldsymbol{F}= \Pi\{Y_x : x\in X\}$를 동일시할 때 $\mathscr{F}(X, Y)$상에 적위상 $\mathscr{T}$를 도입할 수 있다. $\boldsymbol{F}$상의 적위상의 정의부분기저 $\mathscr{S}$는 $x_0\in X$와 좌표공간 $Y_{x0} = Y$의 열린부분집합 G를 취해서

$$\pi_{x0}^{-1}[G] = \{f : \pi_{x0}(f)\in G\}$$

로 표현되는 $\boldsymbol{F}$의 모든 부분집합으로 구성된다. 그래서 e_{x0}를 $x_0\in X$에 있어서 값매김 사상이라 할 때 $\pi_{x0}(f) = e_{x0}(f) = f(x_0)$이다. 따라서 $\mathscr{F}(X, Y)$상의 적위상 $\mathscr{T}$의 정의부분기저 $\mathscr{S}$는 형식$\{f : f(x_0)\in G\}$의 모든 부분집합, 즉 임의의 점 $x_0\in X$를 Y의 임의의 열린집합 G로 사상하는 모든 $\mathscr{F}(X, Y)$의 부분집합으로 이루어진다.

$\mathscr{F}(X, Y)$상의 이와 같은 적위상을 특히 **점 열린위상**(point open topology)이라 부른다.

다른 방법으로 말하자면 값매김사상 $e_x : \mathscr{F}(X, Y) \longrightarrow Y$가 연속이 된다는 조건을 만족하는 $\mathscr{F}(X, Y)$상의 위상 중에서 가장 거친 위상을 점열린위상으로 정의할 수 있다. 이 정의는 곧 적위상의 정의에 해낭한다.

예제 2.1 $I= [0, 1]$이라 할 때 $\mathscr{F}(I, \mathbf{R})$상의 점 열린 위상을 $\mathscr{T}$라 하자. 위에서와 같이 $\mathscr{T}$의 정의부분기저는 형식,

$$\{f : f(j_0)\in G\}$$

이고(여기서 $j_0\in I$이고 G는 $\mathbf{R}$의 열린부분집합이다) 그림 15-2에서 말한다면 위 부분기저원소는 수평축상의 점 j_0를 지나는 수직선 $\mathbf{R}$상의 열린집합 G를 지나는 모든 함수로 이루어진다. 이것은 제12장에서 설명된 적공간,

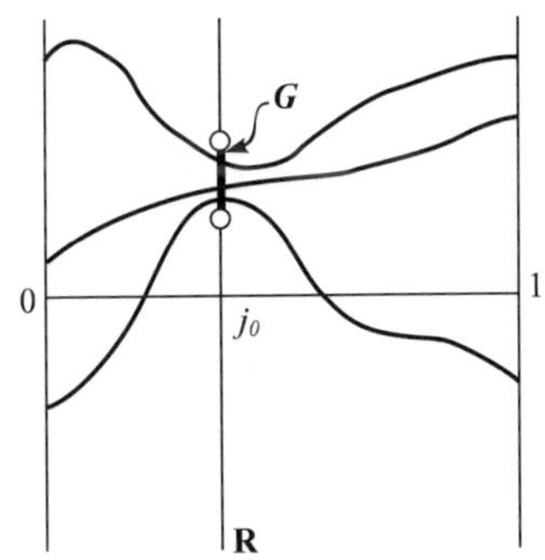

그림 15-2

$$X = \Pi\{R_i : i \in I\}$$

의 부분기저의 원소와 같음을 상기하여라.

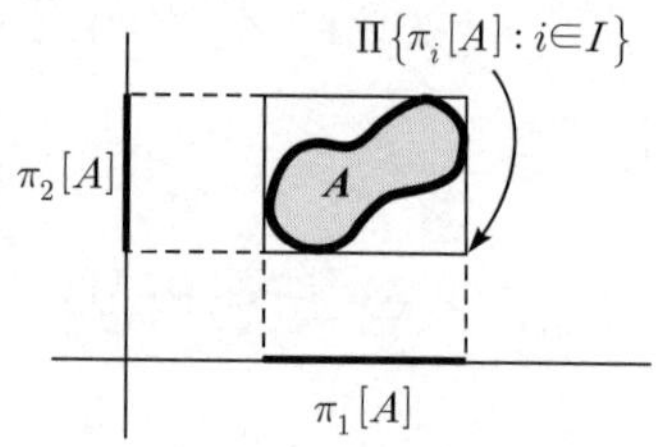

| 그림 15-3 |

예제 2.2 A가 적공간 $\Pi\{X_i : i \in I\}$의 부분집합일 때 A는 그 모든 사영의 적의 부분집합, 즉

$$A \subset \Pi\{\pi_i[A] : i \in I\}$$

이다(그림 15-3에서 표시된 바와 같이). 따라서 $\overline{\pi_i[A]}$를 $\pi_i[A]$의 폐포라고 할 때

$$A \subset \Pi\left\{\overline{\pi_i[A]} : i \in I\right\}$$

따라서 $\mathscr{A} = \mathscr{A}(X, Y)$를 $\mathscr{F}(X, Y)$의 부분족이라면,

$$\mathscr{A} \subset \Pi\{\overline{\pi_x[\mathscr{A}]} : x \in X\} = \pi\{\overline{e_x[\mathscr{A}]} : x \in X\}$$

이고 $\overline{e_x[\mathscr{A}]} = \overline{\{f(x) : f \in \mathscr{A}\}}$이다. $\overline{\{f(x) : x \in X\}}$가 모든 $x \in X$에 대해서 콤팩트이면, 치호노프 적정리에 의하여 $\Pi\{\overline{\pi_x[\mathscr{A}]} : x \in X\}$는 적공간 $\Pi\{Y_x : x \in X\}$의 콤팩트 부분집합이다.

콤팩트 집합의 닫힌부분집합은 콤팩트임을 생각하면, 예제 2.2의 결과에서 다음을 알 수 있다.

> **정리 15-1** $\mathscr{A}$를 $\mathscr{F}(X, Y)$의 부분족이라 하면 (i) $\mathscr{A}$가 $\mathscr{F}(X, Y)$의 닫힌부분집합이고 (ii) 모든 $x \in X$에 대해서 $\overline{\{f(x) : f \in \mathscr{A}\}}$가 Y에서 콤팩트일 때 $\mathscr{A}$는 $\mathscr{F}(X, Y)$ 상의 점 열린위상에 관하여 콤팩트이다.

Y가 하우스도르프인 경우에는 다음과 같은 더욱 강한 결과를 얻는다.

> **정리 15-2** Y를 하우스도르프 공간이라 하고 $\mathscr{A} \subset \mathscr{F}(X, Y)$라고 하면 $\mathscr{A}$가 점 열린위상에 관하여 콤팩트이기 위한 필요충분조건은 $\mathscr{A}$가 닫힌집합이고 모든 $x \in X$에 대해서 $\overline{\{f(x) : f \in \mathscr{A}\}}$가 콤팩트로 되는 것이다.

15.3 점마다 수렴

$\langle f_1, f_2, \cdots \rangle$를 임의의 집합 X에서 위상공간 Y로의 함수열이라 하자. 함수열 $\langle f_n \rangle$이 모든 $x_0 \in X$에 대해서

$$\langle f_1(x_0), f_2(x_0), \cdots \rangle \text{가 } g(x_0)\text{로 수렴한다. 즉 } \lim_{n\to\infty} f_n(x_0) = g(x_0)$$

일 때 함수열 $\langle f_n \rangle$는 함수 $g : X \longrightarrow Y$로 **점마다 수렴**(pointwise convergence)한다고 한다.

특히 Y가 거리공간이면 모든 $\epsilon > 0$와 모든 $x_0 \in X$에 대해서

$$n_0 = n_0(x_0, \epsilon) \in \mathbf{N} \text{이 존재해서 } n > n_0 \Longrightarrow d(f_n(x_0), g(x_0)) < \epsilon$$

일 때 $\langle f_n \rangle$은 g로 점마다 수렴한다고도 할 수 있다.
여기서 n_0는 ϵ과 점 x_0에 의존함에 유의하기 바란다.

예제 3.1 $\langle f_1, f_2, \cdots \rangle$를 $I = [0, 1]$에서부터 $\mathbf{R}$로의 함수열이라 하고

$$f_1(x) = x,\ f_2(x) = x^2,\ f_3(x) = x^3,\ \cdots$$

으로 정의된다 하자. 이 경우 $\langle f_n \rangle$은

$$g(x) = \begin{cases} 0 & (0 \le x < 1\text{일 때}) \\ 1 & (x = 1\text{일 때}) \end{cases}$$

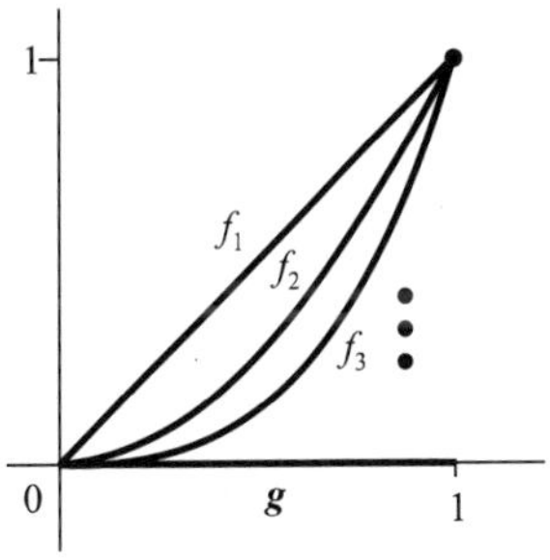

그림 15-4

로 정의되는 함수 $g : I \longrightarrow \mathbf{R}$로 점마다 수렴한다. 이 예제에서는 극한함수 g는 각 함수 f_i가 비록 연속이라 할지라도 연속이 아님을 알 수 있다(그림 15-4 참조).

점마다 수렴의 개념은 다음과 같이 점렬린위상과 결부되어 있다.

> **정리 15-3** $\mathscr{F}(X, Y)$에 속하는 함수열 $\langle f_1, f_2, \cdots \rangle$이 $\mathscr{F}(X, Y)$상의 점렬린위상에 관하여 $g \in \mathscr{F}(X, Y)$로 수렴하기 위한 필요충분조건은 $\langle f_n \rangle$이 g로 점마다 수렴하는 것이다.

위 정리의 사실로부터 $\mathscr{F}(X, Y)$상의 점렬린위상은 또한 **점마다 수렴의 위상**(topology of pointwise convergence)이라 불리는 경우도 있다.

※ 주의 : 거리화 가능성은 가산이 아닌 적에 관하여 불변이 아님을 생각하자. 따라서 $[0, 1]$상에서 정의되는 실수값함수의 점마다 수렴위상은 거리위상이 될 수 없다. 실은 거리공간의 일반화로서 위상공간론이 연구되게 된 최초의 동기는 함수의 점마다 수렴의 연구였다.

15.4 균등수렴

$\langle f_1, f_2, \cdots \rangle$를 임의의 집합 X에서 거리공간 (Y, d)로의 함수열이라 하자. 이 경우 모든 $\epsilon > 0$에 대해서

$$n_0 = n_0(\epsilon) \in \mathbf{N}\text{이 존재해서 } n > n_0 \implies \forall x \in X,\ d(f_n(x), g(x)) < \epsilon$$

를 만족할 때 $\langle f_n \rangle$은 함수 $g : X \longrightarrow Y$로 **균등수렴한다**(uniform convergence)고 한다.

특히 $\langle f_n \rangle$은 g로 점마다 수렴한다. 즉 균등수렴성은 점마다 수렴성을 포함한다. 상술한 n_0는 ϵ에만 의존하는 반면에 점마다 수렴에 있어서는 n_0는 ϵ과 동시에 점 x에 의존함에 주의하기 바란다.

X가 위상공간인 경우에는 다음과 같은 고전적인 결과가 있다.

> **명제 15-4** $\langle f_1, f_2, \cdots \rangle$를 위상공간 X에서 거리공간 Y로의 연속함수열이라 하자. $\langle f_n \rangle$이 $g : X \longrightarrow Y$로 균등수렴하면 g도 연속이다.

예제 4.1 $f_1, f_2, \cdots$를 다음과 같이 $I = [0, 1]$에서 $\mathbf{R}$로의 연속함수라 하자.

$$\text{즉, } f_1(x) = x,\ f_2(x) = x^2,\ f_3(x) = x^3,\ \cdots$$

예제 3.1에 의하여 $\langle f_n \rangle$는 다음의 $g : I \longrightarrow \mathbf{R}$로 점마다 수렴한다.

$$g(x) = \begin{cases} 0 & (0 \le x < 1\text{일 때}) \\ 1 & (x = 1\text{일 때}) \end{cases}$$

그러나 g는 연속이 아닌 까닭에 $\langle f_n \rangle$은 g로 균등수렴하지 않는다.

예제 4.2 $\langle f_1, f_2, \cdots \rangle$를 다음과 같은 $\mathscr{F}(\mathbf{R}, \mathbf{R})$에 속하는 함수열이라 하자.

$$f_n(x) = \begin{cases} 1 - \dfrac{1}{n}|x| & (|x| < n\text{일 때}) \\ 0 & (|x| \ge n\text{일 때}) \end{cases}$$

$\langle f_n \rangle$은 상수함수 $g(x) = 1$로 점마다 수렴한다. 그러나 g로 균등수렴하지 않는다. 왜냐하면 $\epsilon = 1/2$이라 하면 모든 $n \in \mathbf{N}$에 대해서 $f_n(x_0) = 0$을 만족하는 점 $x_0 \in \mathbf{R}$가 존재하므로 $|f_n(x_0) - g(x_0)| = 1 > \epsilon$로 되는 까닭이다.

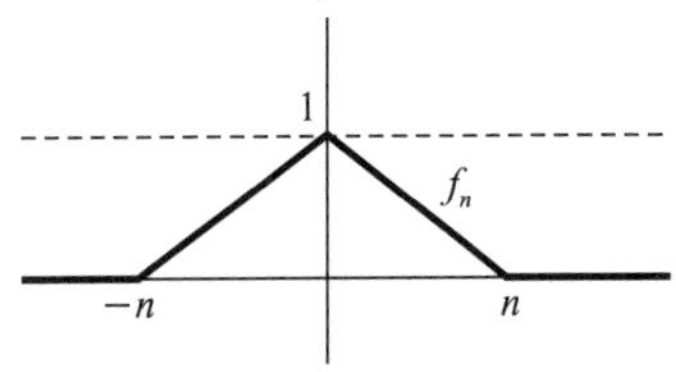

| 그림 15-5 |

$\mathscr{B}(X, Y)$로 임의의 집합 X에서 거리공간 (Y, d)로의 모든 유계함수족을 나타내고 e를

$$e(f, g) = \sup\{d(f(x), g(x)) : x \in X\}$$

로 정의되는 $\mathscr{B}(X, Y)$상의 거리라 하자. 이 거리 e는 다음과 같은 성질을 갖는다.

> **정리 15-5** $\langle f_1, f_2, \cdots \rangle$를 $\mathscr{B}(X, Y)$에 속하는 함수열이라 하면 $\langle f_n \rangle$가 거리 e에 관하여 $g \in \mathscr{B}(X, Y)$로 수렴하기 위한 필요충분조건은 $\langle f_n \rangle$이 g로 균등 수렴하는 것이다.

위 정리의 거리에서 유도된 $\mathscr{B}(X, Y)$상의 위상을 **균등수렴위상**(topology of uniform convergence)이라 한다.

※ 주의 : 균등수렴의 개념은 Y가 거리공간인 경우에 정의되고, 일반적인 위상공간의 경우에 대해서는 정의될 수 없다. 그러나 균등수렴의 개념은 어떤 종류의 공간으로 일반화될 수 있다. 그 공간은 위상공간과 거리공간 사이에 위치하고, **균등공간**(uniform spacees)이라 한다.

15.5 함수공간 $\mathscr{C}[0, 1]$

$I=[0, 1]$에서부터 $\mathbf{R}$로의 모든 연속함수족에

$$\|f\|=\sup\{|f(x)| : x\in I\}$$

로서 정의되는 노름을 도입한 벡터공간 $\mathscr{C}[0, 1]$은 해석학에서 다루게 되는 가장 중요한 함수공간의 하나이다. 위 노름은 균등수렴위상을 유도함에 유의하여라.

$I=[0, 1]$은 콤팩트이므로 각 $f\in\mathscr{C}[0, 1]$는 **균등연속**(uniformly continuous)이다.

> **명제 15-6** $f:[0, 1] \longrightarrow \mathbf{R}$가 연속일 때는 모든 $\epsilon>0$에 대해서 $\delta=\delta(\epsilon)>0$가 존재해서 $|x_0-x_1|<\delta \Longrightarrow |f(x_0)-f(x_1)|<\epsilon$를 만족한다.

균등연속성(균등수렴성과 같은)은 δ과 ϵ에만 의존하고 임의의 특별한 점에 의존하지 않는다는 점에서 연속성보다 더욱 강하다.

명제 15-4에서부터 다음의 결과가 성립한다.

> **정리 15-7** $\mathscr{C}[0, 1]$은 완비노름벡터공간이다.

이제 완비거리공간에 관한 베르 카테고리 정리를 사용하면 재미있는 결과가 유도된다.

> **명제 15-8** 미분가능한 곳이 없는 연속함수 $f:[0, 1] \longrightarrow \mathbf{R}$가 존재한다.

※ 주의 : $\mathscr{C}[0, 1]$에 관하여 위에서 증명된 모든 결과는 닫힌구간 $[a, b]$상의 모든 연속함수의 공간 $\mathscr{C}[a, b]$에 대해서도 또한 모두 성립한다.

15.6 균등유계성

함수공간의 부분집합이 콤팩트이기 위한 필요충분조건을 확립하기 위하여 **균등유계성**(uniform boundedness)과 **동등연속성**(equicontinuity)이라 하는 개념을 도입하기

로 한다.

임의의 집합 X상에서 정의된 실수값함수족 $\mathscr{A}=\{f_i : X \longrightarrow \mathbf{R}\}$는

$$\forall f \in \mathscr{A},\ \forall x \in X,\ M \in \mathbf{R}\text{가 존재해서 } |f(x)| \leq M$$

를 만족할 때 **균등유계**(uniformly bounded)하다고 한다. 즉, 각 함수 $f \in \mathscr{A}$가 유계이고 모든 함수에 대해서 성립하는 하나의 한계가 존재한다.

특히 $\mathscr{A} \subset \mathscr{C}[0, 1]$이면 균등유계성은 다음과 동치이다. 즉

$$\forall f \in \mathscr{A},\ M \in \mathbf{R}\text{가 존재해서 } \| f \| \leq M$$

또한 $\mathscr{A}$는 $\mathscr{C}[0, 1]$의 유계부분집합이라고도 할 수 있다.

예제 5.1 $\mathscr{A}$를 다음과 같은 $\mathscr{F}(\mathbf{R}, \mathbf{R})$의 부분집합이라 하자.

$$\mathscr{A}=\{f_1(x)=\sin x,\ f_2(x)=\sin 2x,\ \cdots\}$$

이 경우 $\mathscr{A}$는 균등유계이다. 왜냐하면 $M=1$이라 하면 모든 $f \in \mathscr{A}$와 모든 $x \in \mathbf{R}$에 대해서 $|f(x)| \leq M$인 까닭이다(그림 15-6 참조).

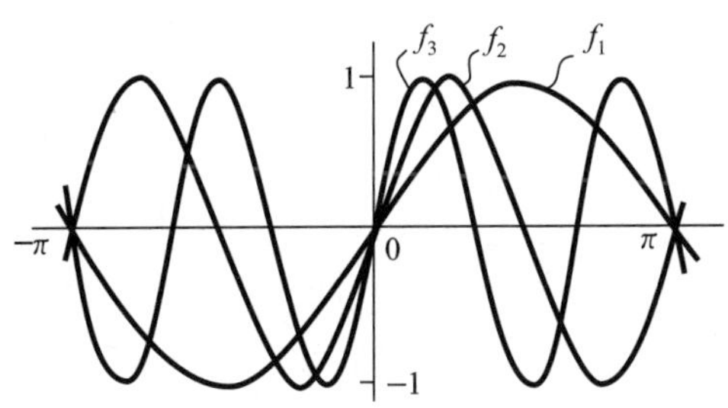

| 그림 15-6 |

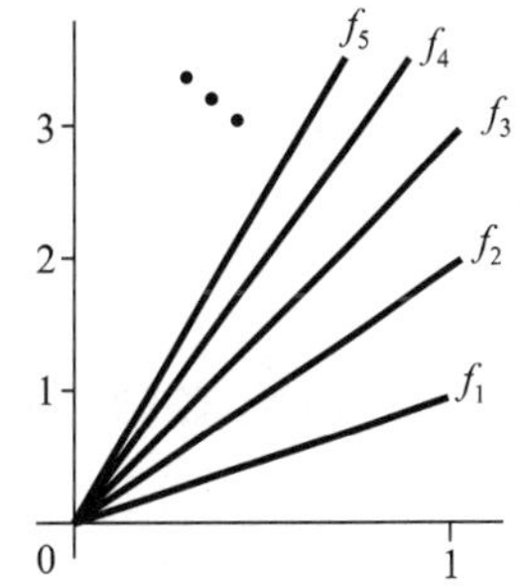

| 그림 15-7 |

예제 5.2 $\mathscr{A} \subset \mathscr{C}[0, 1]$를 다음과 같이 정의한다 하자(그림 15-7 참조).

$$\mathscr{A}=\{f_1(x)=x,\ f_2(x)=2x,\ f_3(x)=3x,\ \cdots\}$$

$\mathscr{C}[0, 1]$에 속하는 각 함수와 특히 $\mathscr{A}$에 속하는 각 함수는 유계이나, $\mathscr{A}$는 균등유계가 아니다. 왜냐하면 M을 아무리 큰 실수라 할지라도 $n_0 > M$로 되는 $n_0 \in \mathbf{N}$이 존재하여 $f_{n_0}(1)=n_0 > M$로 되는 까닭이다.

15.7 동등연속성과 아스콜리(Ascoli)정리

임의의 거리공간 X에서 정의된 실수값함수족 $\mathscr{A}=\{f_i : X \longrightarrow \mathbf{R}\}$가 모든 $\epsilon>0$에 대해서

$$\delta=\delta(\epsilon)>0\text{가 존재해서 } d(x_0,\, x_1)<\delta \Longrightarrow \forall f\in\mathscr{A},\ |f(x_0)-f(x_1)|<\epsilon$$

를 만족하면 $\mathscr{A}$를 **동등연속**(equicontinuous)이라 한다.

δ는 ϵ에만 의존하고 임의의 특수한 점 또는 함수에 의존하지 않음에 유의하여라. 이 경우 각 $f\in\mathscr{A}$가 균등연속함은 분명하다.

> **정리 15-9** **아스콜리(Ascoli)** : $\mathscr{A}$를 함수공간 $\mathscr{C}[0,1]$의 닫힌부분집합이라 하면 $\mathscr{A}$가 콤팩트이기 위한 필요충분조건은 $\mathscr{A}$가 균등유계하고 동등연속인 것이다.

15.8 콤팩트 열린위상

X와 Y를 임의의 집합이라 하고 $A\subset X$, $B\subset Y$라고 하자. A를 B로 옮기는 함수족을 X에서부터 Y로의 함수족 대신에 $F(A, B)$로 나타낸다. 즉

$$F(A,\, B)=\{f\in\mathscr{F}(X,\, Y) : f[A]\subset B\}$$

예제 6.1 $\mathscr{S}$를 $\mathscr{F}(X, Y)$상의 점 열린위상에 대한 정의부분기저라고 하자. $\mathscr{S}$의 원소는 $x\in X$이고 G가 Y의 열린집합일 때 형식 $\{f\in\mathscr{F}(X,\, Y) : f(x)\in G\}$임을 상기하자. 위 기호에 따르면 이 집합은 $F(x, G)$로 표현되고 이 경우 $\mathscr{S}$를

$$\mathscr{S}=\{F(x,\, G) : x\in X,\ G\text{는 열린집합} \subset Y\}$$

로 정의할 수 있다.

이제 X와 Y를 위상공간, $\mathscr{A}$를 X의 콤팩트 부분집합족이라 하고 $\mathscr{G}$를 Y의 열린부분집합족이라 하자. 이 경우,

$$\mathscr{S}=\{F(A,\, G) : A\in\mathscr{A},\ G\in\mathscr{G}\}$$

에 의하여 생성되는 $\mathscr{F}(X, Y)$상의 위상 $\mathscr{T}$를 $\mathscr{F}(X, Y)$상의 **콤팩트열린위상**(compact open topology)이라 하고 $\mathscr{S}$를 $\mathscr{T}$의 정의부분기저라 한다.

X의 한 원소부분집합은 콤팩트인 까닭에 $\mathscr{S}$는 $\mathscr{F}(X, Y)$상의 점 열린위상에 대한 정의부분기저의 원소를 모두 포함하고 있다. 따라서

> **정리 15-10** $\mathscr{F}(X, Y)$상의 점 열린위상은 $\mathscr{F}(X, Y)$상의 콤팩트 열린위상보다 거친 위상이다.

점 열린위상은 값매김함수를 연속이 되게 하는 위상 중에서 가장 거친(coarsest) 위상임을 상기하여라. 따라서

> **계 15-11** 값매김함수 $e_x : \mathscr{F}(X, Y) \longrightarrow Y$는 $\mathscr{F}(X, Y)$상의 콤팩트 열린위상에 관하여 연속이다.

15.9 콤팩트 수렴위상

$\langle f_1, f_2, \cdots \rangle$를 위상공간 X에서 거리공간 (Y, d)로의 함수열이라 하자. 함수열 $\langle f_n \rangle$이 모든 콤팩트 부분집합 $E \subset X$와 모든 $\epsilon > 0$에 대해서

$$n_0 = n_0(E, \epsilon) \in \mathbf{N}\text{이 존재해서 } n > n_0 \implies \forall x \in E,\ d(f_n(x), g(x)) < \epsilon$$

를 만족할 때 $\langle f_n \rangle$는 $g : X \longrightarrow Y$로 **콤팩트 균등수렴**(converge uniformly on compacta)한다고 한다. 다시 말하자면 $\langle f_n \rangle$은 모든 콤팩트 부분집합 $E \subset X$에 대해서 $\langle f_n \rangle$의 E로의 제한이 g의 E로의 제한으로 균등하게 수렴할 때 $\langle f_n \rangle$는 g로 **콤팩트집합**(compacta)상에서 균등수렴한다. 즉

$$\langle f_1|E, f_2|E, \cdots \rangle\text{는 } g|E\text{로 균등수렴한다.}$$

균등수렴이면 콤팩트상에서 균등수렴을 뜻하고 한 원소집합은 콤팩트인 까닭에 콤팩트상에서 균등수렴은 점마다 수렴을 뜻한다.

예제 7.1 $\langle f_1, f_2, \cdots \rangle$를 $\mathscr{F}(\mathrm{R}, \mathrm{R})$에 속하는 함수열이라고 하고

$$f_n(x) = \begin{cases} 1 - \dfrac{1}{n}|x| & (|x| < n \text{일 때}) \\ 0 & (|x| \geq n \text{일 때}) \end{cases}$$

로 정의한다 하자. $\langle f_n \rangle$은 상수함수 $g(x) = 1$로 점마다 수렴하나 $\langle f_n \rangle$은 g로 균등수렴하지 않는다(예제 4.2 참조). 그러나 $\mathbf{R}$의 모든 콤팩트 부분집합 E는 유계인 까닭에 $\langle f_n \rangle$은 g로 콤팩트상에서 균등수렴한다.

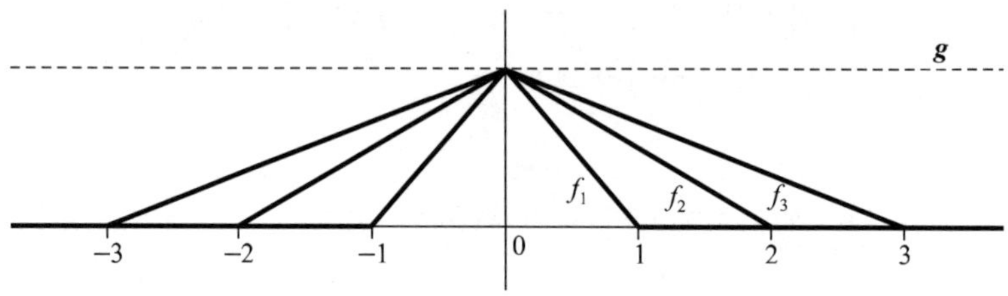

| 그림 15–8 |

> **정리 15–12** $\mathscr{C}(X, Y)$를 위상공간 X에서 거리공간 (Y, d)로의 연속함수족이라 하자. $\mathscr{C}(X, Y)$에 속하는 함수열 $\langle f_n \rangle$가 콤팩트 열린위상에 관해서 $g \in \mathscr{C}(X, Y)$로 수렴하기 위한 필요충분조건은 $\langle f_n \rangle$이 g로 콤팩트상에서 균등수렴하는 것이다.

위 정리에 의하여 콤팩트 열린위상은 또한 **콤팩트 수렴위상**(topology of compact convergence)이라고도 불린다.

15.10 노름공간상의 범함수

X를 노름벡터공간($\mathbf{R}$상)이라 하자. 정의역이 X일 때 실수값함수, 즉 $f : X \longrightarrow \mathbf{R}$를 **범함수**(functional)라 한다.

> **정의** X상의 범함수 f는
> (i) $\forall x, y \in X,\ f(x+y) = f(x) + f(y)$
> (ii) $\forall x \in X,\ k \in \mathbf{R},\ f(kx) = k[f(x)]$
> 일 때 **선형**(linear)이라 한다.
> X상의 선형범함수 f가

$$\forall x \in X,\ M > 0\text{가 존재해서 } |f(x)| \le M\|x\|$$

를 만족할 때 f는 **유계**(bounded)하다 하고 여기서 M을 f에 대한 **상계**(bound)라고 한다.

예제 8.1 X를 $[a, b]$상의 모든 연속 실수값함수공간이라 하고, 노름 $\|f\| = \sup\{|f(x)| : x \in [a, b]\}$를 갖는다 하자. 즉, $X = \mathscr{C}[a, b]$라고 하자. $\mathrm{I} : X \longrightarrow \mathbf{R}$를

$$\mathrm{I}(f) = \int_a^b f(t)dt$$

로 정의하면, 이 경우 I는 선형범함수이다. 왜냐하면

$$\begin{aligned} \mathrm{I}(f+g) &= \int_a^b (f(t)+g(t))dt \\ &= \int_a^b f(t)dt + \int_a^b g(t)dt \\ &= \mathrm{I}(f) + \mathrm{I}(g) \end{aligned}$$

$$\mathrm{I}(kf) = \int_a^b (kf)(t)dt = \int_a^b k[f(t)]dt = k\int_a^b f(t)dt = k\mathrm{I}(f)$$

인 까닭이고, 또한 $M = b - a$는

$$\mathrm{I}(f) = \int_a^b f(t)dt \le M \sup\{|f(t)|\} = M\|f\|$$

이므로 I에 대한 상계로 되는 까닭이다.

명제 15-13 f와 g를 X상의 유계선형범함수라 하고 $k \in \mathbf{R}$라고 하면 $f+g$와 $k \cdot f$는 X상에서 모두 유계선형범함수이다.

따라서 명제 8-14(제8장)에 의하여 X상의 모든 유계선형범함수족 X^*는 선형(벡터)공간이다.

명제 15-14 X^*상의 다음 함수는 X^*의 노름이다. 즉

$$\|f\| = \sup\{|f(x)|/\|x\| : x \ne 0\}$$

M이 f에 대한 상계이면, 즉 $|f(x)| \le M\|x\|,\ \forall x \in X$이면 특히 $x \ne 0$에 대해

서는 $|f(x)|/\|x\| \le M$이므로 $\|f\| \le M$로 된다. 실제로 $\|f\|$는 같은 뜻으로

$$\|f\| = \inf\{M : M\text{은 } f\text{에 대한 상계}\}$$

로 정의될 수 있다.

※ 주의 : X상의 모든 유계선형범함수의 노름공간을 X의 **쌍대공간**(dual space)이라 한다.

연습문제

• 점마다 수렴, 점 열린위상

1. $I=[0, 1]$이라 할 때 $\langle f_1, f_2, \cdots\rangle$를 $\mathscr{F}(I, \mathbf{R})$에 속하는 함수열이라 하고

$$f_n(x)=\begin{cases} 4n^2x & (0 \le x \le 1/2n\text{일 때}) \\ -4n^2x+4n & (1/2n < x < 1/n\text{일 때}) \\ 0 & (1/n \le x \le 1\text{일 때}) \end{cases}$$

로 정의한다 하자. $\langle f_n\rangle$은 상수함수 $g(x)=0$으로 점마다 수렴함을 밝혀라.

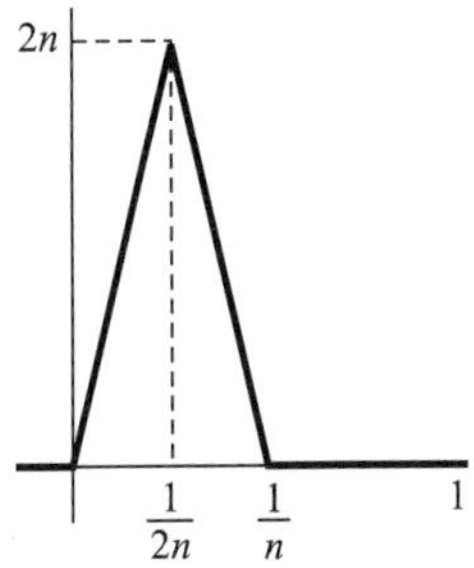

| 그림 15-9 |

풀이 모든 $n\in\mathbf{N}$에 대해서 $f_n(0)=0$이므로 $\lim_{n\to\infty} f_n(0)=g(0)=0$. 한편으로는 $x_0>0$이면 $n_0\in\mathbf{N}$가 존재해서 $1/n_0<x_0$를 만족한다. 이 n_0에 대해서

$$n>n_0 \Longrightarrow f_n(0)=0 \Longrightarrow \lim_{n\to\infty} f_n(x_0)=g(x_0)=0$$

따라서 $\langle f_n\rangle$은 영함수로 점마다 수렴한다. 그런데

모든 $n\in\mathbf{N}$에 대해서 $\int_0^1 f_n(x)dx=1$이나, $\int_0^1 g(x)dx=0$임에 주의하여라.

그러므로 이 경우 적분값의 극한은 극한의 적분값과 같지 않다. 즉

$$\lim_{n\to\infty}\int_0^1 f_n(x)dx \ne \int_0^1 \lim_{n\to\infty} f_n(x)dx$$

2. $\mathscr{C}(I, \mathbf{R})$로 $I=[0, 1]$상의 연속실수값함수족을 나타내고 노름,

$$\|f\|=\int_0^1 |f(x)|dx$$

를 갖는다 하자. 위 노름에서 $f_n \longrightarrow g$이나 $\langle f_n\rangle$은 점마다 g로 수렴하지 않는 $\mathscr{C}(I, \mathbf{R})$에 속하는 함수열 $\langle f_1, f_2, \cdots\rangle$의 예를 들어라.

풀이 $\langle f_n\rangle$을 $f_n(x)=x^n$으로 정의한다. 이 경우

$$\lim_{n\to\infty}\|f_n\| = \lim_{n\to\infty}\int_0^1 x^n dx = \lim_{n\to\infty} 1/(n+1) = 0$$

따라서 $\langle f_n \rangle$은 위 노름에서 영함수 $g(x)=0$으로 수렴하나, 한편으로 $\langle f_n \rangle$은 $0 \le x < 1$일 때 $f(x)=0$이고 $x=1$일 때 $f(x)=1$로 정의되는 함수 f로 점마다 수렴한다(예제 3.1 참조). 따라서 $f \neq g$이다.

3. Y의 위상이 T_1, T_2, 정칙 또는 연결이라면 어느 경우에서도 점 열린위상을 갖는 $\mathscr{F}(X, Y)$는 또한 이들 성질을 만족함을 밝혀라.

풀이 $\mathscr{F}(X, Y)$상의 점 열린위상은 적위상인 까닭에 Y의 적불변인 성질은 $\mathscr{F}(X, Y)$에 유전된다. 앞 결과에 의하여 위 성질들은 적불변이다.

4. (정리 15-2) Y를 하우스도르프라고 하고 $\mathscr{A}$를 점 열린위상을 갖는 $\mathscr{F}(X, Y)$의 부분집합이라 하면 다음 두 조건은 동치임을 증명하여라.

(i) $\mathscr{A}$는 콤팩트이다.

(ii) $\mathscr{A}$는 닫힌집합이고, $\{f(x) : f \in \mathscr{A}\}$는 모든 $x \in X$에 대해 Y에서 콤팩트이다.

풀이 정리 15-1에 의하여 (ii) $\Rightarrow$ (i)이므로 (i) $\Rightarrow$ (ii)만을 증명하면 된다. Y는 하우스도르프이므로 T_2는 적불변이므로 $\mathscr{F}(X, Y)$는 또한 하우스도르프이다. 이제 정리 11-5에 의하여 하우스도르프 공간의 콤팩트 부분집합은 닫힌집합이므로 $\mathscr{A}$는 닫힌집합이다. 또한 각 값매김사상 $e_x : \mathscr{F}(X, Y) \longrightarrow Y$는 점 열린위상에 관하여 연속이므로 각 $x \in X$에 대해서

$$e_x[\mathscr{A}] = \{f(x) : f \in \mathscr{A}\}$$

는 Y에서 콤팩트이고 따라서 Y는 하우스도르프인 까닭에 닫힌집합이다. 다시 말하자면 $\overline{\{f(x) : f \in \mathscr{A}\}} = \{f(x) : f \in \mathscr{A}\}$는 콤팩트이다.

5. (정리 15-3) $\mathscr{T}$를 $\mathscr{F}(X, Y)$상의 점 열린위상이라 하고 $\langle f_1, f_2, \cdots \rangle$를 $\mathscr{F}(X, Y)$에 속하는 함수열이라 하자. 이 경우 다음 두 조건은 동치임을 증명하여라.

(i) $\langle f_n \rangle$은 $\mathscr{T}$에 관해서 $g \in \mathscr{F}(X, Y)$로 수렴한다.

(ii) $\langle f_n \rangle$은 g로 점마다 수렴한다.

풀이 **방법 1** : $\mathscr{F}(X, Y)$를 적집합 $\boldsymbol{F} = \Pi\{Y_x : x \in X\}$와 동일시하고 $\mathscr{T}$를 그 적위상과 동일시한다. 이 경우 정리 12-7에 의하여 $\boldsymbol{F}$에 속하는 함수열 $\langle f_n \rangle$가 $g \in \boldsymbol{F}$로 수렴함은 모든 사영 π_x에 대해서 $\langle \pi_x(f_n) \rangle = \langle e_x(f_n) \rangle = \langle f_n(x) \rangle$이 $\pi_x(g) = e_x(g) = g(x)$로 수렴하는 것과 동치이다. 다시 말하자면,

$\lim f_n(x) = g(x)$, ($\forall x \in X$일 때), 즉 $\langle f_n \rangle$가 g로 점마다 수렴할 때 $\mathscr{T}$에 관

하여 $f_n \longrightarrow g$이다.

방법 2 : (i) ⇒ (ii) : x_0를 X에 속하는 임의의 점이라 하고 G를 $g(x_0)$를 포함하는 Y의 열린부분집합이라 하자. 즉, $g(x_0) \in G$라고 하면

$$g \in F(x_0,\ G) = \{f \in \mathscr{F}(X,\ Y) : f(x_0) \in G\}$$

이므로 $F(x_0,\ G)$는 g를 포함하는 $\mathscr{F}(X,\ Y)$의 $\mathscr{T}$-열린부분집합이다. 조건 (i)에 의하여 $\langle f_n \rangle$은 $\mathscr{T}$에 관하여 g로 수렴한다. 따라서

$$n_0 \in \mathbf{N}\text{이 존재해서 } n > n_0 \Longrightarrow f_n \in F(x_0,\ G)$$

따라서,

$$n > n_0 \Longrightarrow f_n(x_0) \in G \Longrightarrow \lim_{n \to \infty} f_n(x_0) = g(x_0)$$

그런데 x_0는 임의였으므로 $\langle f_n \rangle$은 g로 점마다 수렴한다.

(ii) ⇒ (i) : $F(x_0,\ G) = \{f : f(x_0) \in G\}$를 g를 포함하는 $\mathscr{T}$의 임의의 정의부분기저의 임의의 원소라 하자. 이 경우 $g(x_0) \in G$이다. (ii)에 의하여 $\langle f_n \rangle$은 g로 점마다 수렴하는 까닭에,

$$n_0 \in \mathbf{N}\text{이 존재해서 } n > n_0 \Longrightarrow f_n(x_0) \in G$$

를 만족하므로

$$n > n_0 \Longrightarrow f_n \in F(x_0,\ G) \Longrightarrow \langle f_n \rangle\text{은 } g\text{로 } \mathscr{T}\text{-수렴한다.}$$

• 균등수렴

6. (명제 15-4) $\langle f_1,\ f_2,\ \cdots \rangle$를 위상공간 X에서 거리공간 Y로의 연속함수열이라 하고 $\langle f_n \rangle$가 $g : X \longrightarrow Y$로 균등수렴한다고 하면 g는 연속임을 밝혀라.

풀이 $x_0 \in X$이고 $\epsilon > 0$라고 하자. 이 경우 x_0를 포함하는 열린집합 $G \subset X$가 존재해서

$$x \in G \Longrightarrow d(g(x),\ g(x_0)) < \epsilon$$

를 만족할 때 g는 x_0에서 연속이다. 따라서 $\langle f_n \rangle$은 g로 균등하게 수렴하므로

$$m \in \mathbf{N}\text{이 존재해서 } d(f_m(x),\ g(x)) < \frac{1}{3}\epsilon,\ (\forall x \in X)$$

따라서 3각부등식에 의하여

$$\begin{aligned} d(g(x),g(x_0)) &\le d(g(x),f_m(x))+d(f_m(x),f_m(x_0))+d(f_m(x_0),g(x_0)) \\ &< d(f_m(x),f_m(x_0))+\frac{2}{3}\epsilon \end{aligned}$$

또한, f_m은 연속인 까닭에 x_0를 포함하는 열린집합 $G \subset X$가 존재해서

$$x \in G \Longrightarrow d(f_m(x),f_m(x_0)) < \frac{1}{3}\epsilon \text{이므로 } x \in G \Longrightarrow d(g(x),g(x_0)) < \epsilon$$

를 만족한다. 따라서 g는 연속이다.

7. $\langle f_1, f_2, \cdots \rangle$를 $[a, b]$상에서 정의된 실수값연속함수열이라 하고 이것이 함수 $g : [a, b] \longrightarrow \mathbf{R}$로 균등하게 수렴한다 하자. 이 경우

$$\lim_{n\to\infty}\int_a^b f_n(x)dx = \int_a^b g(x)dx$$

임을 밝혀라. 이 명제는 점마다 수렴의 경우에는 성립하지 않음에 주의하여라(문제 1).

풀이 $\epsilon > 0$라고 하자. $n_0 \in \mathbf{N}$이 존재해서

$$n > n_0 \Rightarrow \left|\int_a^b f_n(x) - \int_a^b g(x)dx\right| < \epsilon$$

임을 만족함을 밝히면 된다. 그런데 $\langle f_n \rangle$은 g로 균등하게 수렴하므로 $n_0 \in \mathbf{N}$이 존재하여

$$n > n_0 \Rightarrow |f_n(x) - g(x)| < \epsilon/(b-a), \quad \forall x \in [a, b]$$

를 만족한다. 따라서 $n > n_0$이면

$$\begin{aligned} \left|\int_a^b f_n(x)dx - \int_a^b g(x)dx\right| &= \left|\int_a^b (f_n(x)-g(x))dx\right| \\ &\le \int_a^b |f_n(x)-g(x)|dx \\ &< \int_a^b \epsilon/(b-a)dx = \epsilon \end{aligned}$$

8. (정리 15-5) $\langle f_1, f_2, \cdots \rangle$를 거리,

$$e(f, g) = \sup\{d(f(x), g(x)) : x \in X\}$$

를 갖는 $\mathscr{B}(X, Y)$에 속하는 함수열이라 하자. 이 경우 다음이 동치임을 증명하여라.

(i) $\langle f_n \rangle$은 e에 관하여 $g \in \mathscr{F}(X, Y)$로 수렴한다.

(ii) $\langle f_n \rangle$은 g로 균등하게 수렴한다.

풀이 (i) $\Rightarrow$ (ii) : $\epsilon > 0$라고 하자. $\langle f_n \rangle$가 e에 관하여 g로 수렴하는 까닭에

$$n_0 \in \mathbf{N}\text{이 존재해서 } n > n_0 \Longrightarrow e(f_n, g) < \epsilon$$

를 만족한다. 따라서 이 경우

$$\begin{aligned} n > n_0 \Longrightarrow d(f_n(x), g(x)) &\le \sup\{d(f_n(x), g(x)) : x \in X\} \\ &= e(f_n, g) < \epsilon, \ \forall x \in X \end{aligned}$$

이 성립한다. 즉, $\langle f_n \rangle$은 g로 균등하게 수렴한다.

(ii) $\Rightarrow$ (i) : $\epsilon > 0$라고 하자. $\langle f_n \rangle$가 g로 균등하게 수렴하는 까닭에

$$n_0 \in \mathbf{N}\text{이 존재해서 } n > n_0 \Longrightarrow d(f_n(x), g(x)) < \epsilon/2, \ \forall x \in X$$

를 만족한다. 따라서

$$n > n_0 \Longrightarrow \sup\{d(f_n(x), g(x)) : x \in X\} \le \epsilon/2 < \epsilon$$

이다. 즉, $n > n_0$이면, $e(f_n, g) < \epsilon$이므로 $\langle f_n \rangle$은 e에 관하여 g로 수렴한다.

• 함수공간 $\mathscr{C}[0, 1]$

9. (명제 15-6) $f : I \longrightarrow \mathbf{R}$를 $I = [0, 1]$상에서 연속이라 하면 모든 $\epsilon > 0$에 대해서

$$\delta = \delta(\epsilon) > 0\text{가 존재해서 } |x - y| < \delta \Longrightarrow |f(x) - f(y)| < \epsilon$$

를 만족한다. 즉, f는 균등연속임을 증명하여라.

풀이 $\epsilon > 0$라고 하자. f는 연속인 까닭에 모든 $p \in I$에 대해서

$$\delta_p > 0\text{가 존재해서 } |x - p| < \delta_p \Longrightarrow |f(x) - f(p)| < \frac{1}{2}\epsilon$$

이 성립한다. 각 $p \in I$에 대해서 $S_p = I \cap \left(p - \frac{1}{2}\delta_p, p + \frac{1}{2}\delta_p\right)$라고 하면 $\{S_p : p \in I\}$는 I의 열린피복으로 된다. I는 콤팩트인 까닭에 유한개 S_p는 또한 I를 피복한다. 예컨대, $I = S_{p_1} \cup \cdots \cup S_{p_m}$, 이 경우 $\delta = \frac{1}{2}\min(\delta_{p_1}, \cdots, \delta_{p_m})$이라 놓자. $|x - y| < \delta$라고 하면 어떤

k에 대해서 $x \in S_{p_k}$ 이므로 $|x-p_k| < \frac{1}{2}\delta_{p_k} < \delta_{p_k}$ 이고,

$$|y-p_k| \le |y-x| + |x-p_k| < \delta + \frac{1}{2}\delta_{p_k} \le \frac{1}{2}\delta_{p_k} + \frac{1}{2}\delta_{p_k} = \delta_{p_k}$$

따라서 (1)에 의하여

$$|f(x)-f(p_k)| < \frac{1}{2}\epsilon \text{이고 } |f(y)-f(p_k)| < \frac{1}{2}\epsilon$$

3각부등식에 의하여

$$|f(x)-f(y)| \le |f(x)-f(p_k)| + |f(p_k - f(y)| < \frac{1}{2}\epsilon + \frac{1}{2}\epsilon = \epsilon.$$

10. $\langle f_1, f_2, \cdots \rangle$를 $\mathscr{C}[0, 1]$에 속하는 코시열이라 하자. 각 $x_0 \in I = [0, 1]$에 대해서 $\langle f_1(x_0), f_2(x_0), \cdots \rangle$는 $\mathbf{R}$에 있어서 코시열임을 밝혀라.

풀이 $x_0 \in I$이고 $\epsilon > 0$라고 하자. $\langle f_n \rangle$은 코시열이므로 $n_0 \in \mathbf{N}$에 대해서

$$m, n > n_0 \implies \|f_n - f_m\| = \sup\{|f_n(x) - f_m(x)| : x \in I\} < \epsilon$$
$$\implies |f_n(x_0) - f_m(x_0)| < \epsilon$$

를 만족한다. 따라서 $\langle f_n(x_0) \rangle$는 코시열이다.

11. (정리 15-7) $\mathscr{C}[0, 1]$은 완비노름(벡터)공간임을 증명하여라.

풀이 $\langle f_1, f_2, \cdots \rangle$를 $\mathscr{C}[0, 1]$에 속하는 코시열이라 하고 모든 $x_0 \in I$에 대해서 $\langle f_n(x_0) \rangle$는 $\mathbf{R}$에 있어서 코시열이다. $\mathbf{R}$는 완비인 까닭에 이것은 수렴한다. 함수 $g : I \longrightarrow \mathbf{R}$를 $g(x) = \lim_{n\to\infty} f_n(x)$로 정의하자. 이 경우 $\langle f_n \rangle$은 g로 균등하게 수렴한다(문제 32 참조). 그러므로 명제 15-4에 의하여 g는 연속이다. 즉, $g \in \mathscr{C}[0, 1]$, 따라서 $\mathscr{C}[0, 1]$은 완비이다.

12. $f \in \mathscr{C}[0, 1]$이고 $\epsilon > 0$라고 하자. $k_0, \cdots, k_{n_0}$를 정수라고 할 때 $n_0 \in \mathbf{N}$과 점렬,

$$p_0 = (0, \epsilon k_0/5), \cdots,$$
$$p_i = (i/n_0, \epsilon k_i/5), \cdots,$$
$$p_{n_0} = (1, \epsilon k_{n_0}/5)$$

가 존재해서 만일에 g가 p_i를 연결하는 꺾은

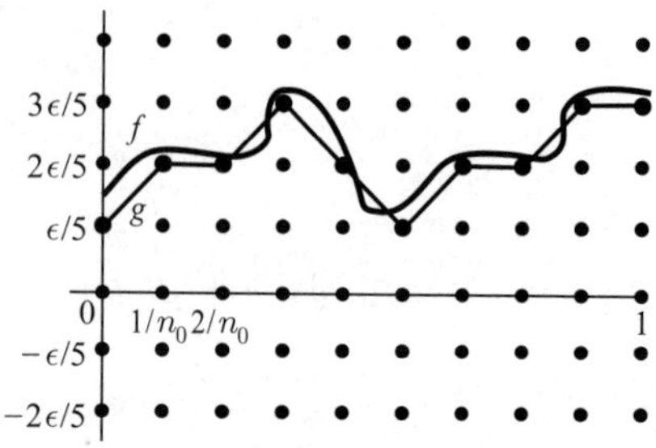

| 그림 15-10 |

호인 함수이면 $\|f-g\|<\epsilon$임을 밝혀라(그림 15-10 참조). 다시 말해서 조각적 직선함수 전체는 $\mathscr{C}[0, 1]$에서 조밀하다.

풀이 f는 $[0, 1]$상에서 균등연속이므로

$$n_0 \in \mathbf{N}\text{이 존재해서 } |a-b| \le 1/n_0 \implies |f(a)-f(b)| < \epsilon/5 \qquad (1)$$

를 만족한다.

다음, $I\times\mathbf{R}$의 부분집합을 생각하자.

$$A=\{\langle x, y\rangle : x=i/n_0,\ y=k_\epsilon/5 \ \text{ 여기서 } i=0, \cdots, n_0 : k\in\mathbf{Z}\}$$

각 $i=0, \cdots, n_0$에 대해서 $y_i \le f(x_i) < y_i+\epsilon/5$를 만족하는 $p_i=\langle x_i, y_i\rangle\in A$를 택하자. 이 경우 그림 15-10에서 표시한 바와 같이

$$|f(x_i)-g(x_i)|=|f(x_i)-y_i|<\epsilon/5$$

이고 또한 (1)에 의하여 $|f(x_i)-f(x_{i+1})|<\epsilon/5$이다. 따라서

$$\begin{aligned}|g(x_i)-g(x_{i+1})| &\le |g(x_i)-f(x_i)|+|f(x_i)-f(x_{i+1})|+|f(x_{i+1})-g(x_{i+1})|\\ &< \epsilon/5+\epsilon/5+\epsilon/5=3\epsilon/5\end{aligned}$$

임에 유의하자. g는 x_i와 x_{i+1} 사이에서 직선이므로

$$x_i \le z \le x_{i+1} \implies |g(x_i)-g(z)| \le |g(x_i)-g(x_{i+1})| < 3\epsilon/5$$

그런데 임의의 점 $z\in I$에 대해서 $x_k \le z \le x_{k+1}$를 만족하는 x_k가 존재한다. 따라서

$$\begin{aligned}|f(z)-g(z)| &\le |f(z)-f(x_k)|+|f(x_k)-g(x_k)|+|g(x_k)-g(z)|\\ &< \epsilon/5+\epsilon/5+3\epsilon/5=\epsilon\end{aligned}$$

그런데 z는 I에 속하는 임의의 점이므로 $\|f-g\|<\epsilon$이다.

13. m을 임의의 양의 정수라 하고 $A_m \subset \mathscr{C}[0, 1]$는 다음 성질을 만족하는 함수로 이루어진다고 하자.

$$x_0\in\left[0, 1-\frac{1}{m}\right]\text{가 존재해서 }\left|\frac{f(x_0+h)-f(x_0)}{h}\right| \le m, \quad \forall\, h\in\left(0, \frac{1}{m}\right)$$

이 경우 A_m은 $\mathscr{C}[0, 1]$의 닫힌부분집합임을 밝혀라(임의의 점에서 미분가능한 $\mathscr{C}[0, 1]$의 모든 함수는 충분히 큰 m에 대해서 어떤 A_m에 속함에 유의하여라).

풀이 $g\in\overline{A}_m$라고 하자. $g\in A_m$, 즉 $\overline{A}_m=A_m$임을 밝히고자 한다. $g\in\overline{A}_m$인 까닭에 g로 수렴하

는 A_m의 함수열 $\langle f_1, f_2, \cdots \rangle$이 존재한다. 각 f_i에 대해서 다음과 같은 점 x_i가 존재해서

$$x_i \in \left[0, 1-\frac{1}{m}\right] \text{이고} \left|\frac{f_i(x_i+h)-f_i(x_i)}{h}\right| \le m, \ \forall h \in \left(0, \frac{1}{m}\right) \quad (1)$$

이다. 그런데 $\langle x_n \rangle$은 콤팩트집합 $\left[0, 1-\frac{1}{m}\right]$에 속하는 점렬이므로, 예컨대 $x_0 \in \left[0, 1-\frac{1}{m}\right]$로 수렴하는 부분열 $\langle x_{i_n} \rangle$이 존재한다. 이제 $f_n \longrightarrow g$는 $f_{i_n} \longrightarrow g$를 뜻하므로 (1)에서 극한을 취하면(문제 30 참조),

$$\left|\frac{g(x_0+h)-g(x_0)}{h}\right| \le m, \ \forall h \in \left(0, \frac{1}{m}\right)$$

따라서 $g \in A_m$이고, A_m는 닫힌집합이다.

14. $A_m \subset \mathscr{C}[0, 1]$를 문제 13에서와 같이 정의하자. A_m은 $\mathscr{C}[0, 1]$에서 조밀한 곳이 없음을 밝혀라.

풀이 A_m은 $\operatorname{int}(\overline{A}_m) = \operatorname{int}(A_m) = \phi$일 때 $\mathscr{C}[0, 1]$에서 조밀한 곳이 없다. $S = S(f, \delta)$를 $\mathscr{C}[0, 1]$의 임의의 열린구라고 하자. S는 A_m에 속하지 않는 점을 포함하여 $\operatorname{int}(\overline{A}_m) = \phi$임을 밝힌다. 문제 12에 의하면 조각적 직선함수 $p \in \mathscr{C}[0, 1]$가 존재하여 $\|f-p\| < \frac{1}{2}\delta$를 만족한다. g를 $\frac{1}{2}\delta$보다 작은 진폭을 가지며 톱니의 기울기가 매우 가파른 **톱니모양함수**(saw-tooth function)라 하자(문제 33 참조).
이 경우 함수 $h = p + g$는 $\mathscr{C}[0, 1]$에 속하나, A_m에 속하지 않는다(문제 33 참조). 더구나,

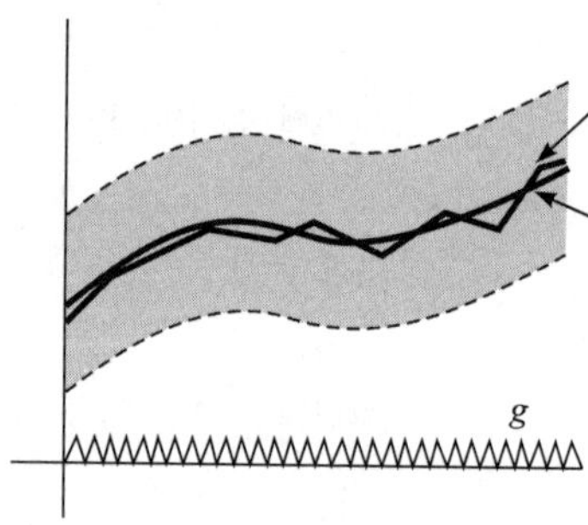

| 그림 15-11 |

$$\|f-h\| \le \|f-p\| + \|g\| < \frac{1}{2}\delta + \frac{1}{2}\delta = \delta$$

이므로 $h \in S$이고 이 증명은 끝났다.

15. $A_m \subset \mathscr{C}[0, 1]$를 문제 13과 같이 정의하자. $\mathscr{C}[0, 1] \neq \cup_{m=1}^{\infty} A_m$ 임을 밝혀라.

풀이 A_m은 $\mathscr{C}[0, 1]$에서 조밀한 곳이 없는 까닭에 $B = \cup_{m=1}^{\infty} A_m$은 제1범주(the first category)의 집합이다. 그러나 베르 카테고리 정리에 의하여 완비공간인 $\mathscr{C}[0, 1]$은 제2범주의 집합이다. 따라서 $\mathscr{C}[0, 1] \neq B$.

16. (명제 15-8) 미분가능한 곳이 없는 연속함수 $f:[0,\ 1] \longrightarrow \mathbf{R}$가 존재함을 증명하여라.

풀이 $f \in \mathscr{C}[0,\ 1]$가 예컨대 x_0에서 도함수를 갖는다 하고 $|f'(x_0)|=t$라고 가정하면,

$$\epsilon > 0\text{가 존재해서 } \left|\frac{f(x_0+h)-f(x_0)}{h}\right| \le t+1,\ \ \forall h \in (-\epsilon,\ \epsilon)$$

를 만족한다. 이제 $t+1 \le m_0$이고 $1/m_0 < \epsilon$이도록 $m_0 \in \mathbf{N}$을 선택하면 $f \in A_{m0}$이다. 따라서 $\cup_{m=1}^{\infty} A_m$은 $[0,\ 1]$의 어떤 점에서 미분가능한 모든 함수를 포함한다.

그런데 앞 문제에서 $\mathscr{C}[0,\ 1] \ne \cup_{m=1}^{\infty} A_m$이므로 미분가능한 곳이 없는 $\mathscr{C}[0,\ 1]$의 함수가 존재한다.

17. [정리 15-9정리(아스콜리)] A를 $\mathscr{C}[0,\ 1]$의 닫힌부분집합이라 하면 다음은 동치임을 밝혀라.

(i) $\mathscr{A}$는 콤팩트이다.

(ii) $\mathscr{A}$는 균등유계이고 동등연속이다.

풀이 (i) ⇒ (ii) $\mathscr{A}$는 콤팩트인 까닭에 $\mathscr{A}$는 $\mathscr{C}[0,\ 1]$의 유계닫힌부분집합이고 따라서 함수의 집합으로 말하자면 균등유계하다. 따라서 $\mathscr{A}$가 동등연속임을 밝히면 된다. $\mathscr{A}$는 콤팩트인 까닭에 유한 $\epsilon/3$네트를 갖는다. 이것을 $\mathscr{B}=\{f_1,\ \cdots,\ f_t\}$이라 하자. 따라서 임의의 $f \in \mathscr{A}$에 대해서

$$f_{i_0} \in \mathscr{B}\text{가 존재해서 } \|f-f_{i_0}\| = \sup\{|f(x)-f_{i_0}(x)| : x \in I\} \le \epsilon/3$$

따라서 임의의 $x,\ y \in I=[0,\ 1]$에 대해서도

$$\begin{aligned} |f(x)-f(y)| &= |f(x)-f_{i_0}(x)+f_{i_0}(x)-f_{i_0}(y)+f_{i_0}(y)-f(y)| \\ &\le |f(x)-f_{i_0}(x)|+|f_{i_0}(x)-f_{i_0}(y)|+|f_{i_0}(y)-f(y)| \\ &\le \epsilon/3+|f_{i_0}(x)-f_{i_0}(y)|+\epsilon/3 = |f_{i_0}(x)-f_{i_0}(y)|+2\epsilon/3 \end{aligned}$$

이제 각 $f_i \in \mathscr{B}$는 균등연속이므로

$$\delta_1 > 0\text{가 존재해서 } |x-y| < \delta_i \Longrightarrow |f_i(x)-f_i(y)| < \epsilon/3$$

따라서 $\delta=\min\{\delta_1,\ \cdots,\ \delta_t\}$라고 놓으면 임의의 $f \in \mathscr{A}$에 대해서

$$\begin{aligned} |x-y| < \delta \Longrightarrow |f(x)-f(y) &\le |f_{i_0}(x)+f_{i_0}(y)|+2\epsilon/3 \\ &< \epsilon/3+2\epsilon/3=\epsilon \end{aligned}$$

따라서 $\mathscr{A}$는 동등연속이다.

(ii) ⇒ (i) : $\mathscr{A}$는 완비공간 $\mathscr{C}[0,\ 1]$의 닫힌부분집합인 까닭에 $\mathscr{A}$가 완전유계함을 밝히면 된다. $\epsilon > 0$라고 하자. $\mathscr{A}$는 동등연속인 까닭에

$$n_0 \in \mathbf{N}\text{이 존재해서 } |a-b| < 1/n_0 \implies \forall f \in \mathscr{A},\ |f(a)-f(b)| < \epsilon/5$$

여기서 각 $f \in \mathscr{A}$에 대해서 문제 12에 의하여 $\|f-p_f\| < \epsilon$를 만족하는 꺾인직선함수를 구성할 수 있는 p_f는

$$A = \{\langle x, y\rangle : x = 0, 1/n_0, 2/n_0, \cdots, 1 ; y = n\epsilon/5, n \in \mathbf{Z}\}$$

에 속하는 점을 연결한다. 이 경우 $\mathscr{B} = \{p_f : f \in \mathscr{A}\}$는 유한인 것, 따라서 $\mathscr{B}$는 $\mathscr{A}$에 대한 유한 ϵ-네트임을 밝히자.

그런데 $\mathscr{A}$는 균등유계이므로 $\mathscr{B}$도 균등유계이다. 따라서 A에 속하는 유한개의 점만이 $\mathscr{B}$의 꺾인직선으로 나타날 것이다. 따라서 $\mathscr{B}$에 속하는 오직 유한개의 호만이 존재할 수 있다. 따라서 $\mathscr{B}$는 $\mathscr{A}$에 대하 유한 ϵ-네트이므로 $\mathscr{A}$는 완전유계이다.

- 콤팩트 수렴

18. $\mathscr{F}(\mathrm{R}, \mathrm{R})$에 속하는 원소열 $\langle f_1, f_2, \cdots\rangle$는 다음과 같이 정의된다 하자.

$$f_n(x) = \begin{cases} 1 - \dfrac{1}{n}(x) & (|x| < n\text{일 때}) \\ 0 & (|x| \geq n\text{일 때}) \end{cases}$$

$\langle f_n\rangle$은 콤팩트집합상에서 상수함수 $g(x) = 1$로 균등수렴함을 밝혀라.

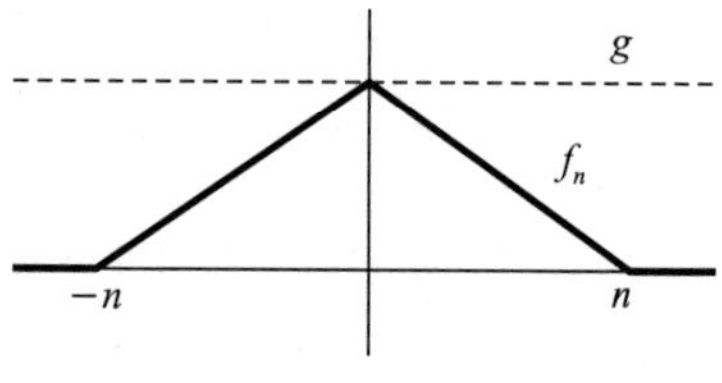

| 그림 15-12 |

풀이 E를 R의 콤팩트 부분집합이고 $0 < \epsilon < 1$라고 하자. E는 콤팩트인 까닭에 유계이다. 예컨대, $M > 0$에 대해서 $E \subset (-M, M)$이다. 따라서

$$n_0 \in \mathbf{N}\text{이 존재해서 } n_0 > M/\epsilon,\ \text{또는 } M/n_0 < \epsilon$$

따라서

$$n > n_0 \implies |f(x) - g(x)| = \frac{1}{n}|x| < M/n_0 < \epsilon,\ \ \forall x \in E$$

따라서 $\langle f_n\rangle$은 E상에서 g로 균등수렴한다.

19. Y가 하우스도르프이면 $\mathscr{F}(X, Y)$상의 콤팩트 열린위상은 또한 하우스도르프임을 밝혀라.

풀이 **방법 1** : $f, g \in \mathscr{F}(X, Y)$이고 $f \neq g$라고 하면 $f(p) \neq g(p)$를 만족하는 $p \in X$가 존재한다. Y는 하우스도르프이므로 $f(p) \in G$, $g(p) \in H$이고 $G \cap H = \phi$로 되는 Y는 열린부분집합 G와 H가 존재한다. 따라서

$$f \in F(p, G),\ g \in F(p, H) \text{이고 } F(p, G) \cap F(p, H) = \phi$$

그런데 한 원소집합 $\{p\}$는 콤팩트이므로 $F(p, G)$와 $F(p, H)$는 $\mathscr{F}(X, Y)$상의 콤팩트 열린위상에 속한다. 따라서 $\mathscr{F}(X, Y)$는 하우스도르프이다.

방법 2 : 콤팩트 열린위상은 점 열린위상보다 섬세(finer)하고, T_2는 적불변인 성질인 까닭에 점 열린위상은 하우스도르프이다. 따라서 콤팩트 열린위상은 또한 하우스도르프이다.

20. (정리 15-12) $\langle f_1, f_2, \cdots \rangle$를 위상공간 X에서 거리공간 (Y, d)로의 모든 연속함수족인 $\mathscr{C}(X, Y)$에 속하는 함수열이라 하자. 이 경우 다음은 동치임을 증명하여라.

(i) $\langle f_n \rangle$은 콤팩트 집합상에서 $g \in \mathscr{C}(X, Y)$로 균등수렴한다.

(ii) $\langle f_n \rangle$은 $\mathscr{C}(X, Y)$상의 콤팩트 열린위상 $\mathscr{T}$에 관하여 g로 수렴한다.

풀이 (i) ⇒ (ii) : $F(E, G)$는 g를 포함하는 $\mathscr{T}$의 열린부분기저원소라고 하자. 따라서 E가 콤팩트이고 G가 열린집합일 때 $g[E] \subset G$이다. g는 연속인 까닭에 $g[E]$는 콤팩트이다. 또한 $g[E] \cap G^c = \phi$이므로(11장 문제 24) 콤팩트집합 $g[E]$와 닫힌집합 G^c 사이의 거리는 0보다 크다. 예컨대, $d(g[E], G^c) = \epsilon > 0$이라 놓자. $\langle f_n \rangle$은 g로 콤팩트집합상에서 균등하게 수렴하므로,

$$n_0 \in \mathbf{N}\text{이 존재해서 } n > n_0 \implies \forall x \in E,\ d(f_n(x), g(x)) < \epsilon$$

그러므로 $d(f_n(x), g[E]) \leq d(f_n(x), g(x)) < \epsilon,\ (\forall x \in E)$

따라서 모든 $x \in E$에 대해서 $f_n(x) \not\in G^c$이다. 달리 말하면

$$n_0 > n_0 \implies f_n[E] \subset G \longrightarrow f_n \in F(F, G)$$

따라서 $\langle f_n \rangle$은 콤팩트 열린위상 $\mathscr{T}$에 관하여 g로 수렴한다.

(ii) ⇒ (i) : E는 X의 콤팩트부분집합이고 $\epsilon > 0$라고 하자. $\langle f_n \rangle$가 E상에서 g로 균등하게 수렴함을 밝히고자 한다. 즉

$$n_0 \in \mathbf{N}\text{이 존재해서 } n > n_0 \implies d(f_n(x), g(x)) < \epsilon,\ \forall x \in E$$

E는 콤팩트이고 g는 연속인 까닭에 $g[E]$는 콤팩트이다. $\mathrm{B} = \{p_1, \cdots, p_t\}$를 $g[E]$에 대한 유한 $\epsilon/3$-네트라 하자.

다음 열린구를 생각하자.

$$S_1 = S(p_1, \epsilon/3), \cdots, S_t = S(p_t, \epsilon/3)$$

와

$$G_1 = S(p_1, 2\epsilon/3), \cdots, G_t = S(p_t, 2\epsilon/3)$$

따라서 $\overline{S_1} \subset G_1, \cdots, \overline{S_t} \subset G_t$이고, 또한 $\mathscr{B}$는 $g[E]$에 대한 $\epsilon/3$-네트이므로,

$$g[E] \subset \overline{S_1} \cup \cdots \cup \overline{S_t} \text{이고 } E \subset g^{-1}[\overline{S_1}] \cup \cdots \cup g^{-1}[\overline{S_t}]$$

여기서, $E_i = E \cap g^{-1}[\overline{S_i}]$라고 놓으면 $E = E_1 \cup \cdots \cup E_t$이고 $g[E_i] \subset \overline{S_i} \subset G_i$로 된다. E_i는 콤팩트이다. 왜냐하면 g는 연속이고 따라서 닫힌집합의 역상인 $g^{-1}[\overline{S_i}]$도 닫힌집합이다. 따라서 콤팩트집합과 닫힌집합의 공통집합인 $E_i = E \cap g^{-1}[\overline{S_i}]$는 콤팩트인 까닭이다.
이제 $g[E_i] \subset G_i$이므로 $F(E_i, G_i)$는 g를 포함하는 $\mathscr{F}(X, Y)$의 $\mathscr{T}$-열린부분집합이다. 따라서 $\cap_{i=1}^{t} F(E_i, G_i)$는 또한 g를 포함하는 $\mathscr{T}$-열린집합이다. 그런데 $\langle f_n \rangle$은 $\mathscr{T}$에 관하여 g로 수렴하는 까닭에 $n_0 \in \mathbf{N}$이 존재해서

$$n > n_0 \Longrightarrow f_n \in \cap_{t=1}^{t} F(E_i, G_i) \Longrightarrow f_n[E_1] \subset G_1, \cdots, f_n[E_t] \subset G_t.$$

이제 $x \in E$라고 하자. 이 경우 $x \in E_{i_0}$이므로 $n > n_0$인 n에 대해서

$$f_n(x) \in f_n[E_{i_0}] \subset G_{i_0} \Longrightarrow d(f_n(x), p_{i_0}) < 2\epsilon/3$$

이고,

$$g(x) \in g[E_{i_0}] \subset \overline{S}_{i_0} \Longrightarrow d(g(x), p_{i_0}) \le \epsilon/3$$

따라서 3각부등식에 의하여

$$\begin{aligned} n > n_0 \Longrightarrow d(f_n(x), g(x)) &\le d(f_n(x), p_{i_0}) + d(p_{i_0}, g(x)) \\ &< 2\epsilon/3 + \epsilon/3 = \epsilon, \ (\forall x \in E) \end{aligned}$$

• 노름공간상의 범함수

21. f가 X상의 선형범함수이면 $f(0) = 0$임을 밝혀라.

풀이 f는 선형이고 $0 = 0 + 0$인 까닭에

$$f(0) = f(0+0) = f(0) + f(0)$$

이 양변에 $-f(0)$를 더하면 $f(0) = 0$이 된다.

22. X상의 유계선형범함수 f는 균등연속임을 밝혀라.

풀이 M을 f의 상계라 하고 $\epsilon > 0$라고 하자. $\delta = \epsilon / M$이라 놓으면,

$$\|x-y\| < \delta \implies |f(x)-f(y)| = |f(x-y)| \leq M\|x-y\| < \epsilon.$$

23. (명제 15-13) f와 g를 X상의 유계선형범함수라고 하고 $c \in \mathbf{R}$라고 하자. 이 경우 $f+g$와 $c \cdot f$는 또한 X상의 유계선형범함수임을 증명하여라.

풀이 M과 M^*를 각각 f와 g에 대한 상계라고 하면,

$$\begin{aligned}(f+g)(x+y) &= f(x+y)+g(x+y) = f(x)+f(y)+g(x)+g(y)\\ &= (f+g)(x)+(f+g)(y)\\ (f+g)(kx) &= f(kx)+g(kx) = kf(x)+kg(x) = k[f(x)+g(x)] = k(f+g)(x)\\ |(f+g)(x)| &= |f(x)+g(x)| \leq |f(x)|+|g(x)| \leq M\|x\|+M^*\|x\| = (M+M^*)\|x\|\end{aligned}$$

따라서 $f+g$는 유계선형범함수이다.
또한,

$$\begin{aligned}(c \cdot f)(x+y) &= cf(x+y) = c[f(x)+f(y)] = cf(x)+cf(y)\\ &= (c \cdot f)(x)+(c \cdot f)(y)\\ (c \cdot f)(kx) &= cf(kx) = ckf(x) = kcf(x) = k(c \cdot f)(x)\\ |(c \cdot f)(x)| &= |cf(x)| = |c||f(x)| \leq |c|(M\|x\|) = (|c|M)\|x\|\end{aligned}$$

따라서 $c \cdot f$는 유계선형범함수이다.

24. (명제 15-14) X^*상의 다음 함수는 노름임을 증명하여라.

$$\|f\| = \sup\{|f(x)|/\|x\| : x \neq 0\}$$

풀이 $f=0$이면 $f(x)=0$, $(\forall x \in X)$이므로 $\|f\| = \sup\{0\} = 0$이다. $f \neq 0$이면 $f(x_0) \neq 0$로 되는 $x_0 \neq 0$가 존재한다. 따라서

$$\|f\| = \sup\{|f(x)|/\|x\|\} \geq |f(x_0)|/\|x_0\| > 0$$

따라서 공리 $[\mathrm{N}_1]$(8.12절 참조)을 만족한다. 또한,

$$\begin{aligned}\|k \cdot f\| &= \sup\{|(k \cdot f)(x)|/\|x\|\} = \sup\{|k[f(x)]|/\|x\|\}\\ &= \sup\{|k||f(x)|/\|x\|\} = |k|\sup\{|f(x)|/\|x\|\} = |k|\|f\|\end{aligned}$$

이므로 공리 $[\mathrm{N}_2]$를 만족한다. 또한,

$$\begin{aligned}\|f+g\| &= \sup\{|f(x)+g(x)|/\|x\|\} \le \sup\{(|f(x)|+|g(x)|)/\|x\|\} \\ &\le \sup\{|f(x)|/\|x\|\} + \sup\{|g(x)|/\|x\|\} = \|f\| + \|g\|\end{aligned}$$

이므로 공리 [$\mathbf{N}_3$]를 만족한다.

보충문제

• 함수열의 수렴

25. $\langle f_1, f_2, \cdots \rangle$를 정의역 $I=[0, 1]$을 갖는 실수값함수열로서 $f_n(x)=x^n/n$으로 정의한다 하자. 이 경우,

(i) $\langle f_n \rangle$은 상수함수 $g(x)=0$으로 점마다 수렴한다. 즉, 모든 $x \in I$에 대하여 $\lim_{n\to\infty} f_n(x)=0$임을 밝혀라.

(ii) $\lim_{n\to\infty} \frac{d}{dx} f_n(x) \neq \frac{d}{dx} \lim_{n\to\infty} f_n(x)$임을 밝혀라.

26. $\langle f_1, f_2, \cdots \rangle$을 정의역 $[a, b]$를 갖는 미분가능한 실수값함수열이라 하고 이것이 함수 g로 균등수렴한다 하자. 이 경우 다음을 증명하여라.

$$\frac{d}{dx} \lim_{n\to\infty} f_n(x) = \lim_{n\to\infty} \frac{d}{dx} f_n(x)$$

(앞 문제에서와 같이 이 결과는 점마다 수렴의 경우에는 성립하지 않음에 주의하자)

27. 함수 $f_n : \mathbf{R} \longrightarrow \mathbf{R}$는 다음과 같이 정의된다 하자.

$$f_n(x) = \begin{cases} \frac{1}{n}\sqrt{n^2-x^2} & (|x|<n\text{일 때}) \\ 0 & (|x| \geq n\text{일 때}) \end{cases}$$

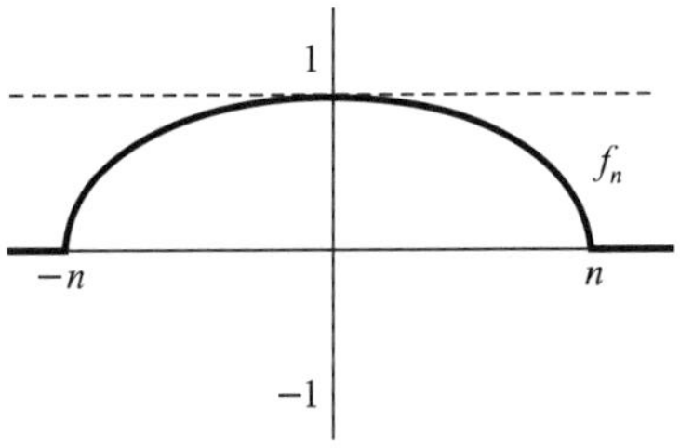

| 그림 15-13 |

(i) $\langle f_n \rangle$은 상수함수 $g(x)=1$로 균등하게 수렴하지 않음을 밝혀라.

(ii) $\langle f_n \rangle$은 상수함수 $g(x)=1$로 콤팩트집합상에서는 균등하게 수렴함을 증명하여라.

28. $\langle f_1, f_2, \cdots \rangle$를 정의역 $I=[0, 1]$을 갖는 함수열이라 하고 $f_n(x)=nx(1-x)^n$으로 정의된다 하자.

(i) $\langle f_n \rangle$은 상수함수 $g(x)=0$으로 점마다 수렴함을 밝혀라.

(ii) $\langle f_n \rangle$은 $g(x)=0$으로 균등수렴하지 않음을 밝혀라.

(iii) 이 경우에 있어서 다음 등식이 성립함을 밝혀라.

$$\lim_{n\to\infty}\int_0^1 f_n(x)dx=\int_0^1[\lim_{n\to\infty}f_n(x)]dx$$

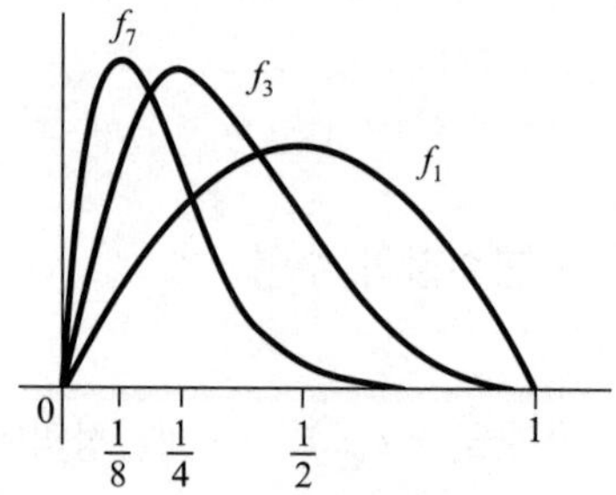

| 그림 15-14 |

29. $\langle f_1, f_2, \cdots\rangle$를 $f_n(x)=\left(\frac{n+1}{n}\right)x$로 정의되는 $\mathscr{F}(\mathbf{R}, \mathbf{R})$에 속하는 함수열이라 하자.

(i) $\langle f_n \rangle$은 함수 $g(x)=x$로 콤팩트집합상에서 균등수렴함을 밝혀라.

(ii) $\langle f_n \rangle$은 $g(x)=x$로 균등하게 수렴하지 않음을 밝혀라.

30. $\langle f_1, f_2, \cdots\rangle$를 $I=[0, 1]$상에서 리만 적분가능한 함수열이라 하자. 함수열 $\langle f_n \rangle$은

$$\lim_{n\to\infty}\int_0^1|f_n(x)-g(x)|^2dx=0$$

일 때 함수 g로 **평균수렴**(converge in the mean)한다고 한다.

(i) $\langle f_n \rangle$가 g로 균등수렴하면 $\langle f_n \rangle$은 g로 평균수렴함을 밝혀라.

(ii) 반례로써 균등수렴할지라도 반드시 점마다 수렴된다고 할 수 없음을 밝혀라.

- 함수공간 $\mathscr{C}[0, 1]$

31. $\mathscr{C}[a, b]$는 $\mathscr{C}[0, 1]$과 거리동형이므로 위상동형임을 밝혀라.

32. $\langle f_n \rangle$는 $\mathscr{C}[0, 1]$에 속하는 g로 수렴하고 $x_n \longrightarrow x_0$라고 하면 $\lim_{n\to\infty}f_n(x_n)=g(x_0)$임을 증명하여라.

33. p를 $\mathscr{C}[0, 1]$에 속하는 **꺾인직선함수**라고 하고 $\delta>0$라고 하자. 이 경우 진폭이 $\frac{1}{2}\delta$보다 작은 크기를 갖는 톱니모양함수 g가 존재한다. 즉, $p+g$가 A_m에 속하지 않는

$\|g\| < \frac{1}{2}\delta$가 존재함을 밝혀라(문제 14 참조).

34. $\langle f_n \rangle$을 $\mathscr{C}[0, 1]$에 속하는 코시열이라 하고 $\langle f_n \rangle$은 g로 점마다 수렴한다고 하면 $\langle f_n \rangle$은 g로 균등수렴함을 밝혀라.

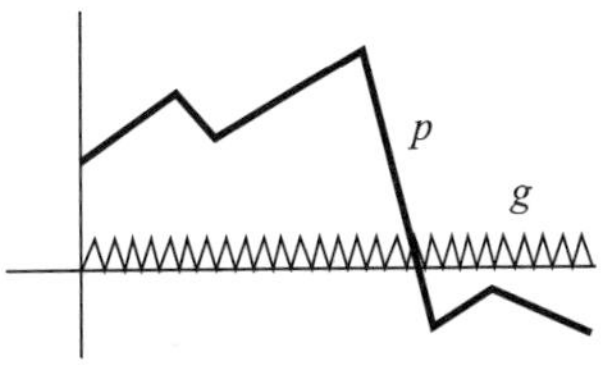

| 그림 15-15 |

• 균등연속

35. $f(x) = 1/x$은 열린구간 $(0, 1)$상에서 균등연속이 아님을 밝혀라.

36. X와 Y를 임의의 거리공간이라 할 때 함수 $f : X \longrightarrow Y$에 대한 균등연속성을 정의하여라.

37. f를 콤팩트 거리공간 X에서 거리공간 Y로의 연속함수라고 하면 f는 균등연속임을 증명하여라.

• 노름공간상의 범함수

38. f를 노름공간 X상의 유계선형범함수라고 할 때 다음을 밝혀라.

$$\sup\{|f(x)|/\|x\| : x \neq 0\} = \inf\{M : M\text{은 } f\text{에 대한 상계}\}$$

39. f가 X상의 연속선형범함수이면 f는 유계함을 밝혀라.

40. 임의의 노름공간 X의 쌍대공간 X^*는 항상 완비임을 증명하여라.

부록

GENERAL TOPOLOGY

실수의 성질

A.1 체의 공리

$\mathbf{R}$로 표시되는 실수집합은 수학, 특히 해석학에서 지배적인 역할을 한다. 실제로 위상에 사용되는 여러 가지 개념은 실수집합의 여러 가지 성질을 추상화한 것이다. $\mathbf{R}$는 **완비**(complete)**인 아르키메데스 순서체**(Archimedean ordered field)로 특징화할 수 있다. 본 부록에서 $\mathbf{R}$상의 보통위상을 정의하는 데(제4장 참조) 사용되는 $\mathbf{R}$의 순서관계를 조사하고자 한다. 이제 결과적으로 이 교재의 전반에 거쳐서 가정되었던 $\mathbf{R}$의 체공리를 설명하고자 한다.

정의 두 개 또는 그 이상의 원소를 갖는 집합 F가 덧셈(+)과 곱셈(·)이라 불리는 두 연산을 가지고서 다음 공리를 만족할 때 F를 **체**(field)라고 한다.

[A_1] (덧셈) 닫힘성 : $a, b\in F \Longrightarrow a+b\in F$

[A_2] 결합법칙 : $a, b, c\in F \Longrightarrow (a+b)+c=a+(b+c)$

[A_3] (덧셈) 단위원 : $\forall a\in F$에 대해서 $0+a=a+0=a$를 만족하는 $0\in F$가 존재한다.

[A_4] (덧셈) 역원 : $a\in F \Longrightarrow a+(-a)=(-a)+a=0$을 만족하는 $-a\in F$가 존재한다.

[A_5] 가환법칙 : $a, b\in F \Longrightarrow a+b=b+a$

[M_1] (곱셈) 닫힘성 : $a, b\in F \Longrightarrow a\cdot b\in F$

[M_2] 결합법칙 : $a, b, c\in F \Longrightarrow (a\cdot b)\cdot c=a\cdot (b\cdot c)$

[M_3] (곱셈) 단위원 : $\forall a\in F$에 대해서 $1\cdot a=a\cdot 1=a$를 만족하는 $1\in F(1\neq 0)$이 존재한다.

[M_4] (곱셈) 역원 : $a\in F,\ a\neq 0 \Longrightarrow a\cdot a^{-1}=a^{-1}\cdot a=1$을 만족하는 $a^{-1}\in F$이 존재한다.

[M_5] 교환법칙 : $a, b\in F \Longrightarrow a\cdot b=b\cdot a$

[D_1] 좌분배법칙 : $a, b, c\in F \Longrightarrow a\cdot (b+c)=a\cdot b+a\cdot c$

[D_2] 우분배법칙 : $a, b, c\in F \Longrightarrow (b+c)\cdot a=b\cdot a+c\cdot a$

여기서 $\exists$는 "존재한다"라 읽고, $\forall$는 "모든 …에 대해서"라 읽고 $\Longrightarrow$ "이면 ……이다"라고 읽는다.

다음 실수의 대수적 성질은 체공리로부터 바로 유도된다.

명제 A-1 F를 체라 하면 다음이 성립한다.

(i) 단위원 0과 1은 유일하다.

(ii) 다음 소거법칙이 성립한다.

(1) $a+b=a+c \Longrightarrow b=c$ (2) $a\cdot b=a\cdot c, a\neq 0 \Longrightarrow b=c$

(iii) 역원 $-a$와 a^{-1}은 유일하다.
(iv) 모든 $a, b \in F$에 대해서
(1) $a \cdot 0 = 0$ (2) $a \cdot (-b) = (-a) \cdot b = -(a \cdot b)$
(3) $(-a) \cdot (-b) = a \cdot b$

뺄셈과 나눗셈(0이 아닌 원소로)은 체에서 다음과 같이 정의된다.

$$b - a \equiv b + (-a), \quad \frac{b}{a} \equiv b \cdot a^{-1}$$

※ 주의 : 체의 공리 중에서 $[M_3]$, $[M_4]$와 $[M_5]$를 제외한 모든 체의 공리를 만족하고 두 연산을 갖는 공이 아닌 집합을 **환**(ring)이라 한다. 예컨대 덧셈(가법)과 곱셈(승법)에 관하여 정수의 집합 **Z**는 환이나 체는 아니다.

A.2 실직선

R를 그림 A-1과 같이 직선상의 점으로 나타내는 기하학적 표현에 독자는 익숙하리라 가정한다. 원점이라 불리는 점은 0으로 표시되었고 보통 0의 오른쪽에 1로 표현한다. 이 경우 직선상의 점들을 일반적으로 늘어놓는 자연적 방법으로 실수, 즉 각 점은 유일한 실수를 나타내고 각 실수는 유일한 점으로 표현된다. 이 이유로 **R**를 **실직선**(real line)이라 부르고 점과 수를 서로 같은 뜻으로 사용하기로 한다.

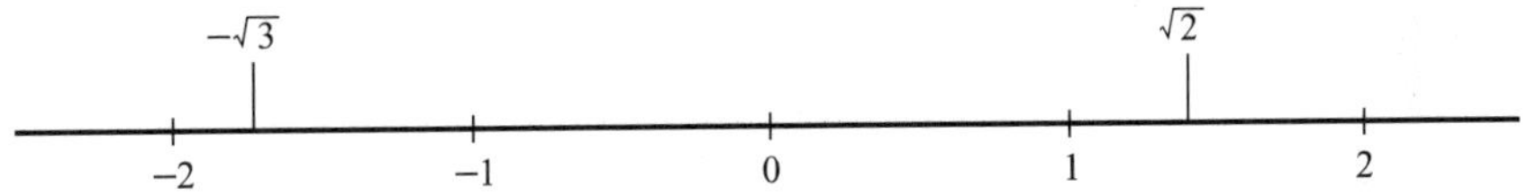

| 그림 A-1 실수직선 R |

A.3 R의 부분집합

기호 **Z**와 **N**은 다음과 같이 **R**의 부분집합을 나타내는 데 사용된다.

$$\mathbf{Z} = \{\cdots, -3, -2, -1, 0, 1, 2, 3, \cdots\}, \quad \mathbf{N} = \{1, 2, 3, 4, \cdots\}$$

Z에 속하는 원소는 **유리정수**(retional integers) 또는 간단히 **정수**(integers)라 하고 **N**에 속하는 원소는 **양의 정수**(positive integers) 또는 **자연수**(natural numbers)

라 한다.

기호 $\mathbf{Q}$는 **유리수**(rational numbers)의 집합을 나타내는 데 사용된다. 유리수란 분모가 영이 아닐 때 두 정수의 비로 나타낼 수 있는 실수이다. 즉

$$\mathbf{Q} = \{x \in \mathbf{R} : x = p/q\,;\, p,\ q \in \mathbf{Z},\ q \neq 0\}$$

또한 각 정수는 예컨대 $-5 = 5/-1$이므로 유리수이다. 따라서 $\mathbf{Z}$는 $\mathbf{Q}$의 부분집합이다. 결국 다음과 같은 집합간의 포함관계가 존재한다.

$$\mathbf{N} \subset \mathbf{Z} \subset \mathbf{Q} \in \mathbf{R}$$

무리수(irrational numbers)란 유리수가 아닌 실수이다. 따라서 유리수집합 $\mathbf{Q}$의 여집합($\mathbf{R}$에 대한) $\mathbf{Q}^c$은 무리수집합을 나타낸다.

A.4 양 수

실직선 $\mathbf{R}$상에서 0의 오른쪽에 있는 수, 즉 1과 같은 쪽에 있는 수는 **양수**(positive numbers)이고 0의 왼쪽에 있는 수는 **음수**(nagative numbers)이다. 다음 공리에 의하여 양수의 집합을 완전히 특징화한다.

[$\mathbf{P}_1$] $a \in \mathbf{R}$이면 다음 중의 하나가 성립한다. a는 양수, $a = 0$, $-a$는 양수

[$\mathbf{P}_2$] $a, b \in \mathbf{R}$가 양수이면 이들의 합 $a+b$와 이들의 곱 "$a \cdot b$"는 또한 양수이다.
따라서 a가 양수라는 것과 $-a$가 음수라는 것은 동치이다.

예제 1.1 [$\mathbf{P}_1$]과 [$\mathbf{P}_2$]만을 사용하여 실수 1은 양수임을 밝혀라. [$\mathbf{P}_1$]에 의하여 1 또는 -1은 양수이다. -1을 양수라 가정하면 [$\mathbf{P}_2$]에 의하여 곱 $(-1)(-1) = 1$은 또한 양수이다. 그런데 [$\mathbf{P}_1$]에 의하면 1과 -1이 다같이 양이 될 수 없다는 것을 뜻함으로써 [$\mathbf{P}_2$]에 모순된다. 따라서 -1이 양수라는 가정이 거짓이다. 따라서 1은 양수이다.

예제 1.2 실수 -2는 음수이다. 왜냐하면 예제 1.1에 의하여 1은 양수이므로 [$\mathbf{P}_2$]에 의하여 합 $1+1=2$는 양수이다. 따라서 [$\mathbf{P}_1$]에 의하여 -2는 양수가 아니다. 즉, -2는 음수이다.

예제 1.3 양수 a와 음수 b와의 곱은 음수임을 밝힌다. 만일에 b가 음수이면 $[\mathbf{P}_1]$에 의하여 $-b$는 양수이다. 따라서 $[\mathbf{P}_2]$에 의하여 곱 $a \cdot (-b)$는 또한 양수이다. 그런데 $a \cdot (-b) = -(a \cdot b)$이고 $-(a \cdot b)$는 양수이므로 $[\mathbf{P}_1]$에 의하여 $a \cdot b$는 음수이다.

A.5 순 서

양음의 개념을 사용하여 $\mathbf{R}$에 있어서 순서관계를 정의한다.

정의 실수 a는 차 $b-a$가 양수일 때 실수 b보다 작고 이것을 $a<b$로 나타낸다.
기하학적으로 설명한다면 $a<b$이면 실직선상에서 점 a는 점 b의 좌측에 있다. 또한 다음 기호가 사용된다.

$b>a$는, b는 a보다 크다로 읽고 $a<b$를 뜻한다.
$a \le b$는, a는 b와 같거나 또는 작다라고 읽고 $a<b$ 또는 $a=b$를 뜻한다.
$b \ge a$는, b는 a와 같거나 또는 크다라고 읽고 $a \le b$를 뜻한다.

예제 2.1 $2<5,\ -6 \le -3,\ 4 \le 4,\ 5>-8$

예제 2.2 실수 x는 $x>0$일 때 양이고 x는 $x<0$일 때 음이다.

예제 2.3 기호 $2<x<7$는 $2<x$이고 또한 $x<7$를 뜻한다. 따라서 실직선상의 2와 7 사이에 있는 수이다.

양의 실수를 정의한 공리 $[\mathbf{P}_1]$과 $[\mathbf{P}_2]$는 다음 정리를 증명하는 데 사용된다.

정리 A-2 a, b와 c를 실수라 하면 다음이 성립한다.
(i) $a<b$, $a=b$ 또는 $b<a$이다.
(ii) $a<b$이고 $b<c$이면 $a<c$이다.
(iii) $a<b$이면 $a+c<b+c$이다.
(iv) $a<b$이고 c가 양수이면 $ac<bc$이다.
(iv) $a<b$이고 c가 음수이면 $ac>bc$이다.

따름 정리 A-3 실수의 집합 $\mathbf{R}$는 관계 $a \le b$에 의하여 진순서를 이룬다.

A.6 절대값

실수 x의 절대값은 $|x|$로 표현되고 다음과 같이 정의된다.

$$|x| = \begin{cases} x & (x \ge 0\text{일 때}) \\ -x & (x < 0\text{일 때}) \end{cases}$$

어떤 실수에 대해서도 그 절대값은 반드시 음이 아니다. 즉, 모든 $x \in \mathbf{R}$에 대해서 $|x| \ge 0$이다.

기하학적으로 말한다면 x의 절대값은 실직선상의 점 x와 원점(즉, 점 0), 사이의 거리이다. 또한 임의의 두 점 $a, b \in \mathbf{R}$ 사이의 거리는 $|a-b| = |b-a|$이다.

예제 3.1 $|-2| = 2,\ |7| = 7,\ |-\pi| = \pi,\ |-\sqrt{2}| = \sqrt{2}$

예제 3.2 $|3-8| = |-5| = 5$이고 $|8-3| = |5| = 5$

예제 3.3 표현 $|x| < 5$는 x와 원점 사이의 거리가 5보다 작다는 뜻을 나타낸다. 따라서 x는 실직선상의 -5와 5 사이에 존재한다.
다시 말하자면

$$|x| < 5\text{와 } -5 < x < 5$$

는 같은 뜻이고 같은 방법으로

$$|x| \le 5\text{와 } -5 \le x \le 5$$

는 같은 뜻이다.

함수 $f(x) = |x|$, 즉 절대값함수의 그래프는 모든 $x \in \mathbf{R}$에 대해서 $f(x) \ge 0$인 까닭에 상반평면에만 존재한다(그림 A-2 참조).

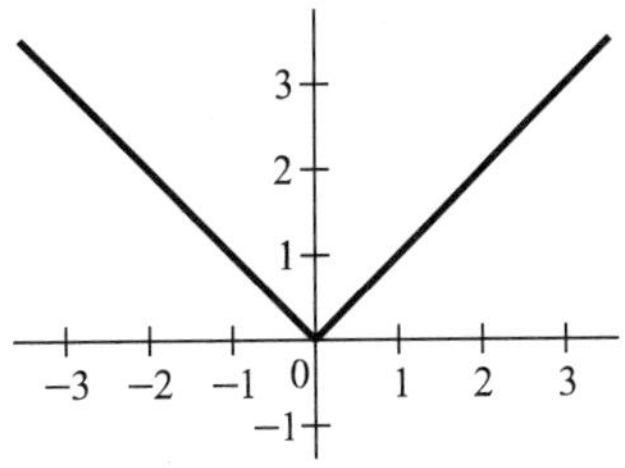

$f(x) = |x|$의 그래프

| 그림 A-2 |

절대값함수에 관한 중요한 성질은 다음과 같다.

> **명제 A-4** a, b와 c를 실수라 하면 다음이 성립한다.
> (i) $|a| \geq 0$이고 $|a| = 0 \iff a = 0$
> (ii) $|ab| = |a||b|$
> (iii) $|a+b| \leq |a| + |b|$
> (iv) $|a-b| \geq ||a| - |b||$
> (v) $|a-c| \leq |a-b| + |b-c|$

A.7 최소상계공리

일반적 거리공간에 관한 완비성의 개념은 14장에서 논했다. 실직선 $\mathbf{R}$에 대해서는 다음 정의를 사용한다. 즉, $\mathbf{R}$가 **완비**(complete)란 다음 공리를 만족함을 뜻한다.

【LUB】 **최소상계공리** : A가 위로 유계한 실수의 집합이면 A에는 최소상계, 즉 $\sup(A)$가 존재한다.

예제 4.1 유리수집합 $\mathbf{Q}$는 최소상계공리를 만족하지 않는다. 그 이유는

$$A = \{q \in \mathbf{Q} : q > 0, \quad q^2 < 2\}$$

에 있어서 A는 0보다 크고 $\sqrt{2}$보다 작은 유리수로 이루어진다 하자. 따라서 A는 위로 유계하다. 예컨대 5는 A의 상계이다. 그런데 A는 최소상계를 갖지 않는다. 즉, $m = \sup(A)$를 만족하는 유리수 m은 존재하지 않는다. $\sqrt{2}$는 $\mathbf{Q}$에 속할 수가 없는 까닭에 m은 $\sqrt{2}$가 될 수 없다.

$\mathbf{R}$이 아르키메데스 순서임을 밝히는 데 최소상계공리를 사용한다.

> **정리 A-5** **아르키메데스의 순서공리** : 양의 정수의 집합 $\mathbf{N}=\{1, 2, 3, \cdots\}$은 위로 유계하지 않는다.

다시 말하자면 모든 양의 정수보다 큰 실수는 존재하지 않는다. 이 사실로부터 다음이 유도된다.

> **따름정리 A-6** 임의의 두 상이한 실수간에는 유리수가 존재한다.

A.8 축소구간열의 성질

다음 정리에서 설명하게 되는 $\mathbf{R}$의 **축소구간열의 성질**(nested interval property)은 최소상계공리, 즉 $\mathbf{R}$의 완비성에서 유도되는 중요한 결과이다.

> **정리 A-7** **축소구간열의 성질** : $I_1=[a_1, b_1]$, $I_2=[a_2, b_2]$, $\cdots$를 축소닫힌(유계)구간열, 즉 $I_1 \supset I_2 \supset \cdots$이라 하면 모든 구간에는 적어도 공통으로 포함되는 한 점이 존재한다. 즉
>
> $$\cap_{i=1}^{\infty} I_i \neq \phi$$

이 정리에서 구간은 유계닫힘이어야 한다. 그렇지 않은 경우에는 다음 두 예제에서 알 수 있는 바와 같이 위 정리는 성립하지 않는다.

예제 5.1 $A_1, A_2, \cdots$를 다음과 같은 열린-닫힌구간열이라 하자.

$$A_1=(0, 1],\ A_2=(0, 1/2],\ \cdots,\ A_k=(0, 1/k],\ \cdots$$

따라서 이것은 구간열이 축소되었고, 즉 각 구간은 그 다음 구간을 포함한다. 즉, $A_1 \supset A_2 \supset \cdots$, 그런데 이들 구간의 공통집합은 공집합이다. 즉

$$A_1 \cap A_2 \cap \cdots \cap A_k \cap \cdots = \phi$$

따라서 모든 구간에 공통인 점이 존재하지 않는다.

예제 5.2 $A_1, A_2, \cdots$ 를 다음과 같은 무한닫힌구간열이라 하자.

$$A_1 = [1, \infty), \ A_2 = [2, \infty), \ \cdots, \ A_k = [k, \infty), \ \cdots$$

이 경우 $A_1 \supset A_2 \supset \cdots$ 로 구간열은 축소된다. 그러나 모든 구간에 공통으로 포함되는 점은 존재하지 않는다. 즉

$$A_1 \cap A_2 \cap \cdots \cap A_k \cap \cdots = \phi$$

연습문제

• 체의 공리

1. [명제 A-1(iv)] 모든 $a, b \in F$에 대해서 다음이 성립함을 증명하여라.

(1) $a0 = 0$　　(2) $a(-b) = (-a)b = -ab$　　(3) $(-a)(-b) = ab$

풀이 (1) $a0 = a(0+0) = a0 + a0$. 양변에 $-a0$를 더하면 $0 = a0$.

(2) $0 = a0 = a(b+(-b)) = ab + a(-b)$. 따라서 $a(-b)$는 음의 ab, 즉 $a(-b) = -ab$. 같은 방법으로 $(-a)b = -ab$.

(3) $0 = (-a)0 = (-a)(b+(-b)) = (-a)b + (-a)(-b) = -ab + (-a)(-b)$. 양변에 ab를 더하면 $ab = (-a)(-b)$로 된다.

2. 체 F에서 뺄셈(감법)에 대한 곱셈이 분배된다. 즉, $a(b-c) = ab - ac$가 됨을 밝혀라.

풀이 $a(b-c) = a(b+(-c)) = ab + a(-c) = ab + (-ac) = ab - ac$

3. 체 F는 영 인자(zero divisors)를 갖지 않는다. 즉, $ab = 0 \Longrightarrow a = 0$ 또는 $b = 0$임을 밝혀라.

풀이 $ab = 0$이고 $a \neq 0$라고 가정하자. 이 경우 a^{-1}이 존재하므로,

$$b = 1b = (a^{-1}a)b = a^{-1}(ab) = a^{-1}0 = 0$$

• 부등식과 양수

4. 다음 식에서 부등호와 부등호 사이에 x만이 있도록 고쳐 써라.

(i) $3 < 2x - 5 < 7$　　(ii) $-7 < -2x + 3 < 5$

풀이 (i) 정리 A-2의 (iii)에 의하여 $3 < 2x - 5 < 7$의 각 변에 5를 더하여 $8 < 2x < 12$를 얻을 수 있다. (iv)에 의하여 각 변에 $\frac{1}{2}$을 곱해서 $4 < x < 6$를 얻을 수 있다.

(ii) 각 변에 -3을 더하여 $-10 < -2x < 2$를 얻는다. (v)에 의하여 각 변에 $-\frac{1}{2}$을 곱하고 부등식을 뒤집으면 $-1 < x < 5$를 얻는다.

5. $\frac{1}{2}$은 양수임을 증명하여라.

풀이 $[\mathbf{P}_1]$에 의하여 $-\frac{1}{2}$이 양수이든지 또는 $\frac{1}{2}$이 양수이다. $-\frac{1}{2}$이 양수라 가정하면 $[\mathbf{P}_2]$에 의하여 $\left(-\frac{1}{2}\right)+\left(-\frac{1}{2}\right)=-1$은 또한 양수이다. 그러나 예제 1.1에 의하여 1은 양수이고 -1은 양수가 아니다. 따라서 모순이 나타나므로 $\frac{1}{2}$은 양수이다.

6. [정리 A-2 (ii)] $a<b$이고 $b<c$이면, $a<c$임을 증명하여라.

풀이 정의에 의하여 $a<b$는 $b-a$가 양임을 뜻하고, $b<c$는 $c-b$가 양임을 뜻한다. 따라서 $[\mathbf{P}_2]$에 의하여 그 합 $(b-a)+(c-b)=c-a$도 양이므로 정의에 의하여 $a<c$이다.

7. [정리 A-2 (v)] $a<b$이고 c가 음수이면, $ac>bc$임을 증명하여라.

풀이 정의에 의하여 $a<b$는 $b-a$가 양임을 뜻한다. $[\mathbf{P}_1]$에 의하여 c가 음이면 $-c$는 양이다. 따라서 $[\mathbf{P}_2]$에 의하여 그 곱 $(b-a)(-c)=ac-bc$는 또한 양이다. 따라서 정의에 의하여 $bc<ac$, 즉 $ac>bc$이다.

8. $(x-1)(x+2)<0$를 만족하는 모든 실수를 결정하여라.

풀이 $y=(x-1)(x+2)$가 음이 되는 모든 값을 구해야 한다. 두 수의 곱은 하나의 수가 양이고 다른 수가 음일 때 한해서 음인 까닭에 y는 (i) $x-1<0$이고 $x+2>0$, 또는 (ii) $x-1>0$이고 $x+2<0$일 때 음이다. 만일에 $x-1>0$이고 $x+2<0$이면 $x>1$이고 $x<-2$이며, 이것은 불가능이다. 따라서 y는 $x-1<0$이고 $x+2>0$일 때 음이다. 따라서 $x<1$이고 $x>-2$, 즉 $-2<x<1$일 때 음이다.

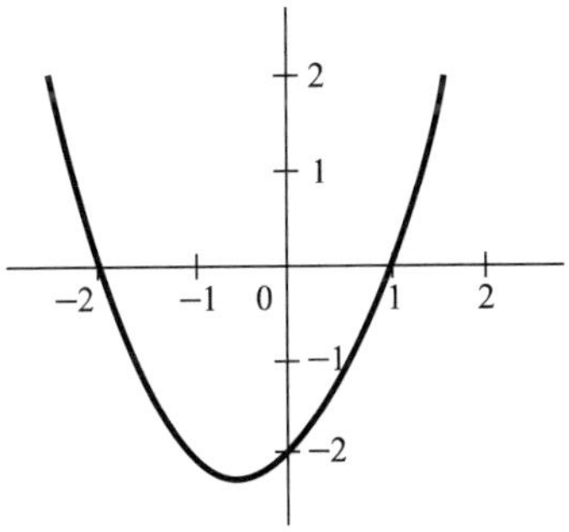

| 그림 A-3 |

그림 A-3에서와 같이

$$y=(x-1)(x+2) \text{의 그래프는 } x=1$$

과 $x=-2$에서 x축을 지난다. 또한 이 그래프는 y가 음일 때, 즉 $-2<x<1$일 때 x축 아래에 있다.

• 절대값

9. (i) $|1-3|+|-7|$

(ii) $|-1-4|-3-|3-5|$

(iii) $||-2|-|-6||$를 계산하여라.

풀이 (i) $|1-3|+|-7|=|-2|+|-7|=2+7=9$

(ii) $|-1-4|-3-|3-5|=|-5|-3-|-2|=5-3-2=0$

(iii) $||-2|-|-6||=|2-6|=|-4|=4$

10. 다음 부등식을 절대값부호를 사용하지 않고 고쳐 써라.

(i) $|X-2|<5$ (ii) $|2x+3|<7$

풀이 (i) $-5<x-2<5$, 즉 $-3<x<7$

(ii) $-7<2x+3<7$, 즉 $-10<2x<4$ 또는 $-5<x<2$

11. 다음 부등식을 절대값부호를 사용하여 다시 고쳐 써라.

(i) $-2<x<6$ (ii) $4<x<10$

풀이 첫째로 부등호의 양 끝에 어떤 수와 그 음수가 나타나도록 각 부등식을 다시 고쳐 쓴다.

(i) $-2<x<6$의 각 변에 -2를 더하여 $-4<x-2<4$를 얻는다. 이것은 $|x-2|<4$와 동치이다.

(ii) $4<x<10$의 각 변에 -7을 더하여 $-3<x-7<3$을 얻고, 이것은 $|x-7|<3$과 동치이다.

12. [명제 A-4 (iii)] $|a+b|\leq|a|+|b|$임을 증명하여라.

풀이 **방법 1** : $|a|=\pm a$이므로 $-|a|\leq a\leq|a|$, 같은 방법으로 하여 $-|b|\leq b\leq|b|$. 이 경우 이들을 더하면

$$-(|a|+|b|)\leq a+b\leq|a|+|b|$$

따라서 $|a|+|b|\geq 0$이므로 $|a+b|\leq||a|+|b||=|a|+|b|$

방법 2 : $ab\leq|ab|=|a||b|$이므로 $2ab\leq 2|a||b|$, 따라서

$(a+b)^2 = a^2+2ab+b^2 \le a^2+2|a||b|+b^2 = |a|^2+2|a||b|+|b|^2 = (|a|+|b|)^2$ 그런데 $\sqrt{(a+b)^2} = |a+b|$이므로 위의 제곱근을 취하여 $|a+b| \le |a|+|b|$.

13. 명제 A-4(ⅴ)에서, $|a-c| \le |a-b|+|b-c|$임을 증명하여라.

풀이 $|a-c| = |(a-b)+(b-c)| \le |a-b|+|b-c|$.

• 최소상계공리

14. [정리 A-5, (아르키메데스의 순서공리)] $\mathbf{R}$의 부분집합 $\mathbf{N}=\{1, 2, 3, \cdots\}$는 위로 유계하지 않음을 증명하여라.

풀이 $\mathbf{N}$이 위로 유계하다고 가정하자. 최소상계공리에 의하여 sup(N)이 존재한다. 예컨대 $b=$ sup(N)이라 하자. 이 경우 $b-1$은 $\mathbf{N}$에 대한 상계가 아니다. 따라서

$$n_0 \in \mathbf{N}\text{가 존재해서 } b-1 < n_0 \quad \text{따라서 } b < n_0+1$$

그러나 $n_0 \in \mathbf{N}$이면 $n_0+1 \in \mathbf{N}$이므로 b는 $\mathbf{N}$에 대한 상계가 아니고 모순된다. 따라서 $\mathbf{N}$은 위로 유계하지 않다.

15. a와 b를 양의 실수라 하면 양의 정수 $n_0 \in \mathbf{N}$이 존재해서 $b < n_0 a$를 만족한다. 바꾸어 말하자면 a를 몇 배 하면 b보다 크게 됨을 증명하여라.

풀이 이와 같은 n_0는 존재하지 않는다고 하자. 즉, 모든 $n \in \mathbf{N}$에 대해서 $na < b$라고 하면 a는 양수이므로 모든 $n \in \mathbf{N}$에 대해서 $n < b/a$이다. 그러므로 b/a는 $\mathbf{N}$에 대한 상계이다. 이것은 정리 A-5(문제 14)에 모순한다. 따라서 n_0는 존재한다.

16. 만일에 a가 양의 실수, 즉 $0 < a$이면 양의 정수 $n_0 \in \mathbf{N}$이 존재해서 $0 < 1/n_0 < a$를 만족함을 증명하여라.

풀이 n_0가 존재하지 않는다고 하자. 즉, 모든 $n \in \mathbf{N}$에 대해서 $a \le 1/n$이라 하면 양변에 양수 n/a을 곱하여 모든 $n \in \mathbf{N}$에 대해서 $n \le 1/a$이다. 따라서 $\mathbf{N}$은 $1/a$에 의하여 유계하고 이것은 정리 A-5에 위배되므로 소요의 n_0는 존재한다.

17. (따름정리 A-6) 두 상이한 실수 a와 b 사이에는 유리수 q가 존재함을 증명하여라.

풀이 하나의 실수, 예컨대 a는 다른 실수보다 작다. 즉, $a < b$이라 하자. 만일에 a가 음수이고 b가 양수이면 유리수 0은 이들 사이에 존재한다. 즉, $a < 0 < b$이다. 이제 a와 b가 모두 양수인 경우에 대해서 증명한다. a와 b의 한쪽이 모두 음수인 경우에는 같은 방법으로 증명된

다. 그리고 a 또는 b가 0인 경우에는 문제 16에서부터 성립한다.
그런데 $a<b$는 $b-a$가 양수임을 뜻하므로, 앞 문제에 의하여

$$n_0 \in \mathbf{N}\text{이 존재해서 } 0<1/n_0<b-a,\ \text{즉 } a+(1/n_0)<b$$

를 만족한다. a와 b 사이에 $1/n_0$의 어떤 정수배가 존재함을 밝히자. $1/n_0<a+(1/n_0)<b$인 까닭에 $1/n_0<b$임에 유의하여라. 문제 15에 의하여 $1/n_0$를 몇 배 하면 b보다 크다. m_0를 $m_0/n_0 \geq b$를 만족하는 최소의 양의 정수라 하자. 그러면 $(m_0-1)/n_0$은 b보다 작고,

$$a<\frac{m_0-1}{n_0}<b$$

로 된다. 그렇지 않으면

$$\frac{m_0-1}{n_0} \leq a\text{이므로 } \frac{m_0-1}{n_0}+\frac{1}{n_0}=\frac{m_0}{n_0} \leq a+\frac{1}{n_0}<b$$

이것은 m_0의 정의에 모순된다. 따라서 $(m_0-1)/n_0$는 a와 b 사이에 있는 유리수이다.

• 축소구간열의 성질

18. [정리 A-7(축소구간열의 성질)] $I_1=[a_1, b_1]$, $I_2[a_2, b_2]$, $\cdots$를 축소(유계)닫힌구간열이라 하자(즉, $I_1 \supset I_2 \supset \cdots$). 이 경우 모든 구간에 공통으로 포함되는 점이 적어도 하나 존재함을 증명하여라.

풀이 $I_1 \supset I_2 \supset \cdots$이므로 $a_1 \leq a_2 \leq \cdots$, $\cdots \leq b_2 \leq b_1$이다. $m>n$이면 $a_m<b_m \leq b_n$이고 $m \leq n$이면 $a_m \leq a_n<b_n$인 까닭에

$$\text{모든 } m, n \in \mathbf{N}\text{에 대해서 } a_m<b_m$$

로 된다. 따라서 각 b_n은 집합 $A=\{a_1, a_2, \cdots\}$의 상계이다. $\mathbf{R}$의 최소상계정리에 의하여 $\sup(A)$가 존재한다. 이것을 $p=\sup(A)$이라 하자. 그런데 모든 $n \in \mathbf{N}$ 에 대해서 b_n은 A의 상계이고 p는 최소상계이므로 $p \leq b_n$이다. 또한 p는 $A=\{a_1, a_2, \cdots\}$의 상계인 까닭에 모든 $n \in \mathbf{N}$에 대해 $a_n \leq p$이다. 그런데,

$$a_n \leq p \leq b_n \Longrightarrow p \in I_n=[a_n, b_n]$$

따라서 p는 모든 구간에 대해서 공통으로 포함된다.

19. 앞 문제에서 구간의 길이가 영으로 수렴한다고 가정하자. 즉, $\lim_{n\to\infty} \left| b_n - a_n \right| = 0$이라 할 때 모든 구간에 공통으로 포함되는 점이 오직 하나 존재함을 밝혀라. 다시 말하자면 $\lim_{n\to\infty} (b_n - a_n) = 0$이란 모든 $\epsilon > 0$에 대해서

$$n_0 \in \mathbf{N}\text{이 존재해서 } n > n_0 \Longrightarrow \left| b_n - a_n \right| < \epsilon$$

를 만족함을 뜻한다.

풀이 p_1과 p_2에 다같이 모든 구간에 속한다고 가정하고, $p_1 \neq p_2$이라 하면 $|p_1 - p_2| = \delta > 0$이다. $\lim_{n\to\infty} \left| b_n - a_n \right| = 0$인 까닭에 어떤 구간 I_{n_0}의 길이가 p_1과 p_2 사이의 거리 $|p_1 - p_2| = \delta$보다 작게 되는 구간 $I_{n_0} = [a_{n_0}, b_{n_0}]$가 존재한다. 따라서 p_1과 p_2는 다같이 I_{n_0}에 속할 수가 없다. 이것은 가정에 모순되므로 $p_1 = p_2$이다. 즉, 오직 한 점만이 모든 구간에 속할 수 있다.

보충문제

• 체의 공리

20. 우분배법칙 $[\mathrm{D}_2]$는 좌분배법칙 $[\mathrm{D}_1]$과 가환법칙 $[\mathrm{M}_5]$에서 유도됨을 밝혀라.

21. 덧셈과 곱셈에 관하여 유리수집합 $\mathbf{Q}$는 체임을 밝혀라.

22. 덧셈과 곱셈에 관하여 다음 실수집합 A는 체임을 밝혀라.

$$A=\{a+b\sqrt{2} : a,\ b \text{ 유리수}\}$$

23. 덧셈과 곱셈에 관한 짝수의 정수의 집합 $A=\{\cdots, -4, -2, 0, 2, 4, \cdots\}$는 $[\mathrm{M}_3]$, $[\mathrm{M}_4]$와 $[\mathrm{M}_5]$ 이외의 모든 체의 공리를 만족한다. 즉, 환임을 밝혀라.

• 부등식과 양수

24. 다음 부등호와 부등호 사이에 x만이 나타나도록 다시 표기하여라.
(i) $4<-2x<10$ (ii) $-1<2x-3<5$ (iii) $-3<5-2x<7$

25. 임의의 두 음수의 곱은 양수임을 증명하여라.

26. [정리 A-2(iii)] $a<b$이면 $a+c<b+c$임을 증명하여라.

27. [정리 A-2(iv)] $a<b$이고 c가 양수이면 $ac<bc$임을 증명하여라.

28. (따름정리 A-3) 실수의 집합 $\mathbf{R}$는 관계 $a \le b$에 의한 완전순서임을 증명하여라.

29. $a<b$이고 c가 양수이면, (i) $\dfrac{a}{c}<\dfrac{b}{c}$, (ii) $\dfrac{c}{b}<\dfrac{c}{a}$임을 증명하여라.

30. $\sqrt{ab} \le (a+b)/2$, 또한 일반적으로 $\sqrt[n]{a_1 a_2 \cdots a_n} \le (a_1 + a_2 + \cdots + a_n)/n$ 임을 증명하여라.

31. a와 b를 모든 $\epsilon > 0$에 대해서 $a < b + \epsilon$를 만족하는 실수라 하면 $a \le b$임을 증명하여라.

32. 다음을 만족하는 모든 x의 실수값을 결정하여라.

(i) $x^3 + x^2 - 6x > 0$　　(ii) $(x-1)(x+3)^2 \le 0$

- 절대값

33. (i) $|-2| + |1-4|$　(ii) $|3-8| - |1-9|$　(iii) $||-4| - |2-7||$를 계산하여라.

34. 절대값기호를 사용하여 (i) $-3 < x < 9$　(ii) $2 \le x \le 8$　(iii) $-7 < x < -1$를 다시 표기하여라.

35. 다음을 증명하여라.

(i) $|-a| = |a|$　　(ii) $a^2 = |a|^2$

(iii) $|a| = \sqrt{a^2}$　　(iv) $|x| < a \iff -a < x < a$

36. [명제 A-4 (ii)] $|ab| = |a||b|$임을 증명하여라.

37. [명제 A-4 (iv)] $||a| - |b|| \le |a - b|$임을 증명하여라.

- 최소상계공리

38. A를 아래로 유계한 실수의 집합이라 하면 A에는 하계가 존재하고, 이 경우 최대의 하계 $\inf(A)$가 존재함을 증명하여라.

39. 다음을 증명하여라.

(i) $x^2 < 2$를 만족하는 수를 $x \in \mathbf{R}$라 하면, $\left(1+\dfrac{1}{n}\right)^2 < 2$를 만족하는 $n \in \mathbf{N}$이 존재한다.

(ii) $x^2 > 2$를 만족하는 수를 $x \in \mathbf{R}$라 하면, $(x-1/n)^2 > 2$를 만족하는 $n \in \mathbf{N}$이 존재한다.

40. $a^2 = 2$를 만족하는 실수 $a \in \mathbf{R}$가 존재함을 증명하여라.

41. 상이한 두 양의 실수 사이에는 r^2인 꼴의 수(단, r은 유리수)가 존재함을 증명하여라.

42. 상이한 두 양의 실수 사이에는 무리수가 존재함을 증명하여라.

• 보충문제의 답

24. (i) $-5 < x < -2$ (ii) $1 < x < 4$ (iii) $-1 < x < 4$

32. (i) $-3 < x < 0$ 또는 $x > 2$, 즉 $x \in (-3, 0) \cup (2, \infty)$ (ii) $x \le 1$

33. (i) 5 (ii) -3 (iii) 1

34. (i) $|x-3| < 6$ (ii) $|x-5| \le 3$ (iii) $|x+4| < 3$

기 호

$(X,\ \mathscr{T})$	: 위상공간
$(X,\ d)$	: 거리공간
$\Vert\cdots\Vert$	: 노름
$\lesssim$	: ~보다 ~거칠다
$\Longrightarrow$	: 이면 …이다(함의)
$\exists$	: 존재한다
$\forall$	: 모든
$\backslash$	: $(A\backslash B)$, 차
A'	: A의 유도집합
$\overline{A}$ 또는 A^-	: A의 폐포
$\mathring{A}$ 또는 A°	: A의 내부
A^c	: A의 여집합
$\Pi\{A_i : i\in I\}$	: 적
또는 $\Pi_{i\in I}A_i$	
또는 $\Pi_i A_i$	
π_i	: i째의 사영함수
$\langle\cdots,\cdots\rangle$	: 순서쌍
ϕ	: 공집합
$b(A)$	: A의 경계
$\mathscr{C}[0,\ 1]$	: $[0,\ 1]$상의 연속함수족
$d(A)$	: A의 지름
$d(a,\ b)$	: a에서 b까지의 거리
$\mathscr{D}$	: 이산위상
$\mathrm{ext}(A)$	: A의 외부
e_x	: 값매김사상
$\mathscr{J}(X,\ Y)$	: A에서 Y로의 함수족
$F(A,\ B)$	: A에서 B로의 함수족
iff	: 동치
$\inf(A)$	: A의 하한
$\mathrm{int}(A)$	: A의 내부
$\mathbf{N}$	: 양의 정수집합
$\mathscr{N}_p$	: p의 근방계
$\mathscr{P}(A)$	: A의 멱집합
$\mathbf{Q}$	: 유리수의 집합
$\mathbf{R}$	: 실수의 집합
$\mathbf{R}^m$	: m차원 유클리드 공간
$\mathbf{R}^\infty$	: l_2-공간
$S(p,\ \delta)$	: 열린구
s.t.	: 만족하는
$\sup(A)$	: A의 상한
$\mathscr{T}$	: 위상
$\mathscr{T}_A$	: A의 상대위상
$\mathscr{U}$	: 보통위상
$\mathbf{Z}$	: 정수의 집합

찾아보기